汽车节能减排技术

QICHE JIENENG
JIANPAI JISHU

邱兆文　主编　　陈昊　张培培　副主编

化学工业出版社

·北京·

本书从汽车节能技术、汽车减排技术及运输车辆节能减排策略三部分编写，主要内容包括发动机的节能原理与技术、整车节能技术、汽车使用节能技术、汽车排放污染物概述、汽车排放污染物测量方法、汽车排放污染物控制技术、政策及标准、替代燃料汽车、电动汽车等内容。

本书不仅可供交通运输（汽车运用工程）、热能与动力工程（汽车发动机）和汽车服务工程等专业领域的工程技术人员和科研人员参考，还可作为高等学校交通运输、车辆工程、热能工程、交通安全等专业师生的专业参考书。

图书在版编目（CIP）数据

汽车节能减排技术/邱兆文主编. —北京：化学工业出版社，2015.5（2018.3 重印）

ISBN 978-7-122-23412-4

Ⅰ.①汽… Ⅱ.①邱… Ⅲ.①汽车节油②汽车排气-空气污染控制 Ⅳ.①U471.23②X734.201

中国版本图书馆 CIP 数据核字（2015）第 058291 号

责任编辑：刘兴春　　装帧设计：韩　飞

责任校对：吴　静

出版发行：化学工业出版社（北京市东城区青年湖南街 13 号　邮政编码 100011）

印　　装：北京科印技术咨询服务公司海淀数码印刷分部

787mm×1092mm　1/16　印张 20¼　字数 504 千字　2018 年 3 月北京第 1 版第 2 次印刷

购书咨询：010-64518888（传真：010-64519686）　售后服务：010-64518899

网　　址：http://www.cip.com.cn

凡购买本书，如有缺损质量问题，本社销售中心负责调换。

定　　价：68.00 元

前言

环境污染和能源短缺问题日益严重，节能减排成为我国重要的国家战略。我国从“十一五”规划开始提出了节能减排目标，在“十二五”期间，出台了一系列政策推动各个行业的节能减排工作。交通运输行业对能源与环境具有显著影响，直接体现在汽车排放污染与石油消耗两个方面。汽车尾气是形成酸雨、雾霾的重要影响因素，也是碳排放的主要影响因素之一。推进汽车节能减排工作在节约能源、治理环境以及缓解温室效应等方面具有重要意义。

本书是编者多年来在汽车节能减排领域教学与研究成果的基础上，结合国内外该领域的最新发展编写而成。该书从汽车节能技术、汽车减排技术及运输车辆节能减排策略三个方面，从技术手段与发展策略两个维度对汽车节能减排的内容进行了系统地阐述。本书在编写过程中得到了长安大学教务处的鼎力支持，在此表示感谢；同时感谢该书编写过程中参考资料的专家、学者。

本书共分三篇十章，其中，第一章、第五章、第六章、第七章、第八章由长安大学邱兆文编写，第二章、第三章、第四章由长安大学陈昊编写，第九章、第十章由浙江农林大学张培培编写。全书由邱兆文担任主编，陈昊、张培培担任副主编。在本书的编写过程中，李亚林、郭瑞瑞、张艳等同志参与了本书的编写、校稿和资料整理工作，在此表示感谢。

限于编者水平和编写时间，书中疏漏和不足之处在所难免，敬请广大读者批评指正。

编者

2015 年 1 月

目录

第一章 绪　论

上篇　汽车节能技术篇

第二章　发动机的节能技术

第三章　整车的节能技术

第四章 汽车使用节能技术

中篇 汽车减排技术篇

第五章 汽车排放污染物概述

第六章 汽车排放污染物测量方法

第七章 汽车排放污染物控制技术

下篇 运输车辆节能减排策略

第八章 政策及标准

第九章 替代燃料汽车

第十章　电动汽车

参考文献

第一章 绪 论

第一节 汽车节能减排范畴

节能减排有广义和狭义之分，广义而言，节能减排是指节约物质资源和能量资源，减少废弃物和环境有害物（包括三废和噪声等）排放；狭义而言，节能减排是指节约能源和减少环境有害物排放。

汽车节能减排研究范畴为从汽车的设计、制造、销售和使用到汽车的报废和回收再利用全生命周期内节约能源和减少环境公害的相关技术和相关政策法规。包括发动机节能技术、整车节能技术、汽车使用节能技术、汽车污染物排放控制技术、减少二氧化碳（包括氟氯烃等温室气体）的相关技术以及相关政策法规等。内容上属广义节能减排的范畴，技术上属狭义节能减排的范畴。

第二节 汽车节能减排基本方法及评价指标

一、基本方法

除制定相应的政策法规外，汽车节能还必须从结构上和技术上采取措施，减少能量消耗，并设法提高能量转换和传递的效率，以提高汽车的燃油经济性。汽车结构和技术上的节油措施如表 1-1 所列。

表 1-1 汽车结构和技术上的节油措施

节油技术	节油措施
改造传统发动机结构	适当提高压缩比 改进进排气系统 改进供油系统 改进燃油系统 采用增压技术 减少机械损失 采用电子控制
提高传动效率 降低空气阻力 降低行驶阻力 轻量化	合理匹配发动机与汽车传动系统 合理选择汽车传动比 减轻汽车自重 使用经济车速 采用子午线轮胎 合理选择车身造型

续表

节油技术	节油措施
汽车的正确维护	正确的驾驶技术 科学的车辆调度 合理选用燃油、润滑油 合理使用轮胎 合理的汽车维护
采用代用燃料	
研制高效发动机(直喷柴油机等)	

减少汽车污染物排放的基本方法一般可归纳为两大类。一是从源头上着手的降低技术，称之为源头法。如把燃烧污染物消灭在燃料化学能转化为机械能的过程之中的有关技术。由于燃料化学能转化为机械能通常发生在发动机的气缸内，故这种方法以前称为机内净化技术。二是后处理技术由于源头控制的效果是有限的，并不是所有的问题都可以在源头解决，因此，经常采取一些措施减少已产生的汽车环境公害，通常把与此相关的技术称之为后处理技术。汽车排放控制的基本方法如表 1-2 所列。

表 1-2　汽车排放控制的基本方法

源头控制	改进策略	稀燃发动机、缸内直喷汽油发动机、连续可变气门正时系统、新型汽油发动机、直喷柴油发动机、降低摩擦损失、改善传动系统效率、降低行驶阻力、轻量化、空调用新型制冷剂、制冷剂的循环使用、天然气汽车、燃料等
	改良策略	混合动力汽车
	替代策略	二次电池电动汽车、燃料电池汽车等
	合理使用	自动停止怠速和起动法、合理驾驶等
后处理		三元催化转化器、吸附还原(NO)催化净化器、微粒捕集器(DPF,分为强制再生方式、连续再生方式、非再生方式等)和氧化催化器等

二、评价指标

1. 汽车节油效果的评价指标

汽车节油效果的好坏，一般用节油率 ξ 来表示。

$$\xi=\frac{B_0-B}{B_0}\times 100\% \tag{1-1}$$

式中　B_0——油耗定额，kg/h；

B——实际油耗，kg/h。

我国的油耗有两种：一种是内燃机（或车辆）使用说明书规定的油耗定额；另一种是各地汽车运输企业规定的油耗定额。由于我国各地的气候条件、道路条件差异较大，所以一般采用第二种油耗定额。

节油率还可以用下式计算：

$$\xi=\frac{b_{e0}-b_e}{B_{e0}}\times 100\% \tag{1-2}$$

式中　b_{e0}——装节油器前的油耗，kg/(kW·h)；

b_e——装节油器后的油耗，kg/(kW·h)。

实际上它是该种节油器的节油率（效果）。

2. 汽车有害气体污染物的评价指标

汽车有害气体污染物的评价有两种：一种是对汽车的总排放量；另一种是对单个汽车的

排放量。汽车排入大气中的有害污染物总量与人类的各种社会活动排入大气中污染物总和之比可用来评价汽车污染物的排放情况。该指标通常称为污染物的分担率。汽车污染分担率分为排放分担率和浓度分担率（或质量分担率）两类。排放分担率定义为汽车排放某种污染物占该污染物总排放量的比例。浓度分担率则表示在一定范围的空气污染浓度中汽车排放污染物所占的比例大小。经常采用汽车道路污染浓度分担率和汽车区域污染浓度分担率的概念来分别说明在某条道路附近或某个区域内汽车的污染浓度分担率。由于不同污染源的排放高度不同，扩散特性也有差别，因此，同一地点的排放分担率与质量分担率可能相近，也可能不同。

对于单车而言，其气体污染物评价指标有 3 个：①单位里程的排出质量（g/km、g/mile）或每次试验的排出量（g/试验）；②每千瓦小时（kW·h）或马力小时（PS·h）的排出量（一般用于重型车），单位为 g/(kW·h) 或 g/(PS·h)；③有害物在排出气体中的体积分数。国外常用的单位为%（10^{-2}）、ppm（parts per million，10^{-6}）、ppb（parts per billion，10^{-9}）等，排气中的烃类化合物比较特殊，因为有多种分子的烃类混在一起，常用 $ppmC_1$、$ppmC_2$、…、$ppmC_n$ 等表示，C_n 的下标 n 表示基准的碳原子数，另外，$ppmC_1$ 中的下标 1 经常省略。颗粒物的评价指标为气体污染物的前两个指标。对于汽车的烟雾排出情况经常使用的指标有烟度值和消光系数。

上篇　汽车节能技术篇

第二章 发动机的节能技术

第一节 发动机节能原理

发动机节能是汽车节能技术的关键环节，发动机节能技术的核心是提高发动机的燃烧效率，而提高热效率就是组织好发动机各个工作过程，减少各种损耗，以及正确选择汽车动力机械的机型。

首先回顾一下汽油机、低速柴油机和高速柴油机的理想循环热效率。

汽油机定容加热（奥托）循环的热效率：

$$\eta_{tv}=1-\frac{1}{\varepsilon^{\kappa-1}} \tag{2-1}$$

低速柴油机定压加热（迪塞尔）循环的热效率：

$$\eta_{tp}=1-\frac{1}{\varepsilon^{\kappa-1}}\frac{(\rho^{\kappa}-1)}{\kappa(\rho-1)}\lambda \tag{2-2}$$

高速柴油机混合加热循环的热效率：

$$\eta_{t}=1-\frac{1}{\varepsilon^{\kappa-1}}\frac{(\lambda\rho^{\kappa}-1)}{[(\lambda-1)+\kappa\lambda(\rho-1)]} \tag{2-3}$$

式中 ε——压缩比；

κ——绝热指数；

λ——压力升高比；

ρ——预胀比。

在混合加热循环的热效率表达式中，$\rho=1$ 时，即转换为 η_{tv}，$\lambda=1$ 时即转换为 η_{tp}。

从以上三种理想循环的热效率公式可知，要提高发动机的热效率，应尽量提高压缩比 ε 和绝热指数 κ。

实际发动机循环受到各种损失和因素的影响：工质具有不同的成分、比热、分子数和不同的高温分解特性等，因此，直接影响发动机工作过程的组织和热效率；由于换气损失、传热损失、时间损失、燃烧损失、涡流和节流损失、泄漏损失、机械损失等不可避免损失的存在，发动机实际热效率远远小于理想循环的热效率。

发动机有效热效率可表达为：

$$\eta_{e}=\frac{3.6}{b_{e}h_{u}}\times10^{6} \tag{2-4}$$

式中 η_e——发动机的有效热效率；

b_e——有效燃油消耗率，g/(kW·h)；

h_u——燃料低热值，kJ/kg。

为了提高发动机的热效率，要组织好进、排气过程、喷油过程、燃烧过程，减少各种损失。主要措施有：提高压缩比，稀燃技术，直喷技术，增压、中冷技术，可变进气技术，改善进排气过程，改善混合气在气缸中的流动方式，改进点火配置提高点火能量，优化燃烧过程，电控喷射技术，高压共轨技术，绝热发动机技术等。

第二节 发动机节能技术

一、汽油机燃油喷射与点火系统电子控制技术

汽油机电控燃油喷射与点火系统是在汽油机中最早开发应用的，是最重要的发动机电控系统。

在电控技术引入汽油机之前，可燃混合气的形成主要靠化油器完成。化油器具有结构简单、工作可靠和能满足稳态工况动力、经济性要求等优点，但却不能满足当前对多种性能的综合要求。如化油器式发动机排放不良，难以同时消除各种气体排放污染物；油和气的供应速度都较慢，而且彼此间还有差别，致使过渡工况性能恶化；存在化油器喉管，致使进气系统阻力加大，充气效率降低；由于难以兼顾各缸进气和油分配的均匀性，以致各缸工作不均匀性较严重；增加了汽油机增压的困难等。虽然可以靠增设附属机构，如加速器、节气门缓冲器等来部分地解决上述缺陷，但既未彻底解决问题，也使结构更复杂。电子控制技术引入初期所开发的电控化油器，也不能从根本上解决上述问题。所以，利用电控技术的优势，改用汽油喷射就成为必然的选择。

电控汽油喷射系统不仅喷射装置的机械结构大为简化，还可以利用氧传感器的反馈控制和三元催化转化器使各项排放指标达到最优水平。电控汽油喷射系统除具有汽油喷射形成良好混合气的各种优点之外，还具有前述电子控制的各种优越性，加上优良的排放控制性能，以致当前车用汽油机几乎毫无例外地应用了电控燃油喷射技术。

电控汽油喷射系统能发挥如此大的作用，是同电控点火系统的组合应用分不开的。

点火系统是影响汽油机性能的另一个重要系统。点火系统由最初的机械分电器点火系统，发展为晶体管触点点火系统（TAC)，再进一步发展为各种无触点的点火系统，进而再发展为数字式电控点火系统。点火系统的性能，如点火提前角控制特性、点火闭合角控制特性、点火能量以及抗爆燃性能等都有了极大的改进和提高。这些优越的性能与电控汽油喷射技术相配合，使得现代汽油机的性能达到了一个新的高度。

（一）汽油机燃油喷射技术

1. 汽油机电控燃油喷射系统的优点

汽油机电控燃油喷射系统有如下优点。

(1) 能实现空燃比的高精度控制　其一，采用多点喷射（MPI）独立向各缸喷油，使各缸空燃比偏差减小；其二，通过闭环控制系统中的氧传感器反馈机能，可进一步精确控制空燃比；其三，在汽车运行地区的气压、气温、空气密度变化时或加速行驶过渡运行阶段，空燃比均可及时地得到适当的修正；其四，点火控制、怠速控制等辅助系统的采用，使各种工况都有最佳空燃比。

(2) 充气效率高　在进气系统中，由于没有像化油器那样的喉管部位，进气压力损失

小。只要合理设计进气管道，就可充分利用吸入空气的惯性增压作用，增大充气量，提高输出功率，增加发动机的动力。

(3) 瞬时响应快　当汽车处于加减速行驶的过渡运行阶段，空燃比控制系统能够迅速响应，使汽车加减速反应灵敏；当汽车在不同地区行驶时，对大气压力或外界环境温度变化引起的空气密度变化，可以进行快速的空燃比修正。

(4) 起动容易　暖机性能好。在发动机启动时，可以用电子控制单元（ECU）计算出起动供油量，并且能使发动机顺利经过暖机运转。

(5) 节油和排放净化效果明显　能提供各种运行工况下最适当的混合气空燃比，且燃油雾化好，各缸分配均匀，使燃烧效率提高，有害气体排放量降低。

(6) 减速、限速断油功能，能降低废气排放量、节省燃油。减速时，节气门关闭，发动机仍以高速运转，进入气缸的空气量减少，进气歧管内的真空度增大。在化油器系统中，此时会使黏附于进气歧管壁面的汽油由于歧管内真空度急骤升高而蒸发后进入气缸，使混合气变浓，燃烧不完全，排气中烃类化合物的含量增加。而在电控燃油喷射发动机中，当节气门关闭而发动机转速超过预定转速时，喷油就会停止，使排气中烃类化合物的含量减少，并可降低燃油消耗。

(7) 便于安装　电控燃油喷射系统大致上是由空气系统、燃油系统和控制系统组成的，它是不存在机械驱动等问题的分散型系统，有利于在发动机上安装。

一般而言，与传统的化油器发动机相比，装有电控燃油喷射系统的发动机功率可提高5%～10%，燃料消耗降低5%～15%，废气排放量减少20%。由于转矩特性的明显改善，瞬时响应快，汽车的加速性能大大提高。怠速平稳，冷起动更容易，暖机更迅速。但也存在价格偏高、维修要求高等缺点。

2. 汽油机电控燃油喷射系统的分类

电控汽油喷射系统有缸外喷射与缸内直喷之分。缸外喷射是目前普遍采用的喷射方式。根据喷油器数量和安装位置的不同又可分为两种：一种是在进气总管的节气门上方装有1～2个喷油器的单点节气门体喷射方式，也称为单点喷射方式（SPI），汽油机单点电控燃油喷射系统如图2-1所示；另一种是在各缸的进气歧管上分别装有一个喷油器的多点喷射方式（MPI），汽油机多点电控燃油喷射系统如图2-2所示。对于节气门体喷射，由于采用的喷油

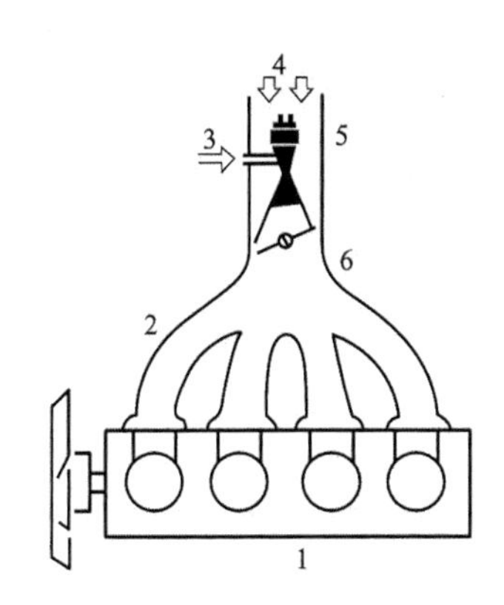

图2-1　汽油机单点电控燃油喷射系统

1—发动机；2—进气歧管；3—燃油入口；4—空气入口；5—喷油器；6—节气门

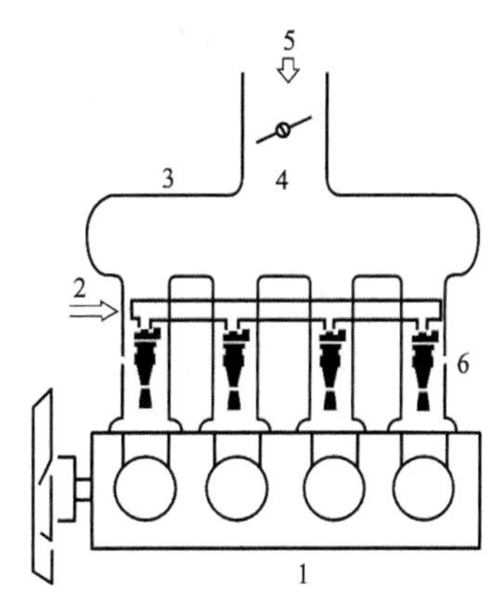

图2-2　汽油机多点电控燃油喷射系统

1—发动机；2—燃油入口；3—进气歧管；4—节气门；5—空气入口；6—喷油器

器少，易于实现计算机控制，成本比多点喷射方式低，但存在各缸燃料分配不均匀和供油滞后等缺点。与缸内喷射比较起来，缸外喷射喷油器不受缸内高温、高压的直接影响，喷油器的设计和发动机结构的改动都要简单些。

汽油缸内直喷（Gasoline Direct Injection，GDI）技术是提高汽油机燃油经济性的重要手段，近些年来，以缸内直喷为代表的新型混合气形成模式的研究与应用极大地提高了汽油机的燃油经济性。

所谓缸内直喷是指直接往气缸内喷射汽油。由于汽油直接喷入燃烧室，消除了节气门所引起的泵气损失；由于汽油的气化吸热作用，使燃烧室温度降低，从而提高充气效率，以利于采用更大的压缩比而不产生早燃、爆震等现象。GDI 发动机可使汽车节油达 20%左右，因为提高了高工况时的体积效率，GDI 还能使最大转矩提高 10%左右，将燃油经济性提高到接近柴油机的水平。

3. 汽油机电控燃油喷射系统的控制功能

20 世纪 80 年代后，大部分发动机用的电子控制单元除了控制汽油喷射之外，同时还可以进行点火控制、怠速控制、转速控制及其他控制，其所用的传感器各项功能共用，从而使整个系统结构简化。电控燃油喷射系统有如下控制功能。

（1）喷油量的控制　电子控制单元根据空气流量传感器或进气压力传感器、发动机转速传感器、进气温度传感器、冷却水温度传感器等提供的信号而计算出喷油持续时间，因喷油器针阀的行程是一定的，故喷油量的大小决定于喷油器喷油持续时间的长短，发动机各种工况的最佳喷油持续时间存放在电子控制单元的存储器中。

喷油量的控制即喷油器喷射时间的控制，要使发动机在各种工况下都处于良好的工作状态，必须精确地计算出基本喷油持续时间和各种参数的修正量，其目的是使发动机燃烧混合气的空燃比符合要求。尽管发动机型号不同，基本喷油持续时间和各种修正量的值不同，但其确定方式和对发动机的影响却是相同的。下面分别予以介绍。

① 起动喷油控制。在发动机启动时，由于转速波动大，无论 D 型 EFI 系统中的进气压力传感器还是 L 型 EFI 系统中的空气流量传感器，都不能精确地测量进气量，进而不能确定合适的喷油持续时间，因此，启动时的基本喷油时间不是根据进气量（或进气压力）和发动机转速来计算确定的，而是 ECU 根据启动信号和当时的冷却水温度，由内存的水温-喷油时间图（见图 2-3）找出相应的喷油时间（T_P），然后加上进气温度修正喷油时间（T_A）和蓄电池电压修正喷油时间（T_B），计算出启动时的喷油持续时间，喷油时间的确定如图 2-4 所示。

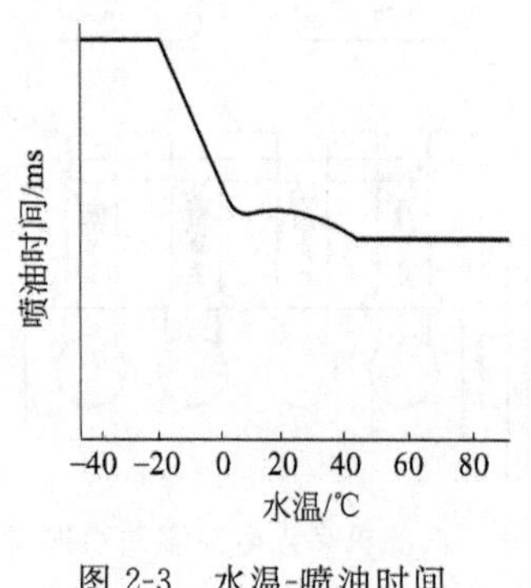

图 2-3　水温-喷油时间

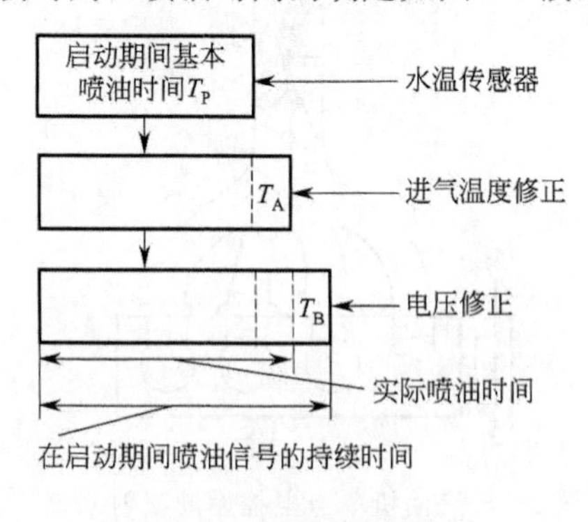

图 2-4　喷油时间的确定

由 THW 信号（冷却液温度信号）查水温-喷油时间图得出基本喷油时间，根据进气温度传感器 THA 信号对喷油时间进行修正。由于喷油器的实际打开时刻较 ECU 控制其打开时刻存在一段滞后，如图 2-5 所示，从而造成喷油量不足，且蓄电池电压越低，滞后时间越长，故需对电压进行修正。

② 启动后的喷油控制。发动机转速超过预定值时，ECU 确定的喷油信号持续时间满足公式：

$$喷油信号持续时间=基本喷油持续时间\times喷油修正系数+电压修正值 \tag{2-5}$$

式中，喷油修正系数是各种修正系数的总和。

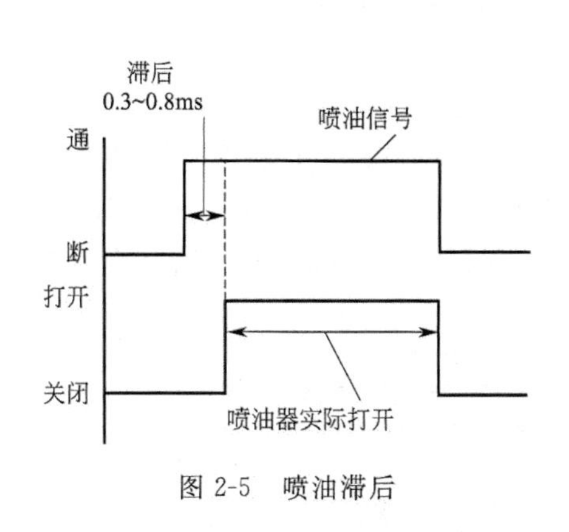

图 2-5　喷油滞后

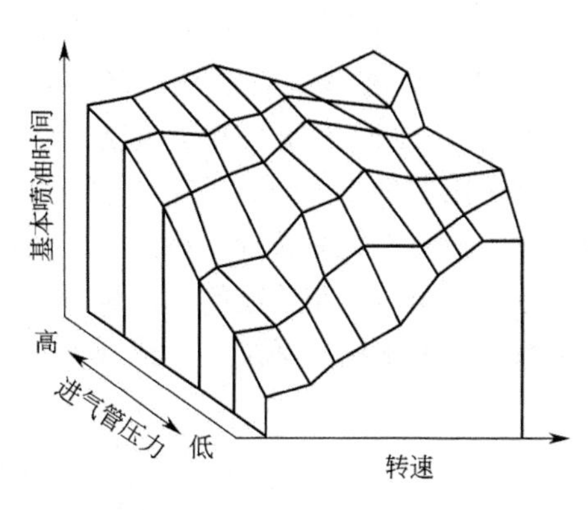

图 2-6　基本喷油时间三维图

a. 基本喷油时间。D 型 EFI 系统的基本喷油时间可由发动机转速信号（Ne）和进气管绝对压力信号（PIM）确定。用于 D 型 EFI 系统的 ECU 内存储了一个基本喷油时间三维图（三元 MAP 图），如图 2-6 所示。它表明了与发动机各种转速和进气管压力对应的基本喷油时间。

根据发动机转速信号和进气管压力信号确定喷油量，是以进气量与进气管压力成正比为前提的，这一前提只在理论上成立。实际工作中，进气脉动使充气效率变化，进行再循环的排气量的波动也影响进气量的准确度。因此，由三元 MAP 图计算出的时间仅为基本喷油时间，ECU 还必须根据发动机转速信号（Ne）对喷油时间进行修正。

L 型 EFI 系统的基本喷油时间由发动机转速和空气量信号（VS）确定。这个基本喷油时间是实现既定空燃比（一般为理论空燃比：$A/F=14.7$）的喷射时间。

b. 启动后各工况下喷油量的修正。在确定基本喷油时间的同时，ECU 由各种传感器获得发动机运行工况信息，对基本喷油时间进行修正，包括起动后加浓、暖机加浓、进气温度修正、大负荷加浓、过渡工况空燃比控制和怠速稳定性修正。

（2）喷油正时控制　在多数发动机中，其喷油正时是不变的，但在电子控制间歇喷射系统中采用顺序喷射时，电子控制单元还要有燃油喷射系统的气缸辨别信号，根据发动机各缸的点火顺序和随发动机工况的不同而将喷油正时控制在最佳时刻。

（3）燃油停供的控制

① 减速断油控制。汽车减速行驶时，驾驶员松开加速踏板，节气门关闭，此时电子控制单元会断开燃油喷射控制电路，停止喷油以降低排放和燃油消耗。

② 限速断油控制。当发动机转速超过安全转速或汽车车速超过设定的最高车速时，电子控制单元将会在发动机临界转速或减速时断开燃油喷射控制电路，以停止喷油，防止超速。

③ 溢油消除控制。启动时，若将加速踏板踩到底，系统将进行断油控制。

④ 燃油泵的控制。在装有电控燃油喷射系统的汽车上，电子控制单元对油泵的控制有两种形式：一种是当点火开关打开后电子控制单元指令汽油泵运转 2～3s，以产生必需的油压，若发动机没启动，电子控制单元将油泵控制电路断开，使油泵停止工作，在发动机启动和运转过程中，电子控制单元控制汽油泵正常工作；另一种是只有发动机运转时，油泵才工作。还有一些发动机（如丰田 7M-GE、7M-GTE），其油泵的泵油量是随发动机负荷的变化而变化的，即发动机在启动、高转速、大负荷工况时，油泵提高转速以增加泵油量；当发动机在低转速、中小负荷工作时，油泵低速运转，以减少电能消耗和油泵的磨损。

4. 汽油电控燃油喷射系统的组成与工作原理

现以 L-Jetronic 系统为例说明燃油喷射系统的工作原理。

带氧传感器的 L-Jetronic 系统示意如图 2-7 所示，L-Jetronic 系统采用空气流量计直接测量进入气缸内空气的质量，将该空气的质量转换成电信号，输送给 ECU。由 ECU 根据空气的质量计算出与之相适应的喷油量，以控制最佳空燃比。整个系统分为空气供给系统、燃油供给系统和电子控制系统三个部分。

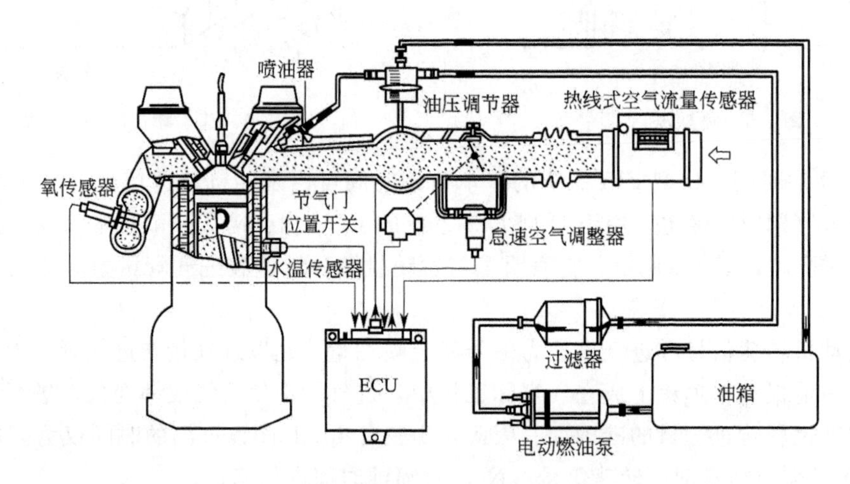

图 2-7 带氧传感器的 L-Jetronic 系统示意

(1) 空气供给系统 空气供给系统的作用是提供、测量和控制燃油燃烧时所需要的空气量。空气供给系统如图 2-8 所示，空气经过空气滤清器过滤后，由空气流量传感器计量，通过节气门体进入进气总管，再分配到各进气歧管。在进气歧管内，从喷油器喷出的燃油与空气混合后被吸入气缸内燃烧。空气流量由驾驶员通过加速踏板操纵节气门来控制。

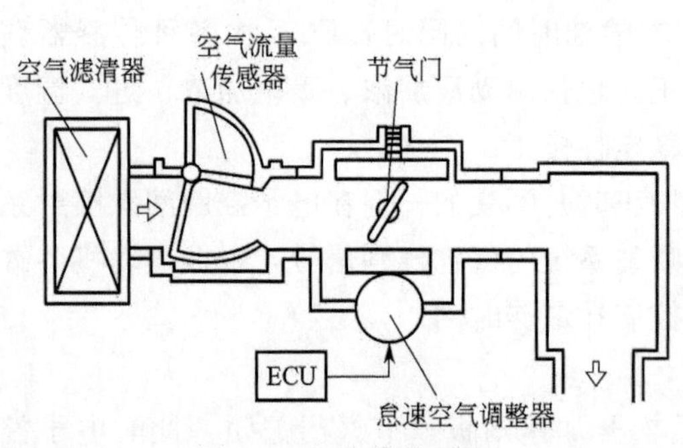

图 2-8 空气供给系统

在冷却水温较低时，为加快发动机暖机过程，设置了快怠速装置，由空气阀来控制快怠速所需要的空气量可以通过怠速调整螺钉调节怠速转速，用空气阀控制快怠速转速，也可由 ECU 操纵怠速控制阀（ISC）控制怠速与快怠速。

(2) 燃油供给系统 燃油供给系统的作用是向发动机精确地提供所需要的燃油量。燃油供给系统一般由油箱电动燃油泵、过滤器、燃油脉动阻尼器（选配）、燃油压力调节器、冷起动喷油器（选配）及供油总管等组成，如图 2-9 所示。

燃油由燃油泵从油箱中泵出，经过过滤器，除去杂质及水分后，再送至燃油脉动阻尼器（有的汽车装在回油管上），以减少其脉动。这样具有一定压力的燃油流至供油总管，再经各供油歧管送至各缸喷油器。喷油器根据 ECU 的喷油指令，开启喷油阀，将适量的燃油喷于进气门前，待进气冲程时，再将燃油混合气吸入气缸中。装在供油总管上的燃油压力调节器用于调节系统油压，目的在于保持油路内的油压略高于进气管负压 300kPa 左右。此外，为了改善发动机的低温启动性能，有些车辆在进气歧管上安装了一个冷起动喷油器。

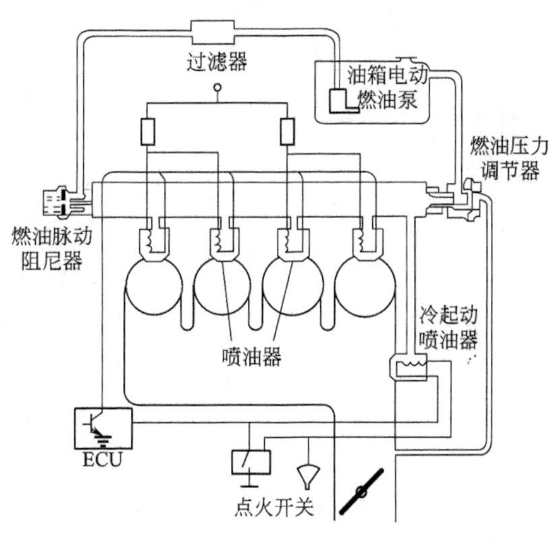

图 2-9 燃油供给系统

(3) 电子控制系统 电子控制系统的作用是根据发动机运转状况和车辆运行状况确定燃油的最佳喷射量。该系统由传感器、ECU 和执行器三部分组成，如图 2-10 所示。

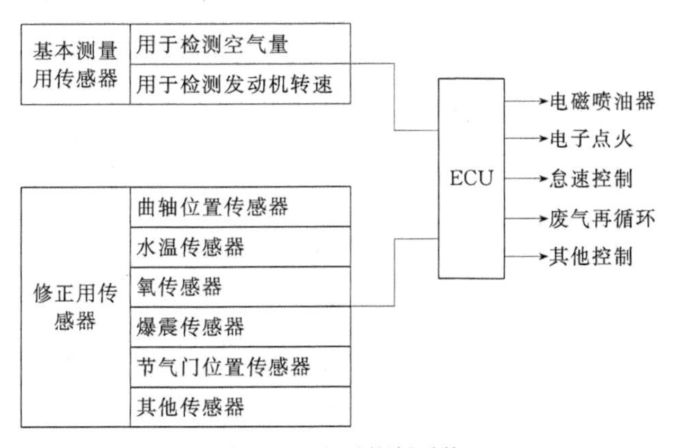

图 2-10 电子控制系统

传感器是信号转换装置，安装在发动机的各个部位，其作用是检测发动机运行状态的物理参数和化学参数等，并将这些参数转换成计算机能够识别的电信号输入 ECU。用于检测发动机工况的传感器有：空气流量传感器、进气压力传感器、水温传感器、进气温度传感器、曲轴位置传感器、节气门位置传感器、车速传感器、氧传感器、爆震传感器、空调开关等。

ECU 是发动机控制系统的核心部件。在 ECU 的存储器中存放了发动机各种工况的最佳喷油持续时间，在接收了各种传感器传来的信号后，经过计算确定满足发动机运转状态的燃油喷射量和喷油时间。ECU 还可以对多种信息进行处理，实现 EFI 系统以外其他很多方面的控制，如点火控制、自诊断、故障备用程序启动、仪器显示等。

（二）汽油机电控点火技术

1. 电控点火系统的控制功能

电控点火系统的控制主要包括点火提前角控制、点火闭合角控制和爆燃控制等内容。

（1）点火提前角控制　在电控点火系中，对于各发动机运行工况，基本点火正时作为一个三维图储存在点火 ECU 微处理器的内存中，然后考虑特殊的驾驶环境进行修正。点火提前角的控制包括起动时点火提前角的控制和起动后点火提前角的控制两个方面。

（2）点火闭合角控制　在电控点火系中沿用了传统点火系闭合角的概念，实际是指初级电路通电的时间。

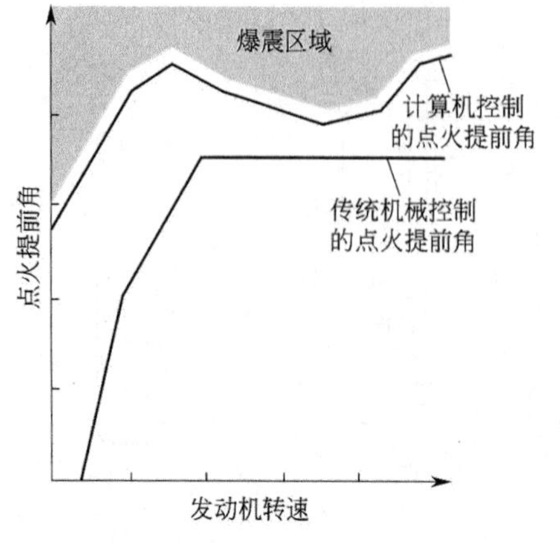

图 2-11　爆震界限与点火提前角

当点火线圈的初级电路接通后，初级电流是按指数规律增长的。初级线圈被断开瞬间所能达到的断开电流值与初级线圈接通时间长短有关，只有通电时间达到一定值时，初级电流才可能达到饱和。而次级线圈高压的最大值与初级断开电流成正比，为了获得足够的点火能量，必须使初级电流达到饱和。但是，如果通电时间过长，点火线圈又会发热，并使电能消耗增大。因此，要控制一个最佳的通电时间，以兼顾上述两方面要求。对点火闭合角的控制不仅取决于发动机转速，还取决于蓄电池电压。

（3）爆燃控制　ECU 接收此信号后，就会按一定程序自动推迟点火时间。有了这种功能，能使点火时刻离爆震界限只有一个较小的余量（见图 2-11），这样既可控制爆震的发生，又能更有效地得到发动机的输出功率。爆震时推迟点火，没有爆震时则提前点火，以保证在任何工况下的点火提前角，都处于接近发生爆震的最佳角度，爆震控制过程如图 2-12 所示。

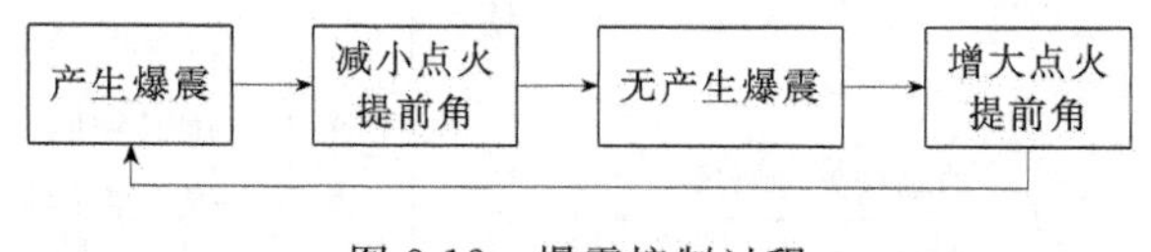

图 2-12　爆震控制过程

2. 电控点火系统的类型

按有无分电器分类分为带分电器电控点火系和无分电器电控点火系两种类型。

带分电器电控点火系保留了分电器，点火线圈产生的高压电是经过分电器中的配电器分配至各缸，使各缸火花塞按点火顺序依次点火。

无分电器电控点火系（直接点火系）取消了分电器，点火线圈上的高压线直接与火花塞相连。工作时，点火线圈产生的高压电直接送至各火花塞，由 ECU 根据各传感器输入的信息，按发动机各缸工作顺序，适时控制各缸火花塞点火。无分电器点火系统由于不存在分火头和旁电极间跳火的问题，减小了能量的损失，提高了点火可靠性。

无分电器点火系又可分为单缸独立点火方式和同时点火方式。单缸独立点火即每一个气缸配一个点火线圈，单独对本缸点火［见图 2-13(a)］；同时点火即两个气缸合用一个点火线圈，对两个气缸同时点火［见图 2-13(b)］。

二、柴油机燃油喷射系统电子控制

20 世纪 70 年代以来全球能源危机的日益加重和环境状态的日益恶化，以及 CO_2 排放产生的温室效应的影响，都对柴油机的排放和经济性能提出了更高的要求。世界各国排放法规和能源法规都更加严格。为了应付这一挑战，改进柴油机燃油喷射系统是最关键的环节之

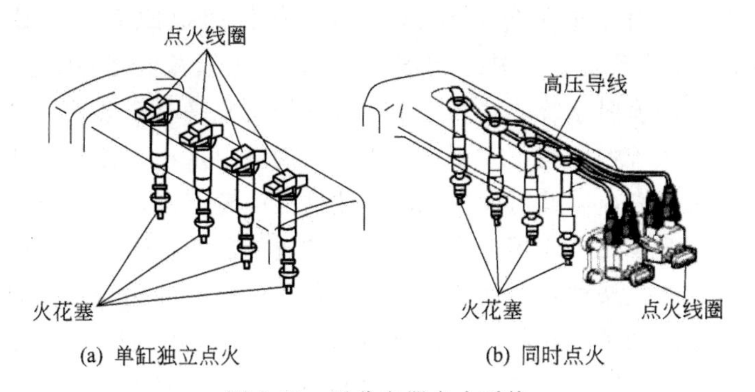

(a) 单缸独立点火　　(b) 同时点火

图 2-13 无分电器点火系统

一。将传统的机械式喷油系统改造为电脑控制、机电一体化的喷油系统，并进而实现以控制燃油喷射系统为主的整机电脑综合控制与管理，已成为一个极为重要的发展方向。

20 世纪 70 年代，电子控制技术就开始应用于柴油发动机上，20 世纪 80 年代以后，柴油机电控技术得到了快速发展，出现了很多功能各异的柴油机电子控制装置和系统，使柴油机电控技术水平进入了一个新的阶段。

柴油机电控技术的应用，最初是为了改善柴油机的经济性。后来，二次石油危机的出现，使柴油机进一步降低燃油消耗率的要求更加迫切。机械调速器和机械喷油提前器控制精度低，反应不灵敏，已无法满足柴油机进一步改善性能的要求。尤其是国际上日益严格的排放法规，更使得柴油机电控技术应用成为最佳选择。美国国会通过的“大气污染防治法”，要求将重型卡车柴油机的排放污染降低 90%。柴油机的主要排放物是 NO_x 和炭烟（颗粒），要降低柴油机 NO_x 排放，就要求喷射正时滞后，而喷射正时滞后会引起烟度（颗粒）排放上升，经济性和动力性下降。为了使矛盾统一，除提高喷射压力和速率，缩短喷射持续时间外，主要是通过电子控制方式寻求最优化的喷油正时。废气再循环能有效地降低 NO_x 的排放，但会引起颗粒排放量的增加，也需要用电控技术来寻求最佳的废气再循环时刻和循环量。可变涡流增压、废气催化这些先进技术对排放有利，但必须采用电控技术才能与柴油机运行工况配合起来，达到其应有的效果。为降低燃烧噪声和 NO_x 排放，柴油机要求喷射系统有一个小的预喷射量产生在主喷射之前，而且要求预喷射量、预喷射与主喷射之间的间隔能根据不同运行工况而有所变化，这些只有在柴油机电子控制的某些系统（如共轨系统）才能实现。为降低排放，还要对喷油嘴喷出的瞬时喷油速率进行控制，希望实现喷射初期喷油速率低，以降低 NO_x 和噪声，喷射结束时又要能快速断油，以降低颗粒和烃类化合物，并且也要随着不同工况而进行适当调整，这也只有采用电控技术才能应用自如。总之，柴油机采用电控技术后，明显地提高了柴油机汽车的排放和使用性能。

（一）柴油机燃油喷射系统的类型与性能特点

电控柴油喷射系统的开发研究先后经历了三代，这些电控柴油喷射系统又是在不同机械式喷油系统的基础上发展起来的，从而形成了多种类型的电控柴油喷射系统。

第一代位置控制式电控柴油喷射系统，保留了传统柴油机供给系统（直列柱塞泵、转子分配泵、泵喷嘴系统等）的基本组成和结构，将机械式调速器和提前器换成电子控制的机构，燃油的压送机构和机械式燃油系统相同。根据 ECU 的指令控制电子调速器的齿杆或溢油环的位置来控制喷油量，根据 ECU 指令控制电子提前器中的发动机驱动轴和凸轮轴的相位差来控制喷油正时。如日本电装公司的ECD-P1、ECD-P2、ECD-P3、ECD-V1系统；德国博世公司的EDR、EDC系统；美国的PEEC、PCF系统都属于第一代电控柴油喷射系统。

位置控制式电控柴油喷射系统的优点是柴油机的结构几乎不需改动，便于对现有柴油机进行升级换代；缺点是系统响应慢，控制频率低，控制自由度小，控制精度还不够高，喷油压力相对原有系统没有提高，因此对发动机的排放性能改善有限，只是对动力性和经济性以及整车的驾驶性能有所改善。从应用上看，这一代位置控制系统逐步退出市场。

第二代时间控制式电控柴油喷射系统，基本保留了传统燃油供给系统的组成和结构，燃油的压送机构和机械式燃油系统相同。根据ECU的指令，采用高速电磁阀对喷油量和喷油正时进行时间控制。一般情况下，电磁阀关闭，执行喷油；电磁阀打开，喷油结束。因此，可实现供油量控制，又可实现供油正时的控制。如日本电装公司的ECD-V3系统；日本丰田公司的ECD-2系统；德国博世公司的PDE27/PDE28系统等都属于第二代电控柴油喷射系统。

时间控制式电控柴油喷射系统的优点是控制自由度更大，供油加压与供油调节在结构上相互独立，使喷油泵结构得以简化，强度得到提高。高压喷油能力大大加强；缺点是供油压力还是无法控制。目前，时间控制式电控柴油喷射系统正处于规模化、产业化阶段，其中时间控制式单体泵系统适合用于功率较大的中、重型柴油机，泵喷嘴和分配泵在小型和轻型柴油机中应用较多。

第三代共轨式电控柴油喷射系统，是为了满足日益严格的节能和环保要求，20世纪90年代后期研制出的一种新型柴油机电控技术。该系统基本改变了传统燃油供给系统的组成和结构，主要以电控共轨式喷油系统为特征，将喷油量和喷油正时控制融为一体，使燃油的升压机构独立，即燃油压力与发动机转速、负荷无关，具有可以独立控制压力的蓄压器——共轨，根据ECU的指令，由共轨压力电磁调压阀控制喷油压力。这样，喷油压力可以自由控制了，并且喷油量、喷油正时等参数直接由装在各个气缸上的喷油器电磁阀控制。电控共轨式燃油喷射系统是全新的一代燃油系统，可以直接对喷油器的喷油量、喷油正时、喷油率、喷油压力等进行自由控制，大大地降低柴油机的排放。如德国博世公司的CR系统，日本电装公司的ECD-U2系统，美国BKM公司的Servojet系统，意大利的FIAT集团的Unijet系统等都属于第三代电控柴油喷射系统。

（二）电控柴油机的优点

与传统柴油机相比，电控柴油机具有以下优点。

（1）提高了柴油机的经济性能和降低了排放　喷油提前角对柴油机的动力性、经济性及排放影响很大。所以，最佳喷油提前角的大小与发动机转速、负荷、冷却液温度、燃油温度、进气温度及进气压力等因素有关。柴油机电控系统能综合计入这些有关因素，在初步确定喷油提前角的基础上，通过反馈控制使其达到或逼近最佳值。柴油机电控系统还能根据海拔高度、冷却液温度、燃油温度及进气状态等对喷油量进行校正。

（2）有较强的适应性　柴油机电控系统的最大特点之一是控制策略的灵活性。对于各种不同用途的柴油机，电控系统需要修改存储器中的程序，对系统本身基本上不需要做任何变更便能与不同类型的柴油机动力装置相匹配。例如，全能电子调速器，它在出厂前的软件编程中已充分考虑了各种不同调速率的要求，控制盒上设有不同调速率的转换开关，用户可以根据柴油机的工作性质不同，设定不同的调速率。这样，不仅增强了电子调速器的匹配适应能力，也大大地方便了客户。

（3）提高了柴油机运行工况的控制精度　柴油机电控系统接收到一个输入信号到处理完毕并输出相应的控制信号所需的时间一般为毫秒级，这时间远远小于柴油机或其他机械控制机构的响应时间。因此，一旦柴油机及其控制系统的运行参数或状态稍微偏离目标值，电控系统就能立即进行跟踪并予以及时调节和控制，完成同步调速、无波动转速控制和燃油喷射控制。

（4）提高了柴油机的工作可靠性　柴油机电控系统可以实时监测影响发动机工作可靠性的一些参数（如机油压力、排气温度、轴承温度和发动机转速等）。一旦这些参数或状态超出设定值的范围，柴油机电控系统会立即发出提示警告，同时通过控制执行器进行相应的调节，直到这些参数或状态恢复正常为止。对于一些影响发动机运转可靠性的主要参数，柴油机电控系统还可以为柴油发动机提供双重甚至是多重保护，以免造成巨大损失。

（三）柴油机电控系统的主要控制功能

随着柴油机电控技术的发展，柴油机电控系统从最基本的燃油喷射控制，即喷油量和喷油正时控制，已扩展到包括喷油率和喷油压力控制在内的多项目标控制；并从单一的燃油喷射控制扩展到包括怠速控制、进气控制、启动控制、巡航控制、故障自诊断、失效保护、数据通信、发动机与变速器的综合控制等在内的全方位集中控制。

1. 燃油喷射控制

燃油喷射控制是柴油机电控系统最主要的控制功能，主要包括喷油量控制、喷油正时控制、燃油喷射规律的控制和喷油压力控制等。

（1）喷油量的控制　喷油量的控制是柴油机电子控制系统的一项主要控制内容。ECU根据加速踏板位置传感器和转速传感器的输入信号，首先计算出基本喷油量，然后根据来自水温传感器、进气温度传感器、进气压力传感器以及电动机等信号，对这个基本喷油量加以修正，再与来自控制套筒位置传感器的信号进行比较后，产生与两者差值成比例的驱动电流，执行器则根据 ECU 输出的驱动电流进行操作，使油门拉杆移动到目标位置，最后确定最佳喷油量。

（2）喷油正时的控制　电控柴油喷射系统，能够精确地控制喷油正时。首先，根据柴油机转速、负荷和冷却液温度的信号在 ECU 中利用预先存储的喷油正时脉谱，计算确定喷油始点的目标值。其次，通过检测上止点参考脉冲与喷嘴针阀升程传感器输出脉冲之间的夹角，计算出实际喷油始点。将两者比较，决定最佳喷油始点后，ECU 就输出一个脉宽可调的信号来控制一个电磁阀。该电磁阀可确定作用在喷油提前器活塞上的控制油压来移动活塞位置，改变发动机驱动轴和凸轮轴之间的相位，以调节喷油正时。为了实现柴油机燃烧的及时与完全，电控系统应根据柴油机的运行状态和环境条件来控制喷油正时。

（3）燃油喷射规律的控制　燃油喷射规律即喷油速率和喷油量随时间变化的规律。电控系统以柴油机转速和负荷为基本控制参数，按预设的喷油速率和喷油规律，完成循环的喷油过程。

（4）喷油压力的控制　在高压共轨式电控喷射系统中，利用共轨压力传感器测量共轨内的燃油压力，通过调整高压供油泵的供油量，维持共轨内的压力在转速变化时的稳定，以控制喷射压力。

2. 进气控制

进气控制是柴油机电控系统的第二个主要控制功能，它包括可变进气涡流控制、可变配气正时控制、进气节流控制和进气预热控制等。

（1）可变进气涡流控制　电控系统以柴油机转速和负荷为基本控制参数，按预设的最佳进气涡流比脉谱图对进气涡流强度进行控制，以满足高、低转速工况时对进气涡流强度的不同要求。

（2）可变配气正时控制　电控系统以柴油机转速和负荷为基本控制参数，按预设的最佳配气相位，通过各种电控可变配气正时机构改变柴油机的配气相位，以满足不同工况时对配气正时的不同要求。

（3）进气节流控制　电控系统以柴油机转速和负荷为基本控制参数，通过对进气管中节流阀开度的控制，适应高、低速工况对进气流量的不同要求。另外，为了降低怠速时的振动、噪声和柴油机停车时的振动，电控系统通过怠速时节流控制和停车时中断进气来减轻发动机的振动。

（4）进气预热控制　电控系统以柴油机冷却液的温度为基本控制参数，通过对加热塞通电时间的控制，对进气进行预热，以提高柴油机的低温启动性能和低温下的怠速稳定性。

3. 怠速转速的控制

柴油机的低速怠速不稳，在机械式控制中用两种调速器加以控制。在电子控制的情况下，操作全部由 ECU 控制，根据加速踏板传感器、车速传感器、起动及转速等信号，可以决定怠速控制何时开始，其次再根据水温传感器、空调开关等信号，算出所设的怠速转速以及相应的喷油量。为了使怠速能够保持稳定，也可以根据发动机转速的反馈信号，不断地对该喷油量进行修正。

4. 废气再循环控制

该系统通过控制参与再循环的废气量以减少废气中的 NO_x 排放量，与汽油机电控系统相同。

5. 废气涡轮增压压力控制

废气涡轮增压压力控制的目的是为了防止增压压力过高使发动机爆发压力过高；或增压压力过低，造成空气量不足使排气温度过高。柴油机增压控制主要是由 ECU 根据柴油机转速信号、负荷信号、增压压力信号等，通过控制废气旁通阀的开度或废气喷射器的喷射角度、增压器废气涡轮废气进口截面积大小等措施，实现对废气涡轮增压器工作状态和增压压力的控制，以改善柴油机的转矩特性，提高加速性能，减少排放和减少噪声。

6. 故障自诊断和失效保护

当柴油机或电控系统出现故障时，ECU 将会点亮仪表板上的故障指示灯，提醒驾驶员注意，并存储故障信息。检修时通过一定程序，可将故障码及有关信息资料调出。当 ECU 出现故障时，ECU 内的备用电路可使系统进入失效保护程序的控制状态，让车辆低速开到最近的维修站检修。

（四）共轨式电控喷射系统

电控高压共轨系统是第三代电控燃油喷射系统。在车用高速柴油机中，柴油喷射过程所用的时间只有千分之几秒，而且在喷射过程中高压油管各处的压力随时间和位置的不同而变化。由于柴油的可压缩性和高压油管中柴油的压力波动，使实际的喷油状态与喷油泵所规定的柱塞供油规律有较大的差异，油管内的压力波动有时会在主喷射之后，使喷油器处的压力再次上升到可以令针阀开启的压力，产生二次喷射现象，由于二次喷射的燃油雾化不良，不可能完全燃烧，于是增加了颗粒和烃类化合物的排放量，油耗也增加。此外，每次喷射循环后高压油管内的残余压力都会发生变化，随之引起不稳定喷射，尤其在低转速区域。严重时不仅喷油不均匀，而且会发生间歇性喷射现象。而电控高压共轨系统彻底解决了这种燃油压力变化带来的缺陷。

1. 高压共轨燃油喷射系统的基本特点

高压共轨燃油喷射系统在发达国家于 20 世纪 90 年代中后期开始进入实用化阶段。它可实现在传统喷油系统中无法实现的功能，其优点有如下几点。

① 共轨系统中的喷油压力柔性可调，对不同工况可确定所需的最佳喷射压力，从而优化柴油机综合性能。

② 可独立地柔性控制喷油正时，配合高的喷射压力（120～200MPa），可将 NO_x 和微粒排放同时控制在较小的数值范围内。

③ 柔性控制喷油速率，实现理想喷油规律，容易实现预喷射和多次喷射，既可降低柴油机 NO_x，又能保证优良的动力性和经济性。

④ 由电磁阀控制喷油，其控制精度较高，高压油路中不会出现气泡和残压为零的现象，因此，在柴油机运转范围内，循环喷油量变动小，各缸供油不均匀性得到改善，从而减轻柴油机的粗暴并降低排放。

2. 高压共轨燃油喷射系统

高压共轨电控燃油喷射系统示意如图 2-14 所示，高压共轨电控燃油喷射系统主要由电控单元（ECU）、高压油泵、共轨管和电控喷油器、高压油管以及各种传感器和执行器等组成。低压燃油泵将燃油输入高压油泵，高压油泵将燃油加压送入高压共轨管，高压共轨管中的压力由电控单元根据共轨压力传感器信号以及需要进行调节，高压共轨管内的燃油经过高压油管，根据柴油机的运行状态，由电控单元从预置的脉谱图中确定合适的喷油定时、喷油持续期，由电控喷油器将燃油喷入气缸。

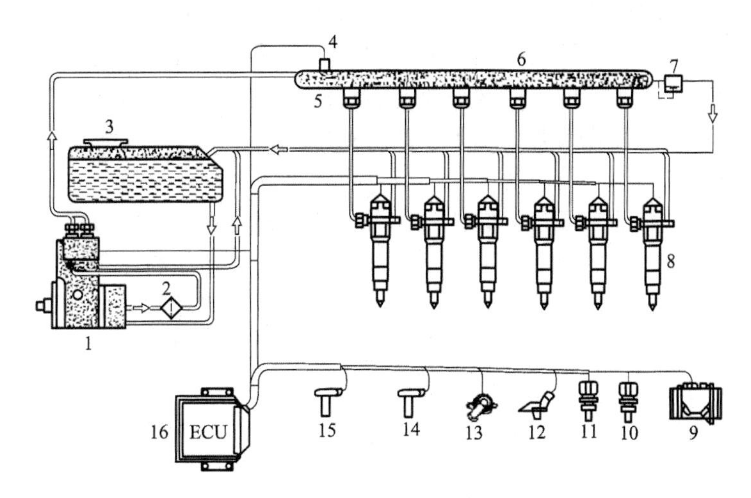

图 2-14　高压共轨电控燃油喷射系统示意

1—高压油泵；2—滤清器；3—燃油箱；4—共轨压力传感器；5—限流器；6—共轨管；7—限压阀；8—电控喷油器；9—进气质量流量计；10—冷却液温度传感器；11—空气温度传感器；12—增压压力传感器；13—油门位置传感器；14—曲轴位置传感器；15—柴油机转速传感器；16—电控单元

（1）电控单元　电控单元一般由逻辑模块和驱动模块两个集成电路板组成。其中，逻辑模块是电控柴油机的控制核心，它接收柴油机工况的各传感器输入的信号，进行控制决策的运算处理，然后向驱动模块发出相应的指令；驱动模块具有电压电流放大的作用，把逻辑模块发出的指令信号放大后变成能直接驱动执行电磁阀的电压或电流。

（2）高压油泵　高压油泵由柴油机驱动，根据其结构和布置的不同，可分为轴向柱塞泵和径向柱塞泵；根据喷油压力对发动机转速的依赖性，可分为全柔性喷油压力控制系统和半柔性喷油压力控制系统；根据喷油压力控制原理，则可分为单阀控制式和双阀控制式。

在半柔性喷油压力控制系统中，喷油压力由发动机转速和高压油泵电磁阀控制决定，输油泵供油速率严格依赖于发动机转速，因此，其循环供油量在整个发动机转速范围内不可能处处最优，不能很好地满足发动机过渡工况对油压快速变化的要求，在某种转速下的最高油压也受到限制。

全柔性的单阀式喷油压力控制系统，高压油泵向高压共轨管的供油量是由可控电动输油泵供油量和高压油泵电磁阀控制决定，输油泵的供油量与发动机转速无关，因此可获得理想的发动机过渡工况的油压控制响应特性，即使在怠速下也可获得所设计的最高油压，共轨管稳压容积的设计要保证喷油压力的稳定性（即最小的油压波动）。

（3）共轨管　共轨管是连接高压油泵和喷油器的桥梁，也是一个蓄压器。它将已经相互独立的高压燃油的供给过程与燃油的喷射过程联系起来。高压油泵不直接向喷油器提供高压燃油，而将高压燃油泵入共轨管中，燃油喷射所需要的燃油由共轨管供给，这样就减小了供油和喷油过程中的燃油压力的波动。

共轨管中压力波动是设计所要考虑的重要参数，它直接影响到喷油器的喷油量和各缸之间喷油量差异。影响共轨管中油压波动的主要因素有高压油泵的供油特性、喷油器和调节阀的工作特性以及共轨管本身的特性。为使共轨管压力波动几乎不受喷油器、高压油泵和调节阀工作的影响，共轨管的长度、内径和容积大小应合适，过大则柴油机过渡工况响应不良，过小则共轨管中的压力脉动将导致各缸喷油量的不均匀度增加。

（4）电控喷油器　每个喷油器上都有一个电磁阀，当电磁阀的电磁线圈通电时，喷油器针阀在高压燃油作用下升起，开始喷油，并且通过单向阀和节流孔控制针阀缓慢升起，以达到初期喷油速率的柔性控制；电磁线圈断电时喷油结束，单向阀和节流孔也控制断电时针阀下行的速度，以实现快速停止喷射。每个喷油器通电喷油持续时间决定于柴油机工况所需要的喷油量。

（5）高压油管　高压油管是连接共轨管和电控喷油器的通道，它必须能够承受系统中的最大压力，在喷油停止时还要承受高频的压力波动，同时它还应满足足够的燃油流量以减小燃油流动时的压降。各缸高压油管的长度应尽量相等且尽可能短，这样才能保证从共轨管到喷油器的压力损失最小，而每个喷油器具有相同的燃油喷射压力。

3. 使用高压共轨燃油喷射系统应注意的问题

高压共轨燃油喷射系统的柔性很大，可方便的应用在各种柴油机上，但必须注意以下几点。

（1）系统供油量与发动机功率相匹配　发动机最大功率决定了共轨系统最大供油量，从高压油泵供油特性、共轨管几何形状到喷油器喷孔大小等应进行优化配合。

（2）喷油压力、喷油规律与发动机燃烧室形状、气体涡流相匹配　应根据发动机工况合理控制喷油压力、喷油规律及喷油正时等。

（3）提高电磁阀的动作速度　高压共轨燃油喷射系统中的控制元件多为电磁阀，只有提高电磁阀的动作响应速度才能实现精确控制。若发动机转速为5000r/min，喷油持续角为300°CA，则喷油时间为1ms，在此时间内电磁阀要实现两次或更多次喷油动作，其动作速度必须很快。美国Sturman公司生产的高速电磁阀，动作响应周期可达0.25ms。

三、发动机稀燃技术

稀燃是稀薄燃烧的简称，指发动机在实际空燃比大于理论空燃比的情况下的燃烧，空燃比可达25∶1，甚至更高。稀薄燃烧使燃料的燃烧更加完全，同时，辅以相应的排放控制措施，使汽油机的有害排放物大大降低，因此具有良好的经济性和排放性能。

稀薄燃烧可以提高发动机燃料经济性的主要原因是，由于稀混合气中的汽油分子有更多的机会与空气中氧分子接触，燃烧完全。同时由前述所知，点燃式发动机的燃烧循环更接近定容加热循环，定容加热循环的热效率取决于压缩比ε和等熵指数κ。压缩比越高、等熵指数越大，理论循环的热效率越高。而发动机燃烧时，混合气越稀，燃烧循环越接近于理想循环，等熵指数κ值越大，使热效率得以提高。从另一角度分析，采用稀混合气，由于气缸内压力低、温度低，不易发生爆燃，则可以提高压缩比，增大混合气的膨胀比和温度，减少燃烧室废气残余量，因而也可以提高热效率。燃用稀混合气，由于其燃烧后最高温度降低，一方面使通过气缸壁的传热损失较小；另一方面燃烧产物的离解损失减少，使热效率得以提高。且当采用稀薄混合气燃烧时，由于进入缸内空气的量增加，减小了泵吸损失，这对汽油机部分负荷经济性的改善非常有利。另外，稀薄燃烧时燃烧室内的主要成分O_2和N_2的比热容较小，多变指数K较高，因而发动机的热效率高，燃油经济性好。

从理论上讲，混合气越稀，热效率越高。但就普通发动机来说，当过量空气系数$\alpha>1.15$后，油耗反而增加。这是由于混合气过稀时，燃烧速度下降，热功转换效率下降；混合气过稀时，发动机对混合气分配的均匀性变得更加敏感，循环变动率增加，个别缸失火的概率增加。如果不解决这些问题，盲目地调稀混合气，不但不能发挥稀混合气理论上的优势，反而会费油。

（一）燃用稀混合气的技术途径

（1）使汽油充分雾化，对均质燃烧要保证混合气混合均匀及各缸混合气分配均匀　消除局部区域混合气偏稀的现象，避免电喷发动机调整时的有意加浓；同时，使缸内混合气的实际含量有所增加，失火及不稳定现象就会大大减少，发动机便可以在较稀混合气含量的条件下工作。

要使汽油充分雾化，可以在预热、增加进气流的速度、增强进气流的扰动、增加汽油的乳化度以及使汽油分子磁化等方面采取措施。

（2）采用结构紧凑的燃烧室　使压缩时形成挤流，以提高燃烧速度，从而提高燃烧效率，减少热损失。一般采用火花塞放在正中的半球形或篷顶形燃烧室，或其他紧凑型的燃烧室。

（3）加快燃烧速度　这是稀燃技术的必要条件和实施的基础。提高燃烧速度的主要措施是组织缸内的气体运动和提高压缩比。

（4）提高点火能量，延长点火的持续时间　对于常规含量的混合气而言，普通点火系统所提供的点火能量已经足够，但燃用稀混合气时就应当设法提高点火能量。高能点火和宽间隙火花塞有利于火核形成，火焰传播距离缩短，燃烧速度提高，稀燃极限大。有些稀燃发动机采用双火花塞或者多极火花塞装置来达到上述目的。

(5) 采用分层燃烧技术　如果稀燃技术的混合比达到 25∶1 以上，按照常规是无法点燃的，因此，必须采用由浓至稀的分层燃烧方式。如果在火花塞附近的局部区域内供给适宜点火的浓混合气（$\alpha=0.8\sim0.9$ 或 $A/F=12\sim13.4$），而在其他区域供给相当稀的混合气，也可以实现稀混合气燃烧。在这种情况下，即使采用普通点火系统，也能很快地点燃很稀的混合气，于是火焰得以传播并遍及整个燃烧室。由于混合气有浓、稀层次之别，燃烧的进展也从浓到稀，故把按上述方式工作的汽油机称为分层充气汽油机或分层燃烧汽油机。

目前，分层充气是稀混合气燃烧的主要手段，大部分稀燃发动机都是采用分层充气方案。这是因为其有如下优点：①等熵指数 κ 值高；②可以采用高压缩比，当采用高辛烷值的汽油时，压缩比可以提高到 11～12，因而大大提高了发动机的动力性和经济性；③燃烧温度低（尤其是部分负荷），传热损失和高温分解的热损失小；④为了得到同样的动力性，需要在大节气门开度下工作，泵气损失小，如果取消了节气门，泵气损失将更小；⑤排污少。

（二）分层燃烧系统

当前实际应用的稀燃系统，大多是分层充气稀薄燃烧（Stratified Charge Lean Burn）系统，而分层燃烧系统基本都采用燃油喷射技术。通常，按照燃油喷射的不同形式，将分层稀燃系统分为气道喷射（PFI）稀燃系统和直接喷射（GDI）稀燃系统；按照混合气的不同组织方式，将分层稀燃系统分为轴向分层稀燃系统和纵向（滚流）分层稀燃系统。

1. 气道喷射稀燃系统

气道喷射稀燃系统简称为 PFI（ Port Fuel Injecjon）稀燃系统。它通过喷油器和进气道的合理配合，使得进入气缸的混合气分层混合，浓混合气在火花塞附近，稀混合气远离火花塞。

气道喷射稀燃系统根据进气流在气缸内的流动方向（形式）不同，可分为轴向（涡流）分层和纵向（滚流）分层稀燃系统。

(1) 轴向分层稀薄燃烧　这种燃烧方式一般是使燃油在进气晚期喷入气缸，浓混合气聚集在气缸上部火花塞四周，通过缸内强的涡流运动来维持混合气的分层，达到稀薄燃烧的目的。

涡轮轴向分层示意如图 2-15 所示，发动机采用蓬顶形燃烧室，火花塞布置于燃烧室的中心位置：在进气行程初期［见图 2-15(a)］，随着活塞的向下运动，缸内形成较强的涡流，通过对进气系统的合理配置，使该涡流的轴心与气缸中心大体一致，形成沿气缸轴线的涡流运动。通过控制喷油时刻，使喷油器在进气后期喷油［见图 2-15(b)］，因为可燃混合气最后进入气缸，所以气缸内就形成了上浓下稀的分层效果。这样形成的涡流在压缩后期虽然随着活塞的上行逐渐衰减，但涡流的分层效果仍能基本保持到压缩行程结束，以利于点火燃烧［见图 2-15(c)］。

从图 2-15 中可以看出，影响稀燃效果的主要因素是缸内涡流强度和喷油正时。一般情况下，涡流强度越强，分层效果保持得越好；涡流强度越弱，分层效果保持得越差。而喷油正时则决定了缸内混合气浓度梯度的分布形式；在进气后期喷油，将形成上浓下稀的梯度分布，反之，则形成上稀下浓的梯度分布。

丰田公司的气道喷射第三代稀燃系统和本田公司的 VTEC-E 以及马自达公司的稀燃系统等均采用轴向分层稀薄燃烧技术。丰田第三代稀燃系统和马自达稀燃系统的共同特点是都采用涡流强度控制阀（SCV）来调节涡流的强度，采用一个直气道和一个螺旋气道组织空气

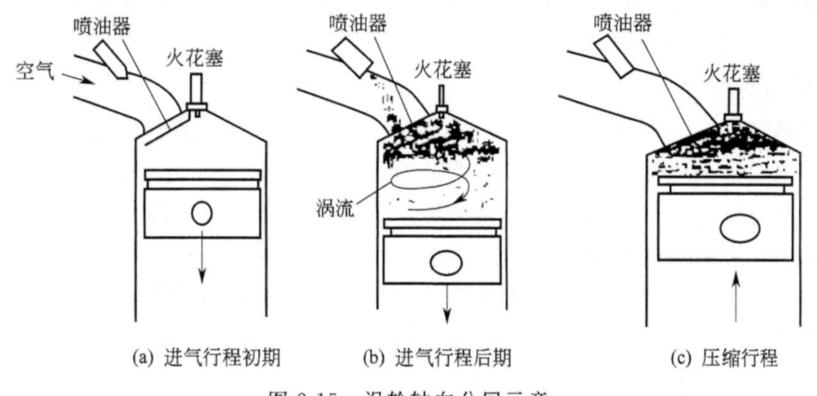

(a) 进气行程初期 (b) 进气行程后期 (c) 压缩行程

图 2-15 涡轮轴向分层示意

运动。在低负荷时，SCV 关闭获得强的涡流；在高负荷时 SCV 打开，获得斜轴涡流，促进燃油与空气的混合。

（2）纵向分层稀薄燃烧 纵向分层即滚流（Tumble）分层，涡流的流动方向与气缸轴线垂直，适用于进气道对称布置的多气门发动机，尤其是在篷顶形燃烧室、对称进气的四气门发动机上更容易实现。图 2-16 简单说明了滚流运动的形成过程，当进气门升程较小时，进气在缸内的流动比较紊乱，有规律的流动不明显，这时存在两个旋转轴相互平行而垂直于气缸轴线的涡团，一个在进气门下方靠近进气道一侧，另一个则在进气道对侧，大致位于排气门下方，此为非滚流期；当气门升程加大时，位于进气道对侧的涡团突然加强，进而占据整个燃烧室，与此同时，另一个涡团逐渐消失，此为滚流产生期；随着气门升程的加大和活塞下移，滚流不断加强直至进气行程下止点附近，滚流达到最强，此为滚流的发展期；压缩行程属滚流的持续期，在压缩行程后期，由于燃烧室空间扁平，不适于滚流发展而遭破坏，在上止点附近，滚流几乎被压碎而成为小尺度的湍流，此为破碎期。

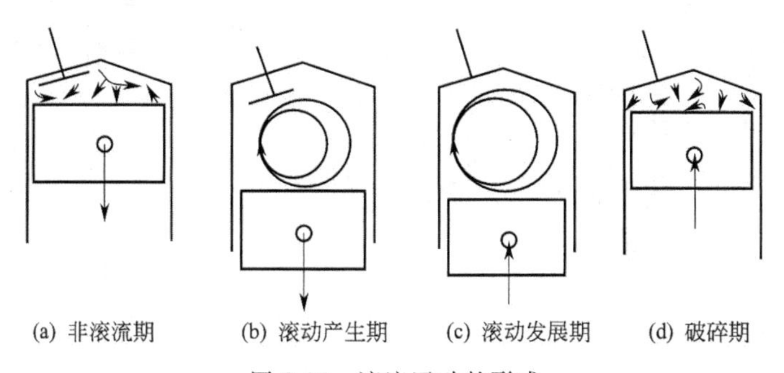

(a) 非滚流期 (b) 滚动产生期 (c) 滚动发展期 (d) 破碎期

图 2-16 滚流运动的形成

滚流的生命周期短，点火后很快在燃烧过程中消失。正是由于滚流在上止点附近破碎为湍流，将进气流动的动能转化为湍动能，提高了燃烧速度，有利于发动机性能的改善。

气道喷射稀燃系统虽然相对来说已经发展得较为成熟，但因为有节气门的存在，使泵气损失增大，燃烧效率降低。在混合气准备阶段，气道燃油喷射（PFI）存在进气道黏附油膜现象。油膜的蒸发会导致额外的油耗，对发动机快速起动性、瞬时响应性及更为精确的 A/F 控制等要求非常不利。另外，在燃用汽油中的容易汽化且较轻的低沸点成分时，易发生爆燃现象。而且，PFI 发动机在不采用其他辅助性助燃方法组织稀薄燃烧时，空燃比是有上限的，即使在实验室条件下空燃比达到 27 也比较困难。超过这个界限后，发动机工作会变得不稳定，油耗和烃类化合物等排放也会急剧增加。而另一种稀薄燃烧方式——缸内直接喷射方式，达到或超过这个界限却很容易。

2. 直接喷射稀燃系统

直接喷射稀燃系统简称为 GDI（Gasoline Direct Injection）稀燃系统。它将喷油器直接伸入到燃烧室内，根据供油需要，直接将燃油喷入到燃烧室，并通过进气与喷油时刻的合理匹配，使得火花塞附近的局部区域混合气较浓，而其他区域混合气较稀的分层燃烧系统。

与气缸外进气道喷射稀燃系统相比，气缸内喷射稀燃系统具有泵气损失小、传热损失少、充气效率高、抗爆性好及动态响应快等特点。且该系统可根据需要改变喷油正时和喷油次数，能够自由地控制气缸内的混合状态。因而，可以实现控制爆燃和提高功率的两级混合，获得不同工况下对动力性、经济性及排放性能的不同需求。目前，在中负荷区域可降低燃油消耗的弱分层燃烧系统已经实用化。

图 2-17 所示为日本三菱汽车公司的 4G-93GDI 发动机，它采用了先进的电控高压汽油泵、高压旋流喷油器以及较为复杂的多区控制策略，该发动机的燃料喷射压力达到 5.0MPa，大约是 MPI 方式的 15 倍，压缩比由 10.5 提高到 12.0。

发动机的燃烧过程如图 2-17(a) 所示，部分负荷时，燃油在压缩冲程后期喷向活塞曲顶，碰撞到曲顶壁面后反弹向火花塞，只在火花塞附近形成较浓的混合气，实现气缸内由浓到稀的滚流分层。从而使部分负荷及怠速工况下空燃比达到 20～40，燃油经济性改善 30%，采用 40%废气再循环率，可使机内的 NO_x 降低 90%。在高负荷时，燃油在压缩冲程早期喷入，油束分散度扩大，避免油束碰撞缸壁，形成良好的混合气，经过对喷油时间、点火时间、混合气分布的优化，同原 4G-93 相比，发动机的油耗和转矩各提高了 10%，再采用稀燃催化反应器，其排放水平可以达到超低排放车辆（ULEV）标准。

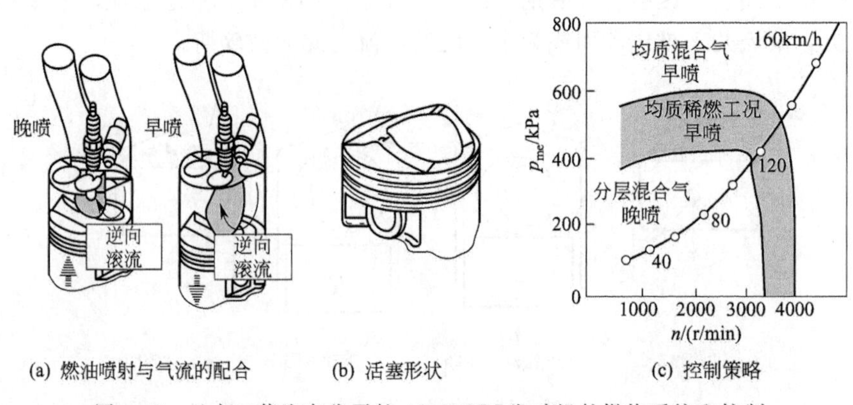

(a) 燃油喷射与气流的配合　(b) 活塞形状　(c) 控制策略

图 2-17　日本三菱汽车公司的 4G-93GDI 发动机的燃烧系统和控制

奔驰汽车公司开发的 GDI 发动机，燃烧系统采用了比较简单的燃烧室形状，喷油器和火花塞近距离布置，使得火花塞周围容易形成浓的混合气，其燃烧系统的设计如图 2-18 所示，气缸盖下部燃烧室部分为半球形，活塞顶有盆形凹坑，喷油器布置于缸盖的中心位置，火花塞位于喷射油束侧面。此外，该发动机还采用了可变高压共轨燃油喷射系统，喷油压力可在 4～12MPa 范围内调节。该发动机 NO_x 排放比同类型的 PFI 发动机降低 35%，但未燃碳氢 UBHC 排放较高。发动机在 2000r/min 下获得最佳的燃油经济性，但随着发动机转速提高或降低，燃油经济性都有所下降。

综上所述，发动机稀燃技术有很多优点，如等熵指数高、传热损失少、可提高汽油机的

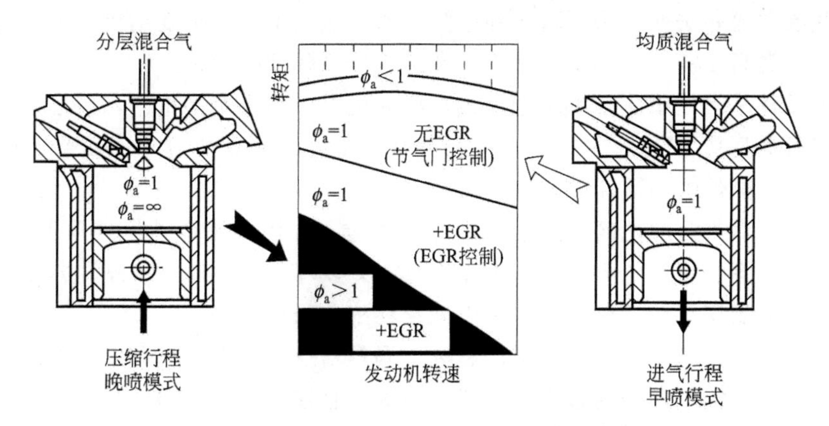

图 2-18 奔驰 GDI 发动机的燃烧系统和控制

压缩比，尤其是直喷式发动机稀燃系统取消了节流、降低了泵吸损失，具有良好的瞬态响应能力、精确的空燃比控制、快速的冷起动和减速快速断油能力及潜在的系统进一步优化能力等，大幅度地提高了部分负荷下内燃机的燃油经济性，且有良好的动力输出，是未来发动机发展的方向之一。

四、发动机增压和中冷技术

1. 概述

增压是指在内燃机中对新鲜空气进行预压缩的过程。增压后使得单位时间内进入燃烧室的新鲜空气量增多，这意味着可以燃烧更多的燃料，从而可以提高发动机功率。增压是发动机提高功率最有效的方法之一。

根据发动机原理，发动机有效功率 P_e 可按下式计算：

$$P_e=\frac{p_{me}\cdot V_h\cdot i\cdot n}{30\tau} \tag{2-6}$$

式中 i——发动机的气缸数；

V_h——每个气缸的工作容积，L；

τ——完成一个工作循环的冲程数；

n——发动机转速，r/min；

p_{me}——发动机的平均有效压力，MPa。

从以上发动机有效功率 P_e 计算公式可知，通过加大气缸总排量 iV_h、提高发动机转速 n 和提高发动机平均有效压力 p_{me} 等措施都可提高发动机有效功率。但大量实践证明，提高 p_{me} 是提高 P_e 经济而有效的方法。而平均有效压力 p_{me}：

$$p_{me}\propto\frac{\eta_i}{\alpha}\eta_v\eta_m\rho_k \tag{2-7}$$

式中 η_i——指示效率；

η_v——充气效率；

η_m——机械效率；

ρ_k——空气密度。

从上面 p_{me} 的关系式中可以看出，提高进入气缸空气的压力，降低进入气缸空气的温度是提高空气密度 ρ_k，进而提高平均有效压力 p_{me} 最有效的方法。提高空气的压力和降低进入气缸的空气温度的办法就是采用增压和中冷技术。该技术在改善发动机动力性的同时，还能改善热效率、提高经济性、减少排气中的有害成分、降低噪声。

增压技术尤其是涡轮增压技术已经在汽车柴油机上应用半个多世纪，柴油机上采用涡轮增压技术不仅可提高功率30%～40%，甚至更多，还可以减少单位功率质量，缩小外形尺寸，节约原材料，降低燃油消耗率3%～10%。

采用增压技术对于高原地区使用的发动机尤为重要。因为高原地区气压低、空气稀薄，导致发动机功率下降。一般认为海拔每升高1000m，功率下降8%～10%，燃油消耗率增加3.8%～5.5%。而装用涡轮增压器后，可以恢复功率，减少油耗。

目前发动机增压方式主要有机械增压、废气涡轮增压、气波增压和复合增压等类型。

机械增压是由发动机曲轴通过齿轮（或链条等）直接驱动增压器，来实现发动机进气增压的一种增压方式。机械增压的特点是：不增加发动机背压，但消耗其有效功率，总体布置有一定局限性；增压压力一般不超过0.15～0.17MPa；过多地提高增压压力，会使驱动压气机耗功过大，机械效率明显下降，经济性恶化。

废气涡轮增压是由发动机工作时排出的废气带动增压器来实现进气增压的一种增压方式。废气涡轮增压的特点是：不消耗发动机有效功，增压器可以自由布置在所需的位置，涡轮有一定的消声作用，并进一步减少排气中的有害成分。

气波增压是使两种气体工质直接接触并通过压力波来传递能量的一种增压方式。复合增压是在发动机上，即采用废气涡轮增压器，又同时采用机械驱动式增压器的一中增压方式。

2. 机械增压技术

(1) 机械增压系统　图2-19所示为电控汽油喷射式发动机上所采用的一种机械增压系统示意。图中机械增压器6为罗茨式（Roots-type）压气机，由曲轴带轮12经传动带和电

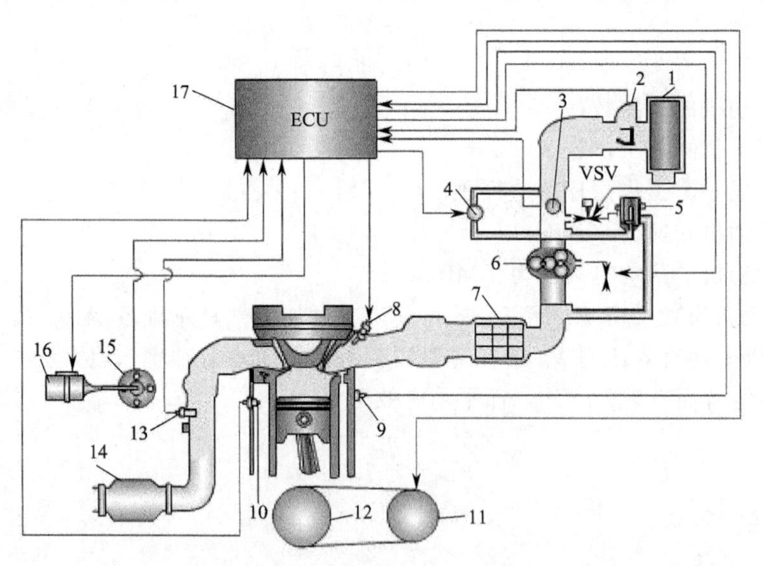

图2-19　电控汽油喷射式发动机机械增压系统示意

1—空气滤清器；2—空气流量计；3—节气门及节气门位置传感器；4—怠速空气控制阀；5—进气旁通阀；6—机械增压器；7—中冷器；8—喷油器；9—爆燃传感器；10—冷却液温度传感器；11—电磁离合器带轮；12—曲轴带轮；13—氧传感器；14—三元催化转换器；15—分电器；16—点火线圈；17—电控单元

磁离合器带轮 11 驱动机械增压器 6 工作。当发动机在小负荷下运转时不需要增压，这时电控单元（ECU）根据节气门位置传感器 3 的信号使电磁离合器断电，增压器停止工作。与此同时，电控单元 17 向进气旁通阀 5 通电使其开启，即在不增压的情况下，空气经进气旁通阀 5 及旁通管路进入气缸。在进入气缸之前，空气先经中冷器 7 降温。爆燃传感器 9 安装在发动机上，它将发动机发生爆燃的信号传输给电控单元 17，电控单元则发出相应的指令减小点火提前角，即可消除爆燃。

(2) 机械增压器　依构造的不同，机械增压器有叶片式（Vane）、罗茨（Roots）武、汪克尔（Wankle）等型式，目前，以罗茨增压器使用最广泛，罗茨式增压器结构简单，工作可靠，寿命长，供气量与转速成正比。

图 2-20 所示是罗茨式机械增压器的结构示意。它由转子、转子轴、传动齿轮、壳体、后盖和齿轮室罩等构成。在增压器前端装有电磁离合器及电磁离合器带轮。在罗茨式增压器中有两个转子。发动机曲轴带轮经传动带、电磁离合器带轮和电磁离合器驱动其中的一个转子，而另一个转子则由传动齿轮带动与第一个转子同步旋转。转子的前后端支撑在滚子轴承上，滚子轴承和传动齿轮用合成高速齿轮油润滑。在转子轴的前后端装置油封，以防止润滑油漏入压气机壳体内。

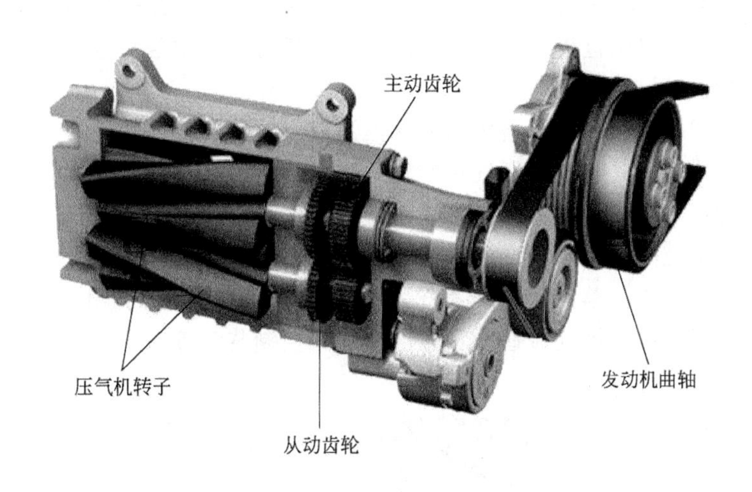

图 2-20　罗茨式机械增压器

罗茨式增压器的转子有两叶的，也有三叶的。通常两叶转子为直线形［见图 2-21(a)］，而三叶转子为螺旋形［见图 2-21(b)］。三叶螺旋形转子有较低的工作噪声和较好的增压器特性。在相互啮合的转子之间以及转子与壳体之间都有很小的间隙，并在转子表面涂敷树脂，以保持转子之间以及转子与壳体间较好的气密性。转子用铝合金制造。

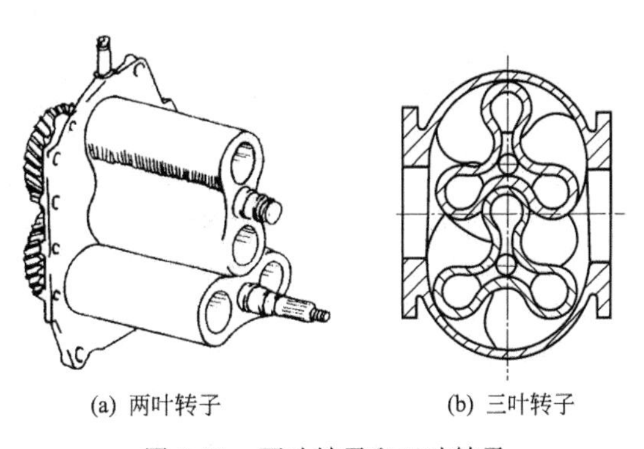

(a) 两叶转子　　(b) 三叶转子

图 2-21　两叶转子和三叶转子

罗茨式增压器的工作原理示意如图 2-22 所示。当转子旋转时，空气从增压器入口吸入，在转子叶片的推动下空气被加速，然后从增压器出口压出。出口与进口的压力比可达

1.8。罗茨式增压器结构简单，工作可靠，寿命长，供气量与转速成正比。

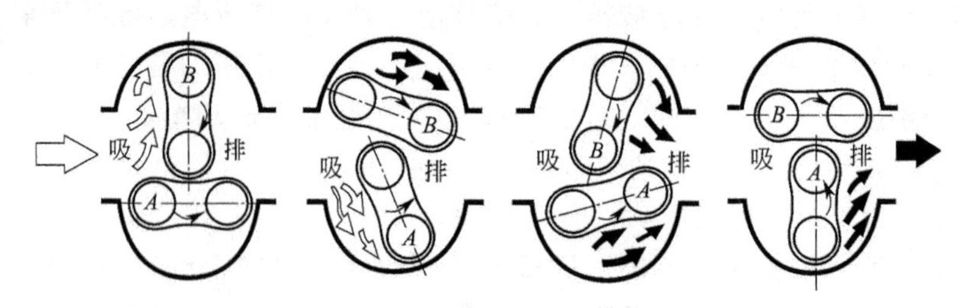

图 2-22 罗茨式增压器的工作原理示意

机械增压系统可以在发动机较低转速就获得增压，且具有良好的响应特性，没有动力迟滞现象，操作感觉与自然吸气极为相似。但是它本身需要消耗一部分能量，因此，机械增压与涡轮增压相比不能产生特别强大的动力，尤其是在高转速时，由于它会产生大量的摩擦，损失能量，从而影响到发动机转速的提高，使得发动机最高转速有所降低。另外，使用机械增压器的汽车油耗相对来说比较高。

3. 涡轮增压技术

目前，国内外通常采用由排气驱动的涡轮机拖动压气机来提高进气压力增加进气量的废气涡轮增压技术，它是目前世界上最成熟、应用最广泛的一项增压技术，一般增压压力可达180～200kPa，最高甚至达到300kPa。

(1) 废气涡轮增压系统　涡轮增压器主要由涡轮和压气机组成。发动机排气经排气管进入涡轮，对涡轮做功，涡轮叶轮与压气机叶轮同轴，从而带动压气机吸入外界空气并压缩后送至发动机进气管。

废气涡轮增压系统分为单涡轮增压系统和双涡轮增压系统。只有一个涡轮增压器的增压系统成为单涡轮增压系统，单涡轮增压系统示意如图 2-23 所示。涡轮增压系统除涡轮增压器外，还包括进气旁通阀、排气旁通阀和排气旁通阀控制装置等。

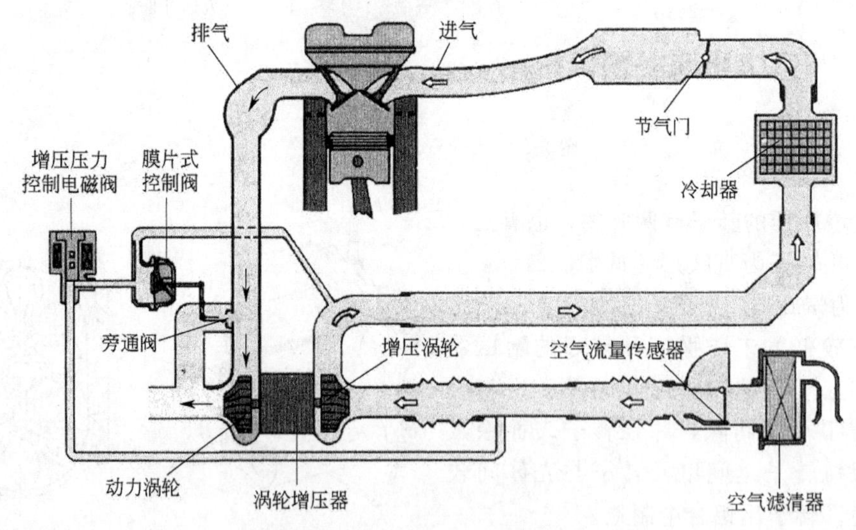

图 2-23 单涡轮增压系统示意

(2) 废气涡轮增压器的基本结构和工作原理　废气涡轮增压器按废气在涡轮机中的不同流动方向分为径流式、轴流式和混流式三种类型。径流式是指在涡轮中，废气沿着与涡轮旋转轴线垂直的平面径向流动，推动涡轮旋转以实现进气增压的增压器；轴流式是指废气在涡轮中沿着涡轮旋转轴线方向流动的；混流式则是指废气在涡轮中，沿着与涡轮旋转轴线倾斜的锥面流动，其结构与径流式涡轮相近。车用发动机多用径流涡轮增压器，它比轴流式效率高、加速性能好、结构简单、体积小。而大中功率的发动机则应用轴流式废气涡轮增压器。

径流式涡轮增压器由离心式压气机和径流式涡轮机以及支承装置、密封装置、冷却系统、润滑系统等组成。

1）离心式压气机。离心式压气机一般由进气装置、工作轮、扩压器、出气涡壳组成，离心式压气机结构如图 2-24 所示。空气沿着进气装置进入，使气流均匀地流进工作轮，进气装置多采用收敛形轴向进气，气流速度略有增加，压能和温度略有下降。气流从工作轮中央流入叶片组成的通道，由于工作轮转动，气流在通道中受到离心力压缩并甩到工作轮外缘，空气从旋转的工作轮得到能量，致使空气的流动速度、压力和温度都有所增加，尤其是流动速度增加较多。气流速度提高以后进入扩压器，扩压器是一个断面渐扩的通道，气流进入后速度降低，压力和温度都升高，气流将在工作轮中得到的动能在扩压器中转变为压力能。出气涡壳收集从扩压器流出的空气，并继续将动能转变为压力能。出气涡壳分为等截面和变截面两种结构形式，变截面的气流损失小，但制造困难。等截面的流动损失较大，但制造容易。压气机中空气流动的参数沿压气机通道的变化情况如图 2-25 所示。

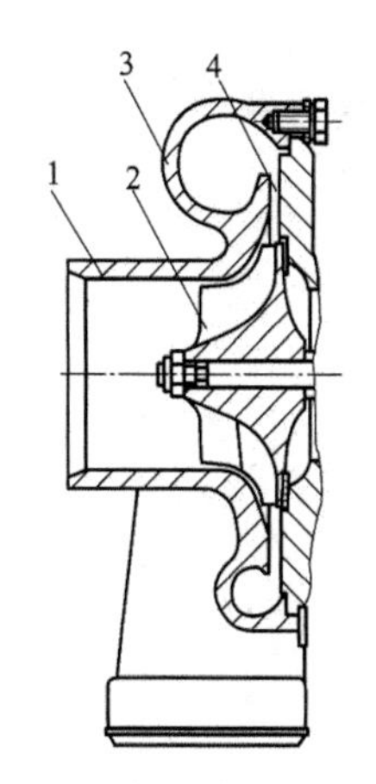

图 2-24　离心式压气机结构
1—进气道；2—工作轮；
3—出气涡壳；4—扩压器

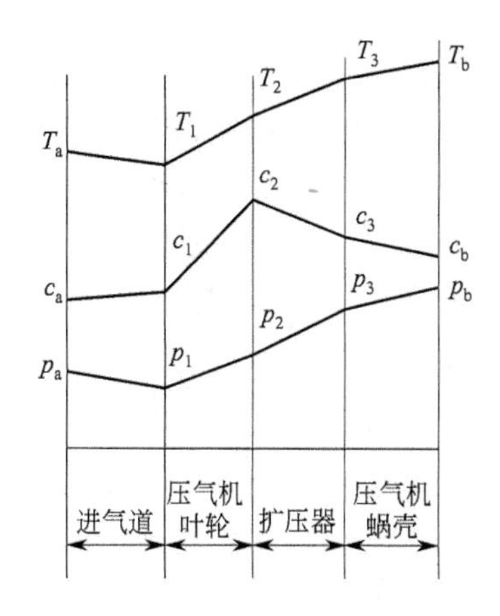

图 2-25　离心式压气机通道中
气体状态的变化

进气装置主要有两种形式：一种轴向进气装置；另一种径向进气装置。轴向进气气流损失较小，多用于小型增压器。径向进气由于气流流向转变，流动损失较大，多用于大型增压器。

工作轮由叶片和轮盘组成，它有封闭式、半开式和行星式三种结构形式；按工作轮叶片形状分为径向叶片、后弯叶片、前弯叶片等几种，其中径向叶片应用较多。

扩压器分为无叶扩压器和有叶扩压器两种。无叶扩压器结构简单，但扩压度小，气流损失大，常用于小型增压器。叶片扩压器扩压效果好，流动损失小。

2）径流式涡轮机。涡轮机是把发动机排出废气的能量转化为机械能的装置。涡轮增压器的性能，在很大程度上取决于涡轮机的性能。径流式涡轮机主要由进气涡壳、喷嘴环、工作轮和出气道等组成，径流式涡轮机简图如图 2-26 所示。一个喷嘴环和一个工作轮组成涡轮的一级，废气涡轮增压器中常采用一个级的涡轮，称为单级涡轮。

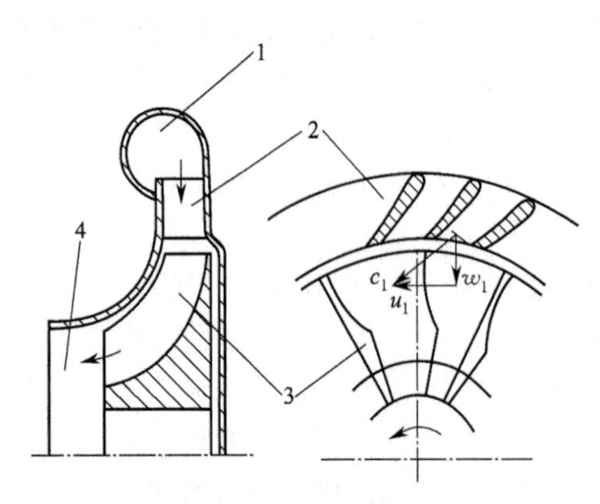

图 2-26　径流式涡轮机简图

1—进气涡壳；2—喷嘴环；

3—工作轮；4—出气道

① 喷嘴环。喷嘴环上装有许多导向叶片，构成渐缩形通道。废气从这里被引入工作轮。喷嘴环可以有整体式和装配式两种结构形式。

② 工作轮。把从喷嘴环出口喷出的高速废气的动能和压力能转变为机械能的装置。工作轮的叶片与轮盘做成一体，多采用精密铸造成型。叶片的叶形大采用抛物线。其形式有半开式和星形两种。

③ 涡轮机进气涡壳。其作用是把发动机排气管与增压器连接起来，将排气管排出的废气引入喷嘴环，并按喷嘴环进口形状均匀地进入喷嘴环，以减少流动损失，充分利用废气能量。进气涡壳的流通截面按一定规律变化，表面要光洁。其结构可分为轴向、切向、径向三种进气形式，进口可为一个或多个。

④ 涡轮机出气道。将做功完了的废气引出增压器，气道要求光洁、平滑，有的带有冷却水套。

⑤ 涡轮轴。将涡轮机工作轮和压气机工作轮连接起来，起传递转矩的作用，工作轮与轴的连接方式有整体式和装配式两种。

发动机工作时，由排气管排出的废气具有压力 P_T、温度 T_T、速度 c_T。废气以速度 c_T 进入喷嘴环，由于喷嘴环断面是渐缩的，使部分压为能转变为气体的动能，压力降低到 P_1，温度下降到 T_1，流动速度增加到 c_1。废气从喷嘴环喷出以相对速度 ω_1 和一定角度进入工作轮，工作轮叶片间的通道也是呈渐缩形状，气体在通道中继续膨胀，在工作轮出口处压力降为 P_2，温度降为 T_2，相对速度增加到 ω_2，由于废气在喷嘴中膨胀得到的动能大部分传给工作轮，所以绝对速度迅速下降到 c_2，$c_2 \ll c_1$。废气离开工作轮时还具有一定的速度 c_2，也就是还有一部分动能未能在涡轮中得到利用，这部分动能损失称为余速损失。气流参数在涡轮机中的变化如图 2-27 所示。

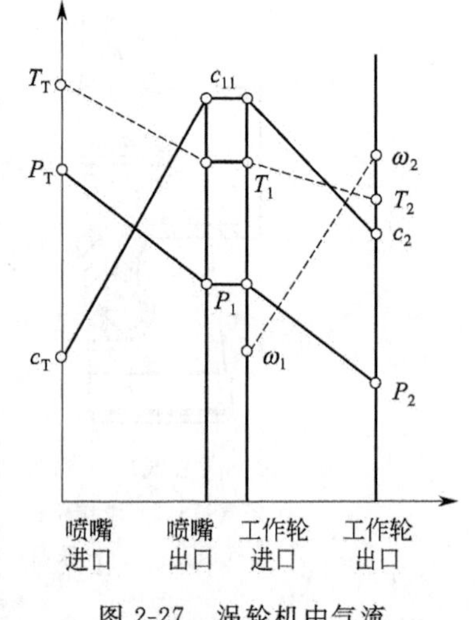

图 2-27　涡轮机中气流参数的变化

(3) 废气能量的利用　目前生产的车用增压柴油机中，几乎都采用废气涡轮增压系统，通过废气来驱动涡轮增压器工作，从而吸收废气能量来实现增压的目的。

废气的最大可用能 E 由三部分组成：a. 排气门打开时，气缸内气体等熵膨胀到大气压力所做的功 E_b；b. 活塞推出排气，排气得到的能量 E_c；c. 扫气空气所具有的能量 E_s。

排气门前废气具有的能量，在流经排气门、气缸盖排气道、排气歧管、排气总管，最后到达涡轮前，存在着一系列的损失，总能量损失 ΔE 包括如下几个方面。

$$\Delta E=\Delta E_V+\Delta E_C+\Delta E_D+\Delta E_M+\Delta E_F+\Delta E_h \tag{2-8}$$

式中　ΔE_V——流经排气门处的节流损失；

ΔE_C——流经各种缩口处的节流损失；

ΔE_D——管道面积突扩时的流动损失；

ΔE_M——不同参数气流掺混和撞击形成的损失；

ΔE_F——由于气体的黏性而形成的摩擦损失；

ΔE_h——气流向外界散热所形成的能量损失。

这些损失直接影响着废气能量可被涡轮回收的程度，也是废气涡轮增压柴油机排气管设计和改进时所必须关注的重要方面。

ΔE_V 是能量传递中的主要损失，约占总损失的 60%～70%。尤其是在初期排气，气缸中高压高温气体流出时，因排气管中压力低而形成超临界流动，所以减少这部分节流损失对提高废气中能量的利用率是很重要的。在设计中，应使排气门后的通流面积尽可能大（一般采用四气门结构）、开启速度尽可能快，以使排气很快流出，排气门后的压力 Pr 很快升高，从而减少节流损失。另外，排气管容积不应太大，排气管要细而短。当在结构上受限制时，做得“细而长”比“粗而短”要好。因为在排气初期，大量废气涌入较细长的歧管中，形成“堵塞”，很快在排气门后建立起较高的压力波峰，减小排气门前后压差，从而大大减少节流损失，并把气体所具有的较大速度在歧管中保持下来并传送到涡轮，提高了对废气动能的利用率。虽然由于歧管中流速高而使摩擦损失加大，但其他损失减小，所以总起来说，它的能量传递效率较高。细而长的排气管不仅能够使排气门后的压力 Pr 在排气初期很快升高，而且又能很快下降，使活塞排挤功减少，并有利于扫气。

（4）涡轮增压器和柴油机的匹配　为柴油机选配涡轮增压器时，一般应满足下列要求。

① 柴油机应能达到预定的功率和经济指标，涡轮增压器应能供给柴油机所需的增压压力和空气流量。

② 涡轮增压器应能在柴油机的各种工况下稳定地工作，压气机不应出现喘振或涡轮机不出现堵塞现象。

③ 涡轮增压器在柴油机的各种工况下都能高效率地运行。柴油机和涡轮增压器的联合运行线应穿过压气机的高效率区，且尽可能和压气机的等效率曲线相平行。

④ 涡轮增压器在各种工况下都能可靠地工作。如涡轮增压器在柴油机满负荷时不出现超速，柴油机不出现排气超温，从而保证涡轮进气不超温等。

如果高增压柴油机主要是在高速、高负荷下运转，则必须把增压器的高效率运转区域设计得广一些。车用柴油机低转速工况要求较苛刻，不仅以外特性运转，而且转矩的适应性系数高，所以增压器的高效率区域选在柴油机转速较低的地方，这样做即使在标定工况时性能稍差一些也是值得的。对于超高增压柴油机，低工况性能更为突出。因此，在选配涡轮增压器时，除了要进行变工况运行的配合性能计算外，还必须进行样机的配合调整试验，以满足各方面的要求。

（5）可变涡轮增压

在柴油机进行正常设计和经过估算及性能模拟计算来选配涡轮增压器后，一般在配合性能上不会出现太大偏差。但对于车用柴油机，如果增压系统满足高速时增压适量的要求，则在低速时供气就会不足；如果满足低速时的供气量，则在高速时就可能增压过量。因此，必须采取一些措施，才能弥补其高低工况不能同时满足较佳匹配的矛盾。

对于车用高速柴油机及某些超高增压中速柴油机，为了改进低工况性能，可采用高速时放气的措施，但高工况经济性不好。近年来，发展了一种可变涡轮喷嘴环出口截面的涡轮增压器，简称变截面涡轮增压器。在发动机低速时，让喷嘴环出口截面积自动减小，使得流出速度相应提高，增压器转速上升，压气机出口压力增大，供气量加大；在高速时，让喷嘴环出口截面积增大，增压器转速相对减小，增压压力降低，增压不过量。

采用变截面涡轮的优点是：a. 在不损害高转速经济性的条件下，增大低速转矩；b. 扩大了低油耗率的运行区；c. 使柴油机的加速性能提高；d. 可以满足要求越来越高的排放和噪声规范等。

图 2-28 为车用发动机上采用的有叶喷嘴变截面涡轮示意，它通过改变喷嘴叶片安装角度的方法来改变喷嘴环出口截面积。喷嘴叶片与齿轮相连，齿轮受齿圈控制，当执行机构来回移动时，齿圈往复摆动，通过啮合的齿轮，使得各喷嘴叶片改变角度，从而实现喷嘴环出口截面积相应变化的目的。在无叶喷嘴的情况下，可以在喷嘴环出口处用活动的挡板来调节喷嘴环出口截面积。图 2-29 为一轴向变截面涡轮示意，其截面的变化由一轴向平行移动板控制。另一种变截面增压器是在涡轮进气零截面后加一可调喷嘴叶片，舌形变截面增压器涡壳如图 2-30 所示，通过一舌形叶片的摆动来改变蜗壳的 A/R 值，使得发动机在低速时 A/R 值减小，从而提高涡轮转速，增加增压压力；在高速时，有较大的 A/R 值，减小流通阻力，发动机背压较低，充量系数提高。

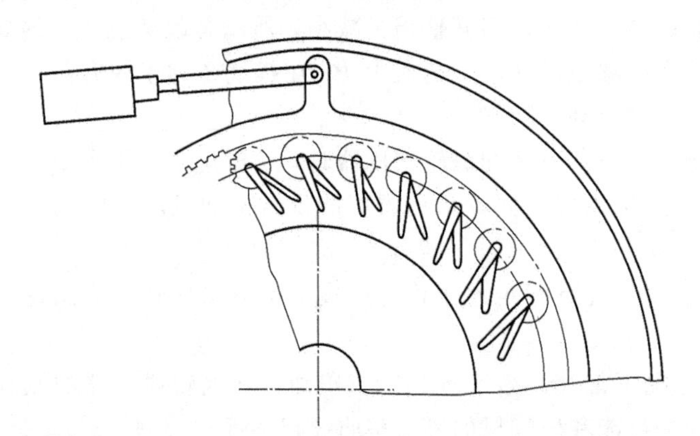

图 2-28 有叶喷嘴变截面涡轮示意

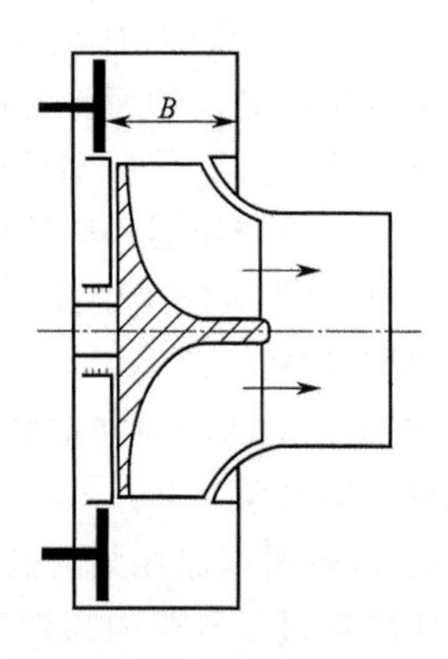

图 2-29 轴向变截面涡轮示意

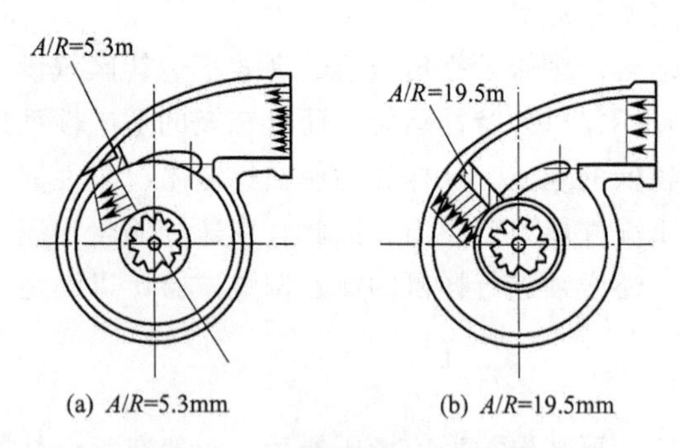

图 2-30 舌形变截面增压器涡壳

喷嘴环截面积大小及挡数是由实际运转要求确定的，在最大转矩时，增压压力最高。控制器（ECU）根据发动机转速、喷油泵齿条位移（相当于负荷）、水温和增压压力等信号对压力控制调节阀的开启和关闭时间比（负载比）进行调节，从而控制真空泵产生的负压。可以根据发动机工况的最佳负载比图谱预先输入到控制器中。控制器与电控柴油喷射系统的控制器也可互相通讯。由于采用可变喷嘴涡轮增压器，在低速时可变喷嘴涡轮增压器处于小喷嘴开度，增压压力可提高，因此，大大改善了低速工况性能。

由于采用了可变截面涡轮增压器，使柴油机加速、负荷特性都得到改善。整机稳态及瞬态性能改进，低油耗区域扩大，转矩储备系数加大。

性能优越的可变喷嘴增压器已经被广泛采用，轿车直喷式柴油机已有半数以上采用可变喷嘴涡轮增压。

（6）增压器的瞬态性能　柴油机瞬态特性是指在变速或变负荷情况下柴油机的性能。涡轮增压柴油机不像非增压柴油机那样很快响应负荷和转速的突然变化。在加速、加负荷过程中，空气流量与加油量变化速率之间的差异导致了燃烧空气系数低于极限值。因此，涡轮增压柴油机瞬态响应特性较差的决定因素是供气量。

供气量比供油量的时间滞后，其原因是多方面的。燃油进入气缸燃烧后，气体能量增加，而涡轮得到的能量增加显然要滞后一些，因为在排气门开启之前气体的能量不可能影响涡轮；在排气门开启以后，由于排气管中气体的可压缩性，也得经过几个工作循环，排气管中的气体压力才能逐步上升，涡轮得到的能量才能不断增加。另外，由于涡轮的功率比压气机的功率大而使涡轮增压器的转速增加，但涡轮增压器转子具有一定的转动惯量，要加速转子的旋转速度也需要消耗一部分能量，这也是其瞬态响应滞后的另一个重要原因。再者，增压器的旋转速度不断上升才能使增压压力不断提高，但由于进气管具有一定的容积，这就使增压压力只能逐步提高。只有当增压压力提高后，才能增大进入气缸的供气量。这些因素都将使供气量滞后。当然，发动机响应快慢还与发动机运动件的转动惯量有关，若希望加速性能好，则希望发动机转动惯量尽可能小。

就柴油机而言，对突加速或突加负荷响应越快越好，但尚有环保方面的要求。这两方面往往是矛盾的，有时为了满足环保的要求而采用冒烟限制器。

冒烟限制器在增压压力较低时限制过量的柴油喷入气缸，有效地限制了排烟的产生，能够解决增压柴油机变工况及低工况运行时排烟严重的问题。因此，这一装置在大部分新的涡轮增压柴油机上均被采用。但由于安装了冒烟限制器后，必须要到涡轮增压器响应后并产生一定的增压压力，供油量才逐步增大，因而，其最大缺点是严重地限制了发动机的响应速度。

改善增压柴油机瞬态特性的根本措施是使增压压力更快地提高，充入气缸的空气量更快增加。尽量减小进气管和排气管的容积，在加速或加负荷过程中，使其中气体压力较快增大，响应速度加快，因此，变压系统比定压系统响应速度快；在低工况运行时减小涡轮通流面积，若从低工况到高工况时涡轮通流面积小，则将使排气管中的压力更快上升，涡轮功率增加较快，使增压压力更快上升，从而改善瞬态特性；减小涡轮增压器转子的转动惯量，可以使发动机在突加速或突加负荷时响应快，且不冒烟或减小冒烟，还可在突减负荷时避免使增压器喘振。

4. 中冷技术

增压柴油机为降低进入气缸的空气温度、增加空气密度、减少排放，使增压后的空气先在中间冷却器中冷却，再进入气缸，称为增压中冷。增压中冷可以在柴油机的热负荷不增加甚至降低以及机械负荷增加不多的前提下，较大幅度地提高柴油机功率，还可提高发动机的经济性、降低排放。

目前采用的中冷器根据冷却介质的不同有水冷式和风冷式两大类。

水冷式冷却根据冷却水系的不同又分以下两种方式。

（1）用柴油机冷却系的冷却水冷却　这种冷却方式不需另设水路，结构简单。柴油机冷却水的温度较高，在低负荷时可对增压空气进行加热，有利于提高低负荷时的燃烧性能；但在高负荷时对增压空气的冷却效果较差。因此，这种方式只能用于增压度不大的增压中冷柴油机中。

（2）用独立的冷却水系冷却　柴油机有两套独立的冷却水系，高温冷却水系用来冷却发动机，低温冷却水系主要用于机油冷却器和中冷器。这种冷却方式冷却效果最好，在船用和固定用途柴油机中普遍应用。

风冷式冷却根据驱动冷却风扇的动力不同可分为以下两种方式。

（1）用柴油机曲轴驱动风扇　这种方式适用于车用柴油机，把中冷器设置在冷却水箱前面，用柴油机曲轴驱动冷却风扇与汽车行驶时的迎风同时冷却中冷器和水箱。车用柴油机普遍采用这种冷却方式，但在低负荷时易出现充气过冷现象。

（2）用压缩空气涡轮驱动风扇　由压气机分出一小股气流驱动一个涡轮，用涡轮带动风扇冷却中冷器。由于驱动涡轮的气流流量有限，涡轮做功较少，风扇提供的冷却风量较少，显然其冷却效果较差。由于增压压力随负荷变化，因此，这种冷却方式的冷却风量也随负荷变化，低负荷时风量小，高负荷时风量大，有利于兼顾不同负荷时的燃烧性能。且其尺寸小，在车上安装方便，在军用车辆上也有应用。

五、可变气缸排量技术

汽车为了获得良好的动力性，在设计上往往具有较大的功率储备。当车辆在市区或下坡道路上行驶时，一般只需要最大功率的20%～40%，此时发动机的燃油经济性较差，同时废气排放中的有害成分含量较高。为了降低发动机燃油消耗率和减少排气污染，可以采用可变气缸排量技术，即在中低负荷情况下，使部分气缸停止工作，增加工作气缸的负荷率，使它的工作点落入低燃油消耗率和低排放工作区内，从而改善车辆的经济性和排放性能；当需要大功率时，则让全部气缸工作，又不影响发动机的动力性。

目前，所采用的可变气缸排量技术都是在部分负荷情况下，部分进气门不开启来实现闭缸节油的。它包括可调挺杆式和可调摇臂式。

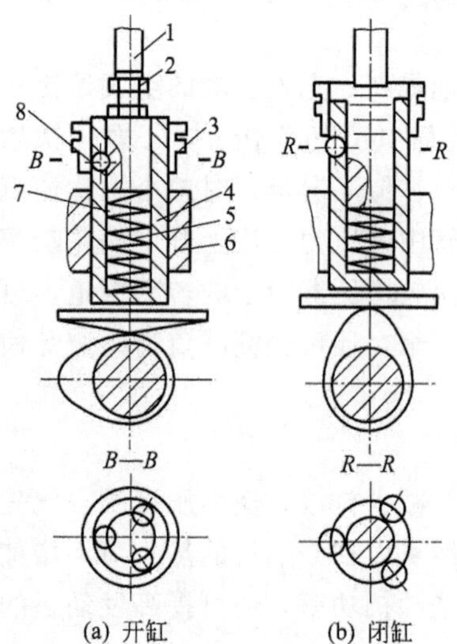

图2-31　往复离合器式的气门挺杆

1—发动机气门；2—气门调整螺栓；3—分离套；4—气门挺杆；5—弹簧；6—导管体；7—分离心轴；8—钢球

1. 可调挺杆式可变气缸排量技术

该装置由往复离合器式的气门挺杆、弹性离合选择器、组合气路驱动器和微机控制系统组成。往复离合器式的气门挺杆如图2-31所示。

气门挺杆是空心的，内装有能上下运动的分离心轴和平衡弹簧。当分离套沿气门挺杆向下滑动时，钢球被卡入分离心轴的侧孔内，使分离心轴和气门挺杆锁紧，这时挺杆变为刚性，在凸轮轴的作用下使气门随之打开或关闭，从而达到开缸的目的，如图2-31(a)所示。当分离套向上滑动时，钢球被分离心轴顶出，使分离心轴和挺杆松开，这时由于弹簧的弹力远小于气门弹簧的张力，虽在凸轮轴的作用下挺杆上下运动，但不能使气门打开，从而达到闭缸的目的，如图2-31(b)所示。

分离套的位置选择是由弹性离合选择器完成的。选择器靠来自压缩机的压缩空气，通过组合气路驱动器使弹性拨叉上下摆动，从而使分离套上下滑动，以完成闭缸或开缸动作，弹性离合器选择器如图2-32所示。控制部分组成如图2-33所示。

可调挺杆式可变气缸排量装置在改造的中型货车上所进行的20000km运行试验中，取得了平均节油率为15.5%的良好效果。

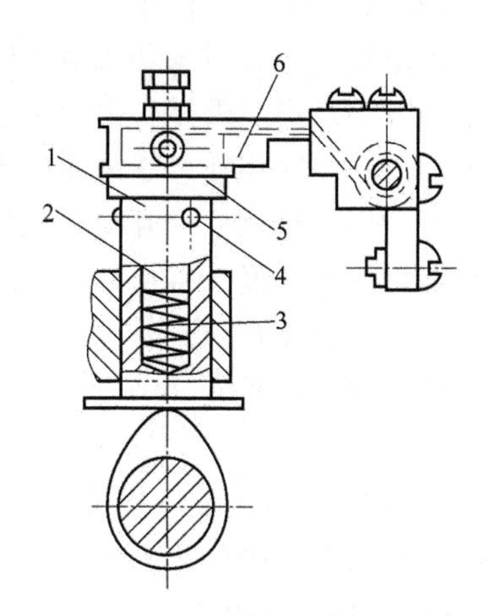

图2-32　弹性离合器选择器

1—气门挺杆；2—分离心轴；3—弹簧；
4—钢球；5—分离套；6—弹性拨叉

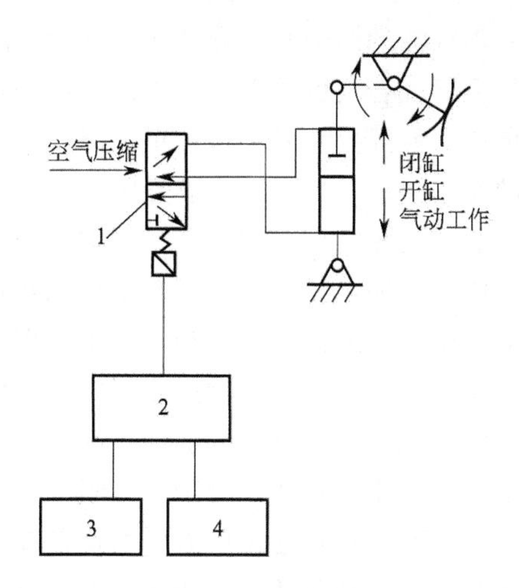

图2-33　控制部分组成

1—二位四通电磁阀；2—微电脑；
3—速度传感器；4—节气门位置传感器

2. 可调摇臂式可变气缸排量技术

可调摇臂式可变气缸排量装置如图2-34所示，该可变气缸排量装置由主摇臂、副摇臂、回位弹簧、滑键等构成。主摇臂、副摇臂通过摇臂轴连接在一起，并可分别绕摇臂轴转动。滑键安装在主摇臂上并可在主摇臂的孔内上下滑动。在活塞压缩上止点时，由于回位弹簧的作用，主摇臂、副摇臂形成的开口处于最大位置。其最大的开口宽度略大于滑键的宽度，以保证滑键可以自由滑动。其滑动间隙由气门间隙调节螺钉来调节，调节方法与未改装前相同。

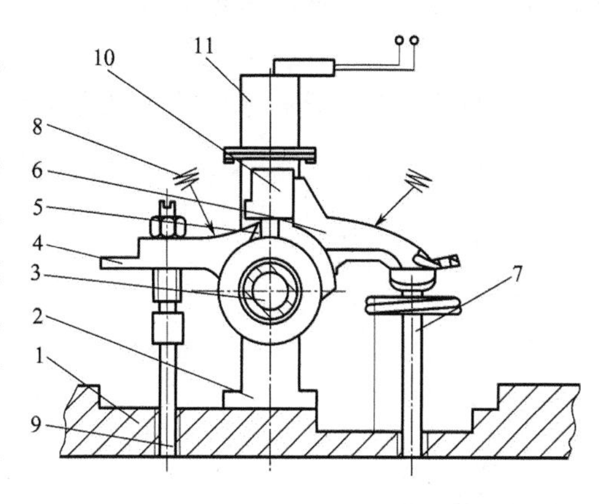

图2-34　可调摇臂式可变气缸排量装置

1—气缸盖；2—摇臂轴支座；3—摇臂轴；
4—主摇臂；5—键口；6—副摇臂；7—气门；
8—复位弹簧；9—推杆；10—励磁感应
驱动器；11—电磁驱动器

当发动机需要多缸工作输出大功率时，由ECU输出负向脉冲，使数字脉冲励磁感应驱动器的电感产生负极向磁场，由于滑键内装有永磁材料，此时滑键在电磁力的作用下落入主摇臂、副摇臂形成的开口中，气门推杆上行推动副摇臂、滑键、主摇臂，然后压开气门，使发动机能够实现进气、排气。当发动机不需要多缸工作输出大功率时，由ECU输出正向脉冲，使数字脉冲励磁感应驱动器的电感生正极向磁场，此时滑键在电磁力作用下被吸出主、副摇臂形成的开口，副摇臂在气门推杆作用下绕摇臂轴转动。但即使在进气、排气凸轮最大升程时，副摇臂的端面也不能接触到主摇臂的端面，副摇臂不能推动主摇臂转动，从而不能打开进气门、排气门。因此，通过电磁力控制进、排气摇臂上的滑键运动，就可以实现闭缸，此时对于电喷发动机应停止该缸的供油，达到节油的目的。由于发动机运行工况的多变性，需要按发动机所处的转速和负荷来调整发动机工作的缸数，以使发动机处于最佳的节油工况，并能满足发动机的动力性要求。通过实车试验，可调摇臂式可变气缸排量技术的节油效果可以达到20%。

六、可变压缩比技术

由于汽油的燃烧特性导致了汽油发动机的混合气压力不能太高，如果该压力超过临界值，则可燃混合气就可能在点火之前燃烧，这种现象被称为爆燃，它会对发动机造成巨大伤害。爆燃一般发生在发动机全负荷时，而部分负荷情况下一般不易产生爆燃。但为了满足大负荷的使用要求，发动机在设计时，不得不把压缩比降低。此现象在当前广泛采用的增压发动机上显得尤为突出，因为，采用增压技术，燃烧室的温度和压力会大幅度升高，很易产生爆燃。所以，固定压缩比的涡轮增压和机械增压发动机只能把压缩比设计得比普通自然吸气式发动机还低，从而导致发动机在增压器（特别是涡轮增压）没有完全介入，也即发动机在低转速、增压压力低时，燃烧效率降低，输出的动力要比普通自然吸气发动机低很多，产生增压迟滞现象，同时燃油经济性下降。

若采用可变压缩比，对于自然吸气式发动机，在部分负荷时压缩比就可以设计得高些；而对于增压发动机在增压压力低的低负荷工况使压缩比提高到与自然吸气式发动机相同或更高，在高增压的高负荷工况下，适当降低压缩比，即使压缩比随发动机负荷的变化连续调节，这样既避免了爆燃，又提高了在高压缩比情况下中低负荷的工作效率，增强了动力性能，并提高经济性，从而保证了发动机工作效率的最大化。同时，由于可以实时调节压缩比，所以能够很好地匹配涡轮增压器，从根本上消除涡轮增压迟滞。

另外，可变压缩比技术还可提高发动机对燃油的适应性。高压缩比的发动机需要使用较高标号的燃油，在缺乏高标号燃油的地区无法使用。而可变压缩比发动机则可以根据所提供的燃油标号，调整压缩比，从而使发动机工作在最佳状态。

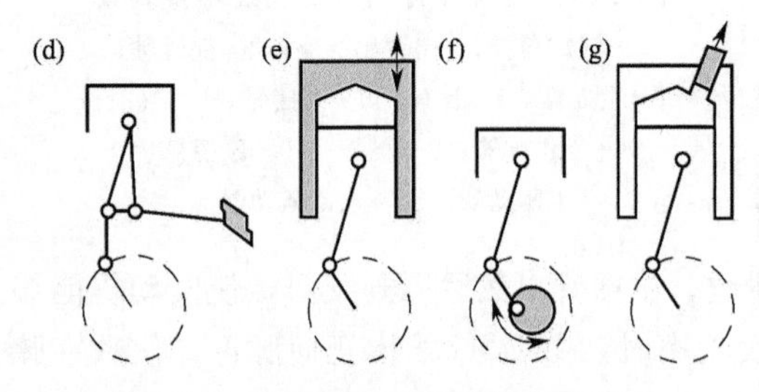

图 2-35　实现可变压缩比的机构形式

要改变发动机的压缩比：一种办法是改变燃烧室容积；另一种办法是改变活塞行程；具体的机构方案可分为在运动部分采用可变机构和在静止部分采用可变机构，实现可变压缩比的机构形式如图 2-35 所示。在运动部分采用可变机构包括：①活塞上部活动方式，如图 2-35(a) 所示；②采用活塞销偏心衬套方式，如图 2-35(b) 所示；③采用曲柄销偏心衬套方式，如图 2-35(c) 所示。活塞上部活动方式是指改变活塞销与活塞顶面距离，从而改变燃烧室的容积；活塞销偏心衬套方式与曲柄销偏心衬套方式是通过改变连杆的长度，从而改变活塞的行程，来调节压缩比。目前，这些方式均通过液压机构进行远距离操纵，难以使所有的气缸同步进行压缩比调节，使压缩比连续可调变得困难。此外，活塞上部活动方式使活塞重量增加 1 倍，不适用于高转速。

在静止部分采用可变机构包括：①多连杆方式，如图 2-35(d) 所示；②气缸盖旋转方式，如图 2-35(e) 所示；③曲轴主轴颈偏心移位方式，如图 2-35(f) 所示；④可变气缸盖形状，如图 2-35(g) 所示。多连杆方式是把连杆分为两部分，通过改变二者的弯曲角以实现连杆长度的调节，从而改变活塞行程；气缸盖旋转方式就是相对于气缸体使气缸盖转动一个角度，从而改变燃烧室容积；曲轴主轴颈偏心移位方式就是相对于气缸体使曲轴上下移动一个位移，从而改变燃烧室容积；可变气缸盖形状则是通过设置在气缸盖内的柱塞的往复运动，改变燃烧室容积。其中，可变气缸盖形状的调整方式是德国大众公司开发的，已经在两气门发动机上实现，但在四气门发动机气缸盖上很难实现。而其他三种在静止部分采用可变机构调整发动机压缩比的方式优点更突出一些。

1. 多连杆配置的可变压缩比汽油增压发动机

图 2-36 为日本日产公司的 VCR（Variable Compression Ratio）可变压缩比增压发动机。它采用在曲柄销传动部位摆动的杠杆的一端与连杆连接，而杠杆的另一端则采用与控制轴延伸出来的连杆相连接的构造。连杆与控制轴的偏心部分连接，当控制轴转动时，控制轴连杆使曲柄销回转而使杠杆摆动。由此活塞的上止点的位置做上下移动，从而能够连续改变压缩比。压缩比的变化范围可从 8 连续变到 14。

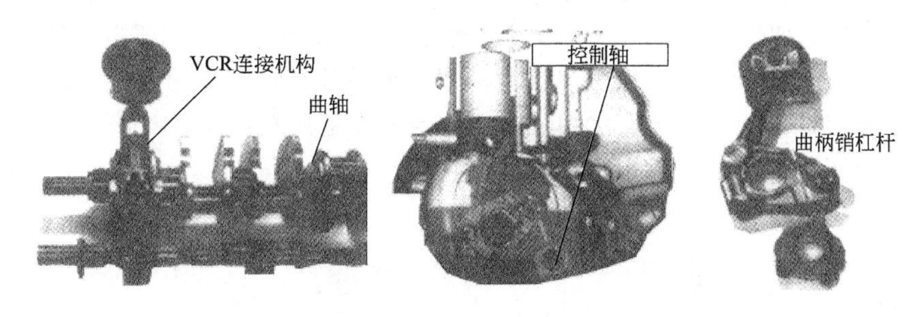

图 2-36 日产可变压缩比（VCR）增压发动机

控制轴连杆使杠杆的一端向下运动时，则杠杆的另一端把曲轴连杆向上推压，于是活塞的上止点向上移动，压缩比提高；而控制轴连杆把杠杆的一端向上抬起时，则连杆的另一端把曲轴连杆向下推压，活塞的上止点向下移动，于是压缩比降低。由于曲柄销杠杆扩大了 1.3 倍的杠杆行程，所以能够缩短曲柄长度并提高曲轴的刚性。如果保持与原来相同的刚性，则曲柄销可以小径化。另一方面宽度增加的曲柄销起到确保杠杆两端连接销轴承面积的作用，日产曲柄销杠杆的放大行程功能如图 2-37 所示。

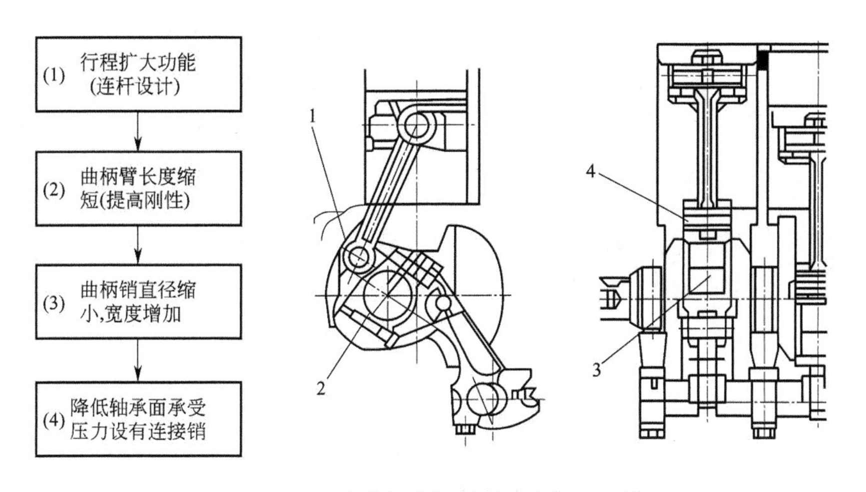

图 2-37 日产曲柄销杠杆的放大行程功能

控制臂由电动执行器驱动。电动执行器是由电动机、梯形螺钉、螺帽构成。当电动机转动梯形螺钉时，则螺帽做轴向移动。这种位移被传递到控制轴的叉形部分，其弯曲角最大达到100°时控制轴做旋转运动。压缩比从最大值变化到最小值，需时0.4s。

该发动机装在日产车上进行试验，试验车速为100km/h，在该车速下稳定行驶时，油耗比普通发动机降低13%。而且在高压缩比时燃烧性能良好，即使在大量废气再循环下燃烧性能仍然稳定。

2. 气缸盖可旋转的可变压缩比汽油增压发动机

该项可变压缩比技术是由瑞典的萨博（SAAB）公司开发的，简称SVC（Saab Variable Compression）技术。SVC是通过改变燃烧室的容积来改变压缩比的。该结构中将燃烧室与曲轴箱动态连接在一起。当燃烧室的位置提高时，燃烧室容积变大、压缩比就相应减心；降低燃烧室的位置，燃烧室容积变小、压缩比就会相应增大。

通过液压调节装置使气缸盖相对于曲轴箱发生倾斜如图2-38所示，上部的整体式气缸盖，包含着气缸盖和做成一体的气缸筒。整体气缸盖可以绕曲轴箱转动如图2-39所示，下部的曲轴箱由机体、曲轴、连杆和活塞组成。气缸盖与气缸体通过一组摇臂连接，摇臂能在ECU的控制下，通过液压调节装置使气缸盖相对于曲轴箱转过一个角度，当燃烧室向右侧偏转时，燃烧室的容积变大、压缩比相应减小；当燃烧室向左侧偏转时，燃烧室的容积减小，相应地，压缩比增大。

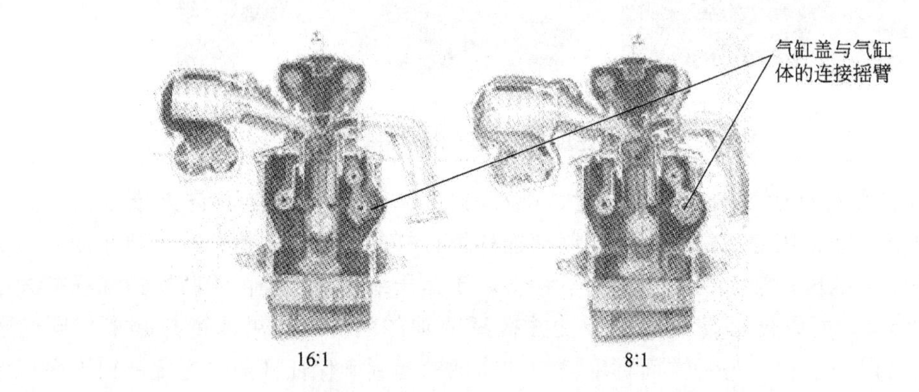

图2-38　通过液压调节装置使气缸盖相对于曲轴箱发生倾斜

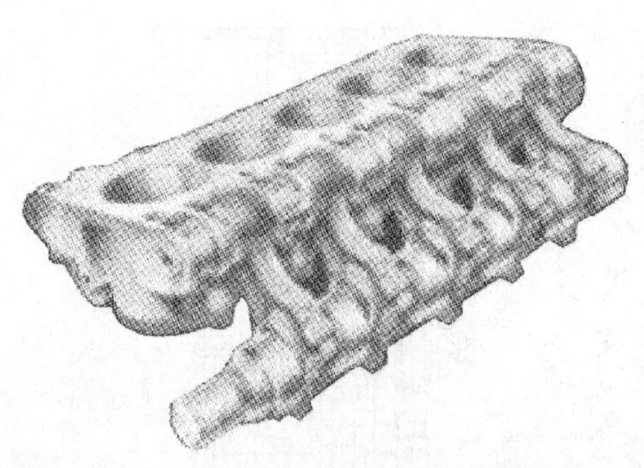

图2-39　整体气缸盖可以绕曲轴箱转动

SVC能通过ECU根据发动机的转速、负荷、工作温度、燃料使用状况等进行压缩比的连续调节，调节范围从8到14。不但降低了油耗，而且使发动机功率增大，同时也非常环保，所以达到了动力、油耗和排放的完美平衡。

SVC技术应用在SAAB 9-3轿车的1598mL排量、直列5缸、20气门的发动机上，产生了165.4kW（225hp）的最大功率和304N·m的最大转矩，动力与本田的3.2L V6发动机相似，而比普通相同功率发动机减少超过30%的燃油消耗。这款SVC发动机升功率能达到110.3kW/L。同时，废气排放满足欧Ⅳ标准。这款发动机另外一个非常重要的优点是：ECU能通过传感器判断汽油的标号，并选择最适合的压缩比。这样，它就能适应不同标号的汽油，特别是低标号的汽油。

3. 曲轴偏心移位实现可变压缩比的增压汽油机

这项技术是由德国 FEV 工程公司开发的。其核心是曲轴的偏心支承。曲轴支承在偏心器中，偏心器支承曲轴的孔的中心线与它的旋转中心线并不重合，两者之间的距离称为偏心度，FEV 的可变压缩比（VCR）机构与原理如图 2-40 所示。利用一台标定功率为 200W 的永磁激励无刷同步电动机通过偏心器上的扇形齿轮带动偏心器转动，曲柄中心线就会相对于气缸盖的位置发生改变，因而可以连续地调节压缩比。压缩比可在（8∶1）～（16∶1）之间进行调节。调节时间在减小压缩比时为 0.1s，在提高压缩比时为 0.3s。

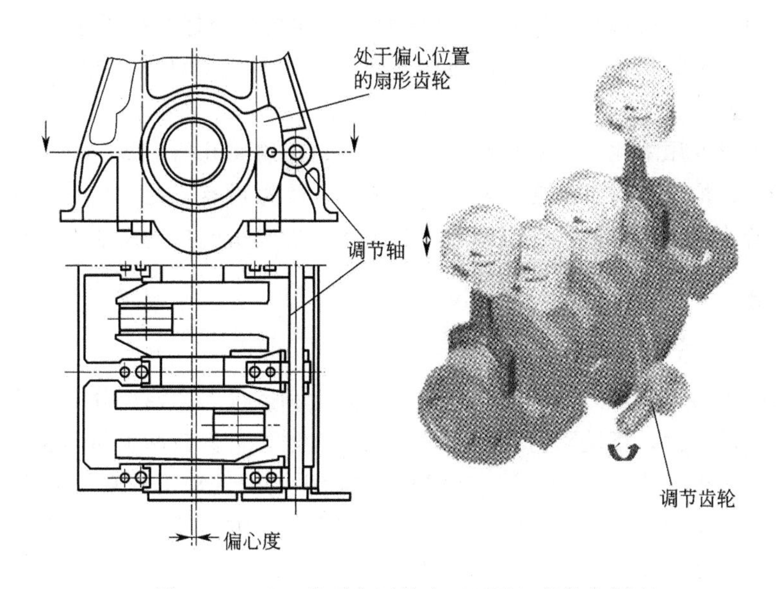

图 2-40　FEV 的可变压缩比（VCR）机构与原理

在压缩比的调节过程中，曲轴中心线的位置将发生改变。但是，与曲轴变速器输入端和发动机前端相连接的其他部件的位置是不变的。因此，专门采用了平行的曲柄传动机构对其进行必要的补偿，这个机构不增加安装空间，平行的曲柄传动机构如图 2-41 所

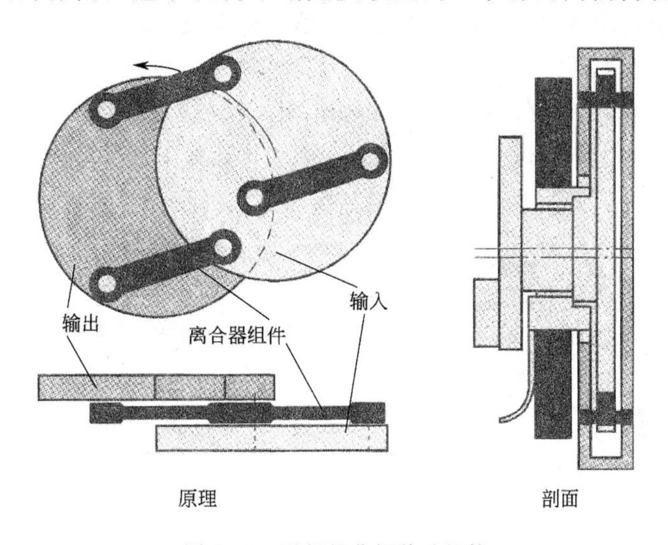

图 2-41　平行的曲柄传动机构

示。驱动侧的离合器单元也适合于采用双质量飞轮的启动机/发电机或者集成的启动机/发电机。气缸缸数对此影响不大。借助于偏心器调节压缩比的原理也可以用于V形发动机，V形发动机中V形角对压缩比的影响很小，其影响可以通过软件中点火时刻的自适应功能得到补偿。

偏心移位实现可变压缩比的方案在一台1.8L VCR（可变压缩比）发动机上进行了试验，发动机转矩达300N·m、功率达165kW、升功率超过90kW/L。将这台样机装在一辆成批生产的汽车上进行试验，结果表明，样车在新欧洲行驶循环中相对于固定压缩比的原型车油耗降低7.8%，排放满足欧Ⅳ排放法规要求。对这台概念发动机进行了摩擦、功能和磨损方面的试验及超过400h的耐久试验后，证明发动机样机的摩擦与成批生产的原型机曲柄连杆机构没有差别（因为平行的曲柄传动机构的传力元件是用滚针支承的），无论机械噪声还是燃烧噪声都不显著。

偏心移位实现可变压缩比的方式具有以下优点：对燃烧室几何形状的影响很小；调节机构需要的力比较小；惯性力没有改变；摩擦没有增加；噪声没有恶化；良好的可调节性；适中的制造费用；若成批生产时，不需要新的加工设备；发动机的主要尺寸基本保持不变。

七、其他新技术

1. 分缸断油（闭缸技术）

汽车的行驶阻力由坡度阻力、加速阻力、滚动阻力和空气阻力四部分组成。其中，空气阻力与车速的平方成正比；滚动阻力随车速增大而略有增加；其余两项与车速无关。汽车低速行驶时，以前面三项为主，阻力几乎与车速无关，所以对发动机的功率要求与车速成正比；但高速行驶时，阻力以空气阻力为主，大体上与车速平方成正比，所以对发动机的功率要求与车速的三次方成正比。经济型轿车对车速要求较低，可是豪华型轿车对车速要求很高，甚至可达200km/h以上，所以，后者装备的发动机功率甚至可达前者的10倍。这种大功率轿车在都市中行驶时，功率要求不会比经济型轿车大许多，所以只利用了发动机标定功率的很小一部分。汽油机在这种低工况下运行时经济性和排放都极差。如果在低工况下切断一部分气缸的燃油供应，那么，其余各缸就会工作在经济性和排放都大为改善的工况区域，一旦这几个缸不能满足功率要求，停油各气缸便单独地或成组地恢复供油并点火工作。这种工作方式称为分缸断油或闭缸技术。

以分缸断油的方式实现部分负荷调节时，不必将节气门开度减小。与传统汽油机相比，这种调节方式显然减少了泵气损失和节流损失，进一步提高了经济性。

图2-42以六缸机为例示出了分缸断油电子控制的原理。部分负荷时，ECU通过设在燃

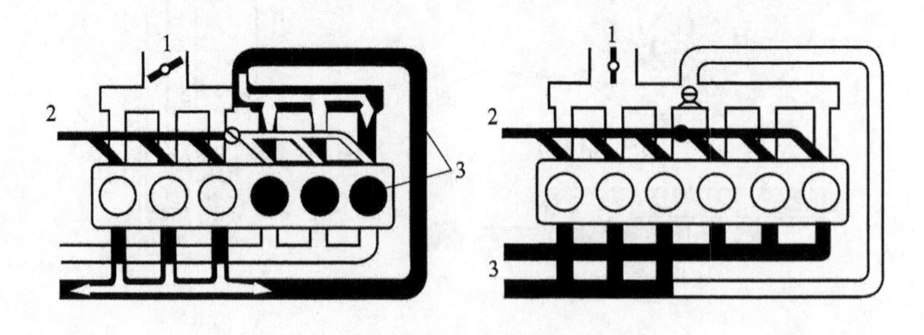

图2-42 分缸断油电子控制

1—空气；2—燃油；3—废气

油系统中的阀门切断右面3个气缸的燃油供应，只有左面3个气缸得到燃油供应并点火工作，一部分废气被送回进气管。进气总管中设有ECU控制的阀门，可将这两组气缸的进气歧管分隔开，所以回流废气可经进气管流入已经断油的3个气缸，再经过专门为这一组气缸设置的排气管排出。让废气流入断油气缸的目的是保证发动机整体上温度分布均匀，提高断油气缸中机油的温度以减少摩擦损失和磨损。全负荷时，各缸一起工作。进气总管中的阀门将两组气缸的进气歧管接通，各缸都得到新鲜空气和燃油供应。

闭缸技术在国外已有应用。例如，波尔舍研制的V6发动机，可以闭缸一半，在公路上行驶节油率可达16%，在市内行驶节油率可达28%；日本三菱汽车公司2L排量发动机采用闭缸技术，怠速时节油42%，车速40km/h时节油22%，车速60km/h时节油可达16%。

2. 与变速器换挡相关的发动机控制

变速器换挡控制属于汽车底盘电子控制的范畴，不在本节范围以内。这里只介绍一下其他与发动机控制有关的问题。

变速器换挡控制可降低油耗、改善换挡舒适性并提高可传递的功率和变速器寿命。它可与发动机电子控制系统做成一体，变速器电子控制系统如图2-43所示。所需的输入信号由发动机负荷传感器、发动机转速传感器、节气门开关以及变速器输出轴转速传感器、变速器挡位开关、程序模块开关和加速踏板终端开关等提供。执行器是变速器液压系统压力调节器、电磁阀和故障信号灯。

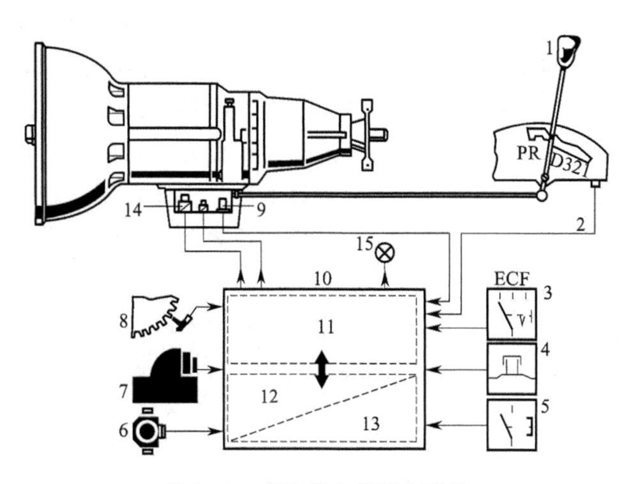

图2-43 变速器电子控制系统

1—挡位选择杆；2—挡位开关；3—程序模块开关；4—加速踏板终端开关；5—牵引力控制开关；6—节气门开关；7—发动机负载传感器；8—发动机转速传感器；9—变速器输出轴转速传感器；10—电子控制单元；11—变速器控制；12—点火控制；13—喷油控制；14—换挡阀和变矩器阀；15—故障信号灯

在平路上行驶时，汽车对发动机的功率需求由车速惟一地确定。发动机功率等于转矩和转速的乘积。为了实现某一车速，发动机功率和转速可以有不止一种的组合，由变速器速比决定。每一种组合对应于发动机的一个工况点和一个比油耗值。ECU会选择其中比油耗最低的一种组合所对应的变速器速比。为此目的设置的程序模块称作节油程序模块。当然还有其他程序模块可供选择，例如，手动换挡程序模块和运动驾驶程序模块等，分别适应不同的要求。

变速器换挡电子控制换挡时可推迟点火以降低发动机转矩。全负荷时换挡本来是特别危险的。推迟点火使得全负荷换挡就跟部分负荷换挡一样平稳。换挡结束以后，点火正时恢复正常。

3. 停车-启动运行电子控制

据资料显示，汽车在城市行驶工况中，停车时常常不关闭发动机，怠速运行时间占总运行时间的比例可高达20%～30%，而怠速油耗占总油耗的5%左右。因此，如果停车时关闭发动机，取消怠速，对改善整车燃料消耗损失大有好处。如前所述，怠速转速电子控制是为了减少怠速燃油消耗和怠速稳定。达到同样目的另一种办法是采取停车-启动运行。当离合器脱开、汽车停住或只是以大约2km/h的速度爬行时，发动机在几秒钟内就自动关闭。这种情况主要发生在都市交通信号灯前面或堵车时。借此可节省燃油并减少排放。重新启动发动机时只要将离合器踏板踩到底，并将加速踏板踩下达其行程1/3就可以了。此时，ECU会令启动机转动，并按照起动程序模块控制喷油和点火。

停车-启动运行虽然节省了怠速燃油，但增加了起动燃油的消耗。因此，严格限制起动燃油的消耗就成了特别重要的任务。

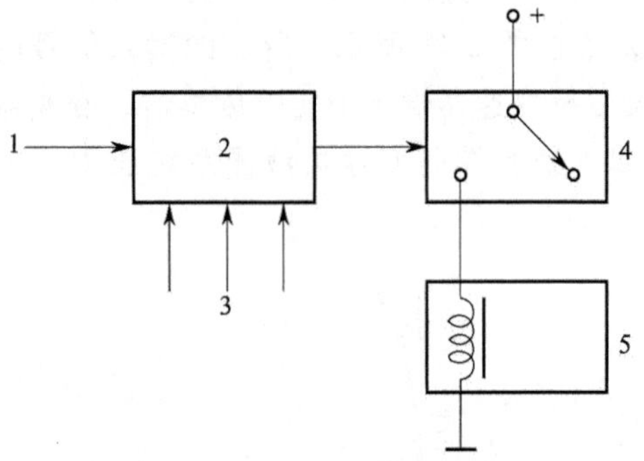

4. 空调压缩机电子控制

汽车空调压缩机通常装在发动机上，通过电磁离合器从发动机获取功率。电磁离合器由ECU控制。

空调压缩机电子控制原理如图2-44所示，当驾驶员接通空调开关时，空调请求信号输送给ECU。ECU根据其他信号分析后决定是否开启空调。若可以开启，则发出信号给空调压缩机离合器继电器，接通空调压缩机电磁离合器的磁线圈电路，使离合器接合，发动机便带动空调压缩机旋转。

图2-44　空调压缩机电子控制原理
1—空调请求信号；2—ECU；3—其他信号（包括转速、点火电压、节气门位置、制冷剂压力、冷却液温度和进气温度等）；4—空调压缩机电磁离合器的继电器；5—空调压缩机电磁离合器

当出现下列的一种或几种情况时，空调请求将被响应：①发动机转速超过某一数值，如5400r/min；②发动机转速超过某一稍低于上述的数值若干秒，如超过4500r/min达5s；③点火电压低于某一数值，如10.5V；④节气门开度大于某一程度，如90%；⑤制冷剂压力过高或过低，如高于2.9MPa或低于0.24MPa；⑥冷却液温度过高，如超过125℃；⑦进气温度过低，如低于5℃。

空调请求信号也可以不是由驾驶员发出，而是以电子方式自动发出，例如，根据太阳光照强度、环境空气温度、人体皮肤温度、汽车车厢内温度等信息由ECU确定是否发出空调请求信号。

5. 冷却风扇电子控制

现代轿车发动机冷却风扇通常不是直接装在曲轴前端，而是与散热器做成一体。受发动机舱尺寸所限，散热器常为长方形，两台冷却风扇并列布置，各由一台电动机驱动。

ECU根据输入信息控制冷却风扇电动机。冷却风扇电子控制原理如图2-45所示，当ECU发给冷却风扇继电器2、3和4发出信号时，两台电动机都不通电；当ECU只发出信号给冷却风扇继电器2并使它接通时，冷却风扇电动机5和6串联，低速旋转；当ECU同

时发出信号给冷却风扇继电器 2、3 和 4 并使它们都接通时，冷却风扇电动机 5 和 6 并联，高速旋转。

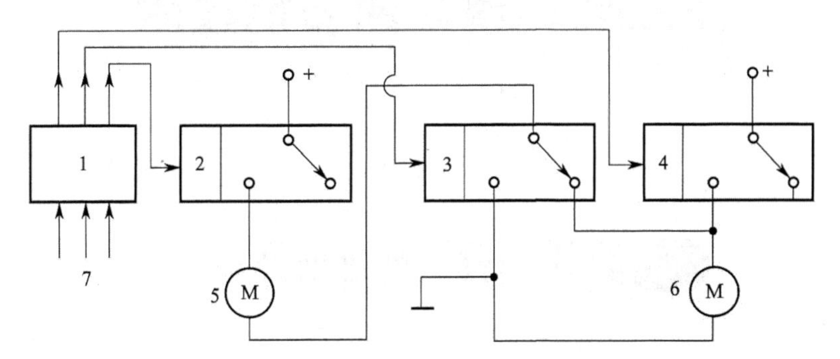

图 2-45　冷却风扇电子控制原理

1—ECU；2、3、4—冷却风扇继电器；5、6—冷却风扇电动机；7—输入信号

第三章 整车的节能技术

第一节 汽车的燃油经济性

石油是交通运输的主要能源，节约汽车用燃油是汽车制造业和汽车运输业的一个重要任务。汽车的燃油经济性是指汽车在一定的使用条件下，以最小的燃料消耗量完成单位运输工作的能力。它是汽车的主要使用性能之一，直接关系到汽车能否节能。本节主要讨论燃油经济性的评价指标、汽车燃油经济性的计算方法以及提高燃油经济性的途径。

一、汽车燃油经济性的评价指标

汽车燃油经济性常用一定运行工况下汽车行驶百公里的燃油消耗量或一定燃油量能使汽车行驶的里程来衡量。

在中国、加拿大、澳大利亚等国家，燃油经济性指标的单位为 L/100km，即行驶 100km 所消耗的燃油升数。其数值越大，汽车燃油经济性越差。美、英等国家采用 MPG(mile/gal)，指的是每加仑燃油能行驶的英里数；日本、韩国、中国台湾等国家和地区采用 km/L，这个数值越大，汽车燃油经济性越好。

等速行驶百公里燃油消耗量是常用的一种评价指标，它指汽车在一定载荷下，以最高挡在水平良好的路面上等速行驶 100km 的燃油消耗量。常测出每隔 10km/h 或 20km/h 速度间隔的等速百公里燃油消耗量，然后在图上连成曲线，称为等速百公里燃油消耗量曲线，用它来评价汽车的燃油经济性，汽车等速百公里燃油消耗量曲线如图 3-1 所示。

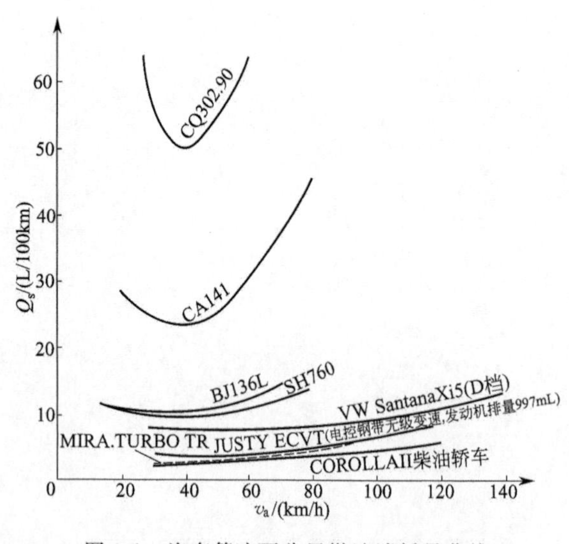

图 3-1　汽车等速百公里燃油消耗量曲线

但是，等速行驶工况并没有全面反映汽车的实际运行情况，特别是在市区行驶中频繁出现的加速、减速、怠速停车等行驶工况。因此，各国都制定了一些典型的循环行驶实验工况来模拟实际汽车运行状况，并以其百公里燃油消耗量来评价相应行驶工况的燃油经济性。

测量汽车燃油经济性的行驶工况如图 3-2 所示，欧洲经济委员会（ECE）规定，要测量车速为 90km/h 和 120km/h 的等速百公里燃油消耗量和按 ECE-R. 15 循环工况的百公里燃油消耗量，并各取 1/3 相加作为混合百公里燃油消耗量来评定汽车燃油经济性。美国环境保护局

(EPA)规定，要测量市内循环工况（UDDS）及公路循环工况（HWFET）的燃油经济性（单位为 mile/gal)，并按下式计算综合燃油经济性。

$$综合燃油经济性=\frac{1}{\frac{0.55}{城市循环燃油经济性}+\frac{0.45}{公路循环燃油经济性}} \tag{3-1}$$

以它作为燃油经济性的综合评价指标。我国也制定了货车与客车的路上行驶循环工况，还规定以等速百公里燃油消耗量和最高挡节气门全开加速行驶 500m 的加速油耗作为单项评价指标，以循环工况燃油消耗量作为综合评价指标。

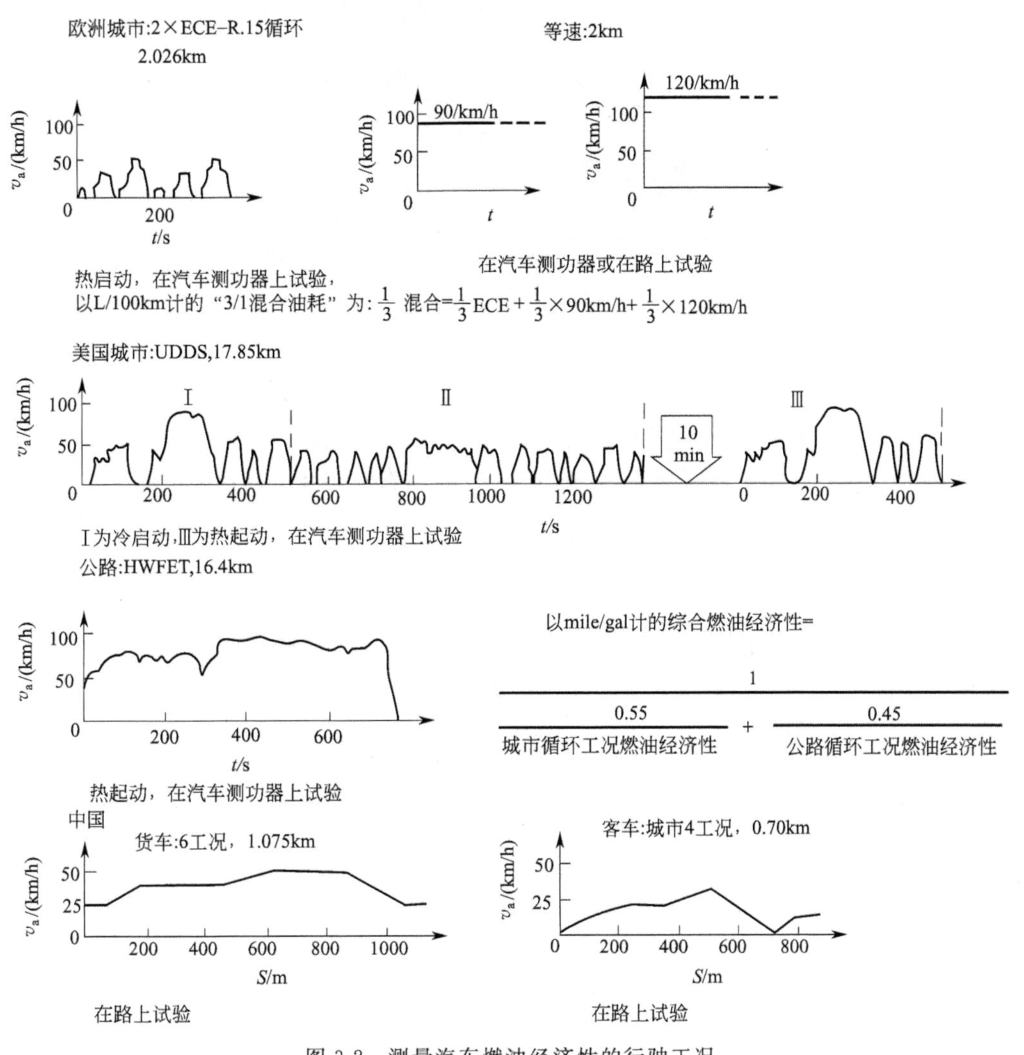

图 3-2　测量汽车燃油经济性的行驶工况

二、汽车燃油经济性的计算

1. 等速行驶工况燃油消耗量的计算

图 3-3 给出了某汽油发动机的万有特性曲线。在万有特性图上有等燃油消耗率曲线。根据这些曲线，可以确定发动机在一定转速 n，发出一定功率 P_e 时的燃油消耗率 b_e。为了便于计算，在以转速 n 和车速 v_a 的转换关系为横坐标上画出汽车（最高挡）的行驶车速比例

尺。此外，计算时还需要等速行驶的汽车阻力功率值(P_f+P_w)。式中，P_f 为汽车滚动阻力功率，P_w 为汽车空气阻力功率。

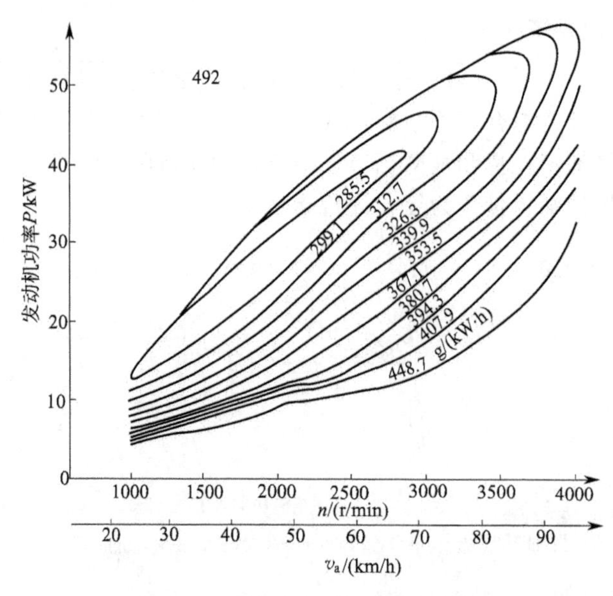

图 3-3　汽油发动机万有特性曲线

根据等速行驶车速 v_a 及阻力功率 P，在万有特性图上（利用插值法）可确定相应的燃油消耗率 b_e。从而计算出以该车速等速行驶时单位时间内的燃油消耗量 Q_t(mL/s) 为

$$Q_t=\frac{P_e b_e}{367.1\gamma} \tag{3-2}$$

式中　b_e——燃油消耗率，g/(kW·h)；

γ——燃油的相对密度，汽油可取为 6.96～7.15N/L，柴油可取 7.94～8.13N/L。

整个等速过程行经 S(m) 行程的燃油消耗量 Q(mL) 为

$$Q=\frac{P_e b_e S}{102 v_a \gamma} \tag{3-3}$$

折算成等速百公里燃油消耗量 Q_s(L/100km) 为

$$Q_s=\frac{P_e b_e}{1.02 v_a \gamma} \tag{3-4}$$

2. 加速行驶工况燃油消耗量的计算

在汽车加速行驶时，发动机还要提供为克服加速阻力所消耗的功率。若加速度为 $\frac{d_v}{d_t}$(m/s²)，则发动机提供的功率 P_e(kW) 应为

$$P_e=\frac{1}{\eta_T}\left(\frac{Gfv_a}{3600}+\frac{C_D A v_a^3}{76140}+\frac{\delta m v_a d_v}{3600 d_t}\right) \tag{3-5}$$

下面计算由 v_{a1} 以等加速度加速行驶至 v_{a2} 的燃油消耗量。把加速过程分隔为若干个区间，例如，按速度每增加 1km/h 为一个小区间，每个区间均燃油消耗量可根据其平均的单位时间燃油消耗量与行驶时间之积来求得。各区间起始或终了车速所对应时刻的单位时间燃油消耗量Q_t(mL/s)，可根据相应的发动机发出的功率与燃油消耗率求得。

$$Q_t = \frac{P_e b_e}{367.1\gamma} \tag{3-6}$$

而汽车行驶速度每增加 1km/h 所需时间 Δt(s) 为

$$\Delta t = \frac{1}{3.6\frac{d_v}{d_t}} \tag{3-7}$$

从行驶初速度 v_{a1} 加速至 ($v_{a1}+1$)km/h 所需燃油量 Q_1(mL) 为

$$Q_1 = \frac{1}{2}(Q_{t0} + Q_{t1})\Delta t \tag{3-8}$$

式中　Q_{t0}——行驶初速度 v_{a1} 时，即 t_0 时刻的单位时间燃油消耗量，mL/s；

Q_{t1}——车速 ($v_{a1}+1$)km/h 时，即 t_1 时刻的单位时间燃油消耗量，mL/s。

而车速由 ($v_{a1}+1$)km/h 再增加 1km/h 所需的燃油量 Q_2(mL) 为

$$Q_2 = \frac{1}{2}(Q_{t1} + Q_{t2})\Delta t \tag{3-9}$$

式中　Q_{t2}——车速为 ($v_{a1}+2$)km/h 时，即 t_2 时刻的单位燃油消耗量，mL/s。

因此，每个区间的燃油消耗量为

$$Q_3 = \frac{1}{2}(Q_{t2} + Q_{t3})\Delta t$$

$$\cdots$$

$$Q_n = \frac{1}{2}(Q_{t(n-1)} + Q_{tn})\Delta t \tag{3-10}$$

式中　Q_{t3}、Q_{t4}、…、Q_{tn}——t_3、t_4、…、t_n 各个时刻的单位时间燃油消耗量，mL/s。

整个加速过程的燃油消耗量 Q_a(mL) 为

$$Q_a = \sum_{i=1}^{n} Q_i = Q_1 + Q_2 + Q_3 + \cdots + Q_n$$

或

$$Q_a = \frac{1}{2}(Q_{t0} + Q_{tn})\Delta t + \sum_{i=1}^{n-1} Q_{ti}\Delta t \tag{3-11}$$

加速区段内汽车行驶的距离 s_a(m) 为

$$s_a = \frac{v_{a2}^2 - v_{a1}^2}{25.92\frac{d_v}{d_t}} \tag{3-12}$$

3. 等减速行驶工况燃油消耗量的计算

减速行驶时，加速踏板松开（关至最小位置）并进行轻微制动，发动机处于强制怠速状态，其耗油量即为正常怠速油耗。所以，减速燃油消耗率等于减速行驶时间与怠速油耗的乘积。减速时间 t(s)

$$t = \frac{v_{a2} - v_{a3}}{3.6\frac{d_v}{d_{td}}} \tag{3-13}$$

式中　v_{a2}、v_{a3}——起始及减速终了的车速，km/h；

$\frac{d_v}{d_{td}}$——减速度，m/s^2。

因此，减速过程燃油消耗量 Q_d(mL) 为

$$Q_d=\frac{v_{a2}-v_{a3}}{3.6\frac{d_v}{d_{td}}}Q_i \tag{3-14}$$

式中 Q_i——怠速燃油消耗率，mL/s。

减速区段内汽车行驶的距离 s_d(m) 为

$$s_d=\frac{v_{a2}^2-v_{a3}^2}{25.92\frac{d_v}{d_t}} \tag{3-15}$$

4. 怠速停车时的燃油消耗量计算

若怠速停车时间为 t_s(s)，则燃油消耗量 Q_{id}(mL) 为

$$Q_{id}=Q_i t_s \tag{3-16}$$

5. 整个循环工况的百公里燃油消耗量

对于由等速、等加速、等减速、怠速停车等行驶工况组成的循环，如 ECE-R.15 和我国货车六工况法，其整个实验循环的百公里燃油消耗量 Q_s(L/100km) 为

$$Q_s=\frac{\sum Q}{s}\times 100 \tag{3-17}$$

式中 $\sum Q$——所有过程耗油量之和，mL；

s——整个循环的行驶距离，m。

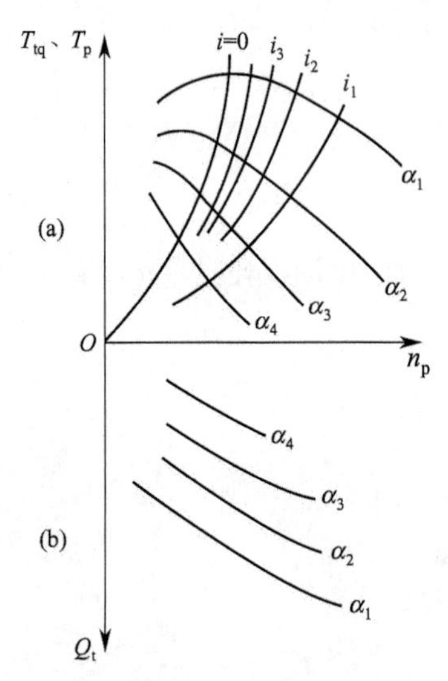

图 3-4 发动机与液力变矩器的共同工作曲线和发动机的每小时燃油消耗量曲线

6. 装有液力传动装置的汽车燃油经济性的计算

对于装有液力传动的汽车，其燃油经济性的计算与普通变速器的汽车有所不同。除要知道发动机的特性外，还要知道有关液力传动装置的特性，及泵轮的转矩曲线和无因次特性。且发动机的节流特性常用 $T_{tq}=f(n,\alpha)$ 及 $Q_t=f(n_e,\alpha)$的形式表示。Q_t 指发动机输出一定功率时每小时的燃油消耗量，称为小时燃油消耗量，单位为 L/h，α 指节气门开度。图 3-4 即表示发动机与液力变矩器的共同工作曲线和发动机的每小时燃油消耗量曲线。

要计算 100km 燃油消耗量时，可在发动机转矩曲线上，画上泵轮的转矩曲线 $T_p=f(n_p)$，T_p 为泵轮转矩，n_p 为泵轮转速；然后根据变矩器的无因次特性 $K=f(i)$，确定在不同速比下的变矩比 K，再按下述关系

$$T_t=KT_p \text{ 和 } n_t=in_p \tag{3-18}$$

绘制不同节气门开度 α 下的 $T_t=f(n_t)$与 $n_p=f(n_t)$曲线，装有液力变矩器汽车的转矩平衡与 $n_p=f(n_t)$ 曲线如图 3-5 所示，式中 T_t 为涡轮转矩，n_t 为涡轮转速。

转速坐标按下列关系换算速度坐标。

$$v_a=0.337\frac{r_r n_t}{i_0 i_g} \tag{3-19}$$

为了确定汽车在不同道路上以不同速度行驶时发动机的节气门开度 α 与转速n($n=n_p$)，应利用转矩平衡，即在 $T_t=f(v_a)$的图上，按下列公式绘制汽车在不同道路阻力系数 ψ 下，

等速行驶时克服行驶阻力所需的涡轮转矩 T_c 与行驶速度 v_a 的关系。在选取 η_T 时，应考虑到带动液力传动辅助装置（如齿轮油泵、变矩器散热片）的能量消耗以及离合器片在油中的传动损失。对于一般轿车，此项损失在发动机最大功率时约占 6%。

$$T_c=\frac{(F_\psi+F_w)r}{\eta_T i_0 i_g}$$

所得 T_c 与 T_t 的交点决定了汽车在一定道路阻力系数（例如 ψ_1）下的汽车行驶速度与发动机进气门位置，并由所得速度在 $n_p=f(n_t)$ 曲线上确定 n_p（即 n）。于是相应的小时燃油消耗量 Q_t 即可由图 3-5 的 $Q_t=f(n,\alpha)$ 曲线上求出。而百公里燃油消耗量 Q_s(L/100km)，可按下式求得。

$$Q_s=\frac{Q_t}{v_a\gamma}\times 100 \tag{3-20}$$

这样，汽车的百公里燃油消耗率曲线 Q_s-ν_a 便可求出。

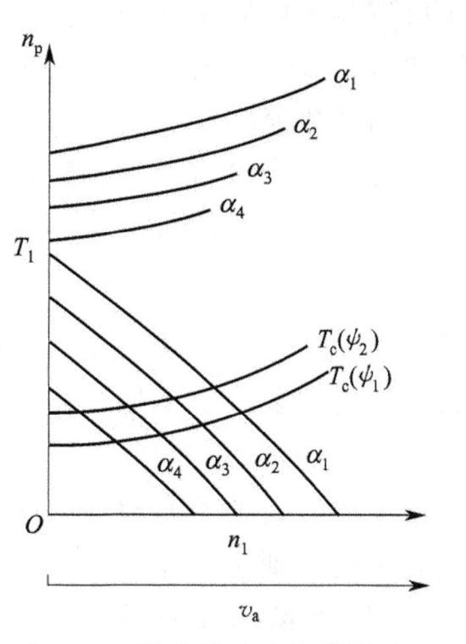

图 3-5　装有液力变矩器汽车的转矩平衡与 $n_p=f(n_t)$ 曲线

第二节　整车节能技术

由等速百公里燃油消耗公式可以看出，等速百公里燃油消耗量正比于等速行驶时的行驶阻力与燃油消耗率，反比于传动效率。因此，影响汽车燃油经济性的因素除了汽车发动机性能之外，还包括汽车行驶阻力、汽车传动系统、汽车结构因素、汽车总质量等诸多方面。

一、改进传动系统

汽车传动系统对汽车燃油经济性有重要影响，主要影响因素包括汽车传动系统的挡数、传动比和传动效率等。

1. 传动系统的最优匹配与参数优化

在汽车设计过程中，当发动机性能和汽车的常用行驶工况确定后，传动系统与发动机的匹配和参数选择是否恰当直接影响汽车的动力性、燃料经济性等。发动机与传动系统匹配示意如图 3-6 所示，AB 线为发动机万有特性的最佳燃油消耗曲线，R 区为发动机的常用工作区，显然 R 区距 AB 线越近，发动机燃料经济性越好。汽车以车速 ν_a 行驶时，发动机转速可以在等功率线 P 上任一点工作。例如，当传动比为 i_3，发动机在转速 n_3 工作时，离经济区较远，要使发动机切换到燃油经济性较好的 n_4 工作，可通过改变传动比到 i_4 实现。

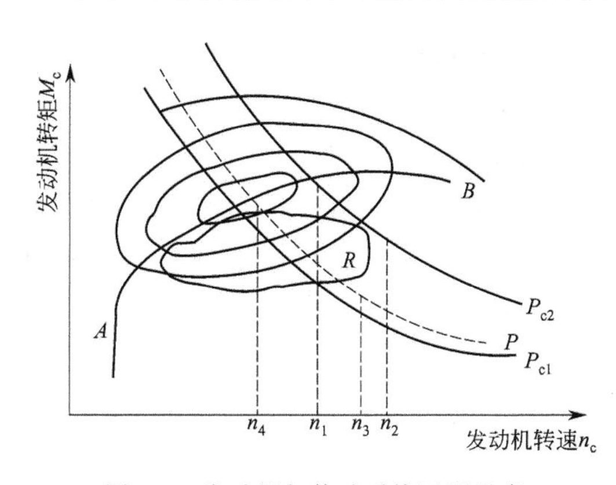

图 3-6　发动机与传动系统匹配示意

变速器的传动比范围、挡位数、传动比分

配规律和主传动比等参数都影响到整车的燃油经济性，在满足汽车动力性能的前提下，优化传动系各参数，使汽车常用工况处于发动机最佳经济区或接近最佳经济区，则可有效地降低汽车的燃油消耗。

2. 采用机械多挡变速器

传动系统的挡位越多，汽车在运行过程中越有可能选用合适的传动比使发动机处于最经济的工作状况，以提高汽车的燃油经济性。因此，近年来轿车手动变速器已基本上采用5挡，高级轿车开始转向6挡变速器。大型货车有采用更多挡位的趋势，如装载质量为4t的五十铃货车装用了7挡变速器。由专职驾驶员驾驶的重型汽车和牵引车，为了改善动力性和燃油经济性，变速器的挡位可多至10～16个。但挡位数过多会使变速器结构大为复杂，同时操纵机构也过于繁琐，因此使变速器操作不便，选挡困难，为此常在变速器后接上一个两挡或三挡的副变速器。

图3-7所示为中国重型汽车集团公司生产的斯太尔重型汽车用ZFS6-90型带副变速器传动机结构示意。图3-7(a) 所示组合式变速器在主变速器（五挡变速器）的后面串联安装了一个两挡副变速器Ⅱ，这样可得到10个前进挡。在主变速器Ⅰ中，除倒挡采用直齿轮传动外，其余各挡均采用斜齿轮传动。二～五挡采用同步器换挡，而一挡和倒挡是利用接合套11的移动完成换挡的。副变速器Ⅱ中的高速挡（直接挡）和低速挡的挂挡也采用了同步器。当副变速器中的同步器接合套17左移并与固定外齿圈16接合时，行星齿轮内齿圈15被固定而不能转动，则副变速器挂入低速挡。当同步器接合套17右移并与副变速器高速挡齿圈18接合时，行星齿轮轴14、变速器输出轴19、行星齿轮内齿圈15与副变速器输入轴齿轮20固连在一起而同步旋转，则副变速器挂入高速挡。

润滑油泵2由第一轴1直接驱动，并通过第一轴1和第二轴6中的中心油道，润滑第二轴6上的常啮合齿轮5、7、9、10、12的内孔与第二轴6的配合表面以及副变速器中的行星齿轮轴14。

在组合式变速器中，除上述副变速器在主变速器之后的布置形式外，当副变速器传动比较小时，也可布置在主变速器之前[见图3-7(b)]。有的重型货车为了得到更多的挡位，在主变速器的前、后都装有副变速器。

3. 采用无级变速器

无级变速器，即CVT（Continuously Variable Transmission)，是理想的传动系统。采用CVT使得驾驶方便，传动系统与发动机得到最优匹配。

（1）结构原理　如图3-8所示为金属带式无级变速器的结构，它由CVT传动机构和控制系统组成，传动机构包括金属传动带、输入轴、输出轴、主动轮、从动轮、离合器和壳体等。变速系统中的主、从动工作轮是各由固定部分4a、6a和可动部分4、6组成，工作轮的固定部分和可动部分间形成V形槽，金属传动带在槽内与它啮合。当主、从动工作轮的可动部分做轴向转动时，即可改变传动带与工作轮的啮合半径，从而改变了传动比。工作轮可动部分的轴向移动是根据汽车的行驶工况，通过控制系统进行连续地调节而实现无级变速传动。其动力传递是由发动机飞轮经离合器传到主动工作轮、金属带、从动工作轮后，再经中间减速齿轮机构和主减速器，最后传给驱动轮。

1）金属传动带。CVT金属传动带如图3-9所示，金属传动带由两根厚片组合成的柔性钢带及许多金属片组成。其中，金属带承受由主动轮所传递的推力（不是拉力），柔性钢带将金属片保持成带状，并支撑金属带。图3-10所示为Van Doorne CVT传动带，图3-11为美国 Borg-Warner 公司与日本铃木公司合作研制的链传动带。

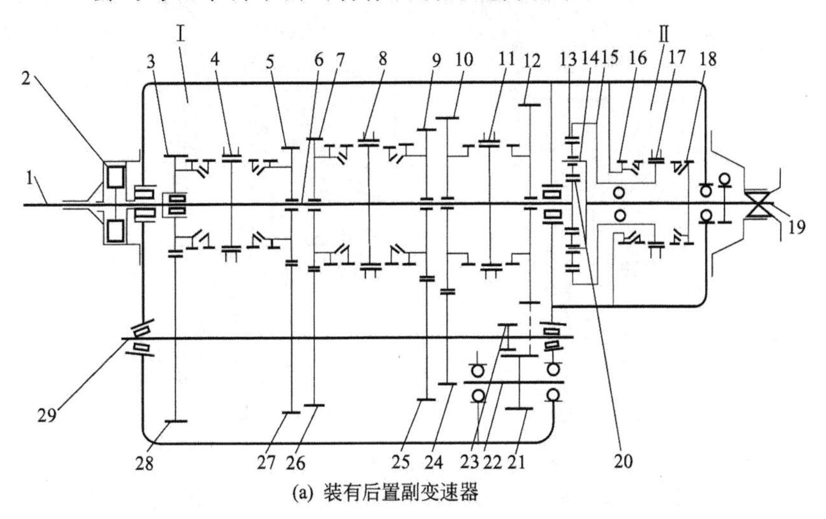

(a) 装有后置副变速器

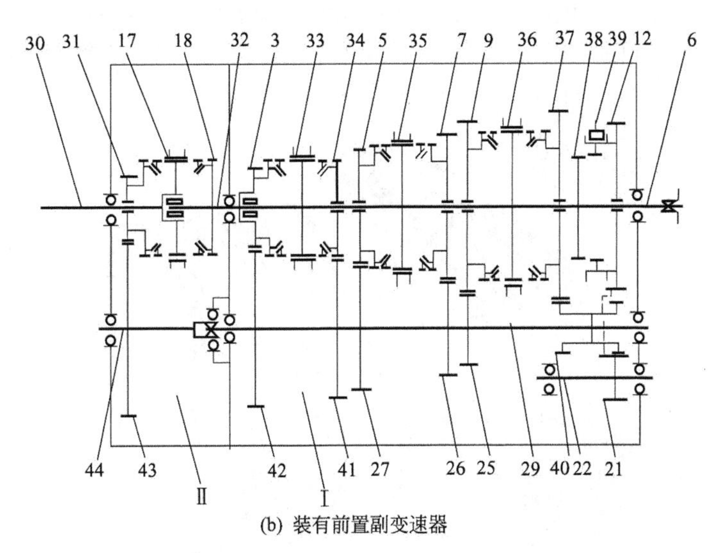

(b) 装有前置副变速器

图 3-7 斯太尔重型汽车用 ZFS6-90 型带副变速器传动机结构示意

1—第一轴；2—润滑油泵；3—第一轴常啮齿轮；4—四、五挡同步器接合套；5—第二轴四挡常啮合齿轮；6—第二轴；7—第二轴三挡常啮合齿轮；8—三挡同步器接合套；9—第二轴二挡常啮合齿轮；10—第二轴一挡常啮合齿轮；11—倒挡接合套；12—第二轴倒挡常啮合齿轮；13—副变速器行星齿轮；14—行星齿轮轴；15—行星齿轮内齿圈；16—固定外齿圈；17—副变速器高、低挡同步器接合套；18—副变速器高速挡齿圈；19—变速器输出轴；20—副变速器输入轴齿轮；21—倒挡齿轮；22—倒挡轴；23—中间轴倒挡齿轮；24—中间轴一挡齿轮；25—中间轴二挡齿轮；26—中间轴三挡齿轮；27—中间轴四挡齿轮；28—中间轴常啮齿轮；29—中间轴；30—副变速器输入轴；31—副变速器输入轴常啮齿轮；32—副变速器输出轴（主变速器第一轴）；33—五、六挡同步器接合套；34—第二轴五挡常啮齿轮；35—四挡同步器接合套；36—二挡同步器接合套；37—第二轴-挡齿轮；38—第二轴倒挡外齿圈；39—倒挡齿轮拨叉；40—中间轴倒挡双联齿轮；41—中间轴五挡齿轮；42—中间轴六挡齿轮；43—副变速器中间轴常啮齿轮；44—副变速器中间轴

Ⅰ-主变速器Ⅱ-副变速器

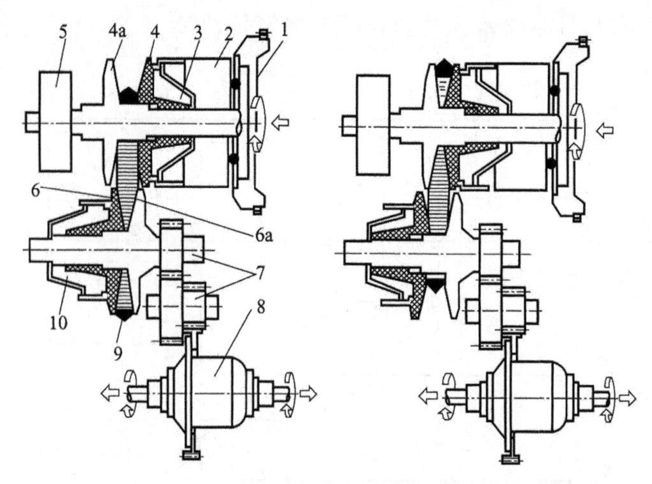

图 3-8 金属带式无级变速器的结构

1—发动机飞轮；2—离合器；3—主动工作轮液压控制缸；4—主动工作轮可动部分；4a—主动工作轮固定部分；5—液压泵；6—从动工作轮可动部分；6a—从动工作轮固定部分；7—中间减速器；8—主减速器与差速器；9—金属带；10—从动轮液压控制缸

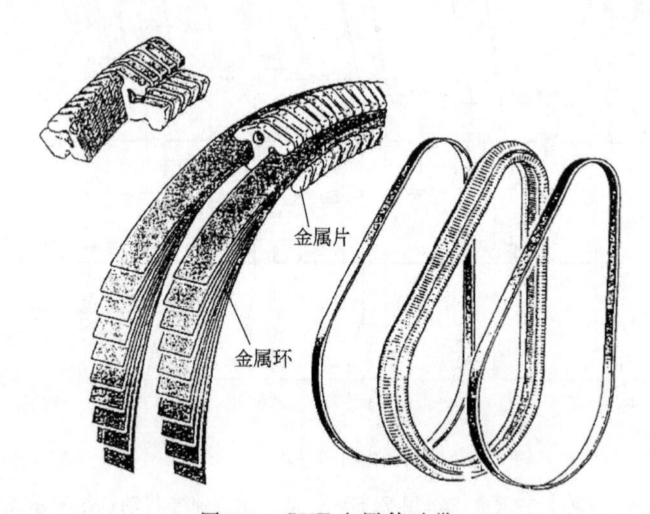

图 3-9 CVT 金属传动带

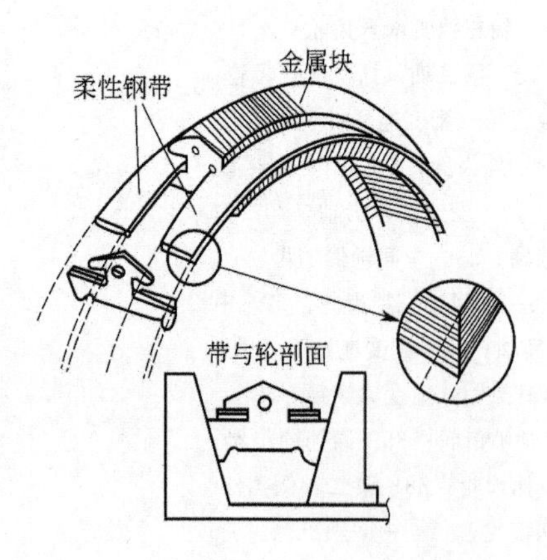

图 3-10 Van Doorne CVT 传动带

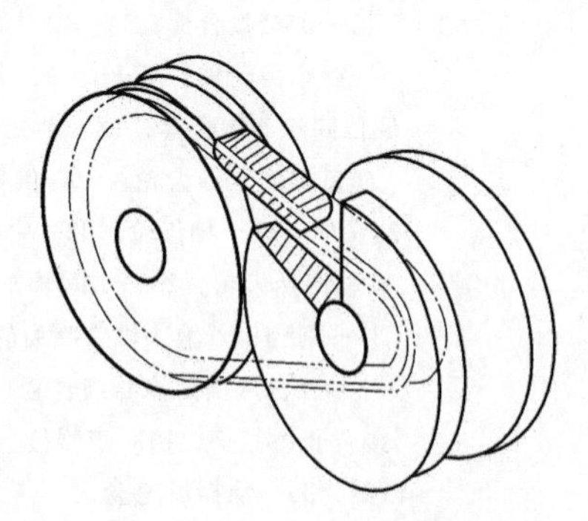

图 3-11 Borg-Warner 链传动带

2）CVT 传动机构。图 3-12 表示一种 CVT 传动器的结构。其输入轴带动行星齿轮装置旋转，行星齿轮装置的主动部分是行星架，被动部分是太阳轮，直接驱动 CVT 主动轮以及齿轮泵、前进挡离合器和倒挡制动器，用以实现汽车的前进、倒车和起步。

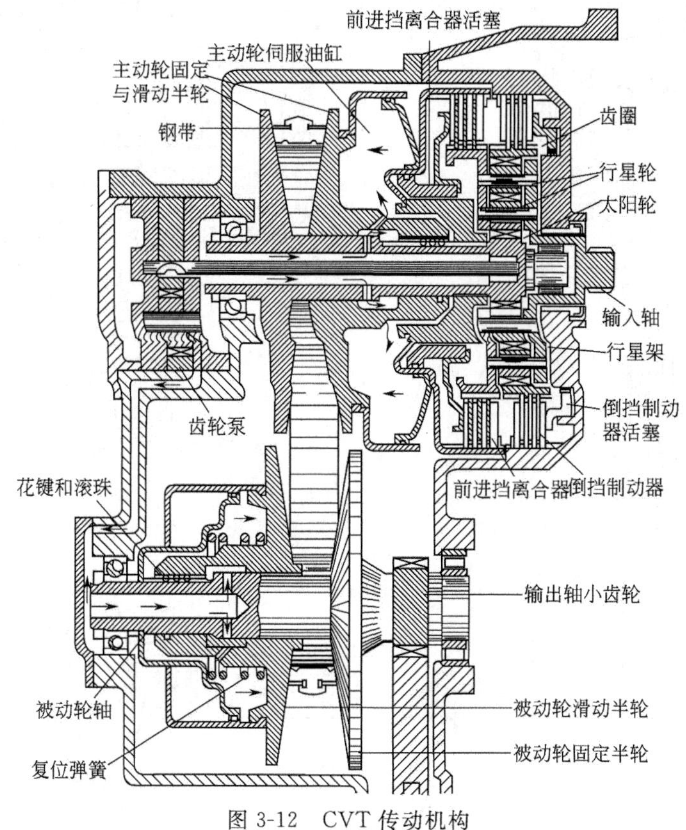

图 3-12　CVT 传动机构

油泵将油输入主动轮伺服油缸和被动轮伺服油缸，推动主动滑动半轮和从动滑动半轮。由于金属传动带长度不变，当主动滑动半轮左（右）移时，通过控制系统的作用，从动滑动半轮要向右（左）做相应的移动，从而改变传动比。

3）带有变矩器的 CVT 装置。如图 3-13 所示为带有变矩器的 CVT 装置，变矩器主要起两个作用：一是起步平稳；二是扩大汽车的总传动比，弥补 CVT 装置的不足之处。此外在装置中的两级齿轮减速起主减速器的作用，也增加了汽车的总传动比。

4）带有电磁离合器的 CVT 装置。带有电磁离合器的 CVT 装置，其电磁离合器用于改善起步性能。图 3-14 是在日本富士重工研制并在 Subaru 轿车上装用的 ECVT，E 是指电磁离合器。

从以上各结构可知，CVT 装置性能上有很多优点，但是由于起步性和总传动比小，通常要与其他装置连用。与离合器、电磁离合器、耦合器和变矩器连用是为了改善起步性能；与主减速器、变矩器连用是为了增加传动比。

5）CVT 装置的控制系统。CVT 装置传动比的变化是通过改变主动轮和从动轮 V 槽宽度实现的。由于传动带的长度是不变的，所以主动轮 V 槽宽度和被动轮 V 槽宽度应同时相应地变化。CVT 装置的控制系统如图 3-15 所示。

将节气门开度、发动机转速、主动带轮转速和被动带轮转速等参数输入电控单元 ECU，

ECU 输出指令，通过调节控制主动带轮和被动带轮的轴向力得到所需的传动比。有时 ECU 还要控制电磁离合器（对于 ECVT）等。

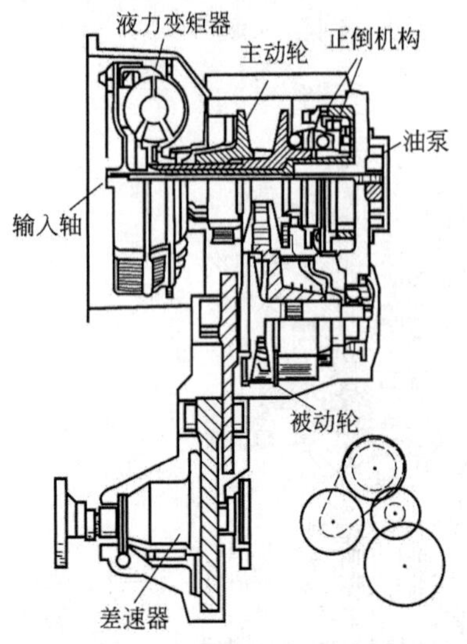

图 3-13　带有变矩器的 CVT 装置

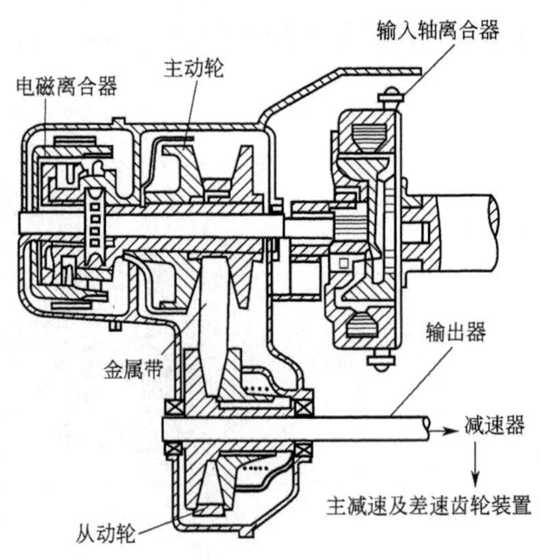

图 3-14　带有电磁离合器的 CVT 装置

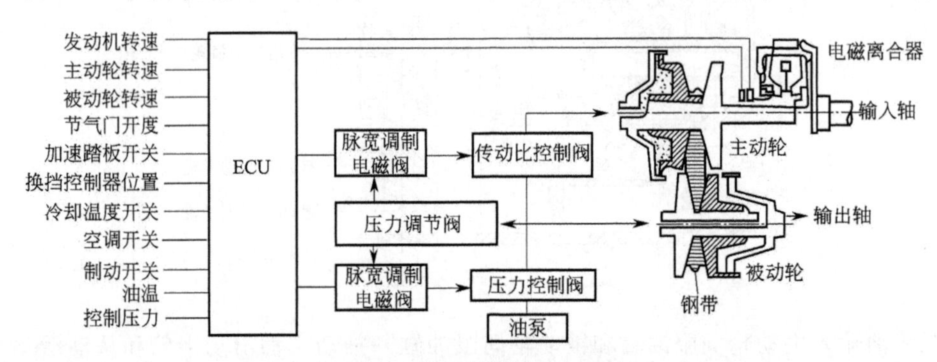

图 3-15　CVT 装置的控制系统

传动比 di/dt 的变化率，对汽车能否达到最大的加速度、加速是否平缓以及是否会产生减速度等均有较大影响。如果 di/dt 过大（见图 3-16），初始阶段会产生负加速度，以后虽然能达到较大加速度但变化也较大。如果 di/dt 过小（见图 3-17），则反之。只有 di/dt 适中（见图 3-18）才能兼顾各个要求，因此，有必要对 di/dt 加以合理控制。

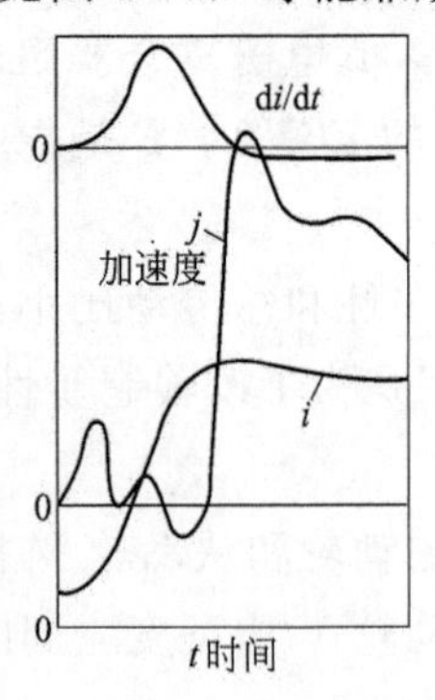

图 3-16　di/dt 值大的加速曲线

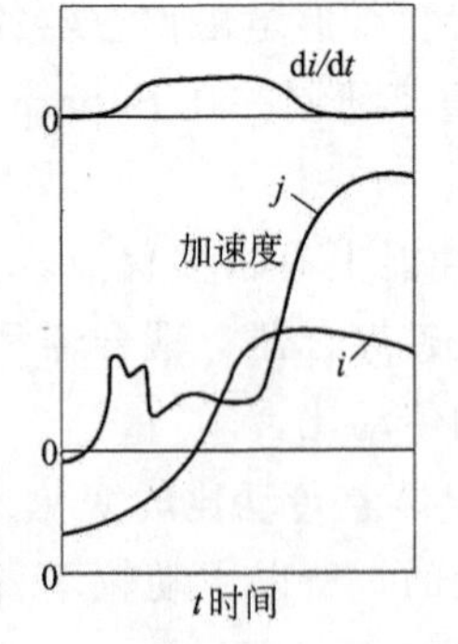

图 3-17　di/dt 值小的加速曲线

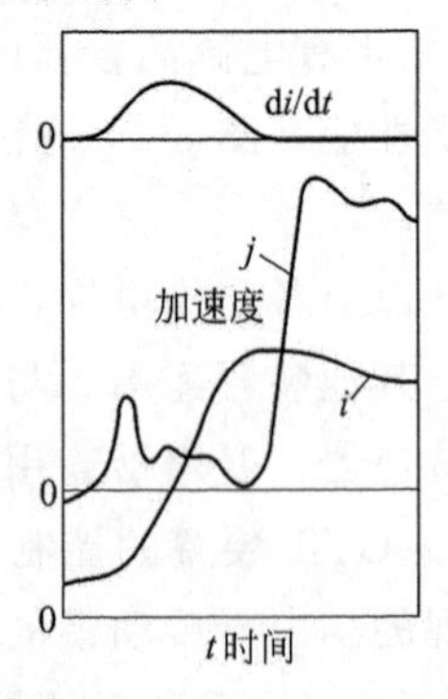

图 3-18　di/dt 值适中的加速曲线

量）。对于一定规格、层次的轮胎来说，下沉量的大小主要取决于轮胎承载负荷和胎内气压。气压下降，下沉量增大，滚动阻力系数增加，油耗增加。如当汽车各轮胎的气压均较标准气压（各车型规定值）降低 49kPa 时，就会增加 5％的油耗；而当轮胎气压低于标准的 5％～20％时，就会减少 20％的轮胎行驶里程，相应增加 10％的油耗。可见，保持轮胎气压在标准范围内，是减少轮胎偏移距，从而减小滚动阻力，降低油耗的有效措施。

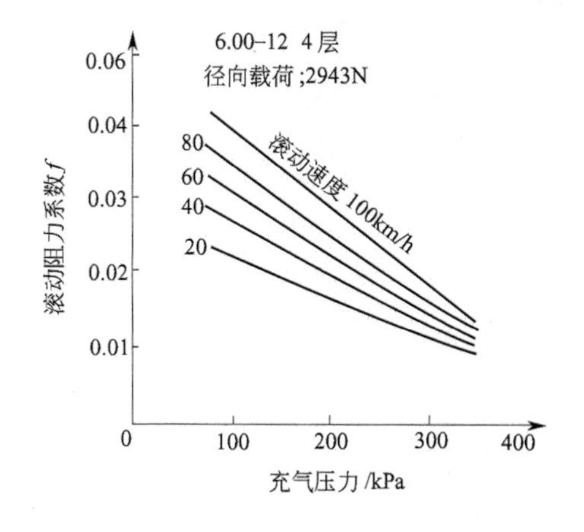

图 3-25 滚动阻力系数与充气压力的关系

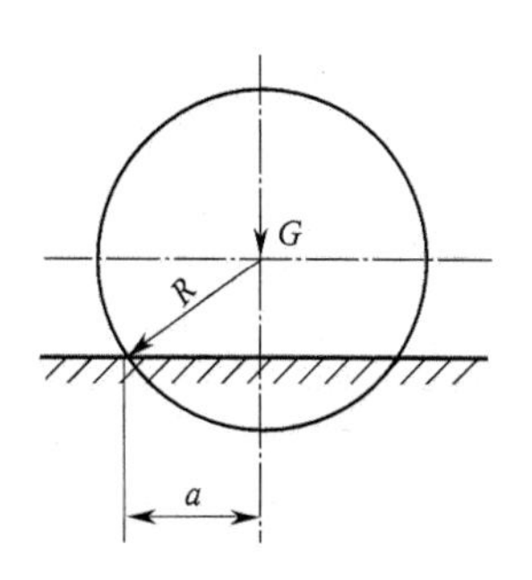

图 3-26 轮胎载荷和胎压与偏移距 a 的关系

（4）轮胎类型对滚动阻力的影响 轮胎的结构、帘线和橡胶的品种对滚动阻力都有影响。如图 3-27 所示为几种不同的轿车和货车轮胎的滚动阻力系数随车速和充气压力而变化的曲线，从图 3-27 中可以看出，子午线轮胎比斜交轮胎的滚动阻力系数小。这是因为子午线轮胎的胎线层数比斜交轮胎的层数少，一般为 4 层，从而层与层之间的摩擦损耗减小。同样层数和规格的轮胎，子午线轮胎接地面积比斜交轮胎大，接地印痕呈长方形，而斜交轮胎印痕呈椭圆形，因此，前者对地压强小且均匀，轮胎的变形量减小。当轮胎滚动一周时，子午胎与地面相对滑移量小，可多走 2％左右，其耐磨性可提高 50％～70％。

研究表明，汽车轮胎滚动阻力减小 4％，油耗可下降 1％左右。例如，人字形花纹轮胎反向使用时，滚动阻力比顺向使用时减少 10％～25％，约可降低油耗 3％～8％。

2. 减小汽车的空气阻力

（1）汽车车身结构与燃油消耗量的关系 空气阻力与汽车车身结构密切相关，它由发动机产生的牵引力来克服。减小空气阻力，就可降低发动机消耗的功率，从而降低汽车的耗油量，一般以常用的等速百公里油耗的方法来进行初步的分析。

若汽车以 v_a(km/h) 等速直线行驶时，发动机相应工况的有效油耗率为 b_e[g/(kW・h)]，行驶 100km 所消耗的功为 W(kW・h)，则等速百公里油耗 Q_s(L/100km)为

$$Q_s=\frac{Wb_e}{102\rho g} \tag{3-25}$$

式中 ρ——燃料的密度，汽油可取 0.696～0.715kg/L，柴油可取 0.794～0.813kg/L。

由于消耗的功 W 等于行驶阻力 $\sum F$ 与行驶距离 S 的乘积除以效率 η，行驶阻力 $\sum F$ 是滚动阻力 F_f 与空气阻力 F_w 之和，此时的百公里油耗 Q_s(L/100km)为

$$Q_s=\frac{(F_f+F_w)\cdot S\cdot b_e}{3672\rho\cdot\eta} \tag{3-26}$$

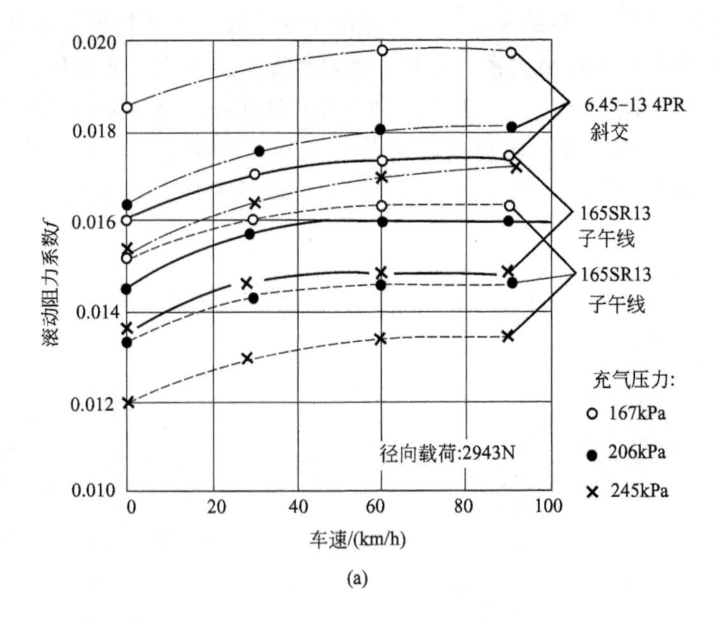

(a)

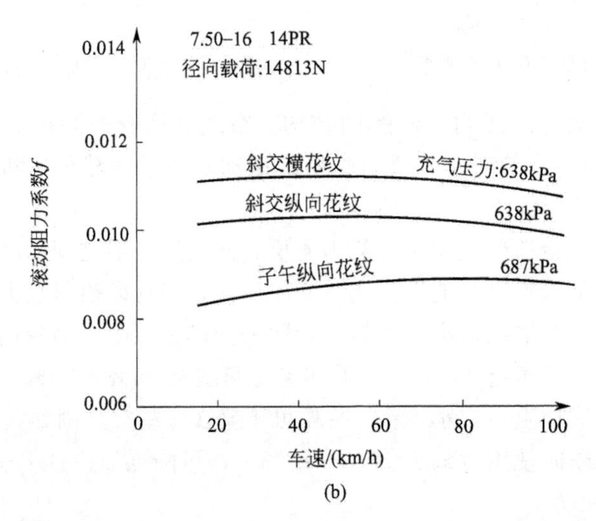

(b)

图 3-27 滚动阻力系数与轮胎结构、车速、充气压力之间的关系

因此，降低 F_s 则可降低 Q_s。当高速行驶时，F_w 比 F_f 大得多，故降低 F_w 所得到的节油效果更大。

空气阻力 F_w 的大小，用公式表示为

$$F_w=\frac{C_D A v_a^2}{21.15} \tag{3-27}$$

式中 C_D——空气阻力系数；

A——汽车的迎风面积；

ν_a——汽车的行驶速度。

为了节约燃油，就应该减小空气阻力。从式(3-27) 中可以看出，要减小空气阻力，就必须减小汽车的迎风面积，降低空气阻力系数 C_D；另外，还要保持中速行驶。

空气阻力系数 C_D 的大小，取决于汽车的外形、车体表面的质量等。为了保证小的空气

阻力和可靠的行驶稳定性，降低汽车的油耗，必须改善汽车车身的空气动力学性能。

(2) 改善汽车车身空气动力学性能的措施　为了降低空气阻力，达到节油的目的，轿车的外形必须有良好的流线型；货车及各类厢式车辆，尤其是大型牵引挂车，为了实用的目的，其巨大的车身一般均为非流线型，要想降低其空气阻力，解决的办法就是广泛使用各种局部的减阻装置。

1) 外形设计的合理优化。①外形设计的局部优化。车头部棱角圆角化可以防止气流分离和降低 C_D 值。图 3-28 所示为美国福特汽车公司对 3∶8 比例的汽车模型进行风洞试验的结果。

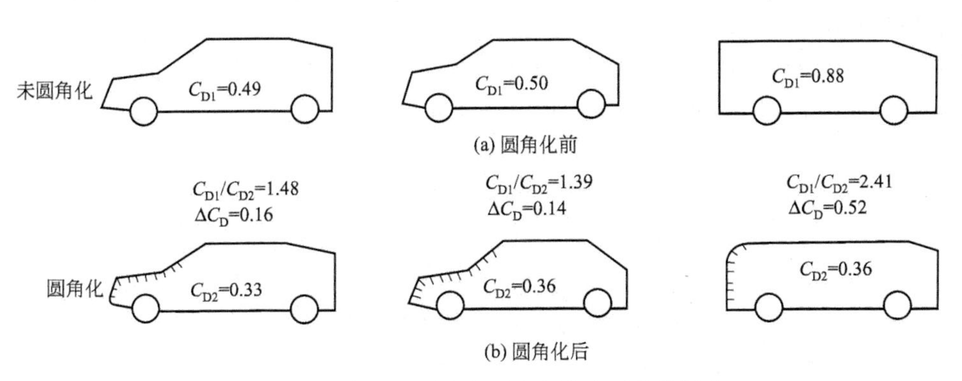

图 3-28　车体头部圆角化对空气阻力系数的影响

试验表明，当圆角半径取 40mm 时，即可防止气流在转角处的分离。轿车模型可使阻力减小 40%～50%；厢式客车模型阻力下降更大。试验还表明，如能使汽车的平均空气阻力减小 2%，所需发动机的功率大约可减少 0.5%；轿车 C_D 值下降 0.2，在公路上行驶可节油 22%，在市内可节油 6%，而在综合循环条件下，约节油 11%。例如，Audi 100 轿车试验数据表明，C_D 从 0.42 降到 0.30，在混合循环时燃油经济性可改善 9%左右，而当以 150km/h 的速度行驶时，燃油经济性改善达 25%。端面带圆角的物体比不带圆角的物体的 C_D 值小得多。只要有较小的圆角半径 r，就可以使 C_D 值大幅度的下降。从图 3-29 可知，将大客车车头整个流线型化的作用并不大，只需将其车头边角倒圆即可收到相当理想的效果。

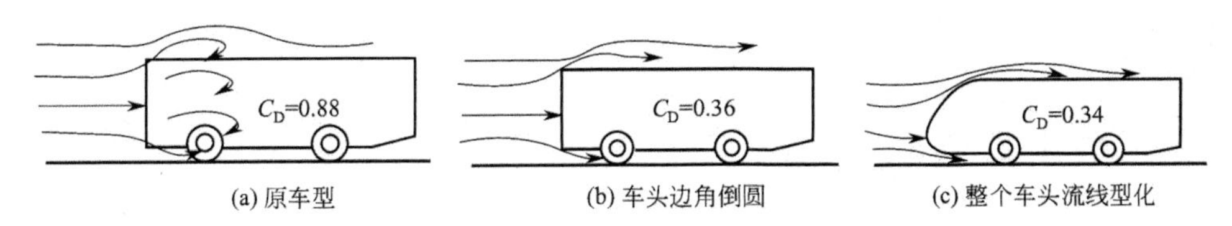

图 3-29　大客车车头边角倒圆和流线型化对 C_D 的影响

设在风窗玻璃与侧窗交接处的前风窗立柱（又称 A 立柱），正好处在前方气流向两侧流动的拐角处，它的设计对 C_D 有比较明显的影响。另外，车身后部形状以及车身表面粗糙度对 C_D 的影响也很大。为了有效地降低 C_D 值，普遍采用了各种气动附加装置，如前部扰流器、导流罩和隔离装置等。

②外形设计的整体优化。局部优化和气动附加装置都可部分地改进空气动力特性，取得良好的效果。但要使空气动力性能有较大的改变以达到更高的水平，则应进行外形设计的整体优化，也就是将汽车空气动力学的各项研究成果及改进经验，系统地应用到整车外形设计

中来。例如，Audi 100 型轿车经过 17 项最优化设计研究，使 C_D 值从 0.45 降到 0.30。又如意大利著名的平宁·法利那（Pinin Fanria）车身设计，具有较小的表面面积；车身有上凸线型，空气阻力系数在 0.23 以下，成为未来轿车车身发展的模型。

2）采用各种形式的减阻导流罩。导流罩是汽车四大节油装置之一，许多国家都广泛采用。

①凸缘型减少空气阻力装置。这种装置装在厢式车身的前部，并包覆其顶边及两侧。安装这种装置后，空气阻力系数可减少 3%～5%。

②空气动力筛眼屏板。这种减少空气阻力的装置也装在驾驶室顶上。安装这种屏板后，空气阻为系数可减少 3%以上。

③导流罩（见图 3-30）。导流罩也称导流板或导风罩，多为顶装式，即安装在驾驶室顶上。安装导流罩后，空气阻力系数可减少 3%～6%。

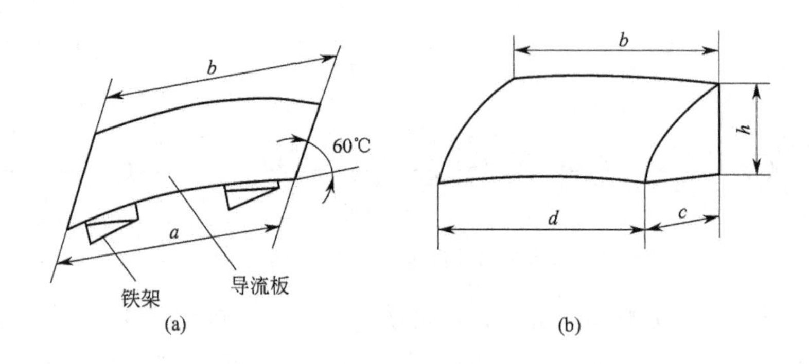

图 3-30 导流罩

a—长度等于驾驶室顶宽；*b*—长度等于货厢前顶部宽；*c*—长度等于驾驶室顶长度；*d*—长度等于驾驶室顶前端宽；*h*—长度等于驾驶室顶与货厢前顶高度之差

④间隔风罩。间隔风罩装在驾驶室和车厢之间，由驾驶室后端延至车厢前端（见图 3-31），将驾驶室和车厢间的空隙密封。风罩由柔软的膜布制成，多与其他减少空气阻力的装置共用。安装这种装置后可节约燃油 12%。

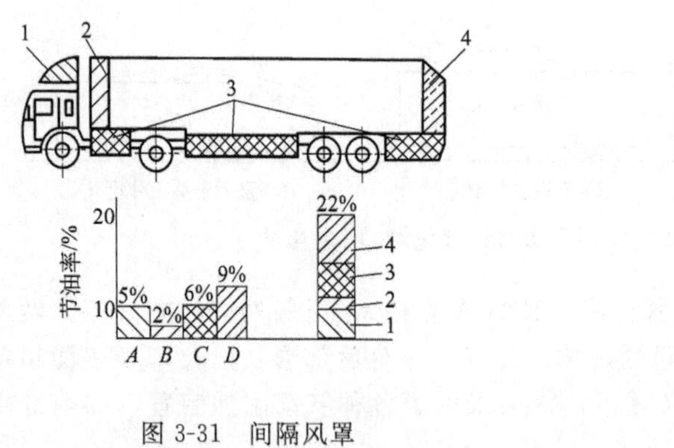

图 3-31 间隔风罩

1—导流罩；2—间隔风罩；3—挂车下部防风罩；4—后导流罩

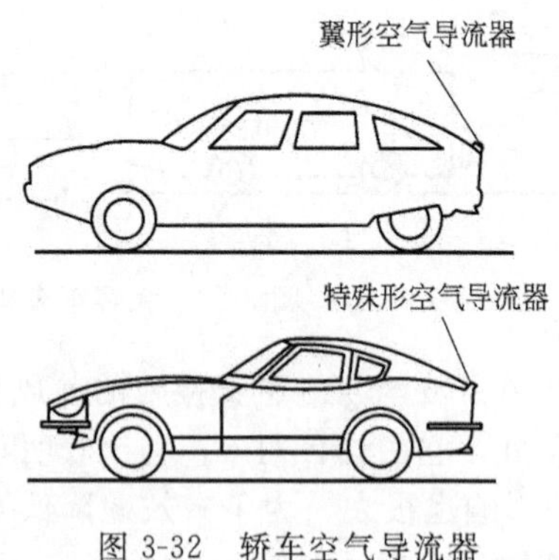

图 3-32 轿车空气导流器

⑤导流器。轿车的车速较高，容易在汽车尾部形成吸气涡流。为避免这种情况，可以在

轿车的尾部加装空气导流器，轿车空气导流器如图 3-32 所示，安装后节油效果明显。

导流罩通常做成流线型，常用铝合金或其他板材制作，结构简单，制造容易，安全可靠。特别是厢式半挂车车厢往往比驾驶室高 0.6～0.9m，由于这一高度差，当汽车行驶时，车厢前壁会造成紊流和使气流剥离而增大汽车的空气阻力。在驾驶室顶部设置导流板，能使空气保持层流和防止剥离，降低空气阻力。实验表明，平均可节油 2%～7%，尤其是高速行驶效果更为突出。

在车身上加装空气导流罩，应符合《道路运输车辆安全标准》的有关规定，不可随意加装影响外观和有碍交通的高突起导流装置。载重汽车的篷布及其支架，不用时应该放下或拆除，这对减少行驶阻力，提高汽车燃油经济性是有利的。

三、减轻汽车整备质量

汽车消耗功率主要用来克服车辆惯性与滚动阻力，这两者都是车重 G 的直接函数，因此，燃油经济性随车重的降低而改善。

图 3-33 是美国 John E. Clark 给出的，根据 1984 年度、1985 年度车辆试验数据绘制的城市循环燃油经济性（mile/UKgal）与汽车质量的关系曲线；上面还有美国运输部（DOT）给出的 1976 年度车辆的燃油经济性与车辆质量的关系曲线。图 3-34 是 2007 年在主要部分日本车型和中国车型的整备质量与汽车燃油经济性关系的数据分布图，其中图 3-34(a) 中的汽车是采用日本 10-15 工况驾驶循环测试方法测得的汽车油耗；图 3-34(b) 则是采用汽车生产厂家提供的等速油耗数据。这些实测数据说明，大而重的豪华型轿车比小而轻的轻型或微型汽车的油耗几乎要高 3～5 倍。因此，降低汽车的整备质量，广泛采用轻型、微型轿车是节约燃料的有效措施。

减小汽车质量的方法主要有汽车结构的优化设计、轻质材料的大量采用和汽车制造工艺的优化。

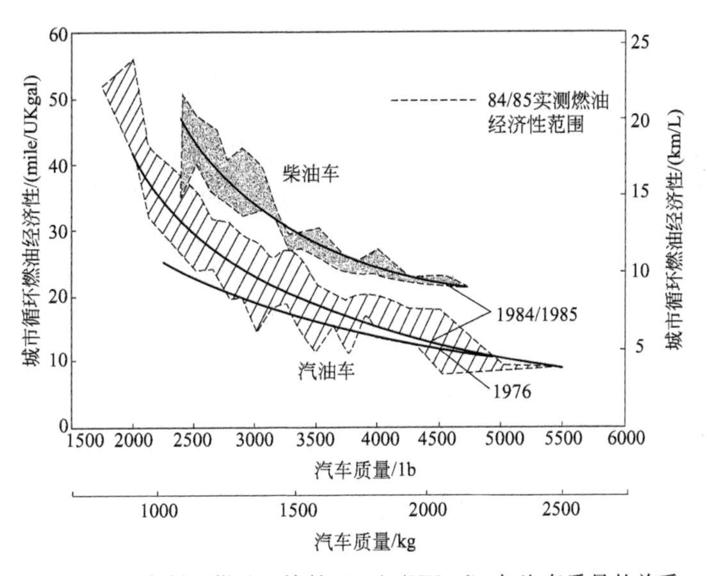

图 3-33 城市循环燃油经济性（mile/UKgal）与汽车质量的关系

1. 汽车结构的优化设计

轿车采用前轮驱动，使传动系统的结构简化，整车质量大大下降；发动机凸轮轴顶置，

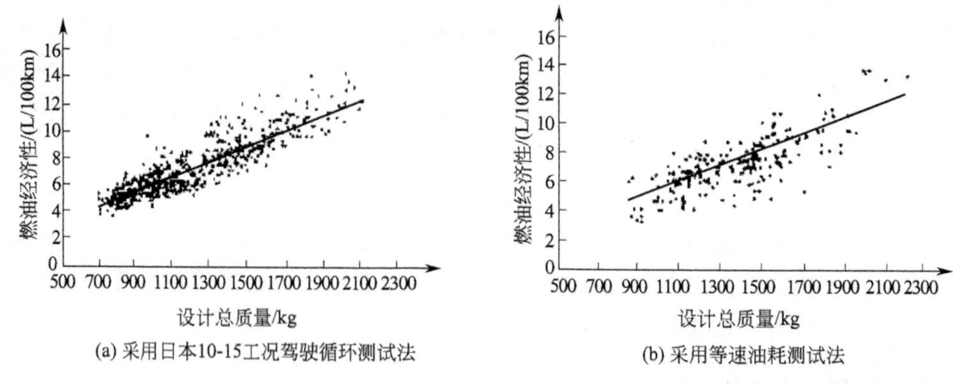

(a) 采用日本10-15工况驾驶循环测试法

(b) 采用等速油耗测试法

图 3-34　汽车整备质量与汽车燃油经济性的关系

配气机构的传动部件大为简化，质量变小；采用少片或单片钢板弹簧、承载式车身以及各种零件的薄壁化、复合化、小型化等；减小车身尺寸，这还有利于减小行驶时的空气阻力；取消一些附加设备及器材等；大量应用质量轻的电子产品。

2. 汽车制造工艺的优化

如汽车车身和厢体的成形技术。过去的冲压工艺首先把钢板剪裁成冲压板料，然后冲压成为冲压件，再将各个冲压件焊接成所需要的部件。而优化后的工艺则采用激光焊的“拼焊”方式，即将不同厚度和不同性能的钢板剪裁后拼焊成新的钢板，然后再对其进行冲压加工。采用拼焊钢板可以按照汽车的不同部位对应采用不同的板材，在负荷大的地方采用较厚的高强度钢板，而在其他部位则使用较薄的高强度钢板。比如在不等厚车门内板的冲压成形过程中，在受力集中的铰链部件采用较厚的钢板，其余部件采用薄钢板，从而省料减重，延长使用寿命，在满足使用要求的情况下，节省了材料，减小了汽车的重量。

内高压成形工艺的开发与应用。采用内高压成形技术改变零件结构是目前汽车设计中减轻零件质量的重要方法之一。其原理是管内充满高压液体，通过内部加压和轴向加力补料把管坯压入模具形腔使其成形。对于轴线为曲线的零件，应先把管坯预弯成接近零件形状，然后加压成形，是制造空心轻体构件的先进制造技术。目前，采用该项工艺的典型零件如轿车的发动机排气系统异形管件、发动机托架中的管件、底盘结构件、车身框架、座椅骨架、散热器支架、副车架、翼形管件、仪表盘支架和前后轴等结构件及载货汽车上的排气系统异形管件和结构管件等。

内高压成形技术的优点是基本一次成形，减轻零件质量，减少零件数量，适用于制造各种复杂形状的构件，可减少模具的数量和工序，制造周期短，适用于各类钢材、铝合金、钛合金等金属材料的加工。如轿车副车架，用冲压焊接工艺生产，需将多个冲压件焊为 1 个零件；用内高压成形工艺，则只用一根管坯通过弯曲成形、预成形、内高压成形即可完成。副车架减轻质量 20％以上；生产成本比冲压件平均降低低 15％～30％：且提高了零件强度和刚度。美国通用 SEVILL 车型运用此技术生产了侧门横梁、车顶托架等结构件；而福特 Mondeo 的发动机支架采用此技术后，大大减少了零件和工序，质量也从 12kg 降到了 8kg。

除以上新工艺、新方法外，点胶焊、超声波焊、超塑性扩散连接等技术也逐步在汽车制造业中占据一席之地，使得轻量化进程更加顺利。

3. 轻质材料的应用

采用轻质材料是目前减小汽车总质量的主要途径。汽车用轻质材料可分为两类：一类是轻质金属材料，主要包括铝、铝合金、镁合金、钛合金以及高强度和超高强度钢板等；另一类是非金属材料，主要有陶瓷、塑料、高分子复合材料等。

(1) 高强度钢　目前，钢材仍是汽车工业的主要原材料，平均每辆汽车所用钢材约占65%，所以采用高强度钢对实现汽车轻量化具有相当大的意义。

以前，车身材料采用的多是普通碳钢板，虽然其价格低廉、能吸收撞击能量，但其质量大，增加了燃油消耗。近几年，高强度钢和超高强度钢逐渐成为汽车工业中发展最快的轻质金属材料之一，在汽车上的应用比例不断增加。高强度钢最小屈服强度达到240MPa，最小抗拉强度达到690MPa；超高强度钢材抗拉强度已经达到1000～1200MPa。利用高强度及超高强度钢钢板代替普通钢钢板可减薄构件厚度10%左右，减轻汽车质量20%～30%左右。

用于汽车制造的高强度钢主要有无间隙原子钢（IF钢）、烘烤硬化钢（BH钢）、双相钢（DP钢）以及相变诱导塑性钢（TRIP钢）。尤其是TRIP钢具有较好的成形性、极高的屈服和抗拉强度而备受汽车制造商的青睐，目前，主要用在汽车车门、发动机盖、后备箱盖板及其他结构件上。据统计，目前世界上用于制造汽车所用高强度薄钢板的比例在30%以上。如德国保时捷超轻钢车身（ULSAB）使用全镀锌高强度钢和超高强度钢钢板制造，钢板厚度范围为0.65～2.00mm，与普通类型车身相比，质量减轻20%，而抗扭刚度则提高90%，抗变刚度提高52%；福特汽车公司用DP钢制造轿车发动机盖，使板厚度由原来的1.8mm减薄到0.8mm；一汽大众汽车公司Audi C5轿车的发动机盖采用烘烤硬化钢板；铃木2003年发布的新型Wagon R的发动机盖也采用了抗拉强度为340MPa的高强度钢，均在不同程度上减轻了汽车的质量。

另外，减轻车用弹簧或板簧的质量也是实现汽车轻量化的重要途径。汽车弹簧轻量化主要靠提高制簧钢丝的强度，以提高弹簧的设计应力。车用板簧轻量化采取的方法主要有：a. 开发高性能新型弹簧钢，使之能提高板簧的设计应力；b. 采用少片变截面代替多片等截面板簧。德国雷特曼·杰克公司生产出的新型高强度弹簧钢，其强度比目前弹簧钢丝强度提高200～400MPa，使悬架质量减轻20%。美国、日本等发达国家为了使轿车用弹簧轻量化，也研究开发出新的高强度弹簧钢并取得了很大成效。汽车板簧主要用于客车和货车上，国外客车凡使用板簧的，几乎全部采用变截面板簧。我国客车采用这种板簧的也越来越多。

(2) 铝合金　铝合金具有高强度、低密度、耐侵蚀、热稳定性好、易成形、再生性好和可简化结构等一系列优点，使得铝合金成为汽车上用量最多的非铁金属。铝合金代替传统钢铁材料可使整车质量减轻30%～40%，最高节油可达24%～32%。目前，应用于汽车的铝合金包括：车身覆盖件的铝合金板材；铸铝件；挤压型材；锻造铝合金；铝线材；铝合金复合材料等。汽车用铝合金材料约80%为铸造铝合金，主要是发动机部件（如缸盖、缸体、活塞等）、传动系部件（如变速器壳体、离合器壳体等）及转向系、行驶系零部件（如转向器壳、车轮等）等；20%的变形铝合金主要用于热交换器系统（如散热器、中冷器等）、车身部件（如发动机盖、车体框架）和油箱等。

当前，世界上主要的汽车生产国如美国、日本和德国等，都在扩大铝的使用量。其中，美国汽车公司近10年来生产汽车过程中，耗铝量已增加了1.75倍；欧洲汽车平均用铝量也已从1990年的55kg/辆增加到2006年的127kg/辆；目前，丰田及宝马等系列车型铝使用量平均为154kg/辆，取代通用及日产位居前列。从2006年到2009年，通用、本田、丰田、宝马、现代及大众等汽车生产商生产的北美车型铝使用量均有所增长。欧洲铝协（EAA）预测，在2015年前，欧洲小汽车用铝量将增至300kg/辆。如果轿车的零部件，凡是可用铝合金制造的都用其代替，那么每辆车的平均用铝量将达到454kg，轻量化的效果将大大提高。

同时，铝是绿色环保材料，易回收，可循环回收。采用铝所节省的能量是生产该零件所用原铝耗能的6～12倍。近几年，一汽集团和东风公司都参与了国家重大攻关项目《轻量化金属材料铝合金、镁合金在汽车上的应用研究》。随着国内B级车、C级车以及轿跑车的相继研发和上市，为铝合金在汽车上的应用提供了很好的市场和应用基础，因此，铝合金在国产车上的应用也会日益增多。

(3) 镁合金　镁是比铝更轻的金属材料，密度为铝的2/3，可在铝减轻质量基础上再减轻15%～20%。在轻量化的驱动下，20世纪90年代以来，镁在汽车中的应用一直处于快速增长阶段。镁合金的开发和应用已成为汽车材料技术发展的一个重要方向。目前，所用的镁合金材料以铸造镁合金为主，大量用于装车的镁合金零件主要是车身和底盘零件，包括仪表板骨架与横梁、座椅骨架、转向盘和进气歧管等。在欧洲，镁合金在汽车上的应用方面，德国一直处于领先地位，如大众汽车公司的新车奥迪A6单车用镁合金已达40kg；在美国，三大汽车公司均已采用镁合金零件，主要用于发动机及支承结构件；在日本，镁合金主要用于变速器壳体、气缸罩盖及转向锁架等。在国内，2001年一汽集团、东风公司、上汽集团等参与了国家镁合金应用技术攻关项目。东风公司开发了镁合金变速器上盖、踏板、真空助力器中间隔板及制动阀体等；一汽集团开发了36种镁合金压铸件，其中，发动机气缸罩盖、转向盘骨架等零件已应用于生产；上汽集团开发了桑塔纳轿车的镁合金变速器外壳、踏板支架和轮毂等。

(4) 钛合金　钛合金由于强度高、质量轻、耐腐蚀能力强以及耐热、耐冷性能好等特点而逐渐被应用于汽车领域。钛合金强度与钢基本相同（见表3-2），但质量大约只有钢的1/2。其实，早在1956年，美国通用汽车公司已研制出了一种全钛汽车（名为“火鸟”），但由于其造价昂贵，后来仅在赛车上保留了应用。

表3-2　常用汽车材料的比强度

材料	密度/(kg/cm³)	弹性模量/GPa	屈服强度/MPa	比强度/[(MPa·m³)/kg]
工业纯度	4510	105	250～450	0.055～0.100
Ti-6Al-4V	4430	112	900～110	0.203～0.248
Ti-LCB	4790	110	950～1400	0.198～0.292
碳钢	7800	200	350～450	0.045～0.058
铝合金	2800	70	100～350	0.036～0.125

如今随着低成本钛合金的不断研制以及制备工艺的不断创新，将钛合金应用于普通汽车已逐渐被人们所接受。2001年大众汽车公司首次在Lupo FSI普通轿车上标配了钛合金弹簧，使得汽车减重82kg，同钢弹簧相比，减重60%～70%，弹簧高度降低40%。到目前为止，钛合金在汽车上最成功的应用就是制造弹簧。

钛合金几乎所有的特点都在制备弹簧过程中得到了应用，并且还达到了钢铁材料难以达到的性能指标，使其成为最佳的弹簧材料。首先，从其弹性性能上说，由于钛合金的弹性极限高而弹性模量低，其弹性应变能非常高，是钢弹簧的10倍以上，因此，使用钛合金弹簧将明显提高乘车舒适度；其次，从使用寿命上说，钛合金具有优异的疲劳极限，可以满足弯曲疲劳强度大于800MPa的要求，其卷簧所需材料的质量减小且寿命延长。同时，钛合金的抗腐蚀能力强，无需额外的表面防锈处理，因此，钛弹簧的使用寿命比汽车本身的寿命还长，无需中间更换；再次，从加工角度来说，由于制备弹簧的钛合金为β钛合金，其在淬火状态下强度很低，非常有利于冷拔拉丝，可以利用钢丝的生产设备进行加工，然后通过时效处理提高强度，因此生产设备简单；并且，如前述在相同的弹性功能前提下，钛弹簧的高度仅为钢弹簧的40%，便于车体设计；最后，从油耗方面来说，由于钛合金的密度小，钛弹簧的质量仅是钢弹簧的一半多，见表3-2，因此省油效果明显。因此，用钛合金制作车用弹簧被认为是最理想的材料。

目前，钛合金除用于制造车用弹簧外，还用于制造汽车发动机的连杆、凸轮轴、气门、气门弹簧以及排气管、消声器、转向齿轮及其他密封零件等。表3-3列出了车用钛合金的牌号及对应的汽车零件。从表3-3可以看出，所选的钛合金种类基本为工业纯钛以及常用的Ti-6Al-4V系列合金。使用工业纯钛是利用其质量轻的前提下较好的室温塑性和耐腐蚀性能，使用Ti-6Al-4V系列合金是看重其质量轻的前提下优异的综合力学性能和耐腐蚀性能。

表3-3 不同钛合金制备的标准车用零件

年份/年	部件	材料	厂商
1992	连杆	Ti-3Al-2V-rare earth	本田
1994	连杆	Ti-6Al-4V	法拉利
1996	轮盘螺钉	Ti-6Al-4V	保时捷
1998	制动器密封垫圈	Ti grade 1s	大众
1998	变速器把手	Ti grade 1	本田
1999	连杆	Ti-6Al-4V	保时捷
1999	活塞阀	Ti-6Al-4V & PM-Ti	丰田
1999	涡轮增压器	Ti-6Al-4V	戴姆勒
2000	悬架弹簧	TIMETAL LCB	大众
2000	阀簧保持器	β - titanium alloys	三菱
2000	涡轮盘	γ-TiAl	三菱
2001	排气系统	Ti grade 2	通用
2001	轮盘螺钉	Ti-6Al-4V	大众
2002	活塞阀	Ti-6Al-4V & PM-Ti	日产
2003	悬架弹簧	TIMETAL LCB	法拉利

如今随着低成本钛合金的不断研制以及制备工艺的不断创新，将钛合金应用于普通汽车已逐渐被人们所接受。2001年大众汽车公司首次在Lupo FSI普通轿车上标配了钛合金弹簧，使得汽车减重82kg，同钢弹簧相比，减重60%～70%，弹簧高度降低40%。到目前为止，钛合金在汽车上最成功的应用就是制造弹簧。

表3-4为钛合金与钢材在排气系统应用时的质量对比，可以看出，使用钛合金可以明显减轻汽车质量。除此以外，由于钛合金的焊接性能好，不像不锈钢那样容易从焊缝开裂。因此，钛合金排气阀的使用寿命较长，为12～14年，而不锈钢一般不到7年就得更换，从而有效节约了费用。

表3-4 钛合金与钢材在排气系统应用时的质量对比

部件	不锈钢/kg	钛合金/kg	质量减轻/%
主消声器	9.0	5.1	43
中间管	4.0	1.8	55
次消声器	5.0	3.6	28
排气系统	26.0	13.3	49

(5) 塑料　塑料是最佳的轻质材料，其密度约为金属的1/7～1/5；而且用塑料制造汽车零部件所耗的能量约为钢材的50%～60%；又因其具有耐腐蚀、隔声隔热、比强度高、

能吸收冲击能量、成本低、易加工、装饰效果好等诸多优点；同时还具有金属钢板不具备的外观颜色、光泽和触感。不仅能减重量降成本，而且对整车的安全性、舒适性和外观都有利，一直深受汽车制造商的欢迎。

汽车用塑料的种类很多，主要类型包括：通用工程塑料，如聚丙烯（PP）、ABS塑料、聚氯乙烯（PVC）、聚酰胺（PA）、聚氨酯（PUR）等；合成塑料，如ABS/PC、ABS/PVC、EPDM/PP等；增强塑料，如纤维增强（GH、CH等）、无机填料增强（滑石粉、碳酸钙、木粉等）。汽车塑料中用量最大的7个品种与所占比例大致为：聚丙烯21%、聚氨酯19.6%、聚氯乙烯12.2%、热固性复合材料10.4%、ABS8%、尼龙7.8%、聚乙烯（PE）6%。其中，聚烯烃材料因密度小、性能较好且成本低，近年来有把汽车内饰和外装材料统一到聚烯烃材料的趋势，因此，其使用量有较大的增长。预计聚丙烯今后可保持8%的年增长率。PP可以用作多种汽车零部件，现在典型的实用PP塑料部件有60多个。PP汽车零部件主要品种有：保险杠、仪表板、门内饰板、空调器零部件、蓄电池外壳、冷却风扇、转向盘，其中，前五种占全车PP用量的一半以上。ABS树脂是丙烯腈、丁二烯和苯乙烯三个单体的共聚物，可用于制作汽车的外部或内部零件，如仪表器件、制冷和取暖系统、工具箱、扶手、散热器栅板等；它可以用于制作仪表板表面、行李箱、杂物箱盖等，近年来，ABS树脂在汽车上用量的增幅不是很大，这主要是由于ABS树脂和PP树脂竞争十分激烈，而ABS本身也有在耐候变色性差、易燃等方面的缺陷，因此，它在汽车上的主要部件如汽车仪表板、格栅等方面的应用也受到限制。通过对高密度PE和低密度PE树脂的接枝改性和填充增韧改性，得到了具有良好的柔韧性、耐候性和涂装性能的系列改性PE合金材料。PE主要采用吹塑方法生产燃油箱、通水管、导流板和各类储液罐等。近几年PE在汽车上的用量变化不大，但值得注意的是汽车轻量化的发展趋势促进了燃油箱的塑料化。欧洲产汽车上已正式采用塑料燃油箱，其主要材料为高密度聚乙烯。

汽车塑料主要应用于三个方面，即内装饰、外装饰、功能与结构方面。内装饰件的应用是以安全、环保、舒适为特点，主要制件有仪表板、车门内板、副仪表板、杂物箱盖、座椅、后护板、车内顶等；外装饰的应用特点是以塑代钢，减轻汽车自重，其主要制件有保险杠、挡泥板、车轮罩、导流板等；功能件与结构件的应用是以采用高强度工程塑料为特点，其制件有油箱、膨胀水箱、加速踏板、空滤器罩、风扇叶片等。

世界汽车平均塑料用量在2001年已达115kg，约占汽车总重量的8%～12%，并且这一比重不断加大。其中，塑料在轿车中的用量比在货车、客车中的用量更高，如奥迪A2型轿车，塑料件总重量已达220kg，占材料总用量的24.6%。据悉，德国每辆汽车平均使用塑料制品近300kg，占汽车总消费材料量的22%左右，是世界上采用汽车塑料零部件最多的国家。目前我国经济型轿车每辆车塑料用量为50～60kg，中型载货车塑料用量仅为40～50kg；重型货车可达80kg左右。我国中、高级轿车大部分为发达国家引进车型，汽车塑料的应用量基本与发达国家20世纪90年代水平相当，为100～130kg/辆。预计到2020年，发达国家汽车平均塑料用量将达到500kg/辆以上。

（6）陶瓷　陶瓷分为传统陶瓷和特种陶瓷两大类。传统陶瓷以天然硅酸盐矿物为原料烧制而成，也叫硅酸盐陶瓷。特种陶瓷在化学组成、内部结构、性能和使用效能等各方面均不同于传统陶瓷，它是以精制高纯的化工产品为原料，也称为新型陶瓷、高技术陶瓷或精细陶瓷。特种陶瓷具有耐热、耐磨、防腐蚀、轻质、绝缘、隔热等诸多优点，应用在汽车上，对减轻车辆自身质量、提高发动机热效率、降低油耗、减少排气污染、提高易损件寿命、完善汽车智能性功能都具有积极意义。

目前汽车上常用的特种陶瓷包括氧化铝陶瓷、碳化硅陶瓷和氮化硅陶瓷等几种。氧化铝陶瓷又称高铝陶瓷，主要成分是 Al_2O_3 和 SiO_2。其强度大于普通陶瓷；硬度很高，仅次于金刚石、碳化硼、立方氮化硼和碳化硅；耐磨性好；耐高温性极好，Al_2O_3 含量高的刚玉陶瓷能在 1600℃的高温下长期工作，而且蠕变极小；耐腐蚀性很强；有很好的绝缘性能，特别是在高频率下的电绝缘性能好，每 mm 厚度可耐电压 8kV 以上。以上的突出优点，使氧化铝陶瓷特别适宜制作内燃机火花塞和高精度活塞。氮化硅陶瓷抗温度急变性好；硬度高，其硬度仅次于金刚石、氮化硼等；有自润滑性，是一种优良的耐磨材料；其分子中既没有自由电子，也没有离子，所以有很高的电绝缘性；氮化硅陶瓷烧结时尺寸变化小，可以制成精度高、形状复杂的零件，成品率比其他陶瓷材料高；另外，氮化硅陶瓷原料丰富、加工性好，加工和使用成本低。其在发动机气门、气门挺柱、活塞上有较多的应用，日本、美国绝热发动机上采用的结构陶瓷见表 3-5。碳化硅陶瓷在高温下仍然具有很高的强度，一般陶瓷材料在 1200℃时强度显著降低，而碳化硅陶瓷在 1400℃时抗弯强度仍保持在 500～600MPa 的较高水平；其热传导能力强，在陶瓷中仅次于氧化铝陶瓷；热稳定性好；耐磨、耐腐蚀、抗蠕变性好。碳化硅陶瓷高温高强度的特点，适用于发动机的气门挺柱、气门导管、燃气轮机的叶片、轴承等零件；热传导能力高，适用于高温条件下的热交换器材料，也可用于制作各种泵的密封圈。

表 3-5 日本、美国绝热发动机上采用的结构陶瓷

零件名称		要求的性能						适用的陶瓷材料
		耐热	耐磨	低摩擦	轻量	耐腐蚀	热膨胀小	
活塞		△			△	△	△	Si_3N_4、PSZ、TTA
活塞环		△	△					SSN、PSZ 涂层
气缸套		△	△	△		△	△	Si_3N_4、PSZ 涂层
预燃烧室		△				△		PSZ、Si_3N_4
气门头		△	△		△	△		SSN、PSZ 复合材料
气门座		△	△			△		PSZ、SSN
气门挺柱			△			△		PSZ、Si_3O_4、SiC
气门导管		△		△		△		PSZ、SSN、SiC
进、排气管		△				△		ZrO_2、Si_3O_4、Al_2O_3、TiO_2
进、排气道		△						ZrO_2、Si_3O_4、Al_2O_3、TiO_2
机械密封			△	△				Si_3N_4、SiC、PSZ
涡轮增压器	叶片		△		△	△	△	Si_3N、SiC
	涡轮壳		△			△	△	LAS
	隔热板		△			△	△	ZrO_2、LAS
	轴承		△	△	△	△	△	SST

注：PSZ 为部分稳定氧化锆；SSN 为烧结氮化硅；LAS 为锂铝硅酸盐；TTA 为改性的韧性氧化铝。

由于特种陶瓷具有以上的一些优异性能，使得陶瓷材料特别适用于汽车上那些要求有较高耐热性、良好耐磨性（甚至在无润滑时）或惯性较小的部件中，如制造绝热发动机、普通发动机的气门、气门挺柱、气门导管、排气管以及各种传感器等。

四、采用汽车定压源能量回收系统

定压源能量回收系统（CPS）是近年来发展起来的新型静液压驱动系统，也称为定压源液压驱动系统，它不仅能高效地从系统中取得能量，还可以回收并重新利用运动物体的动能和势能，显著提高系统的效率，并可缩短加速时间，减少启动时的排污问题，提高汽车的燃油经济性。定压源液压传动系统采用变量泵/马达、气囊式蓄能器和飞轮作为能量转换及储存部件，实现制动时的动能回收和起动加速时的液压能回馈。将汽车制动时的动能转变为液压能，并将液压能转变为飞轮的机械能储存起来，在汽车加速或上坡时再利用。汽车在减速行驶时，驱动轮上的变量泵/马达作为泵工作，由蓄能器和高速旋转的飞轮回收汽车行驶时的能量；汽车在加速行驶或等速行驶阻力增加时，驱动轮上的变量泵/马达作为马达工作，由蓄能器和高速旋转的飞轮为系统提供动力。

1．定压源液压驱动系统的工作原理及控制原理

如图 3-35 为 CPS 的工作原理及控制原理，图 3-35 中仅反映了汽车在前进方向的变量泵/马达的转换情况及高、低压油路的分布。从图 3-35 中可以看出，CPS 是由一个飞轮和三个可变排量的泵/马达组成的液压动力传递系统。变量泵/马达一般采用柱塞式，其排量在正负两个方向可以互换，通过对排量方向的控制，可实现泵、马达以及它们的正、反转功能。整个系统的油路是由共用高压油路和共用低压油路组成，系统压力的基本恒定由飞轮转速的变化和液压泵的排量及蓄能器的工作容积的调节实现。

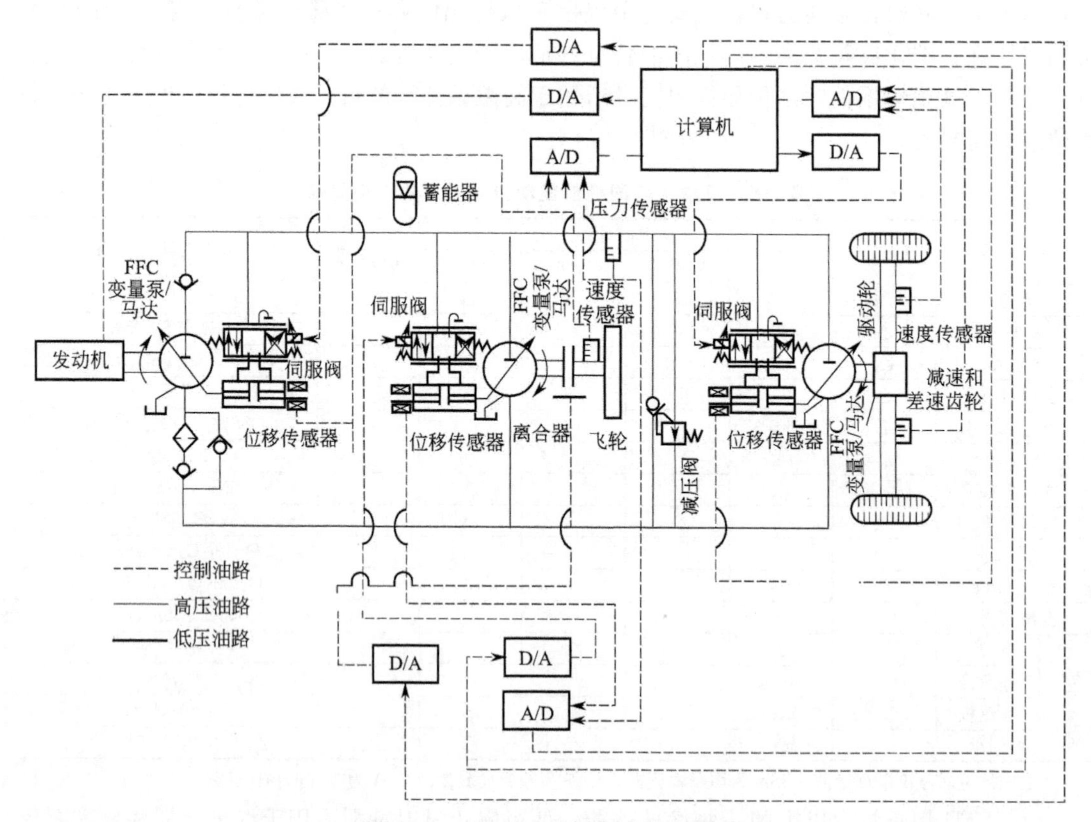

图 3-35　CPS 的工作原理及控制原理

汽车制动分为紧急制动与普通减速。前者直接使用汽车原有制动系统，后者使用 CPS 定压源系统。汽车在减速行驶时，司机轻踩制动踏板，通过踏板上的传感器及控制系统，液压系统被激活。驱动轮上的变量泵/马达作为泵工作，回收汽车行驶时的能量，使系统的油压上升，通过与飞轮相连的变量泵/马达作为马达工作使飞轮的动能增加而储存起来，以供汽车起动或加速时使用，此时，发动机及与它相连的变量泵/马达处于停转状态。当汽车行驶的能量较大或汽车下长坡制动时，驱动轮上的变量泵/马达作为泵工作时给系统提供的能

量超过飞轮所设置的最大动能，为了保证系统压力的恒定，及飞轮的最大动能不超过所规定限值，可通过减压阀来实现，将剩余的能量释放掉。

如果遇到紧急情况，要求汽车在极短的时间内将速度减到很小或停止，司机踩制动踏板，使制动的两套能量供给系统均被接通，即在控制系统作用下节能驱动系统产生最大制动力矩的同时，原有的汽车制动系统也将起作用，两套制动系统一起动作将速度减至理想状态。

汽车在加速行驶或等速行驶阻力增加时，驱动轮上的变量泵/马达作为马达工作，消耗压力油而使系统压力降低，此时蓄能器和高速旋转的飞轮将为系统提供动力。通过与飞轮相连的变量泵/马达作为泵工作给系统补充压力油，使系统的油压维持在某一压力水平。当飞轮的转速下降到所容许的下限值，即低于飞轮的最低转速时，飞轮不能给系统提供动力，此时发动机给液压系统提供动力，与发动机相连的变量泵/马达作为泵工作给系统提供压力油，使系统的油压上升。一方面，通过与飞轮相连的变量泵/马达作为马达工作给系统提供压力，使汽车加速；另一方面，给飞轮提供少量的动力使飞轮的转速维持在规定的最低转速。

为了提高飞轮的能量利用率，避免系统不必要的能量消耗。将飞轮与其变量泵/马达之间增加一个离合器，在回收车辆制动减速的能量时，将离合器接合。当系统的液压能波动较小、系统压力基本恒定时，应将离合器分离，由蓄能器调节系统管路的压力能；而当系统的液压能降低较多、系统压力低于设定压力时，此时接合离合器，由飞轮给系统提供能量。

定压源液压系统中的蓄能器能稳定系统压力，消除波动。加速时，蓄能器向系统补充油液；减速时，蓄能器吸收系统的多余流量，改善系统的动态品质。当变量泵/马达处于泵工况时，蓄能器可贮存回收的能量，供起动加速时利用。

从图 3-35 可以看到，与驱动轮相连的变量泵/马达的排量是由驱动轮上的转速传感器、转矩传感器、系统压力传感器和由伺服阀控制的液压缸来实现自动控制的，以适应汽车行驶阻力的变化，实现车辆的无级变速。

与飞轮相连的变量泵/马达的排量是通过系统压力传感器、飞轮轴上的转速传感器和由伺服阀控制的液压缸进行控制的。由于飞轮及飞轮轴的材料限制了飞轮转速不能太高，为了安全，飞轮有最高速度的限制，与飞轮相连的速度传感器可以随时监测飞轮的转速，当驱动轮上的变量泵/马达作为泵工作给系统提供的能量超过飞轮所设置的最大动能时，为了保证系统压力的恒定及飞轮的最大动能不超过所规定的上限值，通过减压阀将剩余的能量释放掉。如果飞轮的转速低于最低转速时，与飞轮相连的速度传感器产生相应的信号控制作动器使离合器结合，同时控制伺服阀换位，液压缸动作使变量泵/马达作为马达工作，为飞轮提供动能。如果车辆加速引起液压系统压力下降时，压力传感器产生与压降相对应的信号，控制伺服阀换位，液压缸动作使变量泵/马达作为泵工作，为系统提供液压能，泵的排量控制是通过液压缸上的位移传感器来实现的。汽车减速时的控制调节过程与加速时类似。

与发动机相连的变量泵/马达的排量以及发动机的工作状态是通过控制器控制的，并通过系统的压力传感器和飞轮轴上的转速传感器形成闭环控制。当飞轮转速下降到不能为系统提供动能时，飞轮轴上的转速传感器和系统的压力传感器产生相应的信号，控制发动机起动工作；当系统动能由飞轮提供时，控制器使发动机停止工作。

由于发动机输出的动力与驱动轮的变量泵/马达所要求的动力无直接的联系，发动机主要是为系统间接提供动力，发动机的运转可以脱离与驱动轮转矩及转速的关系，使发动机在最经济的工作点运转，此时发动机转矩基本不变。因此在这种控制策略下，发动机运转是最经济的。

但是由于该系统压力基本恒定，系统的调节主要是依靠变量泵/马达的排量变化来进行控制的，而变量泵/马达的排量变化范围由于制造成本或空间布置等原因不可能很大，这就导致飞轮的转速范围不可能太大，在汽车下长坡或制动动能较大时，不可能充分地回收制动的能量。另外，系统传递的效率相对较低。

2. 定压源液压驱动系统的优点

采用定压源（CPS）汽车能量回收系统以后，汽车的有关使用性能得到明显的改善，主要表现在以下几方面

（1）改善汽车的动力性能　汽车在加速时可利用蓄能器的液压能和飞轮贮存的动能，提高汽车的动力性能。

（2）改善汽车的燃油经济性　通过对汽车制动减速时汽车动能的回收和再利用，降低了发动机的燃料消耗。

（3）改善汽车的环境舒适性　由于汽车各驱动轮分别直接采用液压马达进行二轮（或四轮）驱动，减少了传统汽车的机械传动系统，从而降低了汽车行驶时机械传动系统所产生的振动和噪声。

（4）改善汽车的制动安全性能　采用能量回收系统的车辆，由于可实现汽车制动时的能量回收，因而在制动时大大提高了制动安全性能。

（5）改善汽车的行驶平顺性　汽车的非簧载质量减轻，使汽车的行驶平顺性得到了明显的改善。

（6）改善汽车的行驶的稳定性　在省去了汽车的机械传动系统以后，可以降低汽车的质心高度，从而提高了汽车行驶的稳定性。

从液压系统来看，其主要特点表现在以下几点：①由于系统压力比较稳定，因而可保护液压元件不受高压的冲击，延长液压元件的使用寿命，同时也可降低系统的噪声；②在定压源中传递能量，使工作压力直接作用于执行元件上，因而可以降低系统中的能量损耗，提高系统的使用效率；③ 系统结构简单，便于安装和检修。

第四章 汽车使用节能技术

第一节 汽车的驾驶与节能

相同车型，在相同使用条件下，驾驶员不同，汽车燃油消耗量相差较大。在市区道路环境下，良好的驾驶习惯和正确的驾驶方法相对于不良的驾驶技术和方法，汽车油耗的差异可达30%～50%之多，所以，提高驾驶员操纵技术是重要的节能措施。

一、发动机启动与节油

根据发动机温度和大气温度的不同，发动机启动分为常温启动、冷启动和热启动。当大气温度或发动机温度高于5℃时，启动发动机比较容易，一般不需要采取辅助措施，这种情况称为常温启动；当气温或发动机温度低于5℃时称为冷启动；发动机温度在40℃以上时的启动，称为热启动。

1. 常温启动

为了减轻发动机的磨损并减少油耗，常温启动后应待冷却液温度升至一定温度后再起步。常温启动节油的操作方法为：关闭百叶窗，不关阻风门，轻踩加速踏板启动发动机，使发动机保持低速运转，冷却液温度升至40℃后再起步。

2. 冷启动

在冬季，我国大部分地区的最低气温均在0℃以下，北部气温一般为－25℃左右，东北、华北、西北地区最低气温在－40～－35℃。汽车在低温条件下行驶时，发动机启动困难，润滑条件差，各运动机件磨损加剧，燃料消耗明显增加。具体表现在以下几个方面。

(1) 发动机启动困难　低温条件下，由于润滑油黏度增大，曲轴转动阻力增大；内电阻增大，造成蓄电池端电压显著下降，甚至不能放电，即使放电，也会因为极板内层的活性物质不能被充分利用，使得输出容量大大减小；启动机得不到所需要的输出功率，启动转速达不到要求，燃油雾化质量变差，难以形成可燃混合气，致使启动困难。

(2) 冷却系与蓄电池易结冰　寒冷季节，水冷式发动机在工作时应经常保持80～90℃的冷却液温度，发动机室空间温度应保持在30～40℃。若发动机在低温下运转，不仅会增加气缸磨损量与燃油消耗量，同时，也易冻裂散热器。因此，冷却系的保暖十分重要。

另外，低温下蓄电池电解液密度不够时，相应地电解液中的水分增加，蓄电池便有可能结冰。不同密度的电解液，化学反应后形成不同的水量，因而冻结的温度也不同。

(3) 燃油消耗量增加　低温启动发动机时，润滑油从机油泵流入曲轴轴承需2～3min。这不但增加了启动阻力，加剧了机件磨损，也增加了燃油消耗。

在低温季节，加热水与不加热水对发动机升温时间及燃油消耗影响较大。以解放

CA1091 汽车为例，当外界气温为 13℃时，加冷水启动发动机，低速运转 15min 后冷却液温度达 80℃，消耗燃油 1L；当向发动机加热水（预热至冷却液温度表指示 40℃）时，仍用低速运转启动发动机只需 10min 冷却液温度便可达 80℃，消耗燃油 0.6L。两者相比，油耗相差 40%。

低温季节，外界气温为 5℃时，不加热水启动发动机一次，气缸磨损量相当于正常行驶 30～40km 的磨损量；在－18℃时启动一次，气缸磨损相当于正常行驶 250km 的磨损量。在一台发动机的使用寿命中，起动所造成的气缸磨损约占其总磨损量的 50%，而冬季启动占起动磨损量的 60%～70%。

（4）行驶条件恶劣　寒冷地区的冬季，冰雪天气比较多，在冰雪路面上行车容易溜车，通行困难；在刮风飘雪时行车，视线差，驾驶操作困难；制动效能明显降低。这些不利因素既有碍于安全行车，又增加了燃油的消耗。

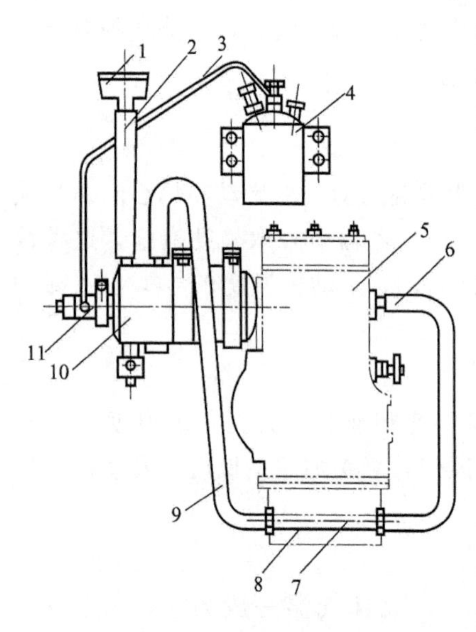

图 4-1　汽车锅炉式预热器

1—加水器；2—加水管；3—油管；4—油箱；5—气缸体（预热部分）；6、9—蒸汽管；7—机油预热管；8—发动机润滑油槽（预热机油）；10—蒸汽锅炉；11—预热器喷油器

目前低温下启动发动机采用的节油措施如下：①起动前预热发动机；②加热水或蒸汽；③烘烤油底壳，以减小曲轴转动阻力；④改善燃油的蒸发和雾化，形成良好的可燃混合气；⑤保持蓄电池有足够的容量与端电压；⑥严寒时采用起动辅助装置等。

（1）预热发动机

预热发动机包括热水预热法、锅炉预热法等。

1）热水预热法。当大气温度低于－15℃时，应在发动机起动前加入 80～95℃的热水，对发动机及冷却系进行预热。其方法是：先制一个三通接头，装在缸盖水管软管上，让热水先进入缸体水套内，然后流入散热器。当热水注满冷却系后，将放水阀打开，热水通过冷却系边注边流，待流出的水温达 30～40℃时，将放水阀关闭。热水注入 10～15min 后，发动机水套里的冷却液温度与气缸体的温度逐渐趋于一致。

在严寒时节，采用上述热水预热后，还需用蒸汽或红外线或炭火烘烤油底壳禁止用明火，并要预热蓄电池。也可以在晚上停车后，把机油从油底壳放出，盛在清洁的容器里，待早晨启动发动机之前，将发动机加热至 60～80℃后加入曲轴箱内。

2）锅炉预热法。主要采用汽车锅炉式预热器加热来预热发动机。汽车锅炉式预热器如图 4-1 所示，汽车锅炉式预热器主要由油箱、锅炉、蛇形管组成。操作时，关闭锅炉放水阀，打开蒸汽阀，分别向油箱加油、锅炉加水；然后关闭加水管螺塞，向油箱内打气，使汽油雾化；再打开放油阀，雾状汽油即经过油管进入喷油器，不断向锅炉喷油并使之燃烧。锅炉里的水温很快上升并产生蒸汽。蒸汽经蒸汽阀、蒸汽管，进入蛇形管预热机油；再经过蛇形管的另一端进入发动机水套相连的蒸汽管，预热发动机的机体与散热器。当发动机预热起动后，关闭放油阀和蒸汽阀，打开放水阀将水排出炉体，以防冻结锅炉。

在气温为－35℃时，预热发动机需 10～15min 就能使其温度提高到 40～60℃。

（2）改善可燃混合气的形成条件　在严寒季节，除了采用轻质汽油启动发动机（汽油车）外，另外采用较多的是预热进气系统。具体有螺塞式电阻点火预热器和悬挂式电阻点火预热器等形式。

螺塞式电阻点火预热器适用于雾化室壁有螺塞装置的发动机（柴油机常见）。制作时，电阻丝采用800～1200W电炉丝（截成20mm长，约30圈）；搭铁线、火线和电阻丝的连接线用直径为1.5～2.0mm铁丝或铜线，螺塞式电子点火预热器如图4-2所示。

操作方法是在起动发动机前，先用手摇柄摇转曲轴，将润滑油送至主要摩擦表面，然后打开电阻点火预热器（1～5s电流表指示放电8～10A），再踏1～2次加速踏板，当听到“嘭”的声音时，关掉预热开关，即可起动发动机。悬挂式电阻点火预热器适用于雾化室壁处无螺塞的发动机，悬挂式电阻点火预热器如图4-3所示。它的工作原理、操作方法与螺塞式电阻点火预热器相同。

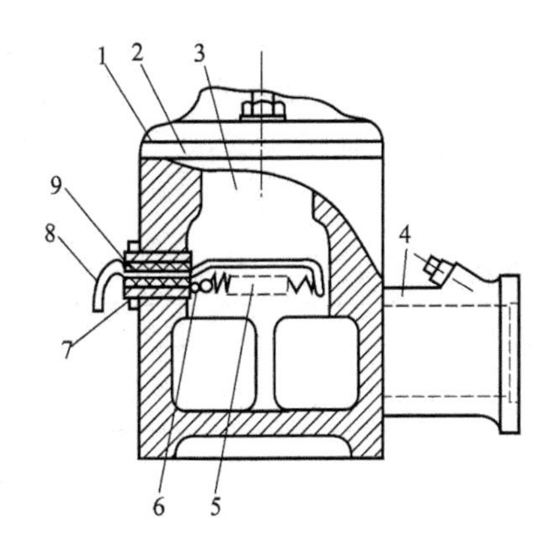

图4-2　螺塞式电子点火预热器

1—化油器；2—石棉垫3—雾化室；4—进气歧管；5—电阻丝；6—搭铁；7—六角空心螺钉；8—火线（接开关）；9—绝缘套

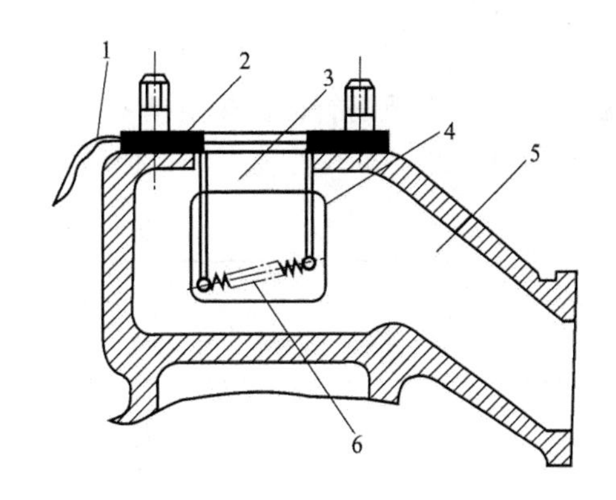

图4-3　悬挂式电阻点火预热器

1—火线（接点火开关）；2—绝缘垫；3—雾化室；4—搭铁线；5—进气歧管；6—800～1200W电炉丝，约30圈

（3）提高点火能量　蓄电池在低温时电解液密度增大，电解液在极板空隙中的渗透能力变差，蓄电池的内阻增大，使蓄电池容量减小，汽车在行驶中充电不足，端电压下降。试验表明，电解液温度每下降1℃时，蓄电池的容量将下降1.5%～10%。因此，在冬季，为保持蓄电池一定的温度，应将蓄电池置于特制的保温箱内。使用两只蓄电池时，应使它们的技术状况基本一致，并把蓄电池电解液密度提高到1.28g/cm^3，还应该经常进行小电流补充充电。蓄电池容量一大一小，会导致过充电和过放电，缩短使用寿命，减小输出电流。同时，两个蓄电池容量差别过大，有可能使蓄电池处于不充电或充电不足状况，这样会因蓄电池输出容量不足，使起动机转速下降。

在冬季，可把发电机输出电压调整到额定值的上限14.8V，使其充电电流有所增加，从而改善了点火和启动性能。但电压过高，易引起分电器触点烧蚀，导致起动困难，因此也不宜将电压调得过高。

（4）增大启动机功率　把启动机的四个磁场绕组由串联改为两两串联后再并联的接法，可使其功率由1.325kW增至1.472kW。启动机在装配过程中，除各部件要符合技术标准外，另外，要注意的是启动机的电枢端隙不得大于2mm；电枢与磁铁间隙不得大于2mm；不能用在磁铁与外壳之间加垫绝缘纸的方法来减小电枢与磁铁间的间隙，否则会使磁路磁阻增加，磁通量减小，转矩减小，冷启动变差。

(5) 检查清洁点火系　检查高、低压线是否漏电；清洁、调整断电器与火花塞间隙。冬季火花塞间隙应当调小至规定值的最小极限。如解放 CA1091 型汽车使用的火花塞，在冬季其间隙应调至 0.6～0.7mm。

(6) 在严寒地区应使用启动辅助燃料　汽油机使用轻质汽油（极易挥发）；柴油机使用由 70%乙醚、27%喷气燃料、3%的 10 号汽油机机油配制而成的启动辅助燃料。柴油机使用这种燃料启动前，应使用 4 号稠化机油作为发动机的润滑油，摇转曲轴 10～20 转，再从进气管喷入启动燃料，每次喷入 2～3mL，直至发动机稳定地工作。

完成上述必做的准备工作后，启动发动机前，还需用手摇柄摇转曲轴 10～20 转，再使用启动机或专供启动用的蓄电池来启动发动机；每次使用启动机不应超过 3～5s，两次连续启动应间隔 15s 以上，以免损坏蓄电池。

3. 热启动

表 4-1 是多次进行热启动试验所得的油耗数据。该试验是在大气温度 22℃、发动机冷却液温度 80℃情况下进行的。热启动一次的油耗为 0.4～1.8mL，时间为 1.88～4.68s。显然比冷启动油耗低得多（见表 4-2），但所需时间没有明显差别。

表 4-1　热车启动发动机油耗

No. 1		No. 2		No. 3		No. 4	
时间/s	油耗/mL	时间/s	油耗/mL	时间/s	油耗/mL	时间/s	油耗/mL
3.63	0.5	4.68	1.8	2.38	1.4	1.88	0.4

表 4-2　冷车启动发动机油耗

No. 1		No. 2		No. 3		No. 4	
时间/s	油耗/mL	时间/s	油耗/mL	时间/s	油耗/mL	时间/s	油耗/mL
3.3	5.2	2.66	5.5	3.55	6.6	2.66	5.5

汽车行驶过程中，常有临时停车熄火后重新起动发动机的情况，由于这种热启动发动机的次数较多，所以做好热启动可以节省较多的燃油。为了热启动省油，要求更轻地踩加速踏板，且做到启动发动机一次成功，启动后立即进入怠速运转。正确地调整怠速和点火提前角，可以做到不踩加速踏板启动发动机。另外，夏季气温高，停车后再启动往往会出现“气阻”现象，需要采取局部降温或泄放汽油蒸汽等措施后再启动发动机。发动机启动后，冷却液温度升到 40℃以上才能起步行车。

二、汽车起步加速与节油

汽车起步是汽车从不动到动的必经过程。已经运转的发动机和处于静止状态的汽车底盘，要依靠离合器来调节这一对动和静的矛盾。

在水平道路上起步时，发动机发出的转矩通过传动系统传到驱动车轮，用来克服地面的滚动阻力 F_f 和加速阻力 F_j，由于空气阻力 F_w 很小，可以忽略不计；在坡道上起步时，除了要克服水平道路上的阻力外，还需克服坡道阻力 F_i（即汽车重力沿坡道的分力，上坡时表现为阻力，下坡时表现为助力）。汽车起步与汽车的总重 G 有很大的关系。理论和实践都证明，空车起步时离合器滑磨时间短，节气门开度小；重车起步时离合器滑磨时间长，节气门开度相应较大。

1. 起步操作

起步前，驾驶员应对车辆的油、冷却液、轮胎及安全设施进行检查。进入驾驶室后，要查看各仪表的工作是否正常。气压制动的汽车，当冷却液温度表达到40℃以上；气压表压力高于0.4MPa；机油压力达0.16MPa以上时方可起步。

起步时，要手脚协调，左脚要完全踩下离合器踏板，将变速杆置于低挡位置，左手稳握转向盘，右手放松驻车制动器操纵杆。接着左脚快速抬离离合器踏板，待传动机件稍有振抖、发动机声音略有变化时稍停，这时右脚轻踩加速踏板，同时左脚再缓慢抬起离合器踏板，使车辆平稳起步。满载或坡道上起步时，要注意手制动器、离合器和加速踏板三者的配合协调，即右手握住手制动器操纵杆，右脚轻踩加速踏板，使发动机转速提高至中等转速，同时抬离合器踏板到半接合状态。当听到发动机声音发生变化时，缓慢放松手制动器，同时逐渐踩下加速踏板并慢松离合器踏板。

起步操作的要领是"快、停、轻、慢"四个连贯动作的有机配合。"快"即抬离合器踏板的前一段（分离阶段）的动作要适当快一些；"停"即离合器片与飞轮即将接合时，抬离合器踏板的动作在这一位置稍做短暂停留；"轻"即当抬离合器踏板稍停时，应轻轻踩下加速踏板；"慢"即慢慢地完全松开离合器踏板。总的来说，完成这四个连贯动作要"快"且"平顺"。

2. *初始挡位的选择*

汽车起步一般要用低速挡，因为起步要克服车辆的静止惯性，需要有较大的转矩，而发动机所提供的转矩远远不能直接满足要求，这就要通过变速器的减速增矩作用来加大车轮驱动转矩，才能达到增大驱动力的目的。小型汽车因为其发动机转速较高，现在一般要求采用一挡起步。而大型汽车因为变速器挡位较多，有的还具有爬坡挡，这时如用最低挡起步就会提速过慢，所以大型车辆一般是用二挡起步，能达到节油的目的。在天气良好的情况下，当第一次起步时，应在启动发动机前，先将变速杆挂入二挡，踩下离合器，然后再启动发动机。满载或在坡道上起步，必须用最低挡、小节气门开度，这样可以克服静摩擦力和向后滑的惯性。当汽车移动后迅速挂入高一级挡位。表4-3和表4-4是东风EQ1090型载货汽车平路和坡道起步加速初始挡位选择对油耗的影响。

表4-3　汽车平路起步加速初始挡位对油耗的影响

项目	油耗差/mL	距离/m	时间/s	项目	油耗差/mL	距离差/m	时间差/s
一挡起步	120	272.4	41.2	一挡起步	-	-	-
二挡起步	110	258.7	38.1	二挡起步	10	13.7	3.1

表4-4　汽车坡道起步加速初始挡位对油耗的影响

项目	油耗差/mL	时间/s	项目	油耗差/mL	时间差/s
一挡起步	41.9	10.41	一挡起步	-	-
二挡起步	22.9	5.39	二挡起步	19	5.02

注：坡度为5.5%左右的直坡道路。

从表4-3和表4-4可以看出，在平路上起步并连续换挡加速到40km/h，用二挡起步比一挡起步节油10mL，距离缩短13.7m，总时间减少3.1s；在坡度为5.5%左右的坡道上起步时，用二挡起步比一挡起步节油19mL，时间缩短5.02s。由此表明，东风EQ1090型汽车单车满载在以上条件采用二挡起步加速，既能满足汽车起步加速的动力要求，又能有效地节约燃油。

汽车在平路上起步，应尽快循序换入高速挡。汽车一经发动就抬离合器，不等节气门起就用二挡起步；汽车一旦运行起来，不等加大节气门开度就换入三挡，这样直至换入五挡。采用这种方法，从起步到换入五挡，行驶距离不超过60m，油耗仅34mL。而正常起步至换入五挡时需耗油50～55mL。此方法适合于停靠次数较多的城市公共汽车。值得注意的是，由于柴油发动机转速和转矩的输入反应迟缓，起步后要等发动机转速升高（比汽油机稍高）时，才能换入高一级挡位。否则，即使勉强换入高一级挡位，开大节气门也会导致加速困难，排气管大量冒黑烟，甚至熄火，这样反而增加了油耗。

3. 起步时控制节气门的方法

汽车起步时，要使发动机既不熄火又能省油，关键在于能否正确掌握抬离合器和踩加速踏板（控制节气门）的配合要领。如果加速踏板踩下过猛会引起车辆加速过快而向前冲，使转动机件受损伤；若加速踏板踩地过轻，则易使发动机熄火，需要进行二次起动。总之，加速踏板踩地过猛或过轻都会费油。起步时踩下加速踏板的轻重要以发动机的声音是否柔和为准。

起步加速踩下加速踏板的距离，要听发动机的声音，以声音增高较柔和为宜。若出现发闷的吼声，说明加速过量，应稍抬加速踏板，防止发动机短期内出现大负荷，增加油耗和磨损。一般来说，加速踏板踩地稍轻时提速较慢，但省油；加速踏板踩地稍重时则提速较快，但费油。

汽车平路起步时，节气门开度不宜超过 80%；用高挡位在平路上行驶时，节气门开度不应超过 50%。这主要是为了避免加浓系统起作用，而达到省油的目的。

4. 起步时发动机冷却液温度对油耗的影响

冬季汽车起步加速时，冷却液温度对油耗有一定的影响。正确的起步，应在冷却液温度 40℃以上时进行。表 4-5 是冬季起步时冷却液温度对油耗的影响。

表 4-5　冬季起步时冷却液温度对油耗的影响（平路行驶 5000m）

起步冷却液温度/℃	22	30	40
平均油耗/(L/100km)	31.7	29.6	27.8
平均车速/(km/h)	31.5	37	36.3

从表 4-5 中可以看出，起步冷却液温度 22℃与 40℃相比，平路行驶 5000m，百公里油耗增加 3.9L，多耗油 14.03%；起步冷却渡温度 30℃和 40℃相比较，百公里油耗增加 1.8L，多耗油 6.47%。由此可见，冬季起步冷却液温度过低导致耗油率增加，这主要是由于冷却液温度低时，燃油雾化不良，加之润滑油黏度过大、摩擦损失增加所致。要使发动机正常工作，必须多供给一定量的燃油。

三、汽车挡位的合理选择与节油

变速器是用来改变汽车行驶速度的。如果发动机的转速不变，不同的挡位，车速不同。当汽车在行驶中挡位一定时，车速与发动机的转速成正比

$$v=\frac{0.377r_{\mathrm{r}}}{i_0 i_1}\cdot n \tag{4-1}$$

式中　v——车速，km/h；

n——发动机转速，r/min；

r_{r}——车轮工作半径，m；

i_0——汽车主减速器传动比；

i_1——所用挡位的变速比。

北京 BJ2022 型汽车采用 492Q 型发动机，当汽车速度保持在 36km/h 时，汽车用三个前进挡行驶。由式(4-1) 可计算出相应的发动机转速。从油耗仪读得燃油消耗情况见表 4-6。由表 4-6 可见，在相同的情况下，正常行驶时用高速挡比用低速挡节油。

表 4-6 BJ2022 在不同挡位下百公里油耗对比表

车速(km/h)	挡位	发动机转速/(r/min)	百公里油耗/kg
36	1	3812	15.6
	2	2168	11.8
	3	1223	10.5

在经济车速范围内，车速越接近上限时，其功率利用率越高，燃油消耗率越低。为此，汽车在不同道路上行驶时，驾驶员应熟悉路况，因地制宜地掌握车速，及时调整到适当的挡位，使发动机运转在经济车速范围内。在平路上行驶时，尽快换入高速挡比较省油。

在汽车运行中，由于道路阻力增大或情况变化，高一挡的动力不足以维持汽车正常行驶时，就需减挡。减挡的时机以当用高一级挡位行驶、节气门开度为全开的 80%、车速下降到该挡车速最大值的 30%左右时，减入低一级挡位为最佳。较早减挡不能充分发挥高一级挡位时发动机负荷率高的优势，油耗会上升；过迟减挡会使发动机超负荷运转，机件磨损增加，油耗也上升，甚至会因工况恶化而熄火。试验表明，减挡过迟的汽车转矩会迅速下降，往往减至低一级挡位仍不能维持正常行驶，而不得不减至更低一级的挡位，造成脱挡行驶，导致油耗的急剧增加。

汽车在运行中，使用变速器的原则是“吊一挡，稳二挡，充分利用高速挡”。在换挡时应及时、平稳而迅速；低挡换高挡应提前；减挡在避免脱挡行驶的前提下应尽量拖后。

在换挡时机的掌握上应力求准确。一般地讲，平路二挡起步（坡道或拖挂重车时用一挡），4s 内换入三挡，7s 内换入四挡，9s 内由四挡换入五挡，从起步至换入五挡总共不应超过 20s。并注意在加挡提高车速过程中，应以缓加速为主，避免急加速；与此同时，在行驶中，只要发动机输出功率富裕就需加挡。否则，将使油耗增加。

换挡时，应脚轻手快。脚轻是指不要猛踩加速踏板，避免节气门全开；手快关系到换挡的动作要迅速、敏捷，与脚（加速踏板、离合器）配合要协调。起步时不要连续踩加速踏板，也不要在离合器尚未完全接合的情况下就猛踩加速踏板，使发动机高速空转，浪费燃料。一定要轻踩加速踏板缓加油。猛踩加速踏板时，混合气加浓，增加油耗。试验表明，猛踩加速踏板比缓加油要多耗 1/3 的燃油。

在换挡方法上，采用稳加速踏板快速换挡法较节油。如在一般情况下，解放牌汽车由四挡换三挡、三挡换二挡均应在节气门全开时仍感到汽车运行速度迅速下降之际，逐渐将加速踏板放松至全部开度的 1/3～2/3（行驶阻力越大、坡度越陡，则相应的节气门开度也应加大）处时，再稳住加速踏板；与此同时，用脚尖快踏一次半脚离合器，把变速杆移入空挡，离合器稍微往回抬一点再迅速踏下去，及时将变速杆换入低一级挡位，然后放松离合器，此方法称之为“一脚离合器二次进挡法”。用它减挡，又快又易进挡。

随着行驶阻力减小，低挡的动力明显用不完时，应加高挡。如二挡需加三挡时，将加速踏板稳在其开度的 1/3～1/2 处，右脚（转向盘左置式）快踏一下加速踏板，同时左脚踩下离合器，右手将变速杆快速推进三挡，这样又快又没有异响。

上述快速加、减挡动作适合山区行车。在一般平坦道路上遇有障碍物需换入低速挡时，当节气门处于怠速关闭的情况下，就应先稍踩加速踏板至适当位置，然后使用快速换挡法。

四、汽车车速选择

汽车在行驶中，车速不同，油耗也不一样，其中，耗油最低的车速称为经济车速。使用

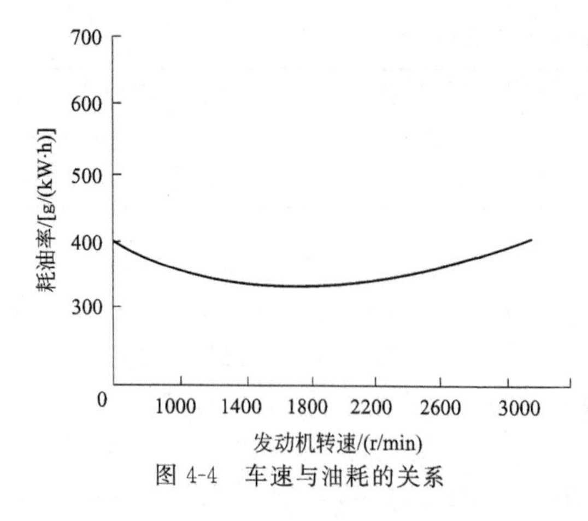

图 4-4　车速与油耗的关系

不同挡位，经济车速也不一样。一般汽车的经济车速，是指该车在直接挡（或超速挡）的经济车速，图 4-4 为车速与油耗的关系。

一般重型汽车的经济车速约为 25～30km/h；轻型汽车的经济车速约为 35～40km/h。通常所说的“中速行驶”，其实际车速略高于经济车速，因为经济车速的车速过低，影响生产效率。中速行驶照顾到了安全、油耗和生产效率各方面的要求。表 4-7 为东风 EQ1090 汽车的经济车速及其对应的燃油消耗量。

表 4-7　东风 EQ1090 汽车的经济车速及其对应的燃油消耗量

挡位	一	二	三	四	五
经济车速/(km/h)	6.5	12	20	25	50
经济车速范围/(km/h)	4～7	10～14	15～23	20～33	40～60
耗油量/(L/100km)	—	59.4	36.2	25.7	20.56

汽车油耗的高低，主要取决于发动机的耗油率和克服行驶中阻力所需的功率。

发动机的耗油率主要是随汽车发动机负荷和转速的变化而变化。发动机的耗油率在发动机负荷为 80%左右时最低。负荷小时，耗油率最大，其原因是由于此时留在气缸内的废气量增多，需供给较浓的混合气，才能保证燃烧过程的正常进行。同时，负荷小时，克服摩擦阻力的功率及附件消耗的功率所占的比重增大。

发动机的耗油率随转速而变化，不同转速，耗油率不同。耗油率最低的转速称经济转速。图 4-5 为发动机在全负荷时燃油消耗率与转速的关系。

当车速低时，克服阻力所需的功率较小，但是发动机的负荷小而耗油率升高；反之，当车速高时，克服阻力所需的功率增大，发动机由于负荷增大而耗油率降低。但是，车速越高，行驶阻力越大，需要克服这些阻力所需功率也增大，对汽车燃料的消耗的影响，大大超过了发动机由于负荷增大耗油率降低的影响，结果使汽车燃料经济性变差，每 100km 消耗的燃料增多。只有在中等速度行驶时，可以兼顾发动机的耗油率和车速对油耗的影响，汽车每 100km 燃料消耗量最低。

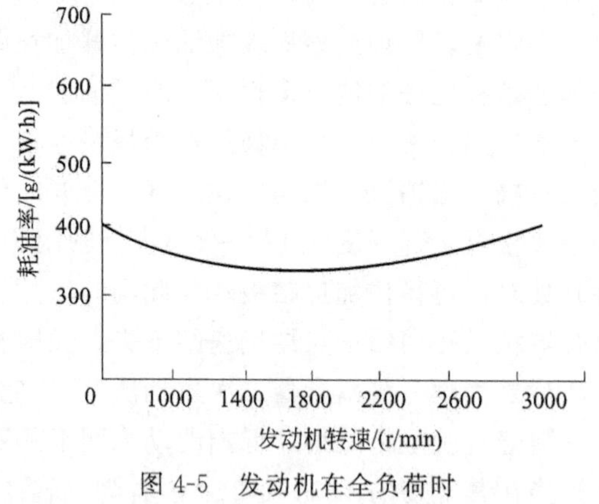

图 4-5　发动机在全负荷时燃油消耗率与转速的关系

汽车经济车速不是固定不变的。在某一特定范围内，它将随路况、载质量、风向、车型、气候、使用情况的不同而发生变化。随着道路交通的改善，汽车技术状况及驾驶技术水平的逐年提高，尤其是高速公路和相配套的高速汽车的出现，经济车速有了较大的提高，如解放 CA1091 型汽车在一般公路上的经济车速为 35～55km/h，而在高速公路上的经济车速可提高到 50～70km/h。考虑经济车速的原则和依据是：首先应使发动机在燃油消耗率 b_e

最小时的转速范围内运转，并考虑安全行车及减小空气阻力；其次应提高发动机的功率利用率；再次是重视汽车运行中的经济性，包括加速、减速、等速、怠速及常用车速。总之考虑的应是燃油消耗量少、运输经济效益高、服务质量好、行驶安全等综合要求。这就是说经济车速反映的是综合指标。

一般路况好、顺风、车型气流阻力小、发动机负荷利用率高、无篷布、轻载时，其经济车速就高；反之则低。同时，底盘相同但发动机类型不同的柴油机比汽油机的经济车速要高30%左右。

在运行中，当汽车处于20km/h以下的低速行驶时，发动机热损失比例大，这与以35km/h车速相比多耗油8%左右。因此，切忌用低挡、高转速、小节气门开度，或高挡、低转速、大节气门开度做长时间行驶。

空气阻力与车速的平方成正比，燃油消耗量增多与车速过高（一般道路上超过55km/h以上）密切相关。汽车运行中保持高挡的经济车速是节油的重点。由发动机负荷特性可知，发动机的转速在最大功率转速的50%～700%时最省油。而汽车在不脱挡行驶时，发动机的转速与车速成正比，因此，汽车在最高车速的50%～70%速度范围内行驶时最省油。柴油机可取较大值，汽油机取较小值，小客车应比上述经济车速低5%。

汽车在运行中，驾驶员要根据实际情况，尽可能使之处于经济车速的范围内，把油耗控制在最低点。

五、汽车的行车温度

汽车行车温度包括发动机温度、机油温度、发动机室内空气温度，以及变速器和驱动桥主减速器油温等。汽车行车温度直接影响着行车燃料的消耗。首先进气温度影响燃料的雾化，冷却液温度又直接影响气缸及机体各部分的表面温度。提高冷却液温度将会使气缸各部分的表面温度升高，从而使进入气缸的混合气温度提高。但温度过高，将导致发动机产生早燃、爆燃等不正常燃烧，油耗增大；温度过低，发动机气钢盖、气缸壁的传热损失增大，燃烧速率降低，导致发动机平均有效压力下降。同时，温度过低时，燃油不易挥发，油滴相对增多，使混合气变稀、不易燃烧或使火焰传播速度减慢，也导致油耗增加。试验表明，发动机的正常冷却液温度应保持在80～90℃；冬季发动机室温度应保持在20～30℃。正常的发动机冷却液温度和发动机室气温，有利于汽油雾化和进气均匀分配，可以使发动机具有良好的动力性和经济性，还可以使机油保持正常黏度和润滑性能，减小摩擦阻力，从而节省燃油。冷却液温度在80～90℃时，发动机的燃油消耗率最低，发动机的转矩较高。

另外，发动机温度过低或过高，还会引起发动机磨损加剧。这是因为温度过低时，润滑油黏度过大，不能很好地填充到摩擦表面之间，从而加剧零件磨损；发动机温度过高时，润滑油黏度过低，油膜过薄，承载能力变差，磨损亦加剧。

1. 发动机冷却液温度对功率和油耗的影响

在发动机台架上，模拟汽车满载等速运行工况进行试验，发动机冷却液温度变化对功率、转矩和油耗的影响见表4-8和表4-9，东风EQ6100发动机的冷却液温度与油耗的关系如图4-6所示，东风EQ6100发动机的冷却液温度与油耗、转矩及功率的关系如图4-7所示。模拟的行车速度为45km/h，发动机转速为1574r/min，功率为24kW，转矩为146N·m。

表 4-8 发动机功率、冷却液温度对油耗的影响

参数 \ 冷却液温度/℃	40	50	60	70	80
功率/kW	23.87	23.87	23.81	23.92	23.81
油耗量/(kg/h)	8.5	8.29	8.11	8.02	7.88
油耗率/[g/(kW·h)]	356.2	348.5	340.6	335.6	331
超耗率/%	7.61	5.29	2.90	1.39	0

表 4-9 发动机节气门、冷却液温度变化对功率、转矩和油耗的影响

参数 \ 冷却液温度/℃	40	50	60	70	80
功率/kW	21.5	22.36	22.85	23.27	23.83
转矩/(N·m)	130.3	138	141	142	144.3
油耗量/(kg/h)	7.89	7.83	7.83	7.85	7.88
油耗率/[g/(kW·h)]	367.8	350	342.2	337.4	331
油超耗率/%	11.12	5.74	3.44	1.93	0
功率降低/%	9.78	6.17	4.11	2.35	0
转矩降低/%	9.7	4.37	2.29	1.59	0

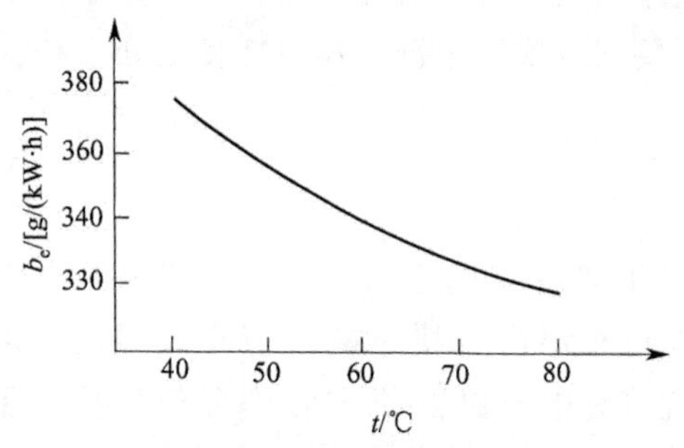

图 4-6 东风 EQ6100 发动机的冷却液温度与油耗的关系

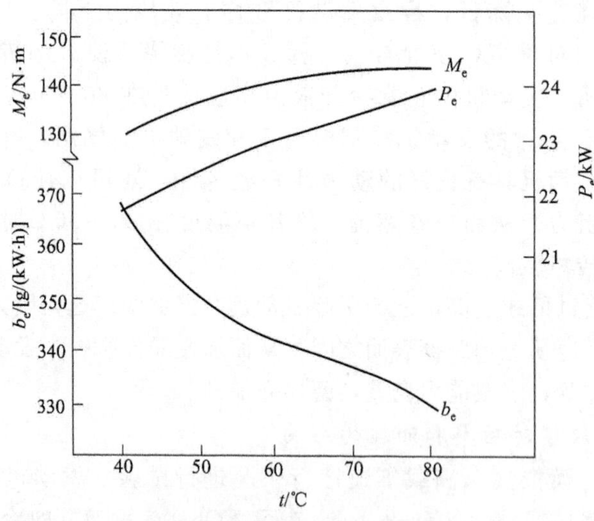

图 4-7 东风 EQ6100 发动机的冷却液温度与油耗、转矩及功率的关系

注：按制造厂规定冷却液温度应保持在 80～85℃，为防止温度过高损坏发动机，未将冷却液温度升到 80℃以上。

由表4-9的模拟试验数据可以看出，冷却液温度由80℃降至60℃时，油耗增加3.44%，功率降低4.11%，转矩降低2.20%；油耗增加5.74%，功率下降量6.17%，转矩降低4.37%；降至40℃时，油耗急剧增加，功率和转矩迅速下降。

发动机冷却液温度过高时，发动机过热，会造成功率下降，油耗增加。在气温为36～39℃的情况下，如果道路条件差，以二挡行驶4.5km后，散热器冷却液温度将升至100℃，曲轴箱油温达90℃。发动机过热，往往会出现充气量下降、燃烧不正常（爆燃、早燃）、供油系统产生气阻等情况。温度过高，不但降低了功率，并且油耗增加。据相关资料介绍，当冷却液温度在100℃时，爬坡1.43km，需行驶17min，耗油1.9L；而在冷却液温度80℃时，爬同一段坡，只需行驶13min，耗油1.2L。两者相比，前者比后者多耗油约60%。

2. 行车温度与汽车行驶阻力

变速器、驱动桥的润滑油温度较低时，黏度变大，汽车行驶阻力增加。汽车在低温条件下使用时，传动系统各总成的润滑油往往不进行预热，而提高油温使其达到正常工作温度是靠零件摩擦和搅油产生的热量来保证的。由于传动系统润滑油温度低、黏度大，汽车运行阻力增加，其总成在很长一段时间内负荷较大，从而使油耗增加，也引起零件磨损加剧。

在冬季，汽车起步后随着行驶距离的增大，各部位的温度升高，每100km油耗却逐渐下降，待达到正常温度时，油耗趋于稳定。

3. 正确控制行车温度

从前面的分析可知，行车中，使发动机的冷却液温度保持在80～90℃，冬季发动机室温度保持在20～30℃，可以保证发动机具有良好的动力性和燃油经济性，也可以减少磨损。因此驾驶员在行车中应注意调节百叶窗来控制汽车的行车温度。

驾驶员在行车中，要经常观察仪表，根据情况控制好百叶窗开度，谨防发动机散热器“开锅”或低温行车。保持正常冷却液温度。在冬季气温较低时，要给发动机盖加装保湿套。保温条件差时，可在百叶窗后挡上纸板或塑料布等，尽量减少冷空气的侵入而降低行车温度。正确地控制行车温度，应该注意以下几点：

①燃烧室积炭较多而未能清除之前，发动机温度可保持在其正常温度的下限（80℃），以防爆燃；②寒冷季节，在停车前的0.5～1.0km，可使发动机冷却液温度控制在90℃以上，这样汽车在停车前一段时间内，不致使冷却液温度下降太多，可缩短停车后起动升温的时间；③当发动机处于大负荷（满载或爬坡）时可使冷却液温度稍低一些（80℃左右），处于小负荷（空车或下坡）时，可使发动机冷却液温度高一些（90℃）；④在较坏路面行驶时，车速低，发动机负荷大，温度升高快。如果预先知道行驶前方是较差路段，应提早1～2km将发动机冷却液温度降至80℃左右；⑤由于汽车在滑行终了时，因温度低而使加速的油耗增加，所以在汽车滑行前应将发动机冷却液温度控制得偏高（90℃以上）一些。滑行中应关闭百叶窗，避免发动机过分冷却而使冷却液温度降低过多。

六、汽车滑行与节油

滑行就是利用汽车的惯性行驶。滑行时发动机在怠速或强制怠速情况下工作，可以不用油或少用油，因此可以节约燃油。滑行可以在平路、下坡进行，有时上坡也可以利用滑行。

下坡滑行、加速滑行、减速滑行是提高汽车燃油经济性、节约能源、降低运输成本的有效途径。

1. 下坡滑行

汽车下坡时，在保证安全的前提下，应充分利用其自身惯性让汽车滑行，从而节省燃油。在下坡的坡道小于5%、坡长超过100m的直线道路上，当车速被控制在30km/h以内时可采用下坡滑行。

汽车在下坡时自身的重力可分解为垂直于地面的法向作用力和平行于地面的切向作用力，汽车在下坡时受力如图4-8所示，其中切向作用力是使汽车向前的力，与行驶阻力正好相抵，比行驶阻力小时能降低汽车的行驶速度，比行驶阻力大时就会使汽车加速下滑。所以，下坡时可以先将车辆加速到一定值，然后利用车辆的惯性滑行。但要合理控制好滑行的车速，如车速过高将不易控制汽车的行驶，存在安全隐患。

汽车运行在丘陵地段，可利用连续起伏的地形成波浪滑行。下长坡时，应根据路况、气候、交通状况等适当滑行。

对于那些设有转向盘锁止机构和真空助力制动的汽车，在下坡滑行中绝对不能关闭点火开关或让发动机熄火，以避免因转向盘锁止或制动力减弱而发生车祸。汽车在滑行中，若遇到制动系统发生故障或车速难以控制时，应立即接通进油口处开关和点火开关，采取快速抢挡法（一般以当时能抢到的最低挡)，以便让发动机起制动作用，确保行驶安全。

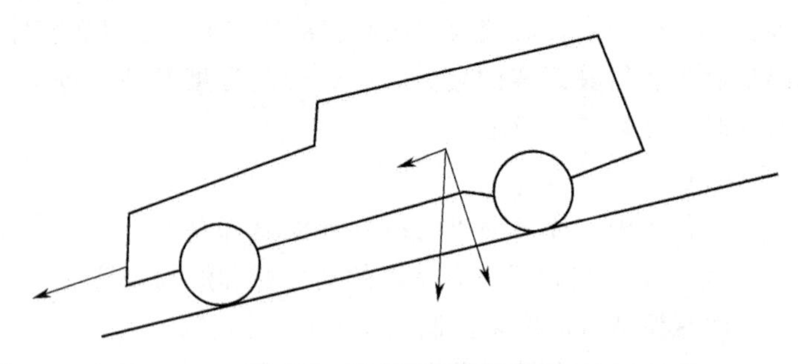

图4-8 汽车在下坡时受力

2. 加速滑行

当汽车在平路上以经济车速行驶时，发动机的负荷率一般在30%～40%之间。在这种情况下油耗率仍较高，应以加速滑行的办法提高发动机的负荷率。加速滑行是指在平路行驶时，用暂时（瞬间）多消耗燃油来提高车速，利用加速时贮存的动能让汽车滑行。在滑行时，发动机怠速或熄火，从而可节省一部分燃油；另外做加速时，增大了发动机负荷率，降低了油耗率。这样通过加速滑行的方法来降低油耗。

在加速时，若使用猛加速或加速至最高车速的75%以上，滑行至最高车速的45%以下，就不能节油。因此，正确的加速滑行方法是平稳加速，使节气门开至80%～90%为宜。

当道路条件差、满载或拖挂运输时，不应采用加速滑行的方法。否则，既不安全，节约油耗也不明显，解放CA1091汽车加速滑行与等速运行时的油耗情况见表4-10。

表4-10 解放CA1091汽车加速滑行与等速运行时的油耗情况 单位：L/100km

装载	运行工况	车速/(km/h)					
		20	25	30	35	40	45
空车	加速滑行	20.75	18.95	17.80	16.23	16.03	17.21
	等速运行	23.60	22.30	21.71	20.53	20.15	21.90
满载	加速滑行	23.75	22.52	22.45	22.51	22.37	23.96
	等速运行	24.10	22.95	23.15	23.20	25.24	25.20
拖挂	加速滑行	37.77	36.58	34.70	32.81	32.24	33.34
	等速运行	38.00	37.21	35.22	33.32	34.30	35.10

汽车上坡时，应根据具体道路和交通条件，灵活冲坡。在上短坡而安全行车有保证时，可采用高挡加速冲坡，中间不得换挡，一鼓作气冲上坡顶；在上长坡时，可先用高挡冲坡，上至坡中段应适时换入低挡。随着行驶阻力的减小，动力会有所增加，增加很多时可用快速法加挡。在上陡坡时，为了减少换挡时汽车出现的瞬间停顿，保持行驶连续性和连贯性，应提前换入低挡；小丘陵连续坡，可以又冲坡又滑行，因地制宜，灵活应用。

汽车上坡前，应根据发动机运转情况及时换挡，防止脱挡行驶。如当满载的解放CA1091以四挡节气门全开冲坡，车速下降至35km/h以下时，发动机会出现沉闷的响声。转速急剧变化时就叫脱挡行驶，此时发动机油耗率上升，并易发生早燃和爆燃，从而浪费了燃油，加速了机件的不正常磨损。由于柴油车发动机额定转速比同类型的汽油机低，转矩曲线相对平缓，加速反映也迟缓，转速提高较慢，在汽车爬坡时车速下降较快。因而，在上坡时柴油车冲坡要稍猛一些，绝不允许换挡行驶。若此时勉强行车就会脱挡，即使再换入低挡，开大节气门也难以克服上坡的阻力，这样就不得不再减一个挡位，从而较大地降低了车速，增加了油耗。

汽车在同一挡位上坡时，以节气门开度最小时最省油；若加大节气门可提高一级挡位，驾驶中还是以低挡位、小节气门开度为好。汽车冲坡时，高挡不硬撑，低挡不猛冲，尽可能避免用大功率转速。当道路阻力减小时，及时恢复高挡行驶。

3. 减速滑行

它是利用汽车在行驶中遇到特殊情况，如会车、避障等需要减速通过，或车辆需要进场、转向、调头、靠边停驶等情况需要减速时，驾驶员一般都在做出正确判断后，松加速踏板，利用车辆的初速度滑行，达到减速或停车的目的。这样减少了汽车制动时的能量损失。汽车制动时能量损失 ΔE 可按下式得出。

$$\Delta E=\frac{1}{2}m\left(v_1^2-v_2^2\right) \tag{4-2}$$

式中　m——汽车质量，kg；

v_1——制动开始的汽车速度，m/s；

v_2——制动后的汽车的速度，m/s。

显然，制动开始时汽车的速度 v_1 越小，汽车的能量损失就越小，也就越省油。若是停车速度 $v_2=0$，那么能量损失就与开始制动时车速 v_1 成正比。可见，在制动前采用减速滑行以降低制动开始的车速 v_1，就能减少因制动而消耗的能量，应尽量避免使用制动，特别是紧急制动。据测定，由于制动停车，每次重新起动加速至20km/h，所耗油量达60～90mL。如果采用减速通过，减少制动和停车次数，就能省下这部分燃油。所以，遇到特殊情况下，多以减速滑行代替制动，即以滑代制。

由于滑行时发动机不工作或者转速很低，不论对气压制动还是液力制动（有真空加力装置的）都可能有影响，所以，滑行的前提是确保安全，并要避免对机件的损坏。不能确保安全以及对机件有损坏的滑行应当禁止，以免造成财产和生命安全的损失。

第二节　汽车运行材料的合理使用

汽车运行材料是指在车辆运行过程中，使用周期短，消耗费用较大，对车辆使用性能有较大影响的一些非金属材料。按其在汽车运行的作用和消耗方式不同可分为车用燃油、车用润滑油料、车用工作液、汽车轮胎四大类。

车用用燃料主要包括车用汽油、车用柴油、车用替代燃料（如甲醇、乙醇、乳化燃料、天然气、石油气、氢气）等。车用燃料的使用性能对汽车的动力性、排放性有直接影响。车用燃料的消耗费用约占汽车运输成本的1/3，直接影响汽车使用的经济性。

车用润滑油料主要包括发动机润滑油、车用齿轮油、车用润滑脂等。车用润滑油料的润滑性能、低温流动性能直接影响汽车运动件的有效润滑，其运动黏度直接影响汽车的效率传递，如选择不当，会使汽车起步困难，并缩短汽车的使用寿命。

车用工作液主要包括液力传动油、汽车制动液、液压系统用油、车用发动机冷却液、车用空调制冷剂、汽车风挡玻璃清洗液等。车用工作液的消耗费用和其他运行材料相比，虽然不是太多，但其对汽车性能，如行驶安全性、行驶舒适性等有显著影响，其选用的合理与否，对节约车用燃料和车用润滑油料、发挥车辆动力性、延长汽车使用寿命有直接关系。

轮胎是汽车行驶系的主要组成部分之一。其使用的合理与否，直接关系到汽车的行驶安全性和使用经济性。

一、发动机燃油的合理选用

随着我国汽车保有量的持续快速增加，给我国带来了巨大的能源和环境压力。据统计，汽车燃油消耗量分别占我国汽油和柴油产量的87%和21%。此外，汽车运输的油耗占汽车运输成本的20%以上，因此，节约燃料就意味着汽车运输成本的降低，经济效益的提高。

1. 车用汽油的选用

(1) 车用汽油的性能指标　车用汽油的主要性能指标包括抗爆性、蒸发性、热值、氧化安定性、腐蚀性、清净性以及化学组分。

1）汽油的抗爆性。汽油的抗爆性是指汽油在发动机气缸中燃烧时，避免产生爆燃的能力，也就是抗自燃的能力。它是汽油的一项重要使用性能指标。汽油的抗爆性用辛烷值和抗爆指数表示，辛烷值越高，汽油的抗爆性越好。我国原来用电机法辛烷值作为汽油的抗爆性指标，并以此划分汽油牌号，现在改用研究法辛烷值。美国从1970年开始用抗爆指数代替研究法作为汽油的抗爆性指标。

2）汽油的蒸发性。汽油的蒸发性指汽油从液体状态转变为气体状态的性质。汽油能否在进气系统形成良好的可燃混合气，汽油的蒸发性能是主要因素。汽油的蒸发性用馏程和蒸汽压表示。汽油的馏程就是通过加热测定蒸发出10%、50%、90%馏分时的温度和终馏温度，又分别被称为10%馏出温度、50%馏出温度、90%馏出温度和干点。

10%馏出温度与发动机冷启动性能有关。该温度低，表明汽油中所含轻质部分低温时容易蒸发，发动机易于冷启动。10%馏出温度与汽油机可能启动的最低气温见表4-11。

表4-11　汽油10%馏出温度与汽油机可能启动的最低气温

可能启动的最低温度/℃	−29	−18	−7	−5	0	5	10	15	20
10%馏出温度/℃	36	53	71	88	98	107	115	122	128

50%馏出温度表明汽油中的中间馏分蒸发性好坏。此温度低，汽油中间馏分就易于蒸发，发动机暖机性能、加速性能和工作稳定性都较好。

90%馏出温度和干点用来判定汽油中难以蒸发的重质成分含量。此温度越低，表明汽油中重馏分含量越少，越有利于可燃混合气均匀分配到各缸，使燃烧更完全。重馏分汽油不易挥发，特别在冬季时，来不及蒸发燃烧的重馏分流到曲轴箱中会稀释润滑油，使润滑油性能变差。

汽油的蒸发性并不是越强越好，汽油的蒸汽压太强会增加汽油的蒸发损失，不仅浪费了汽油，而且增加了对大气环境的污染。为减少汽油的蒸发损失，现代汽车普遍安装了汽油蒸发吸收装置。夏季时，蒸发性太强，会导致发动机油路发生“气阻”现象。“气阻”是燃料供给系统中（油泵和油管）汽油产生蒸汽过多，供油量不能满足发动机工作需要的现象。汽油的饱和蒸汽压和10%馏出温度对气阻有显著的影响。试验表明，汽油不产生气阻的最大饱和蒸汽压与气温的关系见表4-12。由表4-12可知，汽油使用的环境温度高的地区和季节应限制饱和蒸汽压。

表 4-12　各种气温下不致引起气阻的汽油最大饱和蒸汽压

气温/℃	10	16	22	28	33	38	44	49
最大饱和蒸汽压/kPa	93.3	84.0	76.0	69.3	56.0	48.7	41.3	36.7

3）热值。热值指1kg汽油完全燃烧后所产生的热量。汽油的热值大约为44000kJ/kg。

4）氧化安定性。氧化安定性指汽油在常温和液态下的抗氧化能力，也可称为化学安定性。主要取决于原油的产地、加工炼制方法以及汽油的组分。表示汽油氧化安定性的指标是实际胶质和诱导期。安定性差的汽油在储运、使用中经常因热、光等作用变黄、产生胶质。在发动机使用中胶质会堵塞油路并容易在气门、化油器喷孔或电喷车喷嘴、燃烧室等处形成积炭，影响发动机正常运行和使用性能。

5）腐蚀性。汽油中引起腐蚀的物质主要是硫分、硫化物、有机酸、水溶性酸和碱等。各国汽油标准中对汽油的硫含量、酸度、钢片腐蚀试验以及水溶性酸或碱等都有严格规定。

6）汽油清净性。汽油清净性用汽油含机械杂质和水分的多少表示。汽油中不应有机械杂质和水分。另外，电喷汽油车用汽油还应加清净分散剂，防止喷嘴、气门和燃烧室等处形成积炭，国外标准中引入喷嘴清洁度、气门清洁度表示汽油的清净性。

7）汽油的化学组分。汽油的化学组分主要指烯烃、芳香烃和饱和烃的含量。汽油中的烯烃是不饱和烃类化合物，化学安定性很低，容易氧化缩聚生成胶质。但它的抗爆性较好，可提高汽油的辛烷值。芳香烃的化学安定性最好，很难氧化，自燃点高，抗爆性很好，是汽油的高能、高辛烷值成分。但芳香烃燃烧会生成苯（致癌物质）随废气排放到大气中污染环境。饱和烃主要是指烷烃和环烷烃。常温下化学安定性较好，贮存中不易氧化变质。烷烃分为正构烷烃和异构烷烃。前者在高温下易氧化，自燃点低，抗爆性差；后者自燃点高，是汽油的高辛烷值组分。环烷烃的燃烧性能介于正构烷烃和异构烷烃之间。

（2）车用汽油的合理使用　选择汽油就是选汽油的辛烷值，即汽油的牌号。汽油牌号中的数字就是辛烷值。选择汽油牌号过高，会增加费用。选择的牌号过低则会使汽车发动机产生爆燃，影响动力性和经济性，严重时还会使汽油机损坏。因此，选择汽油牌号时应注意以下几点。

1）根据汽车使用说明书的要求选择。选择时注意说明书上要求的辛烷值是研究法辛烷值（RON）还是马达法辛烷值（MON）。目前，我国生产的汽油牌号有90号、93号、97号，它是按研究法辛烷值划分的，我国以前生产的汽油牌号还有66号、70号和85号，它是按马达法辛烷值划分的。对于同一汽油来说，研究法测定的结果比马达法高5～10个单位。

2）抗爆性选择。汽油的牌号越大，说明汽油的辛烷值越高，抗爆性越好，适合于压缩比高的发动机用。发动机的压缩比越高，输出的功率越大。若提高压缩比一个单位，可使燃油消耗率下降6%～8%。但燃油辛烷值不高，就满足不了压缩比提高后的需要，发动机在工作过程中就会发生严重的爆震，导致发动机功率下降，耗油率增加。因此，用多大牌号的汽油，取决于发动机的压缩比大小。一般压缩比高的发动机应选择高牌号汽油，压缩比低的发动机选低牌号汽油。

当使用的汽油辛烷值与发动机压缩比不符时，可通过调整点火提前角等措施来弥补。当使用汽油牌号高于需求时，应适当增大点火提前角；当使用汽油牌号低于要求时，应适当减小发动机点火提前角，从而减小爆燃倾向。

3）蒸发性选择。汽油的蒸发性选择，即为确定汽油的馏程（10%馏出温度）和饱和蒸汽压。汽油的蒸发性是根据季节（气温）进行选择的。气温较高时应选用10%馏出温度较高和蒸汽压较小的汽油；反之应选用10%馏出温度较低和饱和蒸汽压较大的汽油。

4）根据使用条件选择。高原地区大气压力小，空气稀薄，汽油机工作时爆燃倾向减小，可以适当降低汽油的辛烷值。一般海拔上升100m，汽油辛烷值可降低约0.1个单位。经常在大负荷、低转速下工作的汽油机，应选择较高辛烷值汽油。

5）根据使用时间调整汽油牌号。发动机使用时间较长后，由于燃烧室积炭、水套积垢等会使发动机压力增加，此时，再使用原牌号汽油时发动机会有爆震，因此，这类汽车在维护后应该燃用高一级的汽油。

6）长期储存的汽油，其辛烷值会有所降低，在使用中应适当减小点火提前角，避免发生爆燃，必要时可以用高辛烷值汽油掺和使用。

7）汽车使用者应重视汽油的质量。加油时到规模较大、信誉良好的加油站加油。切忌只顾眼前经济利益，加入质量低劣的燃油，这样的油品不仅影响使用性能（动力性差、排放高、油耗高），严重的会使发动机机件损坏。

2. 车用柴油的选用

在相同功率下，柴油机比汽油机可节约燃料25%～30%。目前，我国轻柴油中车用柴油仅占30%左右，其余为农用、船用、铁路机车用、矿山用、建筑工业用、发电用和民用等。

随着我国国民经济的发展，特别是交通运输业与汽车工业的发展，柴油机将在各行各业得到广泛应用，我国汽车产业政策要求，载质量大于5t的车辆将逐渐使用柴油发动机，因此，柴油的需求量还会进一步增加。

（1）车用柴油的性能指标　对柴油使用性能影响最大的是柴油的低温流动性和燃烧性。

1）柴油的低温流动性。

① 凝点。凝点表示柴油遇冷及开始凝固而失去流动性的最高温度。车用柴油的牌号是以凝点来区分的；它意味着该柴油可以在什么样的气温下使用。我国规定轻柴油共有10、5、0、－10、－20、－35、－50等牌号，其牌号表示凝固点大于或等于10℃、5℃、0℃、－10℃、－20℃、－35℃、－50℃。好的柴油应当凝点低，凝点过高的柴油，对供油系统带来不利，较低温度下就可能造成油路的阻塞。

② 黏度。柴油的黏度决定了柴油的流动性。黏度大，流动性差，泵油就不可靠，喷油雾化性不好，燃烧不完全，不仅排气冒黑烟，而且油耗增大。由于高压油泵、喷油器等都是依靠柴油来润滑的，黏度过小，除不能保证高压油泵的润滑外，还会在高压泵的不密封处漏

掉，产生供油不足，影响发动机的功率，所以黏度要适宜。一般车用柴油黏度在20℃时大约为$2mm^2/s$为宜。

2）柴油的燃烧性。

① 柴油的蒸发性。蒸发性对可燃混合气的形成与燃烧有一定的影响，常由燃料的蒸馏试验决定，即将柴油加热，分别测定蒸发出50%、90%、95%馏分时的温度，并分别定名为50%馏出温度、90%馏出温度及95%馏出温度。馏出温度越低，表明柴油蒸发性越好，能在短时间内同空气混合均匀，燃烧速度快，容易燃烧完全，油耗可以降低，同时也容易起动。

柴油馏分过重，由于燃烧不完全，积炭增多，还会稀释机油，加剧机械磨损。但是，若柴油馏分过轻，喷入气缸的柴油蒸发太快，会引起全部柴油迅速燃烧，造成压力突然增高，产生工作粗暴。

② 柴油的发火性。发火性是指柴油的自燃能力。高速柴油机在压缩终了时，燃烧室内温度可达500～600℃、压力达3～4MPa。这时柴油以高压喷成细雾油粒状进入燃烧室内，与热空气混合，立即剧烈蒸发，形成混合气。由于燃烧室的温度已超过柴油的自燃点，柴油便自行着火燃烧。

柴油机工作时，柴油从喷油器被喷入燃烧室后，并非立即燃烧，而要经过一段时间进行燃烧前的准备，这个准备过程经历的时间称为“着火落后期”。“着火落后期”过长，会造成燃烧开始时燃烧室内积存的柴油过多，以致燃烧开始时气缸内压为升高过快，使曲柄连杆机构承受较大的冲击力，加速磨损。同时气缸内发出很响的敲击声，即工作粗暴。发火性好的工作比较柔和，且可以在较低的温度下发火，有利于起动。

柴油的发火性可用“十六烷值”表示。“十六烷值”越高，柴油的发火性越好。汽车柴油机所用柴油的十六烷值不应低于40～45。但是过高的十六烷值对一般柴油机来说并不适宜，当十六烷值高于65时，会使排气冒烟。

十六烷值测定方法与测定汽油辛烷值的方法很相似。用十六烷的燃料作为基准燃料，它的燃烧性能好，自燃点低，定十六烷值为100；另一种称a-甲基萘的燃料也作为基准燃料，它的燃烧性能差，自燃点高，定十六烷值为0。然后按不同比例混合这两种基准燃料，就可以得到从0～100的标准燃料。在专用的单缸可变压缩比柴油机上，测定被测柴油与标准燃料的闪火时间，便可确定十六烷值的大小。

3）腐蚀性。车用柴油的腐蚀性用硫含量、酸度、钢片腐蚀等级等指标表示。柴油中的硫经燃烧后生成SO_2、SO_3和水蒸气对排气系统造成高温气相腐蚀，排气温度越高，腐蚀越严重。此外，SO_2和SO_3与水反应生成腐蚀性的酸性物质，加速了气缸套的腐蚀磨损。车用柴油的酸度太高，会使喷油器结焦，高压油泵体磨损加大，燃烧室积炭增高，发动机功率下降。

4）安定性。柴油的安定性用实际胶质和100%蒸余物残炭等控制，直馏轻柴油的安定性很高，二次调和加工组分的柴油，烯烃和芳烃含量多，所以安定性较低。安定性低的柴油容易使发动机供油系堵塞。

5）灰分。灰分指燃料燃烧后的残余矿物质数量。灰分是引起燃烧室积炭的主要因素。因此，柴油的灰分越小越好。

6）水分。柴油中的含水对其使用性能影响较大，它会使柴油自燃点升高，起动困难，引起发动机低温结冰等。机械杂质和水还会加剧发动机的磨损。

(2) 车用柴油的合理使用

1) 级别选择。柴油的级别选择应根据柴油机的工作特性进行。比较各级柴油的质量指标，除硫含量外，其余质量指标大多相同或相近，所以柴油的级别选择主要是含硫量的选择。柴油中含硫量高，腐蚀增加，沉积物也增多，润滑油容易变质，使得零件早期磨损。因此，使用高含硫柴油，必须使用相应的润滑油，如 ECD 级柴油机油。柴油汽车应尽量选用含硫量质量分数不大于 0.5%的柴油。

2) 牌号选择。柴油的牌号选择主要考虑柴油机的使用环境。一般要求所选柴油的凝点必须比环境温度低 5℃以上。CB/T 19147—2003 各牌号柴油指标中，不仅给出了凝点，而且给出了冷滤点。冷滤点是 20 世纪 70 年代中期西欧开始采用的评价柴油低温流动性指标，表示柴油低温时通过金属滤网的能力，即在规定的冷却条件下，柴油在 1.96kPa 的抽力下，1min 通过缝缝隙宽度 45μm 金属滤网的柴油体积少于 20mL 的最高温度，即为柴油的冷滤点。冷滤点与柴油的最低使用气温有直接对应关系，可根据冷滤点选择轻柴油牌号，即所选柴油的冷滤点不能低于环境温度，具体参见最新车用柴油标准。

同一等级中的各牌号柴油，除凝点（冷滤点）不同外，其余各质量指标相同或相近。凝点越低，柴油的脱蜡深度越深，而深度脱蜡使产品的十六烷值降低，产量锐减。所以在满足使用要求的前提下，应尽量选用凝点较高的柴油，如夏季尽量使用 10 号或 0 号柴油。各地选用车用柴油时可参考表 4-13。

表 4-13　车用柴油牌号推荐表

牌号	适用地区季节	适用最低温度/℃
10 号	全国各地 6～8 月和长江以南 4～9 月	12
0 号	全国各地 4～9 月和长江以南冬季	3
−10 号	长城以南地区冬季和长江以南地区严冬	−7
−20 号	长城以北地区冬季和长城以南黄河以北地区严冬	−17
−35 号	东北和西北地区严冬	−32
−50 号	东北的漠河(黑龙江北部)和新疆的阿尔泰地区严冬	−45

二、车用润滑材料的合理选用

车用润滑材料主要包括发动机润滑油（发动机机油）、汽车齿轮油和汽车用润滑脂等。汽车可运行的地域辽阔，各地环境温度条件相差很大，对汽车润滑油的要求很高。尤其是发动机润滑油，工作条件异常恶劣，要求具有耐腐蚀、耐高压、耐高温等。随着汽车结构的不断发展，车用润滑材料的工作条件也越来越苛刻，因此，润滑油的品种规格越来越多，价格也越来越高，了解润滑油的基本知识，正确地选用润滑油对汽车使用者来说也越来越重要。

使用润滑油的主要目的是降低摩擦、减缓磨损，以保证发动机有效和长期地工作。其次是将燃料燃烧和摩擦产生的热量带走，以起到冷却作用，使发动机不会过热，保证正常工作。此外，润滑油还有密封、清洗、减振、防锈等作用。

通过合理选用汽车润滑油，可以保证发动机各运动部件得到充分合理地润滑，降低由于摩擦造成的能量损失，提高了汽车的经济性。

1. 发动机润滑油

(1) 发动机润滑油的性能指标　发动机润滑油的工作条件十分恶劣，它经常与发动机的高温、高压机件接触，所经受的环境温差较大，最高可达 300℃（气缸内），低时只有 80～90℃（曲轴箱内）。另外还要遭受水汽、酸性物质、灰尘微粒和金属杂质的侵扰。润滑油在这种苛刻的条件下工作，还要肩负前面提及的各种作用，因此必须具备优良的性能。润滑油的这些性能和对其质量的要求用一系列指标来体现，主要有以下几个方面。

1）黏度。液体受到外力作用移动时，液体分子间产生的内摩擦力的性质，称为黏度。在物理学中黏度是用液体分子间的相互作用力来解释的。液体在外力作用下发生相对运动对，在液体分子间产生一种阻力，以阻碍液体分子的相对运动，液体的这种性质称为液体的黏滞性，黏滞性的大小在工业上用黏度来表示。黏度是发动机润滑油的重要性能指标，它是润滑油分类的依据，也是选用润滑油的主要依据。黏度一般分为绝对黏度和条件黏度（相对黏度）。绝对黏度又包括动力黏度和运动黏度。动力黏度的单位是帕斯卡秒（用 Pa·s 表示）。也可用厘泊表示（符号为 cP），$1cP=10^{-3}Pa\cdot s$。运动黏度是液体动力黏度与相同温度下的液体密度之比。运动黏度的单位是平方米每秒（用 m^2/s 表示），通常也用厘沲表示（符号为 cSt），$1cSt=10^{-6}m^2/s$。

2）黏温性能。润滑油的黏度随温度变化而变化，当温度下降时黏度增大，这种关系及其变化程度就是润滑油的黏温性。对于发动机润滑油来讲，黏温性是一项重要指标。润滑油在发动机润滑部位的工作温度差别相当大，比如，活塞环处温度约为 205～300℃，活塞裙部温度大约在 110～115℃，主轴承处温度为 85～95℃。在寒冷的冬季，如果将车停在室外，曲轴箱里的机油温度会降至与大气温度一样低。由此可知，发动机要求润滑油在高温部件上工作时能保持一定的黏度，形成一定厚度的油膜，起到良好的润滑作用；在低温时，黏度不要变得太大，以免造成发动机冬季起动困难。

3）腐蚀性。发动机润滑油腐蚀性表示润滑油长期使用后对发动机机件的腐蚀程度。无论润滑油的品质多么高级，在发动机高温、高压和有水分的工作条件下，也会逐渐老化。润滑油中的抗氧化剂也只能起到抑制、延缓油料的氧化过程，减少氧化产物，但不能从根本上消除润滑油的老化。造成润滑油老化的原因主要是润滑油氧化后产生无机酸，无机酸尽管属弱酸，但在高温、高压和有水的环境下也会对一些金属构成腐蚀。

4）清净分散性。清净分散性主要是指发动机润滑油能将老化后生成的胶状物、积炭等氧化产物悬浮在油中，使其不易沉积在机件上的能力，在一定程度上表示润滑油能将已沉积在机件上的胶状物、积炭等氧化产物清洗下来的能力。清净分散性能良好的润滑油能使这些氧化物悬浮在油中，通过机油滤清器将其过滤掉，从而减少发动机气缸壁、活塞及活塞环等部件上的沉积物，防止由于机件过热烧坏活塞环引起的气缸密封不严，发动机功率下降，油耗增加的故障。

5）倾点和凝点。倾点是油料在一定试验条件下冷却，当冷却到试管倾斜 1min，试管内油面仍能流动的最低温度。凝点是试管内油面开始静止不动的最高温度。

6）酸值。酸值是表明润滑油中含有酸性物质的指标。油品级别越高，酸值就越小；反之，则越大。在实际使用中，润滑油酸值有以下几点意义。

① 根据酸值可大概判断油对金属的腐蚀性质。润滑油中有机酸含量小，在无水和温度较低时，对金属不会有腐蚀作用。但有机酸含量多和有水时就会腐蚀金属。

② 由酸值的大小可以判断使用中的润滑油变质程度，这也是润滑油更换的指标之一。润滑油在使用一段时间后，由于油品受到氧化逐渐变质，表现在酸值增大，当其超过一定限度时，就应该更换润滑油了。

③ 根据酸值的大小判断油品中含酸物质的量。由于发动机润滑油出厂时只控制未加添加剂前的酸值，加入添加剂后酸值有可能增大，因为，有些添加剂属酸性物质，加入后肯定

会增加润滑油的酸值。

7）闪点。在规定条件下，将油品加热，油蒸汽的浓度随油温的升高而随之增加，当油温升高到某一温度时，油蒸汽在混合气中浓度达到可燃浓度时，用火焰接近混合气产生闪光，我们称产生这种闪光现象的最低温度为油品的闪点。润滑油闪点高，说明其蒸发性能不好，这有利于其在发动机高温状态下工作。所以，发动机润滑油的闪点越高越好。经验表明，润滑油闪点太低，燃油消耗就增加。如果曲轴箱中润滑油闪点在使用过程中明显降低，说明润滑油已受到燃料的稀释，需要对发动机进行检查维修或更换润滑油。

8）灰分。油品在规定条件下灼烧后，所剩的不燃物质，称为灰分。油料中的灰分会增加发动机积炭，增大机件的磨损，因此，润滑油的灰分应该是少些为好。

9）残炭。油品的残炭是将油晶放入一个容器中，在不通入空气的试验条件下，加热使其蒸发和分解，排出燃烧气体后，所剩余的焦黑色残留物，称为残炭。根据残炭的大小，可以大致判断润滑油在发动机中的结炭倾向。与其他指标相结合，可以判断润滑油的精制深度。一般而言，精制深的油品，残炭量小；反之，残炭量大。在润滑油的规格中，残炭量用“不大于”某数值表示。

10）水分和机械杂质。按国家标准 GB 11121—2006 的规定，发动机润滑油中机械杂质含量不大于 0.01%；水分含量不大于“痕迹”，即含水量不大于 0.03%。

润滑油中的机械杂质会增加发动机机件的磨损或堵塞滤清器，水分会腐蚀发动机零部件，当水与 100℃以上高温金属零件接触时形成水蒸气，破坏润滑油膜，降低其润滑作用。

11）抗氧化安定性。润滑油在使用和贮存过程中，一旦与空气接触，在条件适当情况下，便会发生化学反应，产生诸如酸类、胶质等氧化物。氧化物集聚在润滑油中会使其颜色变暗、黏度增加、酸性增大。因此，润滑油都应具有抗氧化能力，这种能力称为抗氧化安分性。

12）热氧化安定性。润滑油在发动机机件上形成油膜，油膜在高温和氧化作用下，抵抗漆膜产生的能力，称为润滑油的热氧化安定性。润滑油的热氧化安定性差，使用时很快就会生成漆膜，不利于热传导和润滑。

（2）发动机润滑油的分类　发动机润滑油按用途主要分为汽油机润滑油、柴油机润滑油和二冲程汽油机润滑油三大类。我国发动机润滑油的质量等级采用美国石油学会（API）的使用条件分类法和美国汽车工程师学会（SAE）的黏度分类法。

根据国标《汽油机油》（GB/T 11121—2006）和《柴油机油》（GB/T 11122—2006），发动机润滑油根据其特性、使用场合和使用对象分为以下几种。

① 汽油机润滑油：SE、SF、SG、SH、CF-1、SJ、GF-2、SL、GF-3。

② 柴油机润滑油：CC、CD、CF、CF-4、CH-4、CI-4。

③ 二冲程发动机润滑油：RA、RB、RC、RD。

各类润滑油中，后一级比前一级好。

我国内燃机润滑油黏度等级等效采用 SAE J300 APR84 标准。该标准将冬季用润滑油按 −30℃、−25℃、−20℃、−15℃、−10℃、−5℃时的最高动力黏度、边界泵送温度和最高倾点三项低温性能指标分为 0W、5W、10W、15W、20W 及 25W 等六个等级（W 表示冬用），其低温黏度、边界泵送温度和最高倾点一级比一级高。按 100℃时的运动黏度把春秋和夏季用润滑油分为 20、30、40、50 四个等级，其黏度也依次递增，内燃机机油黏度分级见表 4-14。

表 4-14　内燃机机油黏度分级

黏度等级	在规定温度(℃)下的黏度/MPa·s		边界泵送温度/℃	100℃黏度/(mm^2/s)	
	黏度/MPa·s	温度/℃			
0W	≤3250	−30	≤−35	≥3.8	
5W	≤3500	−25	≤−30	≥3.8	
10W	≤3500	−20	≤−25	≥4.1	
15W	≤3500	−15	≤−20	≥5.6	
20W	≤4500	−10	≤−15	≥5.6	
25W	≤6000	−5	≤−10	≥9.3	
20				≥5.6	≤9.3
30				≥9.3	≤12.5
40				≥12.5	≤16.3
50				≥16.3	≤21.3
60				≥21.3	≤26.1

如果一种内燃机润滑油的低温性能各项指标和100℃运动黏度仅满足冬用润滑油或夏用润滑油黏度分级之一者，称为单级油；如果一种润滑油，它的低温性能各项指标和100℃运动黏度能同时满足冬夏两种黏度分级要求的，称为多级油。例如，有一种润滑油其高温运动黏度为13×10^{-6} m^2/s，在−20℃时的最高动力黏度值是3.50Pa·s，最高边界泵送温度为−25℃，最高稳定倾点−30℃，由表4-20可知，它同时达到了10W和40这两个黏度分级的要求，所以是多级油，用10W-40或10W/40表示。

常用的多级油有下列几种：SW/20、5W/30、SW/40、5W/50、IOW/20、IOW/30、10W/40、10W/50、15W/20、15W/30、15W/40、15W/50、20W/20、20W/30、20W/40、20W/50共16种。

在单级冬季用油中，符号W前的数字越小，说明其低温黏度越小，低温流动性越好，适用的最低气温越低。在单级夏季用油中，数字越大，其黏度越大，适用的最高气温越高。对于多级油来讲，其代表冬季用部分的数字越小，代表夏季用部分的数字越大，说明其黏温特性越好，适用的气温范围越大。

黏度是润滑油的重要质量指标，润滑及密封作用要求机油应有适宜的黏度，使机油能在摩擦表面上形成足够厚度的油膜；而冷却及清洗作用则要求用低黏度润滑油。所以，应在综合考虑的基础上，正确地选择机油黏度。

黏度太大，流动性不好，起动时输送机油慢，油压虽高，但流量小，而使冷起动困难。此时，机件最容易出现短暂的干摩擦或半液体摩擦，这是造成发动机运动件磨损的最主要原因。黏度太大，机件摩擦表面间的摩擦力也就增大，它不仅会增大机件磨损，而且摩擦功增大，致使有效功率降低，燃油消耗增加。黏度太大，由于机油的循环速度变慢，使冷却散热作用的效果变差。黏度大的机油与黏度小的机油相比，残炭含量较多，酸值和凝点较高，热氧化安定性和黏温性能都要差些，从而影响使用效果。

机油黏度太低，油膜容易被破坏。在高温摩擦表面上，不易形成足够厚的油膜，机件得不到正常润滑，会增大磨损。同时，密封作用差，不仅使气缸有效压力降低，机油受稀释和污染，而且易使机油窜入燃烧室，致使机油消耗量增加，燃烧不完全，排气冒黑烟。

因此，在保证发动机良好润滑的前提下，应选用黏度较低的机油。只有在负荷大、环境较严重的条件下或发动机本身已磨损严重时才选用黏度稍大的机油，以保证摩擦表面间形成可靠的润滑层，减少机件磨损，保证密封作用。

(3) 发动机润滑油的选择及使用　发动机润滑油是保证其正常工作的必要条件。如果选择不当，不仅影响发动机的使用性能，严重时还会导致发动机的突发故障，造成安全隐患。同理，选择了正确的润滑油，还要了解正确的使用方法，使用不当发挥不了所选油品应有的作用。

1) 汽油机润滑油的选用　汽油机润滑油的选择主要依据发动机的结构特点、使用条件、气候条件等选择润滑油的质量等级和黏度级别。根据发动机的结构性能和使用条件选择相应的润滑油质量等级，再根据使用地区的气温选择润滑油黏度级别。有汽车使用说明书的用户，依据说明书要求选取，无使用说明书时，汽油车可以按照发动机设计年代、发动机的压缩比、曲轴箱是否安装正压通风装置（PCV）、是否安装废气循环装置（EGR）和催化转化器等因素选取润滑油。一般的发动机装有 PCV 阀，用 SD 以上的汽油润滑油；安装了 EGR，用 SE 级润滑油；发动机装有催化转化器，用 SF 润滑油，近期进口车或引进技术生产的轿车用 SF 级润滑油。目前，SA 和 SB 级润滑油在我国已淘汰，SC 和 SD 级机油也已基本被淘汰。

我国常用汽油机汽车选用润滑油的等级见表 4-15。

表 4-15　我国常用汽油机汽车选用润滑油的等级

车　型	润滑油质量等级
EQ1090,492QC 为动力的各类汽车	SC
CA1091 和东风改型汽油车	SD
夏利、大发、昌河、拉达	SE
一汽奥迪、捷达、红旗、小解放、CA6440 轻客、上海桑塔纳、北京切诺基、标致	SF
富康、桑塔纳 2000(电喷)、红旗 7220AE、捷达(电喷)	SG 或 SH

进口汽车可根据生产年限选择润滑油。对美国、英国、法国、意大利、日本、德国、加拿大等国家的汽车可从其生产年代来判断应用润滑油的质量等级。1964～1967 年生产的汽油车用 SC 级润滑油；1968～1971 年出厂的汽车用 SD 级润滑油；1972～1980 年出厂的汽车用 SE 级润滑油；1981～1986 年以后出厂的汽车用 SF 级润滑油；1987 年以后车用 SG 级润滑油。另外，随着技术进步，汽车发动机的压缩比、转速、功率等不断提高，而发动机体积减小，热负荷越来越大，因而润滑油工作条件也越来越苛刻。因此又出现一些新的润滑油等级。例如，SH 级油适用于 1994 年以后生产的轿车、轻型载货车的汽油机。该润滑油的防高低温油泥、防锈、抗磨、防腐、抗氧化性能均优于 SG 级油。

SJ 级油适用于 1997 年以后生产的轿车、轻型载货车的汽油机。性能优于 SH 级油。

部分质量等级汽油机油的特性及使用场合参见表 4-16。

表 4-16　汽油机润滑油的特性和使用场合

级别	特性和使用场合
SE	性能比 SD 级油更高的机油，用于苛刻条件下工作的轿车和某些载货汽车，可满足装有曲轴箱强制通风装置和催化转化器的汽油机要求，适用国外 1971～1972 年型汽油机
SF	氧化和抗磨损性能比 SE 级油更高的机油，用于更苛刻条件下工作的轿车和某些载货汽车。适用于 1980～1987 年型国外进口车
SG	用于轿车和某些货车的汽油机以及要求使用 API SC 级油的汽油机，该级油品改进了 SF 级油控制发动机
SC	沉积物、磨损和油品的氧化性能，并具有抗锈蚀和腐蚀的性能。它是专为电喷发动机预备的，如丰田、奔驰、桑塔纳 2000 等车型
SH	用于轿车和轻型货车的汽油机以及要求使用 API SH 级油的汽油机。SH 级油质量在油品的抗氧化性能方面优于 SG 级油，并可代替 SG，如红旗 CA7180E、CA720DE、奥迪发动机
SJ	可减少积炭的生成，具有优良的抗磨损、洁净分散性，可延长发动机的寿命，降低燃油及机油油耗。适用于劳斯莱斯、奔驰、宝马、林肯、福特、奥迪等进口及国产高级轿车

选择汽油机润滑油的黏度主要根据发动机工作的环境温度，润滑油的使用温度应比其凝点高6～10℃。一般常以汽车使用地区的年最高和最低气温选择润滑油的黏度等级。如我国北方温度不低于－15℃的地区，冬季用SAE20，夏季用SAE 30或全年通用SAE 20/30；低于－15℃的地方，全年通用SAE 15W/30或SAE 10W/30；严寒地区用SAE 5W/20。南方最低气温高于－5℃的地区，全年通用SAE 30，广东、广西、海南可用SAE 40。表4-17列出了黏度等级与使用环境温度范围的参考值。

表4-17 黏度等级和使用环境温度范围的参考值

黏度等级	使用温度/℃	黏度等级	使用温度/℃
5W	－30～－10	5W/30	－30～30
10W	－25～－5	10W/30	－25～30
20	－30～－10	10W/40	－25～40
30	0～30	15W/40	－20～40
40	10～50	20W/40	－15～40

此外，还可根据发动机的性能和磨损情况选择相应牌号的润滑油。根据发动机的性能，例如大负荷、低转速的发动机选用黏度大些的润滑油；小负荷、高转速的发动机选用黏度小的润滑油。根据发动机的磨损情况，旧发动机磨损大，选用黏度大的润滑油；新发动机磨损少，选用黏度小的润滑油。

2）柴油机润滑油的选用。柴油机润滑油的选择主要依据汽车使用说明书。在没有使用说明书时，也可根据柴油机的强化系数确定柴油润滑油的质量等级，然后根据汽车使用地区的气候确定润滑油的黏度级别。

柴油机强化系数代表其热负荷和机械负荷，强化系数越大，表明发动机的热负荷和机械负荷越高，而且对油品的质量要求也越高。柴油机的强化系数用K表示，计算式为：

$$K=P_eC_mZ \tag{4-3}$$

式中 P_e——气缸平均有效压力，0.1MPa的倍数；

C_m——活塞平均速度，m/s；

Z——冲程系数（四冲程取0.5，二冲程取1.0）。

强化系数在30～50之间的柴油机，选CC级柴油润滑油；强化系数大于50时，选择CD级柴油润滑油。我国常用柴油机选用润滑油等级见表4-18。

表4-18 我国常用柴油机选用润滑油等级

柴油机型号	润滑油质量等级
康明斯、斯太尔、依维柯	CD
玉柴、扬柴、朝柴、锡柴、大柴、日野ZM400、五十铃4BD1、4BG2	CC或CD

CC级柴油机润滑油具有防止高低温沉积物、防锈和抗腐蚀的性能。适用于中等负荷条件下工作的低增压柴油机和工作条件苛刻（或热负荷高）的非增压的高速柴油机。对于柴油机具有控制高温沉积物和轴瓦腐蚀的性能，它有SW/30、10W/30、15W/40、20W/40、20W/20、30、40等牌号。

CD级用于需要高效控制磨损和沉积物或使用包括高硫燃料非增压、低增压和增压式柴油机以及国外要求使用API CD级油的柴油机。具有控制轴承腐蚀和高温沉积物的性能，并可代替CC级油。如东风中、重型卡车柴油发动机装用CD30、CD40、CD50或CD15W/40、20W/50、10W/30柴油机油，康明斯发动机使用CD15W/40、20W/50、10W/30柴油机油。

CF-4 级用于高速四冲程柴油机以及要求使用 API CF-4 级油的柴油机。该级油品特别适用于高速公路行驶的重负荷货车，它具有更好的高温清洁性、抗氧化性、抗腐蚀性和抗磨性。可用于各种大型高级客车、各种进口及国产高级大型载货汽车、高级轿车等。

选好润滑油的质量等级后，还应根据汽车实际工作条件的艰苦程度，提高用油的等级，工作条件符合下列情况之一的，应将质量等级提高一个级别（在无级别可提高时，应缩短换油周期）：①汽车处于经常停停开开的使用工况，容易产生低温油泥，如城市公共汽车、出租车等；②长时期在低温、低速（气温低于 0℃、速度 16km/h 以下）行驶，容易产生低温沉积；③长时间在高温、高速、满载下工作，易使润滑油氧化变质，生成积炭、漆膜等高温沉积物；④长期在灰尘大的条件下工作。

除此之外，还应根据发动机润滑油容量大小和所用燃料含硫量的高低，适当升降润滑油的质量等级。一般而言，润滑油容量大、工作条件较缓和时可降低一级质量，燃料含硫量超过 1.0%时，应考虑升高一级质量。

柴油机润滑油黏度选择原则与汽油机润滑油相同，考虑到柴油机工作压力比汽油机大，但转速又较汽油机低的特点，在选择黏度时应略比汽油机高一些。

选择了合适的润滑油等级和黏度级别后，还要注意正确的使用方法。如果使用不恰当，同样会造成发动机磨损加剧，甚至出现拉缸、烧轴承的故障。因此，使用时注意以下几点：①级别低的润滑油不能用于高性能发动机，以防润滑不足，造成磨损加剧，级别高的润滑油可以用于稍低性能的发动机，但不可降挡太多；②在保证润滑条件下，优选黏度低的润滑油，可以减少机件的摩擦损失，提高功率，降低燃料消耗，如果发现所用润滑油黏度太高，切不可自行进行稀释，正确的方法是放掉发动机内所有润滑油（包括滤清器内的润滑油），换用黏度适当的润滑油；③保持正常油位，常检查，勤加油，正常油位应位于油尺的满刻度标志和 1/2 刻度标志之间，不可过多或过少；④不同牌号的润滑油不可混用，同一牌号但不同生产厂家的润滑油也尽量不混用；⑤注意识别伪劣润滑油，不要迷信国外品牌润滑油，切勿一味相信广告和维修人员推荐，应检查是否经权威检测单位检测，问清检测结果；⑥定期更换润滑油，换油时同时换掉润滑油滤芯。

2. 汽车齿轮油的选用

汽车齿轮油主要用于润滑各种车辆的后桥传动齿轮和手动变速器。齿轮油在齿轮传动中的主要作用是减少摩擦、降低磨损、冷却零部件，同时还可缓和振动、减少冲击、防止锈蚀以及清洗摩擦面脏物的作用。它与发动机润滑油的主要区别是油膜所能承受的单位压力更大，因而要求具有良好的油性、黏温特性和极压抗磨性。

（1）汽车用齿轮油应具备的性能

1）极压抗磨性。在正常运转条件下，齿轮处于弹性流体动力润滑状态，但当汽车在重载荷起动、爬坡或遇到冲击载荷时，齿面接触区中有相当部分处于边界润滑状态，汽车双曲线齿轮的齿面负荷高达 1.7GPa，冲击载荷高达 2.8GPa。因此，齿轮油要求在较高的负荷下还能保持足够的油膜厚度。齿轮油的黏度增加有利于承载能力的提高，但黏度过大会增加摩擦损失，所以汽车齿轮油中一般都加有极压抗磨添加剂。

2）热氧化安定性。轿车后桥和变速器的工作温度并不高，但随着工作条件越来越苛刻，齿轮箱体积逐渐缩小，齿轮油的氧化也越来越严重。重型载货汽车后桥和变速器的工作温度相当高，齿轮油的氧化是一个突出问题。齿轮油氧化带来的问题很多，它使油的黏度增加，生成油泥，影响油的流动；它产生腐蚀性物质，加速金属的腐蚀和锈蚀；它生成的极性沉淀物会吸附极性添加剂，使添加剂随沉淀物一起从油中析出；沉淀物会使橡胶密封件老化变硬，也会覆盖在零件表面，影响散热。

3）抗腐蚀性能。汽车齿轮油中含有的极性添加剂会与零件表面金属反应生成有机膜，以防止在重负荷时油膜破裂引起擦伤，增加极压性能。但极性添加剂又会造成铜或铜合金的腐蚀。所以要求汽车齿轮油有兼顾极压性和抗腐蚀性的能力。

（2）汽车齿轮油的分类

与发动机润滑油一样，汽车齿轮油按照黏度和质量进行分级。

1）黏度分级。齿轮油一般按黏度分为75W、80W、85W、90、140、250等牌号。在黏度分类中，与发动机润滑油一样，W表示有低温要求，适合于冬季使用。85W/90表示多级油。但数字表示的黏度大小不同，例如SAE90齿轮油黏度大致与SAE40发动机润滑油黏度相同。75W齿轮油黏度逐低于发动机润滑油SAE30的黏度。各黏度牌号齿轮油适用的环境温度范围见表4-19。

表4-19　各黏度牌号齿轮油适用的环境温度范围

黏度牌号	环境温度/℃	黏度牌号	环境温度/℃	黏度牌号	环境温度/℃
75W	−57～+10	85W/90	−15～+49	90	−12～+49
80W/90	−25～+49	85W/140	−15～+49	140	−7～+49

2）质量分级。我国汽车齿轮油质量按其承载能力划分为三级：普通汽车齿轮油（CLC）、中负荷汽车齿轮油（CLD）和重负荷汽车齿轮油（CLE）。通常后两种又称为双曲线齿轮油。汽车齿轮油的分类见表4-20。

表4-20　汽车齿轮油的分类

名称及代号	特　点	常用部位	相当API级别
普通汽车齿轮油（CLC）	精制矿物油加抗氧剂、防锈剂、抗泡剂和少量极压剂等	手动变速器、螺旋伞齿轮的驱动桥	CL-3(已废除)
中负荷汽车齿轮油（CLD）	精制矿物油加抗氧剂、防锈剂、抗泡剂和极压剂等。适应在低速高转矩、高速低转矩下操作的各种齿轮，特别是客车和其他各种车辆用的准双曲面齿轮	手动变速器、负荷高的螺旋伞齿轮和使用条件不苛刻的准双曲面齿轮的驱动桥	CL-4(已废除)
重负荷汽车齿轮油（CLE）	精制矿物油加抗氧剂、防锈剂、扰泡剂和极压剂等。适用于高速冲击负荷、低速高转矩、高速低转矩下操作的各种齿轮，特别是客车和其他各种车辆用的准双曲面齿轮	操作条件苛刻的准双曲面齿轮及其他各种齿轮的驱动桥。也可用于手动变速器	CL-5

（3）汽车齿轮油的选用　汽车齿轮油的选择首先要根据齿轮的类型、负荷大小、滑动速度选定合适的质量级别，确定用普通齿轮油还是双曲线齿轮油，然后再根据使用的最高和最低工作温度来确定齿轮油的黏度级别。齿轮油的选用原则是普通齿轮油不能取代中、重负荷车辆齿轮油，也不可用于双曲线齿轮。齿轮油不可混合使用，否则，会加剧齿轮的损坏；要根据环境温度，选择适当黏度的齿轮油，以满足高、低温条件下的润滑要求。在环境温度较高的地区，使用适用低温条件下的齿轮油是种浪费。而在低温地区使用适用环境温度高地区的齿轮油，不仅齿轮油阻力增大，动力损失增加，不利于节油，而且很容易造成汽车无法起步。

选择汽车齿轮油时应注意，一般进口和引进生产线生产的汽车后桥必须使用CLE重负荷汽车齿轮油，手动变速器用 CLD 中负荷汽车齿轮油，如桑塔纳、红旗等轿车以及东风 EQ1411G、进口中、重型车等。使用螺旋伞齿轮的国产汽车驱动桥适于用 CLC 普通汽车齿轮油或者 CLD 中负荷汽车齿轮油，手动变速器用 CLC 齿轮油，如东风 EQ1090E、北京 BJ2023C 等车。使用双曲线齿轮的国产汽车驱动桥宜采用 CLD 中负荷汽车齿轮油或 CLE 重负荷汽车齿轮油，手动变速器用 CLD 油。

齿轮油的换油周期一般都在 $(2\sim3)\times10^4$km 以上，往往需要跨年度使用，所以，齿轮油的黏度最好能同时满足一年内最高和最低气温的要求，即冬夏通用。根据我国地域气候情况，南方冬季气温不低于－10℃的地区全年可选用 90 号齿轮油；冬季气温不低于－30℃的地区全年可选用 80W/90 黏度级别；夏季最高气温达 40℃的南方炎热地区，经常长途行驶或在山区公路行驶的重型汽车，夏季宜选用 140 号或全年使用 85W/140。

选择适当质量级别和黏度的齿轮油不仅有利于驱动桥和变速器齿轮的润滑，而且可以减少摩擦，节约能源。在满足润滑的前提下，一般选用低黏度比高黏度齿轮油节能，使用多级齿轮油比单级油节能。在齿轮油中加入适当高效摩擦改进剂可以节能。但是需要注意，准双曲面齿轮驱动桥在重负荷下连续运行时的转动阻力与齿轮油黏度的关系与变速器的情况不同，当油温超过某值后（例如 75W 超过 65℃），低黏度齿轮油的传动效率反而下降。经验表明，如果夏季准双曲面齿轮驱动桥在重负荷或高速下运转时，齿轮油的温度将高达 120～130℃，此时若使用黏度太低的齿轮油，就会引起严重的汽车故障。

另外，在选用齿轮油时，可根据齿轮油酌色泽、是否分层判断油品的优劣。通常，颜色发黑、可见分层和沉淀的齿轮油属质量低劣的齿轮油。齿轮油使用中，要注意防止水分及杂质进入，引起齿轮油变质。如果更换不同牌号的齿轮油时，一定要将原齿轮油放完，洗净齿轮箱，再加入新牌号的齿轮油。加充的油量要达到规定要求，不可太多或过少。

3. 汽车润滑脂的选用

润滑脂是石油产品中的一大类，它是一种稠化了的润滑油。与相似黏度的润滑油相比，润滑脂有较高的承受负荷能力和较好的阻尼性，同时由于稠化剂的吸附作用，润滑脂的蒸发损失小，高温、高速下的润滑性好；润滑脂易附着在金属表面，保护表面不锈蚀，并可防止滴油、溅油污染产品；由于稠化剂的毛细作用，润滑脂可在较宽温度范围和较长时间内逐步放出液体润滑油，起到润滑作用；在轴承润滑中，润滑脂还可起到密封作用。使用润滑脂的缺点是点是冷却散热作用差，起动摩擦力矩大和更换润滑脂比较复杂等。由于润滑脂的特点，它广泛地用于汽车、军工及民用工业等方面。

（1）润滑脂的主要性能指标

1）滴点。滴点是润滑脂在规定条件下加热，达到一定流动性时的温度。滴点基本上决定润滑脂可以使用的温度上限（满点比使用温度上限应高 15～30℃），滴点的高低主要取决于稠化剂的种类和含量。常用润滑脂的滴点见表 4-21。

表 4-21 常用润滑脂的滴点

润滑脂	滴点/℃	润滑脂	滴点/℃
钠基脂	75～95	钙钠基脂	120～135
钙基脂	130～200	锂基脂	＞170
复合锂基脂	＞250	复合铝基脂	＞250
膨润土	＞250		

2）锥入度。锥入度指在规定的温度和负荷下，锥体在 5s 内从润滑脂面垂直刺入油脂中

的深度（1/10mm）。它是润滑脂稠度和软硬程度的衡量指标，并依次将润滑脂分为 0、1、2、3、4、5 等规格，是决定选择使用的关键指标。一般在高负荷低转速部位宜用锥入度小的润滑脂；反之，则宜选用锥入度较大的润滑脂。

3）胶体安定性。在外力作用下，润滑脂能在其稠化剂的骨架中保存油的能方，用析油量来判定。润滑脂的析油会降低润滑性能。当析油超过 5%～20%基本上就不能使用，因此易于析油的脂类不能用于高温重负荷的环境。

4）氧化安定性。该项指标是指在贮存和使用中抵抗氧化的能力。氧化安定性差，易于氧化生成有机酸，对金属构成腐蚀。一般皂基脂的氧化安定性较差。

5）机械安定性。机械安定性指在机械工作条件下抵抗稠度变化的能力。机械安定性差，润滑脂在工作中受剪切作用时，易使皂纤维脱开（分离）而产生流动，造成润滑脂稠度下降。

6）抗水性。抗水性指在水中不溶解，不从周围介质中吸收水分，不被水洗掉等的能力。烃基润滑脂不吸水、不乳化，抗水性特别好，其他润滑脂的金属皂除钠皂和钠钙皂外，抗水性都较好。

7）蒸发损失。在规定的条件下，润滑脂损失量占润滑脂总质量的百分比。它是影响润滑脂使用寿命的一项重要因素，尤其对于在高温和温差较大的工作条件下的润滑脂影响更大。蒸发损失的大小取决于基础油的种类和黏度。

（2）汽车润滑脂的选用　选择润滑脂时，首先要弄清润滑脂的失效机理、使用部位、使用的温度、速度、负荷和工作环境等。

润滑脂失效就是失去了对摩擦副的润滑性能，不能起到减少摩擦副磨损的作用。引起润滑脂失效的原因主要有机械剪切力、离心力、工作温度和氧化环境状况等。润滑脂在摩擦副中会同时受到机械剪切力和离心力的作用。在离心力的作用下，润滑脂被甩出摩擦界面或者使润滑脂产生分油，使润滑脂油分减少，锥入度减小而硬化，到一定程度后就会导致润滑脂完全失效。润滑脂在机械剪切力作用下，结构发生破坏，引起软化，相对黏度下降，稠度下降，析油增加等，最终导致失效。试验表明，摩擦副的转速与润滑脂的寿命成反比，经验关系式如下。

$$\lg T=3.73-0.00016n \tag{4-4}$$

式中　T——润滑脂寿命，年；

n——摩擦副（轴承）转速，r/min。

另外，润滑脂在高温环境和摩擦热的作用下，会发生蒸发损失，使润滑脂油性减少、变硬、黏度增加。润滑脂与空气中的氧发生化学反应会产生酸性物质，消耗润滑脂中的抗氧化添加剂，一定程度后，有机酸会腐蚀金属并破坏润滑脂结构，使滴点下降、黏度增加。因此，选择润滑脂时应注意以下几项原则。

1）工作温度。工作温度越高，使用寿命越短。一般轴承温度升高 10～15℃，脂的寿命下降 1/2。温度高的部位一定要选用抗氧化安定性好，热蒸发损失少，滴点高，分油量少的脂；温度较低的部位，一定要选用低温起动性能好、相似黏度小的脂。

2）速度。轴承通常以速度因数“DN”表示润滑脂适用的速度；其中，D 表示轴承内径，N 表示轴承转速。

3）负荷。对重负荷机械，应采用稠度大一些的润滑脂，比如选择加极压添加剂、二硫化钼或石墨的润滑脂。

4）环境条件。选择润滑脂时还应考虑润滑部位的湿度、灰尘、腐蚀性等因素，特殊环境选用特殊性能的润滑脂。

（3）汽车润滑脂的合理使用　润滑脂的合理使用与节油密切相关，试验表明，润滑脂的稠度牌号不宜太大。如轴承使用2号润滑脂比3号润滑脂节能，综合经济效益（包括润滑脂费用、检查费等）好60%左右。对于汽车轮毂轴承而言，使用2号脂比较适宜。采用集中润滑的底盘摩擦节点使用1号脂较好。因此，除热带重负荷车辆外，我国南方宜全年使用2号脂，北方冬季用1号脂，夏季用2号脂。

轴承润滑脂的填充量与节能的关系也较大，油脂填充量大，工作时搅动阻力大，轴承温升高，燃料消耗量相应增加。一般轴承有两种润滑方法：一种是常用的满毂润滑，就是除轴承装满润滑脂外，轮毂内腔也装满润滑脂；另一种是空毂润滑，即只是在轴承内装满润滑脂，轮毂内腔仅薄薄地均匀涂抹一层脂防锈。实践经验表明，满毂润滑时，新涂上脂的轴承在开始转动时，多余的脂很快被挤到滚道外面并被甩到轮毂内腔和轴承盖里，这时多余的脂被强烈搅动，由于脂的黏滞阻力，使轴承温度升高。而真正起润滑作用的主要是留在轴承滚动面上的薄层润滑脂。因此，轮毂空腔中装满油脂只能使轴承散热困难，温度升高。而空毂润滑避免这一缺点，还可节省润滑脂80%以上。国外在20世纪50年代以后就推荐空毂润滑，有的国家在汽车说明书中规定，除为了防锈在轮毂内表面涂一薄层润滑脂外，轮毂内腔不能装润滑脂。

在润滑脂的使用中，不同牌号的不要混用，避免不同化学成分和性质的油脂混在一起降低润滑脂的使用性能和寿命。例如，锂基脂中混入10%左右的钠基脂，其滴点和耐用寿命明显下降。

三、轮胎的选用

轮胎是汽车的重要部件之一，它的作用是支承全车的重量；将汽车的牵引力传递给路面；与汽车悬架共同衰减缓和汽车行驶时的振荡和冲击，并支持汽车的侧向稳定性，保证车轮与路面有良好的附着性能。

轮胎性能好坏直接关系到汽车行驶的安全性、通过性、平顺性和使用经济性。汽车在运行过程中，在一定转速范围内，所消耗能量的1/4～1/3被轮胎吸收，以散热形式消耗掉。这些能量的消耗主要是由于汽车在行驶过程中要克服行驶阻力，其中最主要的就是滚动阻力。

汽车行驶时的滚动阻力与轮胎的类型、结构、材料和气压等因素有着密切的关系。因此，在汽车使用过程中，正确选用轮胎，不仅可以降低轮胎在使用成本中所占的比例，还可减少汽车行驶时的阻力，从而减少汽车燃油的消耗，达到节能的目的。

1．轮胎对汽车节能的影响

（1）轮胎的结构和材料　轮胎的弹性迟滞损失是车轮在硬路面上滚动产生滚动阻力的主要原因。车轮滚动时，轮胎变形的能量损失主要消耗于橡胶、帘布等材料的内部摩擦损失以及轮胎各组成件之间的机械摩擦损失，即内胎与外胎、轮胎与轮毂、橡胶与帘布层等之间的机械摩擦损失。因此，轮胎的结构和材料对于滚动阻力系数 f 值有着较大的影响，进而影响汽车的燃油经济性。

图4-9所示为三种不同结构轮胎的滚动阻力系数随车速变化的曲线。由图4-9可见，与普通斜交结构的轮胎相比，扁平断面轮胎的滚动阻力系数在高速区间较普通轮胎要小，而子

午线轮胎则在各种速度区间有较低的滚动阻力系数。

此外，减少轮胎的帘布层数使胎体减薄，可减少轮船滚动时的迟滞损失，因此，采用强力高的纤维帘布和钢丝帘也可以在保证轮胎强度的前提下而减少帘布层数。

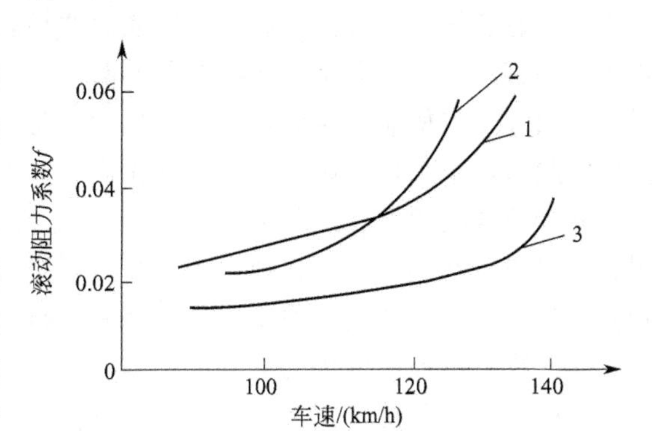

图 4-9 不同类型轮胎的滚动阻力系数

1—扁平轮胎；2—斜交轮胎；3—子午线轮胎

(2) 轮胎的花纹 汽车轮胎的胎面花纹，是根据汽车的用途和使用条件来选择的。实践证明，轮胎花纹对于汽车的燃油经济性也有着重要的影响。一般认为，良好的轮胎花纹应该具有最大的耐磨性，与路面的良好附着性，必要的抗汽车直滑和侧滑性，行驶无噪声和良好的由外胎向外导热性，以及很好的自洁泥雪性，从而使汽车的燃油经济性以及牵引性、稳定性、平顺性、通过性等得以改善和提高。

汽车轮胎的胎面花纹可以分为，如图 4-10 所示 3 种基本类型：其中普通花纹用于硬路面行驶的轮胎；越野花纹用于无路面条件下行驶的轮胎；混合花纹既用于硬路面，也用于土路行驶的轮胎。

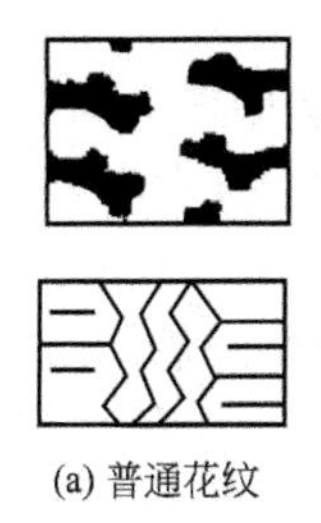

(a) 普通花纹

(b) 混合花纹

(c) 越野花纹

图 4-10 轮胎的花纹

普通花纹轮胎适合于在硬路面（沥青混凝土路、水泥混凝土路、碎石路和硬土路）上行驶。花纹形式有横向烟斗形花纹，纵横兼有的连烟斗花纹和纵向锯齿形花纹等。烟斗形花纹轮胎的特点是花纹块接触地面积大（花纹块面积将近 80%），胎冠平坦，具有良好的经济性，在一般路面和较差路面上行驶耐磨里程较高，特别是在碎石路上行驶时，能自动甩出石子；因有横向花纹，在载荷下花纹沟基部应力分散均匀，不易裂口，而且附着力高。缺点是在潮湿的水泥混凝土或沥青混凝土路上高速行驶时防侧滑性能稍差，与纵向花纹相比其滚动阻力稍大。

连烟斗花纹也适合在一般路面和较差路面上行驶，因为纵横兼有的花纹，不但具有烟斗花纹的特征，并且也有良好的防侧滑性能，在行驶中与地面附着力大，不易打滑；胎面柔软好，行驶中不易脱空；花纹沟宽度适宜，并由中心到胎肩花纹沟逐渐放宽，使塞进去的石子容易甩出；此外，花纹基部也不易产生裂口。

纵向花纹轮胎滚动阻力小，防侧滑性能好，散热性能也好，适用在好路面上高速行驶，但这种轮胎花纹容易夹石子和产生裂口，防纵滑性能也较差。

越野花纹轮胎适用在难通过的土路上和无路条件下使用，其特点是花纹沟槽深，凸出面积小，与路面附着力大，所以适宜于在泥雪地、松软路面以及在一般轮胎不易通行的道路上行驶，具有良好的自行清除泥土的性能。这种轮胎的气压和普通轮胎相同，因此，在较好的路面上不宜使用，否则胎面花纹会早期磨损，并且使汽车振动加大，耗油提高。

矿山和工程机械用轮胎的花纹形式和越野花纹轮胎相类似，只是花纹沟比较窄。这种类型的轮胎适用于工地、矿山以及泥泞路面，具有良好的附着力。

混合花纹轮胎的胎面行驶部分由普通花纹块和越野花纹块构成，适用在各种路面上使用。这种轮胎在沥青混凝土和水泥混凝土等路面上行驶时，具有良好的耐磨性，对路面具有较高的附着力，这种轮胎的胎面花纹通常在行驶面的中间为菱形（棋盘形）或者纵向锯齿形花纹，而在行驶面的两边为横向大块越野花纹，由于行驶面两边的宽花纹沟具有良好的自行清除土的性能，因此，在泥雪路上行驶时仍具有较大的附着力。

（3）轮胎的气压　轮胎的气压对于滚动阻力系数有很大的影响，也直接影响到汽车的燃油经济性。考虑到汽车的载荷、平顺性和操纵稳定性等因素，各种汽车轮胎规定的气压是不同的。轮胎制造厂在设计各种规格的轮胎时，都规定了其负荷能力和相应的标准气压，若轮胎工作气压不在标准范围内，则会对轮胎的使用寿命和汽车运行油耗产生很大影响。

当汽车轮胎在低压情况下行驶时，其径向变形增大，轮胎的两侧将发生过度挠曲，胎侧内壁受压，外壁受拉。在这种情况下，胎体内的帘线产生较大的交变应力和变形。由于帘线受伸张变形的能力好，而受压缩变形的能力差，所以，周期性压缩变形会加速帘线层的疲劳损伤。轮胎在低压下滚动时，因轮胎变形过大，增大了胎面与路面的接触面积，使轮胎与路面的接触压力降低，但在接触面上的压力分布不均匀，轮胎向里弯曲，胎面的中部负荷要小一些，而胎面边缘负荷急剧增大，发生所谓的“桥式效应”，使胎面与路面的相对滑移加剧，在胎面边缘出现锯齿形或波形的严重磨损或损伤。另外，由于位移摩擦产生的热量多，胎温急剧升高。轮胎内应力增大和温度升高，降低了橡胶的抗拉强度，使帘线松散和局部脱层。又由于帘层间产生摩擦，使脱层的地方温度更高，从而导致外胎爆破。

气压过低的轮胎在遇到障碍物时，由于受冲击，变形极大，胎体内层更容易产生“X”形爆破。轮胎花纹凹部在低压状态下，最易嵌入道路上的钉子和石块，引起机械性损伤。并装双胎在低压下行驶时，由于胎侧挠屈变形特别大，两个轮胎侧壁容易接触，使胎侧互相摩擦，导致帘布层损坏。若在并装双胎中有一个轮胎气压过低时，行驶中负荷由另一轮胎单独承担而超载，加剧轮胎损伤。

但是，当轮胎气压过高时，轮胎的帘线过度伸张，胎体帘线应力增大，使帘线的“疲劳”过程加快，随着使用时间的延长，将导致帘线拉断，造成轮胎的早期爆破。同时由于气压过高，使轮胎的接地面积减小，单位面积上的压力增高，将会加剧胎冠部分的磨损。若轮胎气压过高，且在不平的道路上高速行驶或遇障碍物时，胎体爆破的可能性会更大。

试验表明，轮胎气压过高或过低都会缩短轮胎的使用寿命。轮胎气压与使用寿命的关系如图 4-11 所示，由图 4-11 可知，轮胎气压降低 20%，轮胎的使用寿命会缩短 15%。

轮胎气压不仅对使用寿命有很大影响，而且对运行燃油的消耗也有很大的影响。当轮胎气压过低时，变形量增大，滚动阻力增加，汽车行驶中功率消耗增大，导致燃油消耗量增多。所以，保持轮胎标准气压，是驾驶员不容忽视的点滴节油的重要环节。一般情况下，轮胎按标准气压充气后，随着工作时间的延长，气压会自行下降。每周约自然下降 9.8～19.6kPa，2 个月就会下降 98kPa 左右。试验表明，当汽车的各轮胎气压都较标准降低 49kPa，油耗将增加 5%；而仅一侧两个轮胎较标准降低 49kPa，油耗将增加 2.5%；前轮一

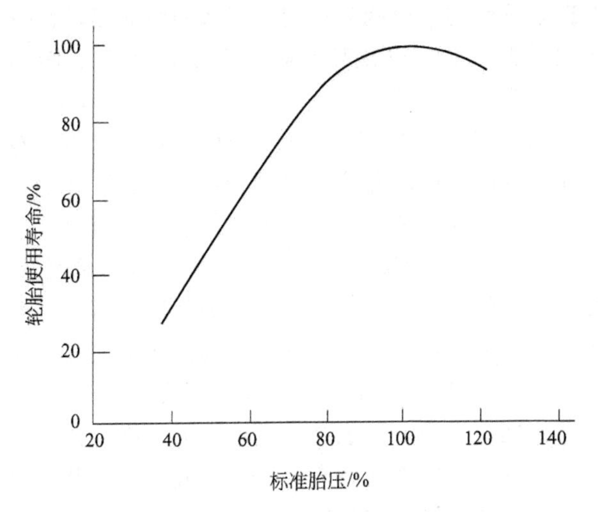

图 4-11　轮胎气压与使用寿命的关系

只轮胎较标准降低 49kPa，油耗将增加 1.5%。当轮胎气压低于标准的 30%，燃油消耗增加 6%，图 4-12 为汽车燃油消耗与轮胎气压的关系。

当轮胎充气压力过高时，同样会由于轮胎弹性降低失去减振性能，一方面影响汽车行驶的平顺性；另一方面由于振动，底盘零件的磨损加剧，汽车垂直位移增加而消耗能量，使燃油消耗量也增加。

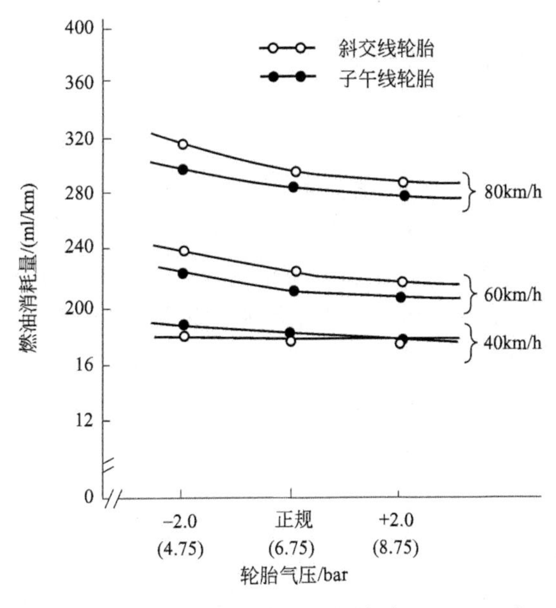

图 4-12　轮胎气压与燃油消耗量的关系（$1bar=10^5Pa$）

2. 轮胎的合理选用

（1）轮胎选用原则　轮胎是汽车的主要部件之一，选用是否正确对汽车的行驶性和燃油经济性有直接影响。因而，应按如下一定原则选择轮胎，以提高汽车的行驶性和燃油经济性，延长轮胎的使用寿命。

1）轮胎类型的选择。轮胎类型主要依据汽车类型和行驶条件来选择。货车普遍采用高强度尼龙帘布轮胎，以提高轮胎的承载能力；越野车选用胎面宽、直径较大的超低压胎，轿车易采用直径较小的宽轮辋低压胎，以提高行驶稳定性。由于子午线轮胎滚动阻力系数较小，可减少燃油消耗，因而应优先选择。

2）轮胎花纹的选择。轮胎花纹主要依据道路条件、行车速度、道路远近来进行选择。高速行驶汽车不宜采用加深花纹和横向花纹的轮胎，不然会因过分生热引起早期损坏。低速行驶汽车应采用加深花纹或超深花纹的轮胎，可提高轮胎使用寿命。

3）轮胎尺寸和气压的选择。轮胎尺寸和气压主要根据汽车承受载荷情况和行驶速度来选择。所选轮胎承受的静载荷值应等于或接近于轮胎的额定负荷。值得注意的是，在设定轮胎的实际使用气压时，应综合考虑汽车的运动性能、燃油经济性及振动和噪声等因素。

（2）控制轮胎气压　如前所述，轮胎工作气压直接关系到汽车的运动性能和燃油经济性。只有保持轮胎气压在标准范围内，才能减小滚动阻力、降低油耗、实现节油。因此，在汽车使用中，应按轮胎规定的气压标准进行充气。要正确使用轮胎，控制轮胎气压，还应注意以下情况。

1）轮胎工作气压应与负荷能力相适应。作用在轮胎上的负荷，直接影响轮胎的变形程度（轮胎下沉量）。当轮胎气压一定时，随载荷增加，变形程度也随之增加。因此，轮胎工作气压应与负荷能力相适应。

单轮负荷比双轮负荷高5%。在实际应用中，不能简单地按轮胎标准或使用说明书规定的气压进行充气，而应在适当的范围内合理选择。若要提高车辆的负荷能力，可适当提高轮胎的工作气压，当然，该气压不能超过规定的最大负荷。相反，若车辆负荷小，可适当减小轮胎气压，但必须注意行驶速度。

轮胎工作气压对压缩系数 λ 有直接的影响：

$$\lambda = h/H \tag{4-5}$$

式中　H——轮胎充气断面高；

　　　h——下沉量（在负荷作用下，轮胎被压下的高度）。

在最大允许负荷的作用下，普通载货汽车轮胎的压缩系数为10%～12%；载客汽车轮胎压缩系数为12%～14%。在负荷一定时，轮胎工作气压过高，下沉量小（λ 偏低时），地面接触面积小，单位面积所受的力增加，从而加速了胎面中部的磨损，缩短了轮胎的使用寿命，在此情况下，滚动阻力小有利于节油。轮胎工作气压过低，下沉量增大（λ 偏高），胎面边缘负荷增大，胎肩早期磨损，增加了滚动阻力，这对节油、节胎都不利。因此，应选择有利于节油、节胎的最佳工作气压。一般选压缩系数为10%，工作状况最佳。

2）轮胎使用速度应与负荷能力相适应。轮胎的最大负荷是指在一定速度等级下，轮胎所能承受的最大负荷。若使用速度与负荷能力适应，并符合相应的气压标准，就能发挥轮胎的综合性能。在实际应用中，若保持最高车速在速度等级内，则可以相应增加轮胎的负荷，这时应适当提高轮胎的工作气压；若高于规定的速度等级，应相应减小载荷；特定条件下需要超载时应当减速行驶。若轮胎使用因素（如负荷分配、车速、道路、运输距离、装载）发生变化，则要求相应地改变轮胎的工作气压。例如，市区的短途运输，平均时速一般为30km/h左右，最高时速也仅为40km/h左右。为提高这种中速时轮胎的允许负荷，可适当提高轮胎的气压。

汽车在装用新轮胎时，应限速行驶，即在轮胎的“磨合里程”内，应在良好的路面上中速行驶，并少用紧急制动。假如装用新轮胎后，立即在高速下或在苛刻的道路上行驶时，轮胎则易脱层，缩短了它的使用寿命。

3）轮胎工作气压应与胎温相适应。汽车行驶时，其轮胎断面产生挠曲变形，轮胎产生内部摩擦，引起轮胎发热，胎温升高，胎内气体受热膨胀，致使胎压升高。众所周知，在容积一定的密封容器内，温度与压力成正比，即温度升高1℃，则气体压力升高1/273个压力单位。

轮胎温度的上升还与大气温度有直接的关系。大气温度每升高10℃，行驶时轮胎温升控制数应下降10℃。我国北方地区冬季时间长，气温较低，每年从11月中旬至次年3月上旬的时期内，大气温度大都低于13℃，从而有利于充分发挥轮胎的最佳性能，可适当提高轮胎的工作气压，一般为29～49kPa。汽车长途运输时，当气温回升（尤其是夏季），轮胎内摩擦产生的热量不易散发，结果会形成恶性循环。因此，在夏季行车，应适当降低轮胎的工作气压（取规定的最小值）。如发现轮胎温度上升很高，应停车降温后再继续行驶。决不允许用冷水浇轮胎，否则轮胎骤冷，会导致其技术性能下降。

（3）轮胎的维护　在汽车使用中，不仅要保持轮胎在标准气压下行驶，而且还要加强轮胎的维护，这样才能延长轮胎的使用寿命。这就要求驾驶员在日常维护中，在检查轮胎气压的同时，检查轮辋、锁圈、垫圈以及气门芯子等的状态，更换损坏的零件，另外，还要清除轮胎花纹中的石块、铁钉、玻璃块等物，以防引起轮胎意外的机械损伤。

轮胎在使用中，还会因受道路拱形及气压的影响，造成不均匀的磨损。这样不仅会使轮胎寿命缩短，而且还会影响汽车的操纵性和行驶稳定性，从而影响油耗。所以，轮胎使用一定时间后，应按规定进行轮胎换位，以延长其使用寿命。另外，还应注意保持轮胎的动、静平衡，特别是高速行驶的汽车，轮胎的平衡，不仅可以减轻轮胎不正常的磨损，而且还可以提高汽车的操纵稳定性。

第三节　汽车合理维护

一、发动机的合理维护

1. 电控燃油喷射系统的维护与节油

电控燃油喷射系统可使发动机在任何工况下均在最佳工作状态下运转，从而使发动机的动力性提高5%～10%，燃料消耗下降5%～10%，排气污染物减少90%以上。但如果电控燃油喷射系统使用、维护、调整不当，也不能使其优越的性能充分发挥出来。

（1）电控燃油喷射系统使用注意事项

① 电控系统对汽油的清洁度要求很高，应使用牌号和质量完全符合要求的无铅汽油，否则会使氧传感器丧失工作性能。燃油滤清器应定期更换，以防止阻塞喷油器。

② 严格按要求使用电源，安装蓄电池极性必须正确（负极搭铁），否则电子元件会烧毁。

③ 电脑不能受到剧烈振动，并防止水侵入电控系统各零件内。

④ 在本车无蓄电池的情况下，不允许用其他电源起动发动机，也不能用拖车的方法发动车辆。

⑤ 喷油器上的“O”形密封圈是一次性使用零件，不能重复使用。

（2）电控燃油喷射系统检查时的注意事项

① 电子控制汽油喷射系统在打开点火开关、发动机未起动时，警告灯亮，起动后警告灯熄灭。如果警告灯不熄灭，表示电子控制汽油喷射的电脑诊断系统检测到故障或异常现象，此时应根据警告灯闪烁的次数和输出的故障码，判断电子汽油喷射系统的故障，应先用专用设备读取故障码。

② 在进行燃油系检查作业前，应先拆除蓄电池搭铁线。

③ 电子控制汽油喷射系统的电动汽油泵除受点火开关控制外，还受空气流量计内的开关控制，只能在发动机正常工作和起动后、空气流量计内有空气流动时，电动汽油泵才能工作，出油压力比一般供油系高（0.39MPa），因此，损坏后只能使用原型号的电动汽油泵。

（3）电控燃油喷射系统的检查与调整

1）怠速的检查与调整。电控燃油喷射系统是通过控制旁通气道截面开启的大小，来控制进入气缸内的空气量，进而控制怠速转速。控制旁通气道开启方式有石蜡式、双金属片式、电磁阀和电动机式；前两者受冷却液温度直接控制，后两者均受电脑根据发动机转速和冷却液温度等控制。除此之外，有一些电控发动机在节气门体的辅助空气通道上，还设有一个螺钉，用以对怠速进行微调。有的另外设有 CO 调整螺钉，也有的设一个螺钉调节节气门开度，有些机型的怠速是不可调的。

2）喷油器的检查与维护。电控燃油喷射系统的日常维护主要是保证燃油供给系统滤网的清洁和喷油器的畅通，应定期更换滤网、清洗喷油器。

由于喷油器的安装位置十分接近进气门，极易受到进气道中各种粉尘和颗粒物的污染。若使用的燃油质量不符合要求，就会在喷嘴上形成积炭，这将对发动机的性能产生不利影响。实验数据表明，当喷嘴阻塞率为 14.46%时，汽车加速时间延长 10.88%，油耗可增加5%左右，依据十五工况测试的排气污染物烃类化合物和 CO 分别增加了 19.4%和 53%。当各喷嘴阻塞程度差别较大时，由于氧传感器只根据废气中氧含量的平均值控制空燃比，与各缸实际所需空燃比有一定差别，而发动机电控系统对此不能调整，致使汽车的动力下降、油耗增加、排气污染物大幅度升高。因此，为了保持发动机性能良好，在使用中应注意燃料的质量和对喷油器状况的检查。

对喷油器检查主要是确定其工作是否正常，可在发动机运转时，利用机械听诊器或螺钉旋具听喷油器工作时产生的“嗒嗒”声，判断其工作是否正常。如果是多点喷射系统，可分别对各个喷油器发出的声音进行比较，应该基本相同。在发动机加速或减速时，应能听到声音的变化。也可通过检测喷油器电磁线圈的电阻判断，高电阻喷油器的阻值 12～17Ω，低阻喷油器为 0.6～3Ω，若测量值不在此范围内，即应予以更换。此外，通过对电阻线圈接线端施加规定的电压，可判断喷油器是否正常开启。喷油器发生故障时，会出现某缸工作不良或不工作、发动机运转不稳。通常原因是由于燃油品质较差造成喷油器结胶、针阀不能顺利升起，以及电阻线圈的故障。如因结胶积炭而引起，应使用专用设备清洗喷油器，并按规定的喷油压力，检查喷油形状。喷油应呈锥形雾状为好，否则应予以更换。

3）燃油系统压力的检查。检查燃油系统压力，应用燃油压力表进行，以确定系统压力是否在规定范围内。在连接压力表时，应注意油管中会保持有一定的油压，应采取措施卸掉。可以拆下电动燃油泵的熔丝或导线接头，起动发动机，怠速运转至发动机熄火。有的机构在接近喷油器油管的一端设有卸压螺塞，可在棉布包裹后再松开螺塞。

(4) 电动燃油泵的使用与检查

电动燃油泵属于不可修复的零件，一旦出现故障只能更换。

1) 使用注意事项。主要包括：①保持燃油清洁，否则会造成油泵早期磨损或被杂质卡滞等故障；②电动燃油泵不能在无油状态下使用，否则会加剧磨损或烧坏。

2) 检查。主要包括：

① 通过查听声音来判断油泵是否工作、供油压力和供油量是否符合要求。

② 通过检查燃油泵接线端之间的阻抗，看其是否符合原厂的规定值来判断其是否正常工作。

2. 柴油机燃料供给系统的维护与节油

柴油机具有优良的动力性和经济性，被广泛地应用于各类载重车辆，在轿车上的应用也日益增多。柴油机为了保证良好的雾化性能，直喷油泵和喷油器都是由精密偶件组成的。因此对柴油的清洁度要求很高，不得含有杂质和水分。否则不仅会造成发动机性能下降，运转不正常，燃料消耗和排气污染物增加，还会缩短发动机的使用寿命。所以，柴油机的日常检查和维护工作对保证发动机的良好的动力性和经济性非常重要。

(1) 柴油机燃料系的清洁与维护　首先应按生产厂的规定选用符合质量标准的柴油，并在使用前应经过96h（不少于48h）的沉淀并仔细过滤，然后使用清洁的加油设备加入油箱，防止污物、灰尘等混入。在日常维护中，驾驶员每天收车后应该放出粗、细滤清器内的沉淀物和水。检查喷油泵和调速器中的润滑油，如果不符合要求，应该及时添加。

在进行一级维护时，应按要求清洗粗、细柴油滤清器。首先拆下排污螺塞放掉油污，取出滤芯用洁净的柴油清洗，并用压缩空气吹净；检查滤芯若完好，可在清洗干净壳体后装复。通过输入泵注满柴油后，起动发动机，检查各处及管路接头的密封性，如果有泄漏应予以排除。注意，柴油纸质滤芯绝对不能清洗后继续使用，只能更换新滤芯，因为喷油泵精密偶件的间隙只有1.5～2μm，用油清洗滤芯的过程，难免把杂质带入滤芯内部，当再次装入总成内使用时，滤芯内腔的杂质就会进入喷油泵的精密偶件内，进而引起故障。

在进行二级维护时应更换燃油滤清器的滤芯，清洗燃油箱、输油泵滤网和管路，并检查和调整喷油器的喷油压力，检查和调整喷油泵。

(2) 喷油泵的检查与调整　喷油泵定时定量以高压向喷油器输送柴油，如果供油时间不对，或各缸供油时间不一致，或各缸供油量不均匀都会使柴油机不能正常运转。若在各种工况下的供油量太少，将造成柴油机起动困难，动力下降，使用较低挡的时间增多，燃料消耗增大；如果各工况的供油量太多，会造成柴油机燃烧不完全，排气冒黑烟，燃料消耗也会增加。试验表明，EQ6105型柴油机，喷油泵的额定转速喷油量从13.5mL增加到14.5mL（喷射200次）时，油耗将增加12%～18%。因此，喷油泵应定期在试验台上进行检查和调整。

1) 供油量及各缸供油均匀度的检查与调整。喷油泵供油量的检查与调整应在喷油泵试验台上进行，其中，包括额定转速供油量、怠速供油量。额定转速供油量是保证柴油机在额定负荷时所需要的油量，过小则功率下降；过大会引起冒黑烟造成污染。若额定转速供油量不符合要求，可通过调节供油拉杆（齿杆）的位置来调整。例如，Ⅱ号喷油泵，松开控制杆上的调节叉的夹紧螺钉，将调节叉轻微移向调速器，供油量减少；反之则增多。额定转速供油量的不均匀度，一般规定为不大于3%。怠速和起动供油量较少，各缸不均匀度可不大于15%，部分柴油机的喷油泵供油量见表4-22。

表 4-22　部分柴油机喷油泵的供油量表

柴油机型号	喷油泵类型	喷油泵转速/(r/min)	平均供油量/(mL/200次)	怠速工况	
				油泵转速/(r/min)	平均供油量/(mL/200次)
6110A	A型泵	1450	12.9		
6110	A型泵	1450	15.2	250	2.5
6102Q	A型泵	1400	11.2	250	2.5
Y6102Q	A型泵	1500	12.4	250	3.0
EQ6102Q	A型泵	1400	11.5	250	3.0
6105Q	A型泵	1400	12.8	250	3.0
6100Q	Ⅰ号泵	1400	11.5	250	2.5
6135Q	B型泵	900	26	175	4～5
6120Q	Ⅱ号泵	1000	22	≤200	4～5

2）供油开始时间与各缸供油时间间隔的检查与调整。喷油泵供油时间的间隔采用凸轮轴的转角表示，如六缸发动机的时间间隔为60°。一般是在实验台上利用溢油来确定供油开始时间。调试时首先确定第一缸的供油开始时间，并使连接盘和凸轮上的标记与泵体上的标记对齐，否则应进行调整。如调整B型泵可调节滚轮体（挺柱）调整螺钉的高度，Ⅱ号泵可调节滚轮体垫块的高度。然后按发动机的工作顺序（如1-5-3-6-2-4）逐缸调校。实际供油间隔与标准供油间隔相比，其误差应在±0.5°曲轴转角范围内。柴油机按供油顺序的各缸标准供油间隔，可用式(4-6）表示。

$$供油间隔=\frac{360°}{i}（凸轮轴转角） \tag{4-6}$$

式中　i——气缸数。

3）调速器的检查与调整。由于喷油泵的供油量受到调速器的自动控制，而调速器的调节作用是由发动机转速变化引起。所以调速器主要是调试其高速起作用转速和低速起作用转速。调试时要注意观察供油拉杆在喷油泵高速、低速起作用时的转速，应符合生产厂的规定。若高速起作用转速不符合生产厂的规定时，可通过增大或减小高速弹簧的弹力来达到要求；若低速起作用转速不符合要求时，则调整低速弹簧的弹力来达到要求。

4）喷油正时的调整。柴油机工作一定时期后，或是在检修中将喷油泵拆卸重新安装时，必须检查和调整喷油提前角。这个过程通常称为喷油正时的校准，目的是保证柴油机最佳动力性和经济性。喷油提前角的校准，实际上是通过调整供油提前角来实现的。方法是：将曲轴摇转至第一缸压缩行程上止点，即进排气门同时关闭，当固定的标记与飞轮或曲轴带轮上的相应刻度对正时，转动喷油泵联轴器，使联轴器上的记号与喷油泵壳体（或轴承盖）上的标记对正，即可安装联轴器。固定好喷油泵螺钉并检查喷油提前角，步骤如下。

① 在安装好喷油泵的管路和连接机构后，将调速器上的操纵杆置入最大供油位置，用输油泵驱尽系统中的空气。

② 拆开喷油泵第一分泵的高压油管。顺时针转动曲轴，使第一缸活塞处于压缩上止点位置，飞轮壳上的记号与飞轮上的生产厂规定的发动机喷油提前角度记号对齐。

③ 逆时针转动曲轴约20°，然后顺时针方向转动曲轴，注意观察第一分泵高压油管接口上的油面，当其开始升高瞬间，即为喷油开始时间，此时自动供油提前器的刻度应与油泵体上的标记对正，则供油提前角正确；反之，应进行调节。

④ 调节联轴器传动盘处的螺栓，使自动供油提前器上的刻度与油泵上的标记对正。然

后把传动盘螺栓拧紧，用上述方法重检，达到规定为止。

应当注意的是在进行喷油泵检查调试时，必须保证高度清洁。所有精密研磨配合件的精加工表面不可用手、棉纱和抹布擦触。此外，喷油泵应按规定加注和更换柴油机机油。

(3) 喷油器的检查与调整　喷油器的检查主要为喷油压力、雾化质量和喷雾锥角三项。

1) 喷油压力。各缸喷油器的喷油压力应相同，且符合规定的要求。

2) 雾化质量。喷油应是细小而均匀的油雾，且定向直射，不得偏向一边。多孔喷油器各孔应各自形成一个雾化良好的油雾束。雾化质量也可在车上检查。将喷油器从缸体上卸下，仍接在该缸高压油管上，用螺钉旋具撬动柱塞座做喷油动作，观看喷雾情况。若雾化不良，应清洗喷油器，必要时研磨配合锥面或更换新件。

3) 喷雾锥角。不同类型的喷油器，应符合各自喷雾锥角的规定标准。

喷油器的调整，应在专用的喷油试验器上进行。部分车用柴油机喷油器的调整参数见表4-23。

表 4-23　部分车用柴油机喷油器的调整参数

车　型	喷油器型号	喷油压力/MPa	喷雾锥角/(°)
黄河 JN1150/100 JN1150/106	ZCK150S435	16.18～17.16 17.16±0.3	150
黄河 JN1171/127	长型多孔	20.6±0.5(新件) 19.6±0.5(用后)	150
东风 EQ1141G	博世 P114 长型多孔	24.5 ～ 25.3	150
解放 CA1091K2	长型多孔	21.6±0.3	155
日野 KL 系列 KM400	NP-KD597SD10	11.7 11.7	4
斯柯达 RT		17.2	120
太脱拉 138A 148SM	VA53S463A2605	16.7 16.7±0.49	140

二、底盘的合理维护

1. 汽车滑行性能及其对油耗的影响

(1) 汽车的滑行性能　汽车底盘技术状况的好坏，可以通过检查汽车的滑行性能来确定。以汽车在某一速度下脱挡滑行的距离来评定，滑行距离越长，表明汽车底盘的技术状况越好，即汽车越节油；相反，说明底盘的技术状况差，即汽车油耗大。

(2) 影响汽车滑行性能的因素

1) 齿轮油的影响。选择齿轮油应根据车型、季节（或气候的变化）不同而有所区别。若选择过高黏度的润滑油时，汽车在市区运行时增加8%～12%的油耗，汽车在郊外公路上运行时增加3%～6%的油耗；在冬季使用夏季用的齿轮油，会增加4%的油耗。当气温在0℃时，使用了黏度较高而又没预热的齿轮油时，传动功率损失高达50%。

2) 传动系的影响。汽车在运行中，离合器严重打滑时，会增加33.5%的油耗。另外，离合器分离不彻底、发抖、发热及产生异响，变速器自行脱挡、跳挡，传动轴发响，差速器发热、发响等，都会使传动机构的传动效率下降，功率消耗增加，油耗相应地上升。

3) 行驶系的影响。车轮轮毂轴承调整过紧，前轮定位不合要求，轮胎气压过低，前后轴距不合规定等都将增加汽车行驶的滚动阻力、摩擦阻力，致使滑行距离下降，功率损失增大，油耗明显增加。试验表明，轮毂轴承调地过紧，多耗27%燃油；轮毂轴承过松，也会多耗20%的燃油；小客车前束值由标准的2mm增至6mm时，油耗增加15%；主销后倾角过大，会导致前轮"摆头"，转向变得沉重、费力；后倾角过小，车辆行驶稳定性差；轮胎气压过低，则轮胎的变形量更大，运转时的滚动阻力增加，从而造成汽车油耗上升。

4）制动系的影响。调整制动器过紧（发咬），汽车在行驶中就会出现拖滞现象，消耗的功率相应增加，使得发动机的滑行距离大大缩短，油耗将迅速增加。一般调整稍微过紧时，会增加6.1%～6.4%的油耗；严重发咬时，会增加7%～20%的油耗。可见，制动器过紧对滑行的影响很大。但制动器调整过松时，会延长制动距离或使制动不灵，影响安全行车。因此，制动器的调整要适度。

2. 汽车底盘的润滑与节油

在发动机技术状况良好的前提下，整车的使用动力性和经济性主要取决于底盘有害阻力的大小。有害阻力越小，底盘就越轻巧，滑行性能越好。因此，加强底盘润滑，最大限度地减少有害阻力，提高底盘的轻巧性（即整车的滑行性能），是提高汽车动力性和经济性的一项重要措施。

改善底盘的润滑状况，可以提高汽车底盘的传动效率，减少无用功率损失，提高滑行性能。

（1）润滑油的加注量和油品的选择　变速器和主减速器润滑油的加注量，应按标准进行。加注量越多，搅油损失功率增大；加注量少，会使润滑不良，摩擦损失功率增加，都导致无用功率损耗增加。值得注意的是，当无法计量其加注量时，可以边加注、边用食指插入加注口检查，以弯曲第一关节能触到油面为合适。润滑油油品的选择也极为重要，选择合适牌号的润滑油不仅可以提高传动效率，延长机械寿命，而且还可以收到明显的节油效果。

当主减速器是准双曲面齿轮时，必须使用准双曲面齿轮油，因准双曲面齿轮传动相对滑动速度提高，易产生黏附磨损，引起齿轮的不正常损伤和油耗的大幅度增加。由于准双曲面齿轮油能在齿轮表面形成一层硫化铁保护膜，从而减轻黏附磨损。

（2）轮毂轴承的润滑　轮毂轴承润滑质量的好坏，对底盘的润滑性能影响极大。这里应注意的是，轮毂轴承腔装满润滑脂，一是润滑脂浪费大；二是散热不良；三是润滑脂太多会增加车辆行驶阻力。正确的润滑方法是：清洗轴承后，在滚动体圈涂足润滑脂即可以保证润滑。

（3）传动轴的润滑　传动轴的润滑工作，最容易被忽视，从而使各配合副形成干摩擦。随着时间的延长，配合间隙逐渐加大，造成松旷，高速行车时引起传动轴振动，有害阻力增加，影响车辆的行驶稳定性和滑行性能，其后果也使燃油消耗量增加，严重时还会造成事故。因此，驾驶员应坚持对传动轴进行正确的检查和润滑，以确保其应有的技术性能。

（4）其他润滑点的润滑　汽车上一般有30多个润滑点，加注润滑脂时，大小润滑点都不应遗漏。特别是对一些容易忽视的地方，如转向节销和转向横直拉杆等处若长期不润滑，则会使转向沉重，增加行驶阻力，加快轮胎磨损，也会使油耗增加，甚至会影响整车寿命和使用安全性。总之，汽车上只要是润滑点，就必须定期添加润滑脂，才能保证整车性能的充分发挥，延长车辆寿命，确保安全，同时也可以收到可观的节油效果。

3. 汽车底盘的检查调整与节油

（1）轮毂轴承松紧度的调整　轮毂轴承松紧度的正确调整，不仅可以防止轴承因调整过紧而发热烧坏，更重要的是减少行驶中的有害阻力，提高整车的滑行能力，节约燃油。据试验，一辆各部调整好且轴承松紧度合适的汽车，夏季在平坦路上，一个人可以推动。此时汽车整车拉力可降低45%，初速度20km/h的滑行距离可增加29%，油耗可降低14%左右。

(2) 转向系的检查与调整

转向系的技术状况，特别是前束、转向角等，对转向轻便性及稳定性影响很大。

1) 前束的检查与调整。汽车前轮定位包括前束、车轮外倾、主销内倾、主销后倾四个参数。对于载货汽车来说，一般只有前束是可调参数，其他参数主要由转向桥决定。对前轮定位各参数应进行定期检查和调整。有条件的单位应在侧滑台上边检查、边调整。无侧滑台时，汽车应停在平整的场地上，顶起前桥，使两前轮悬空且处于直线行驶位置。松开横拉杆上的卡箍螺母，用管钳转动横拉杆，改变横拉杆的长度即可调整前束值。调整时，可在左右轮胎胎冠中心线（或内侧最凸出位置）做一记号，将记号转到正前方测得B值，然后再将记号转到后方测得A值，A、B值之差即为前束值。调整好后将卡箍螺栓拧紧。

2) 转向角的检查与调整。可在转向角测量仪上进行，若没有专用仪器时，需将前桥顶起，使前轮处于直线行驶位置；在左右轮胎下各垫一块贴白纸的木板，将直尺紧靠轮胎外边缘，用铅笔在纸上画出与车轮直线行驶位置时的平行线；再把转向盘向左（向右）打到底，并以同样的方法画出第二条直线；然后用量角器测量两直线的夹角即为转向角。

若转向角不合规定时，可旋出或旋入转向节上的转向角限定螺钉或转动转向节壳上的调整螺栓（BJ2022）进行调整。调整完以后，必须旋紧锁紧螺母。

(3) 制动系的调整　汽车制动装置在长期使用过程中，由于机件磨损和损坏，使其技术状况不断下降而影响摩擦力，再加上调整不当，以致其制动效能下降，出现制动不灵、制动发咬、制动跑偏和制动不平稳等故障，严重影响车辆的安全可靠性和经济性。因此，驾驶员应经常检查并调整制动系，使其处于良好的技术状况。

1) 空气压缩机传动带松紧度的调整。空气压缩机传动带过松时会造成传动带打滑，影响泵气量，使制动气压下降，所以驾驶员应定期检查传动带的松紧度。检查时以29.4～49N的力按下传动带，其挠度应不大于15～20mm。若过松时，应松开空气压缩机底座上的三个紧固螺栓，将调整螺栓顺时针旋转，则传动带张紧。调整后再将三个紧固螺栓拧紧。

2) 车轮制动器蹄鼓间隙的调整。制动间隙不能过大也不能过小，若制动间隙过大，会造成制动不灵；若制动间隙过小，就会出现拖滞现象，这样驾驶员不得不加大节气门开度行车，必然会造成费油。据试验，后桥左右制动器拖滞一般可使油耗增加6.1%～6.4%，严重的拖滞则油耗更高。因此必须严格按照规定的技术标准，调好制动间隙，确保制动器各个零部件工作可靠，才能为节油创造必要的条件。如果在行驶中发现制动蹄、制动鼓不符合要求，或更换了新的制动蹄摩擦衬片，或重新镗削了制动鼓，而破坏了制动蹄、制动鼓原有的正常接触时，需要对制动蹄、制动鼓的间隙进行全面调整。当蹄片磨损、制动蹄鼓间隙增大，使制动气室推杆行程超过40mm时，就应对制动器进行局部调整。调整时切不可以转动支承销，以免破坏原来良好的接触状态；也不可以用拧动制动室推杆连接叉来改变推杆长度的方法来调小间隙。此时，应只调整蜗杆，使间隙缩小。

中篇　汽车减排技术篇

第五章 汽车排放污染物概述

第一节 汽车排放的污染物及危害

一、汽车排放的污染物

1. 汽车排放的空气污染物种类

《环境空气质量标准》（GB 3095—2012）规定的10个环境空气污染物中的二氧化硫、总悬浮颗粒物、颗粒物（PM_{10}）、颗粒物（$PM_{2.5}$）、氮氧化物、二氧化氮、一氧化碳、臭氧、苯并［a］芘共9种污染物存在于汽车排气之中。汽车排放的空气污染物可以分为气体污染物和颗粒物两大类。气体污染物成分相当复杂，其主要来源有3个：①由汽车排气管排放的气体污染物，主要有害成分是CO、烃类化合物和NO_x（主要指NO和NO_2），CO_2是排气管排放的主要气体成分之一，它是碳氢燃料燃烧的最终产物，一般不被视为空气污染物，但从气体温室效应的角度看，CO_2属于大气污染物；②从汽车的燃料供给系统中直接散发出的烃类化合物即蒸发排放物，其主要成分是燃油中低沸点的轻质成分；③从发动机曲轴箱通气孔或润滑油系统的开口处排放到大气中的物质，常称为曲轴箱污染物，其成分包括通过活塞与气缸密封面以及活塞环端隙等处泄漏入曲轴箱的气缸中的未燃混合气、燃烧产物和部分燃烧的燃油等以及很少一部分润滑油蒸汽。颗粒物指由内燃机排气管排出的微粒，其成分最为复杂，由多种多环芳烃、硫化物和固体炭等组成。汽油车排放的污染物主要为由排气管排放的气体污染物、蒸发排放物和曲轴箱污染物，柴油车排放的污染物主要为排气管排放的气体污染物和颗粒物。

各国的《环境空气质量标准》中一般都不把烃类化合物作为空气污染物，但由于汽车排放的烃类化合物是与NO_x一起排出的，极易产生二次污染物（光化学烟雾），因此各国的“汽车排放标准”中都有烃类化合物或其中的部分成分如非甲烷烃类化合物（NMHC）、挥发性有机化合物（VOCs）等的排放限值。

2. 烃类化合物

汽车排放的烃类化合物主要来自汽车排气、燃料蒸发和曲轴箱泄漏三种不同途径，其主要成分是燃料燃烧的产物、燃烧中间产物、燃料和润滑油蒸汽等。燃料和润滑油通常由多种烃类化合物和添加剂等组成，故其蒸汽成分繁杂。内燃机燃烧过程是在高温、高压条件下进行的，故排气中的烃类化合物含有裂解产物等燃烧的中间产物。可见，烃类化合物的组成极为复杂，因此，对烃类化合物的种类及危害的研究和分析十分困难。汽车烃类化合物排放成分中有多种烷烃C_nH_{2n+2}、环烷烃C_nH_{2n}、烯烃C_nH_{2n}、炔烃C_nH_{2n-2}、芳香族化合物和含氧化合物醛、醇、醚类及酮类等。其中，烷烃有100多种，1～37个碳原子的直链烃最多；多环芳香烃有 200 多种；醚、醇、酮和醛的数量在十几种到几十种不等。烃类化合物中含有 1～10 个碳原子的挥发性烃类化合物通常在大气中以气相存在。不同的汽车排放标准中对汽车排气排放烃类化合物的定义不同，一些标准把汽车排气排放的所有烃类化合物都作为污染物处理，即排放标准中限制的污染物是总烃（Total Hydrocarbon，THC）；也有仅限制 THC 中的非甲烷烃类化合物的标准，美国排放标准 Tier 2 中限制的则是汽车排气排放烃类化合物中的非甲烷有机气体（Non-Methane Organic Gases，NMOG）和甲醛（HCHO）等。

3. 微粒排放物

汽车的微粒排放物主要指柴油车排气排放的微粒 PM，PM 由数百种以上的有机成分和无机成分组成。PM 的元素分析结果表明，其主要由 C、H、O、N、S 五种元素和灰分等组成，PM 中的 C、H、O、N 和 S 五种组成元素的比例随柴油机种类和工况而变化，表 5-1 列出了炭黑和柴油机排放微粒的元素组成，可见，柴油机排放微粒与炭黑相比，氢和氧元素含量较高。

表 5-1　炭黑和柴油机排放微粒的元素组成（质量百分数）　　单位：%

项　目	C	H	O	N	S	灰分
炭黑	95.3	0.7	2.1	<0.3	1.0	≈ 0
柴油机微粒	90.4	4.40	2.77	0.24	0.79	—

图 5-1 为柴油机排放的 PM 组成及其实物显微照片示意。图 5-1(a) 为 PM 的组成模型示意图，PM 的内部是许多黏结在一起的 20～30nm 的不可溶性组分（Insoluble Organic Fraction，IOF）微粒，吸附在表面的成分可溶性组分（Soluble Organic Fraction，SOF，30%～70%）和硫酸盐（Sulfate）组成；IOF 也称炭烟微粒（Soot）或固体碳，中间部分为高沸点的烃类化合物。SOF 和 IOF 分别指采用化学萃取方法可分离和不可分离的组分。这些组成物质可能的来源是燃料中的不可燃物质、抗爆剂、可燃但未进行燃烧的物质和燃烧产物，以及润滑油添加剂和磨屑等。从 PM 中的炭烟微粒实物显微照片及其局部放大图［图 5-1(b)］来看，柴油机排出的炭烟微料，直径在 1μm 以下，从局部放大图来看，微粒有石墨外壳和无序结构两种。一般认为，炭烟微料由尺寸大致相同的“基本炭烟粒子”集聚而成，基本炭烟粒子呈球状或近似球状。研究表明，一个“基本炭烟微粒”中包含的碳原子及氢原子为 10^5～10^6 个，其直径范围为 15～30nm。图 5-2 为重型柴油机瞬态工况测试的重型

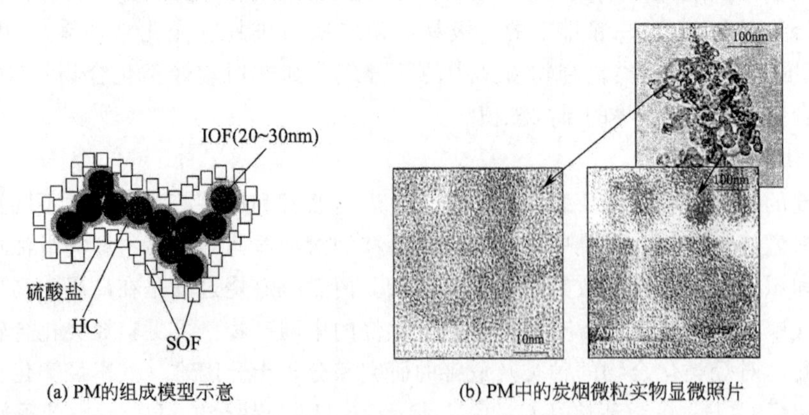

(a) PM的组成模型示意　　(b) PM中的炭烟微粒实物显微照片

图 5-1　PM 的实物显微照片及其组成示意

柴油机排放微粒组成的一个分析结果。微粒的主要组成是固体碳（41%）、未燃燃料（7%）和润滑油（25%）、硫酸盐和水（14%）与灰分及其他（13%）等，可见，柴油机微粒中润滑油成分的比例相当高，因此，近年来从润滑角度降低微粒排放的工作受到重视。另外，应该注意的是微粒的组成成分和比例随柴油机种类和工况的不同而不同。从已有的研究结果来看，PM中元素碳（Elemental Carbon，EC）的含量随车型及其排放水平的差别非常大，EC的质量百分数范围为21%～96%，不同发动机的平均百分数为60%～76%。

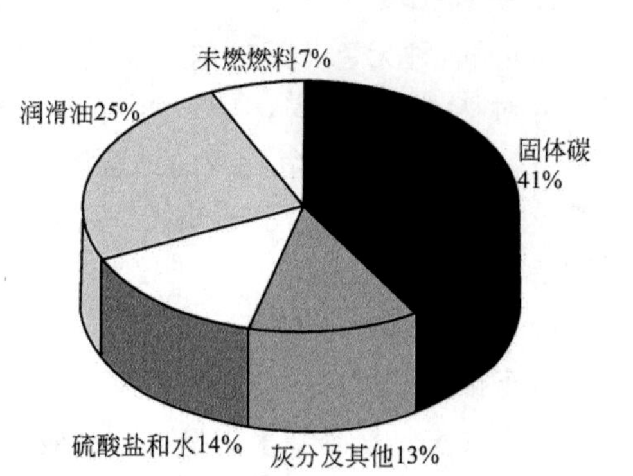

图 5-2 典型的重型柴油机排放微粒的组成（重型柴油车瞬态循环试验）

PM中的SOF组成非常复杂，通常含有多环芳烃(Polycyclic Aromatic Hydrocarbons，PAH)。PAH是内燃机不完全燃烧时产生的挥发性烃类化合物，通常还含有氧、氮和硫。PAH是微粒的重要组成部分，是一类强致癌物质，可以损伤生殖系统，会导致皮肤癌、肺癌、上消化道肿瘤、动脉硬化、不育症等疾病。许多国家都将其列为重要的环境和食品污染物，美国环保署对其中的16种PAH的环境浓度等做出相应限制。

汽车排放的PM中有各种不同的粒径，图5-3为不同粒径的微粒物数量和质量分布示意，纵坐标采用的是无因次浓度 $\mathrm{d}(C/C_{总量})/\mathrm{d}(\lg D_p)$，横坐标是粒子当量直径。汽车PM中包含有多种粒径的微粒。核模微粒通常形成于排气稀释冷却挥发之前，在某些情况下，该类型微粒可能含有 $D_p<10\mathrm{nm}$ 的超出常规测量设备范围的更小型微粒；积聚模微粒通常包含碳的凝聚物和吸附物质；粗模微粒通常含有再次凝结的积聚模微粒和曲轴箱排放的油烟。从微粒的数量分布来看，粒径10nm左右的核模微粒数目最多，积聚模微粒的数量远少于核模微粒，几乎没有粗模微粒排出。质量分布与数量分布差别很大，核模微粒的质量比例很小，积聚模微粒的质量比例最大，粗模微粒质量比例次之。

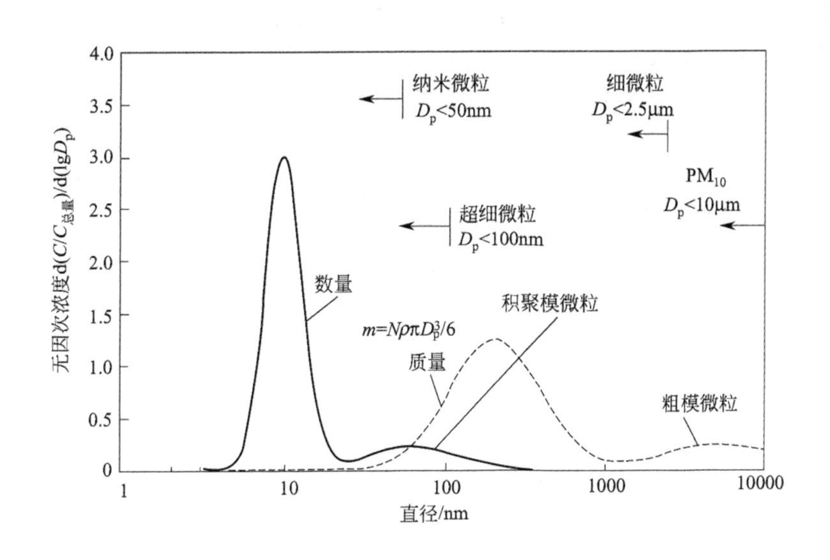

图 5-3 不同粒径的微粒物数量和质量分布示意

二、汽车排放污染物的危害

1. 一氧化碳（CO）

CO是一种无色、无味的易燃有毒气体。一般城市中的CO水平对植物及微生物均无害，但对人类则有害，CO能与血红素作用生成羧基血红素（Carboxyhemoglobin，COHb）。血红素与一氧化碳的结合能力比与氧的结合能力大200～300倍。因此，CO使血液携带氧的能力降低而引起缺氧。人体大量吸入CO之后会发生恶心、头晕、疲劳症状；严重时会使人窒息死亡。

2. 氮氧化物（NO_x）

汽车排气中含有NO和NO_2两种空气污染物。NO_2在常温常压下为棕色，具有刺激气味，比空气重、易溶于水、有毒、易液化。因此，《环境空气污染物排放标准》中把NO_2列为限值的污染物。其危害主要有4方面：①参与光化学反应，形成光化学烟雾，降低物体亮度和反差；②具有腐蚀性，毁坏棉花、尼龙等织物，腐蚀镍青铜材料，使染料褪色等；③损害植物，如柑橘在NO_2体积分数为0.5×10^{-6}的空气中生长35天以上就会落叶和发生萎黄变，若在NO_2体积分数为0.25×10^{-6}的空气中生长时间超过8个月则会减产；④对动植物有生理刺激作用，能引起急性呼吸道病变。试验证明，在NO_2体积分数为0.063×10^{-6}～0.083×10^{-6}的环境生活6个月，儿童的支气管炎发病率增加。

NO是一种无色、无味的气体，稍溶于水，一般空气中的NO对人体无害，但吸入一定量后，可引起变性血红蛋白的形成，并影响中枢神经系统。NO不稳定，在空气中可转换为有害的NO_2，尽管NO转换为NO_2的速率很低。如空气中NO体积分数为200×10^{-6}时，NO_2的体积分数生成速率为11×10^{-6}/min；空气中NO的体积分数为25×10^{-6}时，NO_2的体积分数生成速率为0.18×10^{-6}/min。

3. 烃类化合物（HC）

如前所述，汽车排气中烃类化合物的种类很多，分析极为困难。故此处仅对烃类化合物中危害较大的苯、烯烃类、醛类和多环芳烃等的危害予以简要介绍。

汽油中通常含有一定量的苯，故其排气和蒸发污染物之中含有少量的苯。苯是一种无色透明、有芳香味、易挥发的有毒液体。常温下即可挥发形成苯蒸气，温度越高，挥发量越大。苯主要以蒸气形态经呼吸道进入人体。短时间大量吸入可造成急性轻度中毒，表现为头痛、头晕、咳嗽、胸闷、兴奋、步履蹒跚，严重时可因呼吸中枢麻痹死亡。长期低浓度接触可发生慢性中毒，出现血小板和红细胞减少、头晕、头痛、记忆力下降、失眠等，严重时发生再生障碍性贫血，甚至白血病、死亡。

乙烯是一种无色气体，略具烃类特有的臭味。乙烯是由两个碳原子和四个氢原子组成的化合物，两个碳原子之间以双键连接，化学性质不稳定，是光化学烟雾产生的主要参与气体之一。乙烯是植物内活性激素，当乙烯污染超过植物需要和可忍耐的乙烯临界浓度时，水果和蔬菜出现早熟。吸入高浓度乙烯可立即引起意识丧失，无明显的兴奋期，但吸入新鲜空气后，可很快苏醒。乙烯对眼及呼吸道黏膜有轻微刺激性。液态乙烯可致皮肤冻伤。长期接触乙烯，可引起头昏、全身不适、乏力、思维不集中，个别人有胃肠道功能紊乱。

甲醛是一种挥发性有机化合物，在常温下是气态，无色、具有强烈刺激气味，是室内环境的主要污染物之一。美国排放标准Tier 2给出了汽车排气排放中甲醛的限值。甲醛为较高毒性的物质，在我国有毒化学品优先控制名单上甲醛位居第二。35%～40%的甲醛水溶液称为福尔马林。甲醛是原浆毒物，能与蛋白质结合，吸入高浓度甲醛后，会出现呼吸道的严重刺激和水肿、眼刺痛、头痛，也可发生支气管哮喘。皮肤直接接触甲醛，可引起皮炎、色斑、坏死。经常吸入少量甲醛，能引起慢性中毒，出现黏膜充血、皮肤刺激症、过敏性皮炎、指甲角化和胞弱、疼痛等。全身症状有头痛、乏力、心悸、失眠、体重减轻以及植物神经紊乱等。甲醛已经被世界卫生组织确定为致癌和致畸形物质，是公认的变态反应源，也是潜在的强致突变物之一。

PAH是指具有两个或两个以上苯环的一类有机化合物，包括萘、蒽、菲、芘等150余种化合物。PAH主要存在于柴油机排放微粒之中，对人体和动植物的危害很大。PAH是一种强致癌物质，主要危害人的呼吸道和皮肤。当人们长期处于PAH污染的环境中时，可引起急性或慢性伤害，导致皮肤癌、肺癌，损害生殖系统，甚至导致不育症等。PAH影响植物的正常生长和结果，当PAH落在植物叶片上时，会堵塞叶片呼吸孔，使其变色、萎缩、卷曲直至脱落。

4. 二氧化硫（SO_2）

汽车排放的硫化物对空气危害最大的是SO_2。SO_2是一种无色气体，具辛辣及窒息性气味，对生态环境的危害主要有如下4方面。

（1）对呼吸系统和眼膜的刺激作用　患有肺部慢性病和心脏病的人最易受害，吸入低浓度SO_2可引起胸闷和鼻、咽、喉部的烧灼痒痛及咳嗽等。吸入高浓度SO_2可引起肺水肿，甚至立即死亡。当空气中SO_2的年平均体积分数大于0.04×10^{-6}、日平均体积分数大于0.11×10^{-6}时就会对人体产生危害，当SO_2体积分数大于3×10^{-6}时，则可由鼻子闻出刺激性臭味。应该注意的是，当SO_2与微粒物质共存时，其危害可增大3～4倍，因此，美国在1976年开始实施的空气污染指数中对SO_2浓度和微粒浓度的乘积做了限制。

（2）生成硫酸雾和硫酸盐气溶胶　SO_2能与水反应生成亚硫酸，和煤尘共存时能发生硫酸烟雾，即生成硫酸雾和硫酸盐气溶胶。1952年发生的“伦敦烟雾事件”就与SO_2有关。

（3）对材料具有腐蚀破坏作用　在催化剂作用下，SO_2易被氧化为三氧化硫，遇水即可变成硫酸，因而会产生腐蚀作用。例如，软钢板在SO_2体积分数为0.12×10^{-6}的环境中放置1年，因腐蚀会失重约16%；SO_2能使动力线硬化和拉索钢绳的使用寿命减短，皮革失去强度，建筑材料变色破坏，塑像及艺术品破坏等。

（4）影响植物的正常生长　SO_2主要通过气孔进入植物内部，遇水便会产生H_2SO_3。导致叶片褪绿和叶脉间出现斑块，逐渐坏死，造成树枝尖端干枯及叶片过早凋落等。

5. 微粒物（PM）

如前所述，PM中含有PAH等多种有害物质微粒物，对生态环境的危害特别是对人类健康影响极大。其主要表现在如下几方面。

① 影响气候，遮挡阳光，减少日光对地面的辐射量，使气温降低或形成冷凝核心，云雾和雨水增多。

② PM会对阳光产生吸收和散射，降低空气的可见度和导致光照减弱。致使交通不便，航空、水运与公路运输事故增多；另外，还会使照明时间增长，耗电增大，发电污染增多，使空气污染变得更加严重。

③ 影响健康。汽油机燃烧排出的直径小于$0.5\mu m$的含铅微粒物可使人脑神经麻木和患慢性肾病，严重时死亡。PM_{10}一般会黏着在人鼻子的黏膜上，由呼吸进入肺部的很少；$PM_{2.5}$由于直径小，可以直接进入呼吸系统，黏着在肺部的深处，有致癌和发生早故的嫌

疑。另外，悬浮微粒表面积很大，有较强的吸附能力，因而成为病菌的携带和传染媒介。图5-4为吸入柴油车微粒物的和未吸入的老鼠肺的比较，吸入柴油车污染物微粒的老鼠所在环境空气中的PM浓度为3.0mg/m^3，生存时间为7个月，吸入PM的老鼠肺部有柴油车污染物微粒沉积，心率有增加的倾向，心电图异常，并出现支气管炎症。

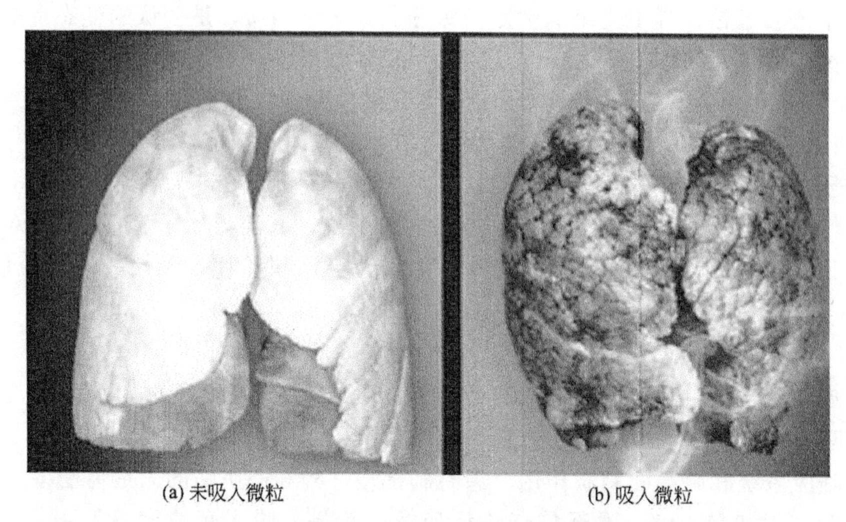

图5-4　吸入柴油车微粒和未吸入柴油车微粒的老鼠肺的比较

图5-5为不同粒径的微粒对人体器官的影响和PM在血液系统中的状态。粒径5～10μm的PM主要影响鼻腔和喉头；粒径1～5μm的PM主要影响气管和支气管；粒径小于1μm的PM通过小噬细胞进入血液系统。进入血液系统的PM，将受到拦截、静电和重力等的作用，可能会沉积在血管壁面，损害心血循环系统，导致血压升高，动脉硬化患者病情加重。进入呼吸系统的PM，若黏着在肺部的深处，则有致癌和发生早死的嫌疑；若到达脑部，则可能产生老年痴呆症。附着金属的细微粒子对呼吸系统影响更大，会使儿童出现过敏，老鼠吸入试验表明，会出现强的过敏和哮喘症状。

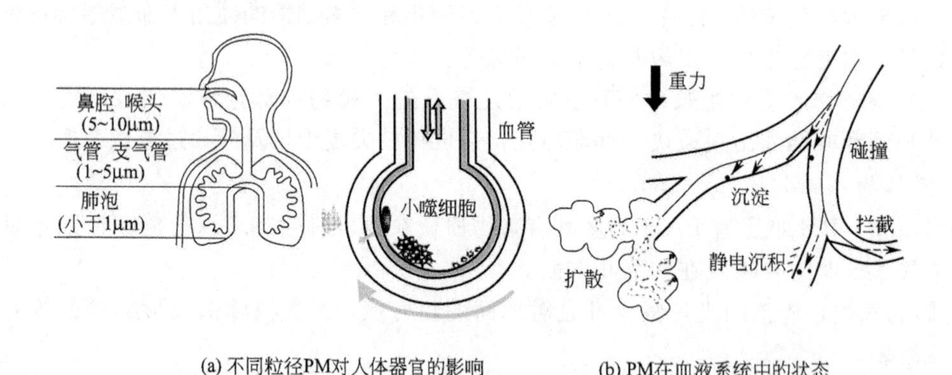

图5-5　微粒对人健康的影响

6. 光化学烟雾

光化学烟雾指烃类化合物和NO_x在太阳紫外线作用下产生的一种具有刺激性的浅蓝色烟雾。它包含有臭氧、醛、酮、酸、过氧乙酰硝酸酯PAN（Peroxyacetyl nitrate）等多种复杂化合物，主要危害成分是用O_3表示的强氧化剂。光化学烟雾的主要危害有如下几方面。

① 对眼睛的刺激作用，主要由 O_3、甲醛、过氧化苯甲醛酰硝酸酯（PBzN）、PAN 和丙烯醛等引起。

② 对植物和有机物等（如橡胶、棉布、尼龙和聚酯等）的损害。环境臭氧超标后，植物表皮褪色，呈蜡质状，经过一段时间后色素发生变化，叶片上出现红褐色斑点。PAN 使叶子背面呈银灰色或古铜色，影响植物的生长，降低植物对病虫害的抵抗力。臭氧、PAN 等还能造成橡胶制品的老化、脆裂，使染料褪色，并损害油漆涂料、纺织纤维和塑料制品等。

③ 影响呼吸系统，使慢性呼吸道疾病恶化、哮喘病增多、儿童肺功能异常等。

④ 臭氧引起的胸部压缩、刺激黏膜、头痛、咳嗽、疲倦等症状。

第二节 车用汽油机排放污染物的生成机理及影响因素

一、车用汽油机燃烧过程概况

汽油机是利用火花塞放电产生的电火花来点燃混合气的。火花塞放电前，气缸内燃料和空气的混合物已经形成，电火花提供的活化能，经过链反应，活性核心增加，于是在火花塞附近产生急剧的氧化反应并形成火焰核心。在火焰的高温作用下，使相邻混合物的温度升高，由于扩散作用，部分活性核心自火焰面渗入附近的新鲜混合气中。这时，与火焰面接触的新鲜混合气由于活性核心浓度升高而反应加速，放热量剧增，形成新的火焰面。火焰面是燃烧产物和新鲜混合气分界面。由于传热和活性核心的扩散，火焰面从火花塞向四周传播，火焰面的法向移动速度称为火焰传播速度。火焰在汽油和空气的混合气中的传播速度随混合气的浓度即空燃比 A/F 而变化。按汽油的化学当量要求，空燃比 A/F 约等 14.7 时的混合气为理论混合气，此时的空燃比为理论空燃比；当空燃比 A/F 约为 13 时，火焰传播速度最快，这时汽油机功率也最大；当空燃比 A/F 为 13.5～14 时，火焰温度最高。在用特殊措施保证混合气均匀、各缸混合比一致的条件下，当 $A/F=19$ 左右时，汽油机的热效率最高。但在实际成批生产的汽油机中，由于各缸混合比不完全一致，当 $A/F=19$ 时将出现火焰传播不充分或断火现象。因此，生产线上成批生产的汽油机平均混合比 A/F 为 16～17 时可以得到最高热效率。一般认为汽油机的空燃比 A/F 为 10～19 时，火焰可以在混合气中传播，使全部混合气基本燃尽。

汽油机燃烧室中的火焰传播燃烧是一系列的等压燃烧，在封闭的燃烧室中火焰传播的情况相当复杂，图 5-6 为汽油机的火焰传播简图。

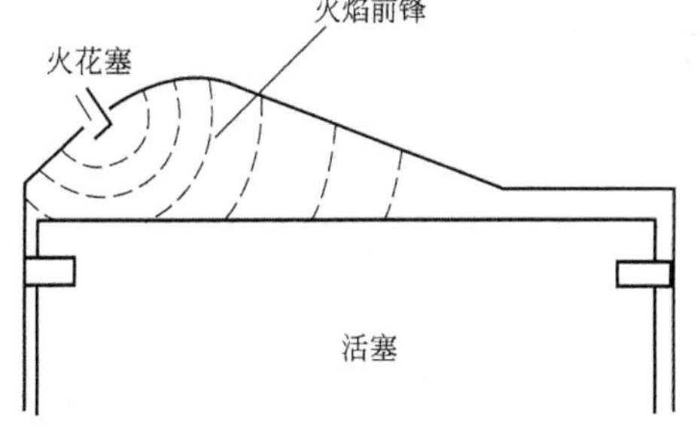

图 5-6 汽油机的火焰传播简图

图 5-7 表示了一个高度简化的长方形燃烧室中的分段燃烧模型，活塞的运动略去不计。假设火花塞位于燃烧室左侧，火焰前锋以垂直于燃烧室的纵横平面波推进。燃烧室中的气体被虚构的边界分为 4 个等质量部分，分别用标号 1～4 标注，黑点代表气体的一个小单元。

假设在第一区的全部气体在等容条件下点燃，于是第 1 单元的压力就远远超过第 2、第 3、第 4

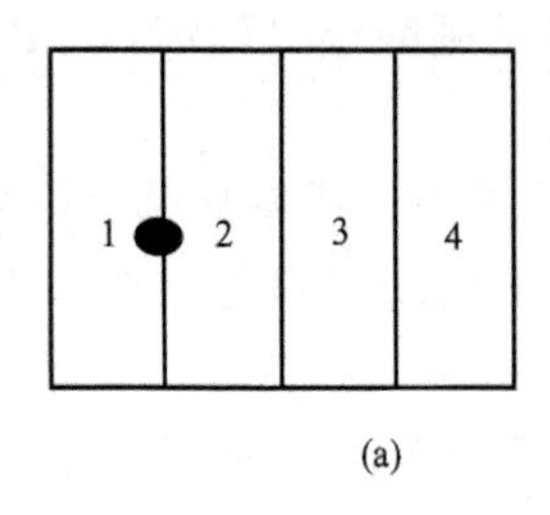

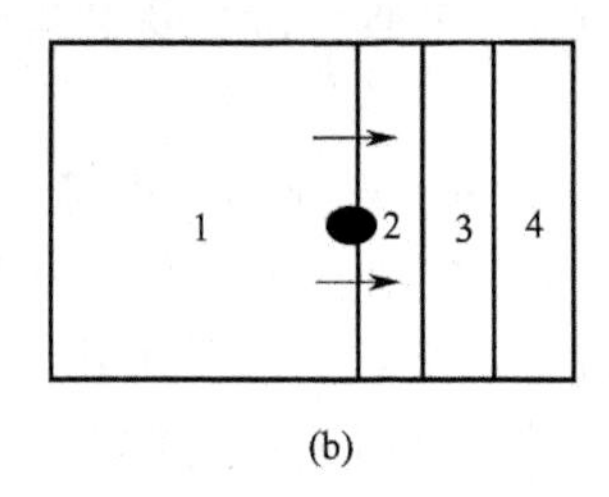

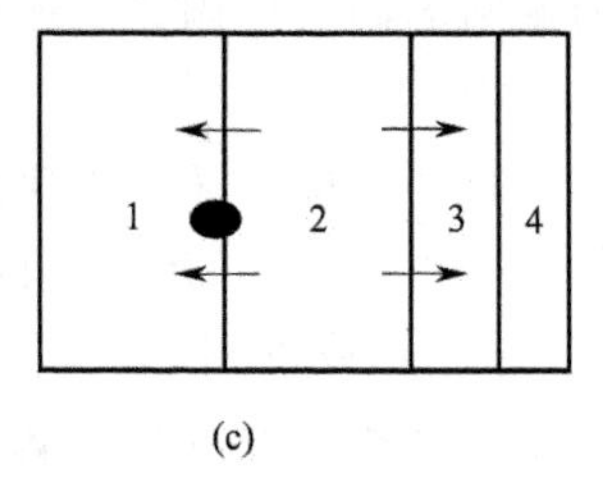

图 5-7　汽油机分段燃烧过程

单元。第 1 单元的气体膨胀压缩第 2、第 3、第 4 单元直至达到压力平衡［见图 5-7(b)］。第 2 单元的混合气引燃后由于燃烧放热而膨胀，将压缩火焰面前的第 3、第 4 单元的未燃混合气和第一单元已燃的燃烧气并达到压力平衡［见图 5-7(c)］。这一燃烧过程继续进行，直至全部单元都引燃为止。在燃烧终了时，燃烧室中的情况如图 5-7(a) 所示，虚构的边界接近于均匀分布，燃烧室中的压力又趋于平衡。随着划分单元数量的增加，就可逼近真实的燃烧过程。根据上述火焰传播和分段燃烧的模型分析，汽油机燃烧过程有以下特点。

① 各层混合气是在不同压力和温度下点燃的。在未燃区，离火花塞最远的单元前受压最大，燃烧前温度也最高。根据计算，离火花塞最远的地方，着火前混合气温度比火花塞附近着火前的温度要高 200℃左右，因此，爆燃总是产生在最后燃烧部分。

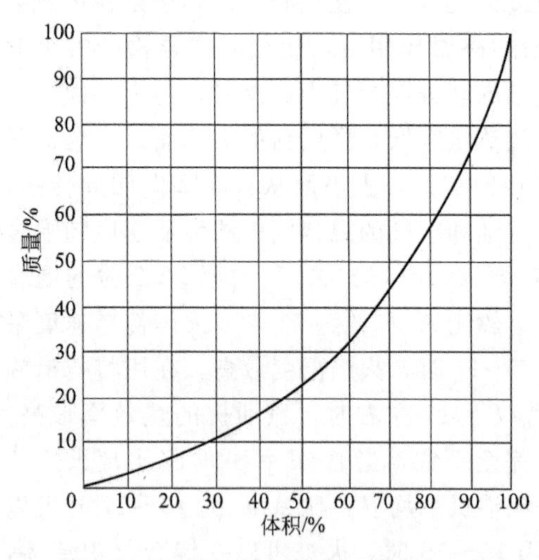

图 5-8　已燃气体的质量与体积的关系

② 每一个已燃单元的燃烧气要受到正在燃烧的燃烧气层的压缩，因此，在燃烧室中发生温度分层现象。燃烧结束时，气缸内压力均匀，但温度分布不均匀。

③ 由于火焰传播燃烧是一系列的等压燃烧，气缸内压力越来越高，未燃气体受已燃气体膨胀作用的压力，其密度也越来越大。图 5-8 为燃烧室中已燃气体的质量与体积的关系。最初燃烧的 30%体积的混合气按质量计只有 10%，而最后燃烧的 30%气体的混合气按质量计高达 60%，即使最后燃烧的 10%体积的混合气按质量计也高达 25%。图 5-8 中曲线是根据高速摄影计算的，计算时已减去活塞运动对体积的影响。

二、车用汽油机污染物的生成机理

1. 概述

汽油机排放污染物的排放途径可分为曲轴箱窜气、燃料蒸发泄漏和燃烧排气三部分。曲轴箱窜气主要是指在压缩或燃烧过程中气缸中的混合气体或燃气从活塞环间隙泄漏到曲轴箱，并由曲轴箱通风口排入大气的气体，其主要成分是未燃烧烃类化合物烃类化合物。泄漏量随着发动机的磨损而增加。在没有控制曲轴箱排放时，这部分排放量占汽油机烃类化合物总排放量的 25%左右。发达国家的汽车对泄漏气体已经全部进行了控制，使泄漏气体由曲轴箱循环进入发动机中烧掉。

汽油是一种容易蒸发的高挥发性液体，燃油供给系统的蒸发排放主要产生于燃油箱。燃油蒸发一般有下列几种形式：一是当燃油箱内压力高于环境压力时，汽油蒸汽从油箱盖内的通风口泄漏出来。如果油箱太满时，燃油膨胀将会从通风口溢出，滴漏到地面迅速蒸发进而造成 HC 污染。当发动机长时间运转后停下来时，发动机机体的温度高于环境温度，浮子室内的燃油会蒸发形成汽油蒸汽，这些汽油蒸汽便由内部通风口进入空气滤清器内，其中一部分泄漏进入大气形成烃类化合物污染。在不加控制的情况下，这部务排放量占汽油机烃类化合物总排放量的 20%左右。现在的汽车都安装了蒸发污染的控制装置，即把由燃油系统的各个通风口泄漏的燃油蒸汽用炭罐先吸收起来，到发动机工作时再释放出来使其进入气缸内燃烧。

汽油机的排气污染物主要是从排气管排出的。在汽油机中，如果燃烧完全，烃燃料中的碳和氢将被氧化成 CO_2 和 H_2O。如果燃烧不完全还会生成 CO、烃类化合物等不完全氧化物。另外，由于燃烧是在高温下进行的，进入气缸中的氧和氮还会生成 NO_x。因此，汽油机排放气体的主要成分有如下几种。①气体成分——氮气和剩余氧气；②完全燃烧产物——水蒸气和二氧化碳；③不完全燃烧产物——一氧化碳和氢气；④未燃燃料及燃烧分解生成物——烃类化合物；⑤燃烧的中间产物——醛类等；⑥氮氧化物；⑦燃料和润滑油添加物的混合物——氧化铝、碳化物、金属化合物等。

图 5-9 为一台不加排气催化转化器的汽油机在欧洲标准测试循环中的排气组成。排气中比例的绝大部分是来自空气的不参与燃烧的 N_2（约占体积分数的 70%）和完全燃烧的产物（体积分数近 10%的 H_2O 和体积分数近 20%的 CO_2），污染物只有 1%左右。

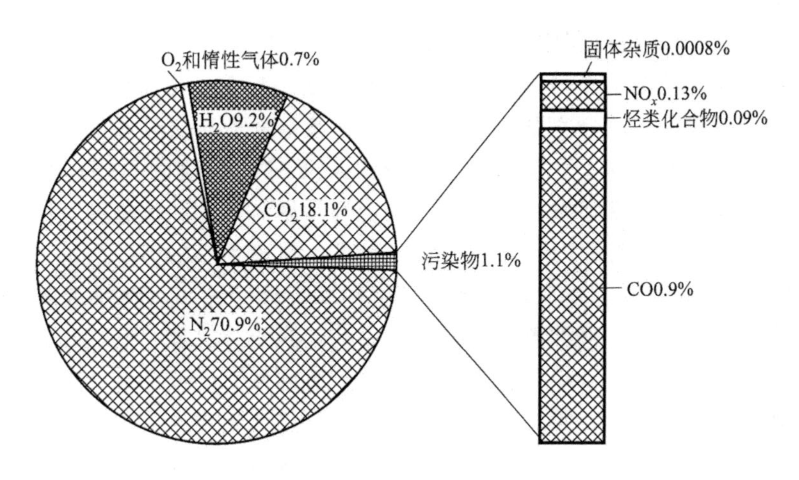

图 5-9　欧洲标准测试循环中汽油机排气的组成

由于 N_2、O_2、H_2、CO_2 等成分都是无害气体，未列入大气污染物，因此，汽油机排放污染物可归纳如下：排气（尾气）污染物主要有 CO、烃类化合物、NO_x、SO_2 和颗粒；曲轴箱窜气和燃油蒸发成分烃类化合物。在上述各种有害成分中，排放量较大且对环境有严重污染的是 CO、烃类化合物和 NO_x 三种。其他有害成分较少，而且光化学烟雾的生成又与烃类化合物和 NO_x 有直接关系。

2. 有害排放物的生成机理

(1) CO 的生成机理　CO 是烃燃料燃烧的中间产物，排气中的 CO 是由于烃的不完全燃烧所致。其形成过程可表示如下。

$$RH \rightarrow R \rightarrow RO_2 \rightarrow RCHO \rightarrow RCO \rightarrow CO$$

其中，RH是烃燃料分子；R是烃基；RO_2是过氧烃基；RCHO为醛；RCO是酰基。

根据燃烧化学，理论上当过量空气系数$\varphi_a=1$（空燃比$A/F\approx14.8$）时，燃料完全燃烧，其产物为CO_2和H_2O，即

$$C_nH_m+\left(\frac{n+m}{4}\right)O_2=nCO_2+\frac{m}{2}H_2O$$

当空气量不足，过量空气系数$\varphi_a<1(A/F<14.8)$时，则有部分燃料不能完全燃烧，生成CO和H_2，即

$$C_nH_m+\frac{n}{2}O_2=nCO+\frac{m}{2}H_2$$

(2) 烃类化合物的生成机理　汽车排放的烃类化合物成分极为复杂，估计有100～200种成分，包括芳香烃、烯烃、烷烃和醛类等。除排气中的未燃烃外，还包括燃油供给系统的蒸发排放以及燃烧室等泄漏排放出的烃类化合物。

由排气管排入大气的污染物是在气缸内形成的。缸内烃类化合物的成因主要有下列几种：第一是多种原因造成的不完全燃烧；第二是燃烧室壁面的淬熄作用；第三是热力过程中的狭缝效应；第四是壁面油膜和积炭的吸附作用。

1）不完全燃烧（氧化）。在以预均匀混合气体进行燃烧的汽油机中，烃类化合物与CO一样，也是一种不完全燃烧（氧化）的产物。怠速及高负荷工况时，可燃混合气体浓度处于过浓状态，加之怠速对残余废气系数大，造成不完全燃烧或失火。即使在$A/F>14.8$时，由于油气混合不均匀，造成局部过浓或过稀现象，也会因不完全燃烧产生HC排放。

2）壁面淬熄效应。燃烧过程中，燃气温度高达2000℃以上，而气缸壁面在300℃以下，因而靠近壁面的气体受低温壁面的影响，温度远低于燃气温度，并且气体的流动也较弱。壁面淬熄效应是指温度较低的燃烧室壁面对火焰的迅速冷却，使活化分子的能量被吸收，链式反应中断，在壁面形成厚约0.1～0.2mm的不燃烧或不完全燃烧的火焰淬熄层，产生大量未燃烃类化合物。淬熄层厚度随发动机工况、混合气体湍流程度和壁温的不同而不同，小负荷时较厚，特别是冷启动和怠速时，燃烧室壁温较低，形成很厚的淬熄层。

3）狭缝效应。狭缝主要是指活塞头部、活塞环和气缸壁之间的狭小缝隙，火花塞中心电极的空隙，火花塞的螺纹、喷油器周围的间隙等处。当压缩过程中气缸压力升高时，未燃混合气或空气被压入各个狭缝区域；在燃烧过程中气缸内压力继续上升，未燃混合气继续流入狭缝。由于狭缝面容比很大，淬熄效应十分强烈，火焰无法传入其中继续燃烧；而在膨胀和排气过程中，缸内压力下降，当缝隙中的未燃混合气压力高于气缸压力时，缝隙中的气体重新流回气缸并随已燃气一起排出。虽然缝隙容积较小，但其中气体压力高、温度低，因而密度大，烃类化合物的浓度很高，这种现象称为狭缝效应。由气缸内狭缝所产生的烃类化合物排放可达总烃类化合物排放的38%，因此，狭缝效应被认为是生成烃类化合物的最主要来源。

4）壁面油膜和积炭吸附。在进气和压缩过程中，气缸壁面上的润滑油膜以及沉积在活塞顶部、燃烧室壁面和进气门、排气门上的多孔性积炭会吸附未燃混合气和燃料蒸汽，而在膨胀和排气过程中这些吸附的燃料蒸汽逐步脱附释放出来进入气态的燃烧产物中。像上述淬熄层一样，这些烃类化合物的少部分被氧化，大部分则随已燃气体排出气缸。

(3) NO_x的生成机理　汽油机燃烧过程中生成的氮氧化物主要是NO，另有少量的

NO_2，统称为 NO_x。燃烧过程中生成的NO除了可与含N原子中间产物反应还原为 N_2 外，还可与各种含氮化合物生成 NO_2。

燃烧过程中产生的NO经排气管排至大气中，在大气条件下缓慢地与 O_2 反应，最终生成 NO_2。因而在讨论 NO_2 的生成机理时，一般只讨论NO的生成机理。

燃烧过程中NO的生成有三种方式，根据产生机理的不同分别称为热力型（Thermal）NO（也称热NO或高温NO）、激发（Prompt）NO以及燃料（Fuel）NO。热力NO主要是由于火焰温度下大气中的氮被氧化而成，当燃料的温度下降时，高温NO的生成反应会停止，即NO会被“冻结”。激发NO主要是由于燃料产生的原子团与氮气发生反应会产生。燃料NO是含氮燃料在较低温度下释放出来的氮被氧化而成。

大部分NO是由燃烧过程中高温条件下 N_2 和 O_2 的反应产生的。这是一个吸热反应，只有在较高温度才能发生（>1780K）。

高温下生成NO的反应是个自由基过程。参与燃烧过程的最常见自由基为O、N、OH、H和失去一个或多个氢原子的烃类化合物，只有在高温下它们的浓度才能达到足够高。高温燃烧气体中存在大量的氧原子，这些氧原子与 N_2 分子结合是生成NO反应的第一步，泽尔多维奇（Zeldovich）提出NO生成机理如下。

$$N_2 + O \longrightarrow NO + N$$

$$N + O_2 \longrightarrow NO + O$$

$$N + OH \longrightarrow NO + H$$

三、影响车用汽油机排放污染物生成的因素

汽油机的设计和运行参数、燃料的制备、分配及成分等因素都与排气中污染物的排出量有很大的关系。为了降低汽油机排气中的有害排放物，必须了解这些因素对有害排放物生成的影响。

1. 空燃比

空燃比 A/F 是影响汽油机排气中污染物产生的重要因素之一。它对排气中CO、HC和 NO_x 的影响如图5-10所示。从图5-10中可以看出，随着空燃比的增加，CO排放浓度逐渐下降，HC排放浓度两头高、中间低，而 NO_x 排放浓度却是两头低、中间高。NO_x 的浓度峰值出现在理论空燃比附近并且靠近稀混合气的一侧。而烃类化合物排放浓度的谷值则出现在较理论空燃比更稀的地方。

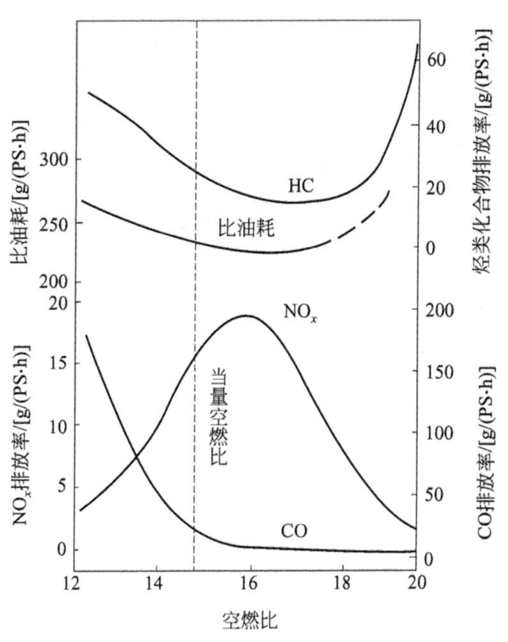

图5-10 CO、HC、NO_x 排放率及比油耗与空燃比的关系

CO的排放浓度随空燃比的增加而下降，这时因为随着空气量的增加，燃料能充分的燃烧。当空燃比大于理论空燃比后，CO仍保持一定浓度，这主要是由于混合气空燃比分布不均、高温分解及反应冻结所造成。空燃比进一步增加，混合气变稀，使燃烧温度降低，减少了高温分解，因此，CO的排放浓度

就进一步下降。就 CO 而言，其排放量主要受空燃比的支配，其他的因素影响不大。一切影响空燃比的因素都将影响 CO 的排放。

空燃比对烃类化合物的影响与 CO 有类似的倾向。但是在过稀混合比的情况下，因为火焰传播不充分和断火，烃类化合物排放浓度有所增加。另外，烃类化合物的排放率与汽油机的油耗颇为一致，具体如图 5-10 所示。混合气过浓时，空气量不足，不能完全燃烧，燃油消耗率和烃类化合物排放率都增加。混合气过稀时，火焰传播不充分或断火，也使燃油消耗率和烃类化合物排放率增加。

NO_x 的排放浓度和空燃比的关系与 CO、烃类化合物不同。当空燃比为 16 左右时，由于燃烧温度高，燃气中氧含量充分，此时 NO_x 排放浓度出现峰值。较此更浓的混合气，由于燃烧后的温度和氧的浓度较低，NO_x 生成量减少，浓度下降。较此更稀的混合气，由于火焰传播速度减慢，燃气温度较低，也使 NO_x 生成量减少，NO_x 浓度下降。

2. 点火提前角

点火提前角对 CO 排放浓度影响很小，除非点火提前角过分推迟使 CO 没有充分的时间完全氧化而引起 CO 排放量增加。

点火提前角对汽油机烃类化合物和 NO_x 排放的影响如图 5-11 所示。空燃比一定时，随点火提前角的推迟，NO_x 和烃类化合物同时减低，燃油消耗却明显恶化。这是因为随点火时刻相对于最佳点火提前角（MBT）的推迟，后燃加重，热效率变差。但点火提前角推迟会导致排气温度上升，使得在排气行程以及排气管中烃类化合物氧化反应加速，使最终排出的烃类化合物减少。NO_x 排放降低的原因主要是由于随点火提前角的推迟，上止点后燃烧的燃料增多，燃烧的最高温度下降造成的。图 5-11 中 Φ 为当量比，指理论空燃比与实际空燃比的比值，Φ 越小表明混合气越稀。

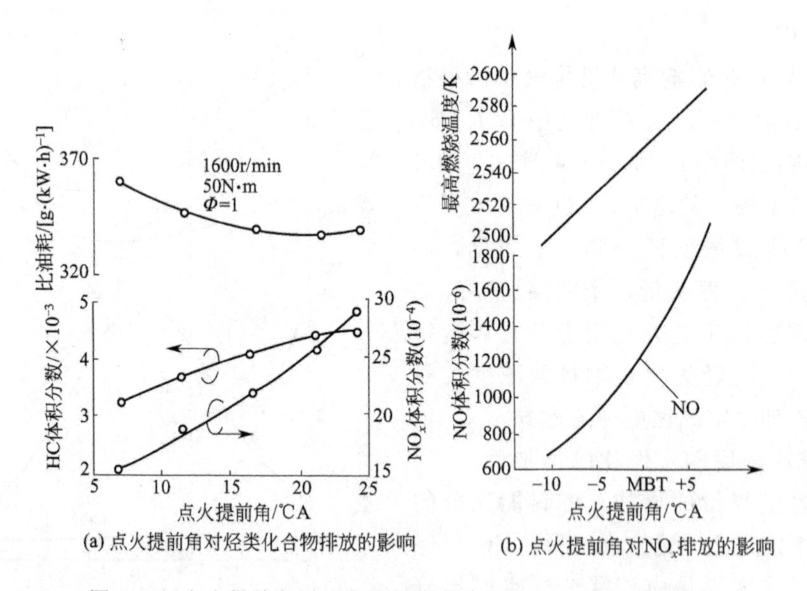

图 5-11　点火提前角对汽油机烃类化合物和 NO_x 排放的影响

3. 汽油机运转状态

（1）稳定运转状态　稳定运转状态是指发动机的零部件、冷却水及润滑油的温度趋于平衡，发动机在恒定的转速和负荷下运转。发动机在稳定运转状态下时，除了循环变动外，每个相连的工作循环基本相同。下面主要阐述在稳定运转状态下，转速、负荷、水温、燃烧室壁面温度、排气背压及燃烧室表面沉积物对排放的影响。

1）汽油机转速。汽油机转速 n 的变化，将引起充气系数、点火提前角、混合气形成、空燃比、缸内气体流动、汽油机温度以及排气在排气管中停留的时间等的变化。转速对排放的影响是这些变化的综合影响。一般当 n 增加时，缸内气体流动增强，燃油的雾化质量及均匀性得到改善，紊流强度增大，燃烧室温度提高。这些都有利于改善燃烧，降低 CO 及 HC 的排放。在汽油机怠速时，由于转速低、汽油雾化差、混合气很浓、残余废气系数较大，CO 及 HC 的排放浓度较高。从净化的观点看，希望发动机的怠速转速规定得高一些。

n 的变化对 NO_x 排放的影响较复杂，n 的变化对 NO 排放的影响如图 5-12 所示。在燃用稀混合气、点火时间不变的条件下，从点火到火焰核心形成的点火延迟时间受转速影响较小，火焰传播的起始角则随转速的增加而推迟。虽然随着转速增加，火焰传播速度也有提高，但提高的幅度不如燃用浓混合气的大。因此，有部分燃料在膨胀行程压力及温度均较低的情况下燃烧，NO 生成量减少。在燃用较浓的混合气时，火焰传播速度随转速的提高而提高，散热损失减少，缸内气体温度升高，NO 生成量增加。图 5-12 中曲线是在压缩比为 6.7 的汽油机上、在点火提前角为 30°CA、进气管内压力为 0.098MPa 的条件下得到的。由图 5-12 中曲线可以看到，NO 排放随转速 n 的变化而改变，特征的转折点发生在理论空燃比附近。

2）负荷。如果维持混合气空燃比及转速不变，点火提前角调整到最佳点，则负荷增加对烃类化合物排放基本没有影响。因为负荷增加虽使缸内压力及温度升高，激冷层变薄，烃类化合物在膨胀及排气行程的氧化加速，但压力升高使缝隙容积中的未燃烃的贮存量增加，从而抵消了前者对 HC 排放的有利影响。

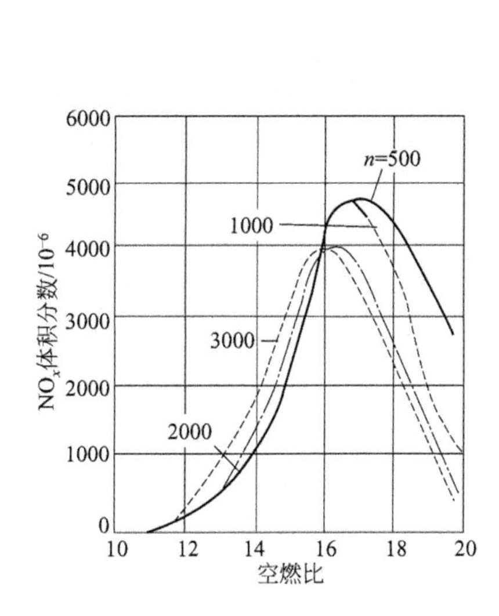

图 5-12　n 的变化对 NO 排放的影响

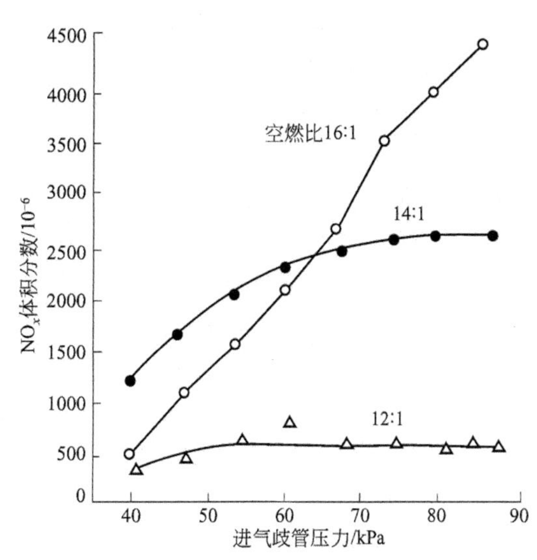

图 5-13　负荷变化对 NO 排放的影响
（转速 2000r/min，点火提前角 30℃A）

在上述条件下，负荷变化对 CO 的排放量基本上也没有影响，但对 NO 的排放量有影响，负荷变化对 NO 排放的影响如图 5-13 所示。汽油机是采用节气门控制负荷的，负荷增加，进气量就增加，降低了残余废气的稀释作用，火焰传播速度得到了提高，缸内温度提高，NO_x 排放增加。这一点在混合气较稀时更为明显。混合气过浓时，由于氧气不足，负荷对 NO_x 排放影响不大。

3）汽油机冷却水及燃烧室壁面温度。提高汽油机冷却水及燃烧室壁面温度，可降低缝隙容积中储存的烃类化合物的含量，减少淬熄层的厚度，改善缝隙容积逸出的烃类化合物及淬熄层扩散出来的燃油的氧化条件，而且可改善燃油的蒸发、分配，提高排气温度，这些都能使烃类化合物排放物减少。不过，冷却水及燃烧室壁面温度的提高，也使燃烧最高温度增加，从而 NO 排放也增加。

4）排气背压。当排气管装上催化转化器后，排气背压必然受到影响。试验表明，排气背压增加，留在缸内的废气增多，其中的未燃烃会在下一循环中烧掉，因此，排气中的烃类化合物含量将降低。然而，如果排气背压过大，则留在缸内的废气过多，稀释了混合气，燃烧恶化，排出的烃类化合物反而会增加。

5）燃烧室壁面沉积物。沉积在活塞顶部、燃烧室壁面和进气门、排气门上的多孔性积炭，会吸附未燃混合气和燃料蒸汽，在排气过程中再释放出来。因此，燃烧室壁面沉积物的增加，将使烃类化合物排放量增加。试验表明，如果缸盖及活塞顶表面加工质量差，则燃烧室壁面沉积物将增加，造成排气中烃含量增加。

沉积物对排气的多环芳香烃的含量有明显的影响。在汽油机小负荷运转时，芳香烃贮存于沉积物中，而在重负荷运转时释放出来。燃油的芳香烃含量高，则排气中的芳香烃也高。但是，如果没有足够的时间形成沉积物，那么即使使用芳香烃含量高的燃油，排气的芳香烃含量也较低。此外，新沉积层排出的芳香烃较多，而稳定的、老化的沉积层排放的芳香烃则较少。

随沉积物的增加，发动机的实际压缩比也随着增加，导致最高燃烧温度升高，NO 排放量增加。汽油机在高负荷下运行时，沉积物成了表面点火的点火源，除了使 NO 排放增加外，还有可能使机件烧蚀。

汽车发动机在稳定运转状态下的有害气体排放量，可以在普通内燃机试验台上测得，并制成相应的特性图。在高速、高负荷时，为满足功率和转矩的要求，过量空气系数小于 1，此时 CO 排放高，NO_x 排放较低。

（2）非稳定运转状态　发动机在实际运行中，零部件、冷却水以及润滑油的温度不可能恒定不变，发动机的转速和负荷也需要随时调整以适应不同的外界条件。在稳定运转状态测得的排放特性很难代表发动机在实际运行中的排放状况。因此，有必要研究发动机在非稳定运转状态下（例如冷起动、加速、减速等）的排放状况。

1）冷起动。汽油机低温起动时由于转速及温度低、空气流速低、燃油的蒸发程度不够以及较多的燃油沉积在冷的进气管壁上，因此，需要增加燃油的供应量，以便汽油机能正常起动。汽油机冷起动时过量空气系数小于 1。混合气中的燃油部分以蒸汽状态，部分以液体进入气缸。较浓的混合气导致较高的 CO 排放。部分液体的燃油在燃烧结束后才从壁面上蒸发，没有完全燃烧就被排出气缸，造成烃类化合物的大量排放。由于温度较低以及过浓的混合气，冷起动时 NO_x 的排放量很低。

2）加速。从发动机的角度看，加速就是在部分负荷状态下迅速增加负荷，从而提高转速，使得车辆加快速度的过程。油喷射式汽油机加速时不产生过浓的混合气，其排放值和相应的各稳定工况点相似。

3）减速。汽车减速过程，就是油门完全回位，发动机由汽车倒拖的过程。在汽油机中，就是节气门关闭，处于怠速状态。燃油喷射式汽油机在减速时不再供油，而且进气管中的附壁油量少，因此CO排放较少。

4. 汽油机结构参数

对汽油机排放影响较大的结构参数有气缸工作容积、行程缸径比（S/D）、燃烧室形状、压缩比、活塞顶结构尺寸、配气定时以及排气系统等。这些参数的影响遵循下列两点，第一点是在上止点时燃烧室的面容比F/V越大、进入活塞的间隙的混合气越多，排气氧化不多时HC的排出量增大；第二点是若使由燃烧室壁面散失的热量减少、残留气体减少，则NO的排放量增大。

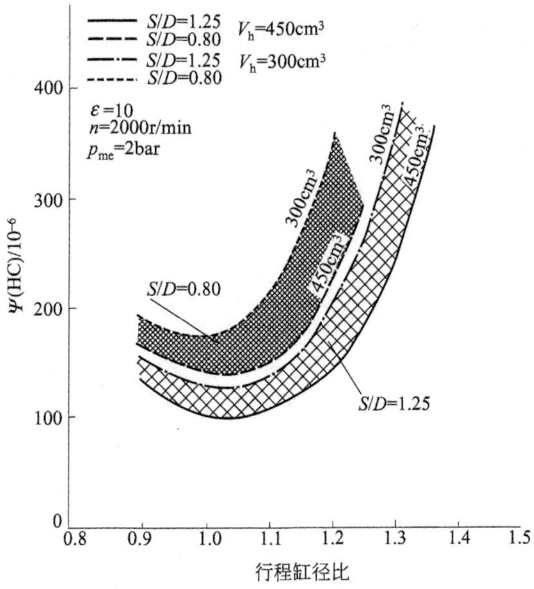

图 5-14 行程缸径比及工作容积对HC排放的影响

（1）气缸工作容积与行程缸径比的影响 汽油机的气缸工作容积与行程缸径比对排气污染物的排放和油耗有很大的影响。图5-14和图5-15分别为汽油机的工作容积与行程缸径比对烃类化合物排放和NO排放的影响。图5-14中的HC排放量是相对值。

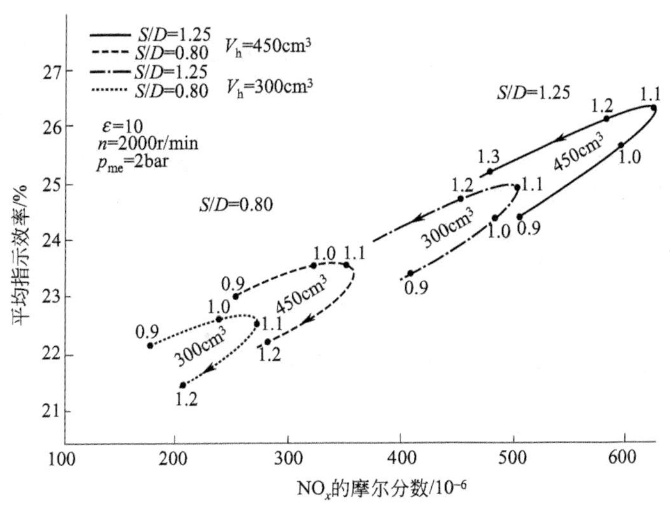

图 5-15 行程缸径比及工作容积对NO排放的影响

汽油机的气缸工作容积越大，则气缸面容比F/V变小，气缸相对散热面积较小，因此烃类化合物的排放和油耗越低。汽油机行程缸径比的影响更大，汽油机的行程越长，烃类化合物的排放和油耗越低。根据放热规律的对比分析，长行程汽油机的燃烧速度快，点火定时可以相对后移。长行程汽油机的最高放热率大、燃烧温度高。这些因素都有利于降低汽油机的烃类化合物排放和燃油消耗。长行程汽油机的这些优点低负荷时更加明显。但是，长行程

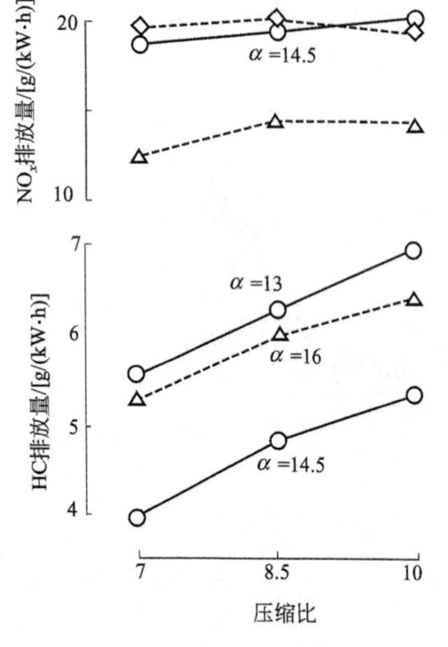

图 5-16　压缩比对 HC 及 NO_x 排放的影响

和大气缸的汽油机的 NO_x 排放量也大。

(2) 压缩比 ε 的影响　压缩比 ε 增大后，F/V 增大，进入活塞顶环隙的混合气增多，烃类化合物的排放量增加。NO_x 排放受两方面的影响：一方面是压缩比升高后，燃烧温度上升导致 NO_x 增多；另一方面是热效率提高和 F/V 增大使 NO_x 减少。压缩比对烃类化合物及 NO_x 排放的影响如图 5-16 所示。由实验结果看不出 NO_x 的排放随压缩比有明显的变化趋势。

(3) 燃烧室形状的影响

当工作容积和压缩比保持一定，变化燃烧室形状时，烃类化合物的排出量与面容比 F/V 成正比，即 F/V 增大，烃类化合物的排出量也增加。NO_x 的排放与烃类化合物正好相反，有与面容比 F/V 成反比的倾向，这是因为随 F/V 的增大，热损失变大，燃烧气体的最高温度降低。但对于 NO_x 的排放含量，即使 F/V 相同，由于点火位置等的差异，燃烧速度及燃烧温度也受到很大的影响，故不能认为 NO_x 的排放是 F/V 的函数。

(4) 气门正时的影响　气门正时对发动机烃类化合物和 NO_x 排放的影响如图 5-17 所示。NO_x 受残留气体变化的影响，即受气门重叠的影响，随进气门早开、排气门迟闭，缸内残余废气增加使燃烧温度下降，NO_x 排放减少。排气门早开导致正在燃烧的烃类化合物排出，从而使烃类化合物排放增多。

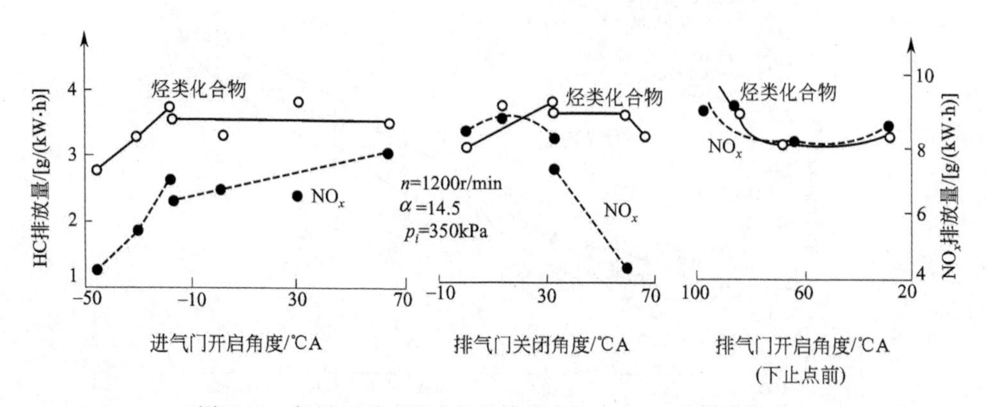

图 5-17　气门正时对发动机烃类化合物和 NO_x 排放的影响

5. 燃料性质

(1) 辛烷值　汽油辛烷值的大小影响汽油机的油耗，较低的辛烷值导致油耗增加，因此排放量也随之增大。

(2) 挥发性　汽油的挥发性太低，则混合气的生成不良，起动困难，暖机性能不好，影响燃烧和排放；挥发性太高，则蒸发排放增加，炭罐容易过载，并且油路中气泡增加，影响喷油器的稳定性，进而影响排放。

（3）烯烃和芳烃含量 烯烃是不饱和烃类氢混合物，能提高辛烷值，但受热后会形成胶质沉积在进气系统和燃油供给系统中，形成堵塞，使排放恶化，功率下降，油耗增加。另外，稀烃蒸发后会促使近地大气中形成臭氧，危害健康。国产汽油的稀烃含量（体积分数）为 30%～40%，其比例较高。芳烃能提高汽油的辛烷值，但同时增加发动机中的沉积物及有害气体排放。随着燃料中芳烃的增加，NO_x 排放量也增加，这是由于芳烃燃烧温度较高所致。

（4）洁净添加剂 汽油无铅化是车用汽油机发展的普遍趋势。但无铅汽油在减少铅污染的同时降低了汽油的辛烷值，在不采取其他措施的情况下，会增加总的污染物排放。无铅汽油使用洁净添加剂，可以大大减少燃烧室积炭和燃料喷射系统的喷嘴堵塞现象，有利于减少污染物排放。有试验表明，使用洁净添加剂的轻型汽车，CO 排放可减少 10%～15%，烃类化合物减少 3%～15%，NO_x 减少 6%～15%。

综合考虑上述诸因素，确定新的汽油配方，改进汽油制备工艺，添加替代燃料，改善油品特性，对降低车用汽油机废气排放是非常有效的。

第三节 车用柴油机排放污染物的生成机理及影响因素

一、概述

车用柴油机排放污染物主要有一氧化碳（CO）、烃类化合物（HC）、氮氧化物（NO_x）、硫化物、颗粒物等。由于柴油机使用的混合气的平均空燃比比理论空燃比大，混合气形成与燃烧方式与汽油机不同，由此造成了柴油机与汽油机排放特性的不同。柴油机的 CO 和烃类化合物排放相对汽油机要少得多，不到汽油机的 1/10。柴油机的 NO_x 排放，在大负荷时接近汽油机的水平，而中小负荷则明显低于汽油机，因而总体水平略低于汽油机。但柴油机排放的颗粒物却是汽油机的几十倍甚至更多。因而柴油机排放控制的重点是颗粒物和 NO_x。柴油机的排放特性与燃烧室的形式等有很大关系，直喷式与间接喷射式柴油机的排放有较大的不同。涡流室式柴油机的 NO_x、CO、烃类化合物和烟度普遍低于直喷式柴油机，特别是高负荷时的 NO_x、CO、烟度及低负荷时的 CO、烃类化合物，差别非常明显。但是，涡流室式柴油机的燃油消耗率比直喷柴油机的高。

柴油机的燃烧过程非常复杂。液体燃料通带以很高的速度，以一个或若干个射流经过喷嘴顶端的小孔，以雾状的、细小油滴贯穿燃烧室。燃油受燃烧室内高温、高压气体的作用而蒸发并与燃烧室内的空气混合。当燃烧室内的混合气的压力和温度满足着火条件时，已经混合好的燃油与空气在经历了几度曲轴转角的滞燃期之后即开始着火，从而使气缸内的压力升高，未燃的混合气由于受到压缩，使已处于可燃范围内的油气混合物的滞燃期缩短，随之发生快速燃烧。喷油一直持续到预期的油量全部喷入气缸，由于先期喷入气缸的燃料的燃烧，使后喷入的液体燃料的蒸发时间被缩短。喷入气缸的全部燃料均不断地经过雾化、蒸发、油气混合及燃烧等过程，气缸内剩余的空气、未燃烧油和已燃气体之间的混合将贯穿于燃烧及膨胀的全过程。

因此，柴油机着火是在燃料和空气极不均匀混合的条件下开始的，燃烧是在边混合边燃的情况下进行的。在柴油机的燃烧过程中，扩散型燃烧是它的主要形式。喷油规律、喷入燃料的雾化质量、气缸内气体的流动以及燃烧室形状等均直接影响燃料在燃烧室的空间分布与混合，也将影响柴油机燃烧过程的进展以及排放污染物的生成。

二、车用柴油机污染物的生成机理

1. 炭烟的生成机理

柴油机的排烟包括白烟、蓝烟和黑烟（炭烟）。白烟是在低温条件下柴油机启动和怠速时由燃油颗粒形成的，直径为1μm以上。这些颗粒几乎未经燃烧就被排出，正常运转时不会产生白烟。蓝烟是由未燃烧或部分燃烧以及热分解的燃油和窜入缸内的未燃烧的润滑油颗粒组成的，它是在柴油机尚未完全预热或低负荷运转工况下因燃烧条件不良产生的，其直径在0.4μm以下。白烟和蓝烟排出的同时稍有臭味，它对人的眼、鼻和喉有强烈的刺激性。黑烟主要是C粒子，且密度较大，粒子直径为0.002～0.6μm。它主要是在柴油机高负荷运转时产生的，其生成原因是由于柴油机燃烧时燃料与空气混合不均匀造成局部过浓，在高温缺氧的情况下排出炭烟。

2. NO_x生成机理

与汽油机类似，柴油机的NO_x主要也是由空气中的O_2和N_2在燃烧室的高温、高压作用下发生化学反应生成的。

柴油机中，预混合燃烧速率很快，又发生在上止点附近。有较长的焰后反应时间和很高的燃烧温度，为NO的生成创造了有利的条件。扩散燃烧受油、气混合速率的限制，又发生在预混合燃烧之后，此时活塞已开始下行，工质温度下降，焰后反应时间短，不利于NO的形成。因此，参与预混合燃烧的燃油量越多，NO生成量也就越多。柴油机中NO不会在压缩行程期间形成，即使在高增压状况也是如此，因为此时温度较低。在贫油火焰外围区，燃烧初期不会形成NO，但在后期这区域内温度提高，会引起某些NO形成。

在浓混合气火焰中，NO的生成率比稀混合气或理论混合气中的高。然而，最终的浓度以稀释的混合气中最大。因此，在贫油火焰区NO开始比喷注较浓区以较低的速率开始形成，但最后将达到较高的浓度。当燃油温度在膨胀行程中下降时，NO不会降低到平衡浓度，因为NO的消除过程在膨胀行程时很慢，故NO浓度接近不变。

3. CO生成机理

柴油机CO是在烃燃料中间燃烧阶段中形成的化合物之一，CO形成与炭烟极为相似，都与有效O_2有关，结果使柴油机中CO浓度的变化也大致与炭烟成比例。

直喷式柴油机中，在喷注贫油火焰区，因为氧浓度和燃气温度合适，CO只作为一种中间化合物而生成。在喷注核心和壁面附近，CO的形成速率很高，它的消失速率主要取决于氧化的局部浓度、混合、燃气局部温度以及有效的氧化时间。在贫油火焰外围区边界附近生成的CO比值取决于空燃比。小负荷时，CO比值较高，因为燃气温度低而且氧化反应少。负荷或空燃比增加时，CO排放物较少，因为燃气温度和消失反应增加。当空燃比超过一定界限时，不管燃气温度是否增加，由于低的氧化物浓度和短暂的反应时间，消失反应会减少，结果随负荷增加，CO排出物增加。

4. 烃类化合物生成机理

烃类化合物是由于燃油在气缸内没有燃烧或不完全燃烧而形成的，包括原始的燃油分子、被分解的燃油分子和再化合的中间产物等。其中有一小部分来自润滑油，另一部分主要是由于局部混合气过浓或过稀及壁面激冷效应，使少量燃油在气缸内不能燃烧或不完全燃烧所致。由于柴油机的燃烧是不均匀的异相燃烧，即使过量空气系数相当大，混合气的局部过浓和瞬时过浓现象依然存在。比如，在喷注的尾部和核心部常出现混合气过浓现象，当喷油速率过大，喷注在其细微化未完成前到达燃烧室壁面，则附着于壁面的燃油蒸发迟缓，造成不完全燃烧和消焰作用。如喷油压力低，由于针阀惯性造成其滞后关闭而产生滴油现象，以及从喷油嘴压力室和残留在喷孔内的燃油渗入或滴入燃烧室后，也不能与空气很好地配合而出现局部过浓现象。此外，燃油黏度或表面张力过大，导致雾化不良，也将产生混合气局部过浓或瞬时过浓现象。

三、影响车用柴油机排放污染物生成的因素

1. 影响颗粒物形成的因素

（1）燃料　试验表明，燃料的十六烷值越高，其自燃性能越好，喷入缸内易着火，使着火延迟期缩短，这样大量燃油必然在着火后喷入气缸，以扩散燃烧为主，所以生成较多的颗粒物排放。

（2）喷油系与喷油规律　提前喷油可使着火延迟期增长，在着火前可以喷入更多的燃油，避免大量的燃油扩散燃烧，这样可减少颗粒物排放，却会引起 NO_x 排放的增加。推迟喷油时间使燃烧后扩散火焰处于膨胀过程，温度低，颗粒物生成少。提高初始喷油率，使喷油提早结束，减少扩散燃烧的时间，使燃烧趋于完全，从而减少颗粒物的排放。其次，喷油嘴的喷孔直径大会使喷油雾化变坏，颗粒物增多；喷油器针阀关闭不严引起漏油或二次喷射也会增加颗粒物、烃类化合物和 CO 的排放。

（3）进气温度　进气温度升高，密度下降，挥发性好的燃料蒸发扩散速率加快，喷射油束贯穿距离减小，射锥角减小，使喷油器附近的油滴局部浓度过高而造成颗粒物排放增加。但对于挥发性较差的燃料，增加进气温度可使燃烧的氧化反应速率大于燃料裂解速率，使燃烧趋于完全，颗粒物排放减少。

2. 影响 NO_x 形成的因素

（1）燃烧温度、压力及持续高温的时间　在一定的空燃比下，NO 的生成量随温度和压力的升高而增加，即随转速和负荷的增加而迅速增加。研究表明，随转速和负荷的增大 NO 的生成量增大，NO 的峰值总发生在 φ_a（过量空气系数）大于 1 处。柴油机大部分是在 φ_a 大于 1 的状态下工作，因此，NO 的排放量较大。由链式反应方程式可看出，NO 的生成到达化学平衡需要一定的时间，因此缸内高温持续时间越长，生成 NO 的量越多。压缩比高的柴油机燃烧压力大，温度高，NO 生成量大，因此，适当减小柴油机的压缩比可减少排气中的 NO。

（2）燃料品质　试验证明，使用十六烷值低的柴油时，由于燃料着火延迟期长，着火前在稀火焰区就积存了较多的燃料，燃烧放热量大，燃烧温度高，使 NO 的生成量增多。

（3）喷油正时　通常，喷射提前时 NO 的生成量增加。这是由于喷射提前时，缸内空气温度和压力低，着火延迟期增长，但着火延迟期增量小于喷油提前角增量（曲线较平坦），使得燃料的着火时刻提前；着火延迟期长，会有较多的燃料蒸发并与空气混合，使燃烧室内的稀火焰区中可燃气增多，燃烧后生成的 NO 也多；着火提前使燃烧温度升高，也使 NO 的生成量增多。

3. 影响CO形成的因素

CO排放浓度主要受负荷、转速等方面的影响。在小负荷时，因燃烧速度较低，不利于CO的继续燃烧，则CO浓度较高；在大负荷时，过量空气少，造成局部缺氧严重，CO浓度迅速上升，从而在中等负荷时CO浓度最低。

低速时，喷油速率低，燃油雾化不良；高速时，混合气形成与燃烧时间短；两者都会造成不完全燃烧，使CO排放量增加。

滞燃期随喷油提前角的减少而缩短。初期喷油量少，参与扩散燃烧的燃油量较多，而此时已有已燃产物混入，易造成局部缺氧现象，故CO浓度随喷油提前角的减小而增大。

由于柴油机燃烧时过量空气系数较大，尽管喷注局部过浓区中CO浓度较高，但在随后向空气区的扩散过程中，CO能得到较充分的氧化而发生二次反应生成CO_2，因此，柴油机中的CO浓度比汽油机低得多，一般都能达到所规定的排放标准。

4. 影响烃类化合物形成的因素

（1）空燃比　如果忽略柴油机容积效率的变化，可认为每循环空气量几乎不变，靠控制喷油量来改变发动机负荷，即发动机负荷大，空燃比增大。通常随着负荷（空燃比）的增加，烃类化合物排放减少；而在低负荷下（空燃比小时）燃料燃烧所提供的热量少，缸内温度低，氧化反应速率低，从而使烃类化合物排放量增多；随着负荷的增加（空燃比增大），燃烧温度升高，有足够的温度使氧化反应加速，烃类化合物排放量减少。

（2）进气增压　增压增加了整个循环的气体温度，在同样O_2浓度的条件下，气体温度增加导致氧化速率加快，燃烧充分、烃类化合物排放物减少；且在排气管内和增压器中排气进一步氧化，使烃类化合物进一步减少。

（3）喷油正时　喷油提前角太大，着火延迟，较多的燃料蒸汽和小油滴被空气吹走形成很多稀熄火区，使燃料不能充分燃烧被排出机外，烃类化合物排放增加。喷油太晚，燃料氧化时间短和膨胀行程引起温度下降燃烧不完全，烃类化合物排放也增多。

（4）空气旋流　柴油机中增强空气旋流对改善混合气的形成和氧化过程有利，但旋流过强会使喷雾稀熄火区扩大，同时使多孔喷雾油束之间产生重叠，使燃烧不完全，烃类化合物排放增多。深坑燃烧室比浅盆式燃烧室有较高的旋流强度，因此，盆形燃烧室的柴油机烃类化合物排放较低。

第六章 汽车排放污染物测量方法

第一节 汽车排放污染物测量系统

一、汽车排放污染物的评价指标

汽车排放的排气污染物多少的常见评价指标如下。

① 汽车行驶单位里程的排出质量（g/km、g/mile）或每次试验的排出质量（g/试验）。

② 排气污染物在排出气体中的体积比例或体积分数。国外常用%(10^{-2})、10^{-6}和10^{-9}等表示。

③ 汽车发动机每千瓦小时（kW·h）或马力小时（PS·h）的排出质量，单位为g/(kW·h)或g/(PS·h)，该排放指标常称为比排放。

④ 烟度和消（或吸）光系数。

⑤ 汽车行驶单位里程排出污染物的数量（个/km）。

轻型汽车排放的气体污染物常用第一个、第二个评价指标衡量。重型汽车排放的气体污染物常用第三个指标衡量。汽车排放的颗粒物一般采用第一个、第四个或第二个、第四个评价指标衡量。目前，最为严格的汽车排放标准中对颗粒物采用第五个评价指标衡量。

值得指出的是，排气中的烃类化合物化合物比较特殊，烃类化合物是多种烃类化合物的混合物。因此，经常用碳原子当量表示。为了区别起见，常用 $ppmC_1$、$ppmC_2$、…、$ppmC_n$ 等表示，C_n 的下标 n 表示基准的碳原子数。如某车辆的烃类化合物排放量为1000 $ppmC_1$，则说明该车辆排气中，含有相当于一个碳原子碳氢化合物（CH_4）的体积分数为1/1000，其余类推。可见，对于同一排气样品，用 $ppmC_1$ 和 $ppmC_n$ 表示的烃类化合物排放量的数值不同，二者的转换关系为 $ppmC_n = n \cdot ppmC_1$。

二、汽车排放污染物测量的有关规定

要得到上述的汽车排气污染物评价指标，就必须使汽车行驶一定里程或使汽车发动机在给定的工况下运转一段时间，并测量出汽车排气中的污染物排放量。因此，选用哪些工况来测量汽车排气污染物就成了首要问题。由于汽车行驶工况（起动、怠速、加速、减速、等速等）的不同，汽车排气污染物排放数量差别很大；加上，各地区道路的通行能力和交通拥堵状况不同，故如何确定反映各地区汽车实际行驶状况的试验工况就非常困难。许多国家或地区，采用试验统计的方法，根据当地的实际交通情况制定适合本地区的汽车排气污染物测试工况，通常，把这种由一系列的工况组合成的试验工况叫试验循环、试验程序、模式循环或试验规范等。由于试验规范的制定费时费力，加上实际交通状况会随时间和地方经济差别的变化而变化，真正符合各地区汽车实际行驶工况的试验规范很难制定。因此，有很多国家或地区都直接采用了发达国家或地区制定好的试验规范。

即使采用相同的试验规范，也不能保证对汽车的有害排放物有一个公平、合理的评价，这是因为汽车有害排放物的测量方法多种多样。为了对有害排放有一个统一的、合理的评价标准，在汽车的排放标准中都对污染物的测试方法（包括对汽车排气中有害排放物的取样方法、取样装置以及分析仪器的种类、标定方法和精度等级等）做了明确规定。

三、汽车排放污染物的整车测量系统

常见的汽车排气污染物测量方法可分为整车和发动机台架两种，整车测量法从汽车的排气管取样进行分析或对整个排气进行分析，根据各国汽车排放法规的规定，整车测量法主要用于轻型汽车的排放认证、产品一致性试验和各种在用汽车的排放监测等；发动机台架测量法指在试验台上对车用发动机的排气污染物进行测量的方法，其试验装置中除气体采样及分析系统外，与普通发动机性能试验台几乎没有区别。汽车排放法规一般都规定，重型车用发动机排放认证和产品一致性试验使用台架测量法。

在有关汽车排气污染物的试验研究或产品开发中，只要条件许可，这两种方法都可以采用。一般而言，台架测量法费用较低，因此，轻型汽车的排放测量也经常采用。下面对典型排放测量系统的组成做一简要介绍。

汽油车排放的整车测量系统主要由冷却风扇、车况显示屏、定容采样系统（CVS）、底盘测功机、控制系统、记录装置、排气分析系统、CVS控制装置、数据处理装置等组成，汽油车排放测量系统示意如图6-1所示。冷却风扇用来模拟汽车在道路行驶时的冷却情况；车况显示屏是为了使驾驶员了解或显示汽车车速的变化情况，提高操作精度；定容采样系统（CVS）采集的样气存入取样袋中，并在尽可能短的时间内用排气分析系统分析其气体组成，排气气体组成的分析结果由数据处理装置处理后存入记录装置或显示、打印；控制系统和CVS控制装置是控制车况和控制CVS采样的时刻和数量等。为了模拟汽车在道路上的行驶阻力，通过使用底盘测功机的滚筒给汽车加载。工作时，汽车的驱动轮带动滚筒转动，滚筒带动底盘测功装置的交流电动机旋转发电，通过对电动机发电模式工作参数的控制，即可模拟汽车在道路上的行驶阻力。

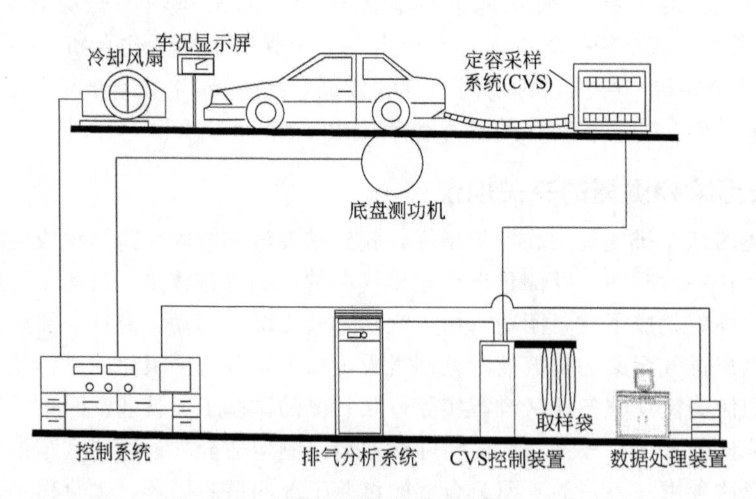

图6-1 汽油车排放测量系统示意

柴油车排放测量系统示意如图6-2所示，主要由冷却风扇、燃油测量系统（燃油箱和燃料流量计等）、透光式烟度计、测量控制系统、底盘测功机、数据处理装置、排气分析系统、笔录仪等组成。与汽油车的主要不同是采用的分析系统为直接式，采样管路通常保温；另外，还增加了烟度测量装置。

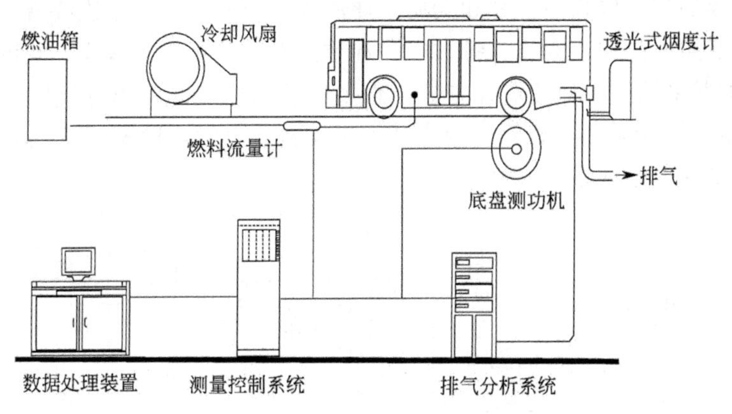

图 6-2 柴油车排放测量系统示意

四、汽车排放污染物的发动机台架测量系统

在发动机台架上对排气污染物进行测量时，需要常规发动机性能试验台架（测量发动机功率 N_e、转矩 M_e 和转速 n、燃油消耗率 G_{fuel}、空气消耗率 G_{air}、温度和压力等参数）和排气分析系统（对发动机排气进行采样和分析）。

第二节 排气分析的取样方法

对汽车或发动机排气的样气进行分析时，采集的样气应尽可能反映全部排气的平均状态。常见的取样方法如下。

（1）全流取样法　全部排气流过测定仪器的取样方法，此方法最能反映排气的实际状态。主要用于柴油车烟度测量的取样。

（2）全流稀释取样法　全部排气稀释后流过测定仪器的取样方法。常用于柴油车微粒测量的取样。

（3）部分流稀释取样法　从排气中取出部分排气稀释后再采集样气的取样方法。常用于柴油车微粒测量的取样。

（4）比例取样法　根据发动机吸入的气量，按一定比例采集少量排气的取样法。现已很少使用。

（5）直接连续（间隔）取样法　将一部分排气直接连续（间隔）吸出并泵入气体分析设备的取样方法。常用于气体污染物测量的取样。

（6）定容取样法（Constant Volume Sampling，CVS）　用清洁空气以一定稀释率稀释全部排气，并使其在一定温度下按一定流量流动，再采集其中一部分气体的取样方法。常用于气体污染物测量的取样。

（7）全量袋式取样法　将按特定的行驶工况行驶时所排出的全部排气收入取样袋中的取样法。由于设备庞大，现在已无应用。

一、直接连续取样法

直接连续取样法的流程如图 6-3 所示，气样由气泵吸入分析仪，在进入分析仪前，需经过滤清、冷凝等预处理，以除去水分和杂质，此法操作简便，适合于连续观察排气组成的变化。这种方法广泛用于怠速、双怠速排放试验和重型车试验规范的取样，我国汽车及工程机械用柴油机 13 工况采用了类似的取样方法。直接连续取样法使用的排气取样探头结构如图 6-4 所示，探头材料一般采用不锈钢，探头插入发动机排气管内的深度、气孔的大小和数量等在排放标准中都有规定或推荐。

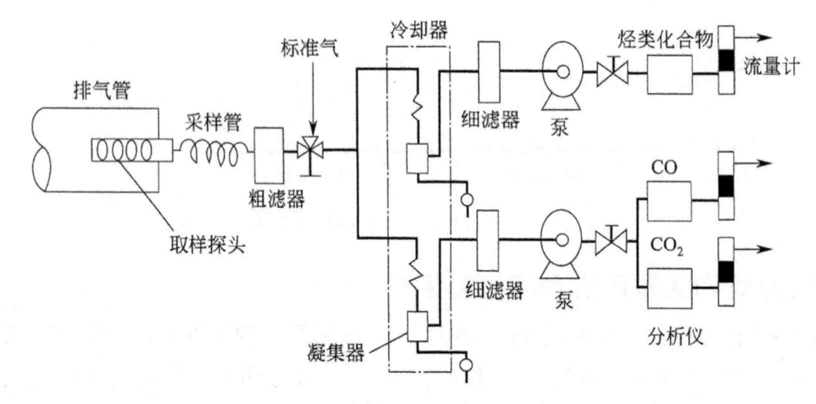

图 6-3　直接连续取样法的流程

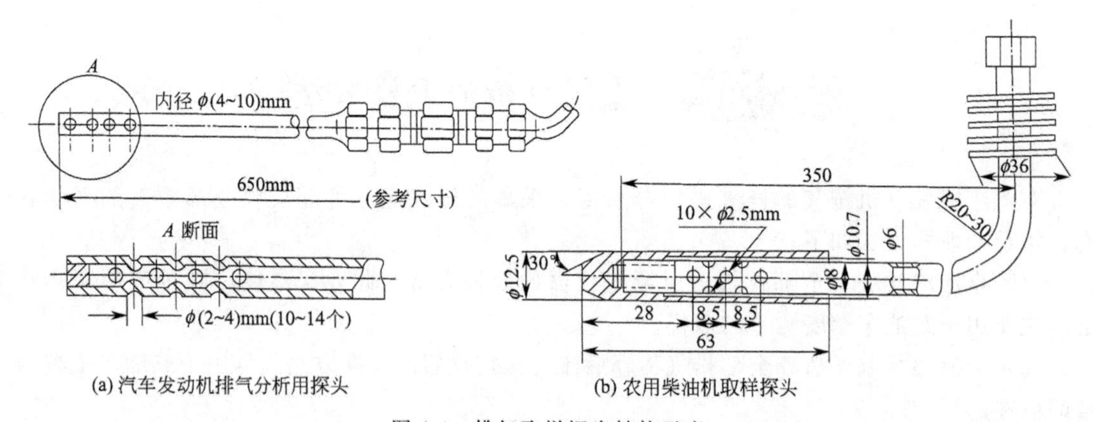

(a) 汽车发动机排气分析用探头　　(b) 农用柴油机取样探头

图 6-4　排气取样探头结构示意

必须指出，在取样系统中装有凝集器，对去除气样中的水分固然必要，但在常温或低温时，那些蒸汽压低的高沸点物质（如高沸点的烃类化合物、氨等）极易在凝集器内凝缩而溶于水中，使测量误差增大。此外，当排气成分浓度不同时，也会被管路所吸附，由此产生的拖延解吸现象，也会造成仪表反应迟缓。为了避免发生这些情况，常采用高、低浓度烃类化合物气样管路系统分开，并用不同量程的分析仪的测量方法。提高测量精度常采用的措施：利用加热管路系统使测定汽油机和柴油机排气成分时温度分别保持在（130±10）℃和（190±10）℃；当提高气流速度；减少气流通道所出现的死区；取样管路采用不锈钢管、高温处理过的铜管和其他不会吸附气样的优质管材等。

直接间隔取样法，也称非连续直接取样法，主要用于科学研究和测量精度要求较高的场合，但不能观察排气组成的动态变化。非连续取样所用装置因测量成分和使用仪器的不同而异，当用气相色谱法分析 CO 和烃类化合物时，可以选用图 6-5 中的两种方法。按图 6-5(a) 取样后，注射器或取样袋采集的样气送入色谱柱，可对 CO 及烃类化合物中 $C_1 \sim C_6$ 的等成分进行分析；若红外箱内加热至 150℃左右，再迅速送入色谱仪，则可对烃类化合物总量进行分析。图 6-5(b) 所示取样方法是首先使样气在冷却槽内冷却，对烃类化合物中含 6 个以上碳原子的烃类进行凝缩捕集；然后拆下冷却槽，在色谱柱前端加热气化，再引入色谱仪进行分析。

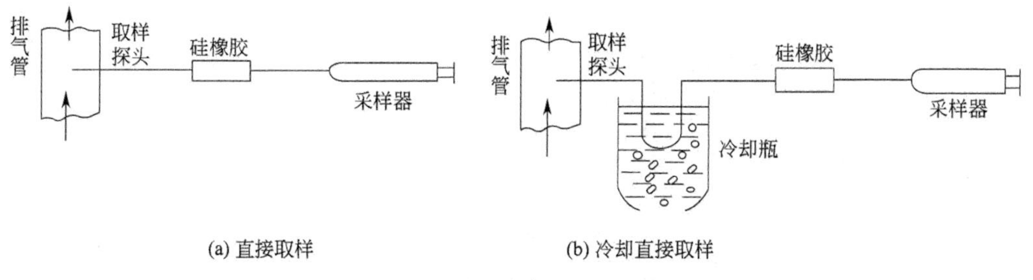

图 6-5　非连续直接取样示意

二、定容取样法

定容取样法（CVS）是一种稀释取样方法，CVS 有控制地用周围空气对汽车排气进行连续稀释，模拟汽车排气向大气中扩散这一实际过程。目前，中国、美国、日本、欧盟各成员国等的轻型车试验法规中均规定采用 CVS 取样。

CVS 取样系统有容积泵变稀释度 CVS 取样系统（PDP-CVS）、临界流量文杜里管变稀释度 CVS 取样系统（CFV-CVS）、量孔控制恒定流量的变稀释度 CVS 取样系统，CVS 取样系统如图 6-6 所示。

1. 容积泵变稀释度定容取样系统（PDP-CVS）

PDP-CVS 流程如图 6-6(a) 所示，排气进入 PDP-CVS，便与已滤清的空气在混合室 M 内混合而稀释，其压力与大气压之差≤±0.25kPa，然后被吸入容积泵 PDP。适量的空气用于稀释排气，并使温度保持在稀释气露点以上，以防止水蒸气冷凝（通常，保持稀释排气取样袋中的 CO_2 容积浓度小于 3%）。容积泵用以输送和计量稀释排气流量，采用流量为 5～10m^3/min 的容积泵，即可对大多数车辆的排气进行稀释取样。但稀释不能过分，以免造成很低的浓度而给测量带来较大的测量误差；而且稀释度高了，排气出口处会产生吸引效应，当汽车行驶工况多变时，稀释度稍有变动就会得到不同的测量值。因此，美国试验规范规定的稀释度不得低于 8，其目的在于使稀释空气与排气的比例接近于汽车排气扩散到大气中的实际状态，以提高测量精度。

汽车排气管与取样系统的连接管应尽可能短，不得对排气污染物浓度产生影响。稀释后的排气在进入容积泵之前，其温度通过热交换器 H 和温度控制系统 TC 控制在设定值的±6℃以内，以维持气体密度不变。稀释排气的分量被取样泵吸入，并以大于或等于 5L/min 的流量压入稀释排气取样袋 B_E 内。取样袋用聚乙烯-聚酰胺多层薄膜或氟化聚烃材料制成，有足量的容积，不影响排气的化学组成。

由于排气的稀释度较高，环境空气中微量的烃类化合物、CO、NO_x 也会使取样袋内低浓度样气的分析出现误差，应尽可能引入清洁空气。故在稀释空气滤清器 D 内装有活性炭层，用以吸附空气中烃类化合物，使引入空气的烃类化合物含量降至 15×10^{-6}（体积分数）

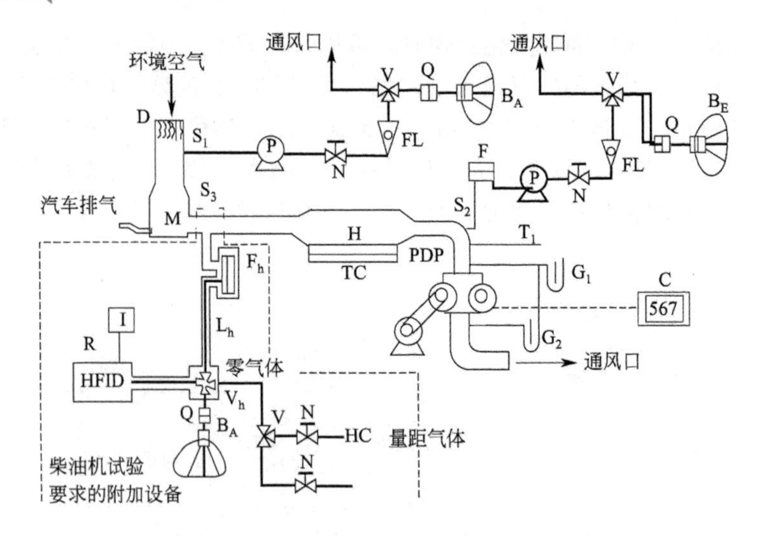

(a) PDP-CVS流程

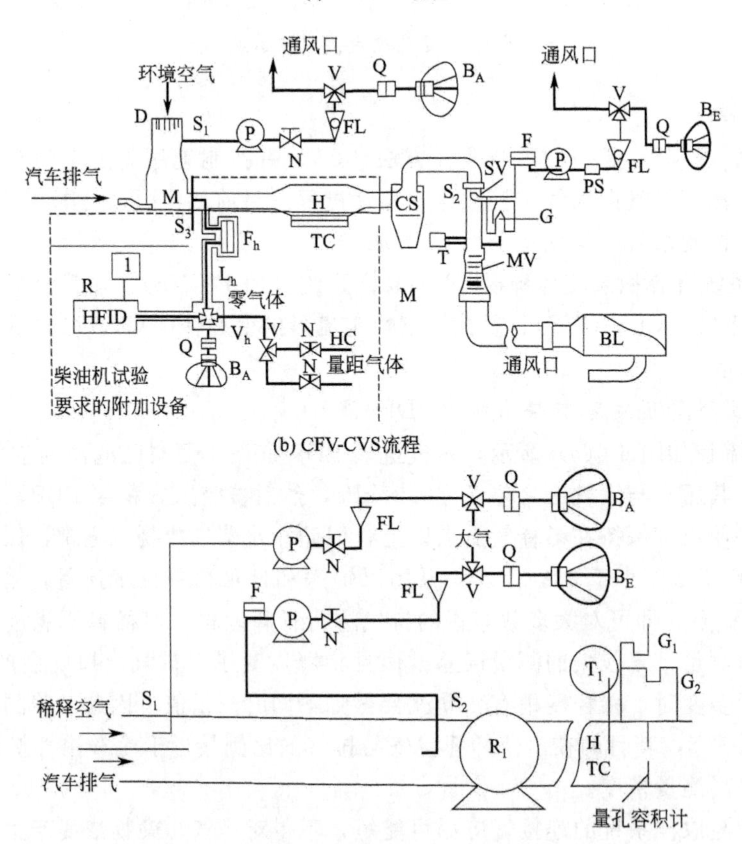

(b) CFV-CVS流程

(c) 量孔控制恒定流量的变稀释度CVS取样系统

图 6-6 CVS取样系统

B_A—稀释空气取样袋；BL—鼓风机；B_E—稀释排气取样袋；C—计数器；CS—旋风分离器；D—稀释空气滤清器；F—滤清器；F_h—加热式滤清器；FL—流量计；G—压力表（精度±0.4）kPa以内；G_1—压力表，精度为±0.4kPa；G_2—压力表，精度为±0.4kPa；H—热交换器；HFID—加热式氢火焰离子化气体分析仪；I—积分仪；L_h—加热的管道；M—混合室；MV—测量临界流量的文杜里管；N—流量控制器；P—取样泵；PDP—容积泵（Positive Displacement Pump）；PS—缓冲器；Q—气密式快速紧固接头；R—记录烃类化合物浓度的设备；R_1—取样装置中吸取稀释排气的泵；S_1—取样口；S_2、S_3—取样口；SV—取样用临界流量文杜里管；T—温度传感器；T_1—温度传感器，精度为±1℃；TC—温度控制系统；V—快速三通接头；V_h—加热式多通阀以下。为了检查环境空气污染对测量的影响程度，可用大致相同的取样速率将稀释空气取样袋与稀释排气取样袋同时注满，以便经常进行分析对比，及时修正环境空气污染对测量所造成的附加误差。

图 6-6(a) 与图 6-6(b) 中的虚线部分为分析压燃式发动机烃类化合物排放时的附加设备，可使稀释排气的温度保持在 (190±10)℃。

我国的“轻型汽车污染物排放限值及测量方法”规定，用 CVS 对稀释后的排气进行取样。要求对取样袋中的样气尽快进行分析，任何情况下不得迟于试验结束后 20min。美国的 FTP -72 试验规范规定，只需按规定的试验工况运行 1372s，用一只稀释排气取样袋进行分析。改进的 FTP-75 程序则规定，要用三只稀释排气取样袋，第一次取样时间为冷启动开始至 505s 减速终止期间，由第一只“瞬变”袋取样；第二次取样时间相当于 505s。

稳定运转开始至 1372s 结束期间，由“稳定”袋取样；第三次取样时间，是在 1372s。运行结束以后，自第二次热启动开始至第二个 505s 为止，由新换的第二只“瞬变”袋取样。

2. 临界流量文杜里管变稀释度定容取样系统 (CFV-CVS)

临界流量文杜里管变稀释度定容取样系统 (CFV-CVS) 组成如图 6-6(b) 所示，其与 PDP-CVS 的主要差别是用一只测量临界流量的文杜里管 MV 来测量流过管中的稀释排气的总容积，用一只小型临界流量文杜里管 SV 对稀释排气进行取样。鼓风机输送稀释排气的能力与 PDP-CVS 的容积泵相同。两个文杜里管进口的压力和温度相等，取样容积与总容积之比保持一定。

该系统是以流体力学中关于临界流量的原理为基础，气流通过临界流量文杜里管保持声速流动，根据声速与气流温度平方根的比例关系，即可在试验中对气流实现连续监控、计算和积分。

该系统还加装了一个旋风分离器 CS 用以滤掉固态微粒。在取样管路中加装一个缓冲器 PS 使样气动能获得有效的衰减。

CFV-CVS 也设置有供柴油机试验用的附加设备，整个设备保温在 (190±10)℃，以满足柴油机烃类化合物分析所需。

3. 量孔控制恒定流量的变稀释度定容取样系统

量孔控制恒定流量的变稀释度系统如图 6-6(c) 所示，其关键元件是吸气泵 R_1 和量孔容积计，吸气泵用以输送稀释排气，而量孔则用来计量稀释排气的总容积。定容取样法没有低温冷却器，对柴油机试验还采取了附加保温措施，因而减少了高沸点烃类化合物冷凝或溶于水中的损失；另外，排气经稀释后才收集到取样袋中，也减少了因化学活性强的物质相互反应而引起的组成变化。故定容取样法得到了广泛应用。

第三节　汽车排气中气体成分的检测方法

一、非分散式气体分析法

非分散（也称非色散）式气体分析方法按其工作波长区段不同可分为非分散红外分析方法和非分散紫外分析方法两类。由此方法制成的仪器具有结构简单、价格便宜、灵敏度较高等优点。

仪器工作的物理基础为朗伯-比耳定律（也称吸收定律）。吸收定律是分光光度法的定量基础，当某一确定波长的平行单色光透过某测定溶液时，会发生光被物质的质点所吸收的光吸收现象。物质的浓度越高，液层越厚，物质的质点数越多，光的吸收也越多，透过的光越弱。试验证明，当一束平行单色光通过如图 6-7 所示的有色溶液时，被吸收的光量与溶液的浓度、液层厚度以及入射光的强度等因素有关。若入射单色光的强度为 I_0，容器中有色溶液的浓度为 c、厚度为 L_0，透过光的强度为 I，则由朗伯-比耳定律可得：

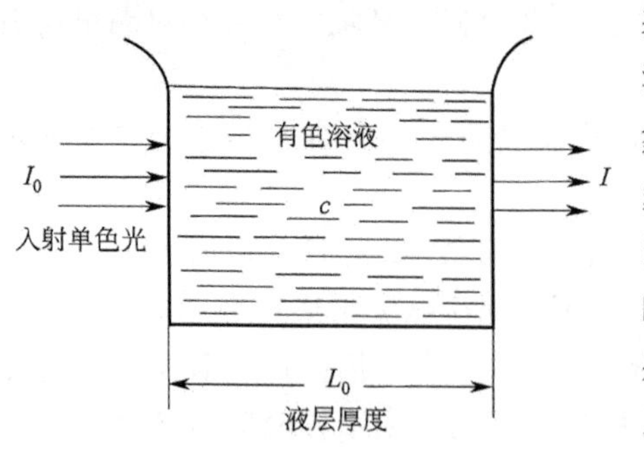

图 6-7　光吸收原理示意

$$I_g(I_0/I)=K\cdot c\cdot L_0$$

式中　$I_g(I_0/I)$—— 光线通过有色溶液时被吸收的程度，如果光完全不被吸收则 $I_0=I_0$，$I_g(I_0/I)=0$，如果吸收程度越大则 $I_g(I_0/I)$ 值也就越大；

K——常数，称为吸光系数。

光度分析中常将 I_0/I 称为透光度，当透过光越弱，I 越小时，透过光越强，则透光度值越大；反之亦然。故当透光度和吸光系数 K 为已知时，则可求出被测物质的浓度 c，即

$$c=[I_g(I_0/I)]/(K\cdot L_0)$$

上式对于气体仍然成立，故朗伯-比耳定律也可用于非分散式气体分析仪器。

1. 非分散式红外（NDIR）分析方法

非分散式红外分析方法是目前测定 CO 的最好方法。根据此方法制成的分析仪称为非分散式红外（Nondispersive Infrared，NDIR）分析仪，其测量上限为 100%，下限为 10^{-6} 量级以至 10^{-9} 量级；在一定量程范围内，即使气体浓度有极小变化也能检测出来；当 CO 排放浓度较高时，排气中干扰成分对测定值的影响可略去不计；采用连续取样系统，能观察随发动机运转条件变化而引起的排气组成的变化。

NDIR 分析仪工作的物理基础是基于某些待测气体对特定波长的红外辐射能的吸收程度与其浓度成比例这一物理性质。除单原子气体（如 Ar、Ne）和相同原子的双原子气体（如 H_2、O_2、N_2）外，大多数非对称分子都有吸收红外光的能力，不同气体在红外波段内都有其特定波长的吸收带；如 CO 为 4.5～5.0μm，正己烷在 3.5μm 附近，NO 在 5.3μm 附近，而且气体浓度越高，吸收红外光的能力也越强。在吸收带之外的波长则不吸收或吸收很少的能量，并且，未被吸收的能量将被传送出去。

NDIR 分析仪的组成如图 6-8 所示。两个几何形状和物理参数相同的红外光源由恒

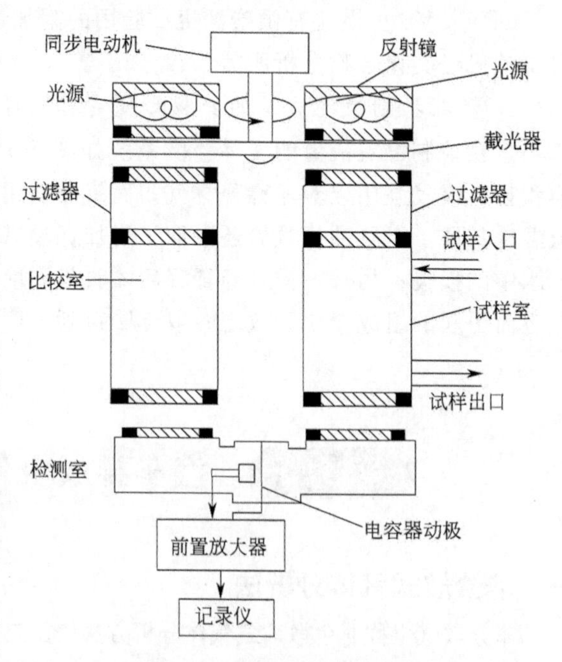

图 6-8　NDIR 分析仪的组成

定电流加热至600～800℃，发出2～7μm波长的红外辐射。两光源的红外光分别由两个抛物体反射镜聚成两束平行光束。同步电动机带动截光器转动，将红外光调制成频率10Hz左右断续红外辐射。其中，一路通过过滤器、试样室到达检测室的右侧；另一路通过过滤器、比较室到达检测室的左侧。左、右侧由可变电容器的动极金属膜片隔开，左、右侧空间实际是两个几何形状几乎完全相同的红外线接收室，其中充满纯的待测气体，并加以密封。

试样室可以接收连续气体以供分析，比较室封入氮气。当试样室没有测量气体或通过不吸收红外光的惰性气体，检测室左、右两个接收室所吸收的红外光能相等（或调节成相等），可变电容器的动极因两侧的压力相同而保持平衡状态，电容量不变，输出为零；当有测量气体通过试样室时，就在它的特定波长内吸收红外辐射，穿过试样室和比较室以后的辐射能，加热检测室动电极板两侧接收室中的气体，由于比较室内没有辐射能吸收，于是比较室一侧的接收室接收辐射能多，其压力升高较多；被测气体浓度越高时，试样室内吸收的红外能也越多，则两接收室所接收辐射能的差值也越大，致使两室的压力差也越大。这种压力差使电容器的动极板向压力较小的一侧移动，于是电容器电容量改变。由于待测成分的浓度与待测气体吸收的红外光的辐射能百分数成正比，所以，电容量的变化与试样室中待侧气体的浓度成正比。

截光器的作用是使红外光断续地进入测量系统。当截光器遮住红外辐射时，无光能进入接收室，两接收室压力相等，金属膜处于中间平衡位置；当截光器不遮挡红外光时，两接收室有压力差，金属膜片移动。截光器在同步电动机的带动下连续转动，使红外光断续地射入接收室，金属膜片产生移动，电容量按截光器的断续频率周期性改变，产生充、放电电流，于是就得到了交流信号。用截光器产生交流电信号的目的在于交流信号放大器较直流信号放大器有良好的无漂移特性。由于电容器产生的电信号非常微弱，必须经前置放大器加以放大，整流成直流信号，送往记录仪表。

进入试样室的试样通常是多种成分组成的混合气体，不同气体的特定波长的吸收带可能重叠。而NDIR分析仪工作在一个特定波长的波段，因此，在试样中存在某些与被测气体有重叠吸收峰的气体组成时，这将给测量带来干扰。这种干扰对不同的待测气体的影响是不相同的，对CO的干扰最小，而对水蒸气的干扰最大。为了减小干扰组分对待测组分的影响，故在试样室上方（下方也可）设置有过滤器，过滤器内充入混入样气的大浓度干扰气体，以滤去相同组分的特征波长的辐射；若有两种或两种以上干扰组分，则按一定分压将这些组分的混合气体充以过滤器。分析仪的零点在装有这种过滤器后调整确定。带有过滤器的分析仪，可使干扰的影响减少90%以上，但对水蒸气例外。

进行仪表的校准与标定时，首先通入氮气调整仪器的零点；其次通入仪器的满量程或不同量程浓度的标准气体，读取仪器的指示值，绘出校准曲线。

汽车排放法规中一般都规定用NDIR分析仪测定排气中的CO及CO_2。NDIR分析仪法广泛应用于CO及CO_2的检测中，由于NDIR分析仪便携方便，故普遍用于怠速时烃类化合物的测定。在测定烃类化合物时，检测室内密封正己烷测定的结果以相当于正己烷的浓度来表示。

这种仪器对不同的烃类有不同的感度，其中以饱和烃（甲烷除外）感度最高，不饱和烃和芳香烃感度较差。因此，充以正己烷的NDIR分析仪并不能测出排气中各种烃类的总含量，而主要是测定其中的饱和烃含量。

NDIR分析仪要求气样是清洁、干燥、含腐蚀性杂质不大于0.01g/m^3，无灰粒和水汽，进入分析仪的样气压力、温度和流量在仪表规定的范围内。内燃机的排气中，水分含量较高，有一定数量的炭烟微粒，含有 SO_2、H_2S、NH_3 等腐蚀气体，且压力和温度均高于仪表规定的条件，因此，气样在进入分析仪之前，必须进行冷凝、滤清、干燥等处理。

2. 非分散式紫外（NDUV）分析方法

NDUV 分析方法与 NDIR 分析方法的区别主要为工作波长不同。根据 NDUV 制成的分析仪称为紫外吸收式分析仪。图 6-9 为紫外线吸收式臭氧分析仪原理示意。

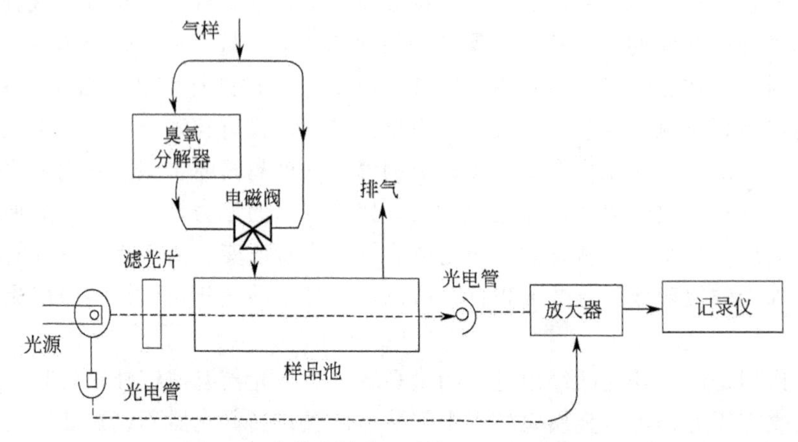

图 6-9　紫外线吸收式臭氧分析仪原理示意

以低压水银灯为光源，经滤光片得到 254nm 左右的窄束光入射至多重反射型的特殊样品池，这种样品池有很长光程，借此可提高分析测定的灵敏度。样气分为两路，一路通过电磁阀进入样品池；另一路先经臭氧分解器，使样气中所含臭氧分解，并转化样气为可做参比的零气。当样气不通过臭氧分解器直接通过电磁阀进入样品池时，样气中的臭氧将吸收紫外线的光能，使紫外线的强度因臭氧分子吸光而衰减，光电管得到并经放大器放大的信号与样气中臭氧的浓度成比例，于是根据检测到的紫外线百分透光度或衰减程度（称吸光度），即可推算出样气中的臭氧含量。当样气通过臭氧分解器后再通过电磁阀进入样品池时，可进行仪器的零点标定。

非分散紫外分析仪还可以测定可吸收紫外线的二烯类、芳香族类及含羰基的有机化合物等。特别适合于燃烧废气中二氧化硫、二氧化氮等的测定，由于测试结果不受水蒸气、一氧化碳、二氧化碳等多种组分共存的影响，因而被广泛使用。由于气体成分的紫外吸收具有受激振动一转动的精细结构，因而非分散紫外分析法必须按选定的波长来对应待测组分，并由此来选用滤光片。

二、氢火焰离子化分析法

氢火焰离子化分析法是目前测定内燃机排气中烃类化合物测量的最有效方法。其体积分数的检测极限最小可达 10^{-9} 量级，有很高的灵敏度，对环境温度及大气压力也不敏感。因产生火焰使用的燃料为氢气，故常称为氢火焰离子化分析仪。

FID 的工作原理是，基于大多数有机烃类化合物在氢火焰中产生大量电离的现象来测定烃类化合物浓度的。因电离度与引入火焰中的烃类化合物分子中的碳原子数成正比，故此方法对不同类型的烃没有选择性，所测烃类化合物浓度，经常用 ppmC 表示。可见，用此方法测定的烃类化合物的浓度与 NDIR 法测定的烃类化合物的浓度相差甚大，FID 的测量值为

NDIR分析仪测量值的成10倍也不足为奇。

FID通常由燃烧器组件、离子收集器及测量电路组成，氢火焰离子化检测器如图6-10所示。试验时，含有烃类化合物的试样随载气进入中心毛细管，与另一路进入毛细管的助燃气体（一般为H_2或H_2+Ne）相汇合，最后经喷嘴喷出，被引入的空气所包围，形成可燃混合气；此时用点火丝点燃，烃类化合物便在缺氧的火焰中形成离子与电子。由于在喷嘴和电极之间有90～200V的电压，于是烃类化合物燃烧产生的离子便在电极和喷嘴之间形成离子流，这个离子流（电流）的强度与烃类化合物中的C原子数成正比。可见，只要测出这个离子电流的大小，就可得到烃类化合物的浓度。由于收集到电极的离子信号很微弱，故必须经静电放大器放大后送入指示或记录仪表。整个系统应加电磁屏蔽，以避免外界电磁干扰的影响。

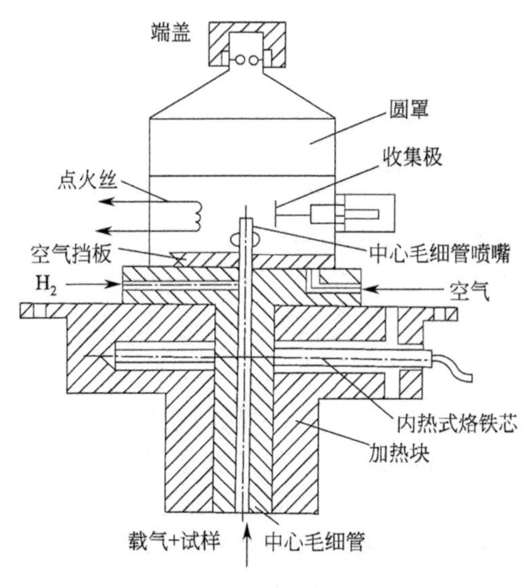

图6-10　氢火焰离子化检测器

FID可直接用于轻型汽车排气污染物中烃类化合物的排放测定。我国排放法规规定用于柴油车或车用汽油机排气污染台架试验中烃类化合物的测量时应采取加热方式，使除取样探头外的其余部分温度保持在（190±10)℃（柴油车）或（130±10)℃（汽油机台架）的范围内。这种方式称为加热式氢火焰离子化分析仪（Heated Flame Ionization Detector，HFID)。FID分析仪的标定与校准应当使用规定的纯气体（也称零体）和量距气体。对于汽油机试验，应采用零氮气（纯度：≤1ppmC、≤1ppmCO、≤400ppmCO_2、≤0.1ppmN）对分析仪进行零点调整，采用量距气体丙烷的混合气标定；对于柴油机试验，应采用合成空气（纯度：≤1ppmC、≤1ppmCO、≤400ppmCO_2、≤0.1ppmN，氧体积百分比为18%～21%）和丙烷的混合气进行零点调整和量距标定。

FID所用氢气及空气应该纯净，以免产生干扰信号。整个集电极系统应有一个较大的立体角，合适的电场强度与分布，能迅速完全地将离子收集起来；仪表的灵敏度受到样气与氢气流速的影响，应按使用要求予以正确控制。为了避免高沸点烃类化合物在取样过程中产生凝结和防止水蒸气冷凝后堵塞毛细管，故有时对包括检测器在内的整个附加设备进行保温处理。

三、化学发光分析法

化学发光分析方法是目前测定NO_x的最好方法，也是各国汽车排放法规规定的测量方法，采用化学发光分析法的仪器称为化学发光分析仪（Cheruiluminescent Detector，CLD)。CLD具有灵敏度高（约0.1×10^{-6})，反应时间短（2～4s)，在$(0\sim10000)\times10^{-6}$范围内输出特性呈线性关系，适用于低浓度连续分析等优点。化学发光法长期用来研究化学反应机理和化学反应动力学，近几十年才用于大气环境监测，可用来监测的气体有O_3、SO_2和NO_x等，对NO_x的测定效果非常理想。

1. NO_x的测定

化学发光法只能直接测定NO_x不能直接测量NO_2。通常借助NO与O_3的化学反应来检测 NO 的浓度。NO 和过量的 O_3 在反应器中混合，相互作用，便产生了电子激发态分子 NO_2^*。当 NO_2^* 分子衰减到基态就放射出了波长为 0.6～3μm 的光子。其化学发光的反应机理为

$$NO+O_3 \longrightarrow NO_2^* + O_2$$
$$NO_2^* \longrightarrow NO_2 + h\nu$$

式中　h—— 普朗克常量；

　　　v—— 光子的频率。

化学发光的强度与 NO、O_3 两反应物的浓度乘积成正比，由于在正常工作情况下 O_3 数量大，其浓度几乎无变化，故化学发光强度正比于 NO 的浓度。

化学发光反应所产生的光子，由光电倍增管转换为电信号后，经放大器放大送往记录器检测。

典型的化学发光检测装置的组成示意如图 6-11 所示。反应气体 O_3 是一种活性物，由装在仪器内的发生器产生。发生器是一种放电装置，可以产生摩尔百分比约为 0.5%的 O_3。反应室是试样 NO 与 O_3 发生反应和产生化学发光的场所。反应器最适宜的大小和几何形状取决于反应速度、内部压力和 NO 的流速。NO 的流量因装置不同在 100～1000mL/min 之间变化。反应室内压力范围为 10～100kPa。使用滤光片分离给定的光谱区域，以避免反应气体中其他一些化学发光反应的干扰。

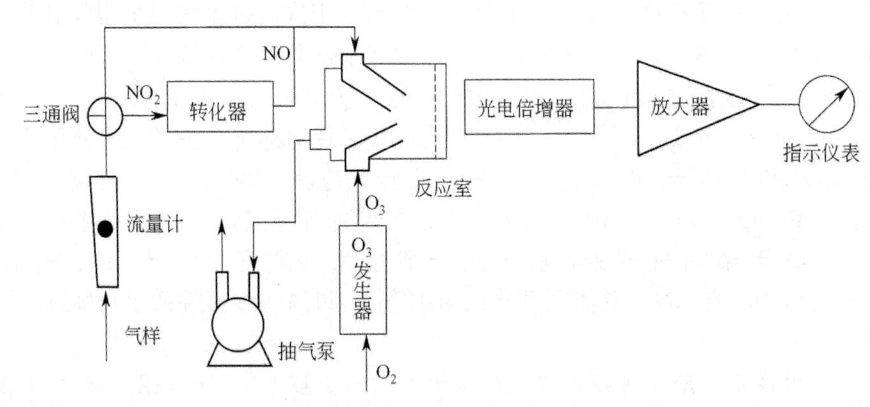

图 6-11　化学发光检测装置的组成示意

CLD 的基本电子系统由光电倍增管、输出电流放大器和记录仪表组成。CLD 虽然只能直接测定 NO，但如果先在转换器中把 NO 转化成 NO_2，则可以测定 NO 和 NO_2 的浓度之和 NO_x；再利用测定的 NO_x 和 NO 的差值，可以测出 NO_2 的浓度。把 NO_2 转换成 NO 方法是利用转换器的表面热反应（加热到 600℃）使 NO_2 分解成 NO。用来测定汽车排气成分的 CLD 一般都带有这种转换设备。由于转换器的效率对分析精度有直接影响，故应经常检查，当效率低于 90%时，则需更换新的转换器。

在使用 CLD 时，应尽量增大 O_3 浓度，降低其他成分浓度，以提高测试仪的灵敏度。但使用能透过近红外光的玻璃滤光片，虽能滤去 CO 对烯烃的干扰，但不能消除 CO 转移 NO_2^* 的能量致使发光消失的影响，因此，在直接取样时，要注意这一影响给测定带来的精度问题。为扩大测量范围，应使用四周有冷却介质流的冷型光电倍增管。

CLD 为各国汽车排放试验规范中推荐的检测仪器。但在无此种仪器的情况下允许采用 NDIR 分析仪。我国国家标准中曾规定 NO 的测量采用 CLD 或非分散紫外线谐振吸收

(NDUVR) 型分析仪。

2. O_3 浓度的测定

化学发光法也可测定 O_3 浓度，利用臭氧能与多种烯烃组合产生化学发光反应的原理测量。但为防止作为反应试剂的烯烃在分析装置中发生凝结而变为液体，乙烯成为测定空气中臭氧的首选反应气体。其化学发光光谱的波长分布范围为 300～600nm，发光强度在 450nm 附近最大。当臭氧与过量乙烯混合时，发生化学发光反应，产生激发态的甲醛。当甲醛从激发态回到基态时，就产生波长 453nm 的光辐射，发光强度与气样中臭氧的浓度成正比，故可通过检测化学发光强度的方法得到 O_3 的浓度。其化学发光反应方程为

$$2O_3+2CH_2CH_2 = 4HCHO^*+2O_2$$

$$4HCHO^* = HCHO+h\gamma$$

上述反应对 O_3 是特效的，测定不受 NO_x、SO_2、CO、CH_4 等含量的干扰，图 6-12 为化学发光法臭氧测定系统示意，样气经过滤后进入发光池，乙烯经调节阀和流量计等进入发光池，样气和乙烯的流量约为 1L/min 和 20mL/min。样气中的 O_3 与乙烯在发光池中发生化学发光反应，产生的废气通过空气泵抽出。化学发光反应产生的光子，由光电倍增管转换为电信号，经放大器放大后送往指示仪或输出。常见分析仪的信号输出有 0～10mV、0～1V、1～5V 三挡，与之对应的三种量程（体积分数）为 $0\sim0.2\times10^{-9}$、$0\sim0.5\times10^{-9}$、$0\sim1.0\times10^{-9}$。测试系统排出废气中乙烯浓度常在 1%以上，可能引起乙烯的爆炸（爆炸极限 2.75%）。故应对排气进行稀释或采用氧化催化器使乙烯消耗完等。该种方法的优点是灵敏度高、选择性强、响应速度快。

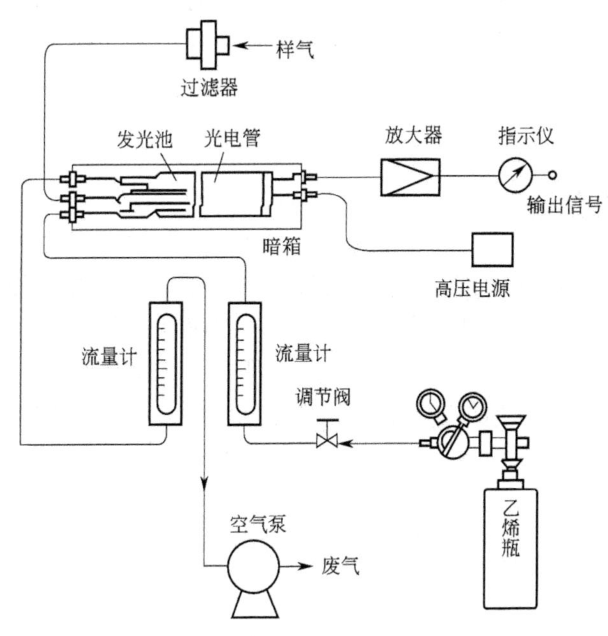

图 6-12　化学反光法臭氧测定系统示意

3. 化学发光分析方法的特点

(1) 灵敏度高　化学发光方法中不使用入射光源，也就不存在散射光影响测量精度的问题。此外，因为化学反应器正面安置在接近检测器的部位，使检测器能接收较多的发射光子，从而提高了灵敏度，对气体试样体积分数的检出灵敏度可达 10^{-9} 数量级。化学发光分

析的检出极限一般只受试剂杂质的影响，以及由于浓度极低而带来的一些其他问题的限制，而不受仪器检出极限的制约。

（2）线性范围宽　这是因为在该方法中不存在外来激发光源。不管是低浓度样品，还是高浓度样品，电子激发态产物的均一性不会受到影响。化学发光法的线性范围可达5～6个数量级，有可能使用同一台仪器兼做污染源和环境污染物监测。

（3）选择性好　这是因为不同化学反应产生同一种发光物质的可能性极小。通过进一步对发光波长的选择，常可不经分离而有效地分析监测许多种环境污染物。

（4）可做连续快速测定　这是因为化学发光反应实际上是瞬间完成的。

（5）仪器结构简单　对多数化学发光分析来说，波长的分辨是不必要的，光学分辨的分析通常仅用一个滤光片即可进行。

第四节　汽车排放污染物中颗粒物的测量系统

汽车排气中颗粒物指汽车发动机排气经洁净空气稀释后，温度不超过325K时，在规定的过滤介质上收集到的所有物质。为了使在过滤介质上收集到的微粒与车辆行驶时排出的微粒基本相同，一般都要对汽车的排气进行稀释，然后再用过滤器收集。对汽车的排气进行稀释的装置通常称为稀释风道（也称稀释气道、稀释通道、稀释隧道等）。稀释风道法是用洁净的新鲜空气稀释汽车排出的全部或部分排气。稀释全部排气及部分排气的测量系统分别称为全流稀释测量系统及分流稀释测量系统。为了保证测量精度，稀释后气体流动状态应保持恒定，试样采集部位应在稀释空气和汽车排气充分混合之后的地方，并且最高温度不超过325K。

一、全流稀释测量系统

1. 全流稀释系统

图6-13为全流稀释测量系统的组成示意。稀释排气的空气经空气净化器净化为洁净空气，然后进入稀释风道与汽车排气混合。洁净空气一方面起到冷却排气的作用；另一方面又能防止排气中水蒸气的凝聚。这样就使被测排气温度接近常温的状态，使微粒的扩散大致接近车辆在行驶中在大气中实际的扩散过程。在排气与稀释空气充分混合的地方取样测量气体成分及颗粒物含量。剩余混合气由吸气泵抽出排入环境。

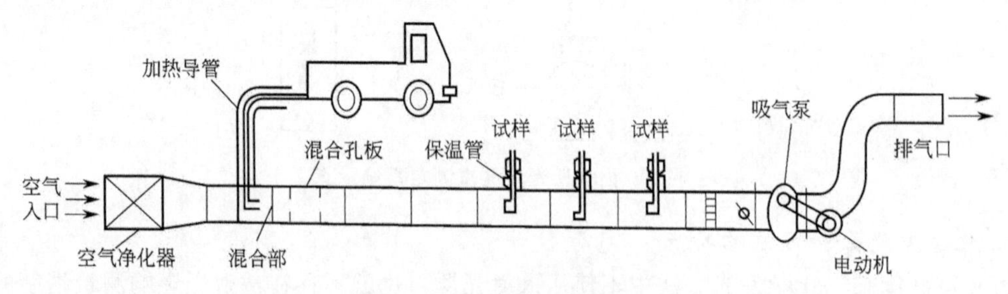

图6-13　全流稀释测量系统

如果由图6-13所示测量系统中取出“试样”进行直接过滤和气体成分测量，则图6-13

所示的微粒测量系统就成为单级稀释风道测量系统。为了模拟汽车微粒排放的实际情况，需要稀释空气量大，一般采用管径在475mm以上风道，管内的气流雷诺数$Re>4000$。依靠风道内的湍流状态保证洁净空气与排气的良好混合。一般要求稀释空气温度为（25±5)℃，稀释风道内的采样点处温度控制在51.7℃以下，从发动机排气到稀释风道的距离应小于9750mm，在大约3657mm以后要用隔热材料包扎。采样器的取样管应该设置在充分稀释和混合的位置，约距排气导入口10倍风道管径处。取样管要求面向来流方向，内径应大于12.7mm。

如果将由图6-13所示测量系统中取出的试样再引入二级稀释风道进行第二次稀释，则可使一级稀释风道尺寸减少，稀释排气的空气流量减少。这种对排气进行二次稀释的测量系统称为二（双）级稀释风道系统，二级稀释测量系统如图6-14所示。二级稀释法测量系统中，要求在第一级采样区域将稀释温度控制在191℃以下，两级之间的输送管道内径大于12.7mm、长度小于914mm。在第二级稀释风道中把采样气体稀释温度控制到51.7℃以下，然后让采样气体全量通过过滤器以收集排气中的颗粒物。二级稀释风道测量系统中，因为第一级稀释温度较高，所以不需要使用大容量的CVS装置。另外，第二级风道管内只引入了一部分第一级稀释之后的样气，所以第二级CVS装置体积就更小。一般规定，第一级稀释风道内径大于203mm，第二级稀释风道内径大于76.2mm，与单级稀释法相比小了许多。

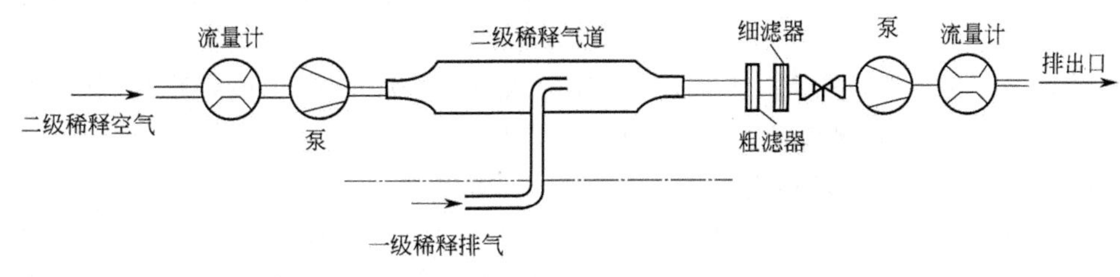

图6-14　二级稀释测量系统

2. GB 17691—2001 中推荐的全流稀释系统

为了对颗粒物的测试系统和各个部分的技术要求有详细的了解，下面简要介绍CB 17691—2001《车用压燃式发动机排气污染物排放限值及测量方法》中推荐的全流稀释系统。

GB 17691—2001中推荐的全流稀释风道颗粒物测量系统如图6-15所示。标准要求与原排气和稀释排气直接接触的、从排气管到滤纸保持架之间的稀释系统及取样系统的所有零件，在设计时必须从结构和材料上尽量减少颗粒物的附着或变化，所有零件必须由不与排气成分发生反应的导电材料制成，而且必须接地，以防止静电效应。全流稀释风道颗粒物测量系统中组成及技术要求如下。

1）CFV——临界流量文杜里管。通过将流量保持在节流状态（临界流），测量稀释排气总量。原排气中的静压波动应符合PDP中的技术要求。当不采用流量补偿时，临界流量文杜里管前端的混合气温度应保持在试验过程中所测的平均工作温度的±11K以内。

2）DAF——稀释用空气过滤器，安装于稀释用空气入口处，其温度应为（298±5)K，并可取样以测量背景颗粒物浓度，应从稀释排气的测量值中减去背景颗粒物浓度。

3）DDS——双级稀释系统，从初级稀释风道中采集样气，然后将样气传送到次级稀释风道中，使样气传送到次级稀释风道中，使样气进一步稀释。经两次稀释后的样气，再通过取样用滤纸。PDP或CFV应有足够的流量，以保持稀释排气的温度在取样区内不大于

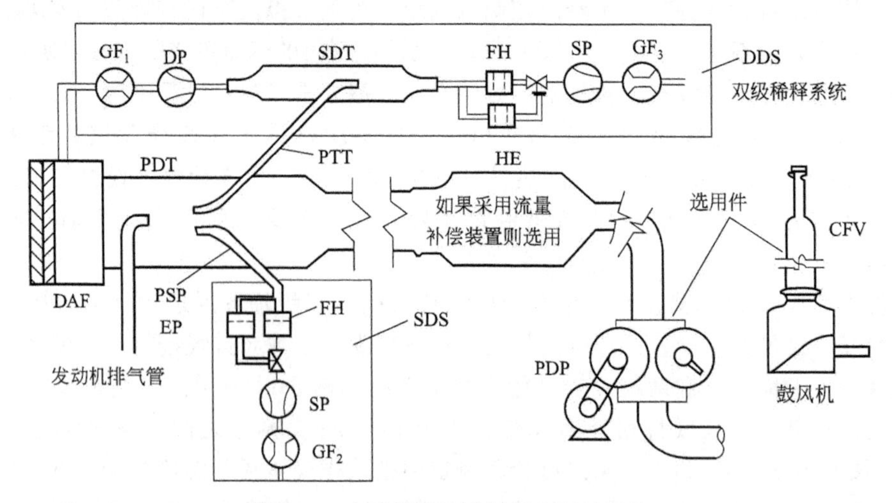

图 6-15　全流稀释风道颗粒物测量系统

464K。次级稀释系统必须提供足够的次级稀释空气，以保持稀释的排气在初级颗粒物滤纸前的温度不大于 325K。

4）DP——稀释空气泵（仅用于 DDS）。其安装位置应保证次级稀释用空气的温度为 (298±5)K。

5）EFC——电子流量装置。若 PDP 或 CFV 入口处的温度不能保持恒定，就需要一个电子流量计算装置来连续测量流量（若用 HE，则为选用件）。

6）EP——排气管。从发动机排气歧管出口、涡轮增压器出口或后处理装置到稀释风道的排气管长度不得超过 10m。如果发动机排气歧管出口、涡轮增压器出口或后处理装置下游的排气管长超过 4m，那么管子长超过 4m 的部分都应隔热。隔热材料的径向厚度至少为 25mm，其热导率在温度为 673K 时不得大于 0.1W/(m·K)。

7）FH——滤纸保持架。初级滤纸和次级滤纸可共用一个滤纸室，也可用两个单独的滤纸室，滤纸保持架不得加热。

8）GF——气体计量仪或流量测量仪（测量颗粒物取样流量），若不采用流量计计算装置；该泵距风道应有足够长距离；以使进气温度保持恒定（±3K 以内）。

9）GF2——气体计量仪或流量测量仪（仅用于 DDS 的稀释空气）。其安装位置应保证进入的次级稀释空气的温度为 (298±5)K。

10）HE——热交换器。应有足够的换热能力，以维持温度在要求的范围以内。

11）PDP——容积式泵。根据泵的转数和排量来测量稀释排气总流量。排气系统的背压不得由于接入容积式泵或稀释用空气进入系统而人为降低。在相同的发动机转速和负荷下，CVS 运转时测量的静压，应保持在不用 CVS 时测得静压的±1.5kPa 以内。当不采用流量补偿时，容积式泵前端的混合气温度应保持在试验过程中所测平均工作温度的±6K 以内。

12）PDT——初级稀释风道。应具有足够小的直径以产生紊流（$Re>4000$），以及足够的长度，以使排气与稀释用空气充分混合。单级稀释系统的直径至少为 460mm，双级稀释系统的直径至少为 200mm。发动机的排气应顺气流引入初级稀释风道，并充分混合。

13）PSP——颗粒物取样探头（仅用于 SDS）。应逆气流安装在稀释用空气和排气混合均匀的地方（即在稀释风道中心线上、在排气进入稀释风道处的下游大约 10 倍管径的地方)，其内径最小为 12mm。从探头前端到滤纸保持架的距离不得超过 1020mm，取样探头不得加热。

14）PTT——颗粒物传输管。必须逆气流安装在稀释用空气和排气混合均匀的地方（即在稀释风道中心线上、在排气进入稀释风道处下游大约 10 倍管径的地方)，其内径最小为 12mm。从入口平面到出口平面不得超过 910mm。颗粒物取样口必须位于次级稀释风道的中心线上，并朝向下游。传输管不得加热。

15）SP——颗粒物取样系统。若不采用流量计算装置，该泵距风道应有足够的距离，以使进气温度保持恒定（±3K）。

16）SDS——单级稀释系统。从初级稀释风道中采集样气，然后使样气通过取样用滤纸。PDP 或 CFV 应有足够的流量，以保证在初级滤纸前的稀释排气温度不超过 325K。

17）SDT——次级稀释风道（仅用于 DDS）。最小管径为 75mm，并有足够的长度以保证经二级稀释的样气至少有 0.25s 的驻留时间。初级滤纸的保持架应位于次级稀释风道出口的 300mm 以内。

二、分流稀释测量系统

1. 颗粒物的分流稀释测量系统

图 6-20 所示的全流稀释测量系统需要的稀释空气量大（200m³/min 左右)，风道管径粗，吸气泵流量大，整个测量系统庞大。图 6-16 所示的分流式稀释风道系统则可以克服上述不足。首先采用取样管直接从发动机排气中取出部分排气进行稀释，然后再由稀释的排气测量微粒质量。如果由取样管从发动机排气中取出的排气仅为排气体积流量的 1/100～1/10，这种系统就变为小型风道稀释采样系统，小型风道稀释采样系统如图 6-17 所示。近年来，一种称之为微型风道的稀释采样系统已研制成功，其取样比例为发动机排气流量的1/10000～1/1000。

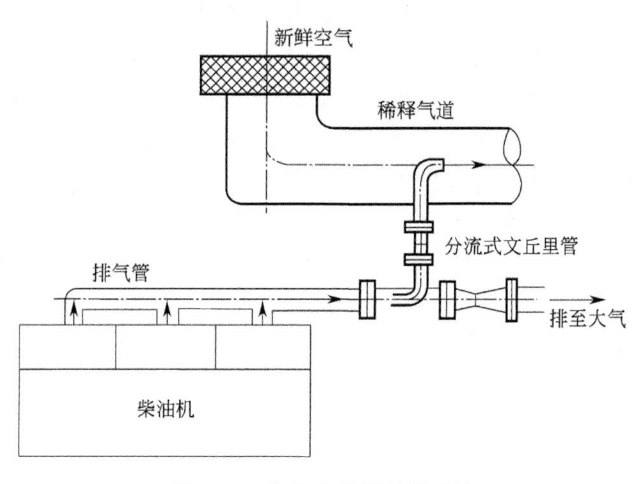

图 6-16　分流式稀释风道系统

2. GB 17691—2001 中推荐的分流稀释系统

分流式稀释风道法的特点是从发动机排出的废气通过一个分流器，只将一部分排气引入微型稀释风道，所以使整个测量装置的体积大大减小，可节省设备投资。图 6-18 为 GB 17691—2001《车用压燃式发动机排气污染物排放限值及测量方法》中推荐的分流稀释系统。

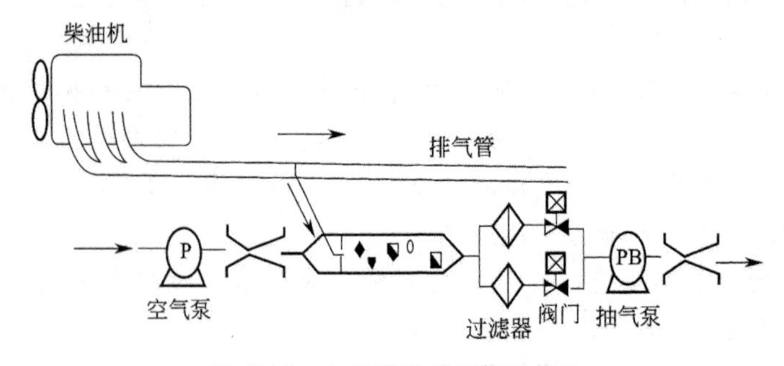

图 6-17　小型风道稀释采样系统

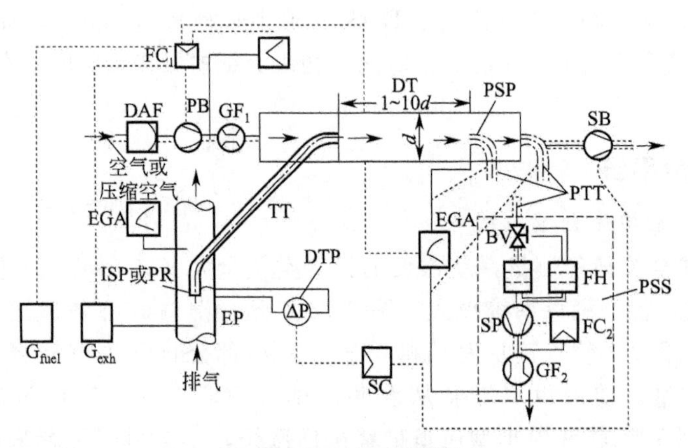

图 6-18　分流稀释系统

这种分流稀释系统压力损失小，结构简单。对不同排量的发动机，整个系统只要调换不同尺寸的颗粒物传输取样管即可进行颗粒物的测试工作。在取样管前一般都装有消声器，可以消声器，可以消除排气脉动。发动机排气顺气流引入稀释风道，通过一个混合孔板与稀释用空气完全混合。对于部分取样型，在投入使用后，应在发动机运行时通过检测风道中 CO_2 的纵向分布情况（至少 6 个等距测量点）来检测混合质量。用调压阀调整取样管出口的压力就能保证得到相同的分流比。分流稀释风道颗粒物测量系统中组成及技术要求如下。

1）BV——球阀。直径不得小于取样管直径，其转换时间应少于 0.5s。

2）DAF——稀释用空气过滤器。稀释用空气可以在稀释用空气入口处过滤，其温度应为（298±5)K，并可取样以测量背景颗粒物值，这样，以后就可以从稀释排气的测量值中减去该值。

3）DTP——压力传感器。

4）DT——稀释风道。管径要足够小，以引起紊流（$Re>4000$），管子要足够长，以使排气与稀释用空气充分混合。对全部取样型，管径最小为 25mm；对部分取样型，管径最小为 75mm。

5）EGA——排气分析仪。

6）EP——排气管。对不带动态探头的排气管，在探头顶端上游必须有 6 倍管径长的直管段，下游必须有 3 倍管径长的直管段。对于带等动态探头的排气管型式在探头顶端上游至少 15 倍管径的长度和下游至少 4 倍管径的长度，必须无弯头、弯管和直径突变。取样区内排气流速应高于10m/s且低于200m/s。排气压力平均波动不得超过±500Pa，除采用底盘式样气系统（包括消声器）之外，任何改变压力波动的措施都不得改变发动机的性能，也不得引起颗粒物沉积。

7）FC_1——流量控制器。用于控制稀释用空气的质量流量。

8）FC_2——流量控制器。用于改善颗粒物取样流量的准确度。

9）FH——滤纸保持架。初级滤纸和次级滤纸可共用一个滤纸室，也可用两个单独的滤纸室，滤纸保持架不得加热。

10）G_{exh}——排气流量计。

11）GF_1——稀释空气用气体计量仪。其安装位置应使进气温度保持在（298±5）K。

12）GF_2——颗粒物取样用气体计量仪。

13）G_{fuel}——燃油流量计。

14）ISP——等动态取样探头。其设计应保证从原排气中按一定比例取样，接到差压传感器和流速控制器上，以在探头顶端获得等动态流，探头内径至少为12mm。

15）PB——压气机。为了控制稀释用空气的质量流量，压气机PB应与FC1相连。当采用压缩空气供给装置时，不需要PB。

16）PSS——颗粒物取样系统。应能从稀释风道中取样，并使样气通过取样滤纸（部分取样型），或使全部稀释排气通过取样滤纸（全部取样型）。为避免对控制回路的任何影响，建议取样泵在整个试验过程中保持运转。应在取样探头和滤纸保持架之间使用一个带球阀的旁通系统，使样气在所要求的时间流过取样滤纸。转换过程对控制回路的干扰应校正到3s以内。

17）PR——取样探头。应逆流安装在排气管中心线上，其最小内径为4mm。

18）PSP——颗粒物取样探头。内径最小为12mm。应逆气流安装在稀释用空气和排气混合均匀的地方，一般在稀释风道中心线上和在排气进入稀释风道处下游大约10倍管径的地方。

19）PTT——颗粒物传输管。不得加热，长度不得超过1020mm。对部分取样型，长度是指从探头顶端到滤纸保持架；对全部取样型，长度是指从稀释风道端头到滤纸保持架。

20）SB——抽风机。仅用于部分取样型。

21）SC——压力控制装置（仅用于ISP）。该装置的作用是保持EP和ISP之间的压差为零，达到排气的等动态分离。在这些条件下，EP和ISP中的排气流速相同，且通过ISP的质量流量是总排气质量流量中恒定的一部分。在每一个工况，当保持PB转速恒定时，通过控制SB的转速而进行调节。在压力控制回路中，误差不得超过DPT测量量程的±0.5%。稀释风道中的平均压力波动不得超过±250Pa。

22）SP——颗粒物取样系统。若不采用流量计计算装置，该泵距风道应有足够的距离，以使进气温度保持恒定（±3K）。

23）TT——颗粒物取样传输管。应加热或隔热，以使传输管内的气体温度不低于423K。直径应大于或等于探头直径，但不得超过25mm。从进口平面到出口平面的长度不得超过1000mm。颗粒物样气的出口应位于稀释风道的中心线上，并朝向下游。

三、颗粒物的收集和称量

颗粒物采用初级过滤器和后备过滤器收集，每一个工况试验循环更换一次过滤器中的滤纸。一般要求滤纸能将含有 0.3μm 标准粒子气体中的 95%过滤出来。GB 17691—2001《车用压燃式发动机排气污染物排放限值及测量方法》中要求滤纸的材质采用碳氟化合物涂层的玻璃纤维滤纸或以碳氟化合物为基体（薄膜）的滤纸。滤纸的最小直径为 47mm（收集部分为 37mm）。大型发动机试验时，颗粒物排出的量大，为减小采样管过滤器前后所产生的压差，也可采用大直径的滤纸。

从称量的精度考虑，对 47mm 直径的过滤器（收集部分为 37mm），GB 17691—2001 推荐的最小荷重为 0.5mg；对 70mm 直径的滤纸（收集部分为 60mm），GB 17691—2001 推荐的最小荷重为 1.3mg。对于其他滤纸，GB 17691—2001 推荐的最小荷重为 0.5mg/1075mm^2。滤纸称重时，温度需在 20～30℃的范围之间某一设定温度的±6℃以内，相对湿度必须保持在 35%～55%之间某一设定湿度的±10%以内。

称重室的环境必须不含任何污染物（灰尘）。在称量取样滤纸的 4h 以内，至少必须称量两张未用过的参比滤纸，最好是同时称量，如果在取样滤纸的两次称量期间，参比滤纸的平均重量变化大于推荐的滤纸最小荷重的±6.0%，则取样滤纸全部作废，并重做排放试验。如果重量变化在−6.0%～−3.0%之间，则制造厂有权选择是重做试验，还是将平均的重量损失加到样品的净重中去。如果重量变化在+3.0%和+6.0%之间，则制造厂有权选择是重做试验还是接受所测的取样滤纸重量。如果平均重量变化不超过±3.0%，则采用所测的取样滤纸重量。参比滤纸的尺寸和材料必须与取样滤纸相同，并且至少一个月更换一次。称量滤纸的重量一般使用微克天平，微克天平必须具有推荐的滤纸最小荷重 2%的准确度（标准偏差）和 1%的读数分辨率。

四、颗粒物数量的测量方法

欧盟制定的微粒测试规范（Particle Measurement Program，PMP）对内燃机排气微粒的测量方法提出了相应要求。由于内燃机排气 PM 中的 SOF 和硫酸盐等挥发性成分会凝缩产生新的颗粒物，并且，新产生颗粒物的数量与气体排出后的稀释条件密切相关。因此，PMP 规定只测量固体微粒数量。

图 6-19 为 PMP 推荐的固体微粒数量测量系统 MEXA-1000SPCS 的组成示意。来自 CVS 风道的样气首先经旋流器进行粒径分类，将 2.5μm 以上的微粒分离出去，把 2.5μm 以下的不稳定微粒（表面附着有 SOF 和硫酸盐等挥发成分）引入加热式稀释器，稀释空气温度为 150℃以上，其目的是阻止 SOF 和硫酸盐等形成新挥发性微粒；接着样气被引入温度为 300～400℃的蒸发管，使微粒中的 SOF 和硫酸盐等挥发成分汽化；之后样气进入冷却式稀释器，在室温下对汽化后的微粒进行再稀释，防止汽化的挥发性微粒再凝缩，除去了挥发成分的微粒，变成了稳定微粒。经过挥发性微粒除去部分（虚线框内部分）之后，样气中只含有稳定微粒，最后使样气进入微粒计数器。一般来说，加热式稀释器的稀释倍数为 10～700 倍，冷却式稀释器的稀释倍数为 10～50 倍。微粒计数器可检出微粒粒径的下限为 23nm，进入微粒计数器的样气中挥发微粒的除去率应在 99%以上。微粒计数器的工作原理随其种类不同而异，光学微粒计数器最为常用，其原理是利用样气中的微粒穿过光敏感区时，产生散射光，形成光脉冲这一物理现象。光脉冲投影到光电倍增管上，光电倍增管将其转换成相应的电脉冲信号。此信号越大，微粒直径越大；脉冲信号数越多，微粒个数越多。该信号经放大处理后，送入计算机进行计数处理，即可得到单位体积的微粒个数。

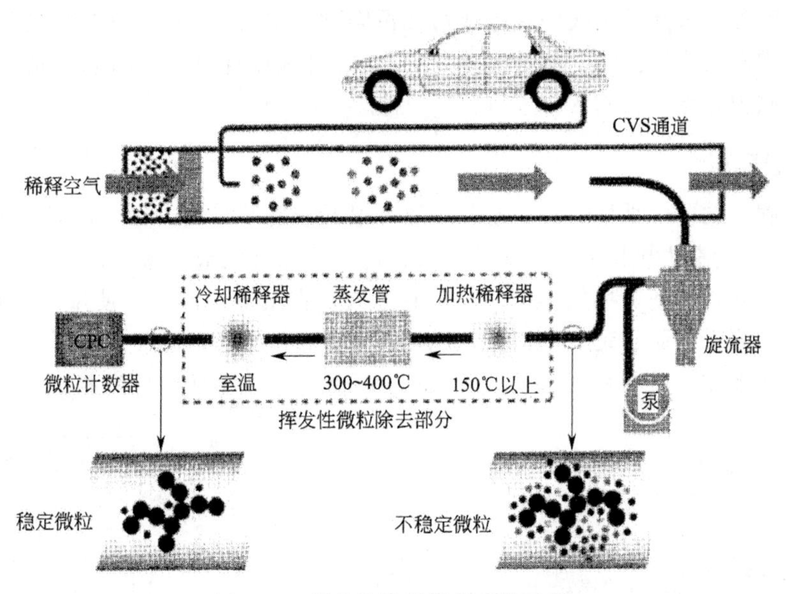

图 6-19 颗粒物数量测量系统示意

第五节 汽车排气烟度的测量方法

一、排气中的可见污染物

柴油机排烟指悬浮在柴油机排气流中的微粒和雾状物。排烟阻碍光线通过，并反射和折射光线。柴油机的排烟常见的有黑烟、蓝烟和白烟三种。白烟由凝结的水蒸气和直径大于1μm 的液体燃油的微滴形成。蓝烟由直径小于 0.4μm 的未完全燃烧的燃油和润滑油的微滴形成。黑烟由发动机燃烧过程中排出的直径小于 1μm 的固体炭形成。柴油机排烟多少的传统衡量指标为烟度，烟度越大，表示排烟量越大。显然，排烟中颗粒物含量越大，烟度也越大。

可见污染物强调了汽车排放物对人的视觉感知的影响，主要指排气中可以用眼睛直接观察到的黑烟。国家标准中规定压燃式发动机和装用压燃式发动机车辆的排气可见污染物排放量用光吸收系数来度量。排烟量的衡量既可以用烟度（FSN，Rb），也可以用光吸收系数这一单位。所以可见污染物多少与炭烟排放量的含义是相同的。

车辆炭烟的排放量既可用烟度、光吸收系数，也可用颗粒物排放量衡量。可见污染物和颗粒物的排放量虽然都与炭烟排放量有关，但二者的含义是有区别的，排放量的单位也不同。目前，许多国家排放标准中都有柴油机排气中颗粒物排放量限值。由于颗粒物的测量通常需要昂贵的设备，试验的准备及测量过程复杂，费时费力，而且不能得到柴油机瞬态排放特性。因此，一种快速、简便的测定与评价柴油机炭烟排放量的仪器，即烟度计就被广泛应用。

常用的烟度计有两种，一种是让一定量的排气通过滤纸过滤，再利用过滤纸的染黑度确定烟度大小，按此法进行工作的烟度测量仪表叫滤纸式（过滤式）烟度计；另一种是让部分或全部排气连续不断地通过有光照射的测量室，用照射光通过测量室时的透光度（或不透光度、光吸收系数等）来衡量排气中炭烟或可见污染物的排放量，按此法工作的仪表称为透光式烟度计（或称消光式烟度计、不透光度仪等），这种烟度计可进行瞬态测量，但其很难准确衡量汽车排放中有害颗粒物的排放量。

二、滤纸式烟度计

滤纸式烟度计主要由采样装置、检测装置和显示装置等组成，滤纸式烟度计组成示意如图 6-20 所示。采样装置由采样泵、取样探头、连接管路等组成。采样装置完成从排气中抽取固定容积的气样，并使被抽气样中的炭粒通过夹装在泵上过滤纸，使微粒沉积在滤纸上。检测装置由光电测量探测和走纸机构等组成，利用滤纸被染黑的程度与气样中炭粒浓度成正比的关系，由滤纸被染黑的程度检测烟度大小。显示装置由显示电路和指示仪表等构成。

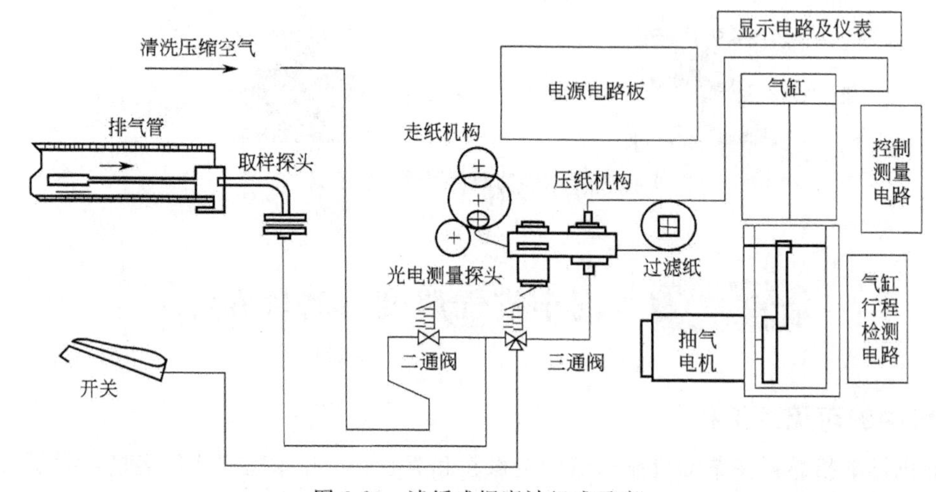

图 6-20　滤纸式烟度计组成示意

图 6-21 为滤纸式烟度计滤纸染黑程度的检测器及指示器示意。根据光学反射原理，由光源射向滤纸的光线，一部分被滤纸上的颗粒所吸收；另一部分被滤纸反射给环形光电器，从而产生相应的光电流。指示器的调节旋钮用来调节电源以控制光源亮度，而电流表则将光电管输出的光电流指示出来。指示仪的刻度标尺为 0～10，0 为全白色滤纸色度，10 为全黑色滤纸色度。测量时，在已经取样的滤纸下面，垫上 4～5 张同样洁白的未用滤纸，以消除工作台的背景误差。仪表刻度应定期采用全白、全黑或其他标度的样纸进行校正。由此法测得的烟度通常记为 R_b、BSU（博世 Smoke Unit）、FSN (Filter Smoke Number) 或 S_F 等。$R_b=0$，表示过滤排烟后的滤纸色度为全白色，即无排烟；$R_b=10$，表示过滤排烟后的滤纸色度为全黑色，即烟度达到最大值。

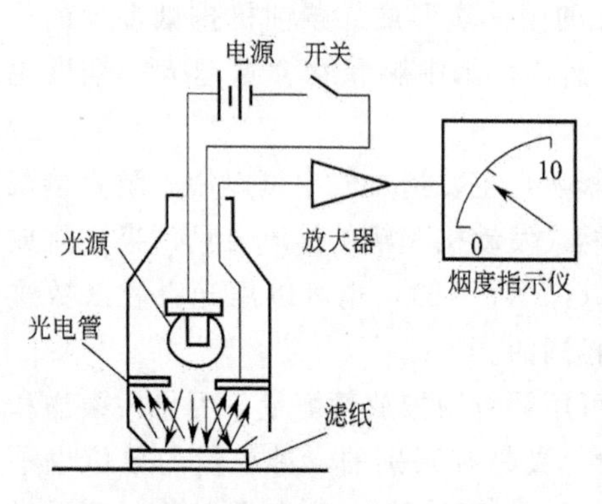

图 6-21　滤纸式烟度计检测部分原理示意

过滤式烟度计结构简单，调整方便，使用可靠，测量精度较高，可在实验室和野外使用，宜用于稳定工况的烟度测定；但不能直接连续测量烟度数值，不能在非稳态工况下测量，也不能测量蓝烟和白烟，且所用滤纸品质对测量结果有影响。

三、透光式烟度计

1. 组成及工作原理

透光式烟度计，又称消光式烟度计、透射式烟度计等，其工作原理是利用透光衰减率来测量排气烟度。图 6-22 为透光式烟度计的测量原理示意。测定前，用两只风扇向测量室吹入干净空气，进行零点校正。测量时，风扇停止工作，让发动机排气连续不断地由入口进入测量室。光源发射的光线经过半反射透镜和透镜变为平行光后进入充满发动机排气的测量室后，到达对面的反射镜后被反射回的光线经过透镜和半反射透镜后由光电转化器转化为电信号输出，该信号强弱即与排气烟度的大小成比例。如果由入口进入测量室的是发动机全部排气，则称为全流式烟度计；否则，称为部分流式烟度计。

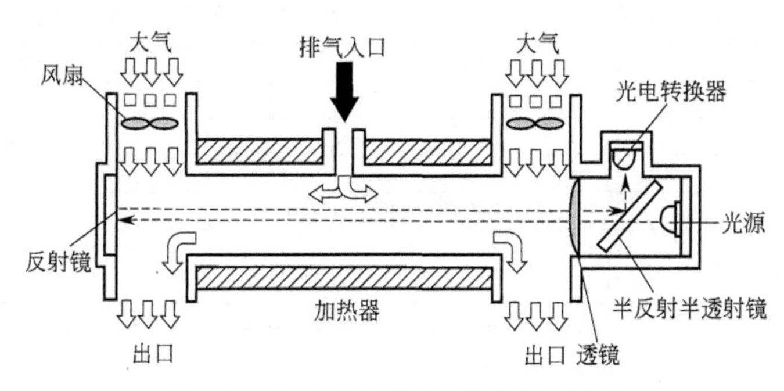

图 6-22　透光式烟度计的测量原理示意

这种烟度计可以进行稳态和非稳态下的烟度测定，不仅能测定排气中黑烟，也能显示排气中蓝烟和白烟的烟度，但是光学系统易受污染，必须注意清洗，以免影响测量精度。但烟度计的调整较为复杂，当排气导入量不能保持固定时，就会产生测量误差，故通常经过控制取气压力使排气导入量保持一定。不透光烟度计的显示仪表有两种计量单位：一种为绝对光吸收系数单位，10^{-1}～0m；另一种为不透光度的线性分度单位，0～100%。两种计量单位的量程，均应以光全通过时为 0，全遮挡时为满量程。

滤纸式烟度计测量的是滤纸的染黑度（色度），无法反映排气中白烟、蓝烟以及不能被过滤的超细微粒的影响。不透式光烟度计测量的则是全部微粒对光线的吸收和散射，包含了排气中的炭烟颗粒、微小油滴及水蒸气等，对柴油机排气烟度的反映更为全面。图 6-23 为中国重型汽车集团有限公司技术中心的柴油机排气烟度的检测结果。从博世烟度 S_F 与消光系数后之间的关系曲线，也大致看出这种关系。S_F 与 k 之间为强相关，但不是线性关系。

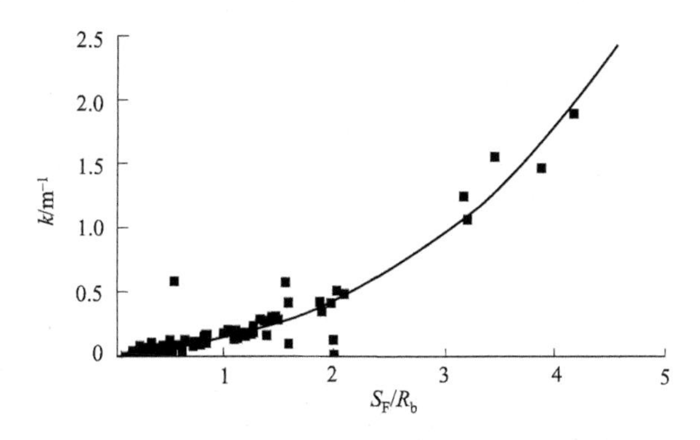

图 6-23　博世烟度与消光系数之间的关系曲线

2. 标准对烟度计的性能要求

一般测量中，对烟度计的精度、零位漂移和分辨力等计量性能都有要求。例如，不透光度仪的光源应为色度在2800～3250K范围内的白炽灯；接收器由光电池组成，其光响应曲线类似于人眼的光适应曲线；被测气体封闭在一个内表面不反光的容器内，应使由于内部反射或漫反射作用产生的漫反射光对光电池的影响减小到最小。另外，对不透光式烟度计的有效长度、响应时间、被测气体的温度和压力、清扫空气的压力等也有详细要求。JJG 976—2002《透射式烟度计检定规程》对光吸收比 N（不透光度）和光吸收系数计量性能提出的要求见表6-1，对测量范围、分辨力、1h零位漂移、稳定性、示值误差和不一致性进行了明确规定。

表 6-1 国标对光吸收比 N（不透光度）和光吸收系数的计量性能要求

项　　目	光吸收比 N/%	光吸收系数/m^{-1}
测量范围	0～98.6	0～9.99
分辨力	0.1	0.01
1h零位漂移	≤±1.0	±0.08
稳定性	连续12次测量的变化≤±1.0	±0.08
示值误差	±2.0	—
不一致性①	—	≤0.05

① 仪器的光吸收系数示值与按仪器光吸收比Ⅳ的示值用公式计算得到的光吸收系数值之间的差值。

3. GB 17691—2005中推荐的部分流式不透光烟度计

图6-24为GB 17691—2005中推荐的部分流式不透光烟度计的组成示意。发动机排气由取样探头取出，经输送管和流量计后进入测量室，烟度在测量室被测量后排入大气。部分流式不透光烟度计的特点是光源和光接收器分置于测量室的两端。由于取样探头取出的是排气中一小部分排气，因而设备体积很小，使用方便。

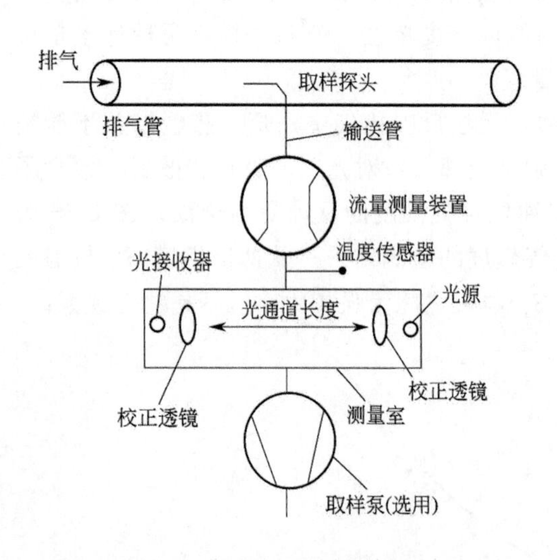

图 6-24 部分流式不透光烟度计的组成示意

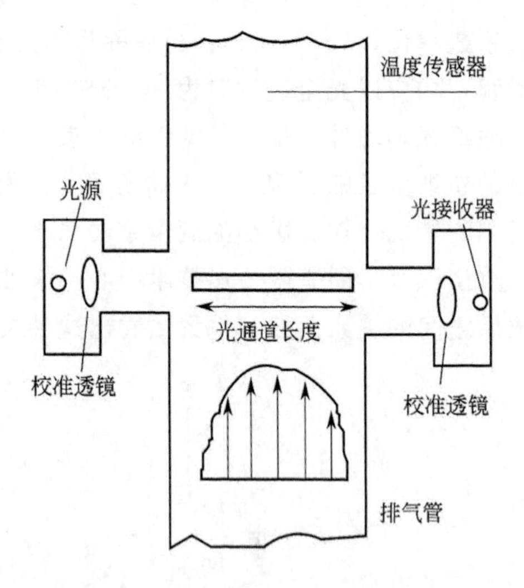

图 6-25 全流式不透光烟度计的组成示意

采用该种方法测量烟度时，取样探头与排气管的横截面积之比应不小于0.05，取样探头应位于烟气分布大致均匀的断面上，并尽可能放置于排气管的最下游，必要时可放在延长管中。探头、冷却装置等和不透光度计之间的距离应尽可能短，管路应从取样点倾斜向上至不透光烟度计，应避免使炭烟积聚的急弯。

4. GB 17691—2005 中推荐的全流式不透光烟度计

GB 17691—2005 中推荐的全流式不透光烟度计组成示意如图 6-25 所示。全流式烟度计是将柴油机全部排气导入检测部分进行烟度测定的透光式烟度计。光源和光电变换装置直接放在离发动机排气口一定距离的排气通道上，以减小排气散热的影响，无专设的校正管，使用时应注意消除光源以外的光线的干扰。值得注意的是，排气管直径对测定值有较大影响。因此，对不同标定功率的发动机，使用的测量管径不同（见表 6-2）。

表 6-2　发动机标定功率规定与测量管径

发动机标定功率/kW	≤73.5	73.5～147	147～220.5	≥220.5
测量管径/mm	50.8	76.2	101.6	127

5. 光吸收系数 k 和不透光度 N 的关系

不透光度仪测量的车辆可见污染物有两种计量单位：一种为光吸收单位，也称消光系数，范围为 0～10m^{-1}；另一种为线性分度单位，范围为 0～100。两种计量单位的量程均以光全通过时为 0，全暗时为满刻度。两种计量单位之间可以换算，下面对其换算方法给予简要说明。

透光度 T 指光透过一条被烟变暗的通道时到达观察者或仪器接收器的百分率，不透光度 N 指光源传来的光中不能到达观察者或接收器的百分数，故 N 和 T 之间的关系为

$$N=100-T$$

光吸收系数 k 指光束被排烟衰减的系数，其定义是单位容积的微粒数 n、微粒的平均投影面积 α 和微粒的消光系数 Q 三者的乘积，即

$$k=n\cdot\alpha\cdot Q$$

烟度计读数间的关系式可用朗伯-比尔（Beer-Lambert）定律表示。当光通道有效长度 L 已知时，不透光度 N、透光度 T 和光吸收系数 k 之间为指数关系。当不透光度 N、透光度 T 和光吸收系数 k 中的任何一个已知时，即可由下列计算式推算其他两个烟度值：

$$N=100-T=100(1-e^{-n\alpha QL})=100(1-e^{-KL}) \tag{6-1}$$

$$k=-\frac{1}{L}\ln\left(1-\frac{N}{100}\right)$$

由式(6-1) 可以看出，对接近满量程的排烟而言，不透光度 N 接近 100，k 接近 10，要使式(6-1) 成立，则必须有 $e^{-KL}\longrightarrow 0$。

当 KL 为 3、4、5、6 时，e^{-KL} 为 0.049787、0.018316、0.006738、0.002479。因此，当光通道有效长度 $L\geqslant 0.4\mathrm{m}$，由光吸收系数 k 推算的不透光度 N 的误差不超过 2%，并且光通道有效长度 L 越长，由光吸收系数推算的不透光度 N 的误差越小。

第七章 汽车排放污染物控制技术

第一节 车用汽油机机内净化技术

一、概述

所谓机内净化就是从有害排放物的生成机理及影响因素出发，以改进发动机燃烧过程为核心，达到减少和抑制污染物生成的各种技术。简单说就是降低污染物生成量的技术，如改进发动机的燃烧室结构、改进点火系统、改进进气系统、采用电控汽油喷射、采用废气再循环技术等。机内净化被公认为是治理车用汽油机排气污染的治本措施。

1. 汽油机的燃烧过程

按燃烧过程的物理—化学状态，将燃烧过程分为三个阶段：着火延迟期、明显燃烧期和补燃期。汽油机燃烧过程的展开示意如图 7-1 所示。汽油和空气按一定的比例组成的混合气，进入气缸后被压缩受热。火花塞跳火放电时，两极电压在 15000V 以上，电火花能量 40～80mJ，局部温度可达 2000℃以上，致使电极周围的预混合气热反应加速，当反应生成的热积累使反应区温度急剧升高而使火花塞电极附近的混合气着火时，即形成火焰中心。从电火花跳火到形成火焰中心阶段称为着火延迟期，如图 7-1 中的 1～2 点，这是燃烧的第Ⅰ阶段。

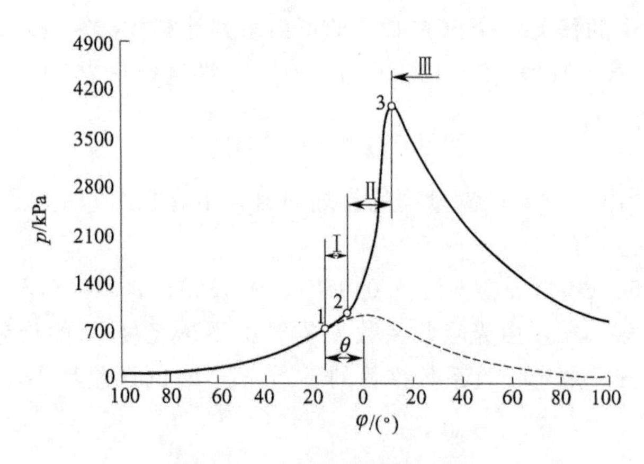

图 7-1 汽油机的燃烧过程

Ⅰ—着火延迟期；Ⅱ—明显燃烧期；Ⅲ—补燃期；

1—火花塞跳火；2—形成火焰中心；3—最高压力点

燃烧第Ⅱ阶段是指火焰由火焰中心传播至整个燃烧室，约 90%的燃料被烧掉。如图 7-1 中的 2～3 点，被称为明显燃烧期。在均质预混合气中，火焰核心形成后，即以此为中心，由极薄的火焰层（即火焰前锋）开始向四周未燃混合气传播，直到火焰前锋扫过整个燃烧室。这一期间的燃烧是急剧的，燃烧室的温度和压力急剧上升，通常将缸内压力达到最大值时作为急燃期的终点。在此阶段中压力升高率和最高燃烧压力到达时刻是两个重要指标，会对发动机动力性、经济性和排放产生重大影响。

从到达最高燃烧压力点3至燃料基本完全烧完为止，称为补燃期，即燃烧的第Ⅲ阶段。此时混合气燃烧速度已开始降低，加上活塞向下止点运动，缸内压力开始下降。由于90%左右的燃烧放热已完成，因而继续燃烧的是火焰前锋面扫过后未完全燃烧的燃料以及壁面及其附近的未燃混合气。

2. 汽油机的主要排放物

汽油发动机的理想燃烧是指混合气完全燃烧，汽车的排放物应为二氧化碳（CO_2）、氮气（N_2）和水（H_2O）。但汽油发动机在实际工作过程中，混合气燃烧往往是不完全的，燃烧生成物除了以上三种之外，还有烃类化合物(HC)、一氧化碳(CO)、氮氧化合物(NO_x)、铅化物以及二氧化硫等，这几种排放物会对大气环境造成污染、对人体造成危害。

3. 汽油机机内净化的主要措施

① 改善点火系统。采用新的电控点火系统和无触点点火系统，提高点火能量和点火可靠性，对点火正时实行最佳调节，以改善燃烧过程，降低有害排放物的含量。

② 积极开发分层充气及均质稀燃的新型燃烧系统。目前，美、日、德等国已开发出了不少新型燃烧系统，其净化性能及中、小负荷时的经济性均较好。

③ 选用结构紧凑和面容比较小的燃烧室，缩短燃烧室狭缝长度，适当提高燃烧室壁温，以削弱缝隙和壁面对火焰传播的阻挡与淬熄作用，可以降低烃类化合物和CO的排放量。采用4气门或5气门结构，组织进气涡流、滚流或挤流，并兼用电控配气定时、可变进气流通截面等可变技术，可以有效地改善发动机的动力性、经济性和排气净化性能。

④ 采用废气再循环控制。废气再循环是目前控制车用发动机NO_x排放的常用和有效措施。

发动机的使用工况与排放性能密切相关。作为车用发动机，应选择有害排放物较低，而且动力性和经济性又较好的工况为常用工况。因此，在汽车中就需要使用电子控制系统，它可根据驾驶员对车速的要求及路面状况的变化，对发动机转速和负荷进行优化控制。

电控汽油喷射技术、电控点火技术、稀燃分层燃烧技术、涡轮增压中冷技术等机内净化技术在前面章节已经介绍，本节只介绍其他汽油机机内净化技术。

二、氧传感器及三元催化转化器闭环控制

它是通过氧传感器和三元催化转化器来实现的。三元催化转化器装在车辆排气管中的消声器之前，可同时降低尾气中未燃烃类化合物(HC)、一氧化碳(CO)和氮氧化物(NO_x)的含量，氧传感器及三元催化转化器闭环控制的净化效果如图7-2所示。汽油机的空燃比接近理论空燃比时，三元催化器的转化率最高，这是通过氧传感器闭环控制来实现的。其净化机理是当催化转化器达到起燃温度后，有害气体通过三元催化器时，在贵金属催化剂作用下，发生氧化和还原反应，转化为无害气体。这是汽车满足欧Ⅱ排放法规，甚至更严法规的主要措施。

冷起动及暖机阶段排放控制，发动机在冷起动时油气混合不足，仍需要适当过量供油才能使发动机可靠起动。这将造成大量未燃烃类化合物进入排气管中的催化转化器。一方面，

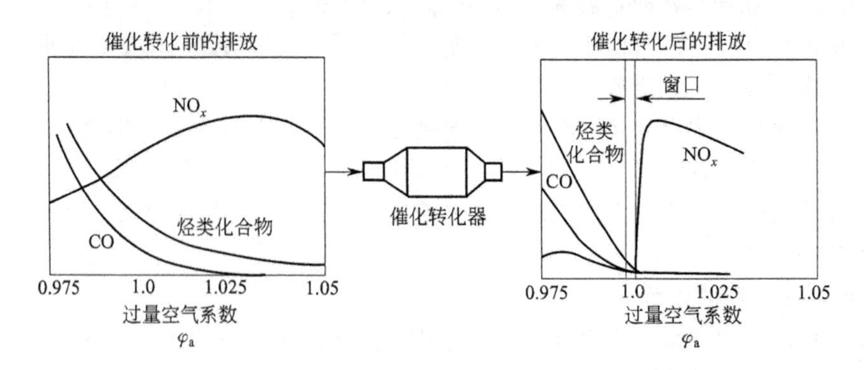

图 7-2 氧传感器及三元催化转化器闭环控制的净化效果

此时发动机不是工作在化学计量比附近；另一方面，冷起动时，催化剂正处于低温状态，远未达到起燃温度（250～300℃），这就造成了很高的烃类化合物排放。

为了减小汽油喷射发动机冷起动和暖机阶段排放，要对开环控制的空燃比进行精确的标定，不要过量供给燃油。

冷起动阶段要对不同温度下的起动初始空燃比进行恰当的标定，以能顺利起动为原则，混合气浓度一般要低于化油器式发动机。暖机阶段也不要提供太浓的混合气，因为暖机工况下，起燃温度偏高的催化转化器尚未工作，使用相对较稀的混合气燃烧后产生的 CO 和未燃烃类化合物较少。另外，相对较稀的混合气使排气湿度较高，配合推迟点火的方法，有利于催化转化器的迅速升温，尽快达到起燃温度。但问题是使用相对较稀的混合气可能使暖机怠速不稳定，因此，需要适当提高暖机转速。车用进气道喷射汽油机在冷起动暖机过程中 CO 排放与空燃比标定的关系如图 7-3 所示，某轿车用汽油喷射发动机在环境温度为 8℃时的冷起动暖机过程中，CO 排放与空燃比标定的关系。当空燃比标定较浓时（如图中实线），从发动机起动到冷却液温度达到 65℃需要 11min 时间，且 CO 排放高。当空燃比标定较稀时（图 7-3 中虚线），暖机时间缩短为 7min，CO 排放大为减少。未燃烃类化合物排放也有类似的变化趋势。

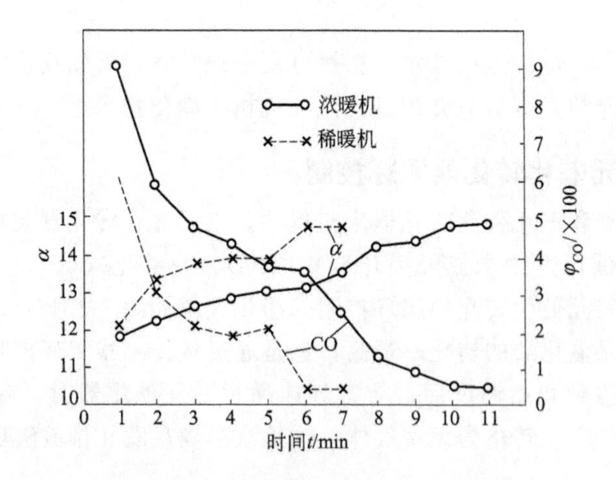

图 7-3 车用进气道喷射汽油机在冷起动暖机过程中 CO 排放与空燃比标定的关系

三、废气再循环

1. 废气再循环的工作原理

（1）废气再循环及其净化原理　废气再循环技术是控制氮氧化合物排放的主要措施，它将汽车发动机排出的一部分废气重新引入发动机进气系统，与混合气一起再进入气缸燃烧，废气再循环系统工作原理如图 7-4 所示。

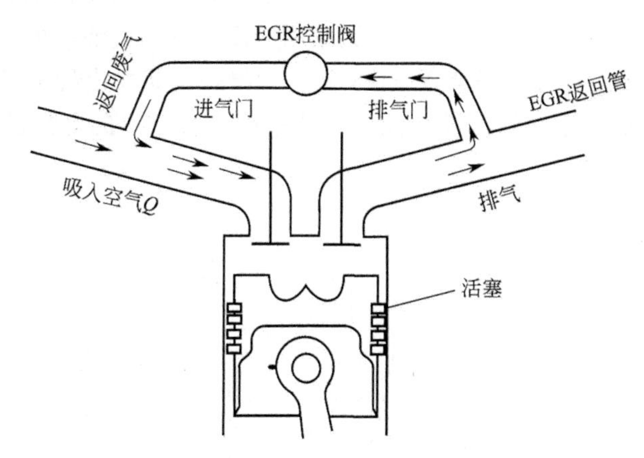

图 7-4　废气再循环系统工作原理

废气混入的多少用 EGR 率表示，其定义如下：

$$\text{EGR 率}=\frac{\text{返回废气量}}{\text{进气量}+\text{返回废气量}}\times 100\% \tag{7-1}$$

NO_x 是在高温和富氧条件下 N_2 和 O_2 发生化学反应的产物。燃烧温度和氧浓度越高，持续时间越长，NO_x 的生成物也越多。一方面废气对新气的稀释作用意味着降低了氧浓度；另一方面，考虑到除怠速外的其他工况下的 CO、烃类化合物和 NO_x 浓度均小于 1%，废气中的主要成分为 N_2、CO_2 和 H_2O，而且三原子气体的比热较高，从而提高了混合气的比热容，加热这种经过废气稀释后的混合气所需要的热量也随之增大，在燃料燃烧放出的热量不变的情况下，最高燃烧温度可以降低。从而可使 NO_x 在燃烧过程中的生成受到抑制，明显地降低 NO_x 的排放。

（2）废气再循环的控制策略

随着 EGR 率的增加，燃烧开始不稳定，燃烧波动增加，烃类化合物排放上升，功率下降，燃油经济性趋于恶化。小负荷特别是怠速时进行 EGR 会使燃烧不稳定，甚至导致失火，使烃类化合物排放急增。全负荷追求最大动力性，使用 EGR 会使最大功率降低，动力受损。因此，必须对 EGR 率进行适当控制，使之在各种不同工况下，得到各种性能的最佳折中，实现 NO_x 的控制目标。

对 EGR 系统的控制要求如下：①由于 NO_x 排放量随负荷增加而增加，因而 EGR 量亦应随负荷的增加而增加；②怠速和小负荷时，NO_x 排放浓度低，为了保证稳定燃烧，不进行 EGR；③在发动机暖机过程中，冷却液温度和进气温度均较低，NO_x 排放浓度也很低，混合气供给不均匀，为防止 EGR 破坏燃烧稳定性，起动暖机时不进行 EGR；④大负荷、高速时，为了保证发动机有较好的动力性，此时虽温度很高，但氧浓度不足，NO_x 排放生成物较少，通常也不进行 EGR 或减少 EGR 率；⑤为了实现 EGR 的最佳效果，需保证再循环的排气在各缸之间分配均匀，即保证各缸的 EGR 率一致。

(3) EGR系统及ECR阀　图7-5为车用汽油机三种典型的EGR系统。图7-5(a) 所示的是真空控制EGR系统，除低温切断EGR用温度控制阀5实现外，其余控制规律由进气管节气门后的真空度和真空驱动EGR阀的构造保证（如采用双膜片式EGR阀等）。真空控制EGR系统是一种机械式EGR系统，在现代电控汽油机上已很少应用。图7-5(b) 所示的为电控真空驱动EGR系统，用电控单元控制真空调节器，后者控制真空驱动EGR阀的开度。在此系统中，通过预先标定的EGR脉谱有可能针对不同工况实现EGR的优化控制。图7-5(c) 所示的为闭环电控EGR系统，广泛应用于现代电控汽油机中。这种系统应用了带EGR阀位置传感器的线性位移电磁驱动EGR阀，由电控单元发出的PWM信号驱动。传感器发出的EGR阀位置信号反馈给电控单元，保证精确实现预定的电控脉谱。而电控脉谱由发动机的EGR标定试验确定。

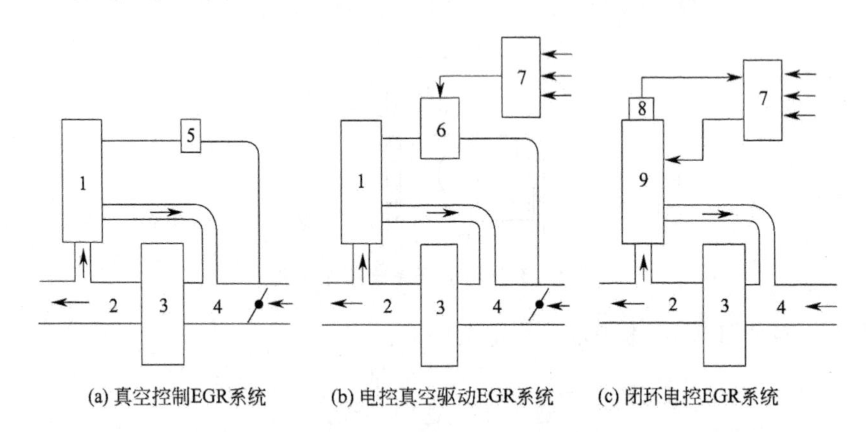

图7-5　车用汽油机的EGR系统简图

1—真空驱动EGR阀；2—排气管；3—发动机；4—进气管；5—温度控制阀；
6—电控真空调节器；7—电控单元；8—EGR阀位置传感器；9—电磁驱动EGR阀

在EGR控制系统中，EGR阀是其中最为关键的部件。不同的EGR率是通过EGR阀的调节来实现的。废气再循环阀常用的控制方式有温控真空式、真空背压式、真空电磁式、电磁阀式等。随着电子技术在汽车上的广泛使用，现代汽车大多采用电子控制的废气再循环阀。

(4) 内部废气再循环　通常把发动机排气经过EGR阀进入进气歧管，与新鲜混合气混合在一起的方式称为外部EGR。实际上，EGR的这种效果也可以通过不充分排气以增大滞留于缸内的废气量（即增大残余废气系数）来实现。与上述外部EGR相对应，称这种方法为内部EGR。滞留在缸内的废气量决定于配气相位重叠角的大小，重叠角大，则内部废气再循环量也大。

高比功率的发动机，由于有较好的充气，通常重叠角较大，内部废气再循环量也大，因而NO_x排放物相对较少，但是重叠角也不能无限加大。过大的重叠角会使发动机燃烧不稳定、失火并使烃类化合物排放量增加等，因此，在确定配气相位重叠角时必须对动力性、经济性和排放性能进行综合考虑。

2. EGR率对汽油机净化与性能的影响

前面已阐述，采用废气再循环能有效地降低汽油发动机的NO_x排放。但EGR率过大会使燃烧恶化，燃油消耗率增大，烃类化合物排放上升。小负荷下进行EGR使燃烧不稳定，表现在缸内压力变动率增大，工作粗暴，烃类化合物排放急剧增加。大负荷时进行EGR，会使发动机动力性受损。因此，在进行EGR时必须要考虑其对发动机动力性、经济性的影响。

EGR率对NO_x排放浓度和燃油消耗率的影响如图7-6和图7-7所示。图7-6中，空燃比被作为参变量，实验结果是在各点的最佳点火提前角条件下得到的。可见，随着EGR率的增大，对降低NO_x排放越有利。但从图7-7可以看出，EGR率越大，燃油消耗率也将增加。故要提高NO_x净化率，势必要增加燃油消耗率。

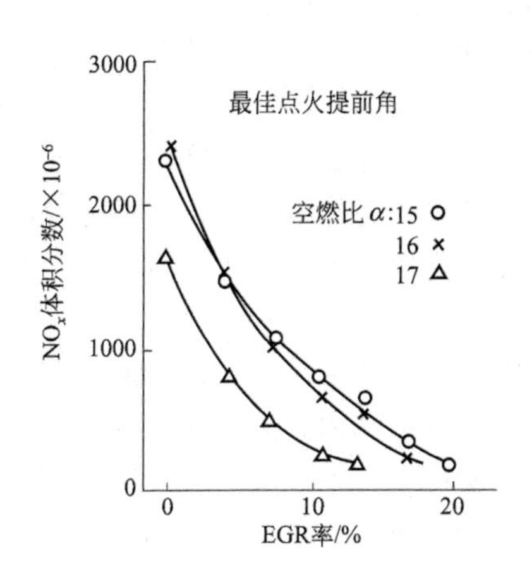

图7-6　EGR率对NO_x排放浓度的影响

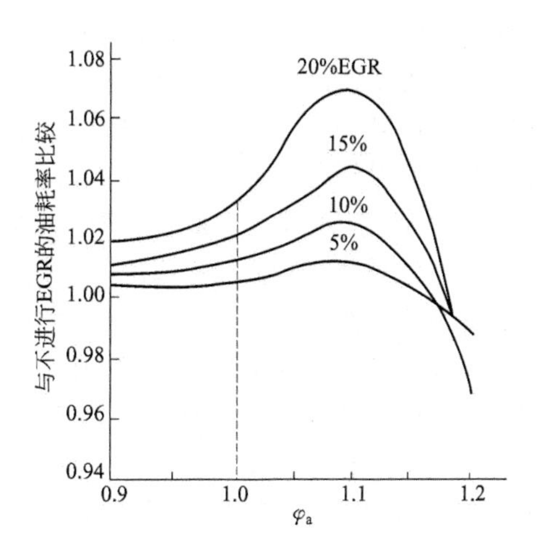

图7-7　EGR率对燃油消耗率的影响

EGR率对汽油机净化与性能的影响如图7-8所示。该试验是在转速、进气管负压及空燃比一定条件下进行的，试验所用的机型是一台日本丰田3R型汽油机。试验结果表明，当EGR率超过15%～20%时，发动机的动力性和经济性开始恶化，未燃烃类排放浓度也因EGR率加大发生失火现象而上升，而且此时对进一步降低NO_x排放浓度的作用不大。因此，通常将EGR率控制在10%～20%范围内较合适。

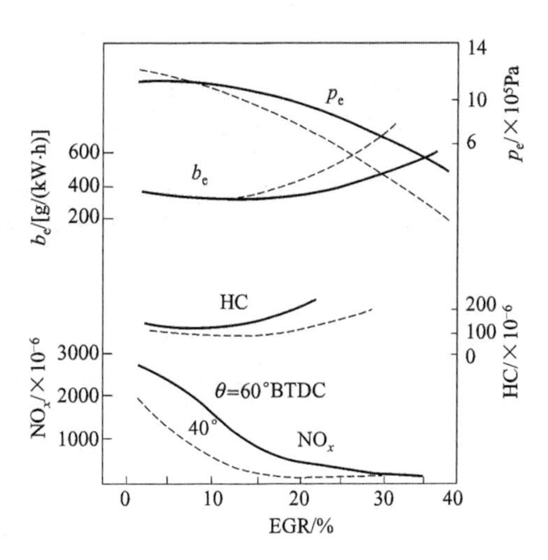

图7-8　EGR率对汽油机净化与性能的影响

EGR技术在汽车NO_x排放控制中具有重要地位，是目前降低NO_x排放的主流技术。完善的电子闭环控制EGR技术的应用，为EGR净化技术的推广应用创造了优越的条件。即使在不采用NO_x后处理的情况下，也能满足我国现行排放法规对NO_x限值的要求。

值得注意的是采用EGR技术的同时增加了进气温度，降低了充气效率，恶化了燃油经济性。在此基础上，提出了冷却EGR技术，即再循环废气经冷却器冷却后再送入进气端，进一步降低进气温度，更有利于降低NO_x排放，同时改善燃油经济性。冷却EGR技术是今后降低NO_x排放的发展方向，目前已得到应用。

四、其他机内净化措施

1. 高压缩比燃烧系统

（1）高压缩比燃烧系统对排放的影响　点燃式发动机的压缩比是最重要的结构参数之一，一般都是在燃料辛烷值允许的前提下尽可能用较高的压缩比，以获得较好的功率和油耗指标。但一味提高压缩比对排气净化不利，在这方面的性能与排放是有矛盾的。压缩比提高使燃烧室更扁平，面容比 S/V 增大，导致未燃烃类化合物增加。压缩比提高使排温下降，未燃烃类化合物的后氧化减弱，使烃类化合物排放量增大，高压缩比发动机最高燃烧温度较高，使得 NO_x 增加，热分解产生的CO也增多。但这并不意味着为降低污染物排放要人为降低发动机的压缩比，事实上恰恰相反。传统的汽油机往往根据最易发生爆震的工况（如最大转矩工况，MBT点火定时）选择压缩比，这样在其他常用的中小负荷工况下，汽油机抗爆能力并没有得到充分利用。现代汽油机则选择更高一些的压缩比，在大部分工况下能正常燃烧，而在少数工况发生爆震时，通过爆燃传感器得到信号并传给电控器，后者可通过适当推迟点火消除爆震。电控点火系统的采用使精确控制点火定时成为可能，为高压缩比点燃机在性能与排放方面得到更好的折中提供很大的潜力。

（2）HR-CC型高压缩比燃烧系统　英国里卡多公司生产的HR-CC型燃烧系统是代表性的高压缩比燃烧系统，它的燃烧室有两种形式：一种在气缸盖内；另一种在活塞顶内。这种燃烧室有较大的挤气面积，能产生较强的紊流，火花塞电极伸到燃烧室中，使火焰传播距离缩短，压缩比由9提高到13，大大减少了缸内废气，NO_x 和CO可分别降低80%和50%。

2. 多气门技术

多气门发动机是指每一个气缸的气门数目超过两个，即两个进气门和一个排气门的三气门式；两个进气门和两个排气门的四气门式；三个进气门和两个排气门的五气门式，其中四气门式最为普遍。在汽油发动机中，多气门与两气门比较，前者能保证较大的换气流通面积，减少泵气损失，增大充量系数，且火花塞可以布置在燃烧室中央或接近这一位置，保证较高的质量燃烧速率。发动机低速运行时，可通过电控系统关闭一个进气道，使气缸内进气涡流加强，改善燃烧。因此，多气门发动机有排放污染少，能提高发动机的功率和降低噪声等优点，符合优化环境和节约能源的发展方向，所以，多气门技术能迅速推广开来。

第二节　车用柴油机机内净化技术

一、概述

1. 柴油机的燃烧过程

由于柴油的蒸发差，柴油机靠喷油器将柴油在高压下喷入气缸，分散成数以百万计的细小油滴，这些油滴在气缸内高温、高压的热空气中，经加热、蒸发、扩散、混合和焰前反等一系列物理、化学准备，最后着火。由于每次喷射要持续一定的时间，一般在缸内着火时喷射过程尚未结束，故混合气形成过程和燃烧是重叠进行的，即边喷油边燃烧。柴油机靠调节循环喷油量的多少来调节负荷，而循环进气量则基本不变。因此，每循环平均的混合气浓度随负荷变化而变化，这种负荷调节方式被称为“质调节”。这与汽油机的负荷调节方式大不相同。

柴油机的燃烧过程可划分为滞燃期、速燃期、缓燃期和后燃期4个阶段。

第Ⅰ阶段——滞燃期，指柴油开始喷入气缸到着火开始的这一段时期。此阶段包括燃油的雾化、加热、蒸发、扩散与空气混合等物理变化，以及重分子的裂化、燃油的低温氧化等化学变化，到混合气浓度和温度比较合适、氧化充分的一处或几处同时着火。

第Ⅱ阶段——速燃期，指从着火开始到出现最高压力的这一段时期。此阶段并没有把滞燃期内喷入的燃油全部烧光，主要取决于混合气形成条件的情况，但至少会把相当部分已喷入气缸并混合好的油量烧掉，所以这一阶段的燃烧又叫预混合燃烧。

第Ⅲ阶段——缓燃期，指从最高压力点开始到出现最高温度时的这一段时期。缓燃期开始时，虽然气缸内已形成燃烧产物，但仍有大量混合气正在燃烧。在缓燃期的初期，喷油过程可能仍未结束，因此，缓燃期中燃烧过程仍以相当高的速度进行，并放出大量热量，使气体温度升高到最大值。但由于是在气缸容积加速增大的情况下进行的，因此气缸内气体压力迅速下降。

第Ⅳ阶段——后燃期，指从缓燃期终点到燃油基本烧完（一般放热量达到循环总放热量的95%～97%时）的这一段时期。前一阶段燃烧中，燃料由喷注中心向外扩散的过程中受到已燃废气的包围，使一部分燃料拖到后期燃烧，形成后燃期。

柴油机燃烧过程的特性，是分析柴油机有害排放物形成特点和研究排放物控制的基础。

2. 柴油机的主要排放污染物

柴油机是通过把柴油高压喷入已压缩到温度很高的空气中迅速混合、自燃而工作的。油气混合不像汽油机那么均匀，总有部分燃料不能完全燃烧，分解为以炭为主体的微粒。同时，由于混合气不均匀，在燃烧过程中局部温度很高，并有过量空气，导致氮氧化物（NO_x）的大量生成。相对于汽油机而言，柴油机由于过量空气系数比较大，一氧化碳（CO）和烃类化合物（HC）排放量要低得多，但普通的燃油供给系统使柴油机具有致癌作用的微粒排放量比汽油机大几十倍甚至更多。因此，控制柴油机排放物的重点，就在于降低柴油机的NO_x和微粒（包括炭烟）排放。表7-1对车用柴油机和汽油机的排放进行了比较。

表7-1　柴油机与汽油机排放污染物的比较

有害成分	柴油机	汽油机
微粒/(g/m^3)	0.15～0.30	0.005
CO/%	0.05～0.50	0.10～6.00
烃类化合物/($\times10^{-6}$)	200～1000	2000
NO_x/($\times10^{-6}$)	700～2000	2000～4000

3. 柴油机的机内净化技术

就燃烧过程来比较，柴油机远比汽油机复杂得多，因而可用于控制有害物生成的燃烧特性参数也远比汽油机复杂得多，这使得寻求一种兼顾排放、热效率等各种性能的理想放热规律成了柴油机排放控制的核心问题。为达到此目的，研究理想的喷油规律、理想的混合气运动规律以及与之匹配的燃烧室形状是必需的。

然而，降低柴油机NO_x排放和微粒排放之间往往存在着矛盾。一般有利于降低柴油机NO_x的技术都有使微粒排放增加的趋势，而减少微粒排放的措施，又可能将使NO_x排放升高。尽管如此，近年来，柴油机排放控制技术还是取得了很大的进展，研制出了一些低排放、高燃油经济性的柴油机，这些机型不用任何后处理装置即可以达到相关的排放法规要求，显示出柴油机机内净化技术的巨大潜力。表 7-2 给出了降低柴油机 NO_x 和微粒排放的相关技术措施。

表 7-2　降低车用柴油机 NO_x 和微粒排放的技术措施

技术对策	实施方法	主要控制方法
燃烧室设计	设计参数优化、新型燃烧方式	NO_x、微粒
喷油规律改进	预喷射、多段喷射	NO_x
进排气系统	可变进气涡轮、多气门	微粒
增压技术	增压、增压中冷、可变几何参数增压	微粒
废气再循环	EGR、中冷 EGR	NO_x
高压喷射	电控高压油泵、共轨系统、泵喷嘴	微粒

需要指出的是，每一种技术措施在降低某种排放成分时往往效果有限，过度使用则会带来另一种排放成分增加或动力性、经济性的恶化，因而，在工程实际中常常是几种技术措施同时并用。

二、低排放燃烧系统

柴油机燃烧室是进气系统进入的空气与喷油系统喷入的燃油进行混合和燃烧的场所，所以燃烧室的几何形状对柴油机的性能和排放具有重要的影响。

柴油机按其燃烧室设计形式，可以分为非直喷式柴油机和直喷式柴油机。这两类燃烧系统在燃烧组织、混合气形成和适应性方面都各有特点，因而在有害排放物的生成量方面也有所不同。

1. 非直喷式燃烧系统

非直喷式燃烧室往往有主、副燃烧室两部分，燃油首先喷入副燃烧室内进行混合燃烧，然后冲入主燃烧室进行二次混合燃烧。按燃烧室构造划分，主要有涡流室式燃烧室和预燃室式燃烧室两种。

(1) 涡流室式燃烧室　图 7-9 为涡流室式燃烧室的结构图。作为副燃烧室的涡流室设置在气缸盖上，其容积 V_k 与整个燃烧室容积 V_c 为 50%～70%，主燃烧室由活塞顶与气缸盖之间的空间构成，主、副燃烧室之间有一通道，其截面积 F_k 与活塞面积 F 之比为1%～3.5%，通道方向与涡流室壁面相切。

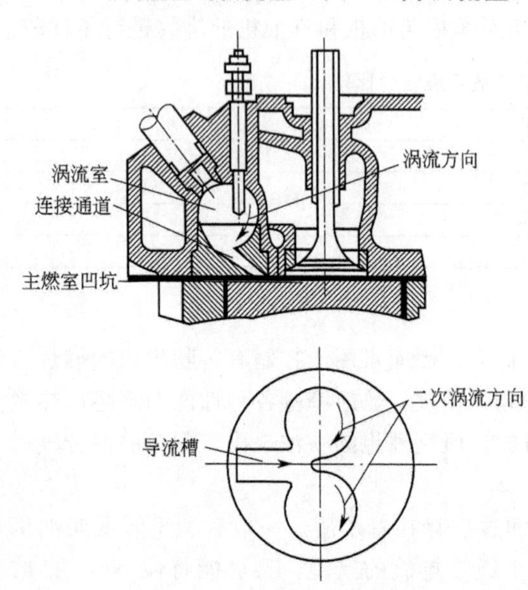

图 7-9　涡流室式燃烧室结构

柴油机在压缩过程中，气缸内的空气受活塞挤压，经连接通道导流并进入涡流室，形成强烈的有组织的压缩涡流（一次涡流）。燃油顺涡流方向喷入涡流室，迅速扩散蒸发与气流混合。由于这种混合方式对喷雾质量要求不高，因而对喷油系统要求较低，一般采用轴针式喷油器，起喷压力为 10～12MPa，远低于直喷式燃烧室用的孔式喷油器。一般由喷注的前端开始着火，火焰在随涡流做旋转运动的同时，很快传遍整个涡流室。随着涡流室内温度和压力的升高，燃气带着未完全燃烧的燃料和中间产物经主、副燃烧室的连接通道高速冲入主燃烧室，在活塞顶部导流槽处再次形成强烈的涡流（二次涡流），与主燃烧室内的空气进一步混合燃烧，最终完成整个燃烧过程。

由于涡流室式燃烧室的燃烧过程采用浓、稀两段混合燃烧方式，前段的浓混合气抑制了 NO_x 的生成和燃烧温度，而后段的稀混合气和二次涡流又加速了燃烧，促使炭烟的快速氧化，因而，NO_x 和微粒排放都比较低，即使大负荷时烟度一般也是 BSU<3。

(2) 预燃室式燃烧室　预燃室式燃烧室的结构如图 7-10 所示。燃烧室由位于气缸盖内的预燃室和活塞上方的主燃烧室组成，两者之间由一个［见图 7-10(a)］或数个［见图7-10(b)］孔道相连。对于二气门柴油机，预燃室可偏置于气缸一侧［见图 7-10(a)］，对于四气门柴油机，预燃室可置于气缸中央［见图 7-10(b)］。预燃室与整个燃烧室的容积之比 $V_k/V_c=35\%\sim45\%$，连接孔道截面积与活塞顶面积之比 $F_k/F=0.3\%\sim0.6\%$，均小于涡流室式燃烧室。

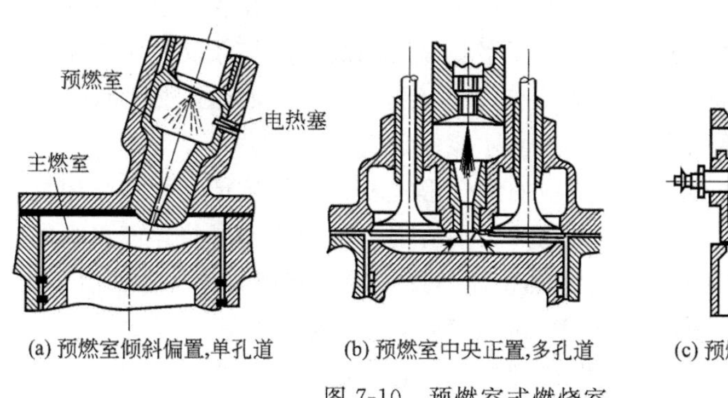

(a) 预燃室倾斜偏置,单孔道　(b) 预燃室中央正置,多孔道　(c) 预燃室侧面正,单孔道

图 7-10　预燃室式燃烧室

预燃室式燃烧室的工作原理与涡流室式燃烧室相似，都是采用浓、稀两段混合燃烧。由于预燃室式燃烧室的通孔方向不与预燃室相切，所以，在压缩行程期间预燃室内形成的是无组织的紊流运动，这是与涡流室的主要区别。轴针式喷油器安装在预燃室中心线附近，低压喷出的燃油在强烈的空气湍流下扩散混合。着火燃烧后，随着预燃室内的压力和温度升高，燃烧气体经狭小的连通孔高速喷入主燃烧室，产生强烈的燃烧涡流或湍流，与气缸内的空气进行第二次混合燃烧。

2. 直喷式燃烧系统

直喷式燃烧系统的燃烧室相对集中，只在活塞顶上设置一个单独的凹坑，燃油直接喷入其内，凹坑与气缸盖和活塞顶间的容积共同组成燃烧室。典型的直喷式燃烧室结构如图7-11所示。浅盆形燃烧室中的活塞凹坑较浅且开口较大，与凹坑以外的燃烧室空间连通面积大，形成了一个相对统一的燃烧室空间，因而也称为开式燃烧室或统一式燃烧室；相反，深坑形和球形燃烧室由于坑深、开口相对较小，被称为半开式燃烧室。

(1) 浅盆形燃烧室　浅盆形燃烧室如图 7-11(a) 所示，浅盆形燃烧室的结构比较简单，在活塞顶部设有开口大、深度浅的燃烧室凹坑，凹坑口径与活塞直径之比 $d_k/D=0.72\sim0.88$，凹坑口径与凹坑深度之比 $d_k/h=5\sim7$。燃烧室中一般不组织或只组织很弱的进气涡流，混合气形成主要靠燃油喷注的运动和雾化。因此，均采用小孔径（0.2～0.4mm）、多孔（6～12 孔）喷油器，喷油起喷压力较高（20～40MPa），最高喷油压力可高达 100MPa

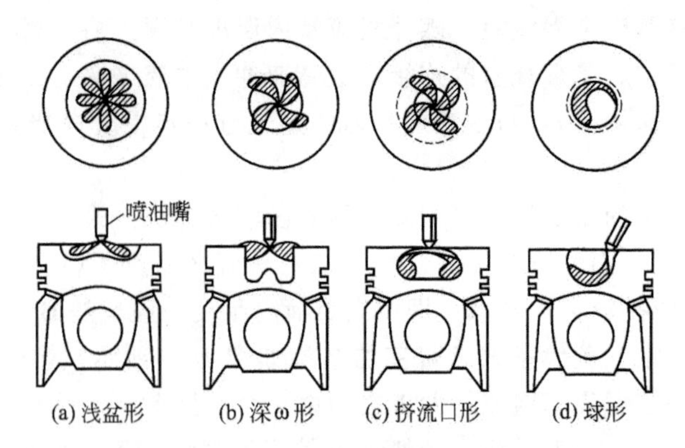

图 7-11　典型的直喷式燃烧室结构示意

以上，以使燃油尽可能分布到整个燃烧室空间。为了避免过多的燃油喷到燃烧室壁面上而不能及时与空气混合燃烧并产生积炭，喷注贯穿率一般在1左右。

浅盆形燃烧室内的油气混合属于较均匀的空间混合方式，在燃烧过程的滞燃期内，形成较多的可燃混合气，因而燃烧初期压力升高率和最高燃烧压力均较高，工作粗暴，燃烧温度高，NO_x 和排气烟度高。这种主要靠喷注的被动混合方式，决定了浅盆形燃烧室的空气利用率低，必须在过量空气系数大于1.6以上才能保证完全燃烧。

(2) 深坑形燃烧室　与浅盆形燃烧室的混合形式相比，深坑形燃烧室采用燃油和空气相互运动的混合气形成方式，以满足车用高速柴油机混合气形成和燃烧速度更高的要求。最具代表性的燃烧室有图7-11中所示的ω形和挤流口形。深坑形燃烧室一般适用于缸径为80～140mm的柴油机，其特点为燃油消耗率较低、转速高、起动性好，因此，在车用中小型高速柴油机上获得了广泛的应用。为了获得理想的综合性能指标，必须对涡流强度、流场、喷油速率、喷孔数、喷孔直径、喷射角度、燃烧室等进行大量的优化匹配工作。

1) ω形燃烧室。ω形燃烧室如图7-11(b) 所示，在活塞顶部设有比较深的凹坑，底部呈ω形，目的是为了帮助形成涡流以及排除气流运动很弱的中心区域的空气。一般 d_k/D 为0.6左右，$d_k/h=1.5\sim3.50$。ω形燃烧室的柴油机一般采用4～6孔均布的多孔喷油器，中央布置（四气门）或偏心布置（二气门），喷孔直径较浅盆形燃烧室的大，喷雾贯穿率一般为1.05。燃烧室内的空气运动以进气涡流为主，挤流为辅。

2) 挤流口形燃烧室。挤流口形燃烧室如图7-11(c) 所示，其混合气形成原理与ω形燃烧室基本相同，最大的区别就是采用了缩口形的燃烧室凹坑，这就使得挤流和逆挤流运动更强烈，涡流和湍流能保持较长的时间。挤流口形燃烧室的燃烧过程较柔和，挤流口抑制了较浓的混合气过早地流出燃烧室凹坑，使初期燃烧减慢，压力升高率较低，因此，NO_x 排放较ω形燃烧室低。

(3) 球形燃烧室　球形燃烧室与浅盆形和深坑形燃烧系统的空间混合方式不同，是以油膜蒸发混合方式为主。球形燃烧室的结构形状如图7-12所示。活塞顶部的燃烧室凹坑为球形。喷油嘴布置在一侧，油束与活塞上球形表面呈很小的角度，利用强进气涡流，顺着空气运动的方向将燃油喷涂到活塞顶的球形凹坑表面上，形成油膜。球形燃烧室壁温控制在200～350℃，使喷到壁面上的燃料在比较低的温度下蒸发，以控制燃料的裂解。蒸发的油气与空气混合形成均匀混合气，喷注中一小部分燃料以极细的油雾形式分散在空间，在炽热的空气中首先着火形成火核，然后点燃从壁面蒸发并形成的可燃混合气。随着燃烧的进行，热量辐射在油膜上，使油膜加速蒸发，燃烧也随之加速。匹配良好的球形燃烧室工作柔和，NO_x 和炭烟排放都较低，动力性和燃油经济性也较好。

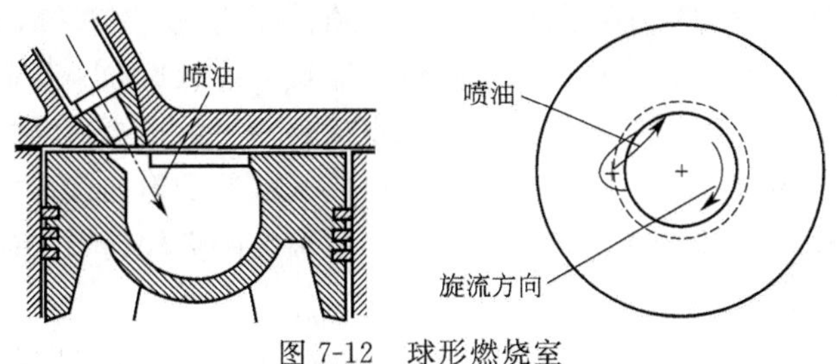

图 7-12　球形燃烧室

三、低排放柴油喷射系统

柴油机燃油喷射系统的基本任务就是要根据柴油机输出功率的需要，在每一循环中，将精确的燃油量，按准确的喷油正时，以一定的喷射压力，将柴油喷入燃烧室。为了降低柴油机的排放，燃油喷射系统的改进是关键。

低排放喷射系统应该满足以下要求：①各种工况下都应有较高的喷油压力，以得到足够高的燃油流出的初速度，使燃油粒度细化以提高雾化质量并加快燃烧速度，从而改善排放性能；②优化喷油规律，实现每循环多次喷射；③每循环的喷油量能适应各种工况的实际需要；④各种不同工况有合理的喷油正时，实现柴油机的动力性、经济性和排放性综合最优。

1. 喷油压力

喷油过程中，喷油压力是对柴油机性能影响极大的一个因素，特别是直喷式柴油机。在直喷式柴油机中，无论其燃烧室中有无旋流，燃油的雾化、贯穿和混合气形成的能量主要依靠喷油的能量。喷油压力越大，则喷油能量越高、喷雾越细、混合气形成和燃烧越完全，因而，柴油机的排放性能和动力性、经济性都得以改善。

高的喷射压力可明显改善燃油和空气的混合，从而降低烟度和颗粒的排放，同时又可大大缩短着火延迟期，使柴油机工作柔和。为适应日益严格的排放法规要求，喷射压力从原来的几十兆帕提高到 100MPa、120MPa、180MPa。目前采用的高压共轨燃油喷射系统的喷射压力最高可以达到 200MPa。高压喷射降低炭烟的效果如图 7-13 所示，当喷油压力从 80MPa 提高到 160MPa 时，大负荷时的博世烟度从 1.7 降到 0.5 以下，中等负荷时接近 0。

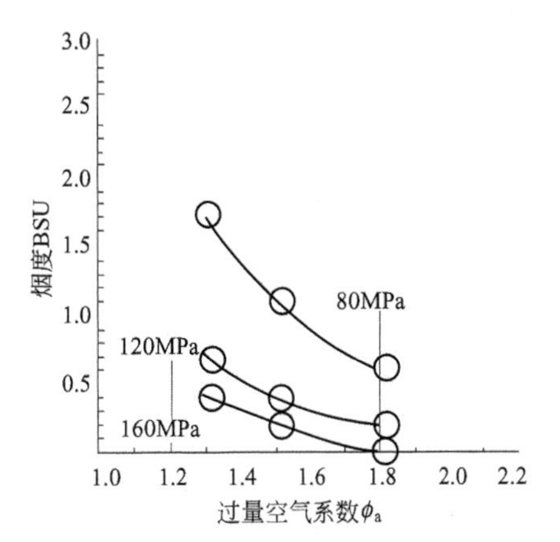

图 7-13　高压喷射降低炭烟的效果

一般供油系统的燃油喷射压力，决定于喷油泵的几何供油速率、喷油器的喷孔总面积以及喷油系统的结构刚度和泄漏情况等一系列因素。当喷油系统中有较长的高压油管时，高压腔内的压力波动对喷射压力产生很大影响，导致实际喷油压力峰值出现在喷嘴端，所以工程实践中常以嘴端峰值压力作为喷油系统工作能力的指标。

对于目前仍广泛采用的喷油泵—油管—喷油器系统，其喷油压力随转速升高而升高，随柴油机的负荷增大而增大。这种特性对于低转速、小负荷条件下的柴油机燃油经济性和烟度不利。并且由于细长的高压油管和其他高压腔容积的固有物理特性的制约，喷油压力的提高受限，有时还会因为压力波动造成不正常的二次喷射现象。

泵喷嘴则将柱塞式喷油泵和喷油器做成一体，取消了高压油管，因此可提供更高的喷油压力，由于有害高压油腔容积较小，所以即使最高喷油压力达 180MPa，也不会由于压力波动造成不正常的二次喷射现象。此外，喷油持续期缩短，使怠速和小负荷时喷油特性的稳定性得到改善。泵喷嘴安装在气缸盖上，由凸轮轴直接驱动。由于泵喷嘴的尺寸比一般的喷油器大，布置时有一定的困难。泵喷嘴在高压喷油时使气缸盖受附加载荷，所以，应该注意确保气缸盖的强度和刚度。泵喷嘴系统的驱动凸轮到曲轴的距离较远，传动系统负荷较大。这些都限制了泵喷嘴的广泛应用。

一般情况下，高压喷射会使 NO_x 增加，但如果合理利用高压喷射时燃烧持续期短的特点，同时并用推迟喷油时刻或废气再循环等方法，有可能使微粒和 NO_x 同时降低。

2. 喷油规律

喷油规律是影响柴油机排放的主要因素。根据对柴油机的研究和分析，可得出以下结论：①滞燃期内的初期喷油量控制了初期放热率，从而影响最高燃烧压力和最大压力升高率。这些都直接与柴油机噪声、工作粗暴性和 NO_x 排放等相关。②为了提高循环热效率，应尽量减小喷油持续角，并使放热中心接近上止点。喷油持续角与平均喷油率是直接相关的，喷油持续角过大，即平均喷油率较小，不仅会拉长燃烧时间、减小喷油压力而降低整机动力性和经济性，也会使燃烧过迟而导致烃类化合物、CO 排放增多和烟度上升。③在喷油后期，喷油率应快速下降以避免燃烧拖延，造成烟度及耗油量的加大。喷油后期也不应该出现二次喷射及滴油等不正常情况。

为降低柴油机的排放，必须有较理想的燃烧过程，如抑制预混合燃烧以降低 NO_x，促进扩散燃烧以降低微粒和提高热效率。为了实现这种理想的燃烧过程，必须有合理的喷油规律，“初期缓慢，中期急速，后期快断”，理想的喷油规律如图 7-14 所示。这种理想的喷油规律的形状近似于“靴型”。初期的喷油速率不能太高，是为了减少在滞燃期内形成的可燃混合气量，降低初期燃烧速率，以达到降低最高燃烧温度和压力升高率，从而抑制 NO_x 生成及降低燃烧噪声。喷油中期采用高喷油压力和高喷油速率以加速扩散燃烧速度，防止生成大量微粒和降低热效率。喷油后期要迅速结束喷射，以避免在低的喷油压力和喷油速率下燃油雾化变差，导致燃烧不完全而使烃类化合物和微粒排放增加。

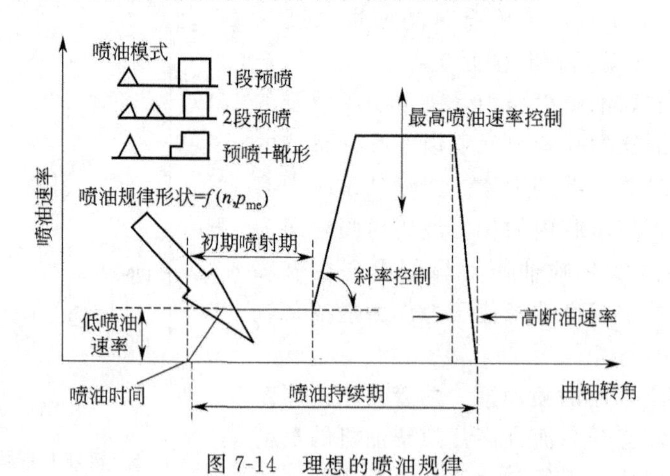

图 7-14 理想的喷油规律

预喷射也是一种实现柴油机初期缓慢燃烧的喷油方法，如图 7-14 左上角的几种模式。

在主喷射前，有一少量的预先喷射，会使得在着火延迟期内只能形成有限的可燃混合气量，这部分混合气只有较弱的初期燃烧放热，并使随后的主喷射燃油的着火延迟期缩短，避免了一般直喷式柴油机燃烧初期急剧的压力、温度升高，因而可明显降低 NO_x 排放。

要优化喷油规律，靠常规的机械喷油系统是很难完成的。只有用电磁阀控制喷油的电控喷油系统，才能实现灵活的喷油规律控制。特别是近几年出现的电控共轨喷射系统，完全可以实现喷油规律的优化控制。

3. 喷油定时

喷油定时是间接地通过滞燃期来影响发动机性能的。喷油提前角过大，则燃料在柴油机的压缩行程中燃烧的数量就多，不仅增加压缩负功，使燃油消耗率上升，功率下降，而且因滞燃期较长，压力升高率和最高燃烧温度、压力迅速升高，使得柴油机工作粗暴、NO_x 排放量增加；如果喷油提前角过小，则燃料不能在上止点附近迅速燃烧，导致后燃增加，虽然最高燃烧温度和压力降低，但燃油消耗率和排气温度增高，发动机容易过热。所以，柴油机对应每一工况都有一个最佳喷油提前角。

喷油定时对柴油机的烃类化合物排放的影响比较复杂。它与燃烧室形状、喷油器结构参数及运转工况等有关，故不同机型的柴油机往往会得到不同的结果。喷油提前，滞燃期增加，使较多的燃油蒸汽和小油粒被旋转气流带走，形成一个较宽的过稀不着火区，同时燃油与壁面的碰撞增加，这会使烃类化合物排放增加。而喷油过迟，则使较多的燃油没有足够的反应时间，烃类化合物排放量也要增加。

对 NO_x 而言，喷油提前时，燃油在较低的空气温度和压力下喷入气缸，结果使滞燃期延长，导致氮氧化物的增加。推迟喷油会降低初始放热率，使燃烧室中最高温度降低，从而减少氮氧化物排放量，所以喷油定时的延迟是减少氮氧化物排放浓度的有效措施。喷油延迟必将使燃烧过程推迟进行，最高燃烧压力降低，功率下降，燃油经济性变坏，并产生后燃现象，同时排温增高，烟度增加。因此，喷油延迟必须适度。

大负荷时影响颗粒排放浓度的主要是固相碳，喷油延迟，烟度会增加，即颗粒中固相碳的比例增加。而在小负荷、怠速情况下推迟喷油，由于燃烧温度低，燃烧不完善，从而导致烃类排量即颗粒中可溶性物质比例的增加。因此，将喷油延迟，颗粒的排放量在各种工况下都会增加。但喷油过于提前，会使得燃油在较低温度下喷入而得不到完全燃烧，也会导致烟度及烃类排放的增加，更重要的是还会导致氮氧化物的增加。所以总有一个最佳喷油提前角，就是要在该提前角下柴油机功率大、燃油消耗率低、颗粒浓度也最低。

四、多气门技术

以前的发动机每个气缸只有两个气门（进气门、排气门各一个），如果每个气缸多于两个气门，就称为多气门发动机。

车用柴油机的转速一般可达 5500r/min 以上，完成一个工作冲程只有极短的时间。高转速的强化柴油机需要燃烧更多的燃料，相应也需要更多的新鲜空气，传统的二气门已经很难在这么短的时间内完成换气工作。在一段时间内气门技术甚至成为阻碍发动机技术进步的瓶颈。唯一的办法只能是扩大气体出入的空间，为此，多气门技术应运而生。

1. 气流组织

适当的缸内气流运动有利于燃烧室中燃油喷雾与空气的混合，使燃烧更迅速更完全。尤其当喷油系统的压力不够高使得喷雾不够细时，要求较强的涡流运动来促进油气混合。强烈的进气涡流一般由螺旋进气道或切向进气道产生，它们均以不同程度地增加进气阻力为代价获得较强的涡流运动，结果是泵气损失增大，充量系数下降。另外，对于小缸径高速柴油机，其工作转速范围很大，进气系统产生的涡流往往难以同时满足各种转速下的要求，涡流转速过高和过低同样不利于燃烧。多气门柴油机的开发从根本上改变了上述情况。

随着多气门发动机的发展，人们发现，在二进气门的发动机上，传统的进气涡流很难维持到压缩上止点。从缸内气流运动的三维流动模型计算中发现，在平行于气缸轴线平面内也存在涡流，即滚流（或称垂直涡流以区别于水平涡流），而且相当稳定，并可保持到压缩行程的末期，之后在挤流的冲击下破碎成湍流，大大提高了上止点附近的湍流强度。

滚流是多气门发动机缸内气体流动的主要形式，通过对不同进气门处的气流导向来实现。在对称进气的多气门发动机中较易出现进气滚流。当气门升程较小时，进气在缸内的流动比较紊乱，这时存在两个旋转轴相互平行而垂直于气缸轴线的涡团：一个在进气门下方靠近气道一侧，而另一个则在进气道对面大致位于排气门下方，此为非滚流期。当气门升程加大时，位于进气道对面的涡团突然加强进而占据整个燃烧室，与此同时另一个涡团逐渐消失，此为滚流产生期。随着气门升程的加大和活塞下移，滚流不断加强直至进气行程下止点附近，滚流达到最强，此为滚流发展期。压缩行程属滚流持续期，在压缩行程后期，由于燃烧室空间变得扁平不适于滚流而使其衰减，活塞到达上止点前后，滚流几乎被压碎而成为湍流，此为滚流破碎期。湍流的寿命很短，在燃烧过程中很快消失。

进气道结构是影响进气在缸内滚流强度的主要因素。滚流进气道通常设计为俯冲式直气道，将喉口附近截面设计为上大下小可得到较强的滚流。然而滚流的增强是以增加进气阻力为代价的，难以提高进气的综合性能指标，如果在普通滚流进气道下方加设副气道，就可以达到提高滚流强度15%以上而不损失进气流量的效果。在多气门发动机上，改变进气门数，可以得到不同强度的进气滚流。

2. 多气门

20世纪80年代，正是由于多气门技术的推广，发动机的整体质量有了一次质的飞跃。在各种多气门发动机中，除了两个进气门和一个排气门的三气门式发动机，目前，市场上更常见的是两个进气门和两个排气门的四气门或三个进气门和两个排气门的五气门式发动机。

四气门式发动机在目前的轿车上最为常见。增加了气门数目就要增加相应的配气机构装置，构造也比较复杂。气门排列有两种方式：一种是进气门和排气门混合排；另一种是进气门和排气门各自排成一列。前者的所有气门由一根凸轮轴通过T形杆驱动，但因气门在进气道中所处的位置不同，导致工作条件和效果不好，后者则无此缺点，但需配备两根凸轮轴，即顶置式双凸轮轴（Double Over Head Camshaft，DOHC），这两根凸轮轴分别控制排列在气缸中心线两侧的进、排气门。近年来推出的发动机多采用这种形式。气门布置在气缸中心线两侧且倾斜一定角度，目的是为了尽量扩大气门头的直径，加大气流通过面积，改善换气性能。

五气门发动机由于比四气门多一个进气门，进气更充分，燃烧效率也相应得到提高，燃油经济性相对较好。大众公司的系列产品如宝来、帕萨特、POLO等都是采用五气门发动机。

从二气门、四气门到五气门，燃烧效率越来越高，但并不是气门数目越多，发动机的性能就越好。热力学有一个叫“帘区”的概念，指气门的圆周乘以气门的升程，即气门开启的空间。“帘区”越大说明气门开启的空间越大，进气量也就越大。但并不是气门越多“帘区”

值就越大，据计算，当每个气缸的气门数增加到6个时"帘区"值反而会下降。而且，增加了气门数目就要增加相应的配气机构装置，使结构变得更复杂。

采用多气门的主要优点如下。①扩大进排气门的总流通截面积，增大柴油机的进排气量，降低泵气损失，使柴油机燃烧更彻底。②喷油器可垂直布置在气缸轴线附近，对油气混合有利，不仅改善了喷油器的冷却和活塞的热应力（二气门柴油机燃烧室在活塞头上偏置，使热应力不均匀），而且解决了由于二气门柴油机喷油器斜置造成的各喷油孔流动条件不同的问题，有利于燃油在燃烧室空间的均匀分布，从而改善燃烧过程。③可实现关闭部分通道，形成与柴油机转速相适应的进气滚流强度，拓宽柴油机的高效工作转速范围。低速运转时采用上述方法，可使进气滚流强度比高速时提高一倍，从而提高低速时的混合气质量。④气门增多，则气门变小变轻，从而允许气门以更快的速度开启和关闭，增大了气门开启的时间断面值。

五、增压技术

在发动机中，燃料所供能量中有20%～45%是由排气带走的，对于非增压柴油机可取上述百分比范围的低限值，对高增压柴油机可取高限值。例如，一台平均有效压力为1.8MPa的高增压中速四冲程柴油机，燃料中将近47%的能量传给活塞做功，约10%的能量通过气缸壁散失掉，约43%的能量随排气流出气缸。涡轮增压系统的作用就在于利用这部分排气能量，使它转换为压缩空气的有效功以增加发动机的充气量。增压是提高柴油机功率密度和改善其排放的主要手段。

涡轮增压在大功率强化柴油机上的应用已半个世纪有余，但作为车用柴油机来说，涡轮增压的应用却相对滞后，增压车用柴油机的广泛应用不过30年左右的历史。原因有二：一是小型涡轮增压器制造技术不成熟，以至可靠性不符合汽车的要求，同时成本过高；二是增压柴油机过渡工况性能不好，尤其是加速性能较差。当汽车主要在市内或等级较低的公路上行驶时，经常制动、加速，增压柴油机驱动性能不能很好发挥，反而引起加速冒烟等弊病。

但是，随着小型高速涡轮增压器设计技术和制造工艺的成熟，涡轮增压器的效率大大提高，工作可靠性显著改善，成本也明显降低，增压柴油机的加速性得到明显的改善。然而，对于涡轮增压在车用柴油机上的应用，最大的推动力来自于排放控制法规的日趋严格。现在，不仅重型车用柴油机几乎毫无例外地采用增压，且中型、轻型车，甚至轿车用柴油机都采用增压，而且增压度越来越高，增压中冷的应用也越来越多。

（1）增压对CO排放的影响　柴油机中CO是燃料不完全燃烧的产物，主要在局部缺氧或低温下形成。柴油机燃烧通常在过量空气系数大于1的条件下进行，因此CO排放量比汽油机要低。采用涡轮增压后过量空气系数还要增大，燃料的雾化和混合进一步得到改善，发动机的缸内温度能保证燃料更充分燃烧，CO排放可进一步降低。

（2）增压对烃类化合物排放的影响　柴油机排气中的烃类化合物主要是由原始燃料分子、分解的燃料分子以及燃烧反应中的中间化合物所组成，小部分是由窜入气缸的润滑油生成。增压后进气密度增加、过量空气系数大，可以提高燃油雾化质量，减少沉积于燃烧室壁面上的燃油，烃类化合物减少。

（3）增压对NO_x排放的影响　氮氧化物中NO含量占90%以上。NO_x的生成主要取决于燃烧过程中氧的浓度、温度和反应时间。降低NO_x的措施是降低最高燃烧温度和氧的浓度以及减少高温持续的时间。

柴油机单纯增压后可能会因过量空气系数增大和燃烧温度升高而导致 NO_x 增加。实际应用中，在柴油机增压的同时，常采用减小压缩比、推迟喷油定时和组织废气再循环等措施来减小热负荷，降低最高燃烧温度。压缩比的减小可以降低压缩终了的介质温度从而降低燃烧火焰温度；推迟喷油走时可以缩短滞燃期，减少油束稀薄区的燃料蒸发和混合，降低最高燃烧温度；废气再循环在一定程度上抑制了着火反应速度，以控制最高温度。

为解决因喷油定时推迟和废气再循环所导致的后燃期增加的问题，需增大供油速率，缩短喷油时间和燃烧时间。

采用进气中冷技术可以降低增压柴油机进气温度，燃烧温度可以得到有效控制，有利于减少 NO_x 的生成。

(4) 增压对颗粒排放物的影响　影响柴油机微粒物生成的原因较复杂，其主要因素是过量空气系数、燃油雾化质量、喷油速率、燃烧过程和燃油质量等。一般柴油机中降低 NO_x 的机内净化措施通常会导致颗粒排放物的增加。增压柴油机，特别是采用高增压比和中冷技术后，可显著增大进气密度，增加缸内可用的空气量。如同时采用高压燃油喷射、电控共轨喷射、低排放燃烧系统和中心喷嘴四气门技术等，改善燃烧过程，则可有效地控制颗粒物排放。试验数据表明，采用增压中冷技术的柴油机可降低颗粒物排放约 45%。在大负荷区，与颗粒物排放密切相关的可见污染物排放，也随着增压比的增大而显著下降。

(5) 增压对 CO_2 排放及燃油经济性的影响　CO_2 是导致全球环境温度上升的主要温室效应气体之一，发达国家已达成共识，控制 CO_2 的排放量。欧洲国家在 2005 年要降低 25% 的 CO_2 排放量。低燃油消耗意味着更少的有害污染物排放量和 CO_2 的生成量。

增压柴油机的燃油经济性改善得益于废气能量的利用和燃烧效率的提高；另外，增压柴油机的平均有效压力增加，使得机械摩擦损失相对较小，且没有换气损失，因而机械效率提高；增压柴油机的比质量低，同样功率的柴油机可以做得更小、更轻，整车质量可以减小，也有利于燃油经济性的改善。

六、废气再循环系统

废气再循环（EGR）技术首先应用于汽油机上，长期以来，一直被认为是一种降低汽油机 NO_x 排放的有效措施。从 20 世纪 70 年代开始，国外就将废气再循环技术转向柴油机，研究表明，它同样适用于柴油机，并能有效地降低柴油机的 NO_x 排放量。

柴油机燃烧时温度高、持续时间长、燃烧时的富氧状态是生成 NO_x 的三个要素。前两个要素随转速和负荷的增加而迅速增加，而富氧状态则与空燃比直接相关。因此，必须采取有效措施降低燃烧峰值温度、缩短高温持续时间，同时采用适当的空燃比，以降低 NO_x 排放。柴油机通过废气再循环来降低 NO_x 排放量的基本原理和汽油机大致相同。

1. EGR 的组成

(1) 柴油机废气再循环系统　自然吸气柴油机所用的 EGR 系统与汽油机类似，由于进、排气之间有足够的压力差，EGR 的控制比较容易。但在 EGR 的回流气中的微粒可能引起气缸活塞组和进气门的磨损，为减小这种影响，首先要尽可能降低微粒的排放。

在增压柴油机中，再循环的废气一般直接引入增压器后的进气管中。增压中冷柴油机则根据 EGR 外部回路的不同，EGR 系统可分为低压回路连接法和高压回路连接法两种。

低压回路连接法，是用外管将废气涡轮增压器的涡轮机出口和压气机入口连接起来，并在回路上加装一个 EGR 阀，用来控制 EGR 流量。由于容易获得一个适当的压力差，这种方法在柴油机较大转速范围内均易实现。但是，由于废气流经增压器的压气机及增压中冷器，易造成增压器的腐蚀和中冷器的污损，使柴油机的可靠性和寿命降低。

高压回路连接法，是将涡轮机的入口和压气机的出口用外管连接起来的方法。由于排出的废气不经过压气机和中冷器，故避免了上述问题。但在柴油机大、中负荷时，压气机出口的压力（增压压力）比涡轮机入口的排气压力还高，逆向的压差使 EGR 难以实现。

为了增大 EGR 实现的范围，已经采取了各种办法。如用节流阀对进气节流，使排气压力高于进气压力，在进气系统中设置一个文丘里管以保证大负荷时所需要的压力差，还有采用专门的 EGR 泵强制进行，增压中冷柴油机的 EGR 系统如图 7-15 所示。

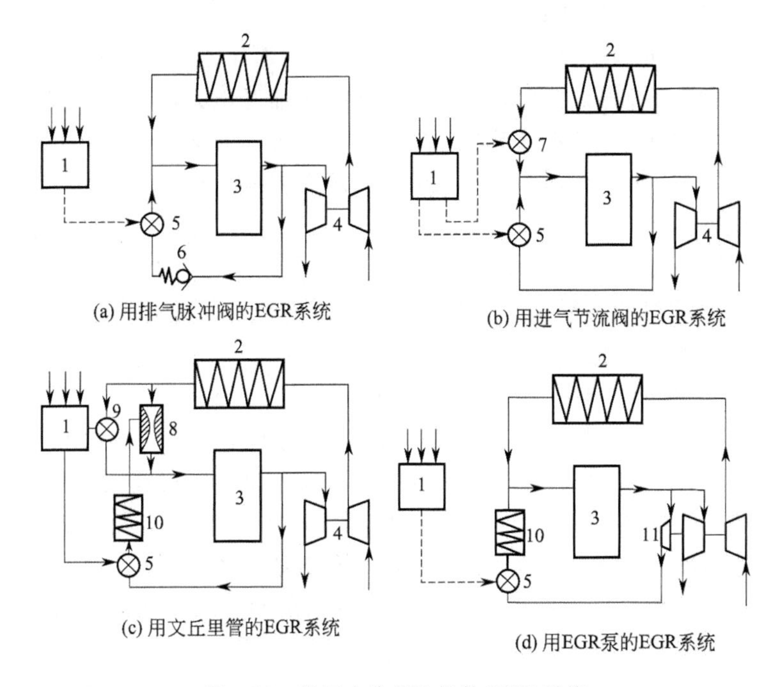

图 7-15　增压中冷柴油机的 EGR 系统

1—电控器；2—中冷器；3—柴油机；4—涡轮增压器；5—EGR 阀；6—排气脉冲阀；7—进气节流阀；8—文丘里管；9—文丘里管旁通阀；10—EGR 冷却器；11—EGR 泵

（2）柴油机 EGR 的控制方法　柴油机 EGR 率的精确控制对于 NO_x 的净化效果极其重要。一般 EGR 控制系统有机械式和电控式两类。机械式控制的 EGR 率小（5%～15%），结构复杂，因而应用不多。电控式系统不仅结构简单，还能进行较大的 EGR 率（15%～20%）控制。电控系统又分为开环控制和闭环控制。开环控制一般是基于三维 EGR 脉谱（MAP 图）的控制，即根据预先由试验确定的 EGR 率与发动机转速、负荷的对应关系进行控制。闭环控制可以 EGR 阀开度作为反馈信号，也可直接用 EGR 率作为反馈信号，采用 EGR 率传感器，对进气中氧气浓度进行检测，将检测结果反馈给 ECU，从而不断调整 EGR 率使其始终保持在最佳状态。

（3）柴油机 EGR 与汽油机 EGR 的比较　柴油机 EGR 与汽油机 EGR 的差别主要有如

下几点。

1）各工况要求的EGR率不同。对于汽油机来说，一般在大负荷、起动、暖机、怠速、小负荷时不宜采用EGR或只允许较小的EGR率，在中等负荷工况允许采用较大的EGR率。柴油机则在高速大负荷、高速小负荷时，由于燃烧阶段所必需的氧气浓度相对减少，助长了炭烟的排放，故应适当限制EGR率；部分负荷时采用较小的EGR率除可降低NO_x外，还可改善燃油经济性；低速小负荷时可有较大的EGR率，这是由于柴油机在此时过量空气系数较大，废气中含氧量较高，故较大的EGR率不会对发动机的性能产生太大的影响。

2）EGR率不同。由于柴油机总是以稀燃方式运行，其废气中的二氧化碳和水蒸气的比例要比汽油机低，因此，为了达到对柴油机缸内混合物热容量的实际影响，需要比汽油机高得多的EGR率。一般汽油机的EGR率最大不超过20%，面直喷式柴油机的EGR率允许超过40%，非直喷柴油机允许超过25%。

3）柴油机进气管与排气管之间的压差较小，尤其在涡轮增压柴油机中，大、中负荷工况范围压缩机出口的增压压力往往大于涡轮机出口的排气压力，EGR难以自动实现，使EGR的应用工况范围及EGR的循环流量均受到限制。为扩大EGR的应用范围，需在进气管或排气管上安装节流装置，通过节流来改变进气压力或排气压力，因此，柴油机的废气再循环系统要比汽油机复杂。

2. EGR率对柴油发动机性能的影响

EGR系统对发动机性能的影响实质上就是通过对混合气成分的改变来影响发动机动力性、经济性和排放性能的。

EGR对发动机性能的影响主要体现在空燃比的改变上，随着EGR率的提高，空燃比逐渐降低。且随发动机工况的不同，它对空燃比的影响也不同。发动机在怠速、小负荷及常用工况下，A/F均很大，EGR对混合气的稀释作用不大，允许采用较大的EGR率，但在小负荷时会影响发动机的着火稳定性；在大负荷时，A/F约为25：1，过大的EGR率会降低燃烧速度，燃烧波动增加，降低燃烧热效率，功率和燃油经济性恶化，随之带来CO、烃类化合物和烟度的大幅增加。由此可见，EGR对发动机的负面影响主要表现在大负荷工况，尤其使烃类化合物及微粒增加，燃油消耗量增大。

尽管在柴油机大负荷工况下采用EGR对其性能不利，但由于柴油机60%～70%的NO_x是在大、中负荷工况下产生的，只有EGR增加才能使NO_x迅速减少。EGR率为15%时，NO_x排放可以减少50%以上；EGR率为25%时，NO_x排放可减少80%以上。

在最大限度地提高EGR率的同时，减少由于EGR对发动机性能带来的负面影响，可在柴油机上同时辅以其他技术措施，比如涡轮增压中冷技术，电控高压共轨燃油喷射技术等。

七、电控柴油喷射系统

车用汽油机采用电控技术、增压技术和三元催化转化器后，燃油经济性显著改善，升功率也进一步提高，烃类化合物（HC）、CO和NO_x的排放量均可满足目前排放法规要求。然而，柴油机却面临日趋严格的排放法规对NO_x和微粒排放量限制的挑战。在未做净化处理的条件下，由于过量空气系数较大，柴油机的燃烧通常较汽油机充分，CO和烃类化合物的排放量较汽油机少很多，NO_x排放量约为汽油机的1/2，但对人类健康极有害的微粒排放则是汽油机的30～80倍。

减少柴油机的NO_x排放，较有效的方法是采用废气再循环技术，但它会使柴油机经济性受到影响。其他为降低微粒排放而采取的机内净化措施往往又与降低NO_x排放相矛盾。所以，现代车用柴油机是以降低NO_x和微粒排放、降低噪声和燃油消耗为目的的。然而影响和制约它们的因素太多，且相互关系复杂。这些问题的处理通常是在一定约束条件下，优化目标函数中的变量参数。这就要求柴油机的控制系统能自动获取有关信息，并按预定的“理想性能”，对循环喷油量、喷油正时、喷油速率、喷油压力、配气正时等进行全面的柔性控制，保证系统在结构参数、初始条件变化或目标函数极值点漂移时，能够自动维持在最优运行状态。对柴油机燃油喷射系统的要求是：在实现喷油量的精确控制前提下，实现可独立于喷油量和发动机转速的高压喷射，同时实现对喷油正时的柔性控制和对喷油速率的优化控制。

只有在柴油机上应用电控和其他相关技术，实现对发动机的各种参数在不同工况下的最佳匹配，才能满足车用柴油机在提高动力性、降低油耗、改善排放等各个方面越来越严格的要求。

20世纪90年代以来，电控技术在柴油机上的应用逐渐增多，控制精度不断提高，控制功能不断增加，配合增压技术和直喷式燃烧在小缸径柴油机上的应用也逐渐成熟，加上多气门结构和高压喷射技术，大大提高了柴油机轿车和轻型车的竞争力。

燃油供给系统的性能是影响缸内燃烧过程的重要因素，改进燃油供给系统是改善柴油机排放的重要措施之一。对柴油机采用电控燃油喷射技术，能够获得更高的燃烧效率，同时降低燃烧峰值温度，从而减少柴油机的各种有害排放。

第三节　车用汽油机外净化技术

一、概述

机内净化技术以改善发动机燃烧过程为主要内容，对降低排气污染起到了较大作用，但其效果有限，且不同程度地给汽车的动力性和经济性带来负面影响。随着排放要求的日趋严格，改善发动机工作过程的难度越来越大，能统筹兼顾动力性、经济性和排放性能的发动机将越来越复杂，成本也急剧上升。因此，世界各国都先后开发包括催化转化器在内的各种机外净化技术。由于汽车排放污染物分别来自于排气管、曲轴箱和燃油系统，因此机外净化措施可以按以下分类。

1. 排气后处理技术

排放后处理技术在不影响或少影响发动机其他性能的同时，在排气系统中安装各种净化装置，采用物理的和化学的方法降低排气中的污染物最终向大气环境的排放。

专门对发动机排气进行后处理的方法是将净化装置串接在发动机的排气系统中，在废气排入大气前，利用净化装置在排气系统中对其进行处理，以减少排入大气的有害成分。车用汽油机采用后处理装置较多。这些装置主要有三元催化转化器、热反应和二次空气喷射系统等。

2. 非排气污染物处理技术

净化排气以外的污染成分的技术，主要指燃油蒸发控制装置和曲轴箱强制通风装置。

二、车用汽油机排气后处理技术

（一）三元催化转化器

三元催化转化器是目前应用最多的车用汽油机排气后处理净化技术。当发动机工作时，废气经排气管进入催化器，其中，氮氧化物与废气中的一氧化碳、氢气等还原性气体在催化作用下分解成氮气和氧气；而烃类化合物和一氧化碳在催化作用下充分氧化，生成二氧化碳和水蒸气。三元催化转化器的载体一般采用蜂窝结构，蜂窝表面有涂层和活性组分，与废气的接触表面积非常大，所以其净化效率高，当发动机的空燃比在理论空燃比附近时，三元催化剂可将90%的烃类化合物和一氧化碳及70%的氮氧化物同时净化，因此，这种催化器被称为三元催化转化器。目前，电子控制汽油喷射加三元催化转化器已成为国内外汽油车排放控制技术的主流。

1. 三元催化转化器的组成

三元催化转化器的基本结构如图7-16所示，它由壳体、垫层、陶瓷载体和催化剂四部分组成。通常把催化剂涂层部分或载体和涂层称为催化剂。

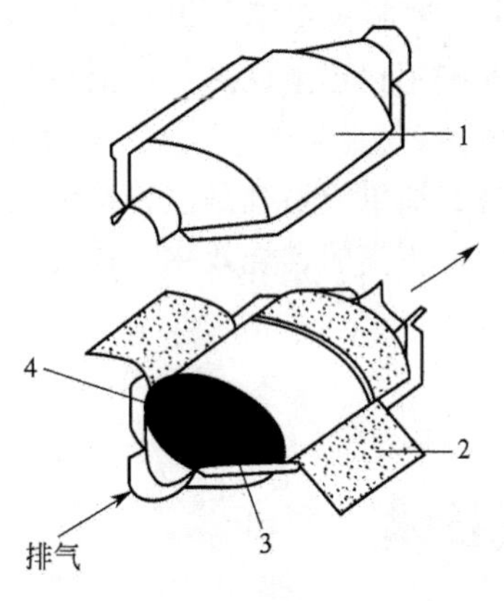

图7-16　三元催化转化器的基本结构

1—壳体；2—垫层；3—催化剂 4—陶瓷载体

（1）壳体　壳体是整个三元催化转化器的支承体。壳体的材料和形状是影响催化转化器转化效率和使用寿命的重要因素。目前用得最多的壳体材料是含铬、镍等金属的不锈钢，这种材料具有热膨胀系数小、耐腐蚀性强等特点，适用于催化转化器恶劣的工作环境。壳体的形状设计，要求尽可能减少；经催化转化器气流的涡流和气流分离现象，防止气流阻力增大；要特别注意进气端形状设计，保证进气流的均匀性，废气尽可能均匀分布在载体的端面上，使附着在载体上的活性涂层尽可能承担相同的废气注入量，让所有的活性涂层都能对废气产生加速反应的作用，以提高催化转化器的转化效率和使用寿命。

三元催化转化器壳体通常做成双层结构，并用奥氏体或铁素体镍铬耐热不锈钢板制造，以防因氧化皮脱落造成催化剂的堵塞。壳体的内外壁之间填有隔热材料。这种隔热设计防止发动机全负荷运行时由于热辐射使催化器外表面温度过高，并加速发动机冷起动时催化剂的起燃。为减少催化器对汽车底板的热辐射，防止进入加油站时因催化器炽热的表面引起火灾，避免路面积水飞溅对催化器的激冷损坏以及路面飞石造成的撞击损坏，在催化器壳体外面还设有半周或全周的防护隔热罩。

（2）垫层　为了使载体在壳体内位置牢固，防止它因振动而损坏，为了补偿陶瓷与金属之间热膨胀性的差别，保证载体周围的气密性，在载体与壳体之间加有一块由软质耐热材料构成的垫层。垫层具有特殊的热膨胀性能，可以避免载体在壳体内部发生窜动而导致载体破碎。

另外，为了减小载体内部的温度梯度，以减小载体承受的热应力和壳体的热变形，垫层还应具有隔热性。常见的垫层有金属网和陶瓷密封垫层两种形式，陶瓷密封垫层在隔热性、抗冲击性、密封性和高低温下对载体的固定力等方面比金属网要优越，是主要的应用垫层；而金属网垫层由于具有较好的弹性，能够适应载体几何结构和尺寸的差异，在一定的范围内也得到了应用。

陶瓷密封垫层一般由陶瓷纤维（硅酸铝）、蛭石和有机黏合剂组成。陶瓷纤维具有良好的抗高温能力，使垫层能承受催化转化器中较为恶劣的高温环境，并在此条件下充分发挥垫层的作用。蛭石在受热时会发生膨胀，从而使催化转化器的壳体和载体连接更为紧密，还能隔热以防止过高的温度传给壳体，保证催化转化器使用的安全性。

(3) 三元催化剂

1) 三元催化剂的组成。三元催化剂是三元催化转化器的核心部分，它决定了三元催化转化器的主要性能指标，其组成如图 7-17 所示。

① 载体。蜂窝状整体式载体具有排气阻力小、机械强度大、热稳定性好和耐冲击等优良性能，故能被广泛用作汽车催化剂的载体。目前，市场上销售的汽车排气净化催化剂商品均采用蜂窝状整体式载体，其基质有两大类，即堇青石陶瓷和金属，前者约占 90%，后者约占 10%。

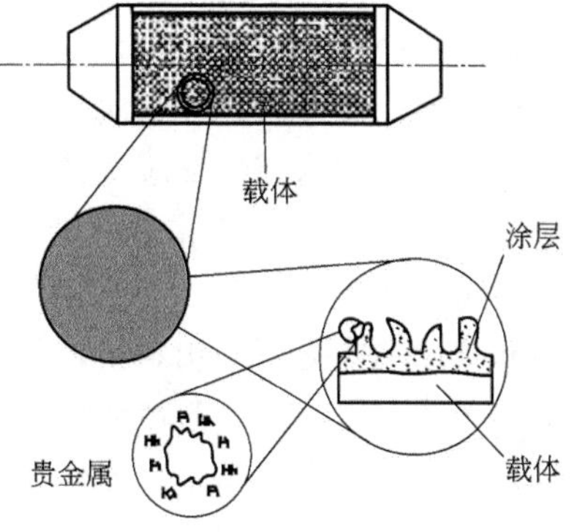

图 7-17　三元催化剂的组成

汽车用蜂窝陶瓷载体一般用堇青石制造，它是一种铝镁硅酸盐陶瓷，其化学组成为 $2Al_2O_3 \cdot 2MgO \cdot 5SiO_2$，熔点在 1450℃左右，在 1300℃左右仍能保持足够的弹性，以防止在发动机正常运转时发生永久变形。一般认为堇青石蜂窝载体的最高使用温度为 1100℃左右。为增大蜂窝陶瓷载体的几何面积，并降低其热容量和气流阻力，载体采用的孔隙度已从早期的 47 孔/cm^2 到 62 孔/cm^2 再到 93 孔/cm^2，孔壁厚也由 0.3mm 到 0.15mm 再到 0.1mm。因此，在不增加催化转化器体积的情况下，使单位体积的几何表面积由 2.2m^2/L 增加到 2.8m^2/L 再到 3.4m^2/L，从而大大提高了净化效率。

蜂窝金属载体的优点是起燃温度低、起燃速度快、机械强度高、比表面积大、传热快、比热容小、抗振性强和寿命长，可适应汽车冷起动排放的要求，并可采用电加热。在外部横断面相同的情况下，金属载体提供给排气流的通道面积较大，从而可降低排气阻力 15%～25%，可使发动机功率提高 2%～3%。相同直径的金属蜂窝整体式载体和陶瓷载体达到相同三效转化率时，金属载体的体积可比陶瓷载体的体积减小 18%。但由于其价格比较昂贵，目前主要用于空间体积相对较小的摩托车以及少量汽车的前置催化转化器中，后者的主要目的是改善发动机的冷起动排放。

② 涂层。由于蜂窝陶瓷载体本身的比表面积很小，不足以保证贵金属催化剂充分分散，因此常在其壁上涂覆一层多孔性物质，以提高载体的比表面积，然后再涂上活性组分。多孔性的涂层物质常选用氧化铝 Al_2O_3 与 SiO_2、MgO、CeO_2 或 ZrO_2 等氧化物构成的复合混合物。理想的涂层可使催化剂有合适的比表面积和孔结构，从而改善催化剂的活性和选择性，保证助催化剂和活性组分的分散度和均匀性，提高催化剂的热稳定性。同时还可节省贵金属活性组分的用量，降低催化剂生产成本。

对于蜂窝金属载体，涂底层的方法并不适用，而是通常采用刻蚀和氧化的方法在金属表面形成一层氧化物，然后在此氧化物表面上浸渍具有催化活性的物质。

③ 活性组分。汽车尾气净化用催化剂以铑(Rh)、铂(Pt)、钯(Pd) 三种贵金属为主要活性组分，此外还含有铈(Ce)、镧(La) 等稀土元素作为助催化剂。催化剂各组分的作用如下。

a. 铑：铑是三元催化剂中催化氮氧化物还原反应的主要成分。它在较低的温度下还原氮氧化物为氮气，同时产生少量的氨具有很高的活性。所用的还原剂可以是氢气也可以是一氧化碳，但在低温下氢气更易反应。氧气对此还原反应影响很大，在氧化型气氛下，氮气是唯一的还原产物；在无氧的条件下，低温时和高温时主要的还原产物分别是氨气和氮气。但当氧浓度超过一定计量时，氮氧化物就不能再被有效地还原。此外，铑对一氧化碳的氧化以及烃类的水蒸气重整反应也有重要的作用。铑可以改善一氧化碳的低温氧化性能。但其抗毒性较差，热稳定性不高。在汽车催化转化器中，铑的典型用量为0.1～0.3g。

b. 铂：铂在三元催化剂中主要起催化一氧化碳和烃类化合物的氧化反应的作用。铂对一氧化氮有一定的还原能力，但当汽车尾气中一氧化碳的浓度较高或有二氧化硫存在时，它没有铑有效。铂还原氮氧化物的能力比铑差，在还原性气氛中很容易将氮氧化物还原为氨气。铂还可促进水煤气反应，其抗毒性能较好。铂在三元催化剂中的典型用量为1.5～2.5g。

c. 钯：钯在三元催化剂中主要用来催化一氧化碳和烃类化合物的氧化反应。在高温下它会与铂或铑形成合金，由于钯在合金的外层，会抑制铑的活性的充分发挥。此外，钯的抗铅毒和硫毒的能力不如铂和铑，因此，全钯催化剂对燃油中的铅和硫的含量控制要求更高。但钯的热稳定性较高，起燃活性好。

在汽车尾气净化用三元催化剂中，各个贵金属活性组分的作用是相互协同的，这种协同作用对催化剂的整体催化效果十分重要。

d. 助催化剂：助催化剂是加到催化剂中的少量物质，这种物质本身没有活性，或者活性很小，但能提高活性组分的性能——活性、选择性和稳定性。车用三元催化剂中常用的助催化剂有氧化镧和氧化铈，它们具有多种功能，储存及释放氧，使催化剂在贫氧状态下更好地氧化一氧化碳和烃类化合物，以及在过剩氧的情况下更好地还原氮氧化物；稳定载体涂层，提高其热稳定性，稳定贵金属的高度分散状态；促进水煤气反应和水蒸气重整反应；改变反应动力学，降低反应的活化能，从而降低反应温度。

2）三元催化剂的劣化机理。

三元催化剂的劣化机理是一个非常复杂的物理、化学变化过程，除了与催化转化器的设计、制造、安装位置有关外，还与发动机燃烧状况、汽油和润滑油的品质及汽车运行工况等使用过程有着非常密切的关系。影响催化剂寿命的因素主要有四类，即热失活、化学中毒、机械损伤以及催化剂结焦。在催化剂的正常使用条件下，催化剂的劣化主要是由热失活和化学中毒造成的。

① 热失活。热失活是指催化剂由于长时间工作在850℃以上的高温环境中，涂层组织发生相变、载体烧熔塌陷、贵金属间发生反应、贵金属氧化及其氧化物与载体发生反应而导致催化剂中氧化铝载体的比表面积急剧减小、催化剂活性降低的现象。高温条件在引起主催化剂性能下降的同时，还会引起氧化铈等助催化剂的活性和储氧能力的降低。

引起热失活的原因主要有三种：发动机失火，如突然制动、点火系统不良、进行点火和压缩试验等，使未燃混合气在催化器中发生强烈的氧化反应，温度大幅度升高，从而引起严重的热失活；汽车连续在高速大负荷工况下行驶、产生不正常燃烧等，导致催化剂的温度急剧升高；催化器安装位置离发动机过近。催化剂的热失活可通过加入一些元素来减缓，如加入锆、镧、钕、钇等元素可以减缓高温时活性组分的长大和催化剂载体比表面积的减小，从而提高反应的活性。另外，装备了车载诊断系统（OBD）的现代发动机，也使催化剂热失活的可能性大为降低。

② 化学中毒。催化剂的化学中毒主要是指一些毒性化学物质吸附在催化剂表面的活性中心不易脱附，导致尾气中的有害气体不能接近催化剂进行化学反应，使催化转化器对有害排放物的转化效率降低的现象。常见的毒性化学物主要有燃料中的硫、铅以及润滑油中的锌、磷等。

a. 铅中毒：铅通常是以四乙基铅的形式加入到汽油中，以增强汽油的抗爆性。它在标准无铅汽油中的含量约为 1mg/L，以氧化物、氯化物或硫化物的形式存在。一般认为铅中毒可能存在两种不同的机理：一是在 700～800℃时，由氧化铅引起的；二是在 550℃以下，由硫酸铅及铅的其他化合物抑制气体扩散引起的。

b. 硫中毒：燃油和润滑油中的硫在氧化环境中易被氧化成二氧化硫。二氧化硫的存在，会抑制三元催化剂的活性，其抑制程度与催化剂种类有关。硫对贵金属催化剂的活性影响较小，而对非贵重金属催化剂活性影响较大。在常用的贵金属催化剂 Rh、Pt、Pd 中，Rh 能更好地抵抗二氧化硫对 NO 还原的影响，Pt 受二氧化硫影响最大。

c. 磷中毒：通常磷在润滑油中的含量约为 12g/L，是尾气中磷的主要来源。据估计汽车运行 8×10^4km 大约可在催化剂上沉积 13g 磷，其中 93%来源于润滑油，其余来源于燃油。磷中毒主要是磷在高温下可能以磷酸铝或焦磷酸锌的形式黏附在催化剂表面上，阻止尾气与催化剂接触所致，但向润滑油中加入碱土金属（Ca 和 Mg）后，碱土金属与磷形成的粉末状磷酸盐可随尾气排出，此时催化剂上沉积的磷较少，使烃类化合物的催化活性降低也较少。

③ 机械损伤。机械损伤是指催化剂及其载体在受到外界激励负荷的冲击、振动乃至共振的作用下产生磨损甚至破碎的现象。催化剂载体有两大类：一类是球状、片状或柱状氧化铝；另一类是含氧化铝涂层的整体式多孔陶瓷体。它们与车上其他零件材料相比，耐热冲击、抗磨损及抗机械破坏的性能较差，遇到较大的冲击力时，容易破碎。

④ 催化剂结焦。结焦是一种简单的物理遮盖现象，发动机不正常燃烧产生的炭烟都会沉积在催化剂上，从而导致催化剂被沉积物覆盖和堵塞，不能发挥其应有作用，但将沉积物烧掉后又可恢复催化剂的活性。

2. 三元催化转化器的净化原理

三元催化器的净化原理是将理论比附近的烃类化合物氧化为 H_2O 和 CO_2，CO 氧化为 CO_2，NO 还原为 N_2，三元催化转化器净化原理示意如图 7-18 所示。即由还原性成分的（烃类化合物、CO、H_2）和氧化性成分（NO、O_2）的化学反应产生无害成分（H_2O、CO_2、N_2），因此，三元催化氧化系统的还原性气体和氧化性气体的量的平衡是最重要的条件。这些气体组成的平衡如果被破坏，即使用高活性的三效催化剂，也将排出不能除去的多余有害成分。三元催化器中发生的化学反应见表 7-3。

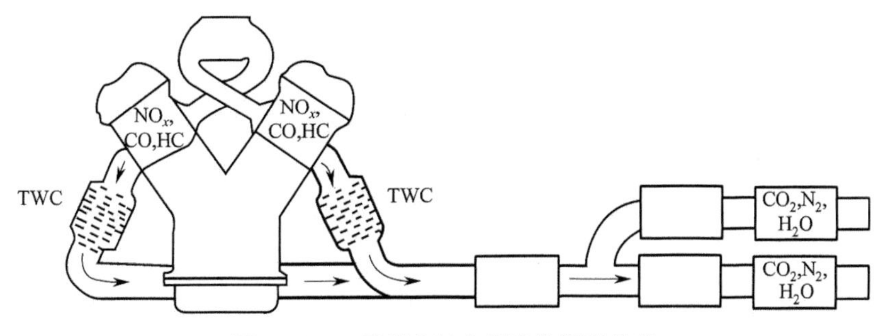

图 7-18　三元催化转化器净化原理示意

表 7-3　三元催化器中发生的化学反应

CO、HC 的氧化反应	$2CO+O_2 = 2CO_2$ $CO+H_2O = CO_2+H_2$ $2C_xH_y+\frac{2x+1}{2y}O_2 = yH_2O+2xCO_2$
NO 的还原反应	$2NO+CO = 2CO_2+N_2$ $2NO+2H_2 = 2H_2O+N_2$ $2C_xH_y+\frac{2x+1}{2y}NO = \frac{1}{2y}H_2O+xCO_2+\left(x+\frac{1}{4y}\right)N_2$
其他反应	$2H_2+O_2 = 2H_2O$ $5H_2+2NO = 2NH_3+2H_2O$

3. 三元催化转化器的性能指标

车用汽油机三元催化转化器的性能指标很多，其中最主要的有污染物转化效率和排气流动阻力。

转化效率由式定义：

$$\eta(i)=\frac{C_i(i)-C_o(i)}{C_i(i)}\times100\% \tag{7-2}$$

式中　$\eta(i)$ ——排气污染物 i 在催化器中的转化效率；

$C_i(i)$ ——排气污染物 i 在催化器进口处的浓度或体积分数；

$C_o(i)$ ——排气污染物 i 在催化器出口处的浓度或体积分数。

催化转化器对某种污染物的转化效率，取决于污染物的组成、催化剂的活性、工作温度、空间速度及流速在催化空间中分布的均匀性等因素，它们分别可用催化器的空燃比特性、起燃特性和空速特性表征；而催化器中排气的流动阻力则由流动特性表征。

(1) 空燃比特性　三元催化剂转化效率的高低与发动机可燃混合气的空燃比 A/F 或过量空气系数 φ_a 有关，转化效率随 A/F 或 φ_a 的变化称为催化器的空燃比特性。

当供给发动机的可燃混合气的空燃比严格保持为化学计量比时（过量空气系数 $\varphi_a=1.0$），三元催化剂几乎可以同时消除所有三种污染物。

如果发动机的可燃混合气浓度未保持在化学计量比时，三元催化剂的转化效率就将下降，过量空气系数 φ_a 对三元催化转化器转化效率的影响如图 7-19 所示；对稀混合气（空气过量），NO 净化效率下降；对浓混合气（燃油过量），CO 和 HC 净化效率下降。

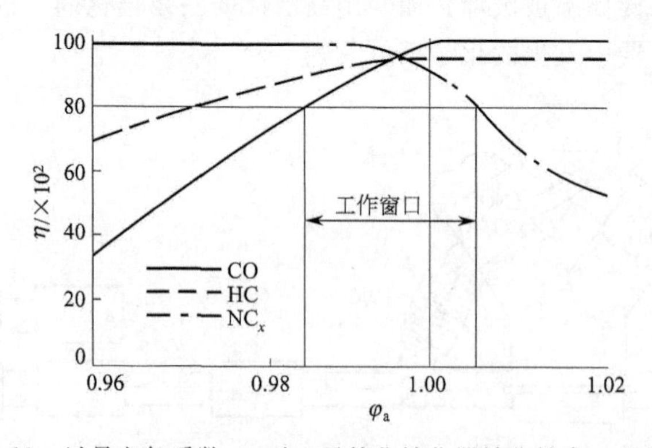

图 7-19　过量空气系数 φ_a 对三元催化转化器转化效率 η 的影响

三元催化剂能理想工作的过量空气系数 φ_a“窗口”很窄，宽度只有 0.01～0.02（对应空燃比 A/F 窗口宽度 0.15～0.3），且并不相对 $\varphi_a=1.00$ 对称，而是偏向浓的方向。在这个窗口工作，CO、HC 和 NO_x 的净化效率均可在 80%以上。

（2）起燃特性　催化剂转化效率的高低与温度有密切关系，催化剂只有达到一定温度才能开始工作，称为起燃。起燃特性有两种评价方法：催化剂的起燃特性常用起燃温度评价；而整个催化转化器系统的起燃特性用起燃时间来评价。

图 7-20 表示某催化剂的转化效率随气体入口温度 t_i 的变化。转化效率达到 50%时所对应的温度称为起燃温度 t_{50}。起燃时间特性描述整个催化转化系统的起燃时间历程，将达到 50%转化效率所需要的时间称为起燃时间 τ_{50}。

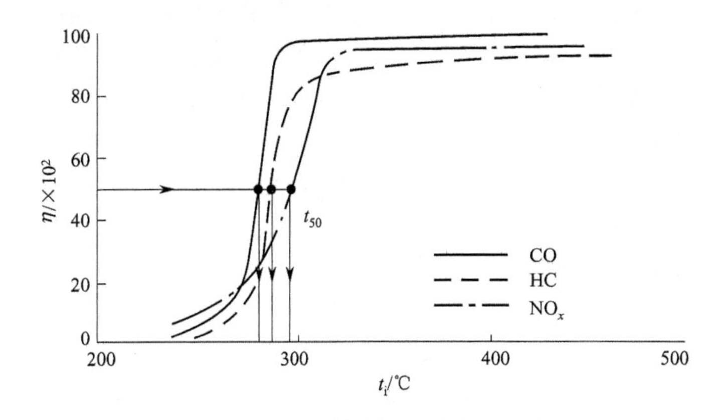

图 7-20　三元催化剂的起燃温度特性

起燃温度 t_{50} 和起燃时间 τ_{50} 评价的内容不完全相同。t_{50} 主要取决于催化剂配方，它评价的是催化剂的低温活性。而 τ_{50} 除与催化剂配方有关外，在很大程度上取决于催化转化器系统的热容量、绝热程度以及流动传热传质过程，影响因素更复杂，但实用性更好。

到目前为止，起燃温度是最常用的起燃特性指标，其试验测定也简便易行。但为了满足未来更加严格的排放法规，必须重视对催化转化器起燃时间的研究。

传统催化转化器的起燃温度通常在 250～300℃，在汽油机冷起动后 2min 左右的时间内催化转化器可以达到这个温度，而此时排出的废气已占循环总量的 80%左右。面对更严格的汽车排放标准欧Ⅲ和欧Ⅳ，由于取消了试验循环中冷起动阶段的 40s 怠速时间，考虑到汽油机在此阶段较差的排放性能和催化转化器的起燃温度要求，因此，改善冷起动时的净化性能和缩短催化转化器达到起燃温度的时间就成为研究开发的目标。为此，可采用诸如无级进排气凸轮轴调节系统、可控的进气系统、推迟点火、改善燃烧稳定性和二次空气系统及废气后处理系统等。

（3）空速特性　空速是空间速度的简称，其定义如下。

$$SV=\frac{q_v}{V_{cat}} \tag{7-3}$$

式中　SV——空速，S^{-1} 或 h^{-1}；

q_v——流过催化剂的排气体积流量（换算到标准状态），L/s 或 L/h；

V_{cat}——催化剂体积，L。

空速的大小实际上表示了反应气体在催化剂中的停留时间 t_r（单位为 s），两者的关系为：

$$t_r=\frac{\varepsilon}{SV} \tag{7-4}$$

式中　ε——催化床的空隙率，是由催化剂结构参数决定的常数。

空速 SV 越高，反应气体在催化剂中停留的时间 t_r 越短，会使转化效率降低；但同时由于反应气体流速提高，湍流强度加大，有利于反应气体向催化剂表面的扩散以及反应产物的脱附。因此，在一定范围内，转化效率对空速的变化并不敏感。

发动机在不同工况运行时，催化器的空速在很大范围内变化。怠速时 $SV=1\sim2s^{-1}$，而在全速全负荷运行时，$SV=30\sim100s^{-1}$。性能好的三元催化剂至少在 $SV=30s^{-1}$ 内保持高的转化效率；而性能差的催化剂尽管在低空速（如怠速）时可以有很高的转化效率，但随空速的提高转化效率很快下降。因而，仅用怠速工况评价催化剂的活性是不充分的。

在催化剂的实际应用中，人们总希望用较小体积的催化剂实现较高的转化效率，以降低催化剂和整个催化转化器的成本。这就要求催化剂有很好的空速特性。一般来说，催化剂体积与发动机总排量之比为 0.5～1.0，即

$$V_{cat}=(0.5\sim1.0)V_{st} \tag{7-5}$$

式中　V_{st}——发动机排量，L。

而贵金属用量与 V_{cat} 的数值关系为：

$$m_{pm}=(1.0\sim2.0)V_{cat} \tag{7-6}$$

式中　m_{pm}——贵金属用量，g。

（4）流动特性　催化器横截面上流速分布不均匀，不仅会使流动阻力增加，而且会使催化器转化效率下降和劣化加速。流速分布不均匀一般是中心区域流速高，外围区域流速低，这样一来中心部分的温度过高，使该区催化剂很容易劣化，缩短了使用寿命，而外围温度又过低，使该区催化剂得不到充分利用，造成总体转化效率的降低。另外，流速分布不均匀还会导致载体径向温度梯度增大，产生较大热应力，加大了载体热变形和损坏的可能性。影响催化转化器流动均匀性的因素是多方面的，扩张管的结构、催化转化器的空速以及载体阻力等都对流动均匀性有很大影响。减小扩张管的扩张锥角，可以减少气流在管壁的分离，既可减小气流的局部流动损失，又可改善气流在载体内的流动均匀性。对扩张管的形状、结构进行优化设计是改善催化转化器流动均匀性的一种有效方法。扩张管的扩张锥角不但影响气流沿横截面分布的均匀性，而且影响阻力。一般来说，90℃锥角是较好的选择。非圆截面催化器组织均匀流动较困难，必要时要采用复杂渐变的进口过渡段形状。采用增强型入口扩张管可以改善流速分布，降低催化转化器压力损失。采用合适的圆滑过渡型线的增强型入口扩张管，可以明显提高流速分布均匀性，并且气流基本上不发生边界层分离，但是圆滑过渡型线的增强型入口扩张管制造困难，且工艺较复杂，使制造成本增加，因此在设计时应综合考虑。

4. 三元催化转化器的匹配

三元催化转化器与发动机以及汽车有一个非常重要的优化匹配问题。催化器性能再好，如果系统不能给它提供一个合适的工作条件（如空燃比、温度及空速等），催化器就不能高效地净化排气污染物。反之，催化器在设计时，也应根据具体车型原始排放水平的不同、要满足的排放法规的不同、对动力性和经济性等指标的要求不同等条件来确定设计方案。

在排放法规严格的今天，不装催化器的汽油车已无法满足排放法规的要求，但如果不进行优化匹配，即使装上最好的催化器，也难以达标。因此，要实现低排放的目标，需要高性

能的催化器加高水平的催化器匹配技术。可以说，催化器的匹配问题是催化器得以应用的前提和关键。从国外大量实例来看，欧Ⅰ到欧Ⅱ法规的主要对策技术仍是电控燃油喷射系统加三元催化转化器，只是其匹配水平和控制精度要求更高。

催化器的匹配主要包括以下几个方面：①催化器与发动机特性的匹配；②催化器与电控燃油喷射系统的匹配；③催化器与排气系统的匹配；④催化器与燃料及润滑油的匹配；⑤催化器与整车设计的匹配。

催化器的匹配是一项交叉于汽车、材料和化学等不同领域的涉及范围很广的技术。下面仅就②③④点，对催化器的匹配问题做一简单介绍。

（1）三元催化器与电控燃油喷射系统的匹配　电控喷射汽油机在闭环状态下工作时，空燃比总是在某一目标空燃比（由闭环电控喷射系统和氧传感器保证）附近波动，这种波动对三元催化转化器的性能会有很大的影响。

对闭环电控喷射发动机，其闭环空燃比波动的幅值、频率及波形是由闭环控制方法及控制参数等决定的，在确定其闭环控制参数时，也是以尽量提高三元催化转化器的转化效率为前提的。因此，进行三元催化转化器与闭环电控喷射发动机的匹配时，需先对三元催化剂在空燃比波动条件下的活性进行评价。

不同波动条件时的最高转化率及窗口宽度都有明显不同。这样，对于既定催化剂，可以通过改变闭环电控系统的空燃比波动特性来改善其最高转化效率或选择窗口，而对于空燃比波动特性已定的电控系统也可以根据其频率和幅值来选择合适的催化剂。

在发动机各种不同的工况下，如何使三元催化转化器的转化效率最高，这就涉及三元催化转化器与电控喷油系统控制的空燃比的匹配，其具体体现在以下几点。

1）冷起动阶段。在保证发动机运转平稳的前提下，一般采用较小的空燃比，较小的点火提前角和较高的暖机转速，以产生较高的排气温度，使三元催化转化器尽快起燃。

2）怠速工况。为保证三元催化转化器的转化效率，就要把空燃比控制在化学计量比附近，并采用较小的点火提前角和较高的怠速转速，以保证排气温度高于催化器的起燃温度。而无催化器的电控系统一般追求怠速的稳定性和经济性。

3）稳态工况。中小负荷时，要实现空燃比中值和波动的控制，涉及氧传感器中值电压修正和空燃比波动频率、幅值的调节。大负荷时，要对空燃比进行加浓，以获得好的动力性，但在有催化器时，还要兼顾利用加浓的空燃比来降低排气温度，以防止催化转化器过热。

4）加减速等过渡工况。涉及加速变浓、减速变稀和减速断油等工况的标定，要兼顾良好的过渡性能和排放性能。特别是在减速过程中，更要严格控制失火现象，以免未燃混合气在催化器中的燃烧引起催化器过热。

（2）三元催化器与排气系统的匹配　排气系统对发动机性能的影响主要是通过压力波对排气干扰而产生的，其影响程度随排气管长度而变化。而催化器的安装位置会显著影响排气系统的这种波动效应，进而影响发动机的动力性和经济性。因此，在采用催化器时必须对发动机排气系统进行重新设计，以达到催化器与排气系统的良好匹配。匹配中应考虑的主要影响因素是排气总管和排气歧管的尺寸以及配气相位。

图 7-21 是采用模拟计算方法得出的某一发动机外特性转矩随排气总管长度的变化。

催化器安装在排气总管之后，总管长度变化反映了催化器的安装位置变化。从计算结果可以看出，随排气总管长度的变化，不同转速时的最大转矩有明显的变化，特别是在

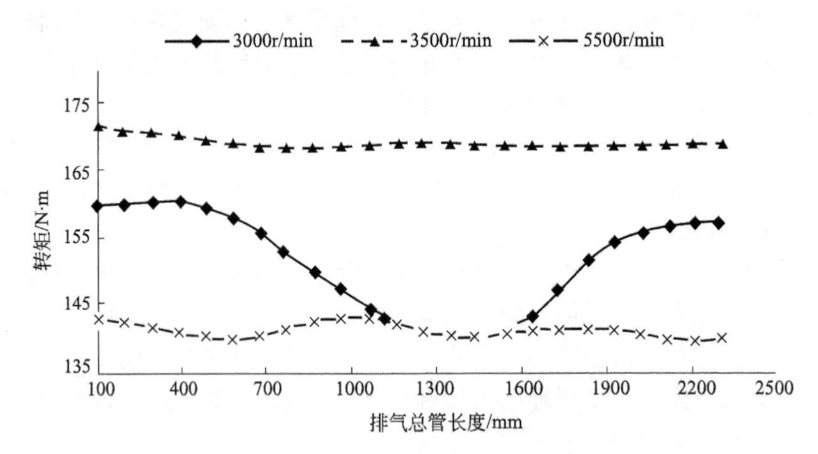

图 7-21 催化器安装位置对发动机转矩的影响

3000r/min 时，最大转矩在 140～160N·m 范围内变化，即有 13%的影响。

另外，安装位置还会影响发动机的燃油经济性和排气噪声。

(3) 催化器与燃料及润滑油的匹配 催化器与燃料及润滑油的匹配是指，对于油品中有害成分含量（铅、硫、磷等）尚未实行控制的地区，应选用抗中毒劣化性好的催化剂。另外，催化器与排放法规之间也应有合理的对应关系。如仅满足以 HC 和 CO 为控制目标的排放法规，则可选用氧化型催化器；为满足带有城郊高速行驶工况的排放测试程序，应选用空速特性好的催化器。实际上，汽车和催化器厂家并不单纯追求催化器性能越高越好，而是更注重催化器性能恰好满足当时的排放法规。因为催化器性能越好，往往是贵金属含量越高，因而成本越高。

(二) 热反应器与二次空气系统

1. 热反应器的作用及 CO 与 HC 的氧化

(1) 热反应器的作用 热反应器是一种直接连接在气缸盖上，促使排气中的 CO 和 HC 进一步氧化的装置，热反应器结构示意如图 7-22 所示。它除具有促进热的排气和喷入排气口的二次空气（在浓混气工况时）的混合外，还具有消除排气在成分和温度上的不均匀性，使气体保持高温，并增加 CO、HC 在高温中的滞留时间。

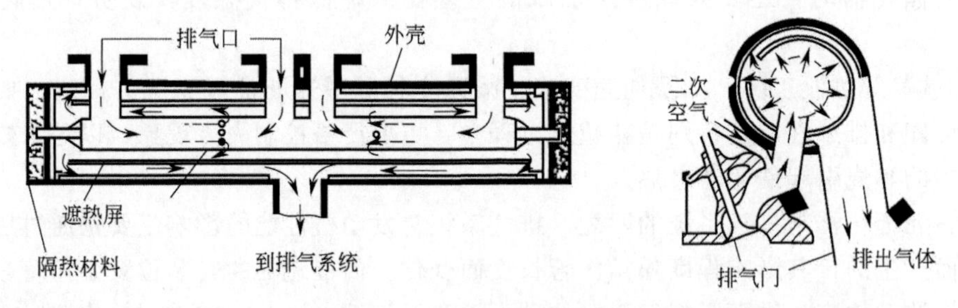

图 7-22 热反应器结构示意

(2) CO 和 HC 的氧化条件 当无催化剂存在时，氧化 HC 时需要的温度约 600℃，需要的反应停留时间约 50ms；而 CO 氧化所需的反应温度则高达 700℃左右。而汽油机排气温度的变化范围大致是：怠速时 300～400℃，全负荷时 900℃，中等负荷 400～600℃。可见，在大部分工况下，汽油机排气温度难以达到 HC 和 CO 氧化时所要求的 600～700℃的高温。

另外，普通汽油机常用混合气空燃比的范围为11～18，稀燃汽油机的空燃比可达18以上，分层燃烧时平均空燃比可达25或更高。在稀混合气条件时，有足够的氧气氧化HC和CO；但在浓混合气工况，无富余的氧气氧化HC和CO，此时，还需要解决氧的问题。

2. 热反应器的设计要求与结构特点

(1) 热反应器的设计要求　为了实现CO和HC的氧化，应该保证热反器内有600～700℃的高温，CO和HC能与氧气相遇，并有反应所需的停留时间。可见，热反应器必须具有保温措施，比排气直接排出时更长的流动路径和使气体在其中进一步均匀混合的功能。反应器的有效性取决于运行温度、过量空气系数和反应气体良好混合及反应器中高温流动路径长短。运行温度取决于反应器进口处的温度、热损失以及反应器内燃烧的HC、CO和H_2的数量。特别是后一因素十分重要，如1.5%的CO燃烧可引起约220K的温升。可见，浓混合气运行条件时，反应器的中心温度容易达到CO、HC的氧化温度；但在稀混合气运行条件时，则存在一定困难，因而净化效果很不理想。

浓混合气运转条件下热反应器的净化效率取决于引入氧的多少及其在反应器中心部位与排气的充分混合。氧化HC和CO所需的氧通常采用“二次空气”方案，引入二次空气的多少由汽油机工作的混合比决定。若热反应器中的平均过量空气系数在1.1～1.2范围内，则认为此时引入的二次空气量是合适的。另外，设计热反应器时应有效地利用热反应净化器的内部空间，综合考虑排气滞留时间和排气阻力两方面的影响。

(2) 热反应器的结构特点　热反应器主要由保温装置、混合和二次空气装置组成。反应器两端采用隔热材料保温，径向采用多层壁面和防热辐射材料。

常见的热反应器的保温措施是，采用防辐射壁面防止辐射放热和采用绝热材料（如石棉等）隔热等。如采用石棉保温时，需要大约20mm厚的填充层。热反应器中实现排气和二次空气混合的措施主要有两个：一个是合理设计热反应器和使用导流片，使排气和二次空气在反应器中形成湍流和速度差，如在钢板反应器内套上开设小孔等；另一个是使二次空气的入口应迎着排气流动方向。常见的二次空气的供给方式有利用排气管内排气压力脉动式及压差（利用气泵或压缩空气）式两种。二次空气量对HC的影响如图7-23所示，供给的“二次空气”过少时，则反应器中氧气供给不足；“二次空气”过多时，反应器中氧气过剩，温度降低，反应速度降低。在反应器中的平均过量空气系数约1.15时，烃类化合物净化率最大。并不是反应器中的平均过量空气系数大于1.00，就能保证HC达到100%的氧化率，这主要是因为无法实现二次空气和排气的完全混合。

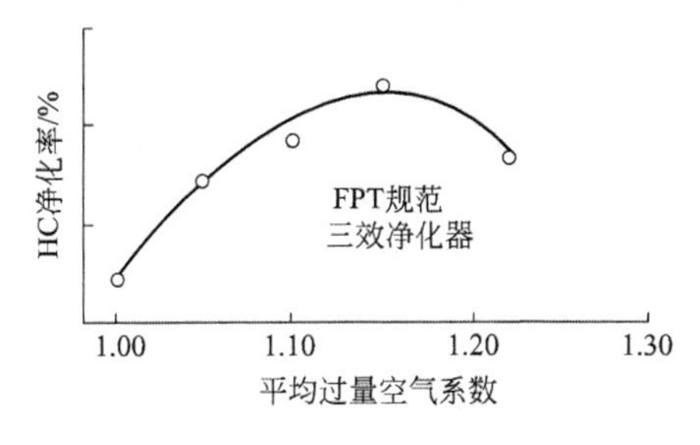

图7-23　二次空气量对烃类化合物净化率的影响

3. 热反应器的净化效果

三菱公司在缸内直喷汽油机采用了热反应器式排气管，目的是增加排气在排气管中滞留时间，使其与空气产生氧化反应，并使膨胀行程后期的二段燃烧在排气管中可以继续进行，缩短催化剂启燃时间。无热反应器式排气管的发动机启动后达到催化剂工作温度（250℃）需要100s以上（见图7-24），采用二段燃烧后，达到这一温度的时间缩短了50%。

使用热反应应式排气管后，时间缩短到约20s。从而大幅度降低了发动机起动后的HC排放。可见，热反应器对降低HC排放非常有效。

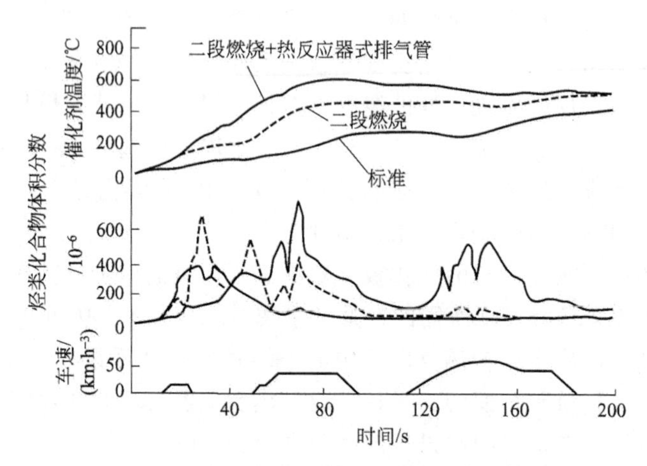

图7-24　热反应器在降低HC排放中的效果

4. 二次空气系统

二次空气系统主要用于浓混合气燃烧产物中CO和HC的氧化，即为氧化催化器提供氧气。图7-25为丰田发动机使用的二次空气系统的组成及其在车辆上的安装位置示意。二次空气系统主要由共振室、弹簧阀、止回阀、真空开关阀和连接软管等组成，二次空气系的三个接头分别与进气管、排气管和空滤器相连。二次空气系统与排气管的连接位置位于催化反应器上游，二次空气系与进气管的连接位置位于节气门之后。当真空开关阀打开时，弹阀在排气压力脉冲的作用下打开，使二次空气进入反应器上游，达到净化CO和HC的目的。

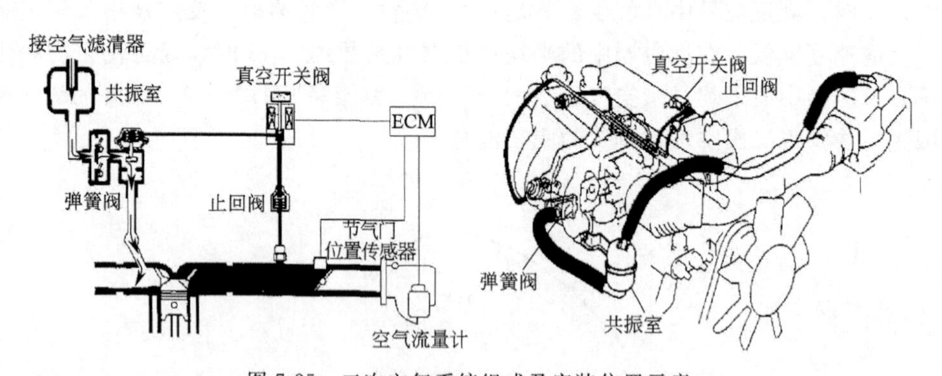

图7-25　二次空气系统组成及安装位置示意

三、车用汽油机非排气污染物控制技术

1. 曲轴箱污染物净化装置

曲轴箱污染物净化装置的净化原理是：利用进气系统的真空，把从燃烧室漏入曲轴箱的

未燃烃类化合物吸出曲轴箱，使其重新进入燃烧室燃烧，并生成无害的燃烧产物。曲轴箱污染物净化装置通常称为曲轴箱通风系统。

早期的曲轴箱通风系统如图 7-26 所示，其特点是加注机油口盖是通大气的，故称为开式系统。图 7-26(a) 所示系统的特点是曲轴箱与空气滤清器用直径一定的连接管相连。主要缺点是不能完全有效地控制曲轴箱污染物排放。另外，当发动机处于冷态时，发动机曲轴箱的蒸汽经连接管进入空气滤清器后会附在空气滤清器上，限制空气流动；当窜缸气体流量超过连接管的流通能力时，窜缸气体将通过曲轴箱的空气入口处排入环境空气；还有可能使气缸的混合气变稀，影响发动机工作稳定性。

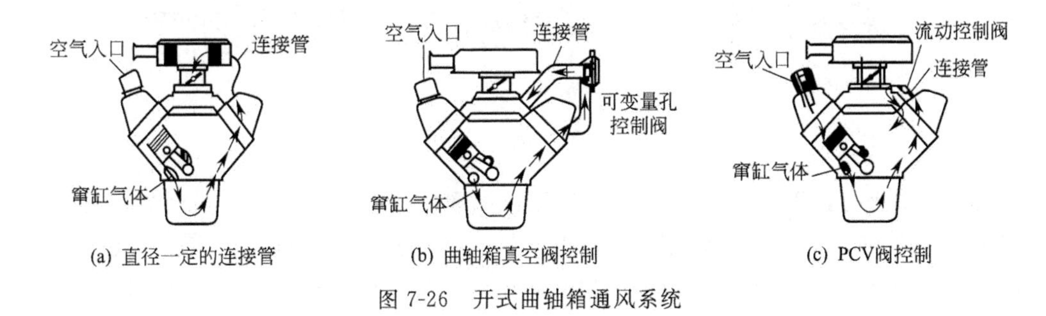

(a) 直径一定的连接管　(b) 曲轴箱真空阀控制　(c) PCV阀控制

图 7-26　开式曲轴箱通风系统

图 7-26(b) 所示的开式系统的特点是连接管的阀门是由曲轴箱真空度控制的，通过曲轴箱通风连接管路的气体流量取决于发动机的窜缸气体量。其主要缺点是当窜缸气体控制阀门达到最大开度时，窜缸气体将通过曲轴箱通风空气入口进入大气。

图 7-26(c) 所示的开式系统的特点是：窜缸气体的控制是由 PCV 阀执行。其主要缺点是当窜缸气体大于 PCV 阀流通能力时，窜缸气体将通过加油口盖进入大气。

现代汽车普遍使用的是图 7-27 所示的曲轴箱强制通风系统，该系统的特点是采用了密封式加油口盖，加注机油口盖不通大气，故称为闭式系统。美国大约从 1968 年起开始采用这种系统，随后在其他地区逐步普及。

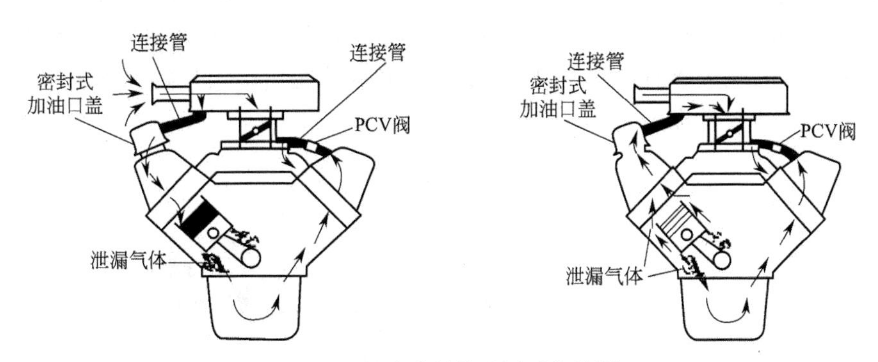

图 7-27　闭式曲轴箱通风系统简图

该系统的 PCV 阀由壳体、阀体和回位弹簧组成，如图 7-28 所示。进入进气歧管气体流量的多少由阀体的位移控制，使强制通风装置正常、稳定工作。发动机处于不同工况时，PCV 阀的阀体所处位置不同。在发动机部分负荷正常工况时，曲轴箱内的所有窜缸气体通过 PCV 阀，进入进气歧管。在怠速或低速时，进气歧管中相对真空度较高，阀体移动使气体流量较小，即真空吸力与弹簧力平衡，阀体处的位置只允许有少量曲轴箱蒸汽混合气通过。当发动机转速或负荷加大时，节气门开度增大，进气管真空度下降，吸力减小，阀体在弹簧的作用下移到新的平衡位置，允许较多的气体通过。当发动机全负荷工作时，PCV 阀的弹簧使阀门开启到最大流量状态。当窜缸气体量大于阀门的流通动力时，曲轴箱中过量的窜气量将通过空气滤清器连接管［见图 7-28(b)］进入空气滤清器，进入气缸再次燃烧。这种系统是一种防止曲轴箱中的有害排放物进入大气的全封闭系统，故也称为封闭式系统。

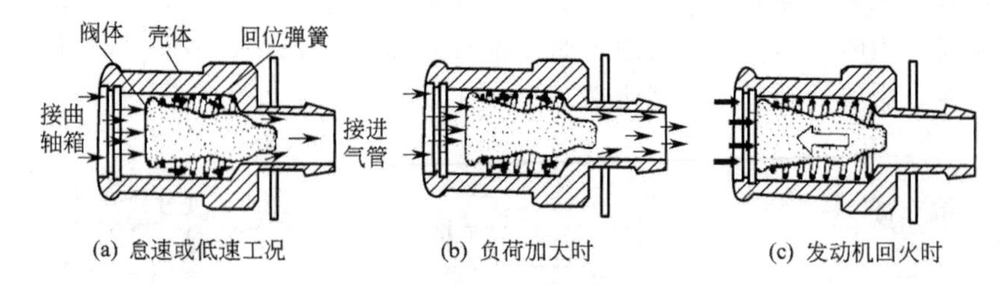

图 7-28　PCV 阀的工作原理

当发动机回火时，PCV 阀还可起保护作用，如图 7-28(c) 所示。回火时进气歧管中的压力骤增，迫使 PCV 阀中的阀体移动顶住进气口，这样就关闭了全部通道，避免了回火火焰通过 PCV 阀和连接软管进入曲轴箱点燃窜缸气体，发生损坏发动机的现象。PCV 阀控制流量大小由发动机曲轴箱窜气量多少及发动机有关参数而定。典型的 PCV 阀的最小控制流量速率为 0.028～0.085m^3/min，而最大控制流量速率 0.085～0.17m^3/min。

2. 汽油蒸发污染物净化装置

燃料蒸发污染物净化装置常见的有温控真空阀（Thermo Vacuum Valve，TVV）式和 ECM 控制真空开关阀（Vacuum Switching Valve，VSV）式两种。两种燃料蒸发污染物净化装置的组成分别如图 7-29 和图 7-30 所示，两个系统的最大区别是前者活性炭罐的净化依靠 TVV 执行，后者依靠 ECM 控制的真空开关阀执行。系统主要由活性炭罐、净化孔、油箱盖单向阀、新鲜空气入口和连接管等组成。当燃料箱中压力变高时，燃料蒸汽进入活性炭罐，并被吸附。当汽油机工作时，温控真空阀 TVV（ Thermo-Vacuum Valve）和 ECM 就会根据汽油机冷却液温度和负荷等，在合适的时候连通活性炭罐和净化孔，使被吸附在活性炭上的燃料和经过活性炭罐的空气一起被吸入进气系统，最后进入气缸中燃烧生成无害的产物，从而避免了燃油蒸汽排入大气。

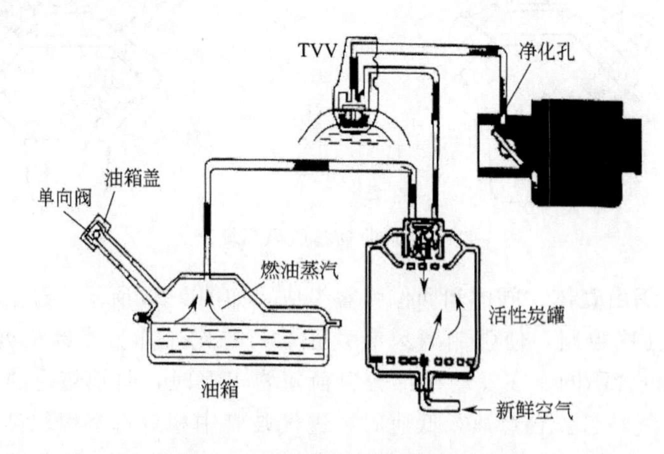

图 7-29　TVV 式燃料蒸发净化装置组成

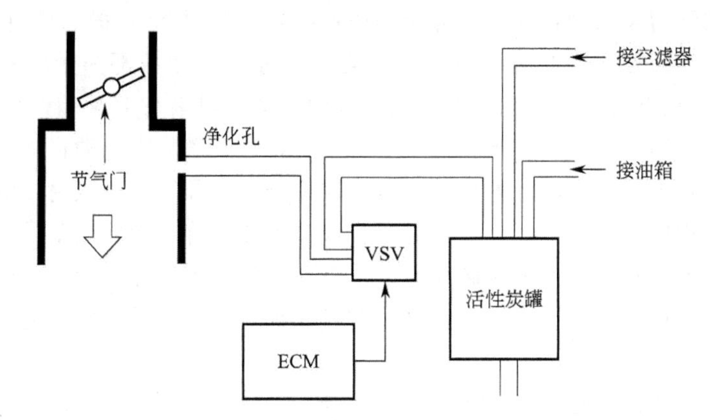

图 7-30　ECM 控制真空开关阀燃料蒸发净化装置组成

第四节　车用柴油机后处理净化技术

一、概述

随着柴油机在汽车中的应用日益广泛以及排放法规日趋严格，在对柴油机进行机内净化的同时，必须进行后处理净化。柴油机与同等功率的汽油机相比，微粒和 NO_x 是排放中两种最主要的污染物，尤其是微粒排放是汽油机的 30～80 倍。柴油机微粒能够长时间悬浮在空中，严重污染环境，影响人类健康。柴油机排放控制技术已经成为柴油机行业的研究重点，其研究具有巨大的社会效益和经济效益。仅靠机内净化方法很难使柴油机的微粒排放满足新的排放法规，必须采用微粒后处理技术。针对柴油机排气中含有的大量微粒，研制开发柴油机微粒捕集器成为柴油机后处理的热点。降低 NO_x 排放是研究的另一热点，各种催化还原净化技术应运而生。此外，借鉴汽油机的氧化催化技术，开发适用于柴油机的氧化催化转化器，降低微粒中的可溶性有机物（SOF）以及净化柴油机排放的 CO 和烃类化合物。今后，柴油机后处理净化方法的研究重点是结合机内净化措施使柴油机排放的微粒和 NO_x 同时减少。同时，推广低硫燃油的使用，从根本上减少微粒的生成，降低催化剂中毒情况的发生。

机内净化措施可有效地降低微粒排放，但由于一是润滑油的消耗只能减少到一定的程度，任何一种发动机不可能不消耗润滑油；二是机内净化主要以油气充分混合为目的，如高压喷射技术对大微粒的减少是以增加细小微粒数量为代价，而细小微粒对人体和环境的危害更大；三是降低微粒与降低 NO_x 之间存在一定的矛盾，因此，仅仅依靠机内净化技术是不够的，必须同时采取机外净化技术。目前，国内外研究的微粒机外净化主要有等离子净化、静电分离、溶液清洗、离心分离及微粒捕集器等。

等离子净化技术是一种新的柴油机排气净化技术，该技术可同时降低柴油机排气中的多种有害成分。利用等离子体化学反应净化废气技术起始于 20 世纪 80 年代初，主要应用于固定的排气设备、发电机和锅炉等。随着技术的不断更新，近几年人们开始将这项技术应用于柴油机的尾气排放净化。柴油机排气中的有害成分经过等离子反应器，会发生复杂的化学反应，其中，NO 很容易氧化成 NO_2。由于 NO_2 有很强的氧化性，在柴油机排气温度下就可将炭烟微粒氧化成碳的氧化物，通常认为炭烟微粒的降低是因 NO_2 的生成所致。

虽然柴油机排气微粒整体上呈电中性，但是85％左右的微粒都为带电粒子，每个带电粒子有1～5个基本正电荷或负电荷。柴油机排气微粒的电阻率在106～108Ω·cm数量级内变化，因此，适合利用电场对排气微粒进行静电吸附，达到微粒净化的目的。即在排气通道中建立高压强电场，排气气流流过电场时，带电粒子分别被异性电极吸附。静电捕集技术的主要问题是设备体积大、结构复杂、成本高，且气流流速对静电捕集效率的影响较大。若在捕集器的上游加荷电装置，人为地使微粒荷电，被荷电的粒子流经作为异性电极的捕集器时被吸附而沉积，静电捕集效率有一定的提高，但是这种方法仍然受气流速度与车用电源电压的影响。

溶液清洗技术是让排气通过水或油来清洗微粒。这种方法简单，适合于固定的排气设备。瑞典研究人员曾尝试将车用柴油机的排气管做成文氏管，利用喉管处的负压将水分吸入排气中，稀释和清洗排气中的微粒和 NO_x，取得了一定的成果。

离心分离技术是将排气引入旋风分离器中，利用微粒的离心力，将微粒从气流中分离出来。由于柴油机微粒很小，直径大多在1μm以下，这种技术只能分离微粒的5％～10％，效果较差，但是这种方法可与其他方法一起使用。德国博世公司曾试验静电和离心分离结合的方法。排气中的细小微粒在电场中相互吸引，凝聚成较大的微粒，通过离心分离，分离效率可达50％。

二、微粒捕捉器

柴油机微粒的各种净化技术各有优缺点，要有效地降低柴油机微粒排放，应合理地利用各种净化技术的优点，并从燃料、燃烧、进气、燃油喷射以及后处理等各方面综合考虑。通过对多种捕集柴油机排气微粒途径的比较，普遍认为较为可行的方案是采用过滤材料对排气进行过滤捕集，即微粒捕集器法。柴油机微粒捕集器（DPF，Diesel particulate filter）被公认为是柴油机微粒排放后处理的主要方式，国际上对微粒捕集器的研究始于20世纪70年代，现已逐步形成商品化产品。第一辆使用微粒捕集器的汽车是1985年德国奔驰公司生产的出口到美国加利福尼亚的轿车。随着排放法规的日趋严格，如今发达国家安装微粒捕集器的柴油车逐渐增多，如奥迪、帕萨特和奔驰等部分乘用车安装了微粒捕集装置。目前，比较成熟且应用较多的产品是美国康宁（Corning）公司和日本NGK公司生产的壁流式蜂窝陶瓷微粒捕集器。美国Johnson Matthey公司开发的连续催化再生微粒捕集器以高的捕集效率和再生效率受到关注。微粒捕集器的关键技术是过滤材料的选择与过滤体的再生，其中又以后者尤为重要。本节主要介绍微粒捕集器的过滤机理、过滤体材料及其结构、过滤体再生三方面的问题。

1. 过滤机理

通过对柴油机排气微粒各种捕集途径的研究，宜采用多孔介质或纤维过滤材料对排气进行过滤，目前应用最多的是壁流式蜂窝陶瓷。在过滤过程中，微粒的特性、排气的相关参数和过滤材料的性能要素（如过滤体的几何尺寸、过滤体各结构元件的尺寸和结构元件的分布排列、过滤体的孔隙率等）分别对微粒的捕集产生影响。一个好的过滤体既要过滤效率高，又要压力损失小。

微粒捕集过程可以按过滤体结构特征不同分为表面过滤型和体积过滤型两种。前者主要用比较密实的过滤表面阻挡微粒，后者主要用比较疏松的过滤体积容纳微粒。表面过滤型过滤体一般单位体积的表面积很大，材料壁薄，既可获得较高的过滤效率，又具有较小的流动阻力，但过滤体形状复杂，在高的温度和温度梯度下易损坏。体积过滤型过滤体一般很难兼顾高效率和低阻力，但由于结构均匀，不易产生很大的热应力。

采用不同过滤材料的微粒捕集器结构可能各不相同，但过滤机理基本一致。用由细孔或纤维构成的过滤体来捕集柴油机排气中的微粒时，存在以下四种过滤机理：扩散机理、拦截机理、惯性碰撞机理和重力沉积机理，微粒沉积的三种原理如图 7-31 所示。由于柴油机排气微粒质量小，流速快，通常可以忽略重力的影响，所以一般可不考虑重力沉积机理对微粒捕集效率的影响。

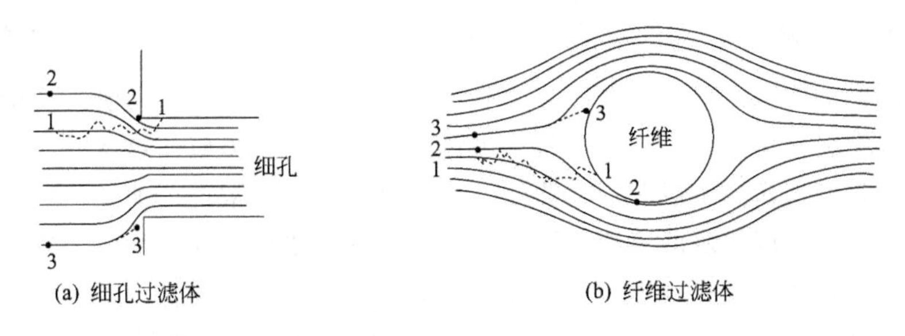

图 7-31　微粒沉积的三种原理

1—扩散机理微粒；2—拦截机理微粒；3—惯性碰撞机理微粒

在介绍各种过滤机理之前，先做下列假设：①把壁流陶瓷过滤体简化为由许多微观过滤单元构成的组合体，将壁流陶瓷的壁面拟成一系列直的平行毛细管，且各毛细管各自独立，气流的流动互不干扰，毛细管的长度等于壁厚值，管半径等于实际壁上微孔的平均半径 R；②微粒与过滤表面的碰撞效率为 1，即微粒一旦触及过滤表面就被捕集；③沉积的微粒对于过滤过程没有进一步的影响。

（1）扩散机理　在排气气流中，微粒由于受到气体分子热运动的碰撞而做布朗运动，使微粒的运动轨迹与流体的流线不一致。初始排气中的微粒浓度分布是均匀的，布朗运动不会引起微粒的宏观输运，即微粒浓度分布的均匀性不会发生改变。但是，当流场中出现捕集物后，捕集物对微粒的运动起到了汇的作用，从而造成排气中微粒分布的浓度梯度，引起微粒的扩散输运，使微粒脱离原来的运动轨迹向捕集物运动而被捕集。在壁流陶瓷的壁面和微孔内的空间，细小的微粒在布朗运动作用下扩散至壁面和微孔的内表面。微粒的尺寸越小，排气温度越高，则布朗运动越剧烈，扩散沉积作用越明显。

扩散捕集效率与微粒尺寸半径 r、过滤体壁厚、壁面平均微孔径 R 以及微孔内的平均流速 V 有关。不同直径微粒的扩散捕集效率如图 7-32 所示，由图 7-32 可以看出，当微粒直径小于 $1\mu m$ 时，需要考虑微粒的扩散作用，当微粒的直径小于 $0.1\mu m$ 时，扩散作用已经十分显著。由于大部分柴油机排气微粒属于亚微米范畴，因此对于柴油机排气微粒的过滤，扩散捕集是十分重要的。对于扩散作用剧烈的细小微粒，其扩散捕集仅仅发生在微孔内距入口很近的范围内，减小平均微孔径可以提高微粒的扩散沉积效率，但是这会导致过滤体压力损失的上升。由于排气流速决定了微粒在过滤体内的滞留时间，因此，排气流速对扩散捕集效率的影响非常明显，排气流速越低，扩散捕集效率越高。降低流速是提高扩散沉积效率的有效方法，由于柴油机的排气流量随其工况在一定范围内变化，因此，可通过增大总的过滤表面积和壁面孔隙率来降低微孔内的平均流速。

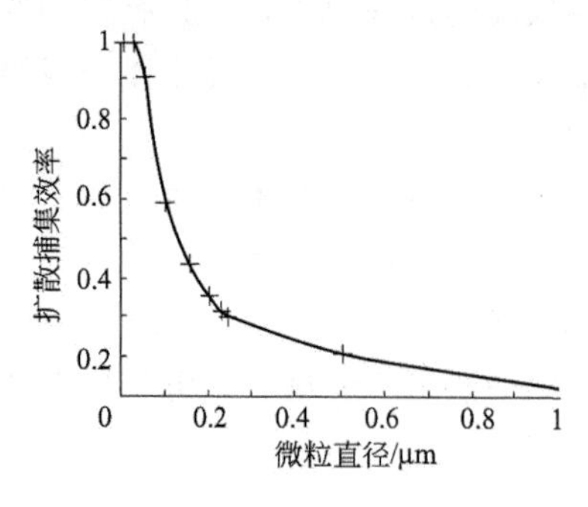

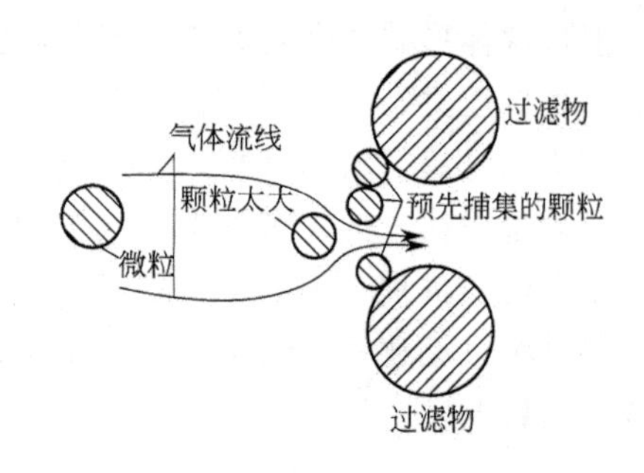

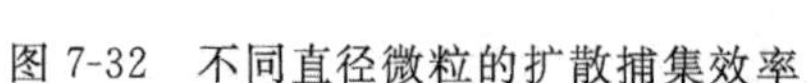
图 7-32　不同直径微粒的扩散捕集效率

图 7-33　微粒的拦截过滤

（2）拦截机理　拦截机理与微粒的尺寸有关，认为微粒只有大小而没有质量，不同大小的微粒都将随流线绕捕集物流动。当微粒接近过滤表面，一旦微粒与过滤表面的距离小于或等于其半径，即微粒半径大于或等于过滤微孔直径时，微粒就被拦截捕集，过滤体起了筛子的作用，这就是拦截机理。过滤体的拦截机理在微粒的捕集中扮演着十分重要的角色，但这并不意味着过滤体本身具有较强的拦截作用。事实上，过滤体的平均微孔直径最小也有数微米，而 90%以上的柴油机微粒直径在 1μm 以下，显然不满足拦截条件。但由于各沉积机理综合的作用，微粒会在过滤体表面形成堆积，其效果等同于减小过滤体微孔孔径，使拦截作用加强，微粒的拦截过滤如图 7-33 所示，这种拦截机理是过滤体后期非稳态过滤的主要捕集机理。

（3）惯性碰撞机理　在惯性碰撞机理中，一般把微粒理想化为只有质量而没有体积的质点。当气流流入微孔内时，气流收缩导致流线弯曲，由于微粒的质量是气体微团的几十倍甚至上百倍，当气流转折时，微粒仍有足够的动量按原运动方向继续对着捕集物前进而偏离流线，偏离的结果使一些微粒碰撞到捕集物而被捕集分离，这就是所谓的惯性碰撞机理。

由于柴油机微粒质量太小，其扩散作用要强于惯性作用，所以过滤体对柴油机微粒的惯性捕集效率较扩散捕集效率低。因柴油机微粒浓度分布主要集中在直径 0.1μm 左右，在这个粒径范围，过滤体的平均微孔径和孔隙率以及表观流速的变化对微粒惯性沉积作用的影响十分微弱，所以，通过改变过滤体微观过滤单元的分布尺寸和气流的表观流速来提高柴油机微粒的惯性沉积效率意义不大。

（4）综合过滤机理　在微粒的过滤过程中，扩散、拦截和惯性碰撞通常是组合在一起同时起作用的，但这三种机理并不是完全独立的。事实上，一个被捕集的微粒到底属于哪种机理捕集得到的是很难分清的，因为它可能同时满足两种捕集机理的条件，因此简单地将三种捕集机理的效率相加，会导致计算结果比实际效率高，甚至超过 1，这显然是不合理的。如果扩散、拦截和惯性碰撞三种机理同时作用，理论上存在透过性最大的微粒直径，若微粒小于这个直径，扩散作用占主导，总的捕集效率随直径的减小而增加；若微粒大于这个直径，拦截和惯性碰撞作用占主导，总的捕集效率随直径的增大而增加。

2. 过滤体材料及其结构

过滤材料的结构与性能对整个微粒捕集系统的性能（如压力损失、过滤效率、强度、传热和传质特性等）有很大的影响。微粒捕集器对过滤材料的要求是高的微粒过滤效率，低的排气阻力，高的机械强度和抗振动性能，并且还需具备抗高温氧化性、耐热冲击性和耐腐蚀性。其中，高的过滤效率与小的排气阻力是一对矛盾，选择材料时要综合考虑这两方面的性能。另外，柴油机的相关参数（如排量、排气温度、流速和微粒含量等）、柴油机的运行环境和匹配对象等因素也影响到材料的选用。目前，国内外研究和应用的过滤材料主要有陶瓷基、金属基和复合基三大类。

(1) 陶瓷基过滤材料　目前，国内外研究和应用最多的是陶瓷基过滤材料，它们通常由氧化物或碳化物组成，具有多孔结构，在700℃以上能保持热稳定，比表面积大于$1m^2/g$，主要结构包括蜂窝陶瓷、泡沫陶瓷及陶瓷纤维毡。

蜂窝陶瓷常用热膨胀系数低、造价低廉的堇青石（$2MgO \cdot 2Al_2O_2 \cdot 5SiO_7$）制成，这种材料开发最早，使用最广，可有壁流式、泡沫式等多种结构。目前，在微粒捕集器过滤体上研究使用较多的是壁流式蜂窝陶瓷，NGK、Corning与JM等公司生产的微粒捕集器主要采用这种材料。壁流式蜂窝陶瓷具有多孔结构，相邻两个孔道中，一个孔道入口被堵住，另一个孔道出口被堵住，壁流式蜂窝陶瓷如图7-34所示。这种结构迫使排气从入口敞开的进气孔道进入，穿过多孔的陶瓷壁面进入相邻的出口敞开的排气孔道，而微粒就被过滤在进气孔道的壁面上，这种微粒捕集器对微粒的过滤效率可达90%以上。可溶性有机成分SOF（主要是高沸点烃类化合物）也能被部分捕集。近年来在制造技术上取得明显的突破，蜂窝陶瓷壁厚减薄，开口横截面积增大，从而降低了压力损失，扩大了使用范围。常用堇青石蜂窝陶瓷的参数见表7-4。壁流式蜂窝陶瓷受温度影响较大，排气温度较低时沉积在壁面的烃类化合物成分将在排气温度升高时重新挥发出来并排向大气，造成二次污染。若采用热再生，热导率小的堇青石容易受热不均而局部烧融或破裂。为此，人们研究改性堇青石、莫来石以及SiC等新型材料来弥补这一缺陷。其中，SiC以其更好的热稳定性和更高的导热率越来越受到重视，它具有良好的力学性能，散热均匀，解决了热再生难的问题。但较大的热膨胀系数使它在高温下易开裂。SiC与堇青石的特性比较见表7-5。

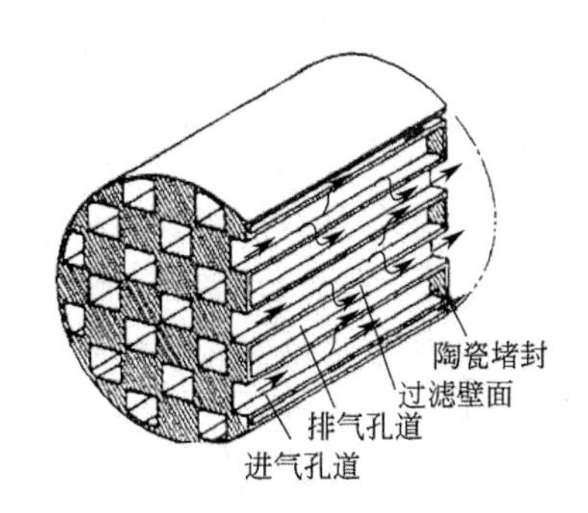

(a) 壁流式蜂窝陶瓷整体

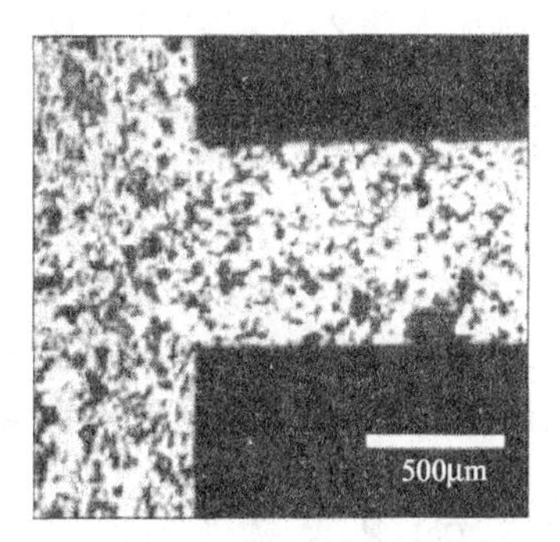

(b) 多孔陶瓷微观结构

图7-34　壁流式蜂窝陶瓷

表7-4　壁流式蜂窝陶瓷（堇青石）的技术指标

指标项目	单位	指标取值	指标项目	单位	指标取值
主晶相含量	%	≥85	吸水率	%	20～40
孔数	个/平方英尺	100～400	热膨胀系数	$\times 10^{-6}$/℃	1.0～2.0
壁厚	mm	0.2～0.6	熔化温度	℃	1340
开孔面积	%	60～80	抗压强度	MPa	轴向(≤12)径向(≤4)
容重	g/cm^2	0.4～0.6	比表面积	m^2/g	≤1
气孔率	%	25～50	气孔率	mm	柱形(≤ϕ240×240)方形(≤200×200×250)
微孔平均孔径	μm	2～40			

表 7-5　SiC 与堇青石作为蜂窝过滤材料的特性比较

过滤体材料特性	SiC	堇青石	过滤体材料特性	SiC	堇青石
体积密度/(g/cm³)	1.8	1.0	断裂模量/MPa	19.5	3.5
空隙率/%	50	46	25℃时的热导率/(W/m·℃)	11	<0.5
孔密度/cm^{-2}	8	16	630℃时的热导率/(W/m·℃)	7	<0.5
通孔尺寸/mm	2.5×2.5	2.1×2.1	热膨胀系数/(10^{-6}/℃)	4.6	1.0
弹性模量/GPa	85	5	熔点/分解温度/℃	2300	约 2300
泊松比	0.16	0.26			

以壁流式蜂窝陶瓷作为过滤体的微粒捕集器产生的压力损失主要包括：陶瓷壁面产生的压力损失、炭烟微粒层产生的压力损失、进排气孔道内部流动摩擦引起的沿程损失、进气孔道入口处流动面积突然变小产生的局部损失和排气孔道出口处由于流动面积突然变大产生的局部损失。一般应用于微粒捕集器的蜂窝陶瓷过滤体的体积至少等于柴油机的排量，对于尺寸限制不太重要的重型车用柴油机来说，有时用体积等于排量两倍的过滤体把阻力限制到合理的水平（约 10kPa）。大型柴油机可用多个过滤体并联工作的方案，因为尺寸过大的过滤体在热再生时可能因热应力过大而损坏。

泡沫陶瓷与蜂窝陶瓷相比，可塑性大大增强，孔隙率大（80%～90%），且孔洞曲折，泡沫陶瓷的显微结构如图 7-35 所示。泡沫陶瓷的这种结构可改善反应物的混合程度，有利于表面反应；它的热膨胀系数各向同性，具有更好的热稳定性，因此，近些年被用作柴油机排气微粒的过滤材料，但需解决捕集效率较低及烟灰吹除难等问题。泡沫陶瓷的工作原理主要是深床过滤，部分颗粒物渗入多孔结构中，有利于颗粒物与催化剂的接触。氧化锆增强的氧化铝是一种广泛研究的泡沫陶瓷材料，相对于堇青石等其他陶瓷材料，ZTA 基本上不与催化剂发生反应，因而更可取。催化剂一般为 Cs_2O、MoO_3、V_2O_5 和 Cs_2SO_4 的低熔共晶混合物，沉积在泡沫陶瓷表面，可将炭烟的起燃温度降低到 375℃，有利于过滤材料的再生。

陶瓷纤维材料不受固定尺寸的限制，给过滤体的孔形状和孔分布提供了广泛的选择余地，通过改变各种设计参数可使应用效果最佳。陶瓷纤维毡具有高度表面积化的特点，过滤体内纤维表面全是有效过滤面积，过滤效率可高达 95%，陶瓷纤维毡过滤体结构如图 7-36 所示。美国 3M 公司生产的微粒捕集器采用该材料，它能承受再生时的较高温度。但陶瓷纤维是一种脆性的耐高温材料，生产工艺较复杂且易损坏。

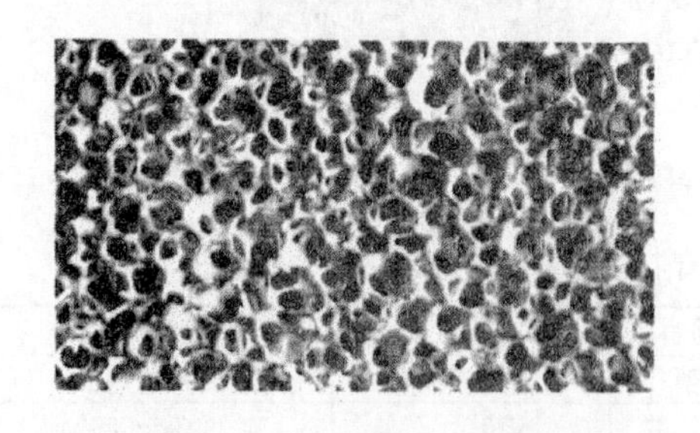

图 7-35　泡沫陶瓷的显微结构

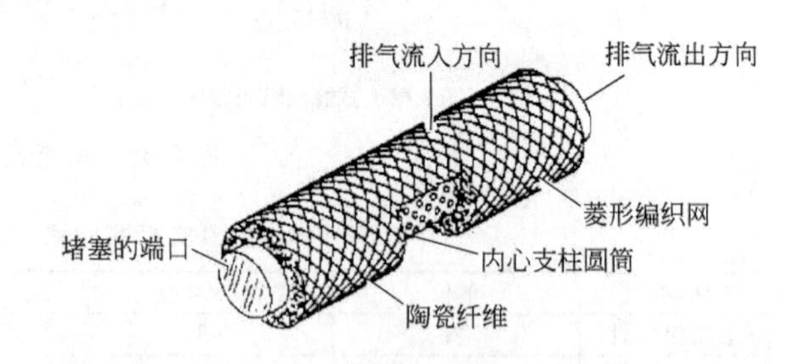

图 7-36　陶瓷纤维毡过滤体结构

（2）金属基过滤材料　金属基材料的强度、韧性、导热性等方面有陶瓷无法比拟的优势。铁铬铝（Fe-Cr-Al）是一种耐热耐蚀高性能合金，具有热容小、升温快的特点，有利于排气微粒快速起燃，且抗机械振动和高温冲击性能好，近年来受到广泛重视。用它制造的壁流式蜂窝体，与同等尺寸的堇青石蜂窝体相比，壁厚可减小 1/3，大大降低了压力损失，已成功的应用在三元催化转化器上。但构成金属蜂窝体的箔片表面平滑，不是多孔材料，过滤效率较低，在柴油机微粒捕集器方面应用较少。目前，研究较多的结构形式主要是泡沫合金、金属丝网及金属纤维毡。

泡沫合金是一种具有三维网络骨架的材料，HUS 与 SHW 等公司采用该材料制成过滤体，该过滤体由泡沫合金骨架焊接而成，与壁流式蜂窝陶瓷的结构相似，它们的过滤效率相当。日本住友电工公司将泡沫合金用于制备微粒捕集器过滤体已有数年，起初曾采用泡沫镍作为过滤材料，但镍的抗蚀性差，为改善其在高温环境和含硫气氛中的抗蚀性，采用耐热耐蚀的镍铬铝（Ni-Cr-Al）和铁铬铝（Fe-Cr-Al）高温合金，合金表面是结构牢固的 α 氧化铝（α-Al_2O_3），可在 800℃的高温下静置 200h 基本上不受侵蚀。这种泡沫合金的热导率高，可兼做热再生装置的辐射加热器，热度分布均匀，再生时过滤体不会开裂与熔化。

泡沫合金的主要优点是具有大孔径和薄骨架结构；表面易被熔融铝液浸透并覆盖，退火处理后得到保护层；由于合金骨架的机械强度高，可大大改善过滤材料的抗振性能；应用粉末冶金技术制造泡沫合金，可以降低生产成本。

金属丝网成本相对较低，且孔隙大小沿气流方向可任意组合，使捕获的微粒在过滤体中沿过滤厚度方向分布均匀，提高了过滤效率并延长了过滤时间。但单纯金属丝网过滤体的捕集效率相对较低，只有 20%～50%。若利用金属丝网的良好导电性，在过滤体上游加电晕荷电装置，使微粒荷电，带电微粒在经过金属丝网时由于静电作用吸附在金属丝网上，从而可使综合过滤效率提高到 50%～70%。

金属纤维毡与陶瓷纤维毡相比具有强度高、使用寿命长、容尘量大等特点；与金属丝网相比具有过滤精度高、透气性好、比表面大和毛细管功能等特点，尤其适用于高温、有腐蚀介质等恶劣条件下的过滤，因此是一种很有前途的柴油机微粒过滤材料。美国 RYPOS 公司生产的微粒捕集器采用金属纤维毡，结合电加热再生，具有很高的捕集效率与再生效率，RYPOS 生产的 TPAP 金属纤维毡过滤体结构如图 7-37 所示。柴油机排气从外圈进入，由金属纤维毡过滤后从内圈排出，利用金属纤维自身的导电性采用电加热再生。采用这种结构的另一个好处是可以根据柴油机排量，方便地增减过滤体单元的数目。

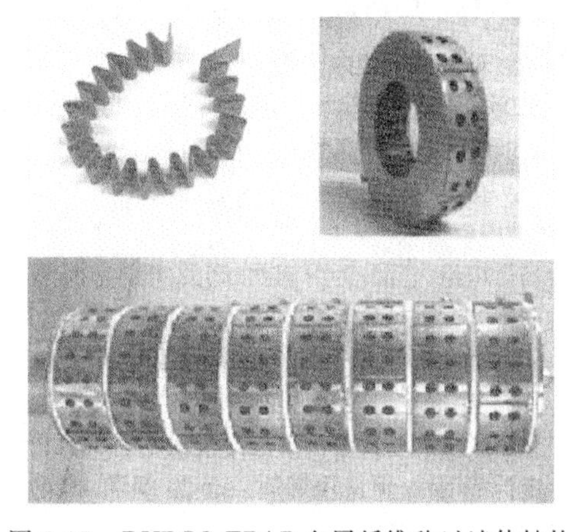

图 7-37 RYPOS TPAP 金属纤维毡过滤体结构

（3）复合基过滤材料　由于陶瓷基过滤材料与金属基过滤材料都有不可避免的缺陷，目前正在研究复合基增强型过滤材料，且主要集中在纤维毡结构上。为了解决在再生过程中燃烧引起的局部过热导致过滤材料熔融破裂或残留烟灰黏附在过滤材料上使微粒捕集器失效的问题，NHK Spring 公司发明了一种新型过滤材料，这种过滤体的单元是由叠层金属纤维毡和氧化铝纤维毡组成。金属纤维毡材料是 Fe-18Cr-3Al，最高耐热温度达到 1100℃，氧化铝纤维毡材料是 $70Al_2O_3$-$30SiO_2$，最高耐热温度达到 1400℃。从排气入口到出口，叠层纤维毡的密度越来越大，保证了微粒的均匀捕获，过滤效率可达到 80%～90%，同时还能起到消声器的作用。

3. 再生技术

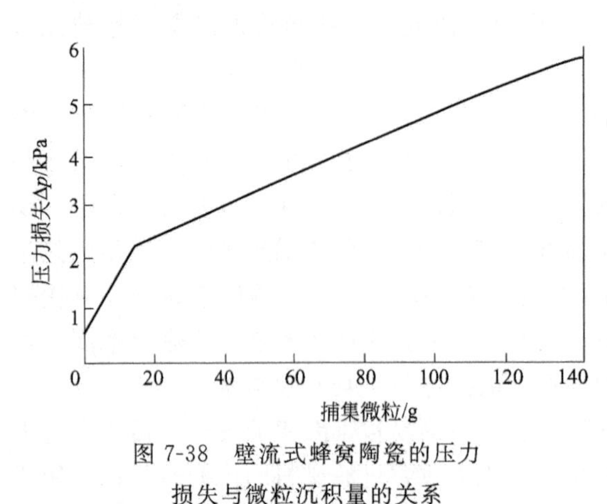

图 7-38　壁流式蜂窝陶瓷的压力损失与微粒沉积量的关系

微粒捕集器采用一种物理性的降低排气微粒的方法，在过滤过程中，微粒会积存在过滤器内，导致柴油机排气背压增加，某壁流式蜂窝陶瓷的压力损失与微粒沉积量关系，如图 7-38 所示。当压力损失达到 20kPa 时，柴油机工作开始明显恶化，导致动力性、经济性等性能降低，必须及时除去沉积的微粒，才能使微粒捕集器继续正常工作。除去微粒捕集器内沉积的微粒的过程称为再生，这是微粒捕集器能否在柴油机上正常使用的关键技术。实用化再生技术应满足以下条件。

①能在各种工况下正常工作，具有较高的捕集效率；②产生的排气背压低，对柴油机动力性和经济性等性能的影响小；③不应对环境产生二次污染；④具有良好的可靠性和耐久性，耐久性在 8×10^4km 以上；⑤具有较强的再生能力和较高的再生效率，再生控制操作方便；⑥寿命和价格应能被用户接受。

由于柴油机排气中的微粒绝大部分为可燃物，因此定期将捕集的微粒烧掉看来是最简单可行的办法。柴油机排气微粒通常在 560℃以上时开始燃烧，即使在 650℃以上时，微粒的氧化也要经历 2min。而实际柴油机排气温度一般低于 500℃，一些城市公交车排气温度甚至在 300℃以下，排气流速也很高，因而在正常的条件下难以烧掉微粒。在微粒捕集器开发的早期曾经采用脱机再生的方法解决再生问题。脱机再生对再生周期足够长的公交车用柴油机有一定的实用性，但使用麻烦。近 20 年来，国外对柴油机微粒捕集器再生技术进行了大量细致的研究工作，提出了多种再生技术，并有不少再生技术已进入实车使用阶段。

再生系统根据原理和再生能量来源的不同可分为主动再生系统与被动再生系统两大类。根据柴油机的使用特点和使用工况合理选择再生技术，对于微粒捕集器的安全有效再生具有重要的意义。

（1）主动再生系统　主动再生系统是通过外加能量将气流温度提高到微粒的起燃温度使捕集的微粒燃烧，达到再生过滤体的目的，主动再生系统通过传感器监视微粒在过滤器内的沉积量和产生的背压，当排气背压超过预定的限值时就启动再生系统。根据外加能量的方式，这些系统主要有喷油助燃再生系统、电加热再生系统、微波加热再生系统、红外加热再生系统以及反吹再生系统。

1）喷油助燃再生系统。喷油助燃再生系统已开发了用丙烷或柴油做燃料、用电点火的燃烧器来引发微粒捕集器的再生。柴油燃烧器采用与柴油机相同的燃料，比较方便，但燃烧过程的组织比较困难，尤其在冷启动时可能导致燃烧不良，造成二次污染。用丙烷作为燃烧器的燃料，容易保证完全燃烧，但需单独的高压丙烷气瓶。

燃烧器技术是一种成熟的技术，但用于实现捕集器的再生还有不少困难。已沉积在过滤体中的微粒的燃烧必须尽可能迅速和完全，但不能使陶瓷过滤体过热而碎裂或熔融。

这就要求在燃料流量、助燃气流流量和氧浓度、燃烧器工作时间与已沉积的微粒质量之间进行优化匹配。

燃烧器喷出的火焰温度应尽可能均匀，平均温度为700～800℃，以便可靠点燃微粒。再生周期取决于微粒沉积速度。再生时如果过滤体中的微粒量太少，则燃烧过程缓慢且不能彻底燃烧；如果微粒量过多，则微粒一旦燃烧，其峰值温度可能上升过高，导致过滤体损坏。过滤体中的微粒沉积量在过滤体已定的情况下，取决于柴油机的工况和对应的排气背压。

DPF在排气系统中的布置如图7-39(a)所示，带再生燃烧器的微粒捕集器串联在排气管中，结构简单，柴油机的排气一直流经过滤器，且柴油机的排气还可用作再生燃烧器工作时的助燃气体（因为柴油机的排气一般都含有5%～10%以上的氧），看来似乎是个很好的方案，但实际上，由于柴油机工况的变化很大，燃烧器串联在排气流中工作会在燃烧控制方面有很大困难。当排气流量很大时，要把它全部加热到再生的起燃温度需要燃烧器消耗大量的燃料，所以实际上常在柴油机怠速时进行过滤体的再生，此时排气流量小，节省燃料，排气含氧量高，可促进微粒的氧化。如在过滤体前设置一旁通排气管，如图7-39(b)所示，当排气背压达到限值时，排气转换阀关闭捕集器的排气进口，让柴油机的排气经旁通排气管不经过滤直接排入大气，这样可以大大减少再生燃烧器的燃料消耗。由于微粒捕集器的再生时间（一般为5～10min）与再生周期（一般为10h以上）相比很短，排气旁通阀使微粒总排放量的增加不会超过1%。这时微粒捕集器的再生燃烧器除了通过燃烧器燃料供给系供给燃料、通过电子点火器点火外，还要通过空气供给系供给空气，使燃烧器稳定产生预定的含氧燃气，高效而可靠地引发捕集器中的微粒燃烧。如图7-39(c)所示，如果在柴油机排气系统中安装两套微粒捕集器，由排气转换阀让它们轮流工作，那么不仅排气不经过过滤的情况不会发生，而且微粒捕集器的寿命将延长。在这种情况下，由于没有必要追求尽可能长的再生周期，所以每一个捕集器的尺寸可适当缩小。实际上，并联的两套微粒捕集器在再生期间以外也可以同时工作。

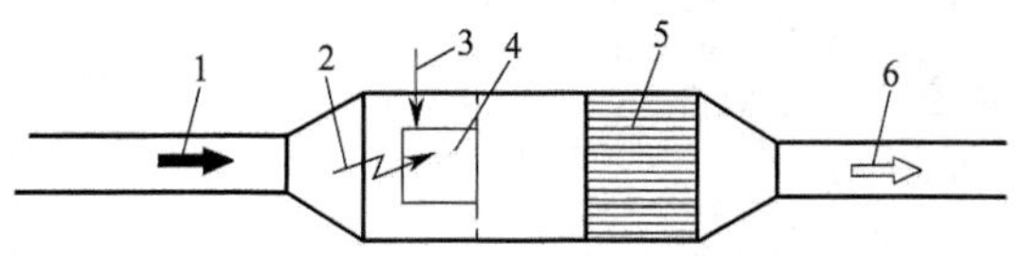

(a) 单DPF,串联在柴油机排气中

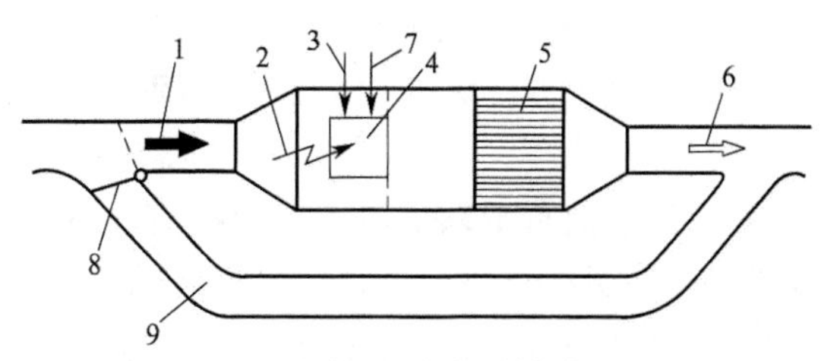

(b) 单DPF,带旁通排气管

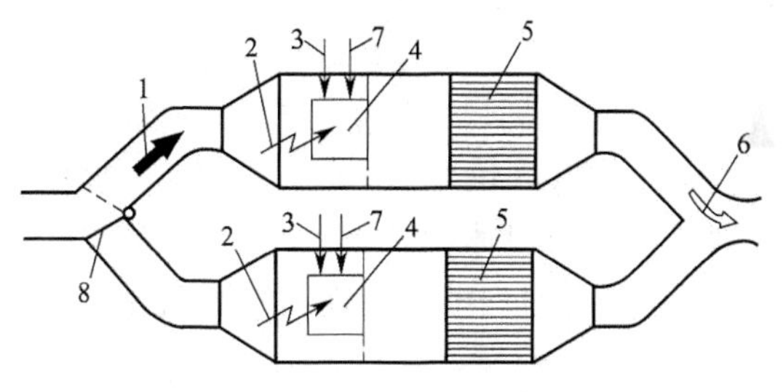

(c) 双DPF,并联轮流工作

图7-39 DPF在排气系统中的布置

1—柴油机排出的未过滤排气；2—电子点火器；3—燃烧器燃料供给系；4—再生燃烧器；5—陶瓷过滤体；6—已过滤排气；7—燃空气供给系；8—排气转换阀；9—旁通排气管

2）电加热再生系统。电加热再生在微粒捕集器工作一段时间后，采用电热丝或其他电加热方法，周期性的对微粒捕集器加热使微粒燃烧。用电阻加热器供热再生可避免采用复杂昂贵的燃烧器，同时电加热可消除二次污染。为了提高电阻加热器的再生效率，一般力求使电阻丝与沉积的微粒直接接触。一种结构形式是把螺旋形电阻丝塞入进气道中，如图7-40所示。由于蜂窝陶瓷过滤体的孔道数量很多，因此结构复杂；另一种结构形式是将回形电阻丝布置在各进气道的入口段。再生时，通电的电阻丝直接点燃微粒，捕集器前部微粒燃烧的火焰随着排气向捕集器的尾部传播，将整个通道内的微粒燃烧完毕。

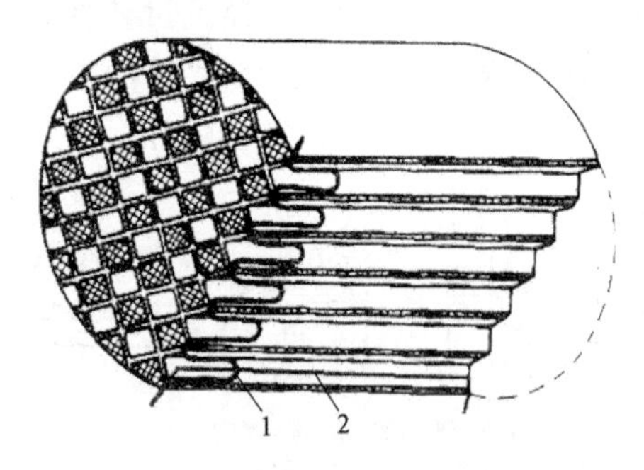

图 7-40　蜂窝陶瓷再生加热电阻丝结构
1—回形电阻丝；2—螺旋形电阻丝

电加热再生系统由车载蓄电池供电，为了节省蓄电池的电力消耗，电加热再生系统一般都采用增加旁通排气管方案或是应用两套捕集器的方案，如图 7-39 所示。再生时向捕集器内供给少量的空气以促进微粒的燃烧，流动的空气还能将前端火焰传播到后端。为了减小蓄电池的电功率，电阻丝可以分区连接成若干组，各组先后相继通电实现分区再生。电加热再生系统的功率一般在 3～6kW 之间，通电 30～60s 就可引发再生。电加热再生系统结构简单，使用方便、安全可靠，但再生时热量利用率和再生速率低，消耗能量较多。

3）微波加热再生系统。上述的喷油助燃再生系统与电加热再生系统一样，均有突然加热过滤体而浪费能量的缺点，实际有效的能量是把已沉积的微粒本身加热到起燃温度，于是尝试利用微波独具的选择加热及体积加热特性再生微粒捕集器。微粒可以 60%～70%的能量效率吸收频率为 2～10GHz 的微波，由于陶瓷的损耗系数很低，对微波来说实际上是透明的，所以微波并不会加热陶瓷过滤体，如图 7-39 所示。此外，微粒捕集器的金属壳体会约束微波，防止微波外逸并把它反射回过滤体上。因此，可把一个发射微波的磁控管放在过滤体的上游，并用一个轴向波导管把它与过滤体相连。再生时把排气流部分旁通，磁控管提供 1kW 功率，在过滤体内部形成空间分布的热源，对过滤体上沉积的微粒进行加热，历时 10min 左右，把炭烟微粒加热到起燃温度，然后把排气流恢复原状以助微粒燃烧。再生时，也可把排气完全旁通，并喷入适量助燃空气，这样再生过程可以控制得更加完善。实验表明，再生过程中过滤体内部温度梯度小，热应力引起的过滤体损坏的可能性减小，再生窗口宽，再生过程易于控制，但加热的均匀性有待进一步改善。微波再生效率高，没有二次污染，是很有前途的热再生技术。

4）红外加热再生系统。当物体的温度高于绝对零度时，物体向外放射辐射能 k 且辐射能在某一温度范围内可达到最大。在柴油机微粒捕集器的再生过程中，加热器的辐射能量主要集中在红外波段。利用这一原理，选择控制温度所对应辐射能大的波长范围内的红外辐射材料，将其涂覆在基体上，当基体受热并达到所选择的温度和波长范围时，涂层便放射出最大辐射能，由于碳是自然界中较好的一种灰体，因此对辐射能的吸收能力较强。由于堇青石陶瓷是热的不良导体，因此辐射传热是其主要的加热形式。由于金属材料的辐射能力较强，因此在红外再生过程中，首先由加热器加热具有较强辐射能力的红外涂层，然后再由红外涂层通过辐射方式加热过滤器中捕捉到的微粒物。红外加热再生原理如图 7-41 所示。红外再生提高了加热速率和热量利用率，从而使被加热物体迅速升温而达到快速加热的目的，减少再生过程的能量消耗。

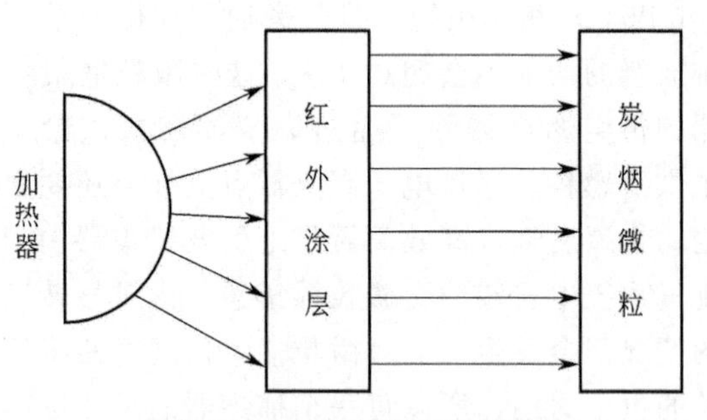

图 7-41　红外加热再生原理

5）反吹再生系统。为了提高柴油机微粒过滤及再生系统的可靠性和使用寿命，将微粒的燃烧与过滤体分离是一种有效途径。反吹再生技术正是根据这一设想开发出来的。该再生过程的最大特点是能将过滤体与微粒燃烧分开，因此该系统不存在过滤体由于与微粒燃烧而产生破裂和烧熔等问题，另外也解决了不燃物质在过滤器内累积的问题。当过滤体需要再生时，排气从旁通管流出或流经另一套微粒捕集器，高压气流从需要再生的微粒捕集器的排气出口端高速喷入，逆向流动的气流将微粒从过滤体表面清除并落入微粒漏斗。收集在漏斗里的微粒由漏斗内的电加热器燃烧。

（2）被动再生系统　被动再生系统利用柴油机排气自身的能量使微粒燃烧，达到再生微粒捕集器的效果。一方面可通过改变柴油机的运行工况提高排气温度达到微粒的起燃温度使微粒燃烧；另一方面可以利用化学催化的方法降低微粒的反应活化能，使微粒在正常的排气温度下燃烧。运用排气节流等方法可以提高排气温度使捕集到的微粒在高温下烧掉，但这些措施使燃油经济性恶化。目前看来较为理想的被动再生方法是利用化学催化的方法，一些贵金属、金属盐、金属氧化物及稀土复合金属氧化物等催化剂对降低柴油机炭烟微粒的起燃温度和转化有害气体均有很大的作用。在催化再生过程中，过滤体受到的热负荷较小，因此，提高了过滤体的寿命及工作可靠性。催化剂的使用方法有两种，一是在燃油中加入催化剂，二是在过滤体表面浸渍催化剂。催化再生技术的研究重点在于寻找能有效促进微粒在尽可能低的温度下氧化的催化剂。

1）大负荷再生。柴油机的排气温度是随其工况变化而变化的。在高速大负荷运行时，排气温度可以达到500℃以上，在此温度下，沉积在过滤器内的微粒可以自行燃烧，从而达到过滤器再生的目的。这种方法不用附加任何辅助系统，因此比较简单。然而柴油机排气温度只有在接近最高转速、最大负荷的工况时，在靠近气缸盖上排气口的位置才能达到使过滤体内沉积的炭烟能自燃的温度。而车用柴油机在实际运行中很少在这样的工况下工作，尤其是在城市，汽车基本上以低速运行，柴油机的平均排气温度更低。因此，大负荷再生技术对某些应用场合，尤其是车用是不合适的。

2）排气节流再生。节流再生是出现较早的技术，也叫强制再生，它实际上是通过某种节流方法控制柴油机的进气量，即进气节流或排气节流，以提高排气温度，使过滤体中的微粒着火燃烧。节流提高排气温度主要通过两条途径：一是通过提高排气压差，增加泵功损失，而这一部分能量最后以热量方式转移到排气中，这样就增加了废气的焓；二是排气节流降低柴油机的容积效率，使混合气中燃油浓度增大，进而提高了排气温度。节流程度取决于所需达到的最高燃烧温度，不能过度的影响柴油机的动力性以及不过多的增大柴油机的排气烟度。节流技术拓宽了过滤体利用排气进行再生的工况范围，再生时机也可进行控制。但是由于泵功的增加以及容积效率的降低，使得柴油机在再生过程中动力性和经济性有很大程度的下降。并且由于节流，使得气缸盖、活塞、气门等零部件的热负荷增加，缩短了柴油机的使用寿命。

在微粒捕集器的使用过程中，大多数的过滤体破损是由于在再生过程中缺乏对再生过程的控制，使过滤体过热所致。为了克服一般节流再生技术所存在的不足，人们又相继提出了稳态节流再生技术以及旁通节流再生技术。稳态节流再生是在柴油机以最大转速空转运行时对过滤体进行节流再生。它的优点是能够对整个再生过程进行控制，对柴油机零部件产生的热负荷很小。旁通节流再生技术一方面可以通过改变参与再生过程的废气数量，提高预加热过程的过滤体温度响应；另一方面在再生过程中可以通过旁通装置使过滤体与废气隔绝。节流再生技术难以在公交车等长时间低速行驶的车辆上使用。

3）催化再生。催化再生是在过滤体的表面浸渍催化剂，催化器与捕集器是同一整体，这种微粒捕集器对微粒的捕集与过滤体的再生是同时进行的，是一种连续再生的方法。在使用过程中，常用铂作为催化剂，当排气温度达到400℃左右微粒就能开始氧化。还有的催化系统能先将排气中的NO氧化成NO_2，再由NO_2氧化微粒物（也包括CO）。氧化过程中，NO_2作为反应的中间介质，实现了催化剂与颗粒物的非直接接触，提高了反应速度和效率，同时还能净化排气中的NO_x。Johnson Matthey公司开发出一种采用催化再生的微粒捕集系统（CRT-continuous regeneration trap），CRT系统示意如图7-42所示。柴油机排出的废气首先经过一个氧化催化器，在CO和烃类化合物被净化的同时，NO被氧化成NO_2，NO_2本身是化学活性很强的氧化剂，在随后的微粒捕集器中，NO_2与微粒进行氧化反应，该反应在250℃左右即可进行。但当排气温度高于400℃时，化学平衡条件趋于产生NO而难以产生NO_2，不能使微粒捕集器中的微粒起燃，再生效率急剧下降。

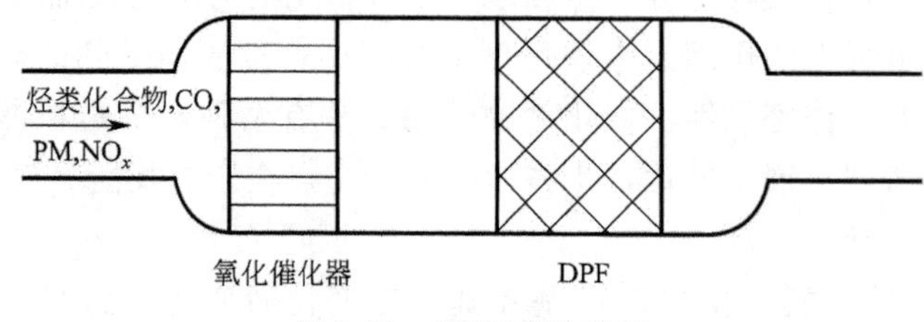

图7-42　CRT系统示意

应用催化再生的主要缺点是固体微粒与催化剂的接触反应极不均匀，很难进行完全再生。另外，由于柴油机排气中的微粒含量很大，随着时间的推移，催化剂的作用会逐渐减弱甚至完全消失，即催化剂中毒，从而影响到过滤体的有效再生和对其他有害气体的催化净化效果。催化再生系统受燃油含硫量、运行工况、排放物水平以及催化剂的价格等因素的限制，仍然没有得到大范围推广。但是催化再生过程不需要人为干预，没有另外的设备和投入，特别对于微粒排放很低的柴油机来说，微粒物能及时氧化掉，再生过程容易实现。而且，发动机运行过程中背压较低，再生耗能较少，发动机油耗也较低，这些明显的优点使它被普遍看好，在未来若干年有望成为柴油机微粒净化的实用技术。

催化再生微粒捕集器系统目前要解决的主要问题是：在柴油机的各种运转条件下不发生碳粒堵塞现象和避免催化剂中毒，以确保碳粒净化率的长期稳定性，提高其使用寿命。SO_2是使催化剂中毒的主要因素，它与催化剂载体的主要材料氧化铝相互作用并封锁催化剂铂，使反应区的质量交换条件变坏。俄罗斯汽车研究所在这方面的研究走在世界的前列，他们从两方面着手，一方面开发一种与氧化硫不发生作用的催化载体——采用氧化硅或涂有氧化硅保护层的氧化铝；另一方面寻找一种具有很高的抗氧化硫的活性成分——基本成分选用钯的催化活性剂。结果表明催化剂的催化效率在较长时间内能得到保证。

4）燃油添加剂再生。燃油添加剂再生系统实际上也是一种催化再生系统，只不过是催化剂的存在方式不一样。燃油添加剂再生系统是在燃油中加入金属催化剂（如金属铈Ce），添加剂与燃油一起在气缸内参与燃烧，燃烧后生成的金属氧化物对微粒起催化作用，降低微粒起燃温度，从而在较低的排气温度下不需外部能源，过滤体能自行再生。这种方式能够保证金属催化剂与微粒物的紧密接触，为氧化反应创造条件。当排气温度低于300℃时，微粒物开始燃烧的温度取决于微粒上吸附的高沸点烃类化合物的含量，因为这一温度区域炭烟的催化氧化速度极低，微粒物要靠烃类化合物的催化燃烧来点燃。当排气温度在300～400℃时，发动机排气中的烃类化合物含量较低，再生较困难。而在排气温度高于400℃时，再生速度随温度的升高而加快。

使用燃油添加剂再生方法的最大优点在于可以极大地降低微粒物的再生温度，结构简单，不需要人为控制，使用方便。但是这种方法仍然存在以下几个问题：①添加剂的使用量不易控制，过少会使微粒再生不完全，过多则会造成浪费；②由于再生不是人为控制，当排气温度较高时，容易对过滤体造成热损伤。

三、NO_x 机外净化技术

由于机内净化控制不能完全净化 NO_x 排放，采取机外控制技术很有必要。NO_x 的机外净化技术主要是催化转化技术。由于柴油机的富氧燃烧使得废气中含氧量较高，这使得利用还原反应进行催化转化比汽油机困难。例如，在汽油机上使用三元催化转化器，其有效净化条件是过量空气系数大约为1。若空气过量时，作为 NO_x 还原剂的CO和烃类化合物便首先与氧反应；空气不足时，CO、烃类化合物不能被氧化。显然，用三元催化转化器降低 NO_x 的技术在柴油机上是不适用的。降低柴油机 NO_x 排放的机外净化技术主要有吸附催化还原法、选择性非催化还原、选择性催化还原和等离子辅助催化还原。

1. NO_x 吸附催化还原

由于柴油机尾气中含有较多的氧气，使得仅用汽油机上的三元催化器不能有效净化柴油机尾气中的 NO_x，并且在一般柴油机中无法实现吸附性催化剂再生所需要的浓混合气状态，所以，NO_x 吸附器最初只用于直喷式汽油机（GDI）和稀燃汽油机，后来才逐渐研究用于柴油机。吸附催化还原是基于发动机周期性稀燃和富燃工作的一种 NO_x 净化技术，吸附器是一个临时存储 NO_x 的装置，具有 NO_x 吸附能力的物质有贵金属和碱金属（或碱土金属）的混合物。当发动机正常运转时处于稀燃阶段，排气处于富氧状态，NO_x 被吸附剂以硝酸盐（MNO_3，M表示碱金属）的形式存储起来。

$$NO + 0.5O_2 \longrightarrow NO_2$$

$$NO_2 + MO \longrightarrow MNO_3$$

当吸附达到饱和时，也需要再生吸附器使其能够继续正常工作，吸附器的再生可通过柴油机周期性的稀燃和富燃工况进行，也可通过人为调整发动机的工作状况，使其产生富燃条件，使硝酸盐分解释放出 NO_x，NO_x 再与HC和CO在贵金属催化器下被还原为 N_2（c、h 分别表示碳和氢的原子数）。

$$MNO_3 \longrightarrow NO + 0.5O_2 + MO$$

$$NO + CO \longrightarrow 0.5N_2 + CO_2$$

$$(2c + 0.5h)NO + C_cH_h \longrightarrow (c + 0.25h)N_2 + 0.5hH_2O + cCO_2$$

以含碱金属钡（Ba）作为吸附剂为例，在富氧状况下，Pt催化剂使NO氧化成 NO_2，NO_2 进一步与吸附剂中的钡生成硝酸钡而被捕集；在富燃状况下，硝酸钡又分解并释放出 NO_x，NO_x 再与烃类化合物和CO反应被还原成 N_2。在贫燃或富燃交替变换的环境下，碱金属钡分别以硝酸钡、氧化钡或碳酸钡的形态存在，起着吸附及释放 NO_x 的作用。再生时也需要一定的温度，这主要取决于所使用的催化剂。催化器采用汽油机上的三元催化器，因此，NO_x 吸附器也能净化一部分烃类化合物和CO。实际使用时需由发动机管理系统控制，以便及时改变发动机工况而产生富燃条件。其中的时间间隔和富燃时间尤为重要，富燃时间过长使得燃油消耗太多，过短则 NO_x 净化率不高。吸附器的吸附能力也是很重要的参数。当吸附器具有较大的吸附容量时，可减少产生富燃的频率，从而降低成本并提高燃油经济性。吸附剂对硫有很强的亲和力，因为 SO_2 会和吸附催化剂发生类似 NO_x 的反应而生成硫酸盐，而且硫酸盐一旦形成，特别稳定。国外的研究表明，要使该硫酸盐分解不但需要富燃气氛，而且要超过 600℃的温度。因此硫对 NO_x 吸附器的性能影响很大。

2. NO_x 选择性非催化还原

选择性非催化还原也称为 SNCR（Selective Non Catalytic Reduction），它的原理是在高温排气中加入 NH_3 作为还原剂，与 NO_x 反应后生成 N_2 和 H_2O，其总量反应式如下。

$$4NO+4NH_3+O_2 \longrightarrow 4N_2+6H_2O$$

$$NO+2NH_3+NO_2 \longrightarrow 2N_2+3H_2O$$

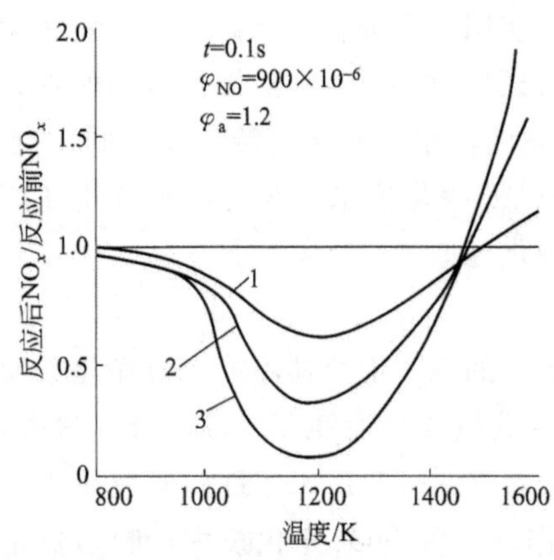

图 7-43　用 NH_3 还原 NO 时反应结果与反应温度的关系

（NO 体积分数 $\varphi_{NO}=0.09\%$，过量空气系数 $\varphi_a=1.2$，反应时间 $t=0.1s$）

1—$\varphi_{NH_3}=0.045\%$；2—$\varphi_{NH_3}=0.09\%$；3—$\varphi_{NH_3}=0.18\%$

从反应式可以看出，O_2 在这一反应过程中是不可缺少的，或者说，比起在化学计量比工作的汽油机来说，这种催化反应更适合于富氧工作的柴油机。SNCR 方法的优点是可以省去价格昂贵的催化剂。由图 7-43 所示的化学动力学计算结果可以看出，净化效果只出现在 1100～1400K 的温度范围内。其原因是还原反应实际上是在 NH_2 与 NO 之间进行的，而只有在这个温度范围内才能由 NH_3 产生大量 NH_2。温度低时，NH_2 生成量少，而温度过高时，反而通过 $NH_3 \rightarrow NH_2 \rightarrow NH \rightarrow NO$ 这样的途径。由 NH_3 生成了 NO，这就是图 7-43 中温度高于 1400K 时 NO 反而增多的原因。

由于这个温度范围的制约，SNCR 技术虽然在发电厂脱硝中获得了广泛的应用，但在柴油机中应用有困难。考虑到柴油机燃烧膨胀过程的温度范围跨过上述 1100～1400K 的有效区间，有人曾选择压缩上止点后 60℃A 左右的时刻向柴油机缸内喷射氨水，以获得明显降低 NO_x 的效果，并已在低速大功率船用柴油机上应用。

3. NO_x 选择性催化还原

选择性催化还原也叫 SCR（Selective Catalytic Reduction）方法，SCR 转化器的催化作用具有很强的选择性，NO_x 的还原反应被加速，还原剂的氧化反应则受到抑制。选择性催化还原系统的还原剂可用各种氨类物质或各种烃类化合物。氨类物质包括氨气（NH_3）、氨水（NHOH）和尿素［$(NH_2)_2CO$］；烃类化合物则可通过调整柴油机燃烧控制参数使排气中的烃类化合物增加，或者向排气中喷入柴油或醇类燃料（甲醇或乙醇）等方法获得。催化剂一般用 V_2O_5-TiO_2、Ag-Al_2O_3，以及含有 Cu、Pt、Co 或 Fe 的人造沸石（Zeolite）等。这种系统的工作温度范围为 250～500℃，其总的反应式如下。

$$4NO+4NH_3+O_2 \longrightarrow 4N_2+6H_2O$$

$$6NO+4NH_3 \longrightarrow 5N_2+6H_2O$$

$$2NO_2+4NH_3+O_2 \longrightarrow 3N_2+6H_2O$$

$$6NO_2+8NH_3 \longrightarrow 7N_2+12H_2O$$

当温度过低时，NO_x还原反应不能有效进行；温度过高不仅会造成催化转化器过热损伤，而且还会使还原剂直接氧化而造成较多的还原剂消耗和新的NO_x生成。有关总量反应式如下。

$$7O_2+4NH_3 \longrightarrow 4NO_2+6H_2O$$

$$5O_2+4NH_3 \longrightarrow N_2O+6H_2O$$

$$2O_2+2NH_3 \longrightarrow 4N_2O+3H_2O$$

$$3O_2+4NH_3 \longrightarrow 4N_2+6H_2O$$

与其他催化方法一样，使用SCR降低NO_x要求柴油含硫量越低越好。因为硫会通过$S \rightarrow SO_2 \rightarrow SO_3 \rightarrow NH_4HSO_4$或者$(NH_4)_2SO_4$的途径生成硫酸氢铵或硫酸铵，它们沉积在催化剂表面上会使其失活。

以氨水作为还原剂的SCR系统，可以降低柴油机NO_x排放95%以上，但柴油机需要一套复杂的控制还原剂喷射量的系统。对于柴油机来说，用氨水作为还原剂并不合适，因为氨的气味会使人感到难受。以尿素作为还原剂比直接用氨水方便。尿素的水溶液在高于200℃时产生NH_3，即：

$$(NH_2)_2CO+H_2O \longrightarrow 2NH_3+CO_2$$

以尿素作为还原剂的SCR系统，已在发电厂和固定式柴油机上得到应用。一般认为，在货车用柴油机上也将有很好的应用前景。

对于轿车柴油机来说，从使用的方便性出发，希望可用燃油中的烃类化合物作为还原剂，有如下反应式：

$$4NO+4CH+3O_2 \longrightarrow 2N_2+4CO_2+2H_2O$$

结合共轨燃油喷射系统的应用，按照工况不同，后喷适当数量的燃油是完全可能实现的。但研究表明，只有烯烃对NO_x有较好的选择还原活性。图7-44给出了在Ag-Al_2O_3系催化剂上不同的烃类化合物时的NO_x转化率。图7-45给出了Pt-Zeolite系催化剂上加入不同种类的烃类化合物时的NO_x转化率。从两种系列的催化剂中均可看出，NO_x转化率随加入烃类化合物的种类不同而显著不同，C_3H_6的还原特性最为突出。同时可以看出，贵金属Pt系催化剂在200℃左右转化率最高，即Pt可以改善催化剂的低温活性；而非贵金属的Ag(Cu)系催化剂则在400～500℃时转化率最高。实际上，由日本理研公司开发的Al_2O_3系催化剂在采用乙醇作为还原剂时，在370～530℃的范围内实现了80%以上的NO_x净化率，同时对CO和烃类化合物也有较好的净化率，Ag-Al_2O_3系催化剂的净化特性如图7-46所示。

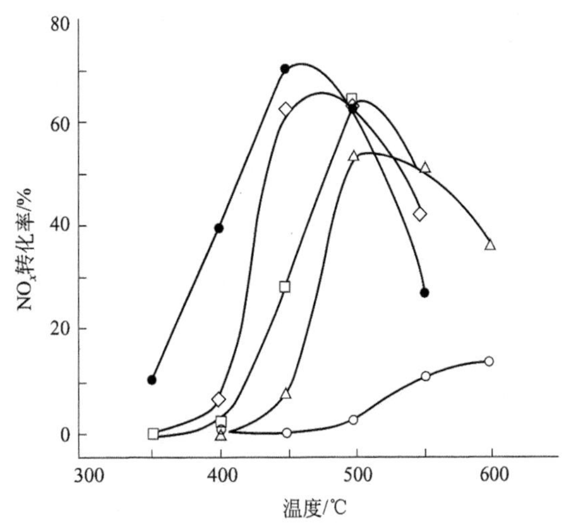

图7-44　不同烃类化合物在Ag-Al_2O_3系催化剂上的还原特性

○—CH_4；△—C_2H_6；□—C_4H_{10}；◇—C_2H_4；●—C_3H_6

研究表明，Cu-ZSM-5催化剂在氧化气氛中也能有效的促进烃类化合物和NO_x的反应，将这种催化剂装在实际柴油机上并在排气中添加烃类化合物时，可获得40%～50%的NO_x

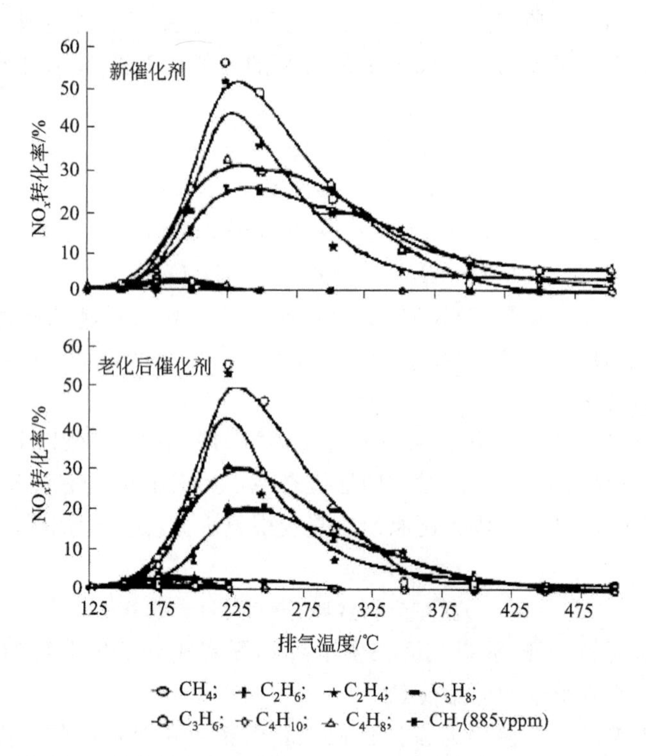

图 7-45 不同烃类化合物在 Pt-Zeolite 系催化剂上的还原特性

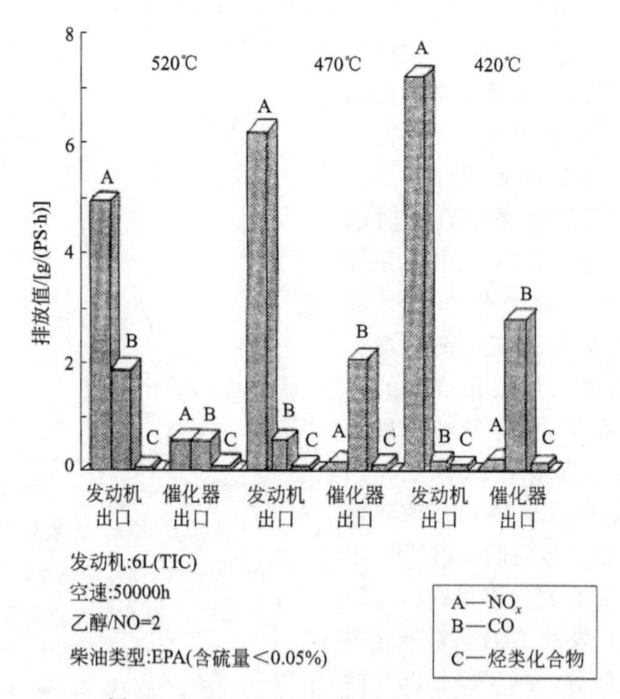

图 7-46 Ag-Al_2O_3 系催化剂的净化特性

净化率。如图 7-47 所示，这种催化剂的最高转化率出现在 400℃左右，随温度的进一步升高，作为还原剂的烃类化合物因氧化被大量消耗，使得 NO_x 转化率开始下降。同时，还存在高空速时 NO_x 的转化率下降以及抗水蒸气中毒性能不理想等问题，目前尚未达到实用化程度。

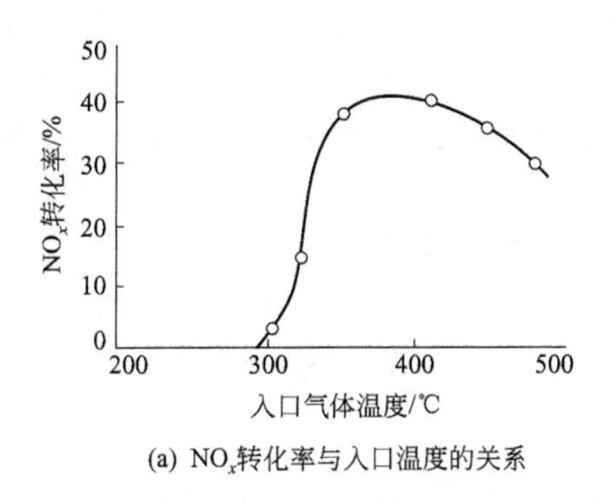

(a) NO_x转化率与入口温度的关系

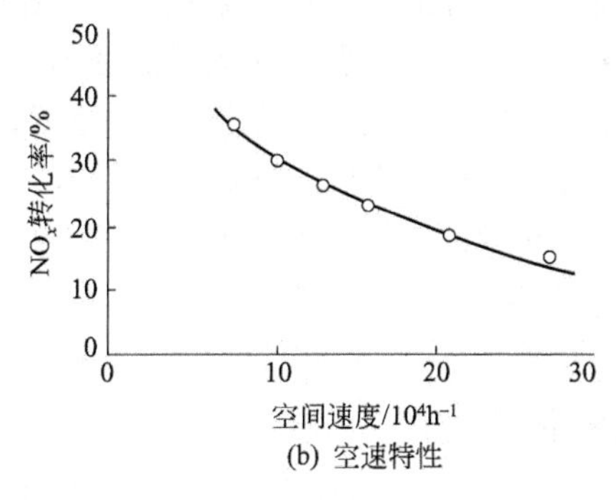

(b) 空速特性

图 7-47　Cu-ZSM-5 催化剂的 NO_x 净化特性

在采用 SCR 转化器方法降低 NO_x 排放的同时，许多 NO_x 的 SCR 转化器会加速 N_2O 的形成，而 N_2O 是致热势为 CO_2 的 150 倍的强温室气体。因此，在使用 N_2O 性催化还原技术时，应综合考虑 CO_2 和 N_2O 的温室效应，以免失去柴油机低 CO_2 排放的特点。所以，必须注意减少 N_2O 的生成，避免造成二次污染。

4. 用等离子辅助催化还原

目前，利用低温等离子辅助烃类化合物的选择性催化还原系统降低 NO_x 排放是研究的另一热点。根据等离子的特点，较多采用二级系统，如图 7-48 所示。等离子技术是指由电子、离子、自由基和中性粒子等组成的导电性流体，整体保持电中性。离子、激发态分子、原子和自由基等都是化学活性极强的物种，首先利用这些活性物种把 NO 和烃类化合物氧化为 NO_2 和部分氧化的高选择性含氧烃类化合物类还原剂，然后再在催化剂作用下促使新产生的高选择性活性物种还原 NO_2，生成无害的 N_2。

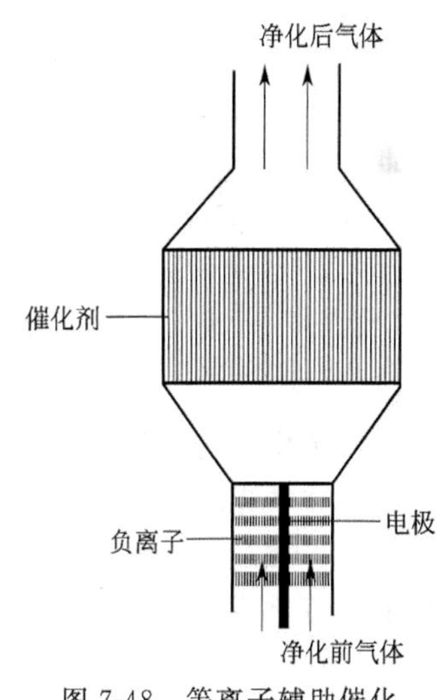

图 7-48　等离子辅助催化还原 NO_x 二级系统

催化剂主要有贵金属、分子筛催化剂和金属氧化物等体系。试验分析证明，等离子体辅助催化有三个主要作用。

1）等离子体氧化过程是部分氧化。也就是说 NO 氧化为 NO_2；但不能进一步把 NO_2 氧化为酸；烃类化合物部分氧化，但不能把烃类化合物完全氧化为 H_2O 和 CO_2，而部分氧化的含氧烃类化合物化合物在催化剂作用下能更有效地还原 NO_x。

2）等离子体氧化是有选择性的。也就是说，等离子体把 NO 氧化为 NO_2，而不能把 SO_2 氧化为 SO_3，这使得等离子体辅助催化过程比传统稀燃 NO_x 催化转化技术对燃料硫含量的要求低。

3）等离子体可以改变 NO_x 的组成，即先将 N 氧化为 NO_2，再利用一种新型催化剂将 NO_2 还原为 N_2，比传统稀燃 NO_x 催化剂将 NO 还原为 N_2 具有较高的可靠性和氧化活性。

NO_x 最高转化效率可达到 35％～70％。一种新型催化剂和净化后气体等离子体系统的协同作用机制，有望实现更高的 NO_x 转化率。但是，该系统中烃类化合物的转化效率极低，因此，还需要辅助装置用来去除烃类化合物和部分未氧化的 CO。等离子体辅助催化还原 NO_x 技术不论在实验室还是在应用中都处于迅速发展之中。

催化剂用低温等离子体技术处理柴油机排气污染时，可减少 NO_x、PM、烃类化合物的排放，被认为是一种很有发展前途的后处理技术。而起先等离子体技术主要用来处理微粒的排放，现在该项技术研究的重点是 NO_x 处理，但因在稀燃排气中等离子放电主要是氧化反应，单独用等离子体对 NO_x 还原没有效果，但对微粒捕集有较好的效果。等离子体增强催化剂选择性，对柴油机排气中的 NO_x 和微粒有很好的净化效果。另一优点是对燃料含硫量几乎没有要求，可在相对低的温度下运行。Delphi、Caterpillar 等公司已经利用等离子体和催化剂系统开发出 NO_x 和微粒后处理系统，可用于柴油轿车、重型车上。

四、氧化催化转化器

由于柴油机排气含氧量较高，可用氧化催化转化器（oxidization catajytic converter，OCC）进行处理，消耗微粒中的可溶性有机成分 SOF 来降低微粒排放，同时也降低烃类化合物和 CO 的排放。氧化催化转化器采用沉积在面容比很大的载体表面上的催化剂作为触媒元件，降低化学反应的活化能，让发动机排出的废气通过，使消耗烃类化合物和 CO 的氧化反应能在较低的温度下很快地进行，使排气中的部分或大部分烃类化合物和 CO 与排气中残留的 O_2 化合，生成无害的 CO_2 和 H_2O。柴油机用氧化催化剂原则上可与汽油机的相同，常用的催化反应效果较好的催化剂是由铂（Pt）系、钯（Pd）系等贵金属和稀土金属构成。用有多孔的氧化铝作为催化剂载体的材料并做成多面体形粒状（直径一般为 2～4mm）或是蜂窝状结构。尽管柴油机排气温度低，微粒中的炭烟难以氧化，但氧化催化剂可以氧化微粒中 SOF 的大部分（SOF 可下降 40%～90%），降低微粒排放，也可使柴油机的 CO 排放降低 30%左右，烃类化合物排放降低 50%左右。此外，氧化催化转化器可净化多环芳烃（PAH）50%以上，净化醛类达 50%～100%，并能够减轻柴油机的排气臭味。虽然氧化催化转化器对微粒的净化效果远远不如微粒捕集器，但由于烃类化合物的起燃温度较低（在 170℃以下就可再生），所以，氧化催化转化器不需要昂贵的再生系统，投资费用较低。

催化转化器的催化转化效率极大地依赖于柴油中的硫含量和排气温度。普通柴油中硫含量较高，硫燃烧后生成 SO_2，柴油含硫量对柴油机 SO_2 排放量的影响如图 7-49 所示，由图 7-49 可见，在过量空气系数不变时，排气中的 SO_2 浓度基本上与柴油含硫量成正比。SO_2 经氧化催化转化器氧化后变成 SO_3，然后生成硫酸盐，成为微粒的一部分。氧化催化效果越好，硫酸盐生成越多，甚至达到无氧化催化转化器时的 10 倍，因此，当柴油机采用普通高硫柴油时，大负荷时由于排气温度高，催化氧化强烈，硫酸盐的增加不但抵消了 SOF 减小的效果，甚至反而使总微粒上升。因此，只有用低硫柴油才能保证氧化催化的效果，氧化催化转化器降低微粒排放的效果如图 7-50 所示。

催化剂的表面活性作用是利用排气热量激发的，图 7-51 表示柴油机使用氧化催化转化器时，排气温度对微粒排放量的影响。从图 7-51 可以看出，当排气温度低于 150℃时，催化剂基本上不起作用。随着负荷增加，排气温度升高，CO 和烃类化合物净化率也增加，同时由于 SOF 被氧化，使微粒排放下降。只要不超过催化剂允许的最高温度，净化反应便能顺利进行。为了保证催化剂有足够的温度，应尽量使氧化催化转化器安装在靠近排气歧管处。但是，随着温度的升高，当排气温度高于 350℃后，由于硫酸盐大量生成，反而使微粒排放增加。所以，柴油机氧化催化器的最佳工作温度范围是 200～350℃，仅靠调整发动机工况很难控制排气温度总在这一最佳范围内。因此，减少柴油中的硫含量就成了十分重要的问题。

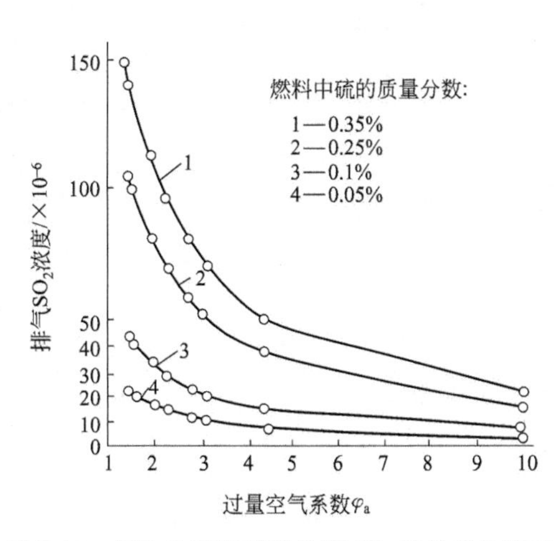

图 7-49　柴油含硫量对柴油机 SO_2 排放量的影响
（过量空气系数 $\varphi_a=1.3\sim10$）

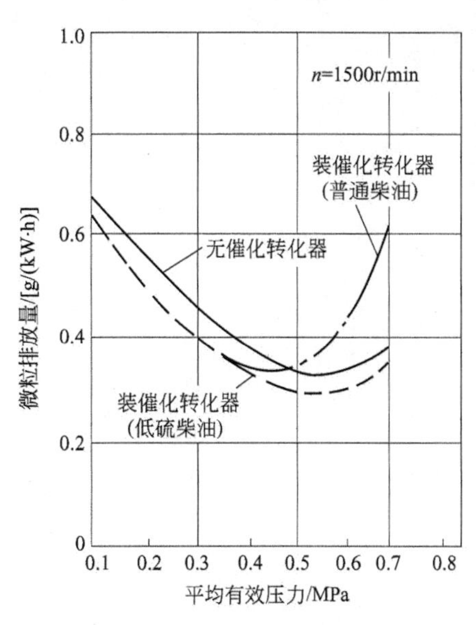

图 7-50　氧化催化转化器降低微粒排放的效果
（过量空气系数 $\varphi_a=1.3\sim10$）

至于柴油机氧化催化剂的活性成分，尽管 Pd 的催化活性不如 Pt，但产生的硫酸盐要少得多，而且价格便宜，因此用 Pd 或 Pd/Rh 组合比较合适。不同贵金属氧化催化转化器的效果如图 7-52 所示，对于用硫含量 0.2%的普通柴油的柴油机来说，Pt 系催化剂由于使硫酸盐几乎增加 10 倍，总微粒排放增加到 3.5 倍。即使使用硫含量 0.04%的低硫柴油，Pt 系催化剂仍使微粒排放增加 50%左右。如果使用 Pd 系催化剂，在 SOF 排放明显降低的同时硫酸盐的生成量也不大，因而使微粒总排放量降低 1/3 左右。降低硫酸盐生成的另一途径是更换催化剂的涂层材料，由于 SO_2 和 SO_3 在较高温度（>400℃）下会与 Al_2O_3 活性涂层起反应生产硫酸铝。一旦载体饱和后，这些含硫物质在较高温度下会呈盐类析出或热分解排出硫酸雾。因此，以储存硫酸盐较少的二氧化硅或二氧化钛为基本的活性涂层来代替氧化铝活性涂层，也可以减少硫酸盐的生成。

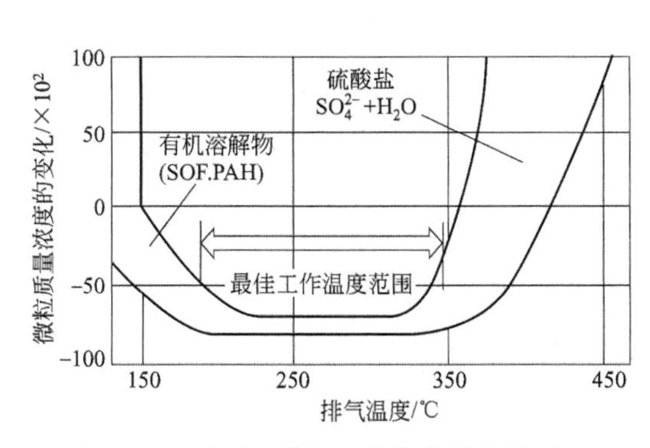

图 7-51　柴油机使用氧化催化转化器时，
排气温度对微粒排放量的影响

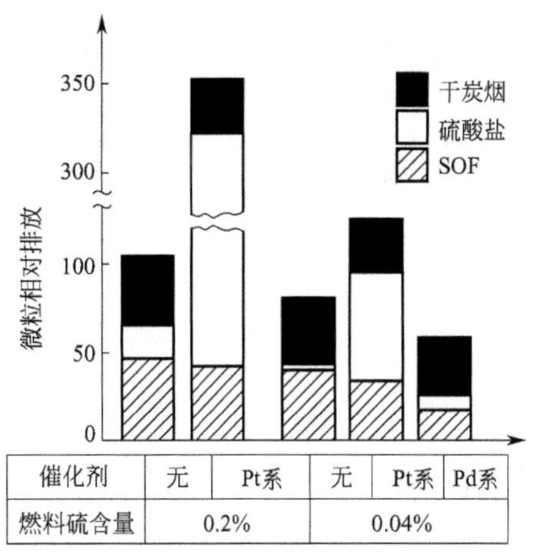

图 7-52　不同贵金属氧化催化转化器的效果

从实用上看，轻型汽车柴油机使用氧化催化转化器效果较好。

下篇　运输车辆节能减排策略

第八章 政策及标准

第一节 汽车燃油经济性政策

1973年石油危机后，世界石油价格飞涨，石油资源逐渐枯竭，而许多工业发达国家进口的石油中相当大的部分消耗在汽车上，从能源安全性角度考虑，如果不控制汽车的油耗，经济发展可能会受控于石油出口国。因此，1975年以后，各工业发达国家逐渐制定并实施适合其国情的汽车燃油经济性标准和法规。

一、美国汽车燃油经济性标准

美国制定了世界上第一部强制性汽车油耗法规。20世纪70年代中期，中东石油危机爆发，美国从能源安全的角度考虑，1975年为应对阿拉伯石油禁运，美国国会通过了平均燃油经济性法案（CAFE），以消减对进口石油的依靠。美国的油耗法规针对乘用车及轻型卡车，首次提出了企业平均燃油经济性（CAFE）的评价方法。汽车制造商在某一年度生产的所有乘用车及轻型卡车的平均燃油经济性，应该满足当年相应的CAFE限值要求。表8-1是美国CAFE法规发布以来历年的限值要求。平均燃油经济性法案的短期目标是在1985年将汽车燃油经济性提高1倍。1975年以来执行的CAFE标准，使美国小轿车的平均燃油经济性几乎翻倍，轻型卡车的燃油经济性也提高了50%。燃油经济性标准使美国每年节省550亿加仑的燃油，仅2000年就节约了1.9亿吨原油和920亿美元费用。如果没有CAFE，美国的CO_2排放每年将增加10%。

表8-1 美国乘用车和轻型货车CAFE限值

乘用车		轻型货车	
年份/年	平均燃油经济性/mpg	年份/年	平均燃油经济性/mpg
1978	18.0	1982	17.5
1979	19.0	1984	20.0
1980	20.0	1986	20.0
1981	22.0	1987～1989	20.5
1982	24.0	1990	20.0
1983	26.0	1991～1992	20.2
1984	27.0	1994	20.5
1985	27.5	2001～2004	20.7
1986～1988	26.0	2006	21.6
1989	26.5	2008	22.5
1990～2010	27.5	2010	23.5

注：1mpg=1英里/加仑=425.05km/m^3，下同。

CAFE以英里/加仑为单位，每个汽车生产企业每年销售的各型轿车或轻型卡车，以其所占销售量的百分比作为加权系数，乘以该车型车辆的燃油特性，再将各车型的加权燃油经济性加起来，得到该企业的总平均燃油经济性值，即公司平均燃油经济性。公司平均燃油经济性项目区分了乘用车和轻型卡车。乘用车的 CAFE 标准限值自 1985 年至今一直没有改变，始终维持在 27.5 英里/加仑，轻型卡车的标准逐步从 2006 年的 21.6 英里/加仑提高到了 2009 年的 23.1 英里/加仑。根据最新通过的公司平均燃油经济性标准，到 2011 年乘用车将提高到 30.2 英里/加仑，轻型卡车提高到 24.1 英里/加仑。美国总统奥巴马上任后，又提出了新的全国汽车节能计划，要求在 2016 年前各汽车生产商出产的轿车和轻型卡车平均油耗达到 35.5 英里/加仑，该计划从 2012 年起实施，此后节能标准提高 5%，直至 2016 年实现预定目标。为确保 CAFE 标准的实施，美国政府采取了一系列措施：①对于没有达到 CAFE 标准的汽车生产企业，必须缴纳罚金，每超标 0.1 英里/加仑，每辆车将被处以 5 美元的罚款；②如果购买的新车超过标准，将对购买者征收消耗税；③政府公布各种汽车燃油效率信息。由 EPA 和能源部出版的《里程油耗手册》公布每一种汽车模型的燃油消耗结果供消费者参考。

新车还要求提供一个标签，内容包括由 EPA 测试的油耗指标，行驶 15000 英里时的油耗成本，以及由其他厂商制造的同类型车的燃油经济性。

二、日本汽车燃油经济性标准

1997 年第三届联合国气候变化大会通过了京都议定书，日本承诺 2008～2012 年期间，承担 CO_2 排放水平 6%的减排任务。节能是实现这一目标的重要手段，而随着经济发展，居民、商业以及交通部门的用能却不断增加。因此，日本于 1999 年 4 月修改节能法，补充规定车辆以及家电的能源利用效率标准，以推动居民、商业和交通节能。“领跑者活动”由此应运而生。实施“领跑者”能效基准和标识制度以来，日本的各类耗能设备的能效改善超过了预期目标。

日本在 1999 年开始强制性实施“领跑者”能效基准制度，对汽车和电器产品制定不低于市场上最优秀商品能耗水平的能效标准，并明确实施的目标年度，如未达到规定的能效标准，制造商就不能再生产该种产品。

同时，政府对汽车和电器产品实施强制性的能效标识制度，要求这些产品标识要同时标明达到“领跑者”能效标准水平、年耗能量及年耗能费用等情况。

在汽车节能方面，日本通过车型认证形式规定能效要求。政府针对不同重量级汽车的燃油经济性目标，为轻型汽油、柴油载客、货运汽车制定了一系列燃油经济性标准。燃油经济性目标首先确定在每个重量级中具有“最优”燃油经济性的汽车，并以其燃料经济性水平作为本重量级的燃油经济性标准，同级新车在目标年均要求达到该标准。这项政策的实施还迫使所有汽车生产厂家不断提高汽车燃油经济性和技术水平。

日本《能源使用合理化法》中规定了轿车能源利用效率考核标准，要求每种汽车都要达到其对应的标准。1992 年 6 月，对考核标准进行修订，汽油客车的目标已在 2010 年实现，柴油汽车则在 2005 年实现。2004 年日本国内的汽油车中油耗达标车所占比例为 85%，其结果使得汽车的燃油经济性逐年提高，汽油乘用车的平均燃油消耗量达到 15.4km/L，提前达到和超过 2010 年度燃油消耗量目标。

为确保燃油经济性标准的实施，日本政府采取了一系列措施：①在实施汽车产品认证制度时，要求制造商申报认证车辆的燃油经济性水平，由国土交通省对申报数值进行审查和认可；②对达不到法规要求的企业，采取劝告、公布企业名单，罚款等惩罚措施，对取得“低排放车”认可证书的汽车，购买者可获得 1.5 万日元的购置税和第一年 50%的汽车税减免；

③国土交通省在其网站主页上公布汽车燃油消耗量，并于每年 12 月底出版发行《汽车油耗一览》手册。

自 1979 年，日本以法律形式颁布了《能源合理消耗法》、《关于确定机动车能源利用率的省令》等一系列法律文件，这些文件规定了汽车油耗的测试循环和限值。

日本政府也采用按车辆整备质量分段的办法规定汽车油耗的限值。当前共分 6 个质量段，每个质量段内的油耗限值见表 8-2，测耗的单位为 km/L。

表 8-2 日本乘用车和轻型车油耗限值（2004 年）

<table>
<tr><th>车型</th><th>整车整备质量(CM)/kg</th><th>限值/(km/L)</th></tr>
<tr><td rowspan="6">乘用车</td><td>CM≤702.5</td><td>19.2</td></tr>
<tr><td>702.5≤CM<827.5</td><td>18.2</td></tr>
<tr><td>827.5≤CM<1015.5</td><td>16.3</td></tr>
<tr><td>1015.5≤CM<1515.5</td><td>12.1</td></tr>
<tr><td>1515.5≤CM<2015.5</td><td>9.1</td></tr>
<tr><td>2015.5≤CM</td><td>5.8</td></tr>
<tr><td rowspan="2">微型货车</td><td>CM≤702.5</td><td>16.5</td></tr>
<tr><td>702.5≤CM</td><td>14.6</td></tr>
<tr><td rowspan="2">小型货车</td><td>CM≤1015.5</td><td>15.2</td></tr>
<tr><td>1015.5≤CM</td><td>13.9</td></tr>
<tr><td rowspan="2">轻型货车</td><td>CM≤1265.5</td><td>11.5</td></tr>
<tr><td>1265.5≤CM</td><td>9.5</td></tr>
</table>

日本政府 1999 年 3 月颁布的《制造者等关于改善乘用车性能的准则》第 2 号公告和《制造者等关于改善货车性能的准则》第 3 号公告，提出了日本在 2005 年、2010 年油耗限值的要求，日本乘用车油耗限值见表 8-3，日本货车油耗限值见表 8-4。

表 8-3 日本乘用车油耗限值

<table>
<tr><th>整备质量/kg</th><th>柴油乘用车油耗限值(2005 年)/(km/L)</th><th>汽油乘用车油耗限值(2010 年)/(km/L)</th></tr>
<tr><td>≤702</td><td rowspan="3">18.9</td><td>21.2</td></tr>
<tr><td>703～827</td><td>18.8</td></tr>
<tr><td>828～1015</td><td>17.9</td></tr>
<tr><td>1016～1265</td><td>16.2</td><td>16.0</td></tr>
<tr><td>1266～1515</td><td>13.2</td><td>13.0</td></tr>
<tr><td>1516～1765</td><td>11.9</td><td>10.5</td></tr>
<tr><td>1766～2015</td><td>10.8</td><td>8.9</td></tr>
<tr><td>2016～2265</td><td>9.8</td><td>7.8</td></tr>
<tr><td>≥2266</td><td>8.7</td><td>6.4</td></tr>
</table>

表 8-4 日本货车油耗限值

<table>
<tr><th rowspan="2">类别</th><th rowspan="2" colspan="2">整备质量(CM)/kg</th><th colspan="2">柴油货车油耗限值(2005 年)/(km/L)</th><th colspan="2">汽油货车油耗限值(2010 年)/(km/L)</th></tr>
<tr><th>自动变速器</th><th>手动变速器</th><th>自动变速器</th><th>手动变速器</th></tr>
<tr><td rowspan="5">微型货车</td><td rowspan="2">CM≤702</td><td>乘用车派生</td><td rowspan="7">15.1</td><td rowspan="7">17.7</td><td>18.0</td><td>20.2</td></tr>
<tr><td>其他</td><td>16.2</td><td>17.0</td></tr>
<tr><td rowspan="2">703≤CM≤827</td><td>乘用车派生</td><td>16.5</td><td>18.0</td></tr>
<tr><td>其他</td><td>15.5</td><td>16.7</td></tr>
<tr><td colspan="2">828≤CM</td><td>14.9</td><td>15.5</td></tr>
<tr><td rowspan="2">小型货车总质量≤1700</td><td colspan="2">CM≤1015</td><td>14.9</td><td>17.8</td></tr>
<tr><td colspan="2">1016≤CM</td><td>13.8</td><td>15.7</td></tr>
</table>

续表

<table>
<tr><th rowspan="2">类别</th><th colspan="2" rowspan="2">整备质量(CM)/kg</th><th colspan="2">柴油货车油耗限值(2005年)/(km/L)</th><th colspan="2">汽油货车油耗限值(2010年)/(km/L)</th></tr>
<tr><th>自动变速器</th><th>手动变速器</th><th>自动变速器</th><th>手动变速器</th></tr>
<tr><td rowspan="5">轻型货车总质量1700≤CM≤2500</td><td rowspan="2">CM≤1265</td><td>乘用车派生</td><td>14.5</td><td>17.4</td><td>12.5</td><td>14.5</td></tr>
<tr><td>其他</td><td>12.6</td><td>14.6</td><td>11.2</td><td>12.3</td></tr>
<tr><td colspan="2">1266≤CM≤1515</td><td>12.3</td><td>14.1</td><td rowspan="3">12.5</td><td>10.7</td></tr>
<tr><td colspan="2">1516≤CM≤1765</td><td>10.8</td><td rowspan="2">12.5</td><td rowspan="2">9.3</td></tr>
<tr><td colspan="2">CM≥1766</td><td>9.9</td></tr>
</table>

三、欧盟汽车燃油经济性标准

欧洲采用的是市场竞争体制，到目前为止，并没有制定强制性的油耗标准。虽然，1980年当时的欧洲经济共同体（EEC）颁布了关于燃油消耗量的指令80/1268/EEC，后经多次修改，现法规名称为《关于机动车的二氧化碳排放和燃油消耗量》，其中没有油耗限值，只有试验方法。由于欧洲油价远高于美国，约为美国的3倍，因此目前政府只要每年公布各车型的实测油耗值，就可以引导用户的购买意向。高油耗的车型不具备竞争力，自然会淘汰。

目前，欧洲汽车工业承诺通过与欧盟委员会达成的自愿协议来消减乘用车二氧化碳排放。1998年3月签订的ACEA（Association Constructeurs Europeens Automobiles）协议是一个集体承诺，欧洲汽车生产厂商协会及其成员承诺自愿消减在欧盟销售的机动车二氧化碳排放率。特别是这个协议建立了整个汽车工业在欧洲销售的新机动车的平均机动车排放目标，协议规定到2008年，在欧洲销售的新机动车要达到每公里行驶排放140g CO_2 的平均目标，并且有可能将该协议延伸到2012年的120g CO_2/km。另外，之前的2003年有一个中期标准范围为165～170g CO_2/km。最近的监测报告显示欧洲和日本的汽车公司会达到这个目标，而韩国公司落在了后头。

这份协议包括所有成员公司（宝马、戴姆勒——克莱斯勒、菲亚特、福特、通用、保时捷、标志雪铁龙、雷诺和大众集团）在欧盟生产和进口到欧盟的车辆。作为与ACEA协议的一部分，欧盟委员会1998年开始与韩国公司（韩国汽车生产商联合会KAMA包括大宇、现代、起亚和双龙）和日本公司（日本汽车生产商联合会JAMA包括大发、本田、五十铃、马自达、三菱、尼桑、斯巴鲁、铃木和丰田）展开类似的谈判。JAMA和KAMA同意做出类似ACEA的承诺，但加入如下变动的事项：①KAMA到2004年才达到2003年中期目标；②JAMA 2003年的中期目标范围更宽一些，为165～175g CO_2/km；③JAMA和KAMA都有额外的一年时间来达到最终的140g CO_2/km目标值。总的来说，自愿协议包括的这些公司销售的所有车辆占据了整个欧盟市场汽车销售额的90%。

根据欧盟成员国数据，2002年ACEA新车车队的平均二氧化碳排放为165g/km（汽油乘用车为172g/km，柴油乘用车为155g/km，替代燃料乘用车为177g/km）。这些排放结果与2003年中期目标范围165～170g CO_2/km保持一致。与2001年相比，排放降低了1.2%。在承诺的最后阶段，汽车公司需要加倍努力来达到目标。

柴油车销售额的增长使得汽车公司更加容易达到2003年的中期标准，并且可能为达到2008年最后目标起到重要作用。柴油车占欧盟新车销售比例从1990年的14%增加到2003年的44%。对柴油车的强劲需求主要原因是税收激励（柴油燃料税更低，欧盟有些国家柴油车的进口税更低）、高油价（因为柴油车燃油经济性比相同的汽油车要好约25%），以及柴油发动机的优异驾驶性能。尽管柴油车的销售使得汽车公司达到2008年140g CO_2/km目标值进展顺利，但是仅仅依靠销售柴油车来达到 2012 年的 120g CO_2/km 将非常困难。

尽管部分工业界不愿将 ACEA 协议拓展到 2012 年的 120g CO_2/km 目标，欧盟委员会最近重申了将平均每辆车二氧化碳排放消减到这个数值的目标。2012 年的承诺可能将基于更宽泛的一系列措施，包括税收激励、绿色汽车驾驶激励、替代燃料等。在从油井到车轮（生命周期）优良的排放特征基础上，以天然气为基础的燃料和生物燃料可能是备选的替代燃料之一。

四、我国汽车燃油经济性标准

我国汽车行业从 20 世纪 80 年代初开始制定汽车油耗标准，初期主要是制定和颁布了测定各类车辆燃油消耗量的试验方法标准以及各类车辆的行业性燃油消耗量限值标准。

随着我国汽车保有量的不断增加，石油进口量逐年增加，影响了我国石油能源的安全性，对于环境也是极大地污染。从 2000 年开始，面对日益增长的交通燃油需求压力，政府开始考虑采用机动车燃油油耗标准等政策措施，控制机动车燃料消费，维护国家能源安全，并确保中国拥有较为先进的汽车制造技术，提高中国汽车工业的产业竞争能力。经过几年的努力，第一阶段主要完成了《轻型汽车燃料消耗量试验方法》和《乘用车燃料消耗量限值》两项标准的制定。《轻型汽车燃料消耗量试验方法》标准已经于 2003 年 12 月 1 日发布实施，标准号为：GB/T 19233—2003。《乘用车燃料消耗量限值》（GB 19578—2004）标准也于 2004 年 9 月 2 日正式发布，并于 2005 年 7 月 1 日正式实施第一阶段限值，第二阶段限值从 2008 年 1 月 1 日开始实施。在标准制定的时候，考虑到当时我国汽车企业规模较小，生产车型比较单一，以中小排量车为主，因此没有采用美国的 CAFE 或日本的质量段内小 CAFE 的方式，而是采用了针对单车的阶梯式限值。预计实行第一阶段限值后，轻型乘用车新出厂车辆的油耗水平将比现在降低 5%～10%，到第二阶段时能比现在降低 15%左右。标准的具体限值参见表 8-5 和表 8-6。该标准采用重量分组，强制性最高限值的标准形式，即不同车型的燃油消耗量同其车重挂钩，在一定重量段内，任何一种车型（而非车型平均）都必须满足标准的要求。另外，标准对普通手动轿车和其他驱动形式，自动挡以及越野车设置了两组不同的标准限值，对其他车辆的标准相对于普通手动轿车宽松 6%。

现行标准《乘用车燃料消耗量限值》针对的是最大设计车速不小于 50km/h，研究探讨最大设计总质量不超过 3500kg，包括驾驶员座位在内，座位数不超过九座的载客车辆。

表 8-5 乘用车燃料消耗量限值 单位：L/100km

整车整备质量(CM)/kg	第一阶段	第二阶段
CM≤750	7.2	6.2
750≤CM≤865	7.2	6.5
865≤CM≤980	7.7	7.0
980≤CM≤1090	8.3	7.5
1090≤CM≤1205	8.9	8.1
1205≤CM≤1320	9.5	8.6
1320≤CM≤1430	10.1	9.2
1430≤CM≤1540	10.7	9.7
1540≤CM≤1660	11.3	10.2
1660≤CM≤1770	11.9	10.7
1770≤CM≤1880	12.4	11.1

续表

整车整备质量(CM)/kg	第一阶段	第二阶段
1880≤CM≤2000	12.8	11.5
2000≤CM≤2110	13.2	11.9
2110≤CM≤2280	13.7	12.3
2280≤CM≤2510	14.6	13.1
CM>2510	15.5	13.9

表 8-6　具有特殊结构的乘用车燃料消耗量限值　　单位：L/100km

整车整备质量(CM)/kg	第一阶段	第二阶段
CM≤750	7.6	6.6
750≤CM≤865	7.6	6.9
865≤CM≤980	8.2	7.4
980≤CM≤1090	8.8	8.0
1090≤CM≤1205	9.4	8.6
1205≤CM≤1320	10.1	9.1
1320≤CM≤1430	10.7	9.8
1430≤CM≤1540	11.3	10.3
1540≤CM≤1660	12.0	10.8
1660≤CM≤1770	12.6	11.3
1770≤CM≤1880	13.1	11.8
1880≤CM≤2000	13.6	12.2
2000≤CM≤2110	14.0	12.6
2110≤CM≤2280	14.5	13.0
2280≤CM≤2510	15.5	13.9
CM>2510	16.4	14.7

据估计，如果该标准得到全面的实施，2030 年当年可以省 8500 万吨油，相当于 2002 年石油总的进口水平，并相当于减少 5600 万辆小汽车一年的油耗量。根据中国机动车增长预测和标准的要求，可以预测如果能够严格按照上述方案实施标准，如果能够进一步加严标准，使中国车辆节能技术同世界同步，并同时扩展标准覆盖的车型，到 2030 年则可以累计节油 8 亿吨。

目前我国汽车的平均油耗与欧洲、日本相比仍有很大的差距。为了减小石油消耗，减轻对大气环境的污染以及提高中国汽车的国际竞争力，目前，我国正在制定乘用车第三阶段油耗限值标准。

我国标准目前采用的控制单车型油耗的方式，在相同的单车型油耗目标值曲线下，比采用企业平均油耗更加严格。近些年来，我国汽车企业规模不断扩大、车型种类不断丰富以及油耗标准逐渐趋严，如果仍依靠划定单车型油耗限值来实现国内汽车行业整体的节能目标，将制约企业的产品结构，对节能突出的企业和车型也起不到鼓励的作用。因此，在乘用车第三阶段油耗限值标准中将引入企业平均油耗的评价方法。

目前制定的法规仅仅考虑了轻型乘用车，而对轻型商用卡车、重型车和摩托车的油耗问题上没有政策法规的支持。因此，还应当考虑对上述车型实施油耗限值标准，并将农用车的管理纳入汽车的管理之中，这样才能从根本上解决汽车油耗增长过快的问题。另外，目前尚未形成有效的实施机制保证标准的顺利实施，政府部门应该尽快制定强制性标准的实施机制以及相应的配套政策、法规措施和激励，从而保证企业生产达到标准要求的法规。

第二节 汽车排放标准及试验规范

汽车排放尾气中含有CO、烃类化合物（HC）、NO_x、微粒、炭烟和CO_2等物质，会污染周围的大气环境。为了抑制这些有害气体的产生，减少交通对环境的污染，各国根据具体情况，针对不同类型的机动车制定不同的排放标准，这些标准要求强制执行，也称为排放法规。排放法规的目标是确保汽车发动机按清洁的标准进行设计和工作，法规限定了主要排放污染物HC、CO、NO_x和PM的排放量及检测方法。每种排放标准必须包含以下内容：资源分类、气体/颗粒物排放检测、炭烟检测、检测条件、检测流程、燃油认证、系列概念与型式认证、目击与非目击认证测试、老化因素、污染物控制、标准/生效日期、灵活的程序和认证程序。

当今世界主要有三种排放法规体系，即美国、欧洲和日本排放法规体系。这些汽车排放法规已经成为汽车设计与制造的遵循准则、汽车强制性认证的主要依据和国际贸易的保障。

一、我国的汽车排放标准

1. 我国汽车排放标准的发展历程

我国最早的国家汽车排放标准GB 3842—1983至GB 3847—1983于1983年发布，1984年4月1日执行。该标准限值规定的汽油车的污染物为CO、HC和烟度，HC浓度限值用正己烷当量表示，即用$PPmC_6$表示。标准对柴油车仅限制自由加速时的烟度，对柴油机则限制全负荷时的烟度。GB 3842—1983至GB 3847—1983对污染物的测量方法在GB 3845—1983至GB 3847—1983进行了详细说明。由于该标准仅限制了汽油车、柴油车个别运转条件的排放值，因此对汽车污染物排放的评价是不够全面的。

随着我国经济和汽车工业的发展，我国的汽车排放标准越来越科学和全面，近20年来制定和执行的相关标准的污染物限值和测试规范基本上沿用了欧盟的标准。相关标准不仅规定了汽车排放污染物的类型认证和生产一致性检查试验的排放限值，还规定了排气污染物排放、曲轴箱气体排放、装点燃式发动机车辆的蒸发排放、污染控制装置耐久性等试验的测试方法。从GB 3842—1983至GB 3847—1983的发布到2010年为止，我国颁布的与汽车相关的排放标准已有39个，表8-7为1983年以来我国颁布的汽车排放标准。目前正在执行的标准有GB 18352. 3—2005、GB 3847—2005、GB 17691—2005、GB 18285—2005、GB 14763—2005、GB 11340—2005、GB 20890—2007和GB 14762—2008等。

另外，在我国由于个别城市或地区汽车保有量增加很快，加上空气污染十分严重，因此，我国也出现了一些轻型汽车排放的地方标准。其中，北京市为我国大陆地区制定轻型汽车排放地方标准最早和最多的地区，北京市自1994年以来制定的主要地方标准有DB 11/044—1994《汽油车双怠速污染物排放标准》、DB 11/045—1994《柴油车自由加速烟度排放标准》、DB 11/046—1994《汽车柴油机全负荷烟度排放标准》、DB 11/105—1998《轻型汽车排气污染物排放标准》、DB 11/044—1999《汽油车双怠速污染物排放标准》、京DHJB 3—1999《车用柴油机排气污染物排放标准》；京DHJB 2—1999《车用汽油机排气污染物排放标准》、DB11/111—1999《农用运输车及运输用拖拉机自由加速烟度排放标准》、DB 11/122—2000《在用汽油车稳态加载试验污染物排放标准》、DB 11/045—2000《柴油车自由加速烟度排放标准》等10余项标准。

表8-7 1983年以来我国颁布的汽车排放标准

序号	发布时间	代号	名称
1	1983年	GB 3842—1983	汽油机怠速污染物排放标准
2		GB 3843—1983	柴油机自由加速烟度排放标准
3		GB 3844—1983	汽车柴油机全负荷烟度排放标准
4		GB 3845—1983	汽油车怠速污染物测量方法
5		GB 3846—1983	柴油车自由加速烟度测量方法
6		GB 3847—1983	汽车柴油机全负荷烟度测量方法
7	1989年	GB 11340—1989	汽车曲轴箱污染物限值和测量方法
8		GB 11641—1989	轻型汽车排气污染物排放标准
9		GB 11642—1989	轻型汽车排气污染物测试方法
10	1993年	GB 3845—1993	汽油车排放污染物的测量　怠速法
11		GB 3846—1993	柴油车自由加速烟度的测量　滤纸烟度法
12		GB 3847—1993	汽车柴油机全负荷烟度测量方法
13		GB 11340—1993	汽车曲轴箱排气污染物测量方法及限值
14		GB 14761.1—1993	轻型汽车排气污染物排放标准
15		GB 14761.2—1993	车用汽油机排气污染物排放标准
16		GB 14761.3—1993	汽油车燃油蒸发污染物排放标准
17		GB 14761.4—1993	汽油车曲轴箱排气污染物排放标准
18		GB 14761.5—1993	汽油车怠速污染物排放标准
19		GB 14761.6—1993	柴油车自由加速烟度排放标准
20		GB 14761.7—1993	汽车柴油车全负荷烟度排放标准
21		GB 14762—1993	车用汽油机排气污染物测试方法
22		GB 14763—1993	汽油车燃油蒸发物的测量　收集法
23	1999年	GB 3847—1999	压燃式发动机和装用压燃式发动机的车辆可见污染物排放限值和测量方法
24		GB 14761—1999	汽车排气污染物限值及测试方法
25		GB 17691—1999	压燃式发动机和装用压燃式发动机的车辆可见污染物排放限值和测量方法
26	2000年	GB 18285—2000	在用汽车排气污染物限值及测量方法
27	2001年	GB 17691—2001	车用压燃式发动机排气污染物排放限值及测量方法
28		GB 18352.1—2001	轻型汽车污染物排放限值及测量方法(Ⅰ)
29		GB 18352.2—2001	轻型汽车污染物排放限值及测量方法(Ⅱ)
30	2002年	GB 14762—2002	车用压燃式发动机和装用点燃式发动机汽车　排放污染物排放限值及测量方法
31		GB 18322—2002	农用运输车自由加速烟度排放限值及测量方法
32	2005年	GB 18352.3—2005	轻型汽车污染物排放限值及测量方法(中国Ⅲ、Ⅳ阶段)
33		GB 3847—2005	车用压燃式发动机和压燃式发动机汽车排放烟度排放限值及测量方法
34		GB 17691—2005	车用压燃式、气体燃料点燃式发动机与汽车排气污染物排放限值级测量方法(中国Ⅲ、Ⅳ、Ⅴ阶段)
35		GB 18285—2005	点燃式发动机汽车排气污染物排放限值及测量方法(双怠速法及简易工况法)
36		GB 14763—2005	装用点燃式发动机重型汽车燃油蒸发污染物排放限值和测量方法
37		GB 11340—2005	装用点燃式发动机重型汽车曲轴箱污染物排放限值和测量方法
38	2007年	GB 20890—2007	重型汽车排气污染物排放控制耐久性要求及试验方法
39	2008年	GB 14762—2008	重型车用汽油发动机与汽车排气污染物排放限值及测量方法(中国Ⅲ、Ⅳ阶段)

2. 汽车排放标准的常用术语

(1) 车辆有关的术语

1) M类车辆：至少有4个车轮的载客机动车辆，或有3个车轮且厂定最大总质量超过1t的载客车辆。

2）M1类车辆：除驾驶员座位外，乘客座位不超过8个的载客车辆。

3）M2类车辆：除驾驶员座位外，乘客座位超过8个，且厂定最大总质量不超过5t的载客车辆。

4）M3类车辆：除驾驶员座位外，乘客座位超过8个且厂定最大总质量超过5t的载客车辆。

5）N类车辆：至少有4个车轮的载货车辆，或有3个车轮且厂定最大总质量不超过1t的载货车辆。

6）N1类车辆：厂定最大总质量不超过3.5t的载货车辆。

7）N2类车辆：厂定最大总质量超过3.5t，但不超过12t的载货车辆。

8）N3类车辆：厂定最大总质量超过12t的载货车辆。

9）重型汽车：最大总质量大于3.5t的M类和N类车辆

10）轻型汽车：最大总质量不超过3.5t的M1类、M2类和N1类车辆。

11）第一类车（轻型汽车）：设计乘员数不超过6人（包括司机），且最大总质量≤2.5t的M1类车辆。

12）第二类车（轻型汽车）：除第一类车以外的其他所有轻型汽车。

13）两用燃料车：既能燃用汽油，又能燃用一种气体燃料，但不能同时燃用气体燃料和汽油的汽车。

14）整备质量：汽车的净重，通常指空车，不包括货物、驾驶员及乘客的重量，但是包括车本身的油箱（含汽油）、机油、冷却液及汽车本身自有装备及内饰、备胎工具。

15）基准质量（R_M）：整车整备质量加100kg质量。

16）最大总质量（GVM）：汽车制造厂规定的技术上允许的车辆最大质量。

17）低功率车辆：功率与装载质量之比小于0.03kW/kg，并且最大车速不超过130km/h的N_1类和设计乘员数不超过6人（包括司机），或2.5t＜最大总质量≤3.5t的M类车。该类车在2006年之前，进行市郊循环时最大车速限制在90km/h。

18）燃气发动机：指以天然气（NG）或液化石油气（LPG）作为燃料的发动机。

19）环境友好汽车（Enhanced Environmentally Friendly Vehicle，EEV）：指符合规定的EEV排放限值的汽车。

20）新生产汽车：指制造厂合格入库或出厂的汽车。

21）在用汽车：指已经登记注册并取得号牌的汽车。

（2）污染物有关的术语

1）气体污染物：指一氧化碳（CO）、烃类化合物（HC）及氮氧化物（NO_x）。氮氧化物以二氧化氮（NO_2）当量表示。烃类化合物以碳（C）当量表示，假定燃料碳氢原子数之比为：汽油$C_1H_{1.85}$、柴油$C_1H_{1.86}$、液化石油气$C_1H_{2.525}$、天然气为C_1H_4。

2）非甲烷烃类化合物（NMHC）：排气中除甲烷以外的HC，假定碳氢比为$C_1H_{2.93}$。

3）颗粒物：指按标准描述的取样方法，在最高温度为325K的稀释排气中，由过滤器收集到的固态或液态微粒。

4）排气排放（污染）物：对以点燃式发动机为动力的车辆，是指排气管排放的气体污染物；对以压燃式发动机为动力的车辆，是指排气管排放的气体污染物和颗粒物。

5）蒸发排放物：指除汽车排气管排放以外，从车辆的燃料（汽油）系统蒸发损失的烃类化合物。包括燃油箱呼吸损失和热浸损失。

6）燃油箱呼吸损失（昼间换气损失）：由于燃油箱内温度变化排放的烃类化合物（用$C_1H_{2.33}$当量表示）。

7）热浸损失：汽车行驶一段时间以后，静置汽车的燃料系统排放的烃类化合物（用$C_1H_{2.20}$当量表示）。

（3）排放试验有关的术语

1）汽车试验循环：指汽车在底盘测功机上按照规定的等速、怠速、加速和减速工况进行试验的程序，也称试验规范、试验循环、试验程序或试验规程等。

2）发动机试验循环：指发动机在试验台架上照规定的发动机转速和转矩进行试验的程序，也称试验模式。常见的有稳态工况（如13工况试验、ESC试验）或瞬态工况（如ETC、ELR试验）。

3. 我国的轻型汽车排放标准

（1）轻型汽车污染物排放试验项目　GB 18352.3—2005《轻型汽车污染物排放限值及测量方法（中国Ⅲ、Ⅳ阶段）》，发布时间为2005年4月15日，实施时间为2007年7月1日（见表8-8）。标准规定轻型汽车污染物排放试验项目分为产品一致性和型式核准两类。生产一致性指汽车企业批量生产的产品与型式核准定型时的产品性能的一致程度。在型式核准试验项目包括表8-9所列的Ⅰ、Ⅲ、Ⅳ、Ⅴ、Ⅵ、双怠速和OBD系统共7项。对装点燃式发动机（包括两用燃料）的汽车必须进行表8-8所示的全部7项试验，装压燃式发动机的汽车则只需进行表8-8中所列的Ⅰ型、Ⅴ型和OBD系统3项试验，但还应按GB 3847—2005的要求，进行排气烟度试验。

表8-8　型式核准试验项目的实施时间

试验项目		第Ⅲ阶段	第Ⅳ阶段
Ⅰ型试验 Ⅲ型试验 Ⅳ型试验 Ⅴ型试验 Ⅵ型试验		2007年7月1日	2010年7月1日
车载诊断(OBD)系统试验	第一类汽油车	2008年7月1日	
	其他车辆	2010年7月1日	

表8-9　型式核准试验项目

型式核准试验项目	装点燃式发动机的轻型汽车			装压燃式发动机的轻型汽车
	汽油车	两用燃料车	单一气体燃料车	
Ⅰ型试验	进行	进行(试验两种燃料)	进行	进行
Ⅲ型试验	进行	进行(只试验汽油)	进行	不进行
Ⅳ型试验	进行	进行(只试验汽油)	不进行	不进行
Ⅴ型试验	进行	进行(只试验汽油)	进行	进行
Ⅵ型试验	进行	进行(只试验汽油)	不进行	不进行
双怠速	进行	进行(试验两种燃料)	进行	不进行
车载诊断(OBD)系统试验	进行	进行	进行	进行

Ⅰ型试验指汽车冷起动后的排气排放试验。GB 18352.3—2005规定Ⅰ型试验的试验循环由1部和2部两部分组成，1部由4个连续的ECE15试验循环组成，2部由EUDC试验循环部分组成，要求的试验环境温度为25℃。Ⅱ型试验（双怠速试验）指双怠速下的CO、烃类化合物和高怠速A（过量空气系数）值的测量试验，该项试验在国Ⅱ标准中已经开始执

行。Ⅲ型试验指曲轴箱排放试验。Ⅳ型试验指蒸发排放试验。Ⅴ型试验指污染控制装置耐久性试验。Ⅵ型试验指低温下排气中CO和烃类化合物排放试验。采用的试验循环是Ⅰ型试验循环的1部，试验的环境温度为266K。OBD系统试验指对OBD系统性能进行的检测试验。

（2）GB 18352.3—2005型式核准Ⅰ型试验排放限值　GB 18352.3—2005型式核准Ⅰ型试验排放限值如表8-10所列，汽油车排放污染物的限值有一氧化碳（CO）、烃类化合物（HC）及氮氧化物（NO_x）三个。柴油车排放污染物的限值有一氧化碳（CO）、氮氧化物NO_x、烃类化合物与氮氧化物之和及颗粒物（PM）四个。第一类轻型汽车的限值与车辆基准质量无关，第二类轻型汽车的限值根据车辆基准质量的不同分为3个级别。

表8-10　GB 18352.3—2005型式核准Ⅰ型试验排放限值

项目			基准质量(R_M)/kg	限值/(g/km)								
				一氧化碳(CO)		烃类化合物(HC)		氮氧化物(NO_x)		烃类化合物和氮氧化物		颗粒物(PM)
				L_1	L_2	L_1	L_2	L_1	L_2	L_1+L_2		L_4
阶段	类别	级别		汽油	柴油	汽油	柴油	汽油	柴油	汽油	柴油	柴油
Ⅲ	第一类车	—	全部	2.3	0.64	0.2	—	0.15	0.5	—	0.56	0.05
	第二类车	Ⅰ	$R_M \leqslant 1305$	2.3	0.64	0.2	—	0.15	0.5	—	0.56	0.05
		Ⅱ	$1305 < R_M \leqslant 1760$	4.17	0.8	0.25	—	0.18	0.65	—	0.72	0.07
		Ⅲ	$1760 < R_M$	5.22	0.95	0.29	—	0.21	0.78	—	0.86	0.1
Ⅳ	第一类车	—	全部	1	0.5	0.1	—	0.08	0.25	—	0.3	0.025
	第二类车	Ⅰ	$R_M \leqslant 1305$	1	0.5	0.1	—	0.08	0.25	—	0.3	0.025
		Ⅱ	$1305 < R_M \leqslant 1760$	1.81	0.63	0.13	—	0.1	0.33	—	0.39	0.04
		Ⅲ	$1760 < R_M$	2.27	0.74	0.16	—	0.11	0.39	—	0.46	0.06

（3）曲轴箱气体排放限值　曲轴箱气体排放限值如表8-11所列，GB 18352.3—2005规定由型式核准Ⅲ型试验测量该排放限值。需进行试验的汽车为汽油车或两用燃料车。所有轻型汽车的限值相同，即不允许曲轴箱通风系统有任何曲轴箱气体排入大气中。

表8-11　曲轴箱气体排放限值

试验对象	标准限值
压燃式发动机除外	曲轴箱通风系统不允许有任何曲轴箱气体排入大气中

（4）蒸发排放物限值　蒸发排放物限值的适用车辆为汽油车和两用燃料汽车，GB 18352.3—2005规定蒸发排放物采用型式核准Ⅳ型试验测量，蒸发排放物限值≤2g/次试验。

（5）Ⅴ型试验排放限值　污染控制装置在正常使用情况下，运行5年或80000km（以先到为准），排放污染物应满足限值要求。GB 18352.3—2005型式核准Ⅴ型试验排放限值采用相应标准中的限值与表8-12中所列的劣化系数之积表示。在汽车行驶里程不足80000km时，按照要求的固定里程间隔进行的每次污染物测量值，不得高于相应标准中的限值与表8-12中所列的劣化系数之积。

表8-12　劣化系数

车辆种类	CO	烃类化合物	NO_x	烃类化合物和氮氧化物	PM
点燃式发动机车辆	1.2	1.2	1.2	—	—
压燃式发动机车辆	1.1	—	1.0	1.0	1.2

（6）Ⅵ型试验排放限值　表8-13为GB 18352.3—2005规定的Ⅵ型试验排放限值，限值是针对装点燃式发动机（包括两用燃料）的汽车设定的，试验温度为−7℃。限值的排放污

染物为CO和烃类化合物，第一类轻型汽车的限值只有一个，第二类轻型汽车的限值则根据车辆基准质量的不同分为3个级别。

表8-13　Ⅵ型试验限值（试验温度为－7℃）

类别	级别	基准质量(R_M)/kg	CO,L_1/(g/km)	烃类化合物,L_2/(g/km)
第一类车	—	全部	15	1.8
第二类车	Ⅰ	$R_M \leqslant 1305$	15	1.8
	Ⅱ	$1305 < R_M \leqslant 1760$	24	2.7
	Ⅲ	$1760 < R_M$	30	3.2

（7）生产一致性检查试验及排放限值　生产一致性检查可对Ⅰ型试验、Ⅲ型试验、Ⅳ型试验及车载诊断（OBD）系统功能的全部或部分内容进行检查。试验车辆不需磨合，试验在从生产线下线合格的车辆中任意选取的3辆样车上直接进行。在制造厂要求下，试验也可以在行驶不足3000km装点燃式发动机的汽车或行驶不足15000km装压燃式发动机的汽车上进行，但需按制造厂的磨合规范进行磨合，不得对这些汽车进行任何调整。试验结果应满足标准规定的"临界值"及抽样统计要求。

4. 我国的重型汽车排放标准

（1）重型汽车污染物排放试验项目　GB 17691—2005《车用压燃式、气体燃料点燃式发动机与汽车排气污染物排放限值及测量方法（中国Ⅲ、Ⅳ、Ⅴ阶段）》发布时间为2005年5月30日，第Ⅲ阶段、第Ⅳ阶段、第Ⅴ阶段型式核准的实施时间依次为2007年1月1日、2010年1月1日和2012年1月1日。标准规定污染物排放试验分为发动机机型（或系族）的型式核准试验和车型的型式核准试验（包括装有未经型式核准发动机的车型和装有已经型式核准发动机的车型）两类。试验时测量排气中的气态污染物、颗粒物和烟排放。

不同种类柴油车的型式核准试验项目如下。

① 对于第Ⅲ阶段进行型式核准的传统柴油机，包括采用燃油电喷系统、排气再循环（EGR）和氧化型催化器的柴油机，均应按照ESC和ELR试验规程测定其排气污染物。对于安装了NO_x催化器和（或）颗粒物捕集器等先进排气后处理装置的柴油机，应附加ETC试验规程测定排气污染物。

② 对于第Ⅳ阶段、第Ⅴ阶段阶段或EEV的型式核准试验，应采用ESC、ELR和ETC试验规程测定其排气污染物。

燃气发动机汽车的型式核准试验项目用ETC试验规程测定其气态污染物。

（2）ESC和ELR试验限值　表8-14为采用ESC试验车辆或车用发动机的一氧化碳、总烃类化合物、氮氧化物和颗粒物的比质量限值，以及采用ELR试验的不透光烟度限值。限值适用对象为每缸排量低于0.75L及额定功率转速超过3000r/min的发动机。

表8-14　ESC和ELR试验限值

阶段	一氧化碳(CO)/[g/(kW·h)]	烃类化合物(HC)/[g/(kW·h)]	氮氧化合物(NO_x)/[g/(kW·h)]	颗粒物(PM)/[g/(kW·h)]	烟度/m^{-1}
Ⅲ	2.1	0.66	5.0	0.10或0.13	0.8
Ⅳ	1.5	0.46	3.5	0.02	0.5
Ⅴ	1.5	0.46	2.0	0.02	0.5
EEV	1.5	0.25	2.0	0.02	0.15

（3）ETC试验限值　对于需进行ETC附加试验的柴油机和必须进行ETC试验的燃气

发动机碳、非甲烷烃类化合物、甲烷（如适用）、氮氧化物和颗粒物（如适用）的比质量，都不应超出表 8-15 列出的限值。

表 8-15 柴油机及燃气车发动机 ETC 试验限值

阶段	一氧化碳(CO)/[g/(kW·h)]	非甲烷烃类化合物(NMHC)/[g/(kW·h)]	甲烷(CH_4)/[g/(kW·h)]	氮氧化合物(NO_x)/[g/(kW·h)]	颗粒物(PM)/[g/(kW·h)]
Ⅲ	5.45	0.78	1.6	5.0	0.16/0.21
Ⅳ	4.0	0.55	1.1	3.5	0.03
Ⅴ	4.0	0.55	1.1	2.0	0.03
EEV	3.0	0.40	0.65	2.0	0.02

注：1. 仅对 NG 发动机；2. 不适用于第Ⅲ、Ⅳ和Ⅴ阶段的燃气发动机；3. 对每缸排量小于 0.75L 及额定功率转速超过 3000r/min 的发动机。

根据 GB 14762—2008《重型车用汽油发动机与汽车排气污染物排放限值及测量方法（中国Ⅲ、Ⅳ阶段）》的规定，重型汽油车发动机 ETC 试验排放的一氧化碳、总烃类化合物和氮氧化物的比质量都不应超出表 8-16 列出的数值。该限值的发布时间是 2008 年 4 月 2 日，实施时间是 2009 年 7 月 1 日。

表 8-16 重型汽油车发动机 ETC 试验限值

阶段	一氧化碳(CO)/[g/(kW·h)]	总烃类化合物(THC)/[g/(kW·h)]	氮氧化物(NO_x)/[g/(kW·h)]
Ⅲ	9.7	0.41	0.98
Ⅳ	9.7	0.29	0.70

（4）发动机污染物排放一致性检验　在一个发动机系族中随机抽取 3 台。制造厂不得对所抽取的发动机进行任何调整。对于按表 8-14、表 8-15 中Ⅲ阶段进行型式核准，并仅进行 ESC 和 ELR 试验或仅进行 ETC 试验的发动机，生产一致性检查需进行相应的试验循环。按表 8-14、表 8-15 中Ⅲ、Ⅳ、Ⅴ阶段或 EEV 限值进行型式核准的发动机，生产一致性检查可只进行 ESC 和 ELR 循环试验或进行 FTC 循环试验。排放试验结果应满足抽样统计要求。

（5）耐久性要求

重型车辆的耐久性里程采用 GB 20890—2007《重型汽车排气污染物排放控制耐久性要求及试验方法》中规定的方法确定。表 8-17 为耐久性要求和试验规定。GB 20890—2007 参考欧Ⅳ有关污染控制系统耐久性要求的提案制定。对汽油、柴油、NG 和 LPG 在内的重型车，分别按不同汽车类型提出了国Ⅱ、Ⅲ机动车排放阶段的要求。

表 8-17 耐久性要求和试验规定

汽车分类		耐久性要求		允许最短试验里程和时间	
		里程/km	实际使用时间/年	道路试验里程/km	台架试验时间/h
汽油车		80000	5	50000	500
柴油车、NG、LPG 车	M1	80000	5	60000	600
	M2	100000	5	60000	600
	M3	250000	6	80000	800
	N2	100000	5	60000	600
	N3	250000	6	80000	800

注：1. 耐久性要求中的里程和实际使用时间两者以先到为准。

2. 允许最短试验里程是指采用道路试验方法时最短耐久性试验里程；允许最短试验里程可小于耐久性要求里程。允许最短试验时间指采用台架试验方法时最短耐久性试验时间。

3. 仅包括 GVM 大于 3500kg 的 M1 类汽车。

二、其他国家的汽车排放标准

1. 欧盟的排放标准

（1）欧盟（ European Union，EU）的轻型汽车排放标准　欧洲经济委员会（Economic Commission for Europe，ECE）从 1970 年开始以 ECE R15 法规的形式对轻型汽油车排放污染物和曲轴箱污染物排放进行控制，以后每隔 3～4 年修订加严一次，形成了 ECE R15-01（1975）、ECE R15-02（1977）、ECE R15-03（1979）系列排放法规。ECE 于 1974 开始实行汽车排放标准，最初的标准只限制烃类化合物和 CO 排放，从 1977 年的 ECE 15/02 法规开始限制 NO_x 的排放。从 ECE R15/04 法规开始（即 1984 年以后的标准中）对 NO_x 和烃类化合物的限制采用此二者之和。从 1988 年起的排放法规分为 ECE R83（88/76/EEC）和 ECE R15-04 两部分，其中 ECE R83 适用于最大总质量不大于 2500kg 或定员 6 人以下的燃油（含铅/无铅汽油、柴油）汽车，ECE R15-04 适用于最大总质量大于 2500kg 而小于 3500kg 的汽车。为了达到 ECE R83 法规要求，1989 年起 ECE 开始使用无铅汽油。ECE 在 1991 年修改了 ECE R83-00 法规，制定了欧 1 排放法规，从 1992 年开始实施。该法规大大加严了排放限值，并考虑道路交通情况的变化，把试验规范修改为 ECE15（城区）工况＋EUDC（城郊）工况试验循环。1992 年以后，EU 轻型汽车开始实行或制定的标准为 Euro1、Euro2、Euro3、Euro4、Euro5、Euro6（我国称为欧 1、欧 2、欧 3、欧 4、欧 5、欧 6）的 6 个标准，标准限值适用车型为总座位数不超过 9 个的 M1 类轻型乘用车。表 8-18 中的生效日期指用于新型产品的日期。测试循环为 ECE15 ＋ EUDC 轻型汽车试验循环。

表 8-18　EU M1 汽油乘用汽车排放标准　　单位：g/km

标准代号	生效日期	CO	HC	HC+NO_x	NO_x	PM
Euro1	1992.07	2.72(3.16)	—	0.97(1.13)	—	—
Euro2	1996.01①	2.2	—	0.5	—	—
Euro3	2000.01	2.30	0.20	—	0.15	—
Euro4	2005.01	1.0	0.10	—	0.08	—
Euro5	2009.09②	1.0	0.10③	—	0.06	0.005④⑤
Euro6	2014.09	1.0	0.10③	—	0.06	0.005④⑤

① 自 1999.09.30 以后，缸内直喷必须满足 IDI 限值；

② 2011.01 适用于所有车型；

③ NMHC＝0.068g/km；

④ 只适用装用缸内直喷发动机的车辆；

⑤ 采用 UN/ECE PMP（Particulate Measurement Programme ）测试程序时，改为 0.003g/km。

注：1. 在欧 1 到欧 4 标准中，总质量大于 2500kg 的乘用车定义为 N1 型车。

2. 括号中的数值为一致性生产限值（COP）。

另外，值得注意的是欧盟已经制定了限制柴油车的微粒数量排放限值。在 Euro5、Euro6 阶段，柴油车除了满足相应单位里程 PM 质量排放限值之外，还应满足 PM 的数量排放限值（ Particulate Number Limit PNL），目前的规定：PNL＝6×10^{11}个/km。PNL 的测试方法为 PMP 法和 NEDC 试验循环。

（2）EU 轻型商用车排放标准　表 8-19 为 EU 轻型商用车排放限值，根据整备质量的不同，N1（＜1305kg）、N2（1305kg～1760kg）和 N3（＞1760kg）分别执行不同的限值。限值的测量采用 ECE15＋EUDC 试验循环。

表 8-19 EU 轻型商用车排放标准 单位：g/km

种类	标准名称	时间	CO	HC	HC+NO_x	NO_x	PM
柴油机							
N1（<1305kg）	Euro1	1994.10	2.72	—	0.97	—	0.14
	Euro2,IDI	1998.01	1.0	—	0.70	—	0.08
	Euro2,ID	1998.01①	1.0	—	0.90	—	0.10
	Euro3	2000.01	0.64	—	0.56	0.50	0.05
	Euro4	2005.01	0.50	—	0.30	0.25	0.025
	Euro5	2009.09②	0.50	—	0.23	0.18	0.005⑤
	Euro6	2014.09	0.50	—	0.17	0.08	0.005⑤
N2（1305～1760kg）	Euro1	1994.10	5.17	—	1.40	—	0.19
	Euro2,IDI	1998.01	1.25	—	1.0	—	0.12
	Euro2,ID	1998.01①	1.25	—	1.30	—	0.14
	Euro3	2001.01	0.80	—	0.72	0.65	0.07
	Euro4	2006.01	0.63	—	0.39	0.33	0.04
	Euro5	2010.09③	0.63	—	0.295	0.235	0.005⑤
	Euro6	2015.09	0.63	—	0.195	0.105	0.005⑤
N3（>1760kg）	Euro1	1994.10	6.90	—	1.70	—	0.25
	Euro2,IDI	1998.01	1.5	—	1.20	—	0.17
	Euro2,ID	1998.01①	1.5	—	1.60	—	0.20
	Euro3	2001.01	0.95	—	0.86	0.78	0.10
	Euro4	2006.01	0.74	—	0.46	0.39	0.06
	Euro5	2010.09③	0.74	—	0.350	0.280	0.005⑤
	Euro6	2015.09	0.74	—	0.215	0.125	0.005⑤
汽油机							
N1（<1305kg）	Euro1	1994.10	2.72	—	0.97	—	—
	Euro2	1998.01	2.2	—	0.50	—	—
	Euro3	2000.01	2.3	0.20	—	0.15	—
	Euro4	2005.01	1.0	0.10	—	0.08	—
	Euro5	2009.09②	1.0	0.10⑥	—	0.06	0.005④⑤
	Euro6	2014.09	1.0	0.10⑥	—	0.06	0.005④⑤
N2（<1035～1760kg）	Euro1	1994.10	5.17	—	0.97	—	—
	Euro2	1998.01	4.0	—	0.50	—	—
	Euro3	2001.01	4.17	0.25	—	0.15	—
	Euro4	2006.01	1.81	0.13	—	0.08	—
	Euro5	2010.09③	1.81	0.13⑦	—	0.06	0.005④⑤
	Euro6	2015.09	1.81	0.13⑦	—	0.06	0.005④⑤
N3（>1760kg）	Euro1	1994.10	6.90	—	1.40	—	—
	Euro2	1998.01	5.0	—	0.65	—	—
	Euro3	2001.01	5.22	0.29	—	0.21	—
	Euro4	2006.01	2.27	0.16	—	0.11	—
	Euro5	2010.09③	2.27	0.16⑧	—	0.082	0.005④⑤
	Euro6	2015.09	2.27	0.16⑧	—	0.082	0.005④⑤

① 为自 1999.09.30 以后，缸内直喷必须满足 IDI 限值。

② 为 2011.01 对所有车型。

③ 为 2012.01 对所有车型。

④ 为只适用装用缸内直喷发动机的车辆。

⑤ 为采用 PMP 测试程序时，改为 0.003g/km。

⑥ 为 NMHC=0.068g/km。

⑦ 为 NMHC=0.090g/km。

⑧ 为 NMHC=0.108g/km。

注：Euro1 和 Euro2 将 N2 车辆按照质量分为三类：Ⅰ类：≤1250kg，Ⅱ类：1250～1700kg，Ⅲ类≥1700kg。

另外，值得指出的是欧盟对车辆排放耐久性的规定是随着标准的加严逐步提高。欧Ⅲ标准规定的耐久里程为80000km或5年（以先到者为准），耐久性试验采用的劣化系数是：汽油发动机的CO、烃类化合物、NO_x为1.2，柴油发动机的CO、NO_x、烃类化合物+NO_x为1.2，PM为1.2。欧4标准的耐久里程为100000km或5年（以先到者为准）；欧Ⅴ或欧Ⅵ标准规定的一致性检查里程为100000km或5年，污染物控制装置的耐久性里程是160000km或5年（以先到者为准）。

（3）重型车用发动机排放标准　1992年以来，欧盟的柴油机和重型汽油、气体发动机的排放标准见表8-20和表8-21。重型车用发动机1998年10月前使用稳态发动机试验循环ECE R-49。对普通车辆，自2002年10月开始使用欧洲固定循环试验（European Stationary Cycle，ESC）、欧洲瞬态循环（European Transient Cycle，ETC）。ELR为用于烟度测量的负荷烟度试验循环。超环境友好车EEV于1999年10月开始使用ESC、ELR和ETC试验循环。从EuroⅢ起还增加了对排气烟度的限值。

表8-20　EU的重型车用柴油机排放标准　　单位：污染物为g/(kW·h)；烟度为m^{-1}

名称	时间和种类	试验循环	CO	烃类化合物	NO_x	PM	烟度
Euro1	1992年，<85kW	ECE R-49	4.5	1.1	8.0	0.612	—
	1992年，>85kW		4.5	1.1	8.0	0.36	—
Euro2	1996.10		4.0	1.1	7.0	0.25	—
	1998.10		4.0	1.1	7.0	0.15	—
Euro3	1999.10，仅仅EEVs	ESC & ELR	1.5	0.25	2.0	0.02	0.15
	2000.10		2.1	0.66	5.0	0.10 0.13①	0.80
Euro4	2005.10		1.5	0.46	3.5	0.02	0.5
Euro5	2008.10		1.5	0.46	2.0	0.02	0.5
Euro6	2013.01		1.5	0.13	0.4	0.01	—

① 使用于每缸的净体积小于0.75L和额定功率转速高于3000r/min。

表8-21　EU的柴油机和气体发动机的排放标准　　单位：g/(kW·h)

名称	时间和种类	试验循环	CO	NMHC	$CH_4$①	NO_x	PM②
Euro3	1999.10，仅仅EEV	ETC	3.0	0.40	0.65	2.0	0.02
	2000.10	ETC	5.45	0.78	1.6	5.0	0.16 0.21③
Euro4	2005.10		4.0	0.55	1.1	3.5	0.03
Euro5	2008.10		4.0	0.55	1.1	2.0	0.03
Euro6	2013.01		4.0	0.16④	0.5	0.4	—

① 仅适合于天然气发动机（Euro3～4：NG；Euro6：NG和LPG）。

② 不适用于2000～2005年（Euro3～4）的气体燃料发动机。

③ 使用于每缸的净体积小于0.75L和额定功率转速高于3000r/min。

④ 对于柴油车为THC。

附加的欧Ⅵ标准的提议主要包括以下几方面：①排气中氨（NH_3）的体积分数限值小于10^{-5}，适用对象为进行ESC+ETC和ETC试验的柴油发动机和汽油发动机；②附加于颗粒物限值的颗粒物数量限值，已于2010年以后推出，这个限值的目的是防止通过技术手段（如开式过滤器），使大量超细微粒排出，仅能满足Euro6微粒质量限值的做法；③欧Ⅵ限值的测试将采用世界统一的稳态测试循环（World Harmonized Stationary Cycle，WHSC）和瞬态测试循环（World Harmonized Transient Cycle，WHRC）；④今后将不再确定NO_x排放物组成成分之一的NO_2的最大限值。

(4) OBD系统 自欧Ⅲ标准开始，车辆必须装备OBD系统。当车辆出现故障或排放系统损坏时，或其排放超出表8-22中的限值时，车辆必须显示告知驾驶员。表8-22中的限值基于NEDC循环（冷启动ECE+EUDC）测试制定的。常把欧洲的OBD称为EOBD或欧洲OBD，以便于与美国OBD的区分。

表8-22 EOBD限值 单位：g/km

种类	阶段	名称	日期	CO	HC	NO_x	PM
柴油机							
M1		Euro3	2003	3.20	0.40	1.20	0.18
		Euro4	2005	3.20	0.40	1.20	0.18
N1	Ⅰ	Euro3	2005	3.20	0.40	1.20	0.18
		Euro4	2005	3.20	0.40	1.20	0.18
	Ⅱ	Euro3	2006	4.00	0.50	1.60	0.23
		Euro4	2006	4.00	0.60	1.60	0.23
	Ⅲ	Euro3	2006	4.80	0.50	1.90	0.28
		Euro4	2006	4.80	0.60	1.90	0.28
汽油机							
M1		Euro3	2000	3.20	0.40	0.60	—
		Euro4	2005	1.90	0.30	0.53	—
N1	Ⅰ	Euro3	2000	3.20	0.40	0.60	—
		Euro4	2005	1.90	0.30	0.53	—
	Ⅱ	Euro3	2001	5.80	0.50	0.70	—
		Euro4	2005	3.44	0.38	0.62	—
	Ⅲ	Euro3	2001	7.30	0.60	0.80	—
		Euro4	2005	4.35	0.47	0.70	—

注：总质量＞2500kg或者多于6个座位的M1类乘用车，应满足N1的OBD要求。

2. 美国（加利福尼亚州除外）的汽车排放标准

(1) 美国乘用车和轻型货车的排放标准 美国是世界上最早执行排放法规的国家，也是排放控制指标种类最多、排放法规最为严格的国家之一。美国的汽车排放法规分为联邦排放法规［即环境保护局（EPA）排放法规］和加利福尼亚州空气资源局（CARB）排放法规。联邦排放法规一般落后加利福尼亚州排放法规1～2年。美国加利福尼亚1960年立法控制汽车排气污染物，1963年开始控制曲轴箱燃油蒸发物排放，1966年颁布实施“7工况法”汽车排放测试规范，1970年开始控制轿车燃油蒸发物排放。美国联邦1968年采用“7工况法”控制汽车排放，1970年开始制定一系列车辆排放控制法规。

美国在1990年的空气清洁法（Clean Air Act Amendments，CAAA）确定了轻型汽车（Light Duty Vehicles，LDV）的两个标准Tier 1和Tier2。美国乘用车和轻型货车的排放标准。Tier1于1991年6月公布，1997年执行。Tier2于1999年12月通过，部分于2004年执行。Tier2把车辆分为表8-23所列的轻型车、轻型货车（Light Duty Truck，LDT）、中型乘用车（Medium Duty Passenger Vehicle，MDPV）3大类，共9种车型，车辆的分类主要依据是车辆最大允许总质量（Gross Vehicle Weight Rating. GVWR）。Tier2的乘用车和轻型货车的排放标准如表8-24所列。表8-24中追加了对8500lb＜GVWR＜10000lb（1lb＝0.4536kg）的中型乘用车、多功能运动车（Sport Utility Vehicles，SUV）和面包车的限值。GVWR＞8500lb的商用汽车发动机的认定标准为重型车用发动机标准。表8-24共有8个级别（Bin）的永久性限值，其中，NO_x为车队的平均值限值。汽车制造商可以选择级别中的某个进行认证，但销售的所有车的NO_x必须满足限值0.07g/mile（1mile＝1.609km）。表8-24标准于2004～2009年实施。对于新乘用车和LDT车，Tier2标准2004年开始部分实施，2007年全部实施。对于重、轻型车HLDT和MDPV，Tier2标准2008年开始部分实施，2009年全部实施，表8-23中限值的适用测试循环为FTP-75，标准中限定的污染物为NMOG、CO、NO_x、PM、HCHO共5种，与我国标准相比对烃类化合物的限值更为严格，不只是简单地限制烃类化合物排放，而是限制烃类化合物中的NMOG和烃类化合物（HC）。标准中的限值由临时级别和永久级别组成。对采用过渡阶段限值车辆的要求见表8-25，表8-25对过渡阶段车辆逐步采用Tier2的百分比和达到的时间进行了明确规定。

表8-23　EPA Tier2标准中的车辆分类

	车辆种类		缩写	要求
轻型车			LDV	GVWR≤8500lb
轻型货车			LDT	整备质量≤6000lb 正面面积≤45ft²（1ft²＝9.29×10⁻²m²）
			LLDT	GVWR≤6000lb
	轻型货车	轻型货车1	LDT1	LVM①≤3750lb
		轻型货车2	LDT2	LVM ≥3750lb
	重轻型货车		HLDT	GVWR≤6000lb
		轻型货车3	LDT3	ALVM②≤5750lb
		轻型货车4	LDT4	ALVM≥5750lb
重型乘用车			MDPV	GVWR③≤10000lb

① 负载重量(LVM)＝整备质量(CM)＋300lb。

② 校正的负载质量(ALVM)＝车辆最大允许总质量和整备质量的平均值。

③ 汽车制造商可以通过重型柴油机标准来认证柴油机发动机燃料的MDPV。

表8-24　美国乘用车和轻型货车的排放标准Tier2　　单位：g/mile

	50000					120000				
	NMOG	CO	NO_x	PM	HCHO	NMOG	CO	NO_x①	PM	HCHO
临时级别										
MDPV④						0.280	7.3	0.9	0.12	0.032
10②,③,⑤,⑦	0.125 (0.160)	3.4 (4.4)	0.4	—	0.015 (0.018)	0.156 (0.230)	4.2 (6.4)	0.6	0.08	0.018 (0.027)
9②,③,⑥	0.075 (0.140)	3.4	0.2	—	0.015			0.3	0.06	0.018
永久级别										
8③	0.100 (0.125)	3.4	0.14	—	0.015	0.125 (0.156)	4.2	0.20	0.02	0.018
7	0.075	3.4	0.11	—	0.015	0.090	4.2	0.15	0.02	0.018
6	0.075	3.4	0.08	—	0.015	0.090	4.2	0.10	0.01	0.018
5	0.075	3.4	0.05	—	0.015	0.090	4.2	0.07	0.01	0.018
4	—	—	—	—	—	0.070	2.1	0.04	0.01	0.011
3	—	—	—	—	—	0.055	2.1	0.03	0.01	0.011
2	—	—	—	—	—	0.010	2.1	0.02	0.01	0.004
1	—	—	—	—	—	0.000	0.0	0.00	0.00	0.000

① 造商的车队平均（Average Manufacturer Fleet）NO_x标准为0.07g/mile。

② 到2006年年底结束，对HLDT到2008年为止。

③ 较高的NMOG、CO和HCHO限值只适用于HLDT，到2008年为止。

④ 一个追加的临时限制MDPV的级别，到2008年为止。

⑤ 0.195g/mile（耐久50000mile）和0.280g/mile（耐久120000mile）为适用于型式核准认证的LDT4和MDPV的任意选择的NMOG标准。

⑥ 0.100g/mile（50000mile）和0.130g/mile（120000mile）为适用于型式核准认证的LDT2任意选择的NMOG标准。

⑦ 级别10为对于柴油车认证任意选择的50000mile标准。

表 8-25　逐步采用 Tier2 的百分比要求

时间/年	LDV/LLDT	HLDT/MDPV	
	Tier2①	Tier2②	临时非-Tier2③
2004	25	—	25
2005	50	—	50
2006	75	—	75
2007	100	—	100
2008	100	50	100
2009 年之后	100	100	—

① 必须达到 Tier2 的 LDV/LLDT 的百分比。

② 必须达到 Tier2 的 HLDT/MDPV 的百分比。

③ 对不执行 Tier2 的 HLDT/MDPV 的车辆，必须达到过渡的、不执行 Tier2 的车队平均 NO_x 要求的百分比。

(2) 美联邦重型发动机排放标准　2007 年以后 EPA 重型发动机的排放标准如表 8-25 所列。规定 8500lb＜GVWR＜19500lb 的 LHDDE（Light Heavy Duty Diesel Engines）的有效寿命为 110000mile/8 年；19500lb≤GVWR≤33000lb 的 MHDDE（Medium Heavy Duty Diesel Engines）的有效寿命为 185000mile/8 年；GVWR＞33000 的 HHDDE（Heavy Heavy Duty Diesel Engines）（包括城市公共汽车）的有效寿命为 290000mile/8 年。表 8-26 生效时间为 2007 年，要求 2010 年全部达到标准限值。重型车用发动机的认证试验为瞬态联邦发动机台架循环试验。

表 8-26　EPA 的重型发动机排放标准　　单位：g/(hp·h)

NMHC	NO_x	PM
0.14	0.20	0.01

3. 日本的汽车排放标准

(1) 轻型车排放标准（GVW≤3.5t）　日本 1966 年起开始控制汽车排放污染，对新车进行 4 工况排放试验检测，并规定 CO 排放限值的体积百分比为 3%，1969 年加严到 2.5%。1971 年规定，小型车 CO 体积百分数小于 1.5%，轻型车 CO 体积百分数小于 3%。1973 年采用 10 工况法，增加了烃类化合物和 NO_x 的排放限值。1986 年对柴油轿车排放进行控制，对在用车实施定期车检法规，1993 年开始对所有柴油车排放进行控制。1991 年起新车采用 10·15 工况法试验。日本汽油、液化石油气乘用车、货车及客车排放限值如表 8-27 所列，日本柴油乘用车、货车及客车的排放标准见表 8-28 所列。标准将车辆分为乘用车及货车和客车两大类。限值对应的测试循环也在表 8-27 与表 8-28 中列出。标准中限定的污染物为 NM 烃类化合物、CO、NO_x、PM 共 4 种。全部乘用车的排放标准相同；货车及客车则根据 GVW 质量的不同，微型汽车、轻型车（≤1.7t）、中型车（1.7t＜GVW≤3.5t）分别执行三个不同的排放限值。

表 8-27　汽油及液化石油气乘用车、货车及客车排放限值　　单位：g/km

车　型	试验工况	实施年份	污染物	限值(平均值)
乘用车	10·15M+11M	2009 年	CO	1.15
			MMHC	0.05
			NO_x	0.05
			PM①	0.005

续表

车型		试验工况	实施年份	污染物	限值(平均值)
货车和客车	微型货车	10·15M+11M	2007年	CO	4.02
				MMHC	0.05
				NO_x	0.05
	轻型车(GVM≤1.7t)	10·15M+11M	2009年	CO	1.15
				MMHC	0.05
				NO_x	0.05
				PM①	0.005
	中型车(1.7t<GVM≤3.5t)	10·15M+11M	2009年	CO	2.55
				MMHC	0.05
				NO_x	0.07
				PM①	0.007

① PM限值仅对有NO_x吸附型还原催化剂的稀燃直喷车适用。

表8-28 柴油乘用车、货车及客车排放标准 单位：g/km

车型		试验工况	实施年份	污染物	限值(平均值)
乘用车		10·15M+11M	2009年	CO	0.63
				MMHC	0.024
				NO_x	0.08
				PM	0.005
货车和客车	轻型车(GVM≤1.7t)	10·15M+11M	2009年	CO	0.63
				MMHC	0.024
				NO_x	0.8
				PM	0.005
	中型车(1.7t<GVM≤3.5t)	10·15M+11M	2009年	CO	0.63
				MMHC	0.024
				NO_x	0.15
				PM	0.007

(2) 重型车(GVW>3.5t)排放标准　2005年以前日本的标准中把GVW>2500kg的车辆称为重型车，现行的标准则把GVW>3500kg的车辆称为重型车。表8-29为2003年以后的日本重型车排放标准，标准中限制的污染物为HC、CO、NO_x、PM共4种。现行排放标准生效时间为2009年，标准中把传统的HC限值改为NMHC限值，试验循环由13工况法改为JE05试验循环法。

表8-29 重型车排放限值 单位：g/(kW·h)

时间/年	试验循环	CO	HC	NO_x	PM
重型柴油车					
2003	13工况	2.22	0.87	3.38	0.18
2005	JE05	2.22	0.17	2.0	0.027
2009		2.22	0.17	0.7	0.01
汽油及液化石油气					
2005	JE05	16	0.23	0.7	—
2009	JE05	16	0.23	0.7	0.01①

① 缸内直喷汽油机限值。

三、轻型汽车排放污染物的试验规范

1. 怠速法

(1) 怠速测量法　怠速测量法早期曾用于新车测量，现在多用于在用汽油车污染物测量。一般用于汽油车在怠速运行时排气中 CO 和 HC 浓度的监测。测量时，首先使汽车离合器处于接合位置，油门踏板位于松开位置，变速杆位于空挡位置；待发动机达到规定的热状态（四冲程水冷发动机的水温在 60℃以上，风冷发动机的油温在 40℃以上）后，再按制造厂“使用说明书”规定的调整法将发动机转速调至规定的怠速转速和点火定时；在确认排气系统无泄漏情况下，用非分散式红外分析仪按以下步骤进行测量：①发动机由怠速到 0.7 倍的额定转速，维持 60s 后，再降至怠速状态；②将取样管插入排气管中，深度为 400mm，并固定于排气管上；③发动机在怠速状态维持 15s 开始读数，读取 30s 内的最低值及最高值，其平均值即为测量结果；④若为多排气管时，则取各管最大测值的平均值。

(2) 双怠速排放测量法　双怠速与怠速法类似，也是用于在用汽油车在怠速运行时排气中 CO 和烃类化合物浓度的监测。但双怠速法可以监控因化油器量孔磨损，或因催化转化器效率降低造成的汽车排放恶化。DB 11/044—1999《汽油车双怠速污染物排放标准》、GB 18285—2000《在用汽车排气污染物限值及测试方法》等规定了双怠速法的排放限值及其测量方法。怠速试验时的最低转速应不低于制造厂规定转速的 100r/min，最高转速应不高于制造厂规定转速的 250r/min。另外，取样探头应放置在排气管和取样器的管路中，并尽可能地接近排气管。双怠速排放测量法的步骤如下：①必要时在发动机上安装转速计、点火正时仪、冷却水和润滑油测温计等测试仪器；②发动机由怠速工况加速到 0.7 倍的额定转速，维持 60s 后，降至高怠速（即 0.5 倍的额定转速）；③发动机降至高怠速状态后，将取样管插入排气管中，深度为 400mm，并固定于排气管上；④发动机在高怠速状态维持 15s 后开始读数，读取 30s 内的最低值及最高值，其平均值即为高怠速排放测量结果；⑤发动机从高怠速降至怠速状态，在怠速状态维持 15s 后开始读数，读取 30s 内的最低值及最高值，其平均值即为怠速排放测量结果；⑥若为多排气管时，分别取各排气管高怠速排放测量结果的平均值和怠速排放测量结果的平均值。

2. 加速模拟工况试验

(1) ASM5024 循环　为了既能检测汽车的 CO 和 HC，又能检测 NO_x 的排放情况，并且不使试验过于复杂，设备投入过大，GB 18285—2000《在用汽车排气污染物限值及测试方法》和 DB 11/122—2000《在用汽油车稳态加载试验的排气污染物排放限值》中都推荐了加速模拟工况法（Acceleration Simulation Mode，ASM）。加速模拟工况规定：当车辆预热到规定的热状态后，加速至规定测量排放污染物车速，加速过程所需负荷，通过底盘测功机对车辆加载。ASM5024 规定的稳态运行工况为车辆行驶速度 24km/h，并在底盘测功机上根据机动车的基准质量模拟机动车运行中的稳态负荷，被检测机动车在设定负荷下匀速运行，试验转速不能超过设定值的±2%。

根据 ASM5024 的规定，试验开始前，测功机应按 ASM5024 工况要求自动加载，车辆逐渐加速至 24km/h 运行，稳定在（24±1.6）km/h 连续 5s 后，检测控制系统开始计时（$t=0$），同时排气分析仪器开始测量，试验时间最少为 25s，最长为 90s。连续滚动测量 10s 并按规定进行修正后取平均值，作为排放测试结果。在此期间，如果测功机的速度或转矩连续 2s 超过规定的公差范围，或累计超过允许公差 5s 以上，则控制系统需重新置零，试验需重新进行。

对安装自动变速器的车辆，应使用直接挡进行测试。安装手动变速器的车辆应选用合适的前进挡（一般为二挡或三挡），使得车辆达到测试速度时发动机转速在下列范围：排量 3L

及以下车辆，发动机转速为1500～3000r/min；排量在3L以上的发动机，转速为1250～2500r/min。如果两个挡位都能满足发动机转速要求，则选用发动机转速较低的挡位用于试验。

25～90s的测量过程中，若连续10s的平均排放结果低于标准的限值，则排放检测合格通过，该工况的测试可以提前结束；在测试的10s平均期间，第10s的车速不能比第1s车速低0.8km/h以上，否则试验应继续进行直至满足此稳定性条件。

运行90s后测试结束。若其中一项污染物高于标准中的限值，还需继续进行ASM2540工况试验。

(2) IM240维护检查的排放试验循环　IM240是美国联邦的一个在用轻型汽车维护与检查的排放试验循环。IM240运行循环时间为240s（明显少于其他试验规范的运行时间）、路程1.96mile(3.1km)，短于其他试验规范的行驶里程及平均车速29.4mile/h(47.3km/h)、最高车速56.7mile/h(91.2km/h)。IM240试验循环如图8-1所示。

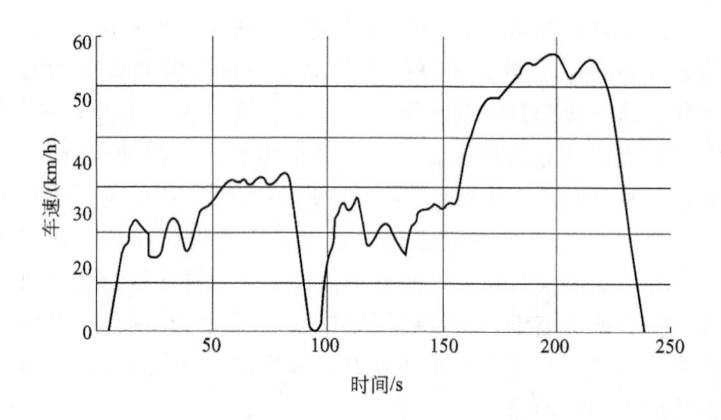

图8-1　IM240试验循环

3. 轻型汽车排放测量的试验循环

试验循环也称试验规范、运转循环、模式循环、试验规程等。试验循环出现的原因是汽车在道路上行驶时条件差异很大，行驶时污染物测量困难，并且无法得到具有重复性和可比性的排放测量结果。因此，按照汽车在城市典型道路上或市郊道路上的实际行驶情况，制订出可以再现真实运行工况的模拟规范，使汽车在转鼓试验台（底盘测功器）或发动机台架上运转，以测定汽车发动机排出的各种有害成分。试验循环是对汽车在行驶条件下排气中的有害成分进行监测的最为有效的一种方法。

(1) ECE-15＋EUDC试验循环　轻型汽车的排放试验一般在转鼓试验台上进行。为了模拟试验汽车运行惯性重量，要有经过大量调查研究与数据处理制订出模拟城市（城区和郊区）道路上汽车运行工况的试验循环，还要配备复杂而昂贵的大型综合分析仪和保证车辆或发动机按试验程序运转所需的程序自动控制系统。图8-2为欧盟和我国现行标准采用的ECE-15＋EUDC试验循环。试验循环由1部（4个市区循环ECE-15）和2部（1个市郊运转循环EUDC）组成。1部的市区循环ECE-15和2部的EUDC的工况组成分别如表8-30和表8-31所列。对最大车速达不到120km/h的低功率车辆，其EUDC试验循环由图8-2中虚线及其以下部分组成，其组成工况如表8-32所列。

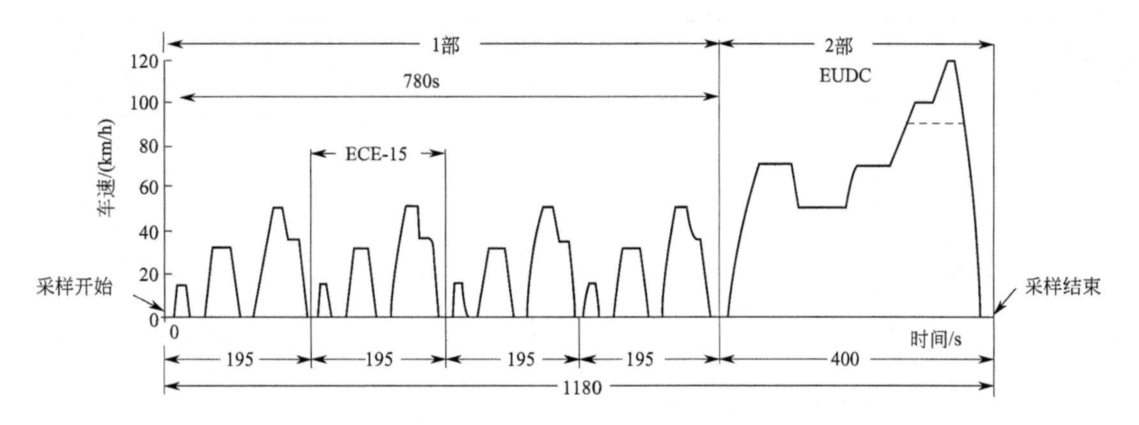

图 8-2　ECE-15＋EUDC 试验循环

表 8-30　ECE-15 试验运转循环

工况	运转状态	加速度/(m/s²)	车速/(km/h)	每次时间		累计时间/s	手动变速器使用挡位
				运行/s	工况/s		
1	怠速	—	—	11	11	11	6sPM＋5sK₁
2	加速	1.04	0→15	4	4	15	1
3	等速	—	15	8	8	23	1
4	减速	－0.69	15→10	2	5	25	1
	减速，离合器脱开	－0.92	10→0	3		28	K_1
5	怠速	—	—	21	21	49	6sPM＋5sK₁
6	加速	0.83	0→15	5	12	54	1
	换挡	—	—	2		56	2
	加速	0.94	15→32	5		61	2
7	等速	—	32	24	24	85	2
8	减速	－0.75	32→10	8	11	93	2
	减速，离合器脱开	－0.92	10→0	3		96	K_2
9	怠速	—	—	21	21	117	6sPM＋5sK₁
10	加速	0.83	0→15	5	26	122	1
	换挡	—	—	2		124	—
	加速	0.62	15→35	9		133	2
	换挡	—	—	2		135	—
	加速	0.52	35→50	8		143	3
11	等速	—	50	12	12	155	3
12	减速	－0.52	50→35	8	8	163	3
13	等速	—	35	13	13	176	3
14	换挡	—	—	2	—	178	—
	减速	－0.86	32→10	7		185	2
	减速，离合器脱开	－0.92	10→0	3		188	K_2
15	怠速	—	—	7	7	195	7sPM

注：1. PM—变速器在空挡，离合器接合。6sPM-变速器在空挡，离合器接合时间为 6s，其余类推。

2. K_1、K_2—变速器依次为一挡、二挡，离合器脱开。5sK_1-变速器为一挡，离合器脱开时间为 5s。

表 8-31　市郊运转循环 EUDC 组成工况（2 部）

工况	运转状态	加速度/(m/s²)	车速/(km/h)	每次时间		累计时间/s	手动变速器使用挡位
				操作/s	工况/s		
1	怠速				20	20	K_1[①]

续表

工况	运转状态	加速度 /(m/s²)	车速 /(km/h)	每次时间		累计时间 /s	手动变速器使用挡位
				操作/s	工况/s		
2	加速	0.83	0→15	5	41	25	1
	换挡			2		27	—
	加速	0.62	15→35	9		36	2
	换挡			2		38	—
	加速	0.52	35→50	8		46	3
	换挡			2		48	—
	加速	0.43	50→70	13		61	4
3	等速		70	50	50	111	5
4	减速	−0.69	70→50	8	8	119	4s·5+4s·4
5	等速		50	69	69	188	4
6	加速	0.43	50→70	13	13	201	4
7	等速		70	50	50	251	5
8	加速	0.24	70→100	35	35	286	5
9	等速		100	30	30	316	5②
10	加速	0.28	100→120	20	20	336	5②
11	等速		120	10	10	346	5②
12	减速	−0.69	120→80	16	34	362	5②
	减速	−1.04	80→50	8		370	5②
	减速,离合器脱开	−1.39	50→0	10		380	K①
13	怠速			20	20	400	PM③

① 变速器置一挡或五挡，离合器脱开。

② 如果车辆装有多于5挡的变速器，使用附加挡时应与制造厂推荐的相一致。

③ 变速器置空挡，离合器接合。

表 8-32　Ⅰ型试验市郊运转循环（低功率车辆）（2 部）

工况	运转状态	加速度 /(m/s²)	车速 /(km/h)	每次时间		累计时间 /s	手动变速器使用挡位
				操作/s	工况/s		
1	怠速			20	20	20	$K_1$①
2	加速	0.83	0→15	5	41	25	1
	换挡			2		27	—
	加速	0.62	15→35	9		36	2
	换挡			2		38	—
	加速	0.52	35→50	8		46	3
	换挡			2		48	—
	加速	0.43	50→70	13		61	4
3	等速		70	50	50	111	5
4	减速	−0.69	70→50	8	8	119	4s·5+4s·4
5	等速		50	69	69	188	4
6	加速	0.43	50→70	13	13	201	4
7	等速		70	50	50	251	5
8	加速	0.24	70→90	24	24	275	5
9	等速		90	83	83	358	5
10	减速	−0.69	90→80	4	22	362	5
	减速	−1.04	80→50	8		370	5
	减速	−1.39	50→0	10		380	$K_5$①
11	怠速			20	20	400	PM②

① 变速器置一挡或五挡，离合器脱开。

② 变速器置空挡，离合器接合。

（2）美国的轻型汽车试验循环

1）FTP-75 试验循环。世界上最早的排放测试试验循环是由美国加利福尼亚州 1966 年制定的。该试验循环已于 20 世纪 70 年代初由美国联邦试验试验循环（Federal Test Procedure，FTP)-72 所代替，FTP-72 是通过对美国洛杉矶市早上上班的公共汽车的运行工况实测得到的，1975 年后已被改进为 FTP-75 的试验循环。FTP-75 试验循环是美国乘用车和轻型货车排放标准规定的试验循环。

FTP-75 试验循环的车速和时间关系如图 8-3 所示。试验总里程为 11.1mile，每循环的里程为 7.5mile，总试验时间为 2477s，每循环持续时间为 1372s，平均车速为 19.68mile/h (31.67km/h) 或 23.96mile/h(38.56km/h)，最高车速出现在第 240s 时，为 56.7 mile/h (91.2km/h)。

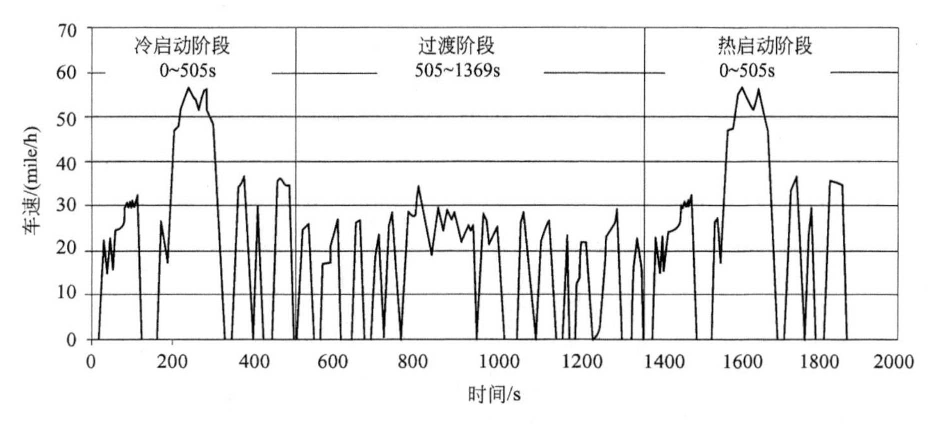

图 8-3　FTP-75 试验循环

FTP-75 试验循环分三阶段进行：第一阶段为冷启动阶段（0～505s）；第二阶段为过渡阶段（505～1369s）；第三阶段为热启动阶段（0～505s），速度曲线与冷起动阶段相同。三个试验阶段的排放物和环境空气分别取样到三个袋中，进行分析并乘以不同的加权系数，其和即为测试结果。冷态过渡工况阶段、过渡阶段、热起动阶段三个阶段的加权系数依次为 0.43 、1. 0、0. 57。第一阶段和第三阶段的试验循环反映市区试验循环，有时称为 LA# 4 循环或 UDDS（Urban Dynamometer Driving Schedule）循环。

2）SFTP US06 试验循环。2000～2004 年，美国联邦法规逐渐引入了 SFTP（Supplement Federal TestProcedure）试验循环。SFTP 包括高速道路行驶状况下排放的 US06 工况和城市中空调使用状况下排放的 SC03 工况。SFTP US06 是由 FPT-72 发展而来的一个过渡循环，用于乘用车和轻型货车认证的排放值测试。SFTP US06 是美国联邦增补的一个试验循环，用于弥补 FTP-75 的不足。SFTP US06 试验循环反映了汽车用高速、高加速、高速时高加速和速度快速变化等运行模式，用于模拟在浸蚀的公路上的运行。SFTP US06 的试验循环组成如图 8-4 所示，该试验循环的总路程为 8.01mile(12.8km)、平均速度 48.4mile/h(77.9km/h)、最高速度 80.3mile/h(129.2km/h)、试验时间 596s。

3）SFTP SC03 试验循环。美国联邦增补的另一个试验循环是用于模拟空调系统工作时排放的 SFTP SC03 试验循环。SFTP SC03 的速度与时间关系曲线如图 8-5 所示。该试验循环的总路程为 3.6mile(5.8km)、平均速度 21.6mile/h(34.8km/h)、最高速度 54.8mile/h (88.2km/h)、试验时间 596s。

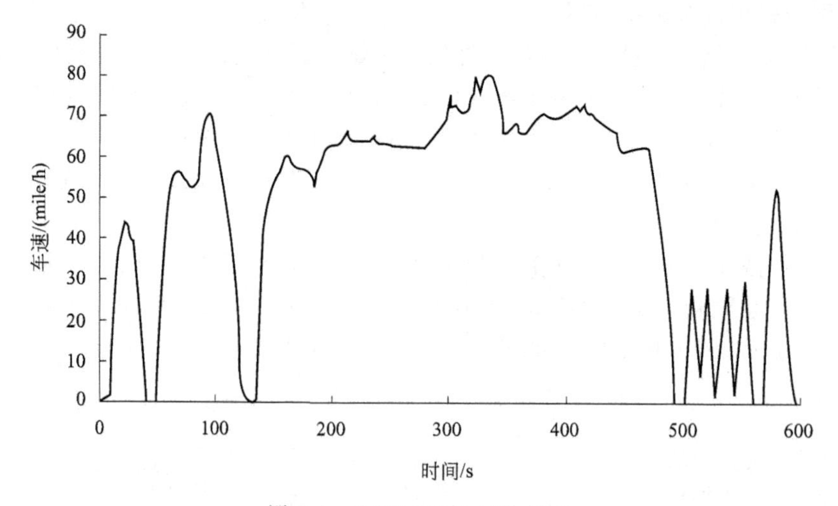

图 8-4　SFTP US06 试验循环

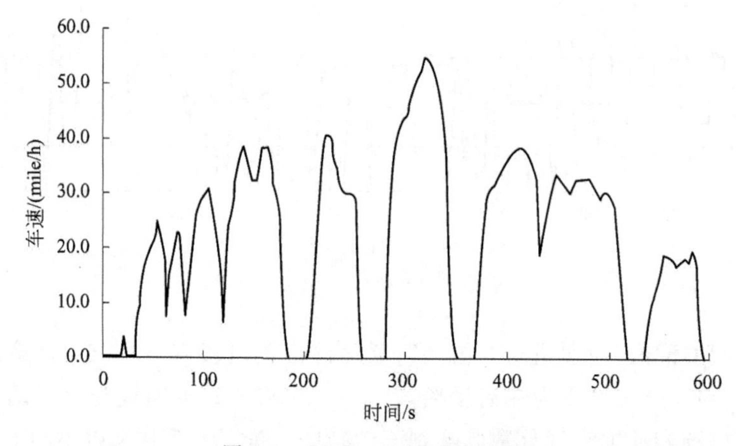

图 8-5　SFTP SC03 试验循环

（3）日本的轻型汽车排放试验规范　日本的试验循环有 10・15 工况循环、11 工况循环、13 工况循环、JE05M、JE08 循环等。10・15 工况循环试验用于模拟汽车在城市道路的平均行驶状况。11 工况循环用于模拟汽车冷起动后由郊外向市中心前进的平均行驶模式。日本 13 工况循环用于重型汽油、柴油及液化石油气货车及公共汽车的排放值测量。用于重型汽油及液化石油气汽车的试验循环称 G13 工况循环、用于重型柴油车的试验循环称 D13 工况循环。

1）10・15 工况循环。10・15 工况规范自 1991 年 11 月 1 日生效，对进口车自 1993 年 4 月 1 日生效。进行 10・15 热启动试验时，预处理以 60km/h 运行 5min，接着进行怠速工况排放试验，然后再以 60km/h 运行 15min 并进行一个 15 工况循环。预处理后接着开始 10・15 工况试验，即 10 工况循环 3 次，加 15 工况 1 次，同时测量排放。

10・15 工况循环速度与时间的关系如图 8-6 所示，试验总时间 660s、总里程 4.16km/h、平均车速 22.7km/h（不包括怠速时 33.1km/h）、最高车速 70km/h、怠速时间占 31.4%。

2）JC08 工况试验。JC08 工况试验循环速度与时间的关系如图 8-7 所示。JC08 试验循环反映了拥挤的城市交通，包括频繁的加速、减速和怠速。JC08 试验循环于 2011 年 10 月正式

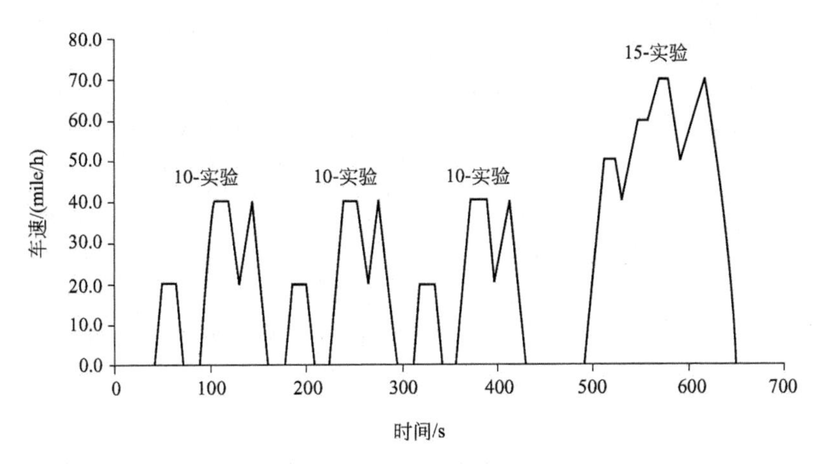

图 8-6　10・15 试验循环

使用。每次试验循环次数 1、总试验时间 1204s、总里程 8.171km、平均车速 24.4km/h（不包括怠速时 33.1km/h）、最高车速 81.6km/h、怠速时间占 29.7%。

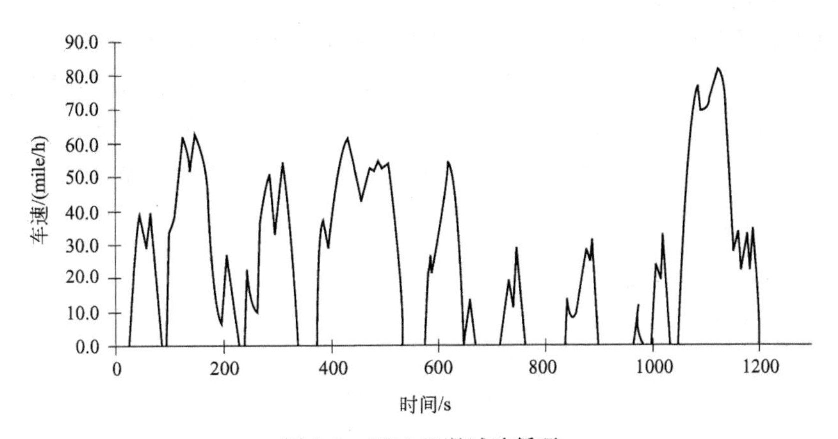

图 8-7　JC08 工况试验循环

对于最大总质量不超过 3.5t 的车辆，从 2008 年起适用以下公式。

按 JC08 工况在冷机状态下的测定值×0.25＋10・15 工况测定值×0.75

从 2011 年起适用以下公式：

按 JC08 工况在冷机状态下的测定值×0.25＋按 JC08 工况在暖机状态下的测定值×0.75

3）11 工况循环。11 工况试验循环速度与时间的关系如图 8-8 所示。11 工况循环需运行 4 次，4 个循环全部计量。冷起动后怠速 26s，对 3 挡和 4 挡变速箱使用指定的挡位，对特殊变速箱使用的变速比需单独规定，如为自动变速器则只能选择 D 挡。排放分析使用 CVS 系统。

试验每循环里程 1.021km、每次试验循环次数 4、总里程 4.084km、总试验时间 505s、每循环持续时间 120s、平均车速 30.6km/h（不包括怠速时 39.1km/h）、最高车速 60km/h、怠速时间占 21.7%。

4. 试验循环对排放测量结果的影响

前已述及，各国制定的排放污染物试验规范大多都是由汽车的实际运行工况得到的，然而由于各城市或地区交通条件的差异以及随着交通设施的改善、汽车技术水平的提高等，使

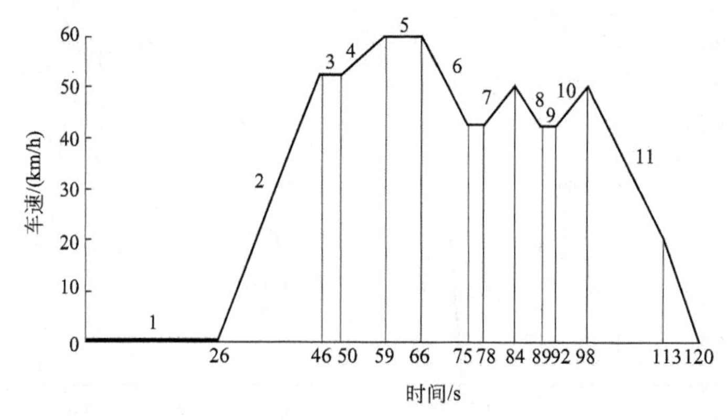

图 8-8　11 工况循环

试验规范中的汽车运行模式和汽车的实际运行模式产生了不小的差距，其结果是容易给人们造成一些错觉，如国家标准加严 80%，可能有人就会认为新上市汽车的排放污染物就会减少 80%。但是实际情况到底如何？应该进行极为复杂和细致的研究工作才能得出结论。下面对这一问题进行简要说明。

(1) 车速对排放的影响　汽车排气中的 PM 随车速变化如图 8-9 所示。对于公共汽车和普通货车车速在 10～20km/h 之间时，随车速增加，汽车的 PM 排放量明显减少。对公共汽车、普通货车和乘用车而言，当车速增加到 80km/h 时，其 PM 排放量分别下降为 10km/h 时的 42.17%、32.67%和 57.5%。可见，车速对汽车的排放的影响非常显著。

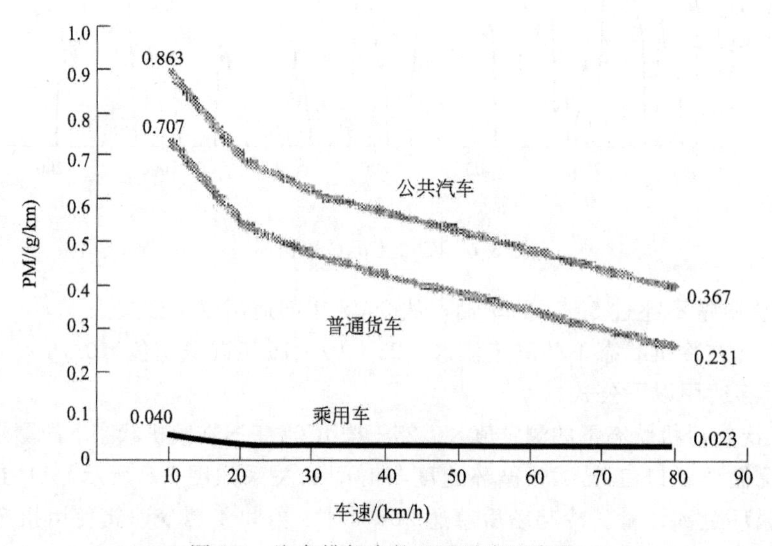

图 8-9　汽车排气中的 PM 随车速变化

(2) 规范中的运行工况点在万有特性曲线上的位置　汽车发动机的负荷和转速对汽车的有害排放物的影响很大，即规范中的运行工况点在万有特性曲线上的位置不同时，不仅发动机的油耗等性能指标不同，而且发动机的有害排放物的排放量也不同。图 8-10 为一辆总质量 1200kg 的汽油车，按 FTP-75 规范运行时的工况点在其万有特性曲线上的位置。可见，FTP-75 规范测试的工况点主要为部分负荷，这符合城市中汽车使用部分负荷最多的实际情况。我国采用的 ECE15＋EUDC 规范也基本反映了此种情况，但并未反映出发动机的其他常用工况。

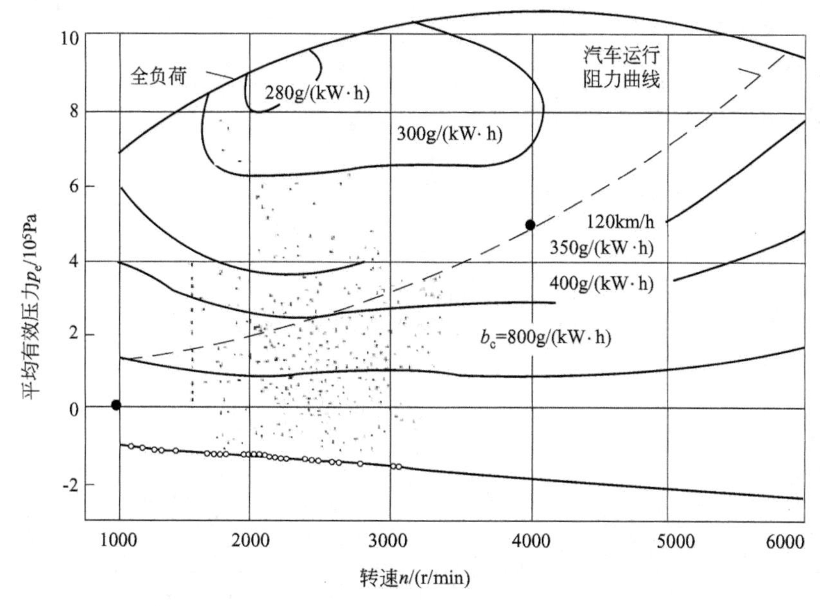

图 8-10 FTP-75 规范的工况点在万有特性曲线上的位置

(3) 运行模式对汽车排放的影响 不同试验规范的汽车，试验工况不同，运行工况点在汽车发动机万有特性曲线上的位置不同将导致汽车有害排放物的排出量不同。表 8-33 列出了日本环境全局公布的运行模式对氮氧化物的影响。表 8-33 中的运行模式如图 8-11 所示，其中，平均车速为 17.96km/h 的模式为最接近东京市内汽车实际运行的模式。该结果表明，按照日本法规规定的 10·15 模式进行的试验结果和东京的实际情况差别甚大，可以想象 13 工况的差别会更大。也就是说，按法规可使汽车 NO_x 下降 17%的技术措施，应用于东京时，实际的 NO_x 仅下降 3.9%。

表 8-33 运行模式对 NO_x 排放降低率的影响 单位：%

项 目	13 工况循环	No.2 循环，平均车速 8.37km/h	No.5 循环，平均车速 17.96km/h	No.8 循环，平均车速 28.55km/h
总质量 12t 以下中的中型载重车	17	4.0	7.1	9.8
总质量 12t 以上的大型载重车	17	6.4	3.9	5.1

(4) 试验循环的污染物测试值比较 表 8-34 为不同试验循环下，CVS 取样法测量的污染物排放量比较，表中 LA#4(1)～LA#4(3) 指美国 FTP-75 试验循环中三个阶段各自的测量结果。可见，试验循环对排气污染物的测量结果影响非常大。因此，制定反映实际交通状况的试验循环，对污染物排放的控制具有重要意义。

表 8-34 不同试验循环下，CVS 取样法测量的污染物排放量比较

试验循环	CH_4/(g/km)	CO/(g/km)	NO_x/(g/km)	NH_3/(g/km)	N_2O/(g/km)	CO_2/(kg/km)
11	0.051	2.801	0.180	0.001	0.007	0.1841
ECE	0.008	3.258	0.136	>0.001	0.014	0.198
10·15	0.005	0.031	0.036	>0.001	0.001	0.1966
LA#4(1)	0.013	2.267	0.065	>0.001	0.005	0.1597
LA#4(2)	0.001	0.015	0.046	>0.001	0.004	0.1695
LA#4(3)	0.003	0.196	0.074	>0.001	0.005	0.1405

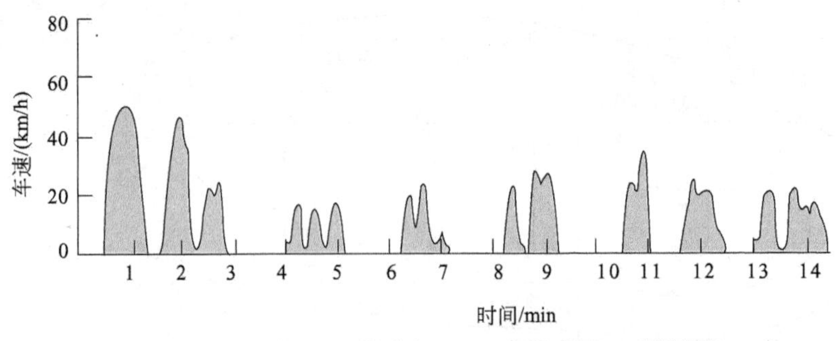

(a) No.2,平均速度8.37km/h,运行时间878s,行驶距离2.041km

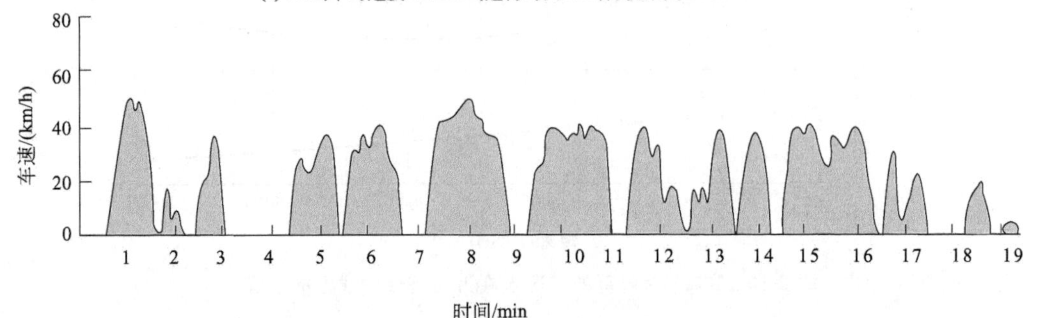

(b) No.5,平均速度17.96km/h,运行时间1177s,行驶距离5.871km

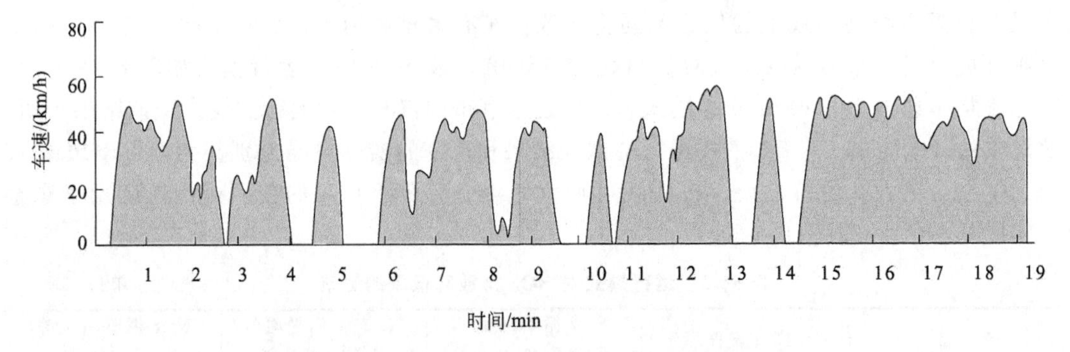

(c) No.8,平均速度28.55km/h,运行时间1179s,行驶距离9.349km

图 8-11　运行模式的车速与时间关系

四、重型汽车排放测量的试验规范

1. 我国及欧盟的排放试验循环

1998 年 10 月前，欧盟的重型车用发动机使用稳态发动机试验循环 ECE R-49。1999 年 10 月，开始使用欧洲瞬态循环（European Transient Cycle，ETC）、欧洲稳态循环试验（European Stationary Cycle，ESC）和用于烟度测量的欧洲加载响应循环试验（European Load Response，ELR）。我国重型车用发动机采用了这些试验循环，并分别称之为稳态循环（ESC）、负荷烟度试验循环（ELR）和瞬态循环（ETC），故在后面叙述时将采用这些名称。

（1）欧洲瞬态循环（ETC）　ETC 用于重型柴油发动机排放认证试验，ETC 与 ESC 一起使用。汽车按 ETC 工况工作时，汽车速度随时间的变化曲线如图 8-12 所示。ETC 循环由代表城市、乡村和高速公路的 3 个不同运转工况部分组成，每个部分运转 600s，整个循环的运转时间为 1800s。代表城市运转的工况最高车速为 50km/h，特点是具有频繁的启动、停止和怠速。

代表乡村运转工况的平均车速为 72km/h，包括较多的加速部分。代表高速公路的不同运转工况的平均车速为 72km/h。ETC 可以在底盘测功器上进行，也可以在发动机台架上进行。图 8-13和图 8-14 表示了发动机的转速和转矩曲线。转矩为负时表示汽车制动过程。

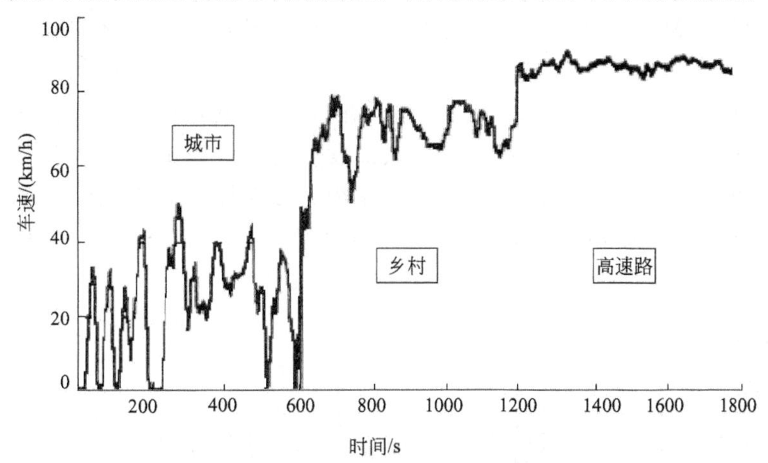

图 8-12　ETC 的发动机车速随时间的变化曲线

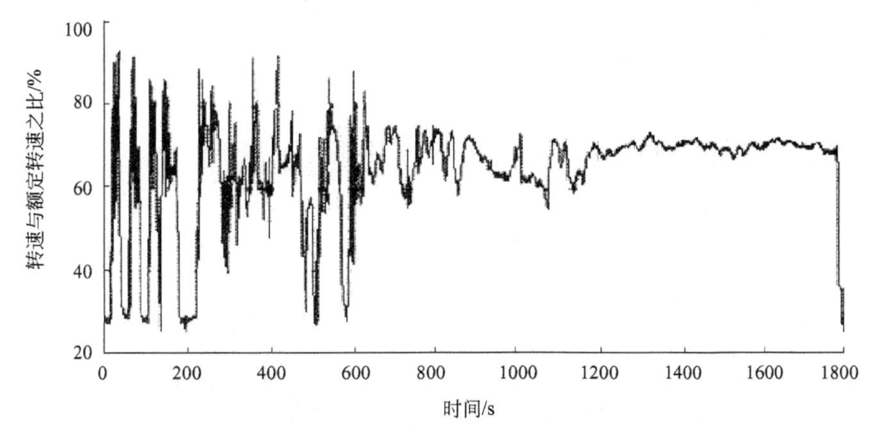

图 8-13　ETC 的柴油和气体燃料发动机转速随时间的变化曲线

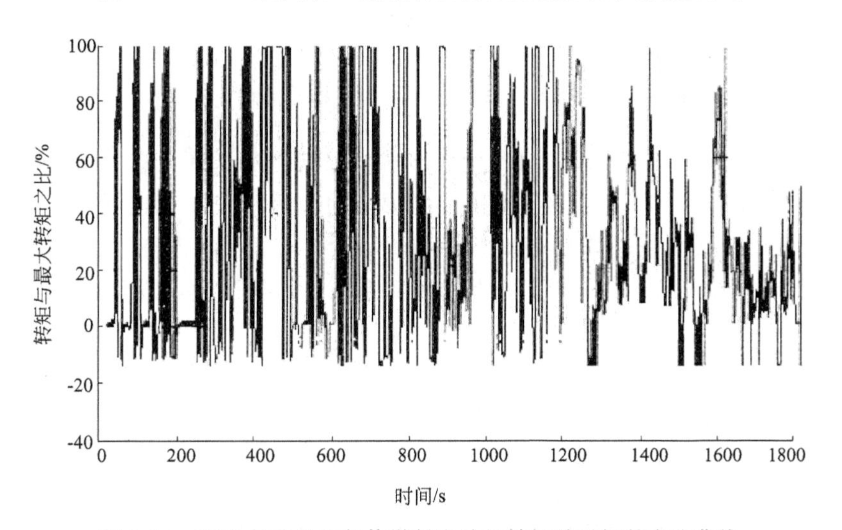

图 8-14　ETC 的柴油和气体燃料发动机转矩随时间的变化曲线

在规定的瞬态试验循环期间，发动机的全部排气用经过调节的环境空气稀释，并从经过稀释的排气中取样测量排气污染物。计算循环时间内的发动机的输出功率由测功机测量的发动机转矩和转速计算；根据测量的整个循环中的 NO_x、HC、CO、CO_2 和 NM 烃类化合物等的排放值，计算污染物的比排放量。测量颗粒物时，通过用适当滤纸按比例收集样品。

对于总质量大于 3.5t 的重型车用汽油发动机的排气污染物排放，一般使用发动机台架试验测量。根据 GB 14762—2008《重型车用汽油发动机与汽车排气污染物排放限值及测量方法（中国Ⅲ、Ⅳ阶段）》的规定，试验应采用图 8-15 和图 8-16 所示的重型汽油 ETC 进行。试验时，汽油机瞬态循环发动机转矩和转速按照图 8-15 和图 8-16 所示的曲线随时间的变化。

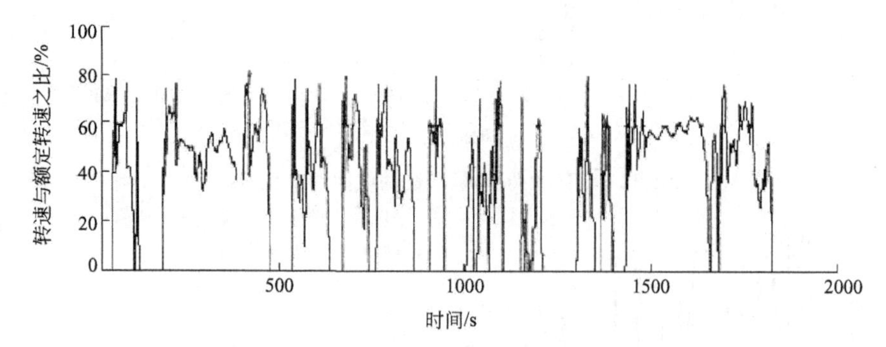

图 8-15　ETC 的汽油发动机转速随时间的变化曲线

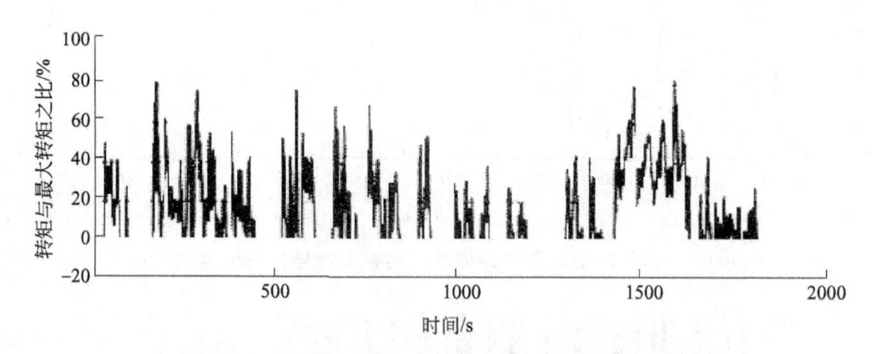

图 8-16　ETC 的汽油发动机转矩随时间的变化曲线

（2）欧洲固定试验循环（ESC）　ESC 为 13 模式稳态试验循环，它与 ETC 和 ELR 一起使用，用于重型柴油货车和公共汽车发动机的排放认证试验。发动机在测功机上的稳定工况顺序如图 8-17 所示，其权重系数见表 8-35。与 ECE R-49 相比，其转速由 2 个变为 A、B 和 C3 个，试验时工况点的顺序和每个工况的权重系数也有所变化。发动机必须在每个工况下按规定的时间运转，并应在最初的 20s 内使发动机达到规定的转速和负荷。转速调整误差不超过±50r/min；负荷调整误差不超过最大转矩的±2%。三个附加工况的负荷和发动机转速比由认证人员决定。高转速 n_{hi} 指 70%最大净功率 $P(n)$ 下的转速；低转速 n_{lo} 指 50%最大净功率 $P(n)$ 下的转速。发动机转速 A、B、C 由下列关系式确定。

$$A=n_{lo}+0.25(n_{hi}-n_{lo})$$

$$B=n_{lo}+0.50(n_{hi}-n_{lo})$$

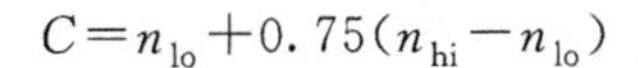

$$C=n_{lo}+0.75(n_{hi}-n_{lo})$$

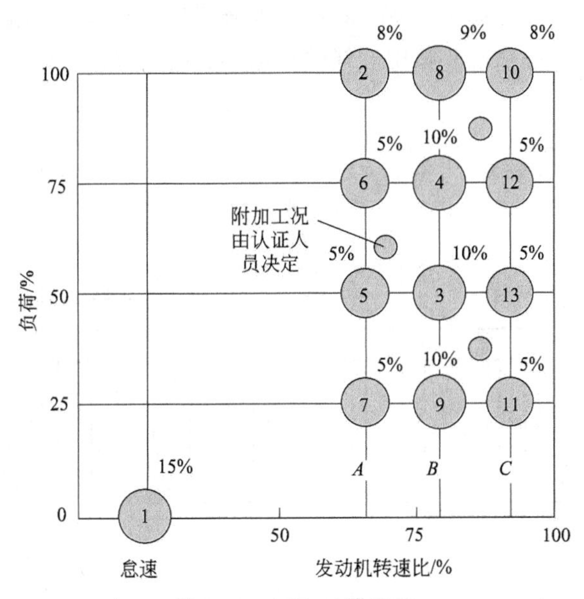

图 8-17　固定工况循环

表 8-35　ESC 试验模式

模式	发动机转速	负荷/%	权重系数/%	时间/min
1	低怠速	0	15	4
2	*A*	100	8	2
3	*B*	50	10	2
4	*B*	75	10	2
5	*A*	50	5	2
6	*A*	75	5	2
7	*A*	25	5	2
8	*B*	100	9	2
9	*B*	25	10	2
10	*C*	100	8	2
11	*C*	25	5	2
12	*C*	75	5	2
13	*C*	50	5	2

(3) ELR（负荷烟度试验）

图 8-18 为 ELR 的发动机转速和负荷随时间的变化曲线。图 8-18 中发动机转速 *D* 由检验机构选择，发动机转速 *A*、*B*、*C* 的确定方法与 ESC 中的确定方法相同。

负荷烟度试验循环的步骤如下：①发动机在转速 *A* 和 10%负荷下运行（20+2)s，转速应保持在规定值±20r/min 以内，转矩应保持在该试验转速下最大转矩的±2%以内。②前一部分结束后，油门控制装置应快速移动并停止在油门开度最大位置处（10+1)s。测功机也应将负荷加至 100%，使发动机转速在最初 3s 保持在规定转速的±150r/min 以内，余下时间保持在规定转速的±20r/min 以内。③再重复步骤①和②两次。④完成第三次加负荷后，应在（20+2)s 内将发动机调至转速 *B*（规定转速的±20r/min 以内）和 10%负荷（该试验转速下最大转矩的±2%以内）。⑤发动机应在转速 *B* 下进行步骤①至③。⑥完成第三次加负荷后，应在（20+2)s 内将发动机调至转速 *C*（规定转速的±20r/min 以内）和 10%

负荷（该试验转速下最大转矩的±2%以内）。⑦发动机应在转速 C 下进行步骤①至③。⑧完成第三次加负荷后，应在（20+2）s 内将发动机调至检验机构选择的转速 D 和 10%及以上的任意负荷。⑨发动机应在检验机构选择的转速下进行步骤①至③。

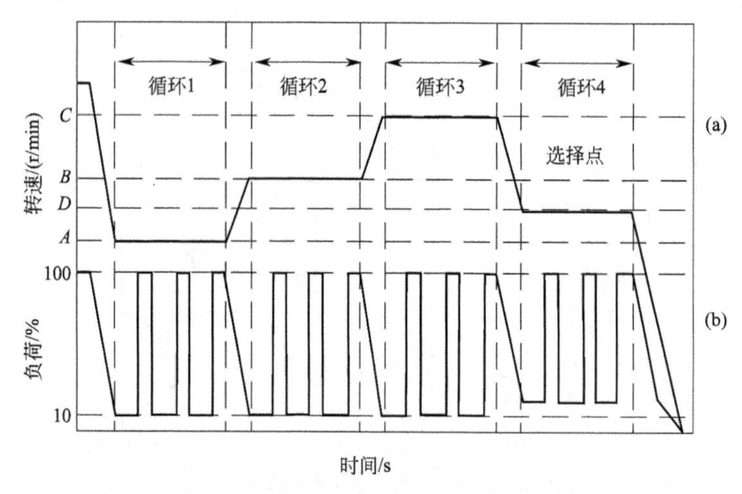

图 8-18　ELR 的发动机转速和负荷随时间的变化曲线

2. 美国的排放试验规范

（1）FTP 瞬态循环　FTP 瞬态循环用于美国的重型柴油车和公共汽车发动机的排放测试，如图 8-19 所示。该循环包括“拖动”，因此试验必须使用可拖动发动机运转的电力测功机。试验循环由纽约城市道路（New York Non Freeway，NYNF）、洛杉矶城市道路（Los Angele Non Freeway，LANF）、洛杉矶高速公路（Los Angeles Freeway，LAFY）、纽约城市道路四段组成。

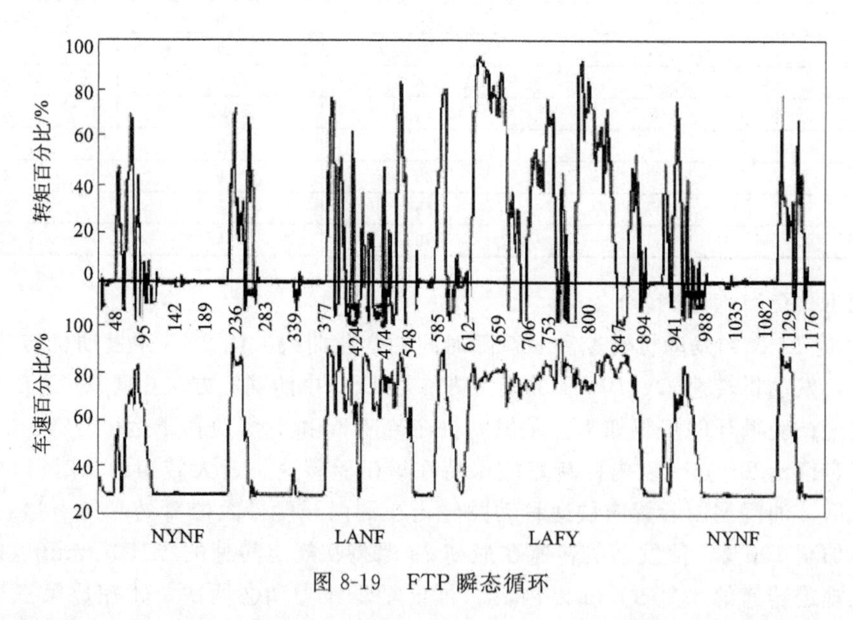

图 8-19　FTP 瞬态循环

NYNF 代表轻度频繁停车和起动的城市交通，LANF 为典型的有几次停车的拥挤的城市交通，LAFY 模拟洛杉矶的拥挤的高速路交通状况。试验循环上有几个稳定的运转条件，平均负荷率为给定车速时最大功率的 20%～25%。这个循环进行 2 次，第二个循环在第一个循环完成后停车 1200s 后开始。一个循环的等价平均车速 30km/h、等价行驶距离 10.3km、运行时间 1200s。

（2）AVL 8 工况循环　AVL 8 模式工况循环（AVL 8-Mode Heavy-Duty Cycle）是用于重型柴油车和公共汽车发动机的一个稳态台架试验循环。AVL 8-模式试验是与通过美国联邦的瞬态台架试验循环测量的排放结果相接近的稳态工况试验。该试验包括 8 个稳定工况，排放的结果由 8 个工况的权重系数计算得到。AVL8 工况循环如图 8-20 所示，其权重系数见表 8-36。图 8-20 中圆圈面积的大小代表了权重系数的大小。

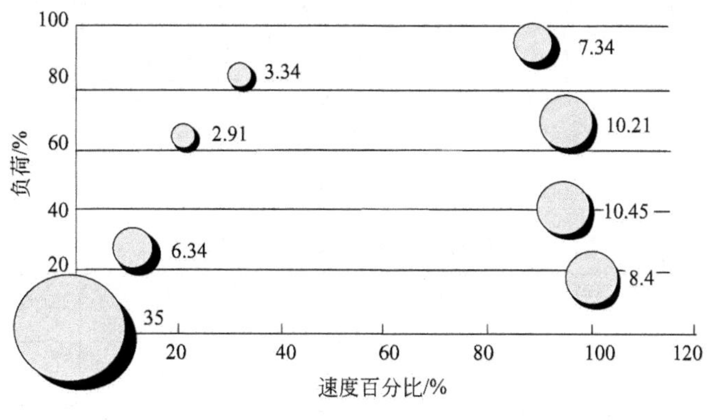

图 8-20　AVL 8 工况循环

表 8-36　AVL 8 工况循环

模式	发动机转速①/%	负荷/%	权重系数②
1	0	0	35.00
2	11	25	6.34
3	21	63	2.91
4	32	84	3.34
5	100	18	8.40
6	95	40	10.45
7	95	69	10.21
8	89	95	7.34

① 0%表示低怠速，100%表示额定转速。

② 权重系数非一般定义（它们之和不等于 100%），此处为 83.99%。

3. 日本的排放试验规范

（1）JE05 试验循环　JE05 瞬态试验循环反映东京的道路交通，于 2009 年开始应用。JE05 循环的车速随时间的变化曲线如图 8-21 所示，适用车辆 GVW＞3500kg 汽油车和柴油车。循环运行时间 1800s 后，一个循环的等价的平均车速为 26.94km/h、最高车速为 88km/h。

（2）日本的 13 工况试验规范　日本的 13 工况试验规范如表 8-37 及表 8-38 所列。表中给出了各个工况点的转速、负荷率及每个工况的权重系数。13 工况试验规范适用于 GVW＞3500kg 汽油车、LPG 车和柴油车发动机的排放污染物测量。汽油车、LPG 车发动机限值的污染物为 NMHC、CO、NO_x 等；柴油车发动机限值的污染物为 NMHC、CO、NO_x、PM 等。发动机的测试转速有额定功率转速的 40%、60%、80%三个转速和怠速转速。

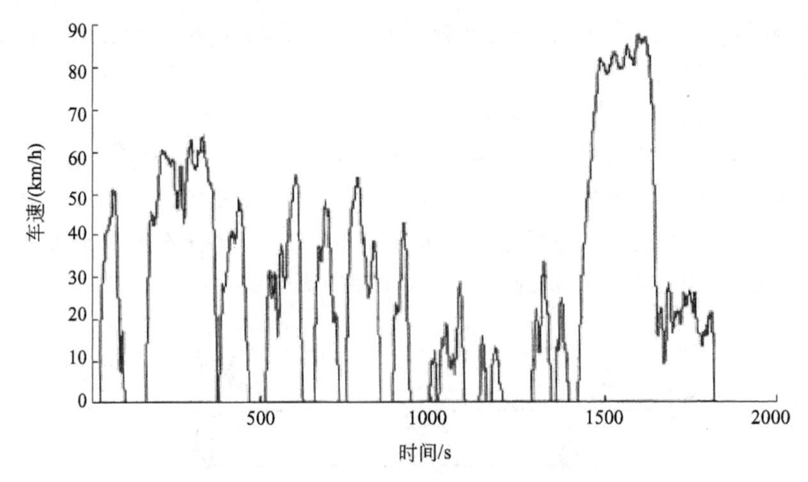

图 8-21　JE05 试验循环

表 8-37　柴油机 13 工况循环

工况	转速(标定转速)百分比/%	负荷/%	权重系数
1	怠速	—	0.410/2
2	40	20	0.037
3	40	40	0.027
4	怠速	—	0.410/2
5	60	20	0.029
6	60	40	0.064
7	80	40	0.041
8	80	60	0.032
9	60	60	0.077
10	60	80	0.055
11	60	95	0.049
12	80	80	0.037
13	60	5	0.142

表 8-38　汽油、LPG 发动机 13 工况循环

工况	转速(标定转速)/%	负荷/%	权重系数
1	怠速	—	0.314/2
2	40	40	0.036
3	40	60	0.039
4	怠速	—	0.314/2
5	60	20	0.088
6	60	40	0.117
7	80①	40①	0.058
8	80	60	0.028
9	60	60	0.066
10	60	80	0.034
11	60	95	0.028
12	40	20	0.096
13	40①	20①	0.096

① 减速至怠速。

4．柴油车烟度试验规范

由于颗粒物排出量的试验设备昂贵、复杂，试验工作量大，因此，对柴油机排烟的评价

经常采用烟度排放指标评价。烟度试验规范分为稳态和非稳态两种。

（1）稳态试验规范　全负荷烟度试验既可在柴油机台架上进行，也可在汽车上进行。测量工况应位于柴油机全负荷曲线上，转速在最高额定转速与最低转速之间适当分布，并应包括最大转矩转速和最大功率转速，转速数量应足够多。测量参数为排气的光吸收系数值。每一转速的烟度测量必须在柴油机运转稳定后进行，任何一次测量结果都不得超过表 8-39 所列的限值。烟度测量方法规定，由最低转速至额定转速之间选取 6～7 个转速对各种车用柴油机进行全负荷烟度测量，最低转速是指 45%或 1000r/min 中较高的一个。

表 8-39　稳定转速试验的烟度排放限值

名义流量 G/(L/s)	光吸收系数 k/m^{-1}	名义流量 G/(L/s)	光吸收系数 k/m^{-1}
≤42	2.26	120	1.37
45	2.19	125	1.345
50	2.08	130	1.32
55	1.985	135	1.30
60	1.90	140	1.27
65	1.84	145	1.25
70	1.775	150	1.225
75	1.72	155	1.205
80	1.665	160	1.19
85	1.62	165	1.17
90	1.575	170	1.155
95	1.535	175	1.14
100	1.495	180	1.125
105	1.465	185	1.11
110	1.425	190	1.095
115	1.395	195	1.08
		≥200	1.065

注：以上数值虽约至最接近的 0.005～0.01，但并不意味着测量也需要精确到这种程度。

（2）非稳态试验规范　非稳态烟度测定有自由加速法和控制加速法两种规范。自由加速法指测量柴油机从怠速状态突然加速至高速空载转速过程中排气烟度的一种方法。GB 3847—2005 规定，既可在柴油机台架上进行，也可在汽车上进行。在柴油机台架上进行时，发动机应与测功机分离。自由加速烟度在车辆上进行时，变速器处于空挡位置；发动机与变速箱之间的传动件处于啮合。在发动机怠速下，迅速操纵油门执行器，使喷油泵在最短时间内供给最大喷油量。在发动机转速达到最大前保持此位置。一旦达到最大转速，立即松开油门执行器，使发动机恢复怠速。重复 6 次上述过程，目的是吹净排气系统，并调整和试验测量仪器。试验时，观察每次连续加速过程中不透光度计的最大读数值，直至得到稳定值为止。如果读数值 4 次均在 0.25m^{-1}的带宽内，则 4 次读数的算术平均值即为所要测量的排气的光吸收系数值，该平均值校正后的数值即为柴油机自由加速烟度的测量结果。

当采用过滤式烟度计测量自由加速烟度时，测量前先用压力为 300～400kPa 的压缩空气清洗取样管路，将抽气泵置于待抽气位置，将清洁的滤纸置于待取样位置，并将滤纸夹紧。其试验步骤如下：①检查试验发动机的最高空载转速必须达到出厂规定值，并记录；②安装取样探头，将取样探头固定于排气管内，插入深度为 300mm，并使其中心线与排气管轴线平行；③吹除积存物，按规定工况进行 3 次不测量的循环（图 8-22），以清除排气系统中积存的炭烟；④测量取样，将抽气泵开关置于油门踏板上，抽气动作应和自由加速工况同步进行，抽完毕后应松开滤纸夹紧机构，对样气进行分析，然后使抽气泵回位。

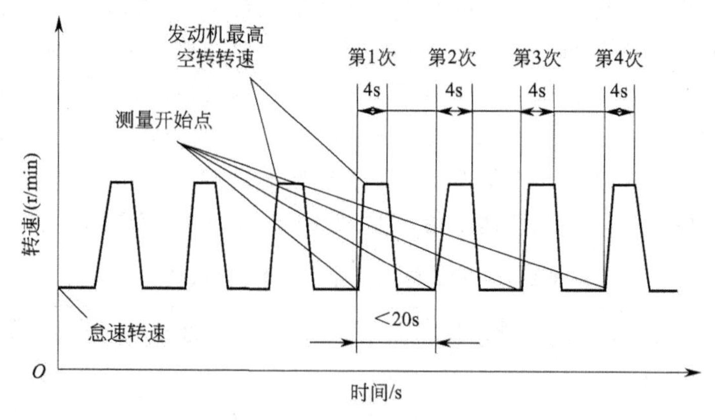

图 8-22　自由加速烟度测定规范

连续测量 3 次，3 次测量结果的算术平均值即为所测烟度值。当被测车辆发动机存在冒出排气管黑烟的时间与抽气泵开始抽气的时间不同步时，应取最大烟度值。

进行自由加速烟度测量的柴油机必须达到规定的最高额定转速和功率。对降低额定转速和功率的柴油机，应以 5 组以上的其他功率/转速组合进行测量（见图 8-23）。图 8-23 为 6 个可能的测量点，测量这些点的稳态烟度后，根据规定的方法对自由加速烟度进行校正。校正值即为降低额定转速和功率的柴油机自由加速烟度的测量结果。图 8-23 中转速及转矩百分数的计算是以额定转速及转矩为基准进行的。

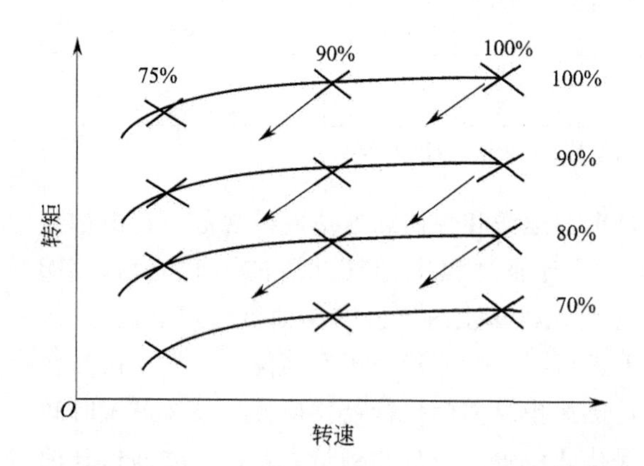

序号	转速百分数/%	转矩百分数/%
1	100	100
2	90	100
3	100	90
4	90	90
5	100	80
6	90	80

图 8-23　降低额定转速和功率的柴油机的可能测量点

五、汽车曲轴箱气体污染物及燃油蒸发污染物的试验规范

1. 汽车曲轴箱气体污染物的测量方法

由发动机机曲轴箱和大气之间的通气口所流出的气体即为曲轴箱气体排放物。发动机曲轴箱是指以内部或外部的管道与油底壳接通的发动机内部或外部的空间，并且气体和蒸汽可从连接管道逸出。被试发动机应包括防漏发动机，但不包括那些结构上即使有轻微的泄漏也会造成不可接受的运转故障的发动机（如双缸对置发动机）。试验条件为表 8-40 所列工况（怠速应调整到制造厂规定的状况）。试验时发动机的缝隙或孔应保持原状。曲轴箱内的压力一般应在机油标尺孔处使用倾斜式压力计进行测量。如果在规定的各测量工况下，测得的曲

轴箱内的压力均不超过测量时的大气压力，则应认为车辆满足要求。

表 8-40　测量时车辆运转工况

工况	车速/(km/h)	测功机吸收功率
1	怠速	0
2	50±2	与Ⅰ型试验设定值相一致
3	50±2	1.7倍的Ⅰ型试验设定值

用上述方法进行试验时，进气歧管中的压力测量准确度应在±1kPa以内，车速测量准确度应在±2km/h以内，曲轴箱内的压力准确度应在±0.01kPa以内。

对于不能达到曲轴箱内的压力均不超过测量时的大气压力要求的车辆，根据制造厂的要求可以进行追加试验。汽车曲轴箱气体污染物追加试验装置的示意如图8-24所示。试验时发动机的缝隙或孔应保持原状。在机油标尺孔处连接一个其容积大约为5L的不泄漏曲轴箱气体的柔性袋，发动机结构如图8-24(a)、图8-24(b)、图8-24(c)所示时，气袋用引出管连接；发动机结构如图8-24(d)所示时，气袋应接到通风口上。在每次测量前应将气袋排空并封闭。在规定的每种测量工况下，气袋应与曲轴箱接通5min。若在规定的每一测量工况下，气袋均没有出现可观察到的充气现象，则认为车辆满足要求。

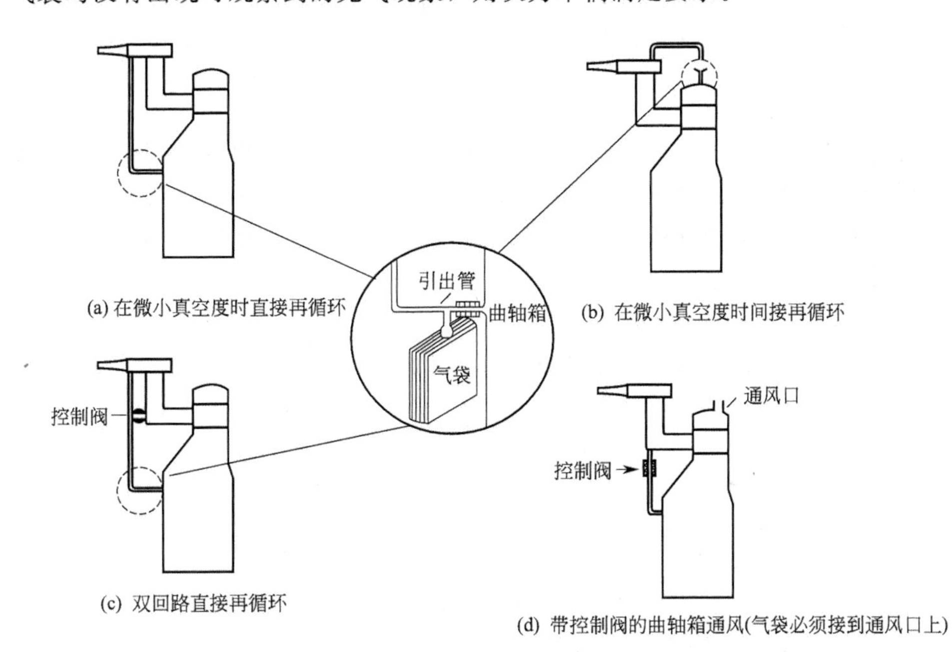

图 8-24　汽车曲轴箱气体污染物追加试验装置示意

如果受发动机结构的限制不能按上述方法进行试验，则应按下述方法进行测量。试验前，除回收气体所需的孔外，封闭发动机的所有缝隙或孔。气袋装在再循环管路中一个不应导致任何额外压力损失的合适的取气管上，且再循环装置直接装在发动机连接孔上。

2. 汽油车燃油蒸发污染物的试验规范

(1) 收集法　GB 14763—2005规定，汽油车燃油蒸发污染物的测量采用收集法。把汽油车从燃油系统中排放到大气中的燃油蒸汽定义为蒸发污染物，蒸发污染物为昼间换气损失、热浸损失之和。昼间换气损失（燃油箱呼吸损失）指由于燃油箱内温度变化排放的烃类化合物（用 $C_1H_{2.33}$ 当量表示）。热浸损失指在车辆行驶一段时间以后，静置车辆的燃料系统排放的烃类化合物（用$C_1H_{2.20}$当量表示）。

根据GB 14763—2005的规定，试验前先进行燃料系统压力试验，检查燃料系统密封性。密封性的试验方法是按图8-25所示方法向燃料系统通入压缩空气，如果在30min内，压力下降不大于0.4kPa，则认为燃料系统密封性合格。测量时，燃油箱应带有正常工作时具有的油箱盖、油面传感器、出油管、蒸汽出口等，燃料系统带有燃油泵、燃油滤清器、燃油管和蒸汽管路、燃油蒸发污染物控制装置等。

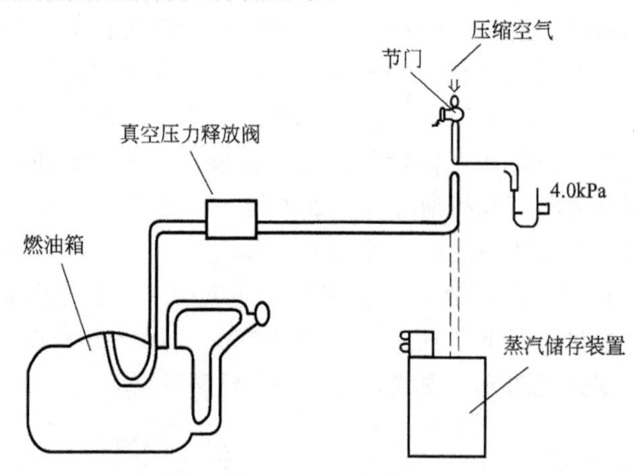

图8-25　燃料系统压力试验示意

试验规范规定，测量上述两种损失时应先放掉燃油箱中的原有燃油，打开发动机罩盖；再采用双管路密闭装置（见图8-26），将在燃油冷却装置中恒温［（14±0.5）℃］静置6h以上的燃油以合适的速度注入燃油箱，加注燃油至测量容积后应盖上油箱盖，接通燃油温度测量装置，燃油温度应达到（15±0.5）℃。

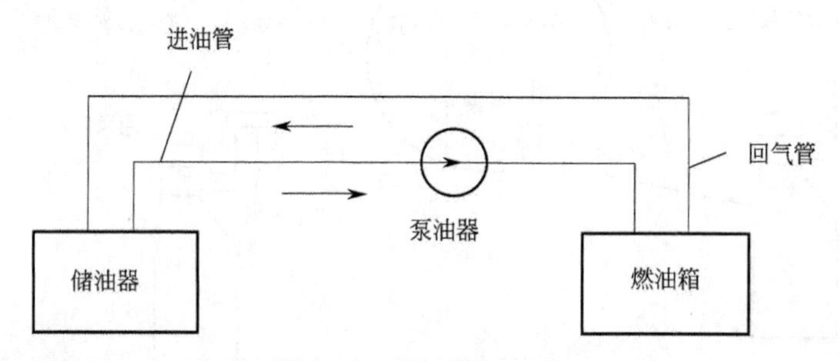

图8-26　加油装置管路

测量昼间换气损失时，应堵上发动机排气管口，把收集器连接到燃油系统的通大气开口和空气滤清器进气口处，并开始记录燃油温度。在（60+2）min内，以不变速率将燃油箱中燃油从（16±1）℃开始加热，温度升高到（30±0.5）℃后，切断加热电源，但不拆电热褥，将收集器取下并用封堵封死其进、出口管。收集燃油系统通大气开口处和收集空气滤清器排出的燃油蒸汽蒸发污染物装置的连接方法分别如图8-27和图8-28所示。收集空气滤清器燃油蒸汽的接口必须位于空气滤清器的最低点。

昼间换气损失测量结束后，在15min内将车推到底盘测功机上，车辆用直接挡以（40+2）km/h的车速运转40min，然后怠速运行3min；或发动机以相应转速及负荷在台架上运转40min，然后怠速运行3min。在2min内测量热浸损失。热浸时间（60+0.5）min，环境控制在23～31℃之间。

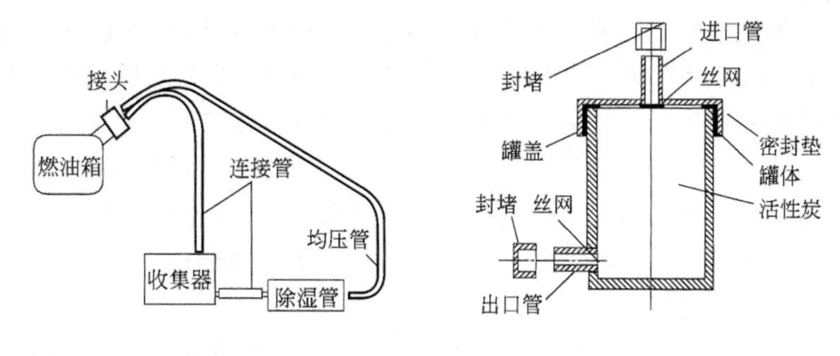

(a) 燃油测量装置连接　　(b) 收集器结构

图 8-27　燃油箱测量装置连接及收集器结构示意

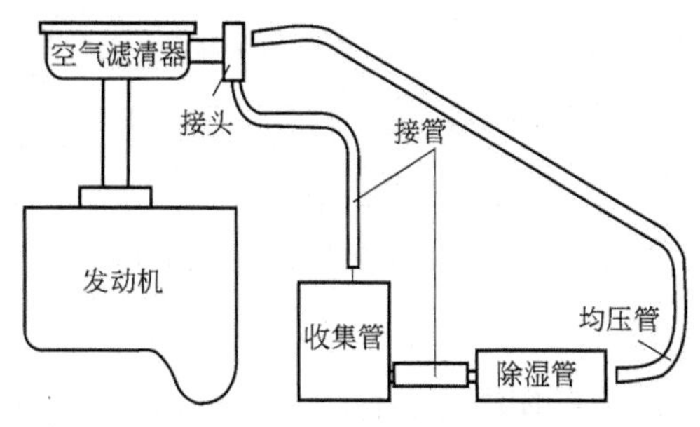

图 8-28　空气滤清器的燃油蒸发测量装置示意

将测量昼间损失和热浸损失的收集器装入干燥瓶中冷却至室温，称量收集器的质量。称量时每隔 30min 称一次，直到相邻两次称量之差小于 0.05g 为止。此质量与收集器的净质量之差即为蒸发污染物排放量。

(2) 变温密封仓法　GB 18352.3—2005 规定汽油车蒸发污染物采用变温密封仓蒸发排放检测系统（Variable Temperature Sealed Housing for Evaporative Determination，VT-SHED）进行。蒸发排放测量的变温密封仓（密闭室）是一个气密性好的矩形测量室，气密性通常有规定的检验方法。变温密封仓可用来容纳车辆，并且车辆与变温密封仓内的各墙面应留有距离。

变温密封仓内表面不应渗透烃类化合物。至少有一个墙内表面装有柔性的不渗透材料，以平衡由于温度的微小变化而引起的压力变化。变温密封仓的墙壁应有良好的散热性，试验中墙壁上任何一点的温度不应低于 293K。图 8-29 为变温密封仓的外形，变温密封仓室内温度可设定范围为 18.3～40.6℃，温度测量精度为±1.0℃，室内温度分布在±3.0℃以内；24h 内变温密封仓室内烃类化合物发生量应小于 0.01g。

图 8-29　变温密封仓外形

变温密封仓的蒸发排放物试验由四部分内容组成，即试验准备、燃油箱呼吸损失（昼间换气损失）的测定、市区运转循环（1部）和市郊运转循环（2部）的运转循环、热浸损失测定。燃油箱呼吸损失和热浸损失测定的碳氢化合物的排放量之和，即为变温密封仓法测得的蒸发排放试验结果。由于蒸发排放的HC非常少（标准规定小于2g/试验），又分散在一个较大容积的变温密封仓中，稍有不慎就有可能导致较大的HC测量误差。

为了保证测量结果的可靠性和精度，规范中对烃类化合物分析仪以及试验程序做了极为详细的说明。蒸发排放物的密闭室试验流程如图8-30所示。

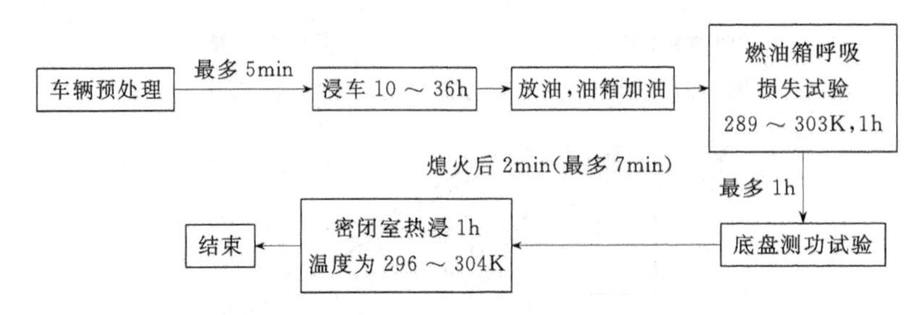

图8-30　蒸发排放物的密闭室试验流程

试验具体步骤如下。

①车辆预处理。在293～303K环境温度下，用车辆运行或用空气清洗的方法脱附炭罐，两次燃油箱呼吸损失（昼间换气损失）试验［基准燃料温度(289+1)K，温度变化范围(14±0.5)K］。运转循环为1部一次加上2部两次，进行浸车。②预处理结束最多5min后，开始在293～303K环境温度下浸车，时间为10～36h。③油箱放油、加油。燃油温度283～287K，油量为标称容量的（40±2)%。④燃油箱呼吸损失（昼间换气损失）试验，燃料温度为（289+1)K时开始试验，温度升高（14+0.5)K后结束。即在289～303K下进行1h试验。⑤在上述试验结束后最多1h后，在底盘测功机上进行一次市区运转循环（1部）和一次市郊运转循环（2部）试验。⑥在运转结束后最多7min后发动机熄火，再过2min后，在密闭室热浸1h，温度范围为296～304K。热浸完后，试验结束。⑦计算结果：试验结果＝燃油箱呼吸损失（昼间换气损失）(g)＋热浸损失（g)。

规范还对试验设备的要求做了详细规定，详细的操作步骤参考国家标准。

六、汽车污染物控制装置耐久性的试验规范

1. 轻型汽车耐久性的试验规范

我国轻型汽车的排放标准中，对污染物控制装置的耐久性要求为80000km。由于各个汽车的使用条件和各地的交通状况等不同，故耐久性试验必须按规定的规范进行。耐久性试验规范规定试验车辆应处于良好的机械状态，发动机和污染控制装置应是新的，燃料应使用市场上可以得到的优质无铅汽油或柴油；车辆的维护、调整和污染装置的使用应符合制造厂的规定。耐久性试验可在跑道、道路或底盘测功机上进行。但运行循环必须与图8-31和表8-41相符合。

表8-41　每个循环的最大车速

循环	1	2	3	4	5	6	7	8	9	10	11
最大车速/(km/h)	64	48	64	64	56	48	56	72	56	89	113

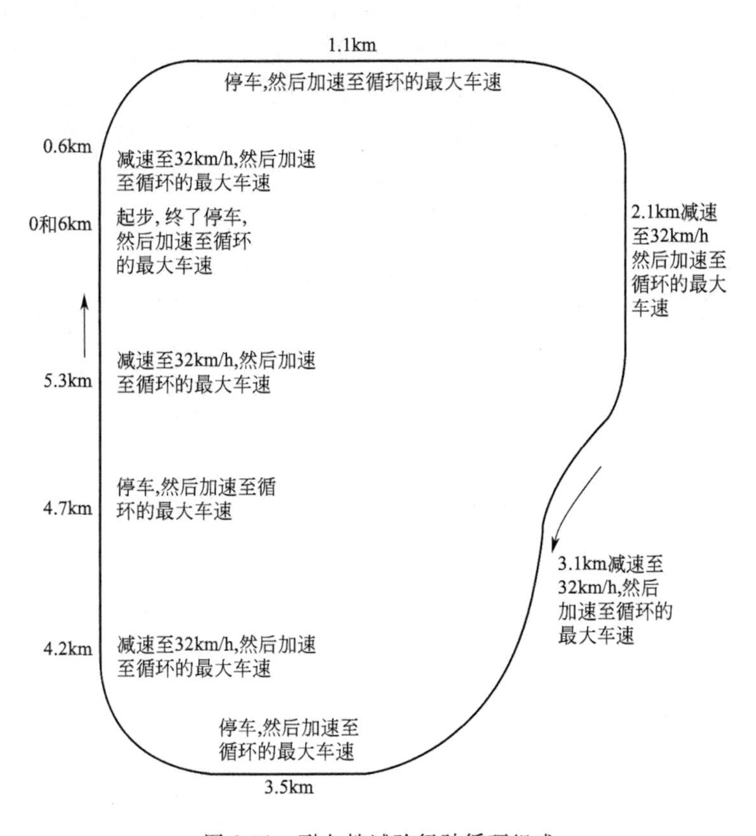

图 8-31 耐久性试验行驶循环组成

图 8-31 中外圈的数字为每个循环内不同运行工况的里程，每个循环的行驶里程为 6km。耐久性试验行驶程序由 11 个循环组成，在前 9 个循环中，车辆在每一循环过程中，应停车 4 次，每一次发动机怠速 15s；在每个循环过程中有正常的加速和减速 5 次，减速时车速从循环速度减速到 32km/h，然后，车辆必须再逐渐加速到循环车速。第 10 个循环，车辆应在 89km/h 等速下运行。第 11 个循环，车辆开始从停止点以最大加速度加速 113km/h，到该循环里程 1/2(3km) 时，正常使用制动器，将车速降为零，怠速 15s，然后第二次以最大加速度加速，行驶至 6km 处。第 11 个循环结束后，重新开始运行程序。

国家标准还规定，如果制造厂提出申请，可以使用一个替代的道路试验规范，这个替代的道路试验规范应在试验前经过检验机构的认可。这个替代的试验规范，应与跑道上或底盘测功机上所进行的试验循环具有相同的平均车速、车速的分布、每公里的停车次数和每公里的加速次数。

当耐久性试验在底盘测功机上进行时，测功机应能实现上面描述的试验循环。特别是测功机应配置模拟惯量和功率吸收装置。测功机应调整到可吸收 80km/h 稳定车速时，作用在驱动轮上的功率。车辆的冷却系应能使车辆运转时，其温度与道路上行驶时的相似（机油、水、排气系统等)。应从试验开始 (0)，每隔 (10000±400)km 或更快的频率，以固定的间隔直到 80000km，进行国标规定的污染物排放试验，测量的排气污染物数值应不大于标准的限值。

2. 重型汽车排气污染物排放控制耐久性的试验方法

(1) 道路及发动机台架耐久试验循环　根据 GB 20890—2007《重型汽车排气污染物排放

控制耐久性要求及试验方法》的规定，重型汽车排气污染物排放控制耐久性试验循环如图8-32所示。该道路耐久性循环工况参照日本重型汽车道路耐久性试验方法制定。道路耐久性试验可以在试验跑道上、实际道路上或底盘测功机上运行。制造企业也可以通过在道路上实测发动机转速和负荷的方法，把规定的道路试验工况转换为发动机台架运转工况，在发动机台架上进行模拟道路试验。发动机台架耐久试验循环如表8-42所列。汽油机循环工况规定只有两种转速，即怠速转速和最大转矩转速，并且最大负荷比为90%。

表8-42　发动机台架耐久试验循环

工况①	转速/(r/min)	负荷/%	运转时间/s
1	怠速	0	120
2	最大转矩转速	10	600
3	最大转矩转速	100(90)②	1200
4	怠速	0	120
5	额定转速③	25	600
6	额定转速③	50	600
7	额定转速③	75	600
8	额定转速③	100(90)②	1200
9	最大转矩转速+0.5×(额定转速－最大转矩转速)④	25	600
10	最大转矩转速+0.5×(额定转速－最大转矩转速)④	50	600
11	最大转矩转速+0.5×(额定转速－最大转矩转速)④	75	600
12	最大转矩转速+0.5×(额定转速－最大转矩转速)④	100(90)②	1200
13	最大转矩转速	25	600
14	最大转矩转速	50	600
15	最大转矩转速	75	600
16	最大转矩转速	100(90)②	1200
17	怠速	0	120
18	最大转矩转速+0.5×(额定转速－最大转矩转速)④	25	600
19	最大转矩转速+0.5×(额定转速－最大转矩转速)④	50	600
20	最大转矩转速+0.5×(额定转速－最大转矩转速)④	75	600
21	最大转矩转速+0.5×(额定转速－最大转矩转速)④	100(90)②	1200
22	额定转速③	25	600
23	额定转速③	50	600
24	额定转速③	75	600
25	额定转速③	100(90)②	1200
26	怠速	0	120
27	停车	0	720

① 一个工况循环所用时间为5h。
② 括弧内的负荷只用于重型汽油车。
③ 汽油发动机该转速为最大转矩转速。
④ 汽油发动机该转速为最大转矩转速。

(2) 劣化修正值　排气后处理系统经过规定里程耐久性试验后，转化效率或过滤效率有不同程度的下降，即后处理装置性能劣化。凡采用了后处理装置的汽车，进行排气污染物排放国家型式核准时，汽车后处理系统经耐久性试验老化以后，污染物排放量仍应符合国家有

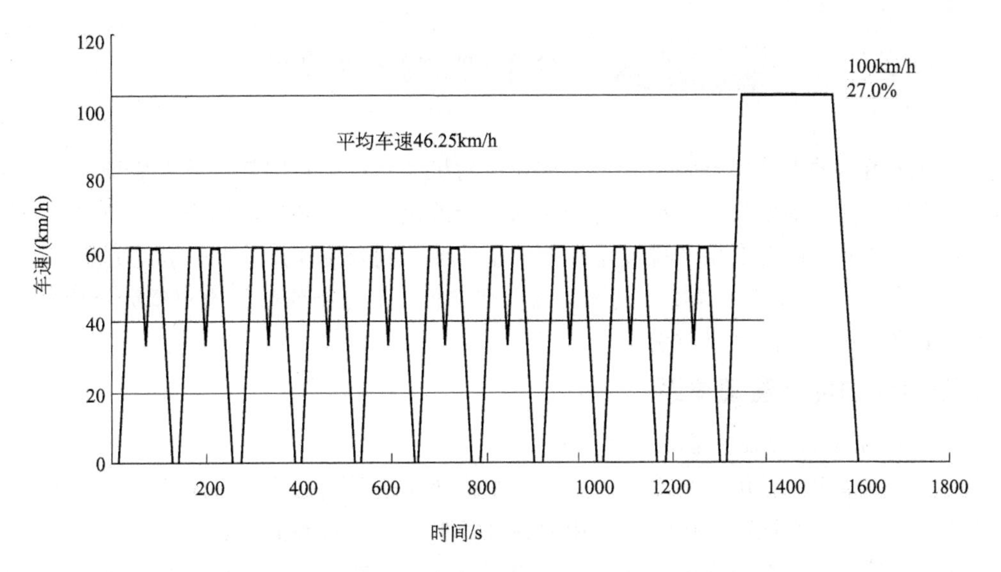

图 8-32 重型汽车排气污染物排放控制耐久性试验循环

关排放标准的要求。在具体实施时，一般采用劣化系数或劣化修正值来判断。欧洲和我国轻型汽车采用劣化系数来修正，重型车标准采用劣化修正值。图 8-33 为耐久性要求里程 250000km 的 M3 类车的劣化修正值确定示意。在耐久性试验中，与 5000km、30000km、60000km 和 80000km，按相应标准规定的排放试验方法进行排气污染物测量，将所有的排气污染物的测量结果分别作为行驶距离的函数进行绘图。应利用最小二乘法绘制出所有数据点的最佳拟合直线。计算时应考虑 5000km 的试验结果。采用数学回归分析法得出拟合曲线，求出拟合直线上耐久性试验 5000km 时的某种污染物的排放值 G_1，并利用拟合直线推出耐久性要求规定里程终点 250000km 污染物的排放值 G_2。污染物劣化修正值 ΔG 用下式计算。

$$\Delta G = G_2 - G_1$$

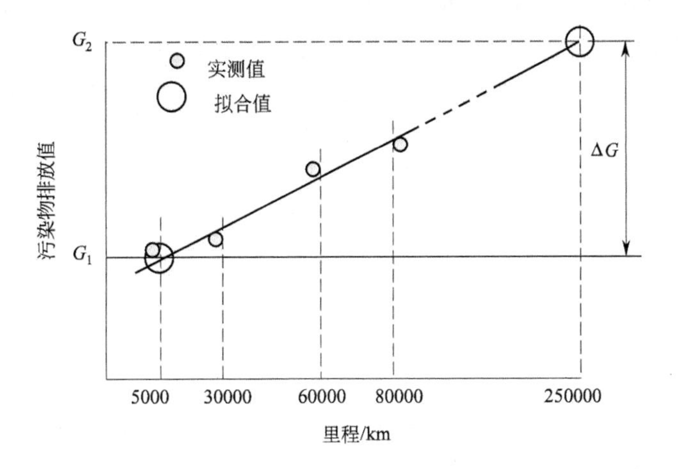

图 8-33 劣化修正值确定方法示意

第三节 汽车排放控制政策

当今发达国家的先进经验表明，一个综合性的机动车污染控制管理体系应该包括新车和在用车的管理，应该确保汽车在批量生产前的设计阶段就能达到排放标准，还应当通过可强制推行的保证和回收制度对生产排放超标车的生产商起到限制作用；此外，应建立一套行之有效的I/M制度，促进车主对排放设施的保养和维护，而且维修部门也应受到有效的监督，以确保对排放控制部分的维修质量。

一、新车污染物控制管理体系

1. 美国的新车污染控制管理体系

(1) 生产前鉴定　美国联邦政府制定的汽车排放法规各州都是强制实施的。在制造厂的生产线投产之前，必须证明生产线上所用的各种类型的发动机都能满足排放标准。为了简化认证工作，不是每一种车型都要进行认证，美国是按“发动机簇”进行分类，属同一类的各车型，只选定其中一种车型进行认证，以确保产品的一致性。由于有强有力的召回制度做保障，美国目前实行的是自愿认证制度，即认证试验和日常的监督试验原则上由汽车制造商自己进行。

美国还对汽车的排放性能提出耐久性要求，实际上是要求汽车在规定的耐久性里程内，其污染物的排放量都要满足法规限值的要求。其具体做法是：汽车制造商提供一辆原型车(样车)进行加速耐久性试验，距离范围从6000km(对小型摩托车)到160000km(对客车)或192000km(对轻型货车)。重型发动机与此类似，但其测试是在发动机测功机上完成的。

通过样车的耐久性试验，可以确定每个“发动机簇”的每种污染物的劣化系数。若该生产线上有各种类型的发动机组合的不同重量、不同变速器的车辆以及其他变型车，均用其对应的基本车型进行测定，当排放预测量低于规定的标准限值时，就能给生产线颁发鉴定书。

(2) 产品合格性实验　装配线合格性实验用来监督产品车辆质量，保证它们满足排放物标准。包括3方面的内容：①检查每辆车所装排放物控制系统的功能；②怠速试验测定每辆产品车怠速下的排放量，其限值是从产品车中抽样，实测它们的排放量而确定的，这样可检查出来怠速排放量过高的汽车；③装配线试验终了时，还要按全套CVS试验规程抽试2%的产品，此2%的抽样车每种污染物的平均排放量必须低于规定的限值。

装配线测试的目的在于使管理机构识别排放超标车，从而可以采取补救措施，防止不符合排放标准的汽车生产。

(3) 产品一致性试验　装配线产品一致性实验是对产品进行进一步的质量检测，是在加利福尼亚州空气资源委员会的试验室里进行的。抽取少量能代表95%产品车排放质量的新车，以三辆车为一组，连续3天每天按CVS试验规程做一次测定，取其平均数。如果有两辆车的一种或两种污染物超过限值的15%或者有一辆车的三种污染物的排放限量超过15%，则认为不通过。制造厂可以再提供两辆车做进一步试验，如果5辆车中的3辆有一种或两种污染物的排放量超过限值，或者两辆车有三种污染物超过限值，则认为不合格。

进口汽车必须首先提供排放测试数据及样车，被证明满足美国排放标准的车才准许销售。新车一旦被联邦EPA和加利福尼亚州CARB证实其排放存在问题，制造商或进口商将会被严厉处罚，同时要求全部收回这些已销售出的车辆进行改造。

（4）商品监督　商品监督是由空气资源委员会的官员来到任选的几家商店，检查车辆所装的排放物控制装置的安装情况和调整参数是否符合要求。如果这些检查和试验发现了不合格的车辆，行政官员就要求制造厂商提交一份使所有装这些品种发动机的车辆符合标准限值的计划。计划中包括修复有毛病的车辆和收回已出售车辆的内容。在修复之前将强制暂停出售。对每辆不合格车，销售者要罚款50美元，制造厂商每出售一辆不合格车，要罚款5000美元。

2. 日本和欧洲的新车污染控制管理体系

日本的汽车排放控制法规在世界上是比较严格的，对制造厂产品的要求也是比较苛刻的。日本的排放法规在全国范围内强制执行，对于新开发的车型采用型式认证的方式进行控制。型式认证分型式认定和型式认可。通过型式认定的车型，在出售时每一辆车都附有汽车厂的认定证书，在车辆注册时无需检测。通过型式认可的车型，在车辆注册时还要进行简单的检测。但对于申请产品型式认定资格的汽车厂，要对其试验设备的能力进行认定。新型车的认证试验由运输省的“交通安全和公害研究所”进行，生产厂家进行一定比例的严品检测，但其实验室需经认定，检验结果要上报运输省。为了简化认证手续，日本将整车按车辆型式进行分类。属同一型式的车辆，只要其中一种车辆通过了认证，其他车辆也就通过了认证。日本还建立了尾气排放物控制装置的型式认定制度以及对进口车的特殊处理办法，这两方面是别的国家所没有的。

日本汽车排放法规的限值有最高值和平均值两种，产品车的比例检验值都要用耐久性试验中得到的劣化系数进行修正，每一辆车的排放量不得超过最高值，而一个季度测得的各辆车的平均值不得超过法规规定的限值中的平均值。

此外，欧洲也按车型对汽车进行分类以简化认证工作，认证也需对汽车厂的质量保证体系进行认定。新车的认证试验和产品车的一致性试验，欧洲许多国家都是由认证权力部门（一般为运输部门）授权的试验机构进行的。

二、在用车污染控制管理体系分析

1. 在用车检查/维修制度（I/M制度）

I/M制度可以有效地控制在用车的排放，是新车实行强制性标准的补充，它的作用主要表现在两个方面。一是它可以识别出有系统故障从而导致排放超标的高排车，一般这样的车辆占机动车保有量的比例并不高，但是它对污染的贡献率却很大。大量研究表明，5%的高排车的污染物占机动车排放总量的25%，15%的机动车占总排放的43%，而20%的机动车引起的污染占到机动车总排放量的60%，因此，识别出这些车辆具有重大意义。二是它可以确定机动车的故障根源，对车辆进行维修，并督促车主加强维护，从而使机动车在其整个生命周期内排放控制技术一直发挥有效。

I/M制度目前主要适用于汽油轿车和轻型货车，后来部分国家和地区将此扩大到重型货车和摩托车。测试频率一般为1年或2年一次。I/M制度分基本型和增强型两种。基本型I/M项目包括怠速实验、油箱盖/压力检查和目测检查三部分；增强型I/M项目最多包括五项，即目测检查、台架排放实验、挥发吹清气流实验、挥发完整型（泄漏）实验、对1996年生产车的车载诊断系统的检查。

基本型I/M规划在发达国家已经有20多年的历史了，1981年以前检查实验车采用单怠速法，1981年以后对于安装了催化转化器的汽车又增加了一个高怠速，即所谓双怠速法。怠速法通常用排气尾管探针测量HC和CO的排气浓度，能够有效识别出不合格车辆，对于化油器或机械燃油喷射系统尤其灵敏。但怠速法对电子控制系统的识别很不理想，因此，实验方法由怠速法向模拟车辆的简易工况法过渡也是必然趋势。增强型I/M规划从1995年起在美国使用，台架负荷实验作为更具有代表性的测试实验，也给出了更符合实际的结果，尤其对NO_x的排放测定更为准确。目前，有许多国家和地区采用加速模拟工况ASM5015来进行测试，对识别高NO_x排放很灵敏。为了在测功机上更准确地模拟机动车运行的真实情况，美国自20世纪80年代开始研究新的检测方法，提出所谓IM240方法，是目前该领域最先进的技术。之所以称为IM240，是因为它是建立在FTP测试规程前240s的基础之上，包含了过渡工况，与整个FTP实验有很好的相关性，比稳定负荷工况更容易识别高排车。I/M检测方法的改进是与日益严格细化的尾气排放标准相适应的，I/M规划在日本和美国发展得比较成熟，其经验表明，I/M制度是机动车污染控制的关键。

目前，我国在用车主要为电喷车类型。在用车的排放恶化主要是由两方面的原因造成的：一是汽车有关部件的磨损或堵塞；二是有关部件的调整不当。上述情况表明：一方面，在用车辆的排放状况会随行驶里程增加而不断劣化；另一方面，如果调整不当，即使行驶里程较少的车辆也会出现排放超标严重的情况。

因此，需要有一种措施来及时发现磨损、堵塞及调整不当等现象，避免车辆排放无控制地增长，从而保证车辆能以较好的排放状况行驶。I/M制度就是这样的一种措施，它通过定期检测的方式，及时发现排放状况不佳的车辆，使其有关部件得到清洗、更换或正确调整，从而使其恢复到正常工作状态。

定期的检测和维护使车辆排放控制系统的作用维持在一个合理水平，对机动车污染控制起到了非常重要的作用。首先，实行I/M制度有助于识别并调整因故障或其他机械问题而导致高排放的车辆，而这小部分高排放车辆所排放的污染物往往在总排放中占有相当大的比例。国外的相关研究表明，20%的高排放车辆的排放占到总排放量的60%以上。其次，I/M还可用于识别故障类型、防止拆除排放控制装置。若车辆的催化转化器或氧传感器失效，CO和HC的排放可增加20倍以上，NO_x的排放则增加3～5倍。但由于它并不影响行驶性能，因此，常常不能引起驾驶员的注意。而I/M制度的作用正在于它可以识别出存在问题的车辆并要求它们进行修理与维护，从而保证机动车的排放始终处于正常的水平上，缓解其劣化的趋势，从而有效地控制机动车的排放污染。

在我国一些大城市如北京、上海等地，先后实施了I/M制度。以北京为例，在2003年以前，北京市对汽油车的检测以双怠速法为主，自2003年3月开始全面采用简易工况法进行检测，根据车辆类型、技术水平和车身重量的不同采用三类排放限值；柴油车使用加载减速烟度法替代了自由加速烟度法。目前，北京市I/M制度网络组织形式既不同于一般意义上的建立了大规模只负责检测的检测中心的集中型制度，也不同于检测和维修合而为一的分散型制度，应当归为混合型。检测场规模相对较小，主要是集体企业和国有企业，还有公安、部队、事业单位等负责北京市所有机动车的定期年度检测；各检测站都结合交通管理安全检验并且基本都兼营调修业务。尾气检测合格后的车辆可继续进行安全检查办理登记手续，尾气检测不合格的车辆在检测场附属的维修站或独立的汽车修理厂经维修后返回检测场进行复检。I/M 制度的实施对北京市机动车排放的控制起着积极作用。

2. 担保、监督与回收制度

美国的排放法规要求汽车制造商在规定的耐久行驶里程内应对汽车的排放质量负责。如果车主一直按照厂家要求的详细说明书进行使用、维护、保养，若在规定的期限内发现某一与排放有关的零部件出现故障。从而影响到它的排放性能，则制造商必须根据担保制度的有关规定对机动车进行免费修理。若故障的次数超过规定的比例，制造商必须对所生产的该车型的全部车辆实施回收，并通过采取修理、更换或赔偿的方式来纠正车辆存在的缺陷与不符，保证经认证的车辆能安全行驶且排放污染合格。

因排放不合格被回调而产生的额外的花费和消费者的不满会督促生产者去开发更持久、更有效的排放控制系统，并建立起比法定标准限值严格得多的内部排放目标。大多数生产者将机动车的排放值设计约比法规规定的标准限值低 30%～50%，有一定的富裕制度，以保证车辆经一段时间的正常使用后，其排放值仍处于合理的范围之内，低于法规规定值。

排放监督规划给汽车排放提供了现实行驶的可靠数据，恰好可弥补原型车实验的不足，通过把这些重要的信息提供给大气质量计划机构、汽车管理机构和制造厂家，能够使排放控制规划更切合实际，也能促进技术的进步。监督规划已在美国对高排放车的原因识别方面发挥了重大的作用，它使管理者和生产者轮流采取行动纠正这些错误。

当然，监督和回调制度并非十全十美。监督程序费用昂贵，并且潜在地服从于对车型的偏见。重型发动机的测试需要将发动机从整车上卸下来。在发动机测功机上进行，这也是一项费用昂贵的操作，因此，该类型的测试迄今为止极少采用，在用重型车的排放数据也就因此很有限。回调也并非完全有效，在美国只有平均 55%的回调汽车被制造商进行修理。而强制性的回调只有当一类或一种汽车中很多辆单车超过标准限值才可能被应用，该措施只能预防严重但发生概率低的召回事件。

3. 加速淘汰制度

在国外，淘汰在用车是很平常的事，而且多属于自然淘汰。如美国是汽车工业高度发达的国家，高产出，高消费，老百姓更新车辆的频率相对较高。当然政府也鼓励在用车的淘汰，大体上是通过加严排放标准或增加年检的费用等方法来非强制性淘汰在用车，日本采用增加老车的年检频率、检查费用，延长新车的免检期限等措施来加快旧车的淘汰。

根据国家 1997 年出台的新的汽车淘汰标准，涉及污染物排放的条款规定，经修理和调整或采用排气污染控制技术后排放污染物仍超过国家规定的排放标准的车辆应予以淘汰。对于各项指标尚能达到国家标准要求的在用车辆，非强制性地鼓励用户进行更新，或通过税费调节机制，促使旧机动车淘汰或转移出重点城市，是有效合理的方法。各级环境保护和车辆管理等部门应根据上述原则，制定经济上和车辆管理上的优惠鼓励政策，切实可行地淘汰老旧机动车。并建立车辆监督管理机构对超标的老旧机动车严格执行报废制度。

从排放性能的角度看，更新汽车发动机以达到新的排放标准，效果等同于淘汰车辆，部分发展中国家采用过这一方法来减少城市机动车的污染排放。鼓励提前将部分老车型转移出重点城市区域，更新为使用闭环三元催化净化技术的低排放新车型，可以有效地改善城市大气环境质量。各地可根据实际情况灵活地制订诸如免除更新车的部分附加税费，提供更优惠的贷款（如更新出租车）等具体的优惠鼓励办法。

关于老旧摩托车的淘汰和报废制度，可参照汽车的相应政策制订和实施。

各级环保部门应根据上述原则，制定切实可行的淘汰老旧机动车的排放标准，通过标准的逐步严格，达到推动高排车加速淘汰的目的。为有效地淘汰污染排放严重的车辆，也就是我们通常所说的黄标车，要严格执行老旧车报废制度。上述各项制度的运作管理体系包括以下几方面。

（1）排放寿命曲线研究机构可授权给符合资质的制造商和科研部门。

（2）排放淘汰标准制定由环保部门负责，该排放淘汰标准制定的依据综合考虑以下几个方面：①根据年限的淘汰数量；②旧式车辆的改造措施；③环境质量的要求；④汽车工业与国民经济发展；⑤新车产量与在用车保有量水平。

（3）车辆淘汰监督管理机构包括公安、交通、工商、环保和物资管理等部门。

（4）车辆淘汰行政保障措施包括：结合更换牌照、定期检查和随机抽查；对符合淘汰标准的机动车污染严重车辆，调销牌照，强制淘汰等。

（5）车辆淘汰经济保障措施，包括逐渐增加超过一定年限的机动车的检测次数、增收排污费、鼓励车主进行替换等。

对于黄标车，排放水平十分恶劣，一辆黄标车的排放相当于一辆国Ⅱ车辆排放的几倍甚至几十倍，对这些车辆进行淘汰将大大降低机动车的排放污染。在北京奥运期间，北京市限制黄标车在城区行驶，结果表明其排放削减效果十分显著。

三、排放标志管理

向消费者提供信息和进行宣传是交通排放控制战略中的重要组成部分，车辆排放标志正在成为日趋流行的消费者宣传手段。排放标志会在新车销售前被附加在车上，使消费者了解车辆的排放信息，让消费者能比较类似产品，清楚地做出购买决定。标志推广可以结合经济鼓励，帮助引导消费者选择更清洁更节能的车辆，并由此逐步改善整体车的排放和油耗情况。在用车的排放标志通常是为了方便实施各种排放控制措施。比如划定限行（低排放）区。尽管在用车标志没有新车标志提供的信息那么详细，但它能影响车辆的使用，借此向车主进行宣传教育。

车辆排放标志或燃料经济性在世界各地被广泛应用。在美国，从 20 世纪 70 年代末期就有了强制性燃料经济性标志。在加利福尼亚州，新车标志上同时标有常规污染物排放评级和温室气体排放等级。欧洲的新车二氧化碳排放标志通常都结合有财税政策来支持欧盟的车辆二氧化碳减排目标。欧洲还在增加在用车标志的使用，以支持众多低排放区的实施。日本从 21 世纪初开始发给超低排放和超节油的车辆节能减排标志并配合以税收鼓励，这个政策多年来一直延续并不断加严。日本之所以能拥有世界上最清洁的车辆构成群体，这些政策起到了重要的作用。

在中国，车辆排放标志的概念要追溯至 1999 年，北京对未达到国Ⅰ排放标准的车辆发放了黄标。接下来，部分省市也实施了机动车环保标志，每个地区都有各自不同的设计方案。在过去的 10 年中，排放标志主要用于配合高排放车辆的交通限行方案。2009 年，环保部发布规定，要求实施统一的全国车辆排放标志，以便于协调管理不同地区的交通限行方案。同时，环保部和其他政府部门实施了补贴政策，鼓励黄标车提前淘汰，目标是到 2015 年淘汰 1800 万辆黄标车。这些尝试取得了成功，快速地将污染严重的车辆置换成清洁车辆。以北京为例，截至 2009 年 10 月，已淘汰了 9.7 万辆黄标车，相当于黄标车总数的 27%。

下面将介绍不同类型的排放标志并提供案例研究，对比国际上的实践经验可能会为改善中国方案提供借鉴。

1. 国际经验

大体上，排放标志分为两类——新车标志和在用车标志。新车标志只在销售环节用于新车上，帮助消费者在购买前了解车辆排放油耗情况，从而做出清楚的购买选择。在用车标志通常在每年登记时提供。

（1）新车标志　新车标志主要用于让消费者了解车辆的燃料经济性或温室气体排放水平。这是因为一旦选定了所购车型（及其节油技术组合），其燃料经济性（固定驾驶距离的油耗）和碳强度（固定驾驶距离的二氧化碳排放）在整个使用周期内就不会改变。因此，只有让消费者在做出购买决定前看到这些标志，标志才能发挥最大的影响作用。

新车上的燃料经济性或二氧化碳标志通常会包含具体的车辆信息，如车型种类、关键的技术参数和排放信息。一些标志还会提供燃料成本测算。英国的二氧化碳标志就是新车二氧化碳标志的一个实例，它是根据欧盟轿车标志指令实施的，将在下文中进行论述。

作为新车标志的三个实例，下面的章节将详细地介绍欧盟轿车的二氧化碳标志、加利福尼亚州的车辆环保性能标志以及日本的超节油汽车和清洁汽车的尾气排放和燃料经济性标志。

1）欧盟乘用车二氧化碳标志。2000 年，欧盟议会通过立法要求所有新的乘用车向消费者提供燃料经济性和二氧化碳排放信息。各成员国根据议会的基本指导方针设计了不同的标志。大多数都在车辆标志上采用不同颜色对二氧化碳进行分级，就像家电上的能效标志（如冰箱）。消费者对类似标志设计的熟悉程度让车辆标志很容易被接受。

近几年来，在成员国中出现根据二氧化碳排放量来征收车辆税的趋势，根据车辆的二氧化碳排放范围来制订税率。2007 年开始这种趋势日益增强，因为当年欧盟委员会宣布了新的欧盟 2015 年轿车二氧化碳减排目标，并把财税鼓励和消费者教育手段列为实现减排目标的综合途径之一。既含有车辆二氧化碳排放信息又含有二氧化碳税数额信息的标志对消费者来说就更具有实际意义。

2）加州车辆环保性能标志。从 1998 年起要求所有在加州销售的新轿车带有烟雾指示标志。2005 年，1229 号议案要求加州空气资源局重新设计烟雾指示标志，要在其中包含全球变暖排放物的信息。2007 年，空气资源局批准了新的环保性能标志，标志上包含车辆的烟雾评分和全球变暖评分，从 2009 年 1 月 1 日起，在加利福尼亚州销售的所有新轿车都必须在窗户上贴上标志。

3）日本的尾气排放和燃料经济性标志。日本实施了两款标志，用于确认超低排放车和超节油的车辆。政府对购买贴标车辆的消费者大幅减税。排放标志包括一个星级评价体系，以 2005 年全国排放标准为参考基准，来说明车辆的尾气排放情况。例如，一辆车的排放比国标要求低 75％可以评为 4 星。燃料经济性标志也运用了与排放标志类似的评价系统，即标明车辆的燃料经济性比国标提高多少。只有同时拥有 4 星排放标志和“＋15％”或“＋25％”燃料经济性评定的乘用车才能够获得减税幅度最高达 75％的税收减免。

（2）在用车标志　在用车标志在设计上比较简单，主要为配合实施其他的排放控制方案。一旦在年检或年度登记时取得了标志，就要求车主在规定的车身明显位置上一直粘贴标志。本书介绍的实例包括德国配合低排放区方案的排放分类标志和东京用于重型卡车限行的“通行证”类型的标志。这些标志利用不同的设计、颜色或数值标志，也能够在某种程度上为车主提供车辆的排放特征信息，但是因为标志是在车辆被购买以后才贴上的，这些信息不能直接影响新车的购买决策。另外，展现出的信息通常也不够详细，不足以让消费者进行同类车型比较。这也限制了标志在消费者选择购买二手车时的影响力。

1）德国的低排放区标志。为了减少机动车的细颗粒物和氮氧化物排放，德国在主要城市设立了低排放区（LEZs），目前已经设立或计划中的低排放区有43个。低排放区是一个地理区域，通常是城市的核心区，在这里只有尾气排放达到特定标准的车辆才允许通行。为辨别合格车辆，特别设计推行了一款按颜色分级的尾气排放标志。

与旨在为消费者提供购买信息的标志相比，德国的低排放区标志设计相对简单。共有3种不同的标志，每种都有明显的颜色和数字来说明车辆的排放等级。轿车车主会在进行车辆登记时获得标志。即使设计简单，这些标志有效地起到了它们的基本作用—协助低排放区方案的实施，从而减少城市中心区的排放，加速车辆更新和柴油车改造。与此同时，这个简单并广泛普及的标志和低排放区制度本身也能推动大众对车辆污染的认识和对清洁车辆的需求。最后，车辆登记号会显示在标志正面的指定区域。

德国的低排放区方案根据不同城市的需求分阶段实施。例如，柏林的低排放区，在第1阶段（2008～2009年12月），贴有三种标志的车辆都允许通行，但不允许无标志（欧Ⅰ或更差）车辆进入。在第2阶段，即从2010年1月起，只有绿标车允许在区域内通行。两阶段实施计划都是2007年宣布的，这样就给了车主几年的时间对上下班交通方式进行必要调整或计划更新改造他们的车。

2）东京的重型柴油卡车排放标志。东京及其周边的8个县联合强制实施了一条柴油车排放管理法令，并在20世纪90年代末期发起了名为“对柴油车说不”的排放控制方案。该方案禁止不能满足法令规定的颗粒物标准的重型柴油卡车进入城市控制区。满足标准要求的车辆会核发给蓝色的标志，贴在挡风玻璃上。标志正面也有车辆的牌照号。

和德国低排放区标志不同，“对柴油车说不”方案的标志没有标明车辆所能达到的标准，只是看车辆能否满足地方法令。每当标准加严，车辆就必须重新进行认证并获得新的标志。

2. 中国的排放标志管理

中国的车辆排放标志方案意在逐步淘汰污染最严重的车辆。2010年，中国的6400万道路行驶车辆中有1800万，即28%是国Ⅰ前汽油车或没有颗粒物控制装置（柴油车氧化催化器或颗粒物捕集器）的国Ⅲ前柴油车。这些车的尾气总排放量占全部车辆排放的75%。在拥堵严重的城市，大量高排放车辆造成严重的空气质量问题。在过去10年里，如北京、深圳、上海和广州这样的大城市都已经实施了车辆排放标志和交通限制方案，一些中型城市也跟着实施相关方案。

2009年7月，环保部发文在全国范围内统一了在用车标志（中国所有进行登记注册的车辆都必须进行排放检测，基于测试结果来划定排放等级，并依此获得排放标志）。可以领取绿标的车辆包括达到国Ⅰ及国Ⅱ以上排放标准的四轮点燃式汽车、到达国Ⅲ及国Ⅲ以上排放标准的四轮压燃式汽车和达到国Ⅲ及国Ⅲ以上排放标准的摩托车和轻便摩托车。不能达到这些最低标准要求的车辆则领取黄标。根据车辆的类型和使用年数，标志的有效期为6～12个月，在定期车辆排放检测时更换新标志。标志上除了（通过颜色）反映出车辆是否满足相应标准和认证有效期以外，没有其他更多的信息。在标志的背面有车牌号，但在标志正面没有明示车辆的具体信息。

如前所述，中国引入车辆排放标志主要是为了配合实施排放控制措施。目前为止，标志已经被用于支持两项方案：区域交通限制和全国范围的报废鼓励。区域交通限制措施与欧洲的低排放区类似。在特定时间段禁止黄标车进入城区，北京从2009年10月起，不允许黄标车进入六环（这个限制区域较之当初扩大了很多，2003年刚刚开始实施限行措施时，仅仅是在二环路内限行）。

2009年6月，环保部、财政部和发改委等六家政府部门在全国范围内联合实施了为期一年的消费者补贴方案，逐步淘汰高排放车辆。在这项方案中，车主（私人、政府机构或商业机构）凡是报废符合规定的老旧或黄标车辆、购买新车的，根据车辆类型，可以一次性获得3000～6000元人民币的现金返还。2010年1月，根据车辆类型，补贴金额被提升至最高1.8万元。一些地方政府还进一步提供额外的财税鼓励。以旧换新补贴方案延期至2010年年底。

这些实施方案目前已经在全国成功地淘汰了数以千计的高排放车。不过，另一方面，有报告指出并不是所有地方政府都要求以旧换新车辆提供报废证明。这样高排放车辆就可以被卖到其他地方，削弱了方案的减排效力。

四、其他机动车排放控制管理方法

1. 排放标准的变通办法

排放法规和标准是控制机动车排污的基本方法，但因其存在强制性和普遍性，所以它可能导致比其他一些更灵活的方法投入更高的费用，可效益却很低。为统一市场，普遍性的标准必须处于一个几乎所有机动车都能达到的水平上，这就意味着有些机动车的用途对排放标准带来的影响均忽略不计。如在高度污染的市中心行驶的出租车和在偏远农村地区行驶的小汽车要遵从相同的排放限值，而后者的排放控制几乎没有社会效用，由此所涉及的社会资源则被浪费了。

目前美国已在采取一些措施来弥补这种不足，引入了排放均化、交易和累积规划。如果汽车制造商开发出新的汽车或发动机，其排放比标准限制低，则排放超标的生产厂家可以从他们手中获得超标排污“许可证”。

当然，这种“许可证”除了卖给制造商（交易）外，还可以在同一年内平衡使用（均化），也可以把它们储存起来以备来年使用（累积）。

另一有效的方法是在高度污染地区对大量使用的车辆制定不同的排放标准。如在美国，在大城市城区行驶的机动车必须满足“清洁燃料车”规划，一个确保汽车通过低排放认证的规划；在墨西哥的高污染区对以汽油为燃料的小型巴士建立了特别严格的排放标准；在智利、圣地亚哥的公共汽车先于其他汽车被要求满足排放标准。

2. 经济手段

税收是经济刺激的一个重要方面。在一些发展中国家，由于购买新车利税较高，但若购买旧车则随着车辆使用年限增长，税率下降，因此形成大量的旧车积累，使得加速淘汰的制度难以推行。若将利率调节为利率随着年龄增长而增长，势必会改善现在的状况。另外，还可通过对淘汰旧车的车主给予税收补贴金的方式来鼓励其购买现代技术的新车。一些西欧国家，比较显著的是德国，已经采取有效的利税刺激来鼓励买方选择比最严格的排放限值更低的汽车；美国则通过提供方便的服务来鼓励顾客购买低排放的车辆，如购低排车者可免除强制性的禁止行驶日等。这些原则和方法亦被墨西哥采用，用以鼓励商用汽车转向使用清洁燃料，如液化石油气和天然气等。

3. 交通管理法规和措施

国际上所使用的有助于控制汽车排放污染的交通管理手段主要有以下几种。

（1）限速　高速行驶会导致NO_x排放的大幅度增加，若没有催化转化器还会导致CO

的大量排放。该措施较为经济，但实施起来较难以控制。

（2）规定最长怠速时间　这一措施已在部分国家中采用，允许的时间范围为 1～5min。虽然这一行为的直接环境效益尚待商榷，但其对公众提出了一种警告信号。

（3）扩大公共运输采用对公共交通有利的标准与限制私家车相结合，并注意城市功能分区，合理安排交通量。这一措施多依赖于各地方政府，已在欧洲各城市中广泛采用。

（4）大力推行智能交通系统（ITS）　ITS 是将先进的信息技术、数据通信传输技术、电子控制技术和计算机处理技术等有效地综合运用于整个交通管理系统，这是一种实时、准确、高效的运输综合管理系统。发达国家从 20 世纪 70 年代末就开始发展 ITS，美国、欧洲和日本在开展 ITS 研究及开发工作中已获得了丰富的实践经验，并取得较好的经济效益。整个系统优化了城市区域交通流量分配，从而降低了城市的机动车排气污染。

除了常规的控制措施之外，在特殊的活动下，为了保证良好的空气质量和交通状况，可以采取临时交通管理措施。北京在 2008 年奥运会期间实施了一系列的临时交通管制措施，主要的交通管制措施包括以下几方面：①私人机动车实行单双号限行；②70%的政府车辆在奥运会期间禁止上路；③6 时至 24 时，禁止卡车在六环路以内道路（不含六环路）行驶；④黄标车禁止在全市范围内行驶。

由于实施了以上措施，在奥运会期间，全市机动车行驶里程减低了 32%，平均速度从 25km/h 增加到 37km/h，因此，奥运会期间，北京机动车排放的 VOCs、CO、NO_x 和 PM_{10} 分别比奥运前减少了 55.5%、56.8%、45.7%和 51.6%。2010 年，广州在亚运会期间也采取了相似的措施，并取得了良好的效果。

第九章 替代燃料汽车

我国石油能源相对紧缺，随着汽车数量的持续增加，车用能源安全供应压力剧增，环境空气质量恶化日趋严重，节能减排成为本世纪汽车工业的主要议题之一。大力发展替代燃料，实现车用燃料的多元化是应对这些挑战的有效途径。

已知可用于汽车的替代燃料有天然气、液化石油气、甲醇、乙醇、二甲醚、氢气、太阳能、电能和生物质能等。其优、缺点和应用前景如表 9-1 所列。

表 9-1 汽车新能源的比较

新能源	主要优点	主要缺点或问题	现状与前景
电能	电能来源非常丰富，且来源方式多； 直接污染及噪声很小； 结构简单，维修方便	蓄电池能量密度小，汽车续驶里程短，动力性较差； 电池重量大，寿命短，成本高； 蓄电池充电时间长	从总体看仍处于试验研究阶段，要完全解决技术上的难题并降低成本，还需要一定的时间； 公认的未来汽车的主体
氢气	氢气来源非常丰富； 污染很小； 氢的辛烷值高，热值高	氢气生产成本高； 气态氢能量密度小且储运不便，液态氢技术难度大，成本高； 需要开发专用发动机	仍处于基础研究阶段，制氢及储带技术有待突破；有希望成为未来汽车的重要组成部分，但前景尚难估量。
天然气	天然气资源丰富； 污染小； 天然气辛烷值高； 天然气价格低廉	建加气站网络要求投资强度大； 气态天然气的能量密度小，影响续驶里程等性能； 与汽油车比，动力性低。 储带有所不便	在许多国家获得广泛使用并大力推广，已有约 100 多万辆；是 21 世纪汽车重要品种
液化石油气	液化石油气来源较为丰富； 污染小； 液化石油气辛烷值较高	面临天然气汽车的类似问题，但程度较轻	目前世界上液化石油其汽车的保有量达 400 多万辆；是 21 世纪汽车重要品种
甲醇（乙醇）	甲醇（乙醇）来源较为丰富； 辛烷值高； 污染小； 乙醇是一种持续发展的生物质能源	甲醇毒性大； 需解决分层问题； 对金属及橡胶件有腐蚀性； 冷起动性能较差。	已获得一定程度的应用；可以作为能源的一种补充，在某些国家或地区可能保持较大的比例
二甲醚	二甲醚来源较为丰富； 污染小； 十六烷值高	面临与液化石油气类似的储运方面的问题	正在研究开发； 采用一步法生产二甲醚成本大幅度下降后，可望有较好的发展前景
太阳能	来源非常丰富，可再生； 污染很小	效率低； 成本高； 受时令影响	正在研究阶段；达到实用需要相当长的时间
生物质能	来源丰富，可再生； 污染小	供油系统部件易堵塞； 冷起动性能差	可以作为能源的一种补充，应用于某些国家或地区

第一节 天然气汽车

一、概述

天然气汽车是以天然气为燃料的一种气体燃料汽车。天然气的甲烷含量一般在90%以上，是一种很好的汽车发动机燃料。天然气被世界公认为是最为现实和技术上比较成熟的车用汽油、柴油的代用燃料，天然气汽车已在世界和我国各省市得到了推广应用。

1. 天然气的资源情况

天然气按照蕴藏方式和开采难度可分为常规天然气和非常规天然气。按照运输和存储方式可分为管道天然气、压缩天然气（CNG）和液化天然气（LNG）。非常规天然气包括页岩气和可燃冰。

2011年，天然气全球储量为208.4万亿立方米。其中主要是分布在中东和欧亚及欧亚大陆，中东天然气储量占全球储量的38.4%，欧洲及欧亚大陆占比为37.8%。从国家来看，天然气储量最多的为俄罗斯，为44.6万亿立方米，占全球的21.4%；伊朗、卡塔尔和土库曼斯坦天然气储量也非常丰富，分别占比为15.9%、12%和11.7%。中国传统天然气占比较小，为1.5%。

根据美国《油气杂志》2011年12月5日发布的统计数据，全球天然气剩余探明可采储量达到191万亿立方米。全球页岩气可开采资源量超过200万亿立方英尺（6万亿立方米）的国家共有9个。其中，中国的技术可采页岩气资源量达到1275万亿立方英尺（36万亿立方米），位居第一；美国和阿根廷的可采量分别为862万亿立方英尺和774万亿立方英尺（24万亿立方米和22万亿立方米），位于第二位和第三位。

根据预测，从现在到2020年中国可新增天然气可采储量3万亿立方米以上，到2020年，中国累计天然气探明可采储量可达6万亿立方米以上。天然气年产量将从目前的700亿立方米增加到1200亿～1500亿立方米。

2. 天然气汽车的应用状况

（1）国外天然气汽车的发展情况　据世界燃气汽车协会的统计，截至2009年，全世界天然气汽车总量在政策的鼓励下，超过850万辆，近几年天然气汽车的年增长率超过30%。

根据国际NGV协会（IANGV）的最新（但不完全）统计，截至2008年底，全世界有80多个国家使用NGV，其中排名前15位的国家共有NGV 960多万辆，加气站14570座，其中巴基斯坦、阿根廷、巴西、伊朗、印度和意大利的NGV保有量居世界前六位，分别为200万辆、174.5万辆、158万辆、100万辆、65万辆、58万辆。近几年亚太地区的NGV发展迅速，2000～2008年年均增长达到53.4%，在前15名的国家中有6个（包括中国）在亚太地区，共有NGV 432.77万辆占45%。

2009年4月亚太地区天然气汽车协会（ANGVA）的统计表明全球CNGV保有量达956万辆。与此同时，据《The GVR》统计，全球天然气汽车保有量已达10550340辆。即便除去少量的液化天然气汽车，CNG汽车总量也逾1千万辆。截至2012年年底，全球CNG汽车总量更是达到1700多万辆。

根据媒体的报道，加拿大、新西兰、阿根廷、荷兰、法国等国家正在积极执行汽车燃料向天然气转化的国家计划，并在价格、税收、收费标准、信贷方面制订了行业标准和法规。荷兰的整个汽车运输业，50%的汽车已经采用了天然气燃料；维也纳95%和丹麦87%的公共汽车均为NGV。西欧许多国家为了鼓励发展NGV，在税收上给以优惠，减税差额德国达到50%、荷兰达到70%，平均达到50%；除此之外，对改装为NGV的车主，从改装之日起可免税3年。独联体国家的NGV也发展很快，2004年独联体6个国家共有NGV16万辆，但到2008年，仅乌克兰和亚美尼亚两国就有天然气汽车22万多辆。独联体国家主要的鼓励政策是价格优惠。俄罗斯、乌克兰等都规定天然气的价格不高于汽油的50%（相同油当量）；亚美尼亚的天然气价格略高，为柴油的61%、汽油的53%。澳大利亚政府对新购置燃气汽车的发动机、关键零部件和整车产品给车主每辆车补助1000澳元，对从燃油改为燃气的私家车政府补贴2000澳元。巴基斯坦对加气站设备给予免税优惠。

（2）中国天然气汽车的发展情况　据中国汽车技术研究中心数据统计，从2008年开始，我国天然气汽车行业开始出现爆发式增长，仅仅五年的时间增长速度大幅上升。而在商用车领域，天然气车辆的增速更为明显，自2008年起，经过三年的平稳发展，天然气商用车在2011年、2012年市场整体低迷的情况下，产量有了很大提升，尤其是在2012年产量更是跃升至79352辆。在五年的时间内，天然气商用车的增幅明显高于汽车行业的平均增速，2012年的增幅达到了26%，成为商用车行业的一匹“黑马”。

众所周知，与传统燃油商用车相比，天然气商用车优势十分明显。天然气燃料，其经济性、环保性、安全性相比于汽油、柴油等传统燃料有着明显优势，而天然气燃料的这些优势特别适用于商用车。天然气作为一种清洁能源，主要成分是甲烷，燃烧后生成二氧化碳和水，其产生的温室气体只有煤炭的1/2，是石油的2/3，是一种理想的低污染能源，是解决“雾霾天气”的有效途径之一。目前，运输行业的成本支出主要在燃料、轮胎和日常维护保养三方面。运费上不去，只能降低成本。天然气重卡相比柴油重卡，基本每公里节省1元以上，可节约燃料30%～40%。此外，出租车行业也通过油改气的方式降低成本，2012年年底，全国部分大城市CNG出租车保有量见表9-2。

表9-2　CNG出租车保有量上万的城市

城市名	成都	武汉	天津	西安	郑州
出租车保有量/万辆	1.4	1.3	1.25	1.1	1

在高油价的背景下，天然气商用车所表现出的燃油经济性也得到越来越多的用户认可。据“2012中国天然气汽车发展论坛”公开资料显示，近两年，在重型商用车整体低迷的情况下，LNG（液化天然气）汽车在以年均20%以上的销售速度增长，CNG（压缩天然气）汽车销量年均增长速度在30%以上，中国的天然气汽车保有量从2000年的不足1万辆发展到2011年年底，我国天然气汽车保有量已逾100万辆，共有各类汽车加气站1500余座，加气站国产设备的市场份额超过90%。中国已成为亚太第四大、世界第六大天然气汽车市场。截至2012年12月底，全国CNG汽车保有量为208.5万辆，加气站总数为3014座。成为世界第三大天然气汽车市场。

目前，国内整车生产厂家以每年10多万辆左右的速度投放市场，2015年年末，我国CNG汽车保有量将达到（350～400）$\times 10^4$辆，加气站保有量将达到4500～5000座，到2017年中国天然气汽车保有量将超过500万辆，有潜力成为世界最大、最具成长性的天然气汽车市场。我国CNG汽车及加气站保有量（截至2012年12月31日）见表9-3。

表 9-3 我国 CNG 汽车及加气站保有量

序号	省级行政区	车/万辆	占全国 CNGV 比例/%	占当地汽车保有量比例/%	加气站/个	占全国加气站保有量比例/%
1	新疆	43.3	20.77	20.51	284	9.42
2	山东	37.35	17.91	3.33	368	12.21
3	四川	36.965	17.73	7.48	294	9.75
4	河北	10.72	5.14	1.12	211	7.00
5	陕西	8.5	4.08	—	225	7.47
6	河南	7.9	3.79	—	204	6.77
7	重庆	7	3.36	3.52	96	3.19
8	甘肃	6.95	3.33	5.39	83	2.75
9	宁夏	6	2.88	8.23	75	2.49
10	安徽	5.7	2.73	1.73	155	5.14
11	江苏	5.3	2.54	0.81	164	5.44
12	山西	4.95	2.37	1.33	112	3.72
13	内蒙古	4.8	2.30	—	91	3.02
14	湖北	4.25	2.04	—	140	4.64
15	吉林	2.7	1.29	1.20	57	1.89
16	辽宁	2.37	1.14	0.50	59	1.96
17	天津	2	0.96	0.85	29	0.96
18	黑龙江	1.97	0.94	0.73	49	1.63
19	湖南	1.94	0.93	0.57	62	2.06
20	青海	1.6	0.77	—	32	1.06
21	广东	1.45	0.70	0.17	49	1.63
22	海南	1.31	0.63	—	25	0.83
23	福建	0.87	0.42	0.30	24	0.80
24	北京	0.8	0.38	0.16	28	0.93
25	浙江	0.55	0.26	—	44	1.46
26	贵州	0.4	0.19	—	13	0.43
27	云南	0.28	0.13	—	12	0.40
28	上海	0.25	0.12	0.12	6	0.20
29	江西	0.23	0.11	—	11	0.36
30	广西	0.1	0.05	0.04	10	0.33
31	西藏	0.0009	0.00	—	2	0.07

注：数据不包括台湾、香港和澳门。

3. 天然气汽车的发展优势

丰富的天然气资源，良好的经济性能和排放性能使得天然气汽车在能源危机日益严重、环境要求日益提高的今天具有绝对的发展优势，主要表现在以下几方面。

(1) 可以替代十分短缺的汽、柴油　随着我国国民经济的飞速发展，汽车保有量急剧增长，截至2013年年底，我国汽车保有量达1.37亿辆。巨大的汽车保有量市场，为CNG汽车的发展提供了巨大的空间；同时，2014年国内原油消费量为5.08亿吨左右，国内原油产量为2.1亿吨左右，原油进口量约为2.98亿吨，对外依存度为58.66%，逼近59%。与此同时，我国天然气的产量、储量发展较快，因此，大力发展天然气汽车是一条可行也是必然之路。

(2) 减少对大气的污染　汽车排出的废气是当今对大气环境、尤其是大城市里的空气污染的一种移动式污染，在西方国家占城市空气污染源总量的60%～70%，随着汽车数量的增加，这种污染危害已受到整个世界的重视。

天然气经净化处理后，其有害物质和含量比液体燃料小得多，且天然气在常温下为气态，以气态进入内燃机，燃料与空气同相，混合均匀，燃烧比较完全，大幅度降低CO和HC的排放量。与汽油汽车相比，它的尾气排放中CO下降约90%，烃类化合物下降约50%，NO_x下降约30%，SO_2下降约70%，CO_2下降约23%，微粒排放可降低约40%，铅化物可降低100%。此外，以甲烷为主要成分的天然气是碳氢原子比最小的烃类化合物，以产生相同热量计算，甲烷产生的CO_2比汽油、柴油降低15%以上，这对减小造成地球变暖的“温室效应”也是大有好处的。

（3）燃料经济性好　目前全球范围内的油气差价是发展天然气汽车的效益基础，以我国目前油气价格计算，1L汽油（93号）价格为5.89元，若天然气价格为2.50元/m^3，算上压缩成本0.4元/m^3，其经济效益是可观的。

（4）使用压缩天然气比汽油安全　汽油具有良好的挥发性，随着气温升高，挥发性加强。在汽车加注汽油时，油箱附近空气中易形成可燃性混合气，同时，汽油燃点在430℃以内，着火界限为1.3%～7.6%，遇微小火花极易着火，汽车经碰撞、翻覆或漏油后发生火灾是常见的事故。而压缩天然气（CNG）在车辆上储存在高强度的气瓶内，传输和加注均是在严格封闭的管道内进行，气瓶不易破坏，管路不会泄漏。即使有泄漏现象发生，由于天然气比空气轻，在空气中遇微风而被驱散，加上天然气燃点高（537℃以上），着火界限为5%～15%，不易形成可燃性混合气，所以汽车用天然气不易产生火灾事故，比用汽油更安全。

（5）使用性能好　以天然气为燃料的发动机，冷起动性能好，运转平稳，不含汽油、柴油中存在的胶质，因而在燃烧中不会产生如汽油、柴油燃料中胶质产生的积炭，同样由于其硫含量和机械杂质均远低于汽油、柴油，对气缸、活塞、活塞环、气门等零部件的危害较小。气体燃料不会对机油产生稀释，因此，发动机寿命长，汽车大修里程可提高20%以上。不用经常注入机油和更换火花塞，比使用常规燃料节约50%以上的维修费用。

（6）天然气有较好的抗爆性　天然气辛烷值高，约为130，液化石油气的辛烷值也在100左右，高级汽油的辛烷值在96左右，所以，天然气不需要添加剂或加铅抗爆剂等。天然气应用于汽油机，可适当增大发动机压缩比和点火提前角，以提高发动机性能。

但目前天然气汽车也存在一些问题，主要表现在以下几方面。

（1）天然气携带性差　石油气在较低压力下（690kPa）就可以完全液化，因此它几乎和汽油、柴油同样便于车辆携带。但是天然气却极难液化，常温下无论如何加压也不会液化，只有采用先进的膨胀制冷过程将其冷却到－162℃才能液化，而这要求有较高的技术，无论是液化设备还是车上储罐，造价都会较高。目前，广泛采用的压缩天然气均采用高压（20～25MPa）存储在高压气瓶内，这些气瓶导致汽车自重加大，空间减小，同时限制了汽车的续驶里程。

（2）汽车动力性下降　由于气体燃料本身是气态，当采用缸外预混合方式时，就会占据部分进入气缸的空气量，充气系数比使用液体燃料大约低10%。同时，气体燃料的理论混合气热值也较低，与同排量的汽油机相比，使用天然气或液化石油气将使发动机功率有所下降。

（3）若气体燃料以双燃料和两用燃料并存（即在原有汽、柴油机基础上改装，原汽、柴油供给系统不变）形式应用于汽车，则需要增加天然气或液化石油气的储气、供气系统，使整车成本提高约15%。

（4）供气体系建设有难度　天然气汽车在国内大城市推广应用，必须建立相应的加气站及为加气站输送天然气的管道，这涉及城市建设规划、经费投入和环境安全等诸多因素。而且建加气站的费用相当高，需500万～1000万元人民币，甚至更多。这个问题在一定程度上已经成为一些地区发展天然气汽车的瓶颈。

(5) 储气用空间较大，携带不便　$1m^3$ (0.8kg) 气装在10～25MPa气瓶中，约占5L容量。而与之等热量的汽油 (0.81kg) 只占1.1L容积，CNG占容积等于汽油的4.5倍（容积系数等于4.47)。要保证相同的续驶里程，天然气汽车储气瓶的体积比汽车油箱大许多，相对降低了车辆的承载能力。

二、天然气汽车的类型

1. 按储存天然气的压力和形态分类

(1) 压缩天然气汽车 (CNGV)　储气瓶内的天然气以高压（通常是20MPa）气态储存，工作时经降压、计量和混合后进气缸，也可以直接喷入气缸或进气管。

(2) 常压天然气汽车 (NNGV)　以常压气态储存天然气为燃料，由于携带不便以及存在一定安全隐患等问题，这种储存方式现已基本被淘汰。

(3) 液化天然气汽车 (LNGV)　以液态储存天然气为燃烧，工作时液化天然气经升温、计量和混合后进入气缸，也可以直接喷入气缸或进气管。由于天然气液化后的体积仅为标准状况下体积的1/625，储带方便，应用潜力较大。

(4) 吸附天然气汽车 (ANGV)　储气瓶内的天然气以吸附方式（压力通常为3.5～6MPa）储存，工作时经降压、计量和混合后进入气缸，也可以直接喷入气缸或进气管。

2. 按燃料的组成与应用分类

(1) 单燃料 (CNG) 汽车　发动机的燃料供给系统和燃烧系统专为燃用天然气而设计，充分考虑了天然气的性质特点，保证气体燃料的有效利用，使天然气汽车的性能有可能达到最优。

(2) CNG-汽油两用燃料汽车　可在两种燃料中进行转换使用，设有两套燃料供给系统，无论是使用CNG或是汽油，发动机都能正常工作，利用选择开关实现发动机从一种燃料到另一种燃料的转换，两种燃料不允许同时混合使用。

(3) CNG-柴油双燃料汽车　CNG-柴油双燃料汽车是指当汽车发动机工作于双燃料状态时，用压燃的少量柴油引燃CNG与空气的混合气而实现燃烧，对外做功。该系统有同时供给汽车两种燃料的装备，配备两个供给系统及两个独立的燃料储存系统。由于在高负荷时柴油消耗量较大，目前，这种方式的CNG汽车的推广受到了限制。

3. 按燃料供给的控制方式分类

主要分为：①机械控制式天然气汽车；②机电联合控制式天然气汽车；③电控式天然气汽车（开环和闭环)。

目前，各国天然气加气站基本上没有形成网络，所以，压缩天然气汽车大部分是在汽油机或柴油机的基础上改造的两用燃料汽车。目前广泛使用的就是CNG-汽油两用燃料汽车。

三、CNG-汽油两用燃料汽车

CNG-汽油两用燃料汽车一般采用定型车进行改装，保留原车供油系统，增加一套“CNC附加装置”。CNG附加装置的结构一般由以下三部分组成。

(1) 天然气储存系统　包括充气阀、天然气储气瓶、高压截止阀、高压管线、高压接头、压力表、压力传感器及气量显示器等。

（2）天然气供给系统　包括天然气高压电磁阀、减压阀、滤清器、混合器等。

（3）油气燃料转换器　包括三位油气转换开关、点火正时转换器、汽油电磁阀等。

充气阀实际上是一个单向截止阀，通过它与天然气加气站售气机的充气枪对接，为CNG气瓶充气。高压天然气储气瓶的作用和汽油箱一样，是车载压缩天然气的存储容器，根据车型配备气瓶的大小和个数。使用多个气瓶时，气瓶之间要串联在一起。为保证天然气气瓶的安全性，气瓶符合国家标准“机动车用压缩天然气钢瓶”的要求。气瓶的瓶口处安装有易熔塞和爆破片，当气瓶温度超过100℃或压力超过26MPa时，安全装置会自动破裂卸压。使用多个气瓶时，每个气瓶都有阀门开关，总出口还设有一个高压截止阀。气瓶应安装在汽车的安全部位，不得影响汽车行驶性能。气瓶与固定卡子间要垫胶垫，紧固后还要沿汽车纵向施加8倍于气瓶质量的力，保证气瓶在汽车行驶中不发生位移和松动。

油气转换开关和天然气高压电磁阀、汽油电磁阀的作用是控制两种燃料的转换。油气转换开关控制两个电磁阀的接通和断开，选择发动机以汽油还是以天然气为燃料运行。压力传感器、压力表和气量显示器相当于原车的油压和油量显示仪表，提醒驾驶员天然气的存储情况。

1．CNG-汽油两用燃料发动机的供气方式

CNG-汽油两用燃料汽车以天然气作为燃料运行时，气体燃料的供给方式有缸外供气和缸内供气两种。其中，缸外供气包括进气道混合器预混合供气和缸外进气阀处喷射供气两种方式；缸内供气则包括缸内高压喷射供气和缸内低压喷射供气。

（1）进气道混合器预混合供气方式　进气道混合器预混合供气方式是CNG-汽油两用燃料发动机应用较早的方案，由于它具有汽油机的供气特征，且供气装置简单，现在仍然被广泛应用。

图9-1是将原车发动机为电控燃油喷射系统的车辆改装为CNG-汽油两用燃料汽车的燃料供给系统结构示意。该发动机采用进气道混合器预混合供气方式，其工作原理如图9-2所示，通过油气转换开关控制油路或气路的接通与断开，使发动机实际运行时只保持一种燃料供给模式。当使用汽油做燃料时，驾驶员将油气燃料转换开关扳到“油（P）”的位置，此时天然气电磁阀关闭，电动油泵开关接通，同时喷油器得到一模拟信号使其向进气管中喷油，燃油与空气在进气道中混合并吸入气缸燃烧。当使用天然气做燃料时，驾驶员将油气燃料转换开关扳到“气（G）”的位置，此时汽油泵和喷油器均停止工作，天然气电磁阀打开，天然气通过充气阀、高压电磁阀、减压调节器、动力调节阀进入混合器，与从空气滤清器来的空气按一定比例混合，形成可燃混合气，吸入气缸燃烧。图9-2的燃气供给系统采用的是开环控制系统，燃气空燃比只能由预设的燃气动力阀开度的大小和混合器的进气流动特性配合确定，不能根据发动机各种工况的变化实时调整，因此，其各种性能尤其是排放性能不一定是各种工况下的最优性能。图9-3所示是美国福特公司的闭环控制CNG-汽油两用燃料发动机改装示意。它在排气管中安装了氧传感器，并根据氧传感器的输出信息修正燃气的供给量，从而实现闭环控制。同时该系统采用了组合式流量调节阀，即多个（一般4～6个）调节阀，实现了最大流量和最小流量同样精度的控制，避免了天然气系统小流量控制不精确的弱点，提高了CNC-汽油两用燃料发动机的使用性能，具有更好的经济性和排放性能。

但是，由于在进气道混合器预混合供气方式中，天然气占据一定的空气充量，一般可达10%～15%，从而使空气的供给不够充分，影响发动机燃烧过程，使发动机的升功率有所下降。

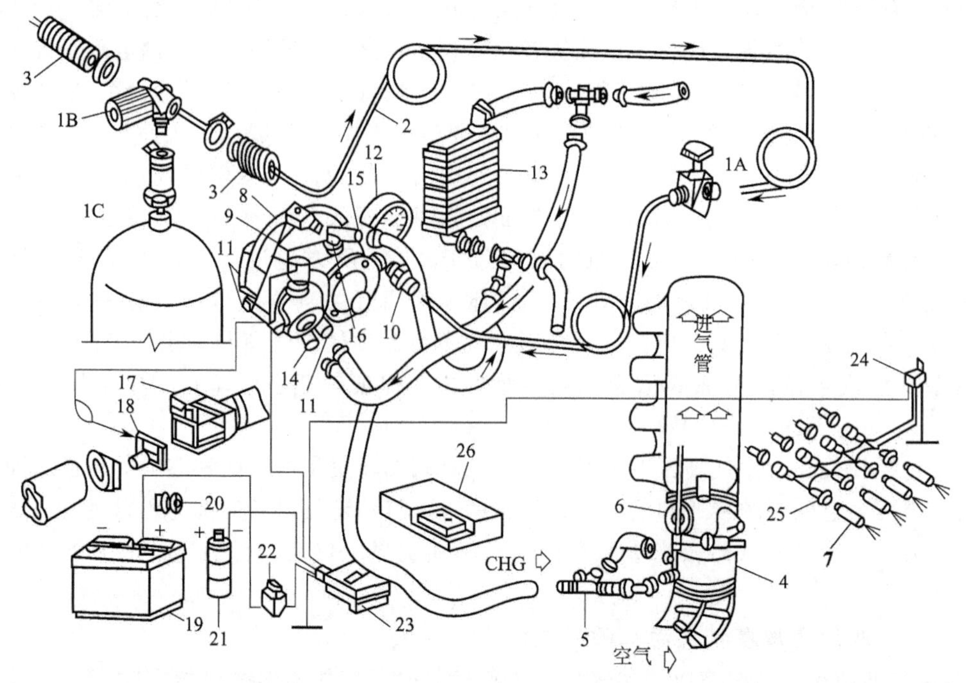

图 9-1　原车装电控燃油喷射系统的车辆改装为开环两用燃料的 CNG 汽车的专用装置结构示意

1A—充气阀；1B—供气阀；1C—高压气瓶；2—高压输气管；3—外套管；4—混合器；
5—供气三通接头；6—今起总管；7—喷油器；8—减压调节阀；9—燃气电磁阀；10—进气管接头；
11—出气管接头；12—压力表；13—散热器；14—冷却液管接头；15—恒温器；
16—怠速调节螺钉；17—空气流量计；18—空气测量叶片强制开启器；19—蓄电池；
20—点火开关；21—高压线圈；22—熔断器；23—燃料转换开关；
24—模拟器；25—喷油器线束插接器；26—点火提前调节器

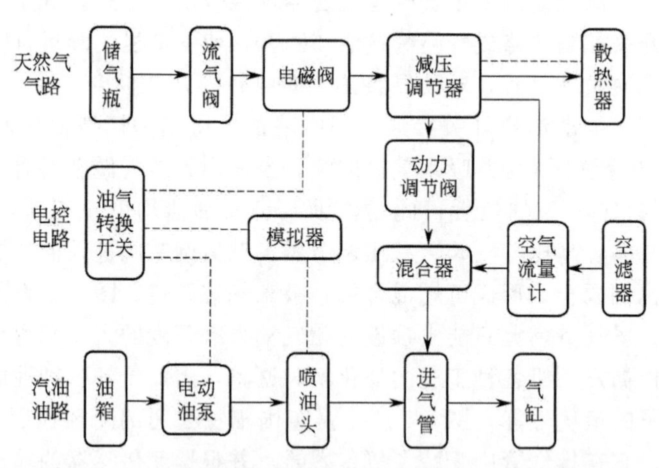

图 9-2　CNG-汽油两用燃料发动机供给系统工作原理示意

（2）缸外喷气供气方式　缸外喷气供气方式一般都将燃气喷射器布置在各缸进气道进气门处，并采用电控多点气体喷射系统，实现对每一缸的定时定量供气。图 9-4 所示是本田汽车公司开发的缸外进气门处喷射的 CNG-汽油两用燃料发动机供气系统示意。

电控多点燃气喷射可根据发动机转速和负荷的变化，适时控制空燃比指标；并可严格控

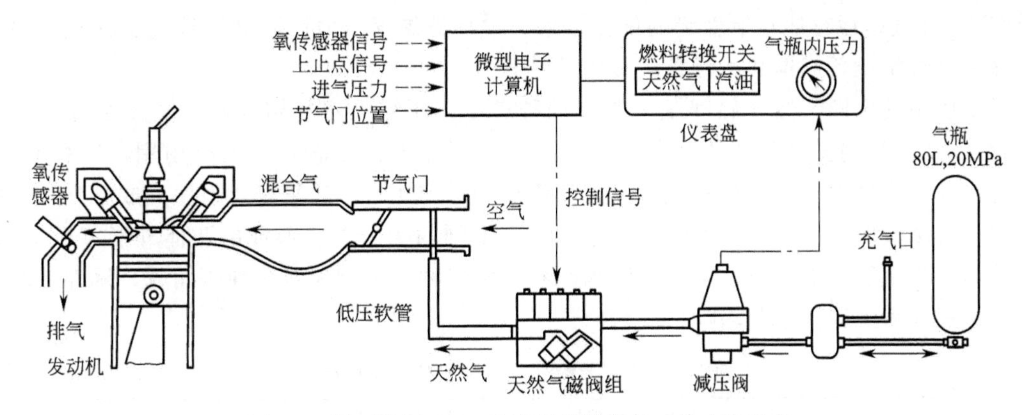

图 9-3　闭环控制 CNG-汽油两用燃料发动机改装示意

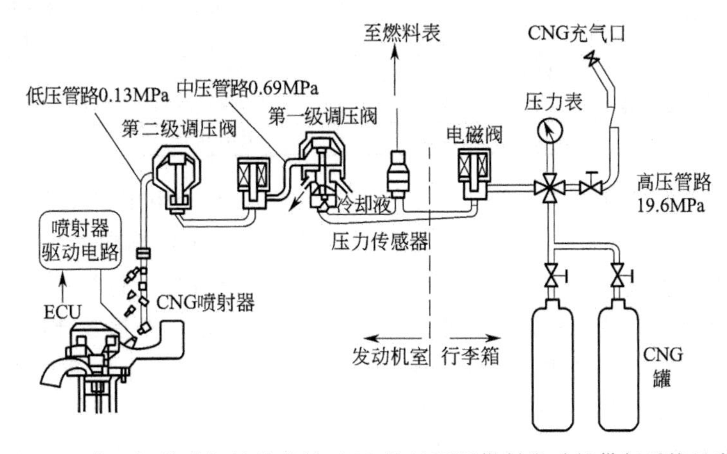

图 9-4　本田缸外进气门处喷射 CNG-汽油两用燃料发动机供气系统示意

制气体燃料喷射时间与进排气门及活塞运动的相位关系，实现定时定量供气和层状进气，进而实现稀薄混合气燃烧；并可以减轻和消除由于气门重叠角存在造成的燃气直接逸出、恶化排放和燃料浪费的不良影响。更进一步提高发动机的动力性、经济性和排放特性。

缸外进气门处喷射虽然可以降低供气对空气充量的影响，但这种影响仍然在一定程度上存在着，最理想的供气方式是缸内直接喷射。

(3) 缸内喷气供气方式　缸内供气方式有缸内高压喷射和低压喷射两种。其中，低压喷射主要用于压缩比较低的点燃式燃气发动机上；高压喷射主要用于压缩比较高和压缩终点喷射的大型燃气发动机或高速燃气发动机上。

缸内气体喷射完全实现了燃料供给的质量调节，对空气充量几乎没有影响，为进一步完善发动机各项性能提供了有利条件，它具有缸外进气门处喷射的所有优点，但结构复杂，对技术要求高。现在只有美国、日本、德国等少数国家在开发及应用该项技术，还没能广泛应用于汽车发动机上。

2. 压缩天然气（CNG）发动机主要专用部件

(1) 储气瓶　汽车的储气瓶（以下简称气瓶）是天然气汽车重要的专用装置，车用气瓶的成本约占 CNG 汽车改装总成本的 30%～70%。

车用气瓶的储气压力一般为 16～20MPa，这是综合考虑到车用气瓶的容积重量比以及降低 CNG 加气站运行成本所确定的优化结果。过高的储气压力反而会导致气瓶容积效率比的下降及加气站设备成本和运行管理费用的升高。

目前所用的压缩天然气储气瓶主要有四种类型，压缩天然气储气瓶的类型及特点如表 9-4 所列。我国目前主要使用钢质气瓶。这类气瓶的生产成本较低，安全耐用，容积率高；但重容比大，质量大。复合材料气瓶最大的优点是重容比小、质量轻，但生产成本高，价格贵，容积效率较低。钢瓶由 3 种生产工艺制造，不同的生产工艺形成的瓶体外形有所不同，第一种为无缝钢管两端收口，尾部一般为凸状；第二种是由钢坯直接冲压而成，尾部一般成凹状；第三种为无缝钢管两端收口成管状。

表 9-4　压缩天然气储气瓶的类型及特点

气瓶类型	钢质气瓶	钢或铝内衬加环向缠绕复合材料气瓶	钢或铝内衬加纵、环向缠绕复合材料气瓶	塑料内衬加纵、环向缠绕复合材料气瓶
优点	价格便宜	价格便宜	有一定价格优势、外形尺寸变化较灵活	耐腐蚀性能好，外形尺寸灵活、安全性好
缺点	笨重、外形尺寸不易变形、耐腐蚀性能差	较重，外形尺寸变化较困难	耐腐蚀性能差、价格稍高	价格较高
使用范围	大型车等	大型车辆	大中型车	各型车辆

车用压缩天然气钢瓶性能必须符合 GB 17258—1998《汽车用压缩天然气钢瓶》的要求。瓶体材料一般选用优质铬铝钢。产品出厂时，每件均进行 5/3 倍额定工作压力的水压试验、气密性试验、硬度测定及内外表面缺陷检验，每批产品均要抽样进行材料的抗拉强度、冲击韧度试验、压扁试验、金相组织检查、水压爆破等试验。检验合格后才能出厂。

我国目前生产的车用储气钢瓶的主要规格如表 9-5 所列。每个钢瓶体上都要打钢印标记。标记中的钢瓶型号由图 9-5 所示部分组成。例如，公称工作压力为 20MPa，公称容积为 60L，公称外径为 229mm，结构型式为 A 的钢瓶，其型号标记为“CNP20-60-229A”。

表 9-5　我国目前生产的车用储气钢瓶主要规格

容积/L	外径/mm	高度/mm	质量/kg
40	229	1220	55
45	229	1355	60
50	229～235	1450～1540	65
60	267	1380	73
70	267	1570	85
75	267	1680	90

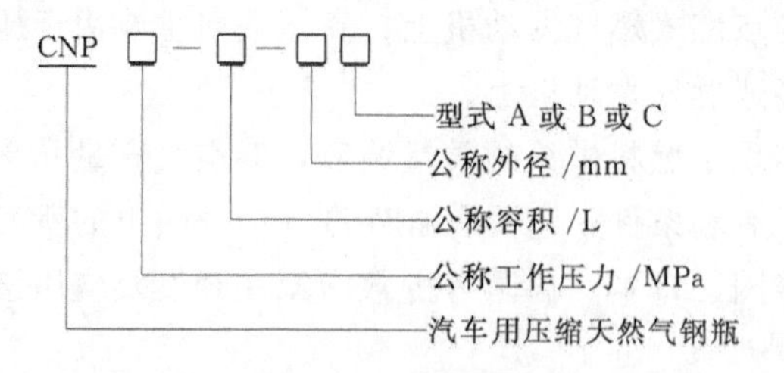

图 9-5　储气钢瓶型号示意

(2) 减压器　为了提高燃气汽车一次充气的行驶里程，车用天然气一般是压缩到 20MPa 储存在高压气瓶中。但发动机工作时，却要求燃气压力降到 1～2.5kPa，以便与空气混合进入气缸；同时，发动机工作时，燃气供气系统应按要求输送一定空燃比的可燃混合气，且该空燃比应不随气瓶中 CNG 气体量的多少而变化。这些都要求在燃气供给系统中安置减压器，以保证进入燃气喷射器或混合器自燃气压力基本恒定，以此实现比较稳定的燃气与空气混合比控制。在 CNG 汽车上减压器的作用主要是起减压和稳压的作用，所以一般称为减压调节器。

减压调节器按多级减压室的组装方式，分为分体式和组合式；按控制方式分为高压截止控制式和中压截止控制式。图 9-6 所示为组合式 CNG 减压器工作原理。

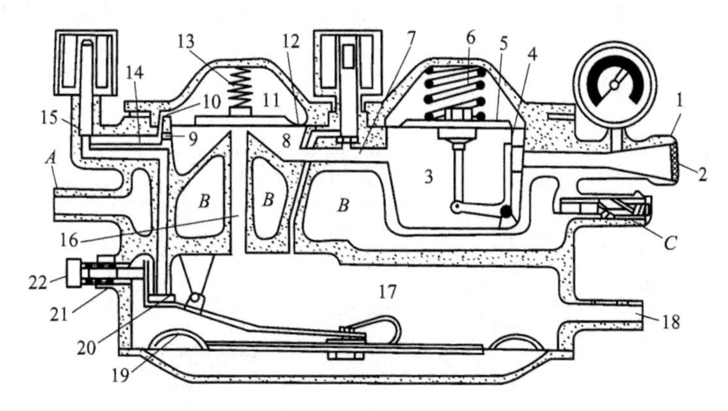

图 9-6　组合式 CNG 减压器工作原理

1—高压管接头；2—CNG 滤清器；3—CNG 高压腔；4、20—阀；5—橡胶膜片 6、13、21—弹簧；7、16—通气孔道；8、11—CNG 腔；9—标定孔；10—通孔；12—膜片；14—封闭孔；15—电磁阀；17—CNG 低压腔；18—CNG 出口；19—膜片；22—调整旋钮

CNG 从高压钢瓶中流出，经高压管再经过接头 1 进入减压器。CNG 经滤清器 2 滤除气体中的杂质，进入高压腔 3，气体作用在橡胶膜片 5 上，产生与弹簧 6 的相互作用力。当 CNG 高压腔 3 气压达到一定值时，作用于杠杆的合力矩迫使阀 4 关闭，CNG 不再进入 CNG 高压腔 3。这一过程完成了高压天然气到低压天然气的第一级压降。CNG 高压腔 3 中的气体经通气孔道 7 进入腔 8，此时电磁阀 15 处在断电常闭状态，气体经标定孔 9 和通孔 10 进入腔 11。腔 8 与腔 11 由膜片 12 分开，由于膜片 12 两面所承受的气压相同，在这种情况下弹簧 13 封闭了通向低压腔 17 的通气孔道 16，使腔 8、腔 3、腔 11 中的气体保持静态，其压强等于 0.25MPa。当汽车开始发动时，电磁阀 15 通电，封闭孔 14 打开，腔 8 中的气体经标定孔 9 流入封闭孔 14；阀 20 可控制由封闭孔 14 进入低压腔 17 的气流，在弹簧 21 的作用下，调整旋钮 22 可控制进入低压腔 17 的气压，使其保持在 0～0.178MPa。

在任何情况下只要低压腔 17 产生真空，经封闭孔 14 和阀 20 进入低压腔 17 的气体超过了标定孔 9 的供气能力，腔 11 就会产生压降，腔 8 因为有从腔 3 不断补充的 CNG，其压强仍然保持在 0.25MPa。这样腔 8 与腔 11 的压力差迫使弹簧 13 打开通气孔道 16，大量的气体流入低压腔 17 满足汽车发动机需要。

减压器的大幅度降压会导致温度的下降，为防止结冰影响密封件的寿命，必须采用加温装置。将减压器与发动机的冷却系统接通，热冷却液由接头 *A* 流入，经腔 *B* 由接头 *C* 流出。在接头 *C* 里安装有一个特殊的恒温器。由于热冷却液不断循环，使减压器的工作温度始终保持在 50℃左右。

(3) 燃气喷射器　燃气喷射器是气体燃料发动机喷气系统中最关键的装置，它的性能优劣直接影响燃料的喷射质量，从而影响发动机的性能。目前，典型的气体燃料喷射器有两种，一种是低压喷射器，类似于汽油喷射器，结构比较简单；另一种是高压喷射器，类似于柴油喷射器，结构比较复杂。

燃气喷射器与汽油和柴油喷射器的最大差别是需要较大的流通截面，以保证较大的气体流量；另外阀体的润滑和密封要求更高。

图 9-7 是国产 HSV 常开型电控气体燃料喷射器的基本工作原理。当电磁线圈断电时，球阀在进气口和出气口处气体压差的作用下向右运动，使 CNG 通道打开，实现供气；当电磁线圈通电，衔铁产生电磁推力，通过顶杆使球阀向左运动，靠在其密封座上，关闭燃料气道，停止供气。

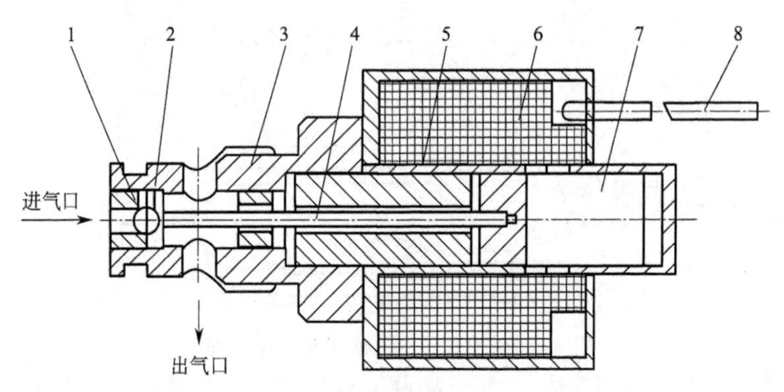

图 9-7　气体喷射器工作原理

1—球阀座；2—球阀；3—阀体；4—推杆；5—极靴；6—电磁线圈；7—衔铁；8—导线

该喷射器结构紧凑、简单、寿命长。球阀组件中的钢球为普通钢球，阀座有两个同轴阶梯孔，钢球放在大孔内，限制钢球的径向运动。大孔周围开有四个对称槽，作为气体通道，大小孔台阶处有一宽度约为 0.1mm 的均匀密封环带。与普通滑阀相比，该喷射器具有阀芯质量小、结构简单紧凑、便于加工等优点。由于球阀开启是靠进出口的气体压差，关闭靠电磁推力，取代了普通喷射阀中的回位弹簧，使得该喷射器的寿命大大提高。另外，该喷射器的小质量球阀使其响应速度很快。

气体喷射器在发动机上的安装布置如图 9-8 所示。由于该喷射器在火花塞点火之前已完全关闭，做功行程时缸内燃气的高压可使喷射器出气口处的压力高于喷射器进气口，其压差和电磁推力一起使钢球阀更紧密地靠在密封座上。从而可确保高压燃气不会反流到 CNG 供气管道内。这种结构布置消除了高温高压情况下燃气反流的现象。

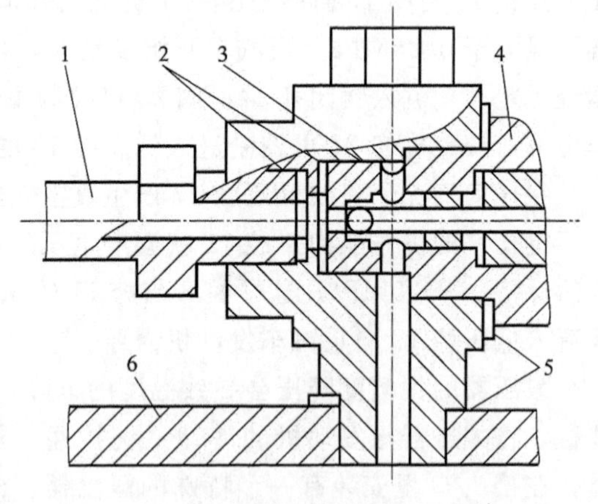

图 9-8　气体喷射器在发动机上的安装布置

1—CNG 管线接头；2—密封垫；3—阀座；4—气体喷射器；5—隔热垫；6—气缸盖

（4）气体燃料喷嘴　气体燃料喷嘴由于冷却不良、气体干而造成的摩擦损耗，使得喷口容易堵塞，气体流量不足。图 9-9 所示为 IMPCO 设计的盘式衔铁气体燃料喷嘴结构示意，该喷嘴的喷口形状和尺寸避免了堵塞、黏附等现象的发生。

喷嘴的喷射压力由所需流量决定，对 CNG 燃料，喷射压力为 0.414MPa；对 LPG 燃料，

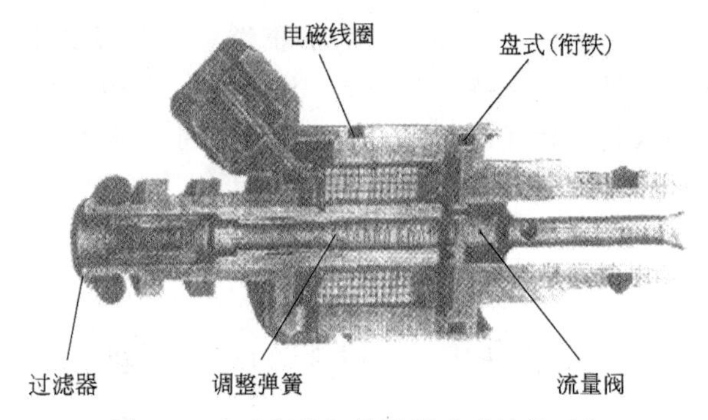

图 9-9 盘式衔铁气体燃料喷嘴结构示意

喷射压力为 0.117MPa。该气体燃料喷嘴反应快速，开启时间为 1.2ms，关闭时间为 0.5ms；CNG 最高流量可达 2.5g/s。

3. CNG-汽油两用燃料汽车的改装及调试

在汽油车基础上改装 CNG-汽油两用燃料汽车，要符合国家有关改装标准，CNG 专用装置要满足 QC/T 245—2002《压缩天然气汽车专用装置技术条件》。天然气汽车的改装调试必须由专业技术人员进行。改装后，在供气系统通气之前必须进行吹管和试压工作，以排除管线中的泥沙和铁锈，并使管线密封达到要求。其步骤如下。

1）吹管断开主气阀至滤清器的管线接头，关闭气瓶阀，打开主气阀，由充气阀进气，用 0.3～0.5MPa 的压缩氮气吹扫管路和气阀通道，吹扫后再接上断开的管接头。

2）密封性检查，在关闭气瓶阀的条件下，用专用压缩机对高压管线系统充气到 22～25MPa，关闭充气阀，取下充气嘴，装好防尘塞。观察连于管线上的充气压力表的压力示值，在 15min 内不应有下降。如发现充气压力表的压力示值下降，表明有管路渗漏，应用检漏液仔细检查所有高压接头、管路和减压阀总成，查出泄漏点，将管路中的气体排出后再拧紧卡套或接头。不允许带压紧固。紧固后，应重新进行试压检验。

3）排空是用 CNG 将储气瓶中的空气置换出来，使储气瓶中的空气与天然气的混合比达到不可燃的程度。CNG 汽车改装完毕后，第一次充气到额定气压（20MPa）前，应进行两次排空。

第一次排空：将汽车开到充气站，发动机熄火，断开电源总开关。取下充气阀防尘塞，插入充气嘴，打开高压截止阀，慢慢充气到 2MPa 后，停止充气。关闭充气阀，取下充气嘴，装好防尘塞。将车移到开阔处，用气体检漏仪检查各管接头无泄漏后，打开充气阀，将瓶中压缩天然气排放于大气中，使瓶中气压下降到 1MPa。

第二次排空：再次充气到 2MPa 后，停止充气，再次将气瓶气压降至 1MPa 后停止放气，排空完毕，即可按常规充气达到 20MPa。

充完气后进行调试前的检查和调整：

① 检查汽油电磁阀手动开关是否处于关闭位置；② 检查燃料转换开关是否能对高压电磁阀及汽油电磁阀分别控制；③ 对带有电磁阀的减压器，应检查在通、断电源时，电磁阀是否有相应开、关的动作；④ 检查汽油电磁阀是否有渗漏现象（应避免油气混烧）；⑤ 调整分电器点火时间转换器，并检查其工作是否正常；⑥ 检查气量指示灯和气瓶压力指示是否一致，如有差异应进行调整。

检查和调整完毕后进行调试工作。

(1) 燃料转换调试先用汽油起动发动机，然后把燃料开关扳到中间位置（见图 9-10），切断两种燃料供应，使发动机转速保持在 2000r/min 左右，发动机开始抖动（或声音变化）时，立即将燃料转换开关扳到天然气位置，发动机运转正常，说明天然气燃烧良好。如果发动机运转不正常，调整点火时间或检查其他电路系统。

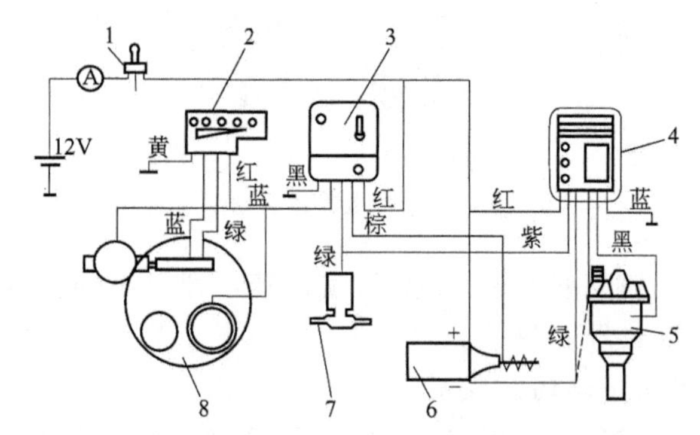

图 9-10 CNG-汽油两用燃料汽车电路示意

1—点火开关；2—气量显示灯；3—油气转换开关；4—点火时间转换器；5—分电器；6—点火线圈；7—汽油电磁阀；8—减压阀

(2) 点火正时调整将燃料转换开关置于“气”位置，起动发动机，调整分电盘位置，使点火时间达到最佳后，固定分电盘，然后将燃料转换开关置于“油”位置，调整点火时间转换器上的旋钮或数字调节钮，直到调到最佳点火时间为止。

(3) 加速性能调试用天然气运行发动机，在原地让发动机怠速运转，然后反复快速猛踩加速踏板，看发动机转速变化是否迅速、圆滑。如果不理想，调整减压装置三级阀的调节旋钮，直到满意为止。

(4) 天然气与空气的空燃比调整　①在底盘测功机上，发动机用天然气做燃料，由直接挡加载运转，使发动机处于最大转矩工况，然后用废气分析仪测试发动机废气，调整动力阀调整螺钉，使 CO 的体积分数在 1.0%～1.5%范围内，固定动力阀调整螺钉。然后再将怠速、起动和加速复查一遍，反复调整，直到满意为止。②在车辆运行中，也可根据经验，直接调整动力阀，校正发动机空燃比。

4. CNG-汽油两用燃料汽车的使用

CNG 汽车驾驶员必须经过技术培训，取得合格证书后方能驾驶天然气汽车。汽车起动前要缓慢开启各天然气气瓶阀，然后缓慢开启高压截止阀，观察压力表，检查天然气压力管线接头和减压阀是否漏气。打开气阀时，人不要站在阀和气瓶的正面。

用天然气起动时，将燃料转换开关扳到“气”位置，点火开关置于“点火”位置，转换开关上的指示灯亮，即可按汽车正常操作程序起动运行。

需要将天然气转换为汽油时，将燃料转换开关从“气”位置扳到“油”位置。在转换过程中，发动机会出现轻微的停顿现象，所以最好不要在交通拥挤的地方进行，如果在停驶状态下进行转换，应将发动机转速提高后进行，以免熄火。汽油转换为天然气时，先将燃料转换开关从“油”位置扳到中间位置，待发动机声音变化时（大约 1～2min），立即将转换开关扳到“气”位置即可。在转换过程中，发动机仍会出现轻微的停顿现象，不要在交通拥挤的地方进行。

使用天然气行驶时，注意观察仪表上气量指示灯，了解气量情况。当绿灯全熄而红灯亮时，表示天然气即将用完。

四、CNG-柴油双燃料汽车

CNG-柴油双燃料发动机是以压燃少量喷入缸内的柴油作为“引燃燃料”，天然气作为主要燃料。天然气与空气在气缸外的混合器内混合，形成比较均匀的混合气再进入气缸。活塞在压缩行程接近上止点时，柴油被压燃着火，与在柴油机中的情形类似。由于空气和天然气已在缸外预先混合，因而，天然气-空气混合气的着火与燃烧，与火花点燃式发动机相似。

CNG-柴油双燃料发动机既可用柴油引燃天然气工作，也可用100%的柴油燃料工作。大多数柴油机只增加二套供气系统，而不必对柴油机做很大改动，就可使用天然气代替大量的柴油（80%以上）。它与改装成火花点燃的发动机相比，可以节省大量的改装费。

CNG-柴油双燃料发动机经在多种类型汽车上的运行试验证明，它们与柴油机汽车相比具有一系列突出的优点：由于使用了空气与天然气的混合气，能替代85%左右的柴油；排气中的烟度减少2/3～4/5；固态微粒排放较少；发动机的噪声降低1.5～3.0dB。

CNG-柴油双燃料发动机天然气供给方式有混合器预混合式、缸外进气阀处天然气喷气式和缸内喷气式等。后两种方式需要专用的气体喷射器，目前还处于研究阶段。

1. CNG-柴油双燃料发动机燃料供给系统

（1）系统的组成　双燃料发动机的燃料供给系统由四部分组成：柴油供给、发动机的控制和保护、天然气的调节和供给、天然气的储存。

燃料供给系统包括天然气的混合器、天然气供气量控制阀以及燃油供给机构。

发动机的控制和保护系统包括天然气供给控制阀门的传动装置、发动机从燃用纯柴油转换为燃用双燃料工况的转换系统及天然气供给闭锁装置。

天然气的调节和供给系统包括压缩天然气的高压减压阀、低压减压阀、天然气滤清器及开关阀、天然气加热器等，以便为发动机提供合适的天然气。

天然气的储存系统包括压缩天然气气瓶、压力表、气瓶充气供气阀等。

（2）系统的工作原理　CNG-柴油双燃料发动机燃料供给系统的控制方式有机械式和电子式。目前，国内柴油机大部分采用机械式燃料供给控制方式。图9-11是采用机械控制方式的双燃料发动机结构示意。

打开储气瓶供气阀5，气瓶中的天然气向发动机供气。由于进入发动机的天然气是经过减压的低压天然气，因此，天然气在供给发动机过程中，因膨胀要吸收大量的热，由此将造成输气管路及其他零部件的冻结，使供气系统不能正常工作。

所以在供气系统中加设了天然气加热器6，靠发动机冷却液的循环所提供的热源加热天然气。被加热的天然气经过高压减压阀7，使其压力降低到1.0～1.2MPa。在高压减压阀后的管路中，设置的天然气中压管路报警装置8和中压管段限压阀9，是为了保证供气系统工作中的可靠性。当高压减压阀工作失常，造成中压管路压力超过允许值时，避免造成后端系统元器件的损坏；当压力超值时，开启限压阀，将中压管路内的天然气排出系统之外，确保后端元器件的安全；当中压管段发生断裂或其他因素引起中压管路中天然气压力很低，不能保证供气系统正常工作时，天然气中压管路报警装置8发出压力不足报警，通知驾驶员关闭供气系统，检查管路，排除故障。为了确保天然气供气系统满足工作要求，在进入低压减压阀14之前，中压管路中设置了天然气滤清器及开关阀10，不仅对供给发动机的天然气进行过滤，而且有接通和断开向低压减压阀供气的功能。当驾驶员要求发动机按CNG-柴油双燃

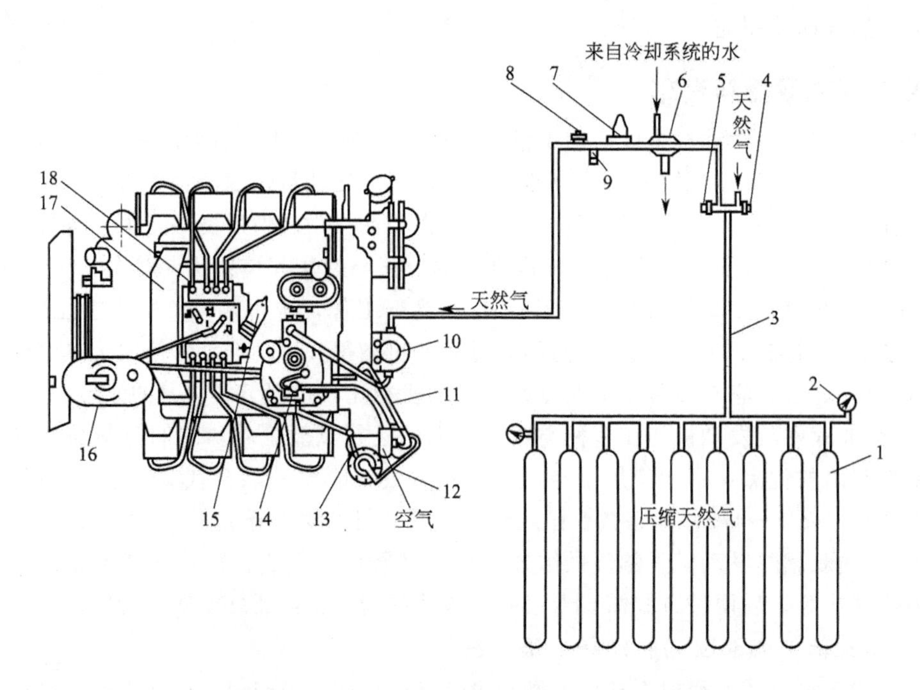

图 9-11　CNG-柴油双燃料发动机结构原理

1—车载压缩天然气气瓶；2—气瓶压力表；3—高压输气管路；4—气瓶充气阀；5—储气瓶供气阀；6—天然气加热器；7—高压减压阀；8—天然气中压管路报警装置；9—中压管段限压阀；10—天然气滤清器及开关阀；11—天然气低压供气管；12—天然气供气量控制阀；13—混合器；14—低压减压器；15—高压油泵供油量限位器；16—燃料转换开关；17—发动机；18—高压油泵

料模式工作时，开关阀 10 处于通路状态，向低压减压阀 14 供给天然气；当发动机以纯柴油作为燃料时，开关阀 10 处于关闭状态，确保天然气不参加工作。天然气通过滤清器及开关阀 10 后，进入低压减压阀 14 内，进行再次减压，使供给发动机的天然气压力符合发动机的要求。由低压减压阀减压后的天然气，经过天然气供给量控制阀 12（由驾驶员操纵）后，进入混合器 13，在混合器中天然气与空气进行预混合，然后由进气道进入燃烧室。由于双燃料发动机的工作过程是主燃料天然气由柴油着火引燃，所以发动机在工作时，除了要有天然气的供气系统参加工作外，柴油供油系统也要参加工作，供给发动机一定量的引燃柴油，但是其供油量要受到一定的限制。为了便于驾驶员的操作，在原发动机的供油系统高压油泵 18 上加装了高压油泵供油量限位器 15，以此来控制发动机柴油量的供给。当发动机处于双燃料工作状态时，高压油泵供油量限位器限制高压油泵的供油量，使得驾驶员踩加速踏板时，主要控制天然气供给量，而柴油供给量限制在引燃油量范围内。当天然气气瓶中天然气压力低于 1MPa 时，系统的工作难以正常进行，需要加气，由加气站提供的 20～25 MPa 压缩天然气，通过气瓶的加气嘴和气瓶充气阀 4 注入气瓶。

2. 压缩天然气供气系统主要部件的功用

在 CNG 供气系统中，重要部件包括 CNG 高压减压阀、低压减压阀、混合器、天然气供气量控制阀、高压油泵供油量限位器、发动机的控制和保护系统等。

(1) 高压减压阀　预混合式双燃料发动机工作所需的天然气为低压天然气，要使气瓶中的高压压缩天然气转换为适合发动机所用的低压天然气，必须经过多级减压过程减压。天然气高压减压阀所担负的任务，是将高压气瓶输出的天然气减压到较为安全的中压，以降低对其后面的各机构和管路系统密封性及零部件所需压力强度的要求。经过高压减压后的天然气一般在 1.0～1.2MPa 范围内，具体数值根据后端零部件的工作情况而定。

（2）低压减压阀　发动机所需天然气压力很低（相对压力在 0～1.5kPa 之间），只靠高压减压阀将压力降到如此低很难，而且也不易使压力稳定到所要求的范围内。所以整个系统采取多级降压方式，在高压减压后进行了低压减压。一般低压减压采用两级减压综合阀结构，一级减压将高压压力降到（0.2±0.02）MPa，二级减压后输出的天然气静压力为 0～1.5kPa（可调）。

（3）混合器　混合器是预混合式双燃料发动机特有的装置，它将经过减压的天然气和进入发动机的空气较均匀地混合后，供给发动机气缸，被压燃的柴油点燃进行燃烧。某些混合器中采用文丘里喷管形式，在喷管中间形成较高的进气流速，从而在该处形成较大的真空度，形成对天然气的抽吸作用。这种混合器一般多用于天然气的负压供气或微压供气。

（4）CNG 供气量控制阀　CNG 供气量控制阀（蝶阀）是调节供给发动机天然气量的关键部件。它是由驾驶员操作，一般它的控制柄与驾驶员的加速踏板连接在一起，随驾驶员的加“油”、减“油”过程，使蝶阀的开度增大或减小，实现天然气供给量的加大和减小，来保持发动机与外界负荷的平衡。

（5）高压油泵供油量限位器　高压油泵供油量限位器是发动机在双燃料工作时，对供油系统供给发动机的引燃油量进行限制的机构。

（6）发动机的控制和保护系统　该系统在发动机不工作时，切断两种燃料向发动机供给；发动机运行时，当天然气气瓶压力不足时，则自动转换使发动机燃用柴油；当使用减速制动时，则关闭天然气的供给，采用中心控制单元控制。

3. CNG-柴油双燃料汽车的使用

驾驶 CNG-柴油双燃料汽车的驾驶员必须经过专门培训。双燃料柴油机在起动和怠速工况只能用柴油单一燃料。

使用双燃料汽车的驾驶员在出车前，必须检查气瓶与托架：托架与大梁之间是否牢固，连接管路有无漏气。每天工作结束后，应该重新检查 CNG 高压管路、气瓶连接接头、充放气阀和气瓶气阀在关闭和完全打开位置时的密封性。

第二节　液化石油气汽车

一、概述

液化石油气（英文缩写 LPG）汽车就是以液化石油气为主要燃料的汽车，也简称 LPG 汽车，LPG 与汽油、柴油等常规汽车燃料相比，具有燃烧完全、积炭少、排放污染物低等优点，被称之为“清洁燃料”。

1. 液化石油气的资源情况

我国液化石油气的资源包括油田和石油炼厂两个方面。油田的液化石油气是在伴生气的处理过程中的轻烃产品，因此，主要来自各个油田，如大庆、辽河、大港、华北、胜利、中原、新疆、吐哈等油田都有 LPG 的产品，由于不含烯烃，所以适于做车用燃料。另外一个

LPG 的主要来源是石油炼厂的催化裂化和延迟焦化炼油过程中生产的 LPG。全国共有 64 个大中型炼油厂生产 LPG，其中，中国石化总公司 34 个炼油厂的 LPG 产量占全国总产量的 89%。2011 年，全国 LPG 的总产量为 2186 万吨。但炼油厂生产的 LPG 含有大量的烯烃，不适于做车用燃料。虽然不同来源的 LPG 都有各自的标准，但我国还没有车用 LPG 的标准。如果使用这些 LPG 作为车用燃料，一定要测量它们的烯烃含量，一般烯烃含量低于 6%可以在汽车上使用。

目前，中国石油天然气总公司系统从油、气田回收的液化石油气每年约有 25 万吨，新疆油田已经将 LPG 用做汽车燃料。我国西部地区的新疆克拉玛依、泽普、塔里木、吐哈、青海等油田的液化石油气的年产量已达 8 万吨。随着天然气产量的增加，油田 LPG 的产量也会不断的增加。另外，通过对石油炼厂液化石油气的减少烯烃的处理，也会增大车用 LPG 的资源。

2. 液化石油气汽车的应用现状

液化石油气汽车在替代能源汽车中发展最快，据统计，全世界液化石油气汽车保有量已达 900 多万辆，大部分分布在韩国、意大利、俄罗斯、美国、日本、荷兰、澳大利亚等国，世界各国液化石油气汽车的应用现状见表 9-6。我国近年来液化石油气汽车的改装工作也取得了很大的发展。2010 年我国液化石油气汽车已有 20 万～30 万辆。

表 9-6　世界各国液化石油气汽车的应用现状

国家	LPG 汽车保有量/万辆	LPG 加气站数	国家	LPG 汽车保有量/万辆	LPG 加气站数/座
韩国	120	1002	澳大利亚	45	3300
意大利	110	1550	加拿大	14	5000
俄罗斯	70	—	中国	11.4	355
美国	70	6000	新西兰	7.0	—
日本	50	4000	总计	531.1	22765
荷兰	47	2000			

我国由于能源和环境的压力，近来 LPG 汽车的发展很快。在国家科委带头下，成立了“全国燃气汽车协调领导小组”，各大城市纷纷成立了“推广双燃料汽车领导小组”。截止 2004 年底，全国 12 个示范城市共有 LPGV 11.4 万辆，LPCV 加气站 355 座，我国每个示范城市液化石油气汽车及加气站统计见表 9-7。

表 9-7　我国示范城市液化石油气汽车及加气站统计

城市(地区)	LPG 汽车保有量/万辆	LPG 加气站数/座
上海	39000	112
北京	32412	73
广州	23459	18
长春	10092	36
哈尔滨	5789	27
深圳	5284	10
乌鲁木齐	3777	34
青岛	3506	17
济南	2400	7
银川	1436	6
天津	760	12
海南省	515	3

3. 液化石油气汽车的发展优势

（1）与传统汽车相比 LPG 汽车使用寿命更长 传统的汽车利用汽油作为燃料，在燃料燃烧部件需要用到润滑油，润滑效果会随着部件磨损变差，减少部件使用寿命。LPG 汽车运用的是丁烷、丙烯烃类燃料，燃烧时效率较高，挥发性较好，剩余杂质相比汽油燃烧对汽车部件磨损很低。两者相比，LPG 汽车比传统汽油车寿命增长了约 3 倍，节约了 50%以上的维修费。

（2）减少空气污染，保护环境 城市汽车尾气污染占全部空气污染的 60%以上，随着我国经济和社会的不断发展，城市内汽车拥有量越来越多，致使空气污染日益严重。

汽车尾气主要排放的 CO、HC、NO_x，对于人体呼吸道、肺部都有着巨大伤害，长期身处高尾气排放环境，对于人体健康有着严重危害。与传统汽油车相比，LPG 汽车燃料是液态石油气更容易与空气结合，燃料燃烧更为充分，排放的尾气大大减少，且没有黑烟和积碳，保护环境、减少了空气污染。

（3）寒区、低温启动性好 LPG 汽车燃料为丙烷、丁烯烃类化合物，与汽油燃料相比不含有胶质。在低温、寒区 LPG 汽车冷启动性能好，据有关实验证明，在低温到达零下 30℃时，LPG 汽车仍可以良好启动。

（4）安全、可靠性高 传统汽车以汽油作为燃料，随着温度升高，汽油的挥发性越高，这就导致，在温度达到汽油燃点且存在不严密封闭的情况下，传统汽车油箱附近的空气与汽油挥发的气体混合，遇到微小火花都极易着火。汽油的燃点在 430℃以内，LPG 液化气的燃点在 539℃以上，不易与空气形成可燃混合气体，在相同环境下，LPG 汽车比传统汽油车更为安全。

二、液化石油气汽车的类型

液化石油气汽车主要包括纯液化石油气汽车、LPG-汽油两用燃料汽车以及 LPG-柴油双燃料汽车。

（1）纯液化石油气汽车 发动机的燃料供应按照液化石油气特性专门设计，可以充分发挥 LPG 的优点，使用性能最佳。

（2）LPG-汽油两用燃料汽车 这种汽车通常是在汽油机的基础上改造而成，发动机保留原汽油供给系统，增加一套液化石油气供给系统。两种燃料供给系统通过电磁阀控制转换。由于兼顾燃用汽油时的使用性能，发动机不能做较大的改造。因此，液化石油气的特性不能充分发挥，性能比纯液化石油气汽车差。

（3）LPG-柴油双燃料汽车 这种汽车一般是在柴油机的基础上改造的。与上述的 LPG-汽油两用燃料汽车一样，保留原柴油供给系统，增加一套液化石油气供给系统。两种燃料供给系统通过电磁阀控制转换。但燃用 LPG 与空气的混合气时，由于混合气的自燃温度高，必须先用少量的柴油引燃。所以称之为双燃料汽车。

三、LPG-汽油两用燃料汽车

LPG-汽油两用燃料发动机技术经历了四代产品的更替：第一代为混合气式气态燃料供应系统；第二代为 LPG 电子控制燃料供应系统；第三代为 LPG 进气管电控喷射系统；第四代为 LPG 缸内直喷技术。

第一代产品对应于汽车化油器时代，在不改变汽车原有供油系统的前提下，加装一套燃气供气装置，在节气门前安装文丘里管或比例调节式机械混合器，利用发动机进气真空度的变化，调节燃气供气量，适应不同负荷条件下对供气量的不同要求，基本保证发动机正常燃烧的需要。这种燃料供应方式结构简单，成本低，在技术上要求也较低。但由于气态 LPG 挤占进气体积，使得充气效率下降，发动机动力性有所下降；而且由于无法精确控制 LPG 的供气量，使得空燃比波动较大，经济性和排放性能并不是特别理想。

第二代产品在第一代产品的基础上，采用电子控制化油器的调节技术，在混合器前安装有步进电动机控制的节气门，并将发动机的转速、进气管压力及废气中的氧含量等信号传送到电子调节器，电子调节器根据接收到的信号控制电磁阀的开启角度，从而控制 LPG 的供应量，而后在混合器中与空气混合，吸入气缸燃烧。由于根据不同工况较准确地控制 LPG 的供应量，使 LPG 汽车性能得到提高。

第三代产品对应于电子控制多点喷射技术，采用闭环控制多点 LPG 混合气电喷技术，利用电子控制模块，根据发动机转速、负荷和废气氧含量等信息的变化，自动调节供气量，使得发动机空燃比控制更加精确。LPG 进气管电控喷射系统按照供应燃料的状态又分为气态喷射和液态喷射，液态喷射减少了对空气体积的挤占空间，且液态 LPG 在汽化过程中吸收热量，使进气温度降低，提高了进气密度，较气态 LPG 供应方式提高了充气效率，因此，可以显著地改善发动机动力性下降的问题，使得发动机的功率与原汽油机持平，排放也得到改善。安装催化转化器后，提高了发动机的工作效率，可以使污染物较同等技术水平的汽油车降低 50%～66%，达到美国加利福尼亚州超低排放标准的要求。因此，目前各国普遍推广采用多点 LPG 液态喷射方式。

第四代产品为缸内直喷技术（DI），是未来 LPG 发动机发展的目标和趋势。这种方式将 LPG 喷嘴安装在缸盖上，把液态 LPG 直接喷射到发动机的气缸里。由于没有节气门的节流作用，因此，减少了发动机的泵气损失，提高了发动机的工作效率。然而像汽油机的缸内直接喷射（GDI）一样，LPG 的缸内直接喷射也面临着很多的技术困难和问题，目前尚处于研究阶段，应用还不多。

1. LPG-汽油两用燃料汽车闭环电控多点喷气系统的结构及工作原理

LPG-汽油两用燃料汽车与传统汽油汽车的区别是增加一套 LPG 燃料供给系统。LPG 燃料供给系统包括：储存液化石油气的钢瓶、滤清器、电磁阀、蒸发调节器、燃气共轨管、燃气喷嘴和控制系统等。与原车燃油系统协调联系在一起，形成燃油和液化石油气两个独立的系统。该系统通过安装在驾驶室内的切换开关能够自动地实现燃料工作方式的转换。图 9-12所示是 LPG-汽油两用燃料供给系统工作原理框图。

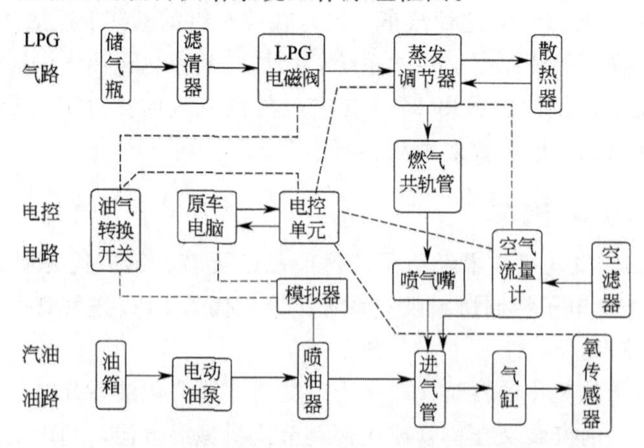

图 9-12 LPG-汽油两用燃料供给系统工作原理框图

对于轿车，一般都将液化石油气储气瓶安装在车尾部的行李箱内，为防止阀门等附件处的泄漏，可采用整体式保护壳或半体式保护壳将钢瓶部分罩住；为了将偶尔泄漏的液化石油气排出车外，还应设有排出管道。其他部件如蒸发调节器、燃气共轨管、燃气喷嘴和电磁阀等装在发动机室内。

当使用 LPG 作燃料时，驾驶员将选择开关扳到“气”的位置。此时，LPG 电磁阀打开，汽油电磁阀关闭。液态的 LPC 靠自身的蒸汽压力被压出气瓶。通过高压管路，流经滤清器时将杂质过滤掉，然后经电磁阀流入蒸发调节器，在蒸发调节器内被降压、汽化、调压、变成气态，由喷气嘴将 LPG 喷入进气管与空气混合，进入发动机燃烧做功。当 LPG 电控单元检测到发动机进入工作状态后，依照 $\alpha=1$ 的原则，根据事先储存在微处理器内的发动机转速和负荷的各种组合，调节各 LPG 喷嘴开启时刻和持续时间。为了达到与燃用汽油相同的驾驶性能，这种系统有的还依靠步进电动机来调节 LPG 压力，而且将蒸发调节器与进气歧管内的压力联系起来以适应发动机工况的迅速变化。

2. 液化石油气汽车的合理使用

使用液化石油气汽车的驾驶员要经过专门技术培训。使用中应定期进行车辆的检查和维护，及时发现和排除故障。

液化石油气汽车的电磁阀、截止阀、管线和滤清器要进行正常工作压力下的密封试验。如果要试验它们的破坏强度，试验压力为工作压力的 1.6～3 倍。低压胶管密封试验压力为 0.2MPa，破坏试验压力为 0.5MPa。高压管线密封试验压力为 1.6MPa，破坏试验压力为 4.8MPa。上述部件的选择应按汽车运行条件进行，各项试验方法必须能对它们的技术状况进行检验，以保证在计划预检修期内汽车能够安全运行。

在液化石油气汽车使用期间，应经常注意车身或驾驶员的隔板和其他部件，防止液化石油气进入驾驶室或公共汽车车厢内。为此，每年要检查一次驾驶室、客车车厢和行李箱的密封性。

汽车驾驶员在冬季要特别注意液化石油气汽车运行安全问题，在寒冷状态起动发动机时只能用热水、蒸汽或热空气给液化石油气装置加热，杜绝使用明火。

四、LPG-柴油双燃料汽车

车用柴油机改装为 LPG-柴油双燃料发动机与 CNG-柴油双燃料发动机一样，必须保留原柴油供给系统，用来提供引燃空气与 LPG 混合气的少量柴油，并需要配备一套液化石油气供给系统。这时发动机同时具有两套燃料供给装置，汽车同时携带两种燃料。而且燃料供给控制的难度也增大了许多，既要考虑液化石油气的控制，又要考虑柴油的控制；既要处理好液化石油气与柴油之间的合理配比，又要处理好液化石油气、柴油与空气之间的合理配比。

LPG-柴油双燃料发动机的液化石油气供给系统也是由液化气气瓶、滤清器、电磁阀、蒸发调节器、燃气共轨管、燃气喷嘴和控制系统等组成。

LPG-柴油双燃料发动机和 CNG-柴油双燃料发动机一样，用柴油起动。待发动机冷却液温度达到正常范围后，打开液化石油气气瓶阀门，液化石油气在瓶内气体压力作用下流入蒸发器。在蒸发器内，液化气吸收来自发动机冷却液的热量，完全蒸发变成气体。气态液化石油气流入减压阀降压，使其由钢瓶内的压力降至某一数值。该数值可根据发动机运行要求进行调整。降压后的液化石油气进入调压阀，调压阀根据发动机运行工况，利用混合器真空度自动调节流入混合器的液化石油气量。液化石油气进入混合器与空气均匀混合。在混合器下方的节气门通过联动机构与柴油机调速机构的操纵手柄相连。操纵手柄根据发动机运行工况移动时，联动机构使节气门开度随之成正比变化，从而可以根据发动机运行工况对液化石油气和空气的混合气实行供给量的调节。

第三节 醇类燃料汽车

醇类燃料主要是指甲醇和乙醇，但也包括正丙醇、异丙醇、正丁醇、异丁醇、正戊醇、异戊醇、仲丁醇、叔丁醇等高碳醇。这些醇类，除了本身可以做内燃机的替代燃料外还可以做汽油的高辛烷值调和剂，其中高碳醇还可以作为甲醇与汽油或柴油、乙醇与汽油或柴油之间的助溶剂。醇类燃料可以利用植物或煤炭制取，来源有保障。使用比较广泛的是乙醇。目前，醇类汽车多使用乙醇和汽油或柴油掺混的燃料驱动，既不需修改发动机，又起到良好的节能、降污效果。

一、概述

醇类作为液体燃料，其储运、携带、使用都和传统的汽油、柴油差不多。生产乙醇燃料的原料主要来自农作物，属可再生能源，用生物技术路线取代化学技术路线进行生物燃料的生产，已成为全球各国能源规划的核心内容。燃用乙醇燃料可以减少大气中 CO_2 排放量，许多国家如日本和我国的部分地区规定在汽油中掺烧部分乙醇。乙醇作为军用燃料在美国和巴西的应用由来已久。醇类燃料主要使用甲醇和乙醇，具有辛烷值高、汽化潜热大、热值较低等特点。作为汽车燃料，醇类燃料自身含氧，具有更高的氧燃比，CO 和 HC 的排放比汽油和柴油低，几乎无炭烟排放；另外，由于汽化潜热高，可降低进气温度，提高发动机的充气效率，使最高燃烧温度降低，从而降低 NO_x 的排放。

1. 醇类燃料的来源

甲醇可以较方便地从煤、木材、天然气、石油伴生气、植物秸秆甚至城市可燃垃圾以及近年来正在研究中的海藻等物质中提炼或合成，可以说，凡是可以得到 CO 及 H_2 的原料，都可以合成甲醇。由于以天然气为原料的装置投资费用仅为煤的 1/3、重油的 111.89，目前，以天然气为原料的甲醇装置的生产能力已占世界总能力的 90%，采用天然气生产甲醇是目前使用最广泛、最经济的生产方法。以天然气为原料经合成生产甲醇的典型的流程包括原料气制造、原料气净化、甲醇合成、粗甲醇精馏等工序。

乙醇既可以由乙醛氢化或乙烯水合制成，也可由单糖类（如甘蔗、甜菜等)、淀粉类植物（如玉米、薯类、大麦等）及纤维类（如木屑、树枝及秸秆等）为原料采用生物发酵方法制成，还可从再生的农业、林业废料等生物物质中制取。制造醇类的原料是相当广泛的，理论上所有含糖、淀粉、纤维素的生物质都可作为乙醇生产的原料。目前世界各国都在根据自己的国情和资源来确定制取乙醇的原料和途径。目前，美国和巴西的燃料乙醇行业发展水平居世界前列，两国 2010 年的燃料乙醇产量合计为 19473.24 百万加仑（约 5842×10^4t)，占世界总产量 22268.89 百万加仑（约 6680×10^4t）的 87.4%。我国从 2000 年开始探索用玉米、小麦等陈化粮加工燃料乙醇。到 2010 年，我国燃料乙醇的年产量可以达到 200×10^4t，到 2020 年达到 1000×10^4t。

2. 醇类燃料的理化性质

内燃机用的柴油、汽油是烃类燃料，而醇类是烃基与羟基（OH）组成的化合物。醇类分子中含有 OH 这一特点是醇类燃料与烃类燃料不同的根本所在。根据醇分子中所含羟基数目的不同，醇类分为一元醇、二元醇和多元醇。甲醇和乙醇属于一元醇。下面对甲醇和乙醇的物理和化学性质进行讨论，它们的理化性质比较见表 9-8。

表 9-8　代用燃料间的理化性质比较

性质	汽油	甲醇	乙醇	LPG	
				丙烷	丁烷
分子式	$C_5\sim C_{12}$的烃混合物	CH_3OH	C_2H_5OH	C_3H_8	C_4H_{10}
相对分子质量	95～120	32	46	44	58
碳质量分数/%	85～88	37.5	52.2	81.8	82.8
氢质量分数/%	12～15	12.5	13.0	18.2	17.2
氧质量分数/%	0～0.1	50	34.8	0	0
低热值/(MJ/kg)	43.5	19.66	26.77	45.77	46.39
汽化潜热/(kJ/kg)	297	1101	862	422	372.2
研究法辛烷值(RON)	80～98	112	111	111.5	95
十六烷值	0～10	3	8	8.4	2.1
着火极限	1.4～7.6	6.7～36.0	4.3～19.0	2.2～9.5	1.9～8.5
自燃温度/℃	220～260	470	420	432	432
火焰传播速度/(m/s)	39～47	52	50	38	37
理论空燃比	14.2～15.1	6.4	9.0	15.88	15.46
分子变化系数	1	1.21	1.14	—	—
沸点/℃	30～220	64.8	78.5	−42.1	−0.5
饱和蒸汽压/kPa(38℃)	62.0	31.0	17.33	358.5	358.5

从表 9-8 中可以看出，甲醇和乙醇作为内燃机燃料具有以下特点。

(1) 辛烷值高　乙醇和甲醇的研究法辛烷值（RON）分别为 111 和 112，若在汽油中添加甲醇或乙醇可以有效提高汽油的辛烷值。如 RON 为 90.6 的催化裂化汽油添加 10%乙醇，RON 可以增大 3.4。因此，使用乙醇汽油或甲醇汽油的发动机可适当提高压缩比来提高热效率，从而获得较好的动力性能和经济性能。

(2) 十六烷值低　乙醇和甲醇的十六烷值很低，着火性能差而且自燃温度高，这使得在柴油机上直接使用醇类燃料很困难，而要点燃或者添加着火促进剂。

(3) 含氧量高　乙醇和甲醇的含氧量分别为 34.8%和 50%，这有利于改善燃烧，降低排污。研究结果表明当汽油中的乙醇含量达到 6%时，HC 排放将会降低 5%，CO 排放减少 21%～28%，NO_x 降低 7%～16%。

(4) 着火界限宽　乙醇和甲醇的着火界限宽，火焰传播速度快，有利于采用稀混合气燃烧，提高经济性并降低排放污染。

(5) 沸点低　乙醇和甲醇的沸点低，产生气阻的倾向大。

二、甲醇燃料在汽车上的应用

以甲醇为燃料的汽车称为甲醇汽车，甲醇燃料可以与汽油或者柴油按一定比例配制成混合燃料，亦可直接采用醇类燃料作为发动机的燃料。

1. 甲醇燃料的特点

甲醇作为汽车燃料具有如下特性。

（1）抗爆性　甲醇的抗爆性能较好，其研究法辛烷值（RON）达112，马达法辛烷值（MON）为106，而且它和汽油混合后的调和辛烷值较高（见表9-9）。

表9-9　甲醇在国内典型汽油中的辛烷值调和性能

调和组分	甲醇体积分数/%	调和辛烷值		净辛烷值	
		RON	MON	RON	MON
直馏汽油	0	—	—	69.3	68.3
	5	149.8	142.3	73.8	72.0
催化裂化汽油	0	—	—	88.3	78.3
	5	122.3	98.3	90.0	79.3
	10	124.3	92.3	91.9	79.7

（2）腐蚀性　甲醇生产过程中含有的酸性物质、储存过程中吸收的少量水分、受到空气的氧化或细菌发酵产生的少量有机酸以及甲醇燃烧产生的甲醛、甲酸等都会使发动机产生较为严重的腐蚀和磨损。其主要原因是甲醇及其燃烧过程中游离基反应生成的氧化物（如甲酸）对金属表面的侵蚀。另外，甲醇的蒸发潜热大，汽化不良而流入气缸壁，致使润滑油膜被冲刷而造成润滑油稀释并严重乳化，导致发动机部件磨损。研究结果表明，甲醇汽油对铝、铅、铸铁合金等金属材料都有腐蚀作用（尤其对铅、铝及其合金腐蚀性最大）。甲醇汽油燃烧生成的甲醛能迅速与机油中抗氧化、抗腐蚀添加剂反应，生成甲酸锌，使机油的抗氧化、抗腐蚀和抗磨性能很快变差。

（3）对橡胶材料的溶胀性　甲醇汽油对汽车供油系统橡胶部件的溶胀作用较大，对油泵的密封及其他部件的合成橡胶材料大都有腐蚀、溶胀、软化或龟裂作用，甚至对树脂滤芯及金属滤芯也有腐蚀作用，有时对喷油器金属还有斑蚀作用。实验结果表明，氟硅橡胶和氟烷橡胶具有较好的耐甲醇溶胀性能。

（4）低温性能　甲醇汽油的低温性能和冷起动性能较差，这主要是由于甲醇的蒸发潜热比汽油高3倍，低温条件下，甲醇汽油发动机不易起动。纯甲醇在汽油机中燃烧的理论空燃比为6.45，比汽油正常燃烧所需的理论空燃比低得多，使汽车运转性能不良，影响最大功率的发挥，不利于汽车的加速性，严重时将影响汽车的驱动性能。

（5）蒸汽压　常压下甲醇的饱和蒸汽压为33kPa，调入汽油后，调和油的蒸汽压显著增加。表9-10列出甲醇在催化裂化汽油和重整汽油中的调和蒸汽压。实验表明，掺体积分数10%甲醇的汽油蒸发排放量比纯汽油的蒸发排放量高1～2倍。

表9-10　甲醇在催化裂化汽油和重整汽油中的调和蒸气压

催化裂化汽油调和				
甲醇体积分数/%	0	5	10	15
调和蒸气压/kPa	65.1	82.3	81.1	78.6
催化重整汽油调和				
甲醇体积分数/%	0	5	10	15
调和蒸汽压/kPa	12.7	35.2	36.7	36.6

（6）排放性能　甲醇具有很高的含氧量，使用甲醇汽油可以有效提高发动机的热效率，减少汽车CO及烃类化合物（HC）的排放，但未燃烧的甲醇及醛类排放则较普通汽油明显增加。德国大众汽车公司进行的甲醇车辆的排放试验结果表明，甲醇汽车排放与汽油车相比，CO降低62.5%，HC减少33.3%，NO_x减少25%，而总醛排放增加了3～6倍。国内研究表明，使用甲醇汽油，汽油发动机的CO排放比使用汽油下降了48%，HC下降了

39%，NO_x 基本不变。使用 M15 和 M100 燃料，发动机的甲醛排放增加了 3～4 倍，使用 M15 的未燃甲醇排放约 50×10^{-6}，使用 M100 时为 500×10^{-6}，甲醇在燃料中的比例越高，未燃的醇排放量越高。

(7) 热值 甲醇的热值为 19.60MJ/kg，远低于汽油的 43.50MJ/kg。因此，使用甲醇汽油的油耗随着甲醇掺入量的增加而增加，当使用含 10%甲醇的汽油时，油耗增加约 5%。

2. 甲醇燃料在汽车上的应用方式

目前，甲醇应用最多的方式是以液态、掺烧形式应用于点燃式发动机。

(1) 掺烧方法 掺烧法是指将甲醇与汽油或柴油按比例进行掺和后作为发动机燃料进行燃烧，为汽车提供动力的应用方法，常用于中低掺和比例甲醇燃料。在混合燃料中甲醇的体积百分比以 M 表示，如甲醇占 10%、20%，即以 M10、M20 表示。纯烧甲醇是掺烧的特例，以 M100 表示。通常掺烧甲醇比例不超过 30%。

1) 在汽油机上掺烧甲醇。由于甲醇具有高辛烷值等优点，因此在汽油机上掺烧甲醇可以提高发动机的压缩比，从而提高热效率；而且还可以显著降低排放，适应日益苛刻的环保要求。但是由于甲醇汽化潜热大，热值低，有一定的腐蚀性等，因此，在汽油机上掺烧时也需要对发动机进行一定的调整。

目前在汽油机上掺烧甲醇的方式主要有两种。一种是混合燃料法，即将甲醇通过助溶剂的作用或机械混合的方法先和汽油混溶。通常选用的助溶剂有醇类、酯类、醚类、酮类以及杂醇等。采用此种方法，汽车只需要一个油箱，且对发动机不需要做大的改动，只需将点火提前角调大些，甲醇混合燃料通过低压喷嘴直接输入到气缸内燃烧。使用该方法可以方便地利用现有供油设施建立分配供应系统，投资较少。另一种是熏蒸法，即先将甲醇变成雾状，然后在进气冲程经进气道送入气缸与汽油蒸汽混合。

2) 在柴油机上掺烧甲醇。甲醇和柴油掺烧可以有效提高发动机效率，大大改善柴油机的排放，尤其是降低烟度。但是甲醇与柴油的性质差别比较大，甲醇的十六烷值低，自燃温度高，发火性不好，汽化潜热大，而且两者难以互溶，因此，在柴油机上掺烧甲醇要比汽油机中难得多。不能简单地用现有供油设备直接掺烧甲醇，必须考虑甲醇和柴油的充分细化、均匀混合、雾化汽化良好、形成可压燃的均匀混合气等要求，寻找良好的掺烧方法。目前，主要的掺烧方法有乳化液法、熏蒸法、双燃料喷射系统法等。

(2) 纯烧方法 纯烧就是单以甲醇为主要燃料。以甲醇为燃料的发动机称为甲醇发动机。事实上，甲醇含量在 50%以上的混合燃料通常也被看作纯甲醇燃料。甲醇燃料发动机同样分为甲醇奥托发动机和甲醇狄塞尔发动机。由于甲醇和汽油、柴油理化性质存在较大差异，因此，使用纯甲醇燃料或高比例甲醇燃料时，必须根据甲醇燃料的性质，调整发动机的结构和有关参数，采取一定的技术措施，设计出专门的甲醇燃料发动机，以确保发动机能够顺利起动、稳定燃烧，并能达到最佳的动力性、经济性和排放性能。使用甲醇发动机，较之在燃油发动机上掺烧甲醇，具有更多的优点，如不存在混合燃料分层问题，不需要增加专门的混合装置，对甲醇的品质要求不高等。福特等一些国外大的汽车公司已经向市场推出了甲醇汽车。我国山西云岗汽车集团有限责任公司也已经研制开发了全甲醇汽车燃烧装置。

(3) 甲醇燃料的改质 甲醇/汽油混合气易分层，纯甲醇燃料冷起动困难，而且它们的热效率也不是很理想。人们试图寻求一种新的应用方式，以期达到更好的效果。甲醇改质就是其中一个有益的尝试。

甲醇改质就是利用发动机排气的余热将甲醇改为 H_2 和 CO，然后再输往发动机。甲醇在热量和催化剂作用下可分解为 H_2和 CO，其化学反应式如下。

$$CH_3OH(液态) \longrightarrow CH_3OH(气态) \longrightarrow 2H_2 + CO$$

甲醇蒸发需要吸收汽化潜热，气体甲醇改质也需要吸收热量，故甲醇改质后名义热值为液态甲醇的 1.2 倍。热值的增量可以通过排气的余热来获得。所采用的催化剂为金属钯。改质气的成分和数量取决于催化剂的温度，催化剂的温度越高，转化率越大，H_2 和 CO 生成的数量增多。当催化剂温度大于 300℃之后，绝大多数甲醇参与了改质，H_2 和 CO 含量基本保持不变。

改质气的理论成分为：含氢 66.7%（mol）；含一氧化碳 33.3%（mol）。实际上由于一些副反应作用，还会含有少量的甲烷和甲醛等。这些副反应都是放热反应，使改质气的热值降低，火焰传播速度下降，还会使排气中的 HC 和 CO 增加。

甲醇改质燃料的性质与汽油比较有了较大的变化，其特性见表 9-11。

表 9-11　甲醇改质气等燃料的特性

项目	甲醇改质气	甲醇	汽油
分子式或成分	66.7%(mol)H_2 33.3%(mol)CO_2	CH_3OH	C_8H_{18}(以辛烷值为代表)
相对分子质量	10.65	32	114
理论空燃比/(m/m)	6.51	6.51	14.8
低热值/(MJ/kg)	24.31	20.26	44.52
理论混合气热值/(MJ/m^3)	3.443	3.56	3.82
最大火焰传播速度/(cm/s)	215	—	30
着火界限(过量空气系数)	0.4～7	0.4～7	0.5～1.3
最小点火能量(理论混合比下)	0.018(H_2)	—	0.25～0.3

从表 9-11 可以看出，甲醇改质气的低热值比甲醇高，但混合气热值比甲醇略低。为了提高甲醇改质发动机的动力性，可以采用复合燃料供给系统，即在小负荷时采用甲醇改质燃料，大负荷时采用甲醇喷射。甲醇改质气所含的 H_2的最大火焰传播速度为 291.2cm/s，虽然所含 CO 的火焰传播速度较低，改质气的最大火焰传播速度仍然高达 215cm/s，远远大于汽油。这个特性有利于热效率的提高。甲醇改质气的着火界限很宽，下限过量空气系数可以达到 7，很容易实施稀混合气燃烧，提高热效率。此外，甲醇改质气的辛烷值高，可以采用高压缩比；甲醇改质气的混合气形成质量好，燃烧完全度高，CO 和 HC 排放少。由于采用稀混合气，燃烧温度低，NO_x 的排放浓度也较低。

三、乙醇燃料在汽车上的应用

1. 乙醇燃料的特点

以乙醇为燃料的汽车称为乙醇汽车，乙醇可单独作为汽车燃料，也可以与汽油混合作为混合燃料。其特点如下。

（1）自洁清洗特性　车用乙醇汽油中的乙醇是一种性能优良的有机溶剂，具有较强的溶解清洗特性，可以清洗油路，保持油路畅通。但是车辆在首次使用乙醇汽油时，特别是在使用 1～2 箱油后，在乙醇的清洗作用下，会将油箱特别是铁制油箱油路中沉淀、积存的各类杂质如铁锈、污垢、胶质颗粒等软化溶解下来，造成油路不畅甚至堵塞，因此，首次添加乙醇汽油时，应对油箱及输油管路进行彻底清洗。

（2）亲水特性　车用乙醇汽油混配有一定量的变性燃料乙醇。乙醇是亲水性液体，易与水互溶，汽油则与水分离，使水分沉积在油箱底部。因此，车辆在首次使用乙醇汽油时，应对油箱内的沉淀积水予以清除，以防止乙醇汽油与油箱底部可能存在的沉淀积水互溶，使油中水分超标，影响发动机的正常工作。对金属腐蚀性较弱，试验表明：在乙醇汽油中加入金属腐蚀抑制剂后，对黄铜、铸铁、钢、锌和铝等金属进行腐蚀试验，未发现有明显腐蚀现象。截止目前，在试验车辆中也未发现对金属件有腐蚀损坏，因此，无需担忧存放乙醇汽油的金属装置腐蚀性问题。

（3）对橡胶适应性有影响　试验表明，绝大多数橡胶件能适应乙醇汽油，只有部分橡胶制品不适应，但乙醇汽油对其的腐蚀作用缓慢。试验中发现：早期生产的机械式燃油泵中的橡胶膜片适应性较差，使用乙醇汽油后个别出现溶胀、裂纹现象。由于橡胶部件在外观上无法区分材质成分，可由定点汽修厂将购回的部件事先做乙醇汽油浸泡试验后，再装车使用。因此，使用初期应对燃油泵进行检查或更换油泵膜片，并及时对油泵滤网进行清洗，避免因使用乙醇汽油后油泵膜片出现溶胀、裂纹、滤网堵塞等现象而使燃油泵失去泵油功能。

乙醇作为一种醇类燃料，具有和其他醇类燃料共有的优点。

① 醇类中含有氧基，碳氢比低，可实现无烟燃烧，污染轻微，燃烧干净，能显著降低CO的排放，在高纬度地区尤其有竞争力；醇燃料的辛烷值高，可通过提高压缩比来提高热效率。

② 醇类的汽化潜热大、蒸汽压力低，能降低缸内温度，减小发动机热负荷，减少压缩负功，并可提高充气系数；另外在发生交通事故时，由于乙醇的蒸发远比汽油慢，故发生起火的危险性要比汽油低得多，由此可减少因这方面原因所造成的损失，美国环保署曾预测，若采用醇燃料，95%的火灾事故都能够得到避免。

③ 醇的冰点比汽油低得多，故无需担心在环境温度较低时，像汽油那样容易结冰，影响发动机正常工作。

④ 醇类的着火极限宽、燃烧速度快，在稀混合气燃烧时仍能保持较高的火焰传播速度，这就使在选择运转工况时有较大的自由度，有利于净化排气及降低油耗。

2. 乙醇燃料在汽车上的应用方式

近年来，世界各国及我国对在内燃机中掺烧醇类燃料进行了大量的试验研究工作，现已有石油燃料加乙醇的混合商品燃料出售。目前，醇类燃料在车上应用的方式主要有以下几种。

（1）纯烧　纯烧是指单烧乙醇。要想实现纯烧，应该对发动机进行必要的改动。如提高压缩比，充分发挥乙醇辛烷值高的优势，压缩比提高后，宜采用冷型火花塞；加大输油泵的供油能力，以避免气阻现象；用附加供油系统及加强预热等措施，改善冷起动；改善有关零件的抗腐蚀性能和抗溶胀性等。

（2）掺烧　掺烧是醇类燃料在汽车上应用的主要方式。掺烧比例的范围是0～100%，在混合燃料中乙醇的容积比例以E表示，如乙醇占10%、20%，表示为E10、E20。纯烧是掺烧的特例，以E100表示。目前常采用的掺烧方式主要有混合燃料法、熏蒸法和双供油系统法。其中，双供油系统法主要针对压燃式发动机，其余方式原则上既可用于压燃式发动机，也可用于点燃式发动机。各种掺烧方式各有优缺点，目前尚无统一的试验规范和要求。

对于在汽油机中掺烧多少乙醇比较合适，这主要决定于发动机的适应性。若要掺烧较大比例的乙醇，则需对发动机做较大的变动及调整，那么仍可获得良好的动力性及经济性，且不存在混合燃料的分层问题，也不需要增加专门的混合装置，还可以使用质量标准较低的乙醇燃料。如果发动机结构基本不变而又要获得较好的性能，那么乙醇掺烧量将受到发动机的材料相容性、热驱动性、稀释效应（功率输出）及冷起动的限制。总的来讲，低比例的汽/醇掺配比不超过20%，则几乎可不变动发动机结构，但蒸发排放高；E20～E30对密封件的腐蚀最大；高比例的汽/醇燃料使发动机的供油系、冷起动、零部件润滑及寿命等问题更趋突出。通常，在同等条件下，乙醇在汽油机中的掺烧界限值要比甲醇高。目前，国内外正式成为商品推广的是M3及E10。

(3) 变性燃料乙醇　变性燃料乙醇主要是指乙醇脱水后再添加变性剂而生成的以乙醇为主［>92.1%（体积分数)］的燃料。

(4) 灵活燃料　灵活燃料指既可以使用汽油，又可以使用乙醇或乙醇与汽油以任何比例混合的燃料。工作时由燃料传感器识别燃料成分，通过电脑提供发动机最佳运行参数。

3. 乙醇燃料汽车的主要问题

(1) 热值低　由于乙醇的热值比汽油低得多，因此当发动机供油系统不变时，汽油机的功率和转矩下降，重量比油耗增加；排气温度降低，催化器预热时间延长。

(2) 低温起动性能差　由于乙醇的汽化潜热高，不利于燃料的蒸发，使混合气形成及冷起动困难。在发动机结构不做变动的情况下，点燃式发动机使用掺醇燃料后，汽车的驱动性能变差，动态响应不好，表现在变速及行驶中产生迟钝及蹒跚现象。特别是在发动机减速时，由于进气管压力很低，会使充气效率降低，残余废气增多，从而可能使发动机失火，HC排放急剧升高；使压缩终了时缸内温度降低，因而延长了混合气着火前的滞燃期。

(3) 易造成油路堵塞　由于乙醇的导电力、溶解力和腐蚀力比汽油强，故有可能发生乙醇吸水，与水及发动机润滑油形成乳化液，妨碍润滑油的润滑作用，使活塞头部、与活塞头道环相接触过的缸套上部、气门座处磨损加剧；对一些铝、镁、锌的合金，镀铅锡的钢板及有些黑色金属有腐蚀作用，并能把汽油机供油系统及燃油分配系统管路中的沉积物溶解剥落下来，从而导致滤清器阻塞，降低其过滤能力。

(4) 容易与汽油分层　由于乙醇带极性而汽油不带极性，故它难以和烃类燃料相溶，尤其难以与不含芳香烃或芳香烃含量少的燃料相溶。醇中含水量及温度对醇和汽油的相溶性有较大影响。

(5) 容易产生气阻　乙醇本身的蒸汽压比汽油低，蒸汽压过低，不利于车辆的起动和加速；但低比例乙醇与汽油的混合燃料的蒸汽压却比汽油高，蒸汽压过高，容易引起气阻，影响正常供油。

(6) 具有腐蚀性能　乙醇及其与汽油的混合物对某些非金属材料有溶胀作用，会使某些密封件胀大、失去弹性、变脆、出现裂纹，从而失去正常功效。尤其是对由聚丙烯类构成的密封件影响特别大。

另外，乙醇-汽油的蒸发排放比纯汽油高；乙醛排放高，乙醛还会与NO在大气中发生光化学反应而生成硝酸过氧化乙酰，它是导致植物突变的诱因，对其造成毒害；着火极限宽，火焰无色无烟，火灾隐患大；乙醇的辛烷值虽高，但灵敏度也大，使得使用乙醇汽油的发动机在负荷增加时，乙醇汽油的抗爆性下降。

基于以上问题，可以采取的措施有如下几点：①充分利用醇类燃料抗爆燃性好的特点，适当提高压缩比，以提高热效率，尽量抵消其热值低所带来的负面影响；②由于醇的稀释效应和制冷作用，缸内压缩终了时的温度较低，因此可适当加大点火提前角，以更有利燃烧过程；③当混合燃料中醇含量较多时，为使混合气不过稀，保证必要的动力性，有必要加大供油量，重新确定空燃比及供油特性；另外，还应当优化进气管的设计，使各缸燃油的分配尽可能均匀；④选择适当的火花塞及火花间隙，以避免早燃，最高火花塞温度宜低于汽油机的温度；⑤为改善起动性能，可在进气道采用加热措施；或使用起动加浓装置；或引入带空气的喷油器，使燃油粒更加细化；或先用汽油或其他适合起动要求的燃料辅助起动；⑥使用较高比例的乙醇汽油燃料时，还应加大首道活塞环及其他薄弱零件的强度，改善首道活塞环及气门的磨损，加大燃油箱；⑦发动机工况变化时，可采用对进入缸内的燃料和空气进行开环控制，以缩短它的动态响应时间，另外闭环控制中的最佳空燃比切换点应当由 NO 和 CO 的限值共同确定；⑧为减少零件的磨损，可使金属表面保持一层聚烯烃膜，以减少电解腐蚀；或使用含铁素体更少、具有更高布氏硬度的金属材料；也可在润滑油中加入特种添加剂，或保持润滑油箱内较多的润滑油量，并缩短润滑油温度升高的时间，加强润滑油的过滤；要尽量使用不受乙醇腐蚀的非金属材料如聚乙烯、烃类氟化物、纸及氟硅酸盐等，管子及密封件的材料可使用聚氨基甲酸酯、多硫化合物、氟橡胶、氯丁橡胶等。

第四节 二甲醚汽车

用二甲醚（DME）作为柴油机替代燃料是近几年开展的研究领域。据初步研究，二甲醚较高的十六烷值保证了其作为压燃发动机燃料所必须具备的着火性能，同时它可以实现炭烟和 NO_x 的降低。因此，有关二甲醚用作车用燃料的研究成为国内外近年来关注的热点。

一、二甲醚的特性

二甲醚简称 DME，分子式为 CH_3OCH_3，具有最简单的醚结构，在常温常压下为无色、无毒、无腐蚀的气体。作为一种发动机代用燃料，二甲醚具有以下特点。①分子子式中无 C—C 键分子结构，氧的质量百分比达 34.8%，燃烧时 CO、HC 和颗粒物污染排放少，且发动机能承受较高的废气再循环率以降低 NO_x 的排放。②十六烷值高于柴油，具有良好的自燃性，滞燃期比柴油短，NO_x 排放与燃烧噪声比柴油低，非常适合做柴油机的代用燃料。③蒸发点低，喷入气缸后可立即汽化，能够快速形成良好的混合气，其油束的雾化特性将明显优于柴油，有可能在低喷射压力下就能满足燃烧要求。但在常温常压下为气态，使用中需避免发生气阻现象，因此，燃油供给系统需要重新设计。④热值低，仅为柴油的 64.7%，液体密度只有柴油密度的 78%，为了达到原柴油机动力性，以体积计二甲醚供给量约是柴油的 1.9 倍。二甲醚的汽化潜热大，为柴油的 1.64 倍，可降低最高燃烧温度，改善 NO_x 排放。⑤黏度低在高压供油系统中醚容易泄漏，偶件容易发生早期磨损；对金属无腐蚀，对普通橡胶塑料有腐蚀作用，故使用时应保证整个燃油系统密封性能良好，以防止向大气中泄漏。

二、二甲醚的研究应用现状和发展前景

二甲醚首先被当作着火改善剂添加到醇类燃料中进行掺烧，以改善其着火性能和燃烧过程。如前所述，醇类燃料，尤其是甲醇是较有前途的内燃机代用燃料。但是与柴油相比，甲醇着火温度高、汽化潜热大、十六烷值很低，在压燃式发动机中不易着火。在甲醇中加入一定量的着火改善剂二甲醚，其十六烷值可达到 33 以上。一般说来，二甲醚占整个燃料质量的 25%～50%，如果 DME 的量太少，在低负荷容易产生“缺火”的现象；而二甲醚的量过

多时，有可能产生敲缸的现象。近年来，欧美、日韩等发达地区和国家十分看好二甲醚燃料汽车的市场前景和环保效益，纷纷开展二甲醚燃料发动机与汽车的研发。随着有关二甲醚燃料研究的不断深入。目前，二甲醚在汽油机、柴油机混燃和直燃以及预混均质压燃（HCCI）发动机上均有应用。

1. 二甲醚在汽油机上的应用

由于二甲醚氧含量高，用二甲醚作为汽油的添加剂可使燃料燃烧过程的含氧量增高，汽油燃烧将更完全，并可提高汽油的汽化效率。

2. 柴油混掺二甲醚在柴油机上的研究

研究表明在燃油系统不做改动的情况下，YC6108QC型柴油机供油提前角为4°CA时，燃用掺了20%二甲醚的柴油，除烃类化合物（HC）外各项排放指标均可达到GB1796—1999（欧Ⅰ标准）和GB3847—1999标准。柴油机在不同转速和负荷的情况下，燃用不同比例的柴油二甲醚混合燃料时，随着二甲醚混掺比例的增加，NO_x 和炭烟排放均下降，CO和HC排放性能也有所改善；但要进一步提高排放性能，需优化柴油机的燃油系统。长安大学在柴油中添加10%的二甲醚，以缸内直接喷射的方式在柴油机上燃用。结果表明，低速扭矩增加；经济性提高，在外特性上比油耗平均降低10g/(kW·h)；可见污染物排放也明显降低，炭烟的消光系数降低50%，NO_x 和HC得到不同程度降低，促使CO排放维持在柴油机的水平。

3. 柴油机直接燃用二甲醚的研究

用二甲醚作为压燃式发动机替代燃料的试验情况和大规模制造二甲醚的可能性由丹麦技术大学、Haldor TopsoeA/S公司、NAVISTAR公司、AVL公司和AMOCO公司联合发表于1995年在底特律举符的SAE年会上。研究结果表明，燃用二甲醚燃料的发动机，NO_x 的排放大幅度降低。同时，控制 NO_x 和微粒排放的对立与矛盾不再存在，炭烟的排放为零，微粒排放仅来自润滑油。除上述特性外，发动机燃烧噪声可降低10dB左右。

此后，欧美和日韩等发达国家相继开展了二甲醚燃料发动机与汽车的开发，例如，欧洲的VOLVO汽车公司研制出了燃用二甲醚燃料的大客车样车用于试车与示范。日本JFE、产业技术综合研究所、交通公害研究所、五十铃汽车公司和伊藤忠会社等分别研制了燃用二甲醚燃料的卡车样车和城市客车样车，计划在5年内小规模推广。

近年来，我国一些高校和科研机构也开展了二甲醚燃料发动机基础研究。例如上海交通大学对二甲醚燃料的喷射过程，包括二甲醚燃料的泵端、嘴端油管压力和针阀升程、音速、闪点沸腾雾化现象和燃烧过程进行了较深入的研究，提出一种低压喷射二甲醚预混合燃烧的新方式。西安交通大学能源与动力工程学院汽车工程系在国家自然科学基金委员会和美国福特汽车公司的资助下，也进行了大量研究。研究表明，二甲醚发动机在保证高效运行的条件下，在所有工况都能实现无烟燃烧；NO_x 排放降低50%～70%；未燃烃排放减少30%；燃烧柔和，燃烧噪声可降低10～15dB。二甲醚发动机可以允许很大的废气再循环率，在保持发动机零烟度排放和高效运行的同时，能够进一步降低 NO_x 排放。

4. 二甲醚在预混均质压燃（HCCI）发动机上的应用

研究人员也开展了二甲醚的预混均质压燃（HCCI）燃烧方式的试验，结果表明，二甲醚在预混均质压燃（HCCI）燃烧模式不但可以实现无烟燃烧，还可以有效控制发动机 NO_x 排放，使其接近于零。但是由于二甲醚的着火比较早，发动机只能在中低负荷较小范围内运行。为了扩展发动机运行工况，控制HCCI着火，通过在二甲醚中添加LPG（液化石油气）

以降低燃料十六烷值和在进气中加入惰性气体的方法来改进和控制 HCCI 的燃烧。研究表明，使用各种着火抑制剂例如水、甲醇、乙醇、丙醇、氢气和甲烷，可以实现着火时刻的控制和工况范围的拓宽，在宽广范围内实现了超低的 NO_x 排放和无炭烟排放燃烧。

尽管我国二甲醚燃料的研究还处于起步阶段，大规模推广还面临着加压配送体系建立、二甲醚汽车改造、二甲醚车用燃料的规范和标准等问题需要解决。但从能源的角度来看，二甲醚的来源丰富，可以由煤、生物质和天然气制得，且多样化，大规模生产的成本低，保证了燃料的经济性及其大规模应用不会受到能源短缺的限制。从排放的角度来看，由于技术水平低和交通运输工具多，排放污染问题比较严重。而二甲醚作为一种超洁净排放代用燃料，满足未来严格的排放法规要求的前景被普遍看好。二甲醚将对我国能源优化利用和环境保护以及生态平衡具有重要的战略意义。

第五节 氢燃料汽车

一、概述

氢作为二次能源来源广泛，是地球上最为丰富的资源。它既可以来源于化石能源的工业副产品，还可以通过太阳能、风能、潮汐能等不稳定供电的可再生能源电解水制氢，也能从煤气、天然气、生物细菌分解农作物秸秆和有机废水中得到，更重要的是其可再生和重复利用。

氢的制备主要有水制氢、生物制氢和石化燃料制氢。水制氢一般分为电解水制氢和热化学制氢；生物制氢是利用生物质及有机废料从水中制氢，生物材料如海藻、木材、甘蔗杆等；化石燃料制氢是利用煤、石油或天然气等石化燃料原料通过水蒸气重整反应制取氢气，这种方法是目前采用最多也是最常见的方法。

氢能源的能源转化效率要比石油高出 10 倍之多，目前，汽车上氢能源的使用主要是通过燃料电池和氢气发动机。可再生能源制氢是可预见的燃料发展的最高点，具有以下特点。

① 自然界存在最普遍的元素，据估计它构成了宇宙质量的 75%，除空气中含有氢气外，它主要以化合物的形态储存于水中，而水是地球上最广泛的物质。据推算，如把海水中的氢全部提取出来，它所产生的总热量比地球上所有化石燃料放出的热量还大 9000 倍。

② 除核燃料外，氢的发热值是所有化石燃料、化工燃料和生物燃料中最高的，为 142.351kJ/kg，是汽油发热值的 3 倍。

③ 燃烧性能好，体积分数占 3%～97%范围内均可燃。

④ 无毒，与其他燃料相比，氢燃烧时最清洁，除生成水和少量氮化氢外，不会产生诸如一氧化碳、二氧化碳、烃类化合物、铅化物和粉尘颗粒等对环境有害的污染物质，少量的氮化氢经过适当处理也不会污染环境，且燃烧生成的水还可继续制氢，反复循环使用。产物水无腐蚀性，对设备无损。

⑤ 利用形式多，既可以通过燃烧产生热能，在热力发动机中产生机械功，又可以作为能源材料用于燃料电池，或转换成固态氢用作结构材料。

氢作为发动机燃料目前仍存在一些问题，由于氢燃烧速度快，易产生早燃、进气管回火。氢的能量密度低，就目前技术来说，无论采用低温液化、高压压缩，还是金属吸附等方法，燃料及附加设备的质量和体积都很大。另外氢的制造成本也很高，目前以太阳能为能源制造氢的成本是汽油的100倍。随着技术的进步，特别是太阳能的高效廉价利用、燃料电池技术的进步以及储氢技术的突破，一般认为在本世纪中期开始将会有大量使用氢作为能源的动力机械。

二、氢能源的应用现状

氢能源在汽车行业中的应用，包括了发动机、制氢技术、储运方式三个重要环节。

1. 利用氢能的发动机

利用氢能源的车用发动机主要有两种：氢燃料发动机和燃料电池发动机。

氢燃料发动机分为纯氢燃料发动机和掺氢燃料发动机。

纯氢燃料发动机是通过对现有汽油机进行适当的改装后直接燃用氢气。氢燃料发动机的实用化比较容易实现，氢气可以在进气管内与空气预混也可直接喷入气缸形成混合气。氢燃料的燃烧产物只有 H_2O 和 NO_x，不会产生颗粒、积炭、结胶、金属产物等，从而发动机的磨损大大减少，润滑油被污染的程度也减轻，可以认为其是发动机最清洁的燃料。但是由于氢燃料着火温度高，热值高，火焰传播速度快，着火范围宽等特点，氢燃料发动机容易出现早燃、回火、敲缸、发动机热负荷高以及 NO_x 排放偏高等情况。

掺氢燃料发动机大多都是将氢作为汽油机的部分代用燃料，掺氢燃烧可以大大改善汽油机的性能和排放污染。

1983年，William Grove发明了燃料电池，当时称作“gasesous voltaic cell”，燃料电池（Fuel Cell）是一种等温进行、直接将储存在燃料和氧化剂中的化学能高效（50%～70%）、无污染地转化为电能的发电装置。车用的氢燃料电池主要是质子交换膜燃料电池（PEMFC），是将氢和氧化剂（氧气或空气）由电池外部分别供给电池的阳极和阴极，阳极催化层中的氢气在催化剂作用下发生电极反应：

$$H_2 \longrightarrow 2H^+ + 2e^-$$

该电极反应产生的电子经外电路到达阴极，氢离子则经电解质膜到达阴极。氧气与氢离子及电子在阴极发生反应生成水：

$$O_2 + 4H^+ + 4e^- \longrightarrow 2H_2O$$

氢气与氧气生成了水，电子通过外电路做功并构成电的回路，依靠电能驱动汽车，生成的水不稀释电解质，而是通过电极随反应尾气排出。

燃料电池实质上是化学能转化为电能的器件，是对原子及其结构组合的设计和调控，由原子相互作用促成电子输运的技术，其能量利用率高，可以便携使用，不受规模限制，是氢能利用的理想手段。与普通电池不同的是，只要能保证燃料和氧化剂的供给，燃料电池就可以连续不断地产生电能。

2. 制氢技术

氢能的获取方式有很多，传统上根据原料来源主要可以分为两大类：一类是以矿物资源（如煤、石油或天然气等）为原料，进行重整或部分氧化制氢，但同时会生成温室效应气体 CO_2；另一类则是以水为反应物，通过电解或热解水制氢等。

（1）利用化学燃料制氢　如烃类的分解、氧化重整，烃类化合物的氯化以及煤的气化等，是目前采用最多的方法。该方法利用煤、石油或天然气等化石燃料原料通过水蒸气重整反应制取氢气。反应过程中所需的热量可以从煤或天然气的部分燃烧中获得，也可利用外部热源。自从天然气大规模开采后，现在氢的制取有96%是由天然的烃类化合物——天然气、煤、石油产品中提取的，天然气和煤都是宝贵的燃料和化工原料，用它们来制氢显然摆脱不了人们对常规能源的依赖。而且在生产过程中产生的污染物对地球环境会造成破坏，难以适应社会发展的要求。

（2）分解水制氢　如水的电解、光解、热化学分解和直接热分解。水制氢一般可以分为以下两类，电解水制备氢和热化学制氢。

1）电解水制备氢。电解水制氢技术是目前应用较广且比较成熟的方法之一。水制氢过程是氢与氧燃烧生成水的逆过程，用反应式表示为：$H_2O \longrightarrow H_2 + \frac{1}{2}O_2 + \Delta Q$，分解水所需要的能量 ΔQ 是由外加电能提供的。目前电解水的效率约为 50%～70%。由于电解水的效率不高且需消耗大量的电能，因此，其应用受到一定的限制。目前电解水的工艺、设备均在不断地改进，但电解水制氢能耗仍然很高，因此，利用常规能源生产的电能来大规模电解水制氢是不合算的。不过以氢作为一种能源载体，在夜间利用过剩的电力来分解水制氢，把能源储存起来，是十分可取的办法。

目前电解水制氢技术发展很快，成本逐渐降低，据文献报道，欧洲与加拿大联合开发出一项利用高性能的分子离子交换膜对水进行电分解，据说使氢的生产成本降低到和天然气大体相同的水平，日本开发出一种利用聚合物电解质膜电解水，其效率超过 90%。

2）热化学制氢。这种方法是通过外加高温高热使水起化学分解反应来获取氢气。对于热化学制氢，水的分解率随温度的升高而增大，在压力为 0.05bar，温度为 2500K 时，水蒸汽的分解率可以达到 25%；而当温度达到 2800K 时，分解率可达 55%。然而，反应所需的高温也带来了一系列的问题。由于温度极高，给反应装置材料的选择带来了很大限制，材料必须在 2000K 以上的高温具有很好的机械性能和热稳定性；另一个问题是氢和氧的分离问题，由于该反应可逆，高温下氢和氧可能会重新结合生成水，甚至发生爆炸。

到目前为止，虽有多种热化学制氢方法，但总效率都不高，仅为 20%～50%，而且还有许多工艺问题需要解决。随着新能源的崛起，以水作为原料利用核能和太阳能来大规模制氢已成为世界各国共同努力的目标。其中，太阳能制氢最具吸引力，也最有现实意义。

3）生物制氢。如细菌发酵法、海洋藻类光合放氢。之前介绍的两种方法都需消耗大量的能源，且对环境保护不利，而生物制氢消耗的能量较少且对环境无害。

生物制氢是利用生物质及有机废料从水中制氢。生物质材料如海藻、木材、甘蔗秆等。美国新近开发出一种制氢方法就是利用光照射某种海藻或悬于水蒸气中的细菌，使这些有机物像一个自发的活反应体一样从水中产生氢气。目前常采用的方法是，利用生物质和有机废料中的碳素材料与溴及水在 250℃下作用，形成氢溴酸和 CO_2 溶液，然后再将氢溴酸水溶液电解成氢和溴，溴再循环使用。之前所述两种制氢方法都需消耗大量的能源，且对环境保护不利，而生物制氢消耗的能量较少且对环境无害。但目前以光分解和光合成为代表生物制氢工艺由于氢的转化率和太阳能转化率较低，工业化生产设备和光源问题制约了生物制氢技术的发展。表 9-12 综述了各种制氢方法及其优缺点。

表 9-12　常用制氢技术及其优缺点

制氢方法		原料	设备及工艺	优缺点
化石燃料制氢	干式气化法	焦炉煤气	干式气化炉内气化	生产成本低，产量可靠，但工艺较复杂
	甲醇蒸汽转化	甲醇蒸气	特殊制氢装置催化反应	能耗低，原料易得，但产量不大
	氨分解法	氨气	在反应器中进行催化反应	能耗低，但反应温度高

续表

制氢方法		原料	设备及工艺	优缺点
化石燃料制氢	烃类氧化重整法	天然气、石油等	气化炉催化转化	传统工业方法，生产过程会产生 CO_2
	烃类分解法	烃类	利用热或者等离子体将烃类分解成氢和炭黑	不产生 CO_2，可产生炭黑等副产物
	H_2S 分解法	H_2S	利用微波等离子体分解：电氧化吸收或催化热分解	规模小
水制氢	电解水	水	水电解制氢设备	工艺较简单，可完全自动化，氢纯度高，能耗较高
	半导体光解水制氢	水	利用太阳能和催化材料裂解水	效率低，目前难以实现商业化
	核能产氢	水	利用核能的高温热分解水	成本低，生产量大
	γ射线法	水	γ射线直接或间接辐射	工艺简单，但效率较低
生物制氢	光合放氢	海洋绿藻	天然海水，厌氧和光照培养	资源丰富，但效率较低
	细菌发酵法	废水和固体废物中的有机质	发酵	产氢效率高，易于实现工业化，但菌种来源有限
	丁酸型发酵产氢	有机废水	连续流搅拌槽式反应器	成本低，易于实现工业化，但是否能长期连续运行获得较高氢产量不能确定

3. 储氢技术

储氢技术是利用氢能的关键问题之一，同时也是将氢气作为燃料的最大障碍之一。这主要是因为氢在常压常温下为气态，密度很小，仅为空气的 1/14。所以，研究并发展一种便利的、价格低廉的存储方式和系统显得十分迫切。目前，氢气储存的方法主要有氢的压缩储存、液化储存、金属氢化物和碳质吸附储存。表 9-13 具体介绍了每种方法的原理和特点。

表 9-13 常用储氢技术

氢的储存方式	储氢原理	特　点
压缩储存	氢气被压缩以后在压力为 20～60MPa 的汽缸里以气体形式储存	氢的密度很小，所以储存时所消耗的能量很大，存储过程对环境污染小，使用比较安全
液化储存	将氢气液化后储存在真空瓶里	液化所需能量大，有蒸发损失；储存密度大，因此在航空领域应用较广
金属氢化物	氢原子进入金属价键结构	存储密度高，使用比较安全，但金属单质质量分数大，所以 H_2 的质量效率低
碳质吸附储存	利用吸附理论的物理储存方法，主要分为在活性炭上吸附和在碳纳米材料中的吸附储存	压力相对较低，成本低，设计储存容器相对简单，但吸附量及吸附温度较低

三、氢作为汽车能源发展的制约因素

1. 高成本

氢能需要从化石燃料或无污染能源中获得，在制取过程中需要耗费大量的能源，如不可再生资源、电能、核能等。根据奥斯沃尔德的推算，如果将全美国现有的汽车转变成氢燃料汽车，而产生氢的电能来自风力发电，那么所需的众多的风力发电站将占据加利福尼亚州 50% 的土地。同样根据奥斯沃尔德的推算，如果美国采用核能源来提供电能获得车用氢燃料，那么需要 100 座核电站。因此，有关专家指出，只有将生产氢气的成本降低到目前的 1/10 以下，才能真正启动氢经济。

氢能是气体燃料，它的储存、运输成本高昂。氢气输送必须经过压缩，而压缩到 790 个大气压的氢，其能量少于同样压力下等体积的天然气中甲烷所包含能量的 1/3，而且氢气的运输比天然气的运输困难得多。同样，能运送 2400kg 天然气的货车在同样压力下只能装载 288kg 氢，1 卡车汽油所能驱动的汽车数量需要大约 15 卡车的气态压缩氢气或 3 卡车的液态氢。

加氢站等基础设施的建设需要很大的投入，如在美国阿贡国家实验室提供的研究报告指出：利用现存的或者相近的商业技术来建造氢生产基础设施的成本将高达 6000 多亿美元。目前，每辆燃料电池车的成本高达 2 万美元，如此高昂的成本限制了氢能技术的广泛应用和规模化生产。

2. 安全性

氢气密度小、容易着火和气化，因此在氢气的制取、储存和运输过程中，都可能面临泄漏和爆炸的危险，而现在的技术条件还无法完全保证氢能在不同状况下的安全性能。

3. 制氢过程中的污染

从氢的制取来看，目前主要有两种方法来获得氢气：方法一是电解水；方法二是天然气重整法。而在方法一中世界绝大部分地区最廉价电力来源是通过烧煤获得，如果用这种来源的电力来电解水，可以想象会有更多的 CO_2 排放；在第二方法中，天然气和水蒸气反应除了生成 H_2 外，还会生成 CO_2。因此，虽然使用氢能的汽车本身不排放 CO_2，但在氢气的制取过程中释放出的 CO_2 可能比传统汽油发动机汽车释放的还多。

四、氢能源在汽车工业中的发展前景

为了缓解石油资源紧缺所带来的压力，各国政府及相应机构在氢能的研究和利用方面都制定了积极的政策和投资计划。世界能源巨头也积极参与氢能的研究和利用。

欧盟委员会于 2002 年 10 月成立了氢能源和燃料电池高级专家组，并在 2003 年 6 月发表了《未来氢能和燃料电池展望总结报告》，同年欧盟委员会主席宣布将在未来 5 年内投入 20 亿欧元进行氢能研究。目前，欧盟委员会每年用 2500 万美元资助 60 个燃料电池项目，并为《欧洲综合氢计划》联合筹措资金。

日本政府自 1995 年起便为日本工业技术院提供资金对氢气取代城市煤气进行研究，以减少对石油、天然气的依赖，并计划到 2030 年实现真正的普及。

美国近年来对于氢能技术的研发步伐也不断加快，并在国际中处于领先地位。如 2002 年美国政府声明在氢的研究中投入 1.2 亿美元，由企业和学术界共同承担以加速氢和燃料电池的开发；同时专门为氢燃料电池的研究拨出 12 亿美元款项；布什在 2003 年初签署一项指令，决定在 5 年内为氢能开发拨款 17 亿美元，希望能源和汽车工业界能在 2015 年实现氢能驱动的轻型交通工具的商业化，并于 2020 年实现市场规模的扩大和充气站的建立；2003 年 11 月，以美国为首成立了“氢经济国际合作组织”，目的是促进氢的生产、储存、运输和终端用户技术的交流，完成氢电池利用的共同编码并达到有关标准。

氢能在汽车业中的应用已取得一定的成效。美国的壳牌氢能公司与通用汽车公司合作，将华盛顿的一座加油站改建成能够同时供应气态和液态燃料的站点，并且通用汽车公司的目标是到 2015 年开始销售燃料电池汽车，并成为第一个销售达 100 万辆燃料电池机动车的生产商。英国伦敦 2003 年首次投入使用氢电池的环保公共汽车，达到了三种有害气体零排放；而英国伦敦帝国学院的研究人员预测，氢经济取得突破已经不再遥远，通过模仿植物对水分离的模式，不久人们即可安全高效地从水中分离出氢。

第十章 电动汽车

第一节 电动汽车概述

电动汽车（Electric Vehicle，简称 EV）指的是以电能作为全部或部分动力的汽车，如单纯用蓄电池驱动的纯电动汽车、借助燃料电池驱动的燃料电池汽车（Fuel Cell EV，简称FCEV）以及以蓄电池和其他能源（燃油、太阳能等）作为动力的混合电动汽车（Hybrid EV，即 HEV）等。

早在 1881 就出现了电动汽车，比内燃机汽车还要早一些。但内燃机汽车在性能、机动性、车辆的重量等指标上远远地超过了电动汽车。电动汽车在 20 世纪 20 年代达到鼎盛时期后就一蹶不振，成为“电瓶车”式的辅助车辆。

随着人们对能源问题的日益关注以及各种高能蓄电池和高效率的电机不断出现，使人们把目光转向了电动汽车，电动车辆可以摆脱对石油燃料的依赖和实现“零污染”或“超低污染”的排放，为电动汽车的发展创造了有利条件。因此，各国和各大汽车公司都重视电动汽车的研究、开发和试制，从 20 世纪 70 年代起，新一代电动汽车脱颖而出，出现了各种各样高性能的电动汽车。

电动汽车主要有纯电动汽车、燃料电池电动汽车和混合动力电动汽车 3 种类型。纯电动汽车是完全由二次电池（如铅酸电池、镍镉电池、镍氢电池或锂离子电池等）提供动力的汽车。燃料电池电动汽车是以燃料电池作为动力源的电动汽车。燃料电池是利用氢气和氧气（或空气）在催化剂的作用下直接经电化学反应产生电能的装置，具有完全无污染（排放物为水）的优点。但现阶段，燃料电池的许多关键技术还处于研发试验阶段。混合动力电动汽车是在纯电动汽车开发过程中为有利于市场化而产生的一种新车型，一般是指采用内燃机和电动机两种动力，将内燃机与储能器件（如高性能电池或超级电容器）通过先进控制系统相结合，提供车辆行驶所需要的动力，混合动力电动汽车并未从根本上摆脱交通运输对石油资源的依赖，因此，混合动力电动汽车是电动汽车发展过程中的一种过渡车型。三种类型电动汽车的比较如表 10-1 所列。

表 10-1　纯电动汽车、燃料电池电动汽车和混合动力电动汽车的特征

电动汽车类型	纯电动汽车	燃料电池电动汽车	混合动力电动汽车
驱动方式	电机驱动	电机驱动	电机驱动；内燃机驱动
能量系统	蓄电池；超级电容器	燃料电池	蓄电池；超级电容器；内燃机发电单元
能源和基础设施	电网充电站	氢气；甲醛或汽油；乙醇	加油站；电网充电设施（可选）
主要特点	零排放；续驶里程短；100～200km；初期成本高；有销售	零排放或超低排放；能源效率高；依赖原油（如用原油提炼氢氧）；成本高；研发中	很低排放，续驶里程长，依赖原油；结构复杂；有销售
主要问题	蓄电池和蓄电池管理；充电设施	燃料电池；燃料处理器；燃料系统	多能源管理；优化控制；蓄电池评估和管理

概括来讲，电动汽车与内燃机汽车相比有以下优点。

（1）效率高 对能源的利用，电动汽车的总效率至少在19%以上（采用燃料电池时效率远高于这一数值），而内燃机汽车效率低于12%，由此可见，电动汽车更加节能。

（2）环境污染小 电动汽车排出的废气非常少甚至不排出废气，产生的废热也明显少于内燃机汽车。

（3）使用多种能源 可直接利用电厂输出的电能，也可以通过太阳能、化学能、机械能转化而获得电能。

（4）噪声低 即使靠近正在高速运转的电动机也不会感觉到让人不舒服的噪声，而内燃机的噪声则非常大。

若要获得广泛的应用甚至完全替代内燃机汽车，电动汽车还需要解决以下问题：①蓄电池的能量密度、使用寿命还有待进一步提高；②充电时间需要大幅缩短，即蓄电池要具备快速充电性能；③电池以及整车的安全性能；④配套设施需要跟进建设，包括充电站、未来燃料电池原料的储存与加载设备等。

第二节 纯电动汽车

一、纯电动汽车发展现状及趋势

1. 纯电动汽车的国内外发展现状

近几十年来，发达国家为电动车的开发投入了大量的人力和财力，电动车的各项相关技术也取得了重大的进展。从1976年美国制订电动车辆研究计划以来，通用公司和福特公司都投入大量资金进行电动汽车的研发，但是由于纯电动车的价格太高且续驶里程未能满足使用者的需求，因此，诸如EV-1、Chrysler EPIC等已相继停产。然而美国国家实验室还继续进行纯电动汽车的先进驱动系统、先进电池及其管理系统等的深入研究。欧洲各国成立了欧洲电动汽车协会，并得到欧洲经济委员会的支持和资助。日本政府一直很重视电动汽车的发展，很早就制定了电动汽车发展计划。

在我国，自“八五”以来，电动轿车、电动公交客车、电动车辆系统设计与开发、子系统与零部件研制、能量存储装置、示范运行和标准制定及政策研究等多方面都取得了诸多成果。清华大学早在1990年北京国际EV展览会上就展出了EV6580型电动小客车，在那以后又为多家汽车制造厂商开发和研制了多种EV、HEV、FCEV等功能样车。西安交通大学在电动汽车驱动控制和能量回收技术的研究中，率先将鲁棒控制应用到电动汽车能量回收技术上。

2. 纯电动汽车的发展趋势

从国内外纯电动轿车研发情况可以看出，在目前的研发阶段，随着锂离子电池，特别是新近出现的磷酸铁锂电池技术的不断进步，各个厂家的发展目标开始由微型纯电动轿车向中小型纯电动轿车转变，这说明锂离子电池技术及永磁电机技术进步极大地促进了电动汽车的类型发展。

纯电动轿车开发技术难点并非一蹴而就的事情，依然需要投入大量的人力和财力，因此各研发单位都保持谨慎的态度。美国企业多将开发增程电动车辆，即带发电机组的纯电动轿车作为今后几年的大力发展方向，通用的“Plug-In”策略最具代表；而日本企业则依然热衷于混合动力汽车开发；欧洲企业注重轿车柴油机技术。

总体而言，在纯电动汽车的技术难点没有得到彻底突破时，电动汽车的大规模推广还尚需时日。

二、纯电动汽车的结构原理

纯电动汽车主要是采用蓄电池取代传统汽车的发动机，通过反应将电池的化学能转变为电能，再经电动机和控制器把电能转化为驱动轮的动能。电动汽车的基本结构系统可分为三个子系统：主能源子系统、电力驱动子系统和辅助控制子系统。其中，主能源子系统由电源和能量管理系统构成，能量管理系统能实现能源利用监控、能量再生、协调控制等作用；电力驱动子系统由电控系统、电机、机械传动系统和驱动车轮等部分组成；辅助控制子系统主要为电动汽车提供辅助电源，控制动力转向、电池充电等作用。

与燃油汽车相比，电动汽车的结构更加灵活。燃油汽车的动力主要通过刚性联轴器和转轴传递，而电动汽车基本上是柔性的电线连接。

电动汽车可以使用不同类型的储能装置，如蓄电池、燃料电池、电容器、高速飞轮等，其密度和尺寸不同，会影响到电动汽车的净质量和体积。

电动汽车可以采用不同类型的电机驱动，像直流电机、交流电机、轮式电机等，使得电动汽车具有不同的行驶性能。

变速系统是连接驱动电机和车轮的部件，主要起换向和变速的作用。对于传统汽车来说，主要采用手动变速器或自动变速器。但对于电动汽车，由于驱动电动机的转矩和转速可有多种选择，既可用手动变速器和自动变速器，又可用电子驱动器控制电动机直接变速。究竟采用哪种方案，还要看电动汽车的整体匹配，这些不同的选择更加方便了电动汽车的总体设计。

三、纯电动汽车的关键技术

在纯电动汽车的发展过程中，需要解决车载电源技术、电机技术以及电池充电等关键技术。

1. 车载电源技术

车载电源技术是电动汽车的关键技术，因而，化学电源技术的进步在一定程度上决定了电动汽车的进展。电动汽车对车载电源的要求主要有 7 个方面：能量密度[（W·h)/kg]（又称比能量）、功率密度（W/kg）（又称比功率）、循环寿命（充放电一次为一个循环）、起动性能（预热时间和从起动到最高速所需时间）、价格费用（电池价格和运行费用）、可靠性（恶劣条件下的故障率）、安全性（操作安全和对人体、环境的安全性）。现阶段较理想的电动车可接受的电池最低指标为：能量密度>100W·h/kg，功率密度>150W/kg，循环寿命>600 次，一次充电里程>200km，价格<150 美元/（kW·h）。

（1）车载蓄电池现状

电动汽车用蓄电池主要性能见表 10-2。世界上许多国家已经着手于完善电池的核心技术，并已批量生产，但由这些电池推进的电动汽车生产批量很小，有的只有样车，有的还在研制开发中。

表 10-2 国外电动汽车用二次电池主要性能

电池类型	能量密度/W·h/kg	功率密度/(W/kg)	单体电池电压/V	循环寿命/次	成本/[美元/(kW·h)]	温度/℃	主要优点	主要缺点
铅酸(非密封)	40	80	2.05	500	80	0～40	价格低 可靠性好	比特性差
铅酸(密封)	35	70	2.05	500	100	0～40	价格低 可靠性好	比特性差
镍-铁	55	100	1.37	1000	200	0～40	寿命长 可快充	不能密封
镍-镉	50	200	1.30	1500	500	0～40	能量密度高	价格高有毒
镍-氢(MH)	60	140	1.32	500	520	0～40	能量密度高	价格偏高
钠-硫	120	200	2.08	2000	150	350	能量密度高, 寿命长	高温起动
铁-空气	80	50	1.28	200	—	40	能量密度高	寿命短
锌-空气	100	200	1.65	200	—	60	能量密度高	寿命短
锌-镍	70	250	1.81	50	75	—	能量密度高	寿命短
锂钠硫酰氯	100		1.6	600	150	450	能量密度高	高温起动 不安全

蓄电池的功率决定了电动汽车的加速和爬坡性能；而能量密度给出了其潜在的运行范围；循环寿命决定了蓄电池充电到满容量的次数；蓄电池的质量和体积在一定范围内影响着整个系统的效率。

(2) 蓄电池的类型

1) 铅酸蓄电池。铅酸蓄电池是使用最广泛的电池，目前国内外铅酸蓄电池的能量密度在 35～45 (W·h)/kg，循环寿命一般为 600～1500 次，这种电池的致命弱点是能量密度太小，循环次数少，但优点是成本低，所用材料供应充足。

铅酸蓄电池是一种安全、低成本、高功率的蓄电池。它可以使电动汽车获得很好的加速和爬坡性能，并有足够的能量保证电动汽车在中等范围内运行。铅酸蓄电池可以重复使用，而且使用方法也易于为人们所接受。美国通用汽车公司的冲击 (GM Impact) 电动汽车就使用了铅酸蓄电池，这种专门为电动汽车设计的蓄电池具有较好的使用特性。

2) 镍-金属氢化物电池（镍氢电池）。镍-氢电池最大优点是能量密度大，一般在 60～100 (W·h)/kg。循环次数大约在 1000 次。其缺点是价格高，材料稀有。目前已大批量用于混合动力汽车。

镍氢蓄电池 (Nickl-metal hydride) 在能量密度和循环寿命方面具有较大优势，这种蓄电池可以提供更大的运行范围，无需频繁的维修。

3) 镍钙蓄电池 (Nickel-acdium)。镍钙蓄电池提供了比铅酸蓄电池更高的功率密度、更大的能量和更长的使用寿命，并具有可密封性和较高的安全性。但是镍钙蓄电池对环境的污染较大，再循环也存在许多问题。

4) 钠-氯化镍电池。钠-氯化镍电池的最大技术难点是必须建立高温工作环境，而且要解决保温隔热的问题。因此，不宜工业化生产，而且成本也很难降低。优点是能量密度高，可达 90～100W/kg，功率密度为 120～130W/kg，且循环次数大于 1000 次。

5) 锌-溴电池。锌-溴电池的缺点是自放电和防腐蚀差。能量密度为 70～80 (W·h)/kg，功率密度为140～150W/kg，比铅酸电池要好。但比镍氢电池要差。

6）钠-硫电池。钠-硫电池的工作环境必须要求高温高压，因此安全工作的问题需要解决，另外，高温高压条件的建立也比较困难。这种电池的能量密度为75～85（W·h)/kg，功率密度为140～150W/kg。另外，材料是非贵重金属，在地球上是取之不尽的。钠硫蓄电池具有较高的能量密度，因此，它可以使电动汽车获得更大的运行范围。但其功率密度较低，使电动汽车的加速性能受到一定影响。钠硫蓄电池的成本比镍钙蓄电池更合理一些，但是再循环性较差。为了使钠硫蓄电池中的钠和硫在隔离的容器内保持熔融状态，其操作温度必须在300℃左右。这样，钠硫蓄电池最大的问题是容易引起火灾，到目前为止，它很少被应用于电动汽车上。

7）锌-空气电池。锌-空气电池的工作的温度与压力较高，安全性差。虽能量密度高于100Wh/kg，但其功率密度较低，只有50W/kg。但成本只是标准铅酸蓄电池的一半。锌空气蓄电池的主要缺点是寿命短，功率密度低，反应过程复杂，而且参加反应的空气必须除去二氧化碳，这就给整个蓄电池的工作带来很多麻烦。

8）锂-聚苯胺电池（又称塑料电池)。塑料电池比较成熟，但能量密度较低（稍高于铅酸电池)，其成本较高，主要用于小功率电池。在电动汽车电池方面有很多的技术问题要解决。

锂聚合物蓄电池（Lithium-Polyrner）集中了其他蓄电池的优点。但目前正处在发展的初级阶段，从现有的情况来看，锂聚合物蓄电池具有很高的功率密度和能量密度，而且成本比镍氢蓄电池低，当进入规模化生产后，成本还将进一步下降。

9）镍-镉电池。镍-镉电池技术比较成熟，但能量密度较低（稍高于铅酸电池)，其成本较高，主要应用于小功率电池。作为电动汽车电池还有很多的技术问题要解决。

2．电机技术

电动机将蓄电池的能量转换成机械能来驱动电动汽车，电动机的特性决定了推进系统和控制系统的特性，同时也决定了功率转换器中功率转换装置的特性。

对电动汽车用电动机的主要性能要求是：使用寿命长、输出转矩与转动惯量之比较大、过载系数应为3～4、高速操纵性能好，少维修或不维修、外形尺寸小、自身质量轻、容易控制、成本低廉。

电动汽车使用的几种典型电动机是：直流电刷式电动机、三相感应式电动机、永磁式同步电动机、开关式磁阻电动机和同步磁阻式电动机。将电动机技术的优势与电子学的优势相结合，可以得到更小、更轻和更有效的电动汽车动力和传动系统。各种电动机的性能比较见表10-3。

表10-3　各种电动机的性能比较

性能 形式	直流电刷式	永磁式	感应式	开关式
峰值效率/%	85～89	95～97	94～95	<90
负荷效率/%	80～87	79～85	90～92	78～86
最高转速/(r/min)	4000～6000	4000～10000	12000～15000	>15000
可靠性	中等	好	优良	好
成本/(美元/kW)	10	10～15	8～12	6～10

直流电刷式电动机的制造技术较为成熟，具有线性和稳定的输出特性曲线，所以容易控

制，其容量取决于转矩和最高转速。其缺点是电刷易磨损、转速低、质量重、体积大、可靠性差、效率低。由于有电刷和换相器，因此，需要不断地维修。

三相感应式电动机使用寿命长、效率高、可靠性好、转速高（>15000r/min），而且体积比相同功率的直流电动机小，加之无电刷和换相器，免去这方面的维修，价格也比其他类型的电动机低。由于感应式电动机具有非线性输出特性，因此，需要一个较为复杂的控制系统，在高转速时必须对转子进行冷却以防止电动机损坏。

交流永磁式同步电动机不需要电刷或滑环，其可靠性高，输出功率较大，与相同转速的其他电动机相比，质量较轻。由于这种电动机具有永久性磁场，所以在恒功率范围时电动机的控制较为困难；在无载荷的情况下，易造成满磁通现象。

永磁式电动机可以为：电流反馈控制的无电刷式直流电动机和永磁式同步电动机。因无电刷式直流电动机具有近似正弦气隙磁通密度和正弦定子反馈电流，所以它比同尺寸的永磁式同步电动机的输出功率大15%。在相同转速情况下，无电刷式直流电动机的输出转矩比永磁式同步电动机要大15%，但两者的“输出转矩/车等动惯量”都比感应式电动机大。

开关式磁阻电动机的结构较为复杂，能实现比功率感应式电动机速度更高的操作控制。它有比感应式电动机更高的“输出功率/质量”比和“输出转矩供动惯量”比。但开关式磁阻电动机存在噪声和转矩波动问题。

同步式磁阻电动机兼具感应式电动机和永磁式电动机的优点，且有着更好的“功率/质量”比和“转矩/限量”比。其定子比感应式电动机要小，而转子没有绕阻和磁性，更像一个在同频率下运行的具有凸极的同步电动机。其缺点是在低频轻载下的稳定性较差，解决这一问题是将其应用到电动汽车上的关键技术。

目前，感应式电动机仍是电动汽车推进系统最好的原动机，将来同步式磁阻电动机或许更有希望，随着功率转换器的价格变得越来越低，该电动机将会显现出更大的竞争力。如果能使永磁式电动机在恒功率模式下的操纵更容易的话，那么它将会有更强的生命力。这是因为它在同样的输出转矩情况下没有转子的磨损，而且永磁式电动机的效率比感应式电动机更高。

3. 电池充电技术

蓄电池充电器是电动汽车系统的一个重要组成部分，其功能是为电动汽车的蓄电池充电，充电时间的长短，充电效率的高低对电动车的实际使用有很大的影响。一个理想的蓄电池充电器应该具有如下性能：能对蓄电池进行彻底的充电，输出电压和电流必须与蓄电池的需要完全匹配，并应避免充电时的过热和起气泡；充电方法无需考虑蓄电池的充电状态、温度和使用时间；快速高效，且还有足够的功率，能在给定的时间内对蓄电池充满电；能对自放电进行补偿，且不应影响蓄电池的能力和寿命，反之也不应该影响其效用；不允许在输入电压和电流中混入高次谐波分量。

为减小过热和起气泡，常用的充电方法有常电流充电、常电压常电流充电、电流逐渐减小的充电、脉冲充电、点滴式充电和飘浮式充电。使用哪一种充电方法是根据每一种蓄电池的化学性能而定的。

为使充电时间缩短并提高充电效率，可以进行多次充电。为此，快速充电技术近来得到开发，即采用大电流或脉冲电流充电，但这两种方法都需要较大的充电装置，而且结果将导致蓄电池的过热和起气泡，也会缩短蓄电池的使用寿命。

第三节 燃料电池汽车

一、燃料电池汽车的发展现状和趋势

燃料电池汽车的市场化仍需要时间，一些公司认为要到2020年才能实现。将概念车和汽车模型转变为实际用车还需要各厂商的共同努力。尽管燃料电池技术尚不成熟，但各大主要汽车制造商仍然制定了生产燃料电池汽车的周密计划进行小规模的生产。

1. 欧洲

戴克汽车公司是世界上最大的燃料电池汽车厂商之一，从1994年开发的第一辆燃料电池汽车NECAR到最近亮相的新车，戴克公司在A级F-Cell燃料电池汽车继续进行道路试验的同时，又开发了B级F-Cell汽车。新车采用巴拉德的燃料电池先进技术，通过减少燃料消耗、增加车载储氢量使续驶里程增加到400km（在原始NECAR基础上增加了260km）。

大众汽车公司通过依赖自身条件并吸收其他制造商的经验开发了Hy-Motion。在研究探索氢燃料电池的同时还积极开发生物燃料项目。

2. 美国

福特汽车公司是巴拉德的另一个主要汽车合作商，它继续2004年的技术路线，采用氢内燃机和Model-U型流行款，深受美国人的喜爱。福特于2005年开发了Focus燃料电池汽车，在此之前福特进行了多次的路面试验，包括加利福尼亚、范库弗峰和CEP柏林项目。

通用汽车公司在欧宝Zafera的基础上开发了Hydrogen 3，其应用的新型滑板底盘最先出现在Hy-Wire（线传操控燃料电池车）上，燃料电池驱动系统由电池组产生电力，电池组由200块相互串联在一起的燃料电池单体组成，通过68L的氢气储存罐向燃料电池堆提供氢气。其0～100km的加速时间约为16s，最大时速达到160km。一次充气续驶里程可达400km。在对Hydrogen 3进行日常性能试验的同时，通用汽车公司还在开展更多的创造性研究，从2005年开始开发压缩氢存储系统，并在车展上展出了新燃料电池概念车Sequel。Sequel使用了通用汽车最新一代氢燃料电池和线传操控电子控制技术，是目前全球燃料电池车中扭矩最大的车型。

3. 日本

丰田汽车公司的混合动力汽车Prius在海外市场占尽先机，却并没有忽视对燃料电池汽车下一代清洁汽车的开发及商业化研究。氢燃料电池汽车被丰田看作是环保汽车的最终目标，在世界范围内运行的由该公司生产的示范车已经超过20辆。现在日本和美国接受路上测试的FCHV-5是丰田汽车公司于2001年生产的第5代燃料电池汽车。

本田汽车公司开发出了先进的燃料电池汽车Honda-FCX。该车装有86kW的PEM电池，是唯一一辆通过美国环境保护局（EPA）和加州大气资源委员会（CARB）鉴定的零排放燃料电池汽车。本田公司计划在美国将FCX出租给个人，以促进新车更快地进入市场。

日产汽车公司在2004年借“必比登”挑战赛之际，首次在中国展示燃料电池汽车X-Trail，现正采用租赁的方式进行市场试验。2005年2月，日产公司宣布研制成功其首个作为燃料电池汽车动力装置的燃料电池组，新开发的电池组比现有供应商提供的电池组体积更小、动力更充沛，只用60%的体积就能提供相同的功率。同时研制成功了新的高压氢气存储系统，尽管气缸体积没有变化，但压强从原来的35MPa扩大到现在的70MPa，氢气存储能力增加了30%，大大提高了燃料电池车的续驶里程。

4. 中国

北京富源燃料电池公司很多年前就开始研究轻型汽车PEMFC技术，1998年联合清华大学汽车工程学院开发出中国第一辆燃料电池汽车，在高尔夫球场车上安装5kW的燃料电池堆。1999年与清华大学合作开发出燃料电池乘用车。最近清源公司正在研发测试140kW的车用PEM燃料电池。

上海神力科技有限公司成功研发出三代轿车和城市客车用燃料电池发动机，并分别安装在同济大学的“超越一号”、“超越二号”、“超越三号”燃料电池轿车与清华大学的“氢能一号”、“氢能三号”等燃料电池城市客车上。通过部分示范运行表明，其研制的燃料电池发动机完全达到了车用燃料电池发动机要求。2005年2月，上海神力研制的绿色燃料电池游览车开始投入试运行，总行驶里程达1.2万公里，无故障运行时间达2000h之多，这在中国尚属首次。目前，上海神力已生产销售了多辆燃料电池游览车。

作为一种清洁、高效的发电动力，燃料电池有望成为下一代的车辆动力装置。燃料电池的广泛应用有助于节约燃料以及减少大气污染。燃料电池发动机在短期之内尚无法取代内燃机的地位，要达到燃料电池车辆的实用化还需要完善一系列关键技术问题。

二、燃料电池的原理

1. 燃料电池的工作原理

燃料电池（Fuel cell）是一种将燃料氧化的化学能直接转换为电能的“发电装置”，1839年，英国物理学家廉·格拉夫爵士成功地实现了电解水的逆反应，产生电流。20世纪60～70年代，美国开始将燃料电池用于“双子星”号和“阿波罗”号航天飞机，80年代后期用在潜艇上作为动力源，以后才向电动汽车方向发展。根据传统的习惯，把燃料氧化的化学能直接转换为电能的“发电装置”仍然称为燃料“电池”，但其与一般的化学电池是完全不同的工作原理。

燃料电池的能量转换方式是燃料的化学能直接转换成电能，燃料电池能够使用多种燃料，可以是石油燃料也可以是有机燃料，并可使用包括再生燃料在内的几乎所有的含氢元素的燃料。燃料经过转化成为氢后，以氢作为燃料电池的燃料，燃料电池能量转换不受卡诺循环规律的限制，热效率要高得多。燃料电池在运行过程中，不需要复杂的机械传动装置，不需要润滑剂；没有振动与噪声。

燃料电池负极侧为氢极（燃料极），输入氢气，正极侧为氧化极，输入空气或氧气。正极与负极之间为电解质，将两极分开。不同种类的燃料电池采用不同的电解质，有酸性、碱性、熔融盐类或固体电解质。在燃料电池中燃料与氧化剂经催化剂的作用，在能量转换过程中，经过电化学反应生成电能和水（H_2O），不产生氮氧化物（NO_x）和烃类化合物（HC）等。

2. 燃料电池与普通蓄电池的区别

（1）燃料电池是一种能量转换装置，在工作时必须有能量（燃料）输入，才能产出电能。普通蓄电池是一种能量储存装置，必须先将电能储存到电池中，在工作时只能输出电能，不需要输入能量，也不产生电能，这是燃料电池与普通蓄电池本质的区别。

（2）一旦燃料电池的技术性能确定后，其所能产生的电能只和燃料的供应有关，只要源源不断地供给燃料，就可以源源不绝地产生电能，其放电特性是连续进行的。普通蓄电池的技术性能确定后，只能在其额定范围内输出电能，而且必须是重复充电后才能重复使用，其放电特性是间断进行的。

（3）燃料电池本体的质量和体积并不大，但燃料电池需要一套燃料储存装置或燃料转换装置和附属设备，才能获得氢气，而这些燃料储存装置或燃料转换装置和附属设备的质量和体积远远超过燃料电池本身，在工作过程中，燃料会随着燃料电池电能的产生逐渐消耗，质量逐渐减轻（指车载有限燃料）。普通蓄电池没有其他辅助设备，在技术性能确定后，不论是充满电还是放完电，蓄电池的质量和体积基本不变。

（4）燃料电池是将化学能转变为电能，普通蓄电池也是将化学能转为电能，这是它们的共同之处。但燃料电池在产生电能时，参加反应的反应物质在经过反应后，不断地消耗不再重复使用，因此，要求不断地输入反应物质。普通蓄电池的活性物质随蓄电池的充电和放电变化，活性物质反复进行可逆性化学变化，活性物质并不消耗，只需要添加一些电解液等物质。

由于氢可以从水中制取，可以说是一种取之不尽的燃料，所以有人把燃料电池看作是未来的车用动力能。当然目前还存在许多技术和使用条件上的问题，如氢的制取、储存、安全、价格及供气网络；燃料电池用金属催化剂全球产量的限制；燃料电池供电性能与汽车运行方式的匹配等。制造成本昂贵是首当其冲需要解决的。随着技术和社会的发展，特别随着汽油、柴油等不可再生能源的日趋枯竭，具有高效率、零污染、低噪声的燃料电池会一步一步地进入汽车动力机械领域，取得其应有的地位。

三、燃料电池的分类和工作原理

1. 燃料电池的分类

（1）按燃料电池的运行机理分类　燃料电池有酸性燃料电池和碱性燃料电池；按电解质的种类分，有酸性、碱性、熔融盐类或固体电解质。因此，燃料电池可分为碱性燃料电池（AFC)、磷酸燃料电池（PAFC)、熔融碳酸盐燃料电池（MCFC)、固体氧化物燃料电池（SOFC)、质子交换膜燃料电池（PEMFC）等。其中，磷酸燃料电池（PAFC)、质子交换膜燃料电池（PEMFC）可以冷起动和快起动，可以用作移动电源，适应FCEV使用的要求。

（2）按燃料类型分类　燃料电池有氢气、甲醇、甲烷、乙烷、甲苯、丁烯、丁烷、汽油、柴油和天然气等，有机燃料和气体燃料必须经过重整器“重整”力氢气。

（3）按燃料电池的工作温度分类　燃料电池有低温型（低于200℃)、中温型（200～750℃)、高温型（高于750℃)。在常温下工作的燃料电池，例如，质子交换膜燃料电池（PEMFC)，需要采用贵金属作为催化剂。燃料的化学能绝大部分都能转化为电能，只产生少量的废热和水，不产生污染大气环境的氮氧化物。体积较小，质量较轻。但催化剂铂（Pt）与工作介质中的一氧化碳（CO）发生作用后会产生“中毒”而失效，使燃料电池效率降低或完全损坏。而且铂（Pt）的价格很高，增加了燃料电池的成本。高温燃料电池，例如，熔融碳酸盐燃料电池（MCFC）和固体氧化物燃料电池（SOFC)，不需要采用贵金属作为催化剂。但由于体积大、质量重、工作温度高，需要采用复合废热回收装置来利用废热，适合用于大功率的发电厂中。

最实用的车用燃料电池是以氢或含富氢的气体燃料，由于在自然界不能直接获得氢，燃料电池氢的来源通常是以石油燃料、甲醇、乙醇、沼气、天然气、石脑油和煤气中，经过重整、裂解等化学处理后来制取含富氢的气体燃料。氧化剂则采用氧气或空气，最常见的用空气作为氧化剂。

2. 燃料电池的工作原理

（1）碱性燃料电池（AFC）　碱性燃料电池的电解质为碱性的氢氧化钾（KOH），故称为碱性燃料电池。碱性燃料电池以吸附氢氧化钾（KOH）的石棉膜为电解质，在燃料电极处以多孔镍（Ni）或铂（Pt）、钯（Pd）（高性能时采用）为催化剂。在氧电极处以多孔银（Ag）或金属氧化物、尖晶石等为催化剂。碱性燃料电池一般以石墨、镍和不锈钢作为碱性燃料电池的结构材料。

碱性燃料电池的工作原理如下。

燃料电极（负极）上产生的化学反应：

$$H_2+2OH^- \longrightarrow 2H_2O+2e^-$$

氧电极（正极）上产生的化学反应：

$$\frac{1}{2}O_2+2e^-+H_2O \longrightarrow 2OH^-$$

碱性燃料电池总的化学反应如下：

$$H_2+\frac{1}{2}O_2 \longrightarrow H_2O$$

氧电极在碱性电解质的极化要比在酸性电解质的极化小得多，还可以用非贵重金属作为催化剂，碱性燃料电池的结构材料价格比较低廉。碱性燃料电池可以通过对氢燃料量的控制，实现对发电量的控制。

碱性燃料电池需要以纯氢（H_2）为燃料，如果燃料中含有碳，碳与氧反应生成一氧化碳（CO），催化剂会产生“中毒”现象而逐渐失效，使燃料电池效率降低或完全损坏，二氧化碳（CO_2）也会被碱性溶液所吸收化合成碳酸盐，因此，碱性燃料电池的燃气必须经过处理来清除一氧化碳（CO）和二氧化碳（CO_2）后方能使用。碱性燃料电池的工作温度低，其余热利用价值较低。另外，在阳极上铂（Pt）的用量大，使得碱性燃料电池的成本增加。

碱性燃料电池最早用于“阿波罗”登月舱、航天航空飞船和飞机上，近年来电动汽车上已考虑采用碱性燃料电池作为能源。

（2）磷酸燃料电池（PAFC）　磷酸燃料电池是以磷酸为电解质，故称为磷酸燃料电池。由燃料电极、隔板、隔膜、空气电极（氧电极）和冷却板组成。在燃料电极处采用铂（Pt）、石墨（多孔）0.25mg/cm^2 为催化剂，在氧电极处也采用铂（Pt）、石墨（多孔）0.5mg/cm^2 为催化剂。催化剂的基底装在碳化硅的容器中，在容器中灌入磷酸作为电解质。氧电极和燃料电极的外侧为石墨复合材料的多孔质夹层，供燃料或空气（氧气）在其中流动。

通常磷酸燃料电池是用甲醇经过重整处理转化的氢（H_2）为燃料，氢（H_2）不断地输入到燃料极石墨多孔质燃料夹层中，约 80%以上分解为氢离子，经过多孔质催化剂层和只能够通过氢离子（H^-）的高分子电解质膜，移动到氧电极处与氧（O_2）发生氧化反应。在氧电极处，经过滤的氧气或空气，源源不断地进入氧电极石墨多孔质空气夹层中，使得磷燃料电池能够源源不断地产生电能。

磷酸燃料电池的工作原理如下。

燃料电极（负极）上产生的化学反应：

$$H_2 \longrightarrow 2H^+ + 2e^-$$

氧电极（正极）上产生的化学反应：

$$\frac{1}{2}O_2 + 2H^+ + 2e^- \longrightarrow H_2O$$

总的化学反应：

$$H_2 + \frac{1}{2}O_2 \longrightarrow H_2O$$

磷酸燃料电池在以甲醇或丙烷等燃料时，甲醇或丙烷必须经过燃料重整处理后才能转化成为氢气（H_2），因此，重整器是磷酸燃料电池必需的辅助设施。采用增加对燃料气体的压力和提高燃料气体温度的技术措施，能够使得化学反应更加完全，可以提高磷酸燃料电池的性能，并且还可以提高重整器的效率。对减轻磷酸燃料电池及燃料电池辅助装置总质量，以及减轻电动汽车的整备质量有重要意义。

当磷酸燃料电池的温度低于130℃时，磷酸燃料电池不会发生化学反应。要启动磷酸燃料电池系统，必须应用辅助燃烧器来加热蒸发器，直到磷酸燃料电池温度超过130～180℃时，磷酸燃料电池才会发生化学反应。在常温条件时，启动磷酸燃料电池系统，需要1h左右。磷酸燃料电池是燃料电池中技术最成熟的一种，已开始在电动汽车上应用。在重型电动汽车上采用磷酸燃料电池试验表明，磷酸燃料电池有良好的使用性能。

磷酸在180～220℃的工作温度下，性能稳定，能够自行排水。磷酸燃料电池能够耐受CO，在150℃时铂（Pt）能够耐受5%的CO。但不能耐受硫（S），可以采用除硫（S）后的“粗氢气”作为燃料来降低使用成本。在反应过程中温度稳定，余热的利用率高，余热可用于电池内部加压和重整，或作为一般性能供热。

但磷酸燃料电池需要用贵重金属铂（Pt）作为催化剂，使用成本高。氧电极极化大、消耗大，对燃料气体的质量要求较高。

(3) 氢离子固体聚合物燃料电池（SPEFC）　氢离子固体聚合物燃料电池的电解质是固体聚合物，因此，称为固体聚合物燃料电池。由氧电极、燃料电极、电解质和催化剂组成。在氧电极处输入空气或氧气，在燃料电极输入氢气。在氧电极与燃料电极处都采用了铂（Pt）作为催化剂。氢离子固体聚合物燃料电池采用钛（Ti）、钕（Nd）作为电池的结构材料，其化学反应温度为50～100℃。

氢离子固体聚合物的工作原理如下。

燃料电极（负极）上产生的化学反应：

$$2H_2 \longrightarrow 4H^+ + 4e^-$$

氧电极（正极）上产生的化学反应：

$$O_2 + 4H^+ + 4e^- \longrightarrow 2H_2O$$

氢离子固体聚合物燃料电池采用了固体聚合物作为电解质，具有稳定的反应界面，结构紧凑，坚固可靠，能够适应移动设备使用。可用简单的吸水芯来排除反应产生的水分。

但它需要用贵重金属铂（Pt）作为催化剂、催化剂不能耐受一氧化碳（CO）的侵蚀，在燃料供应装置中需要增加除一氧化碳的装置使得装备尺寸和质量增加。固体聚合物价格高，增加了使用成本。工作温度较低，余热的利用价值小。

(4) 熔融碳酸盐燃料电池(MCFC)　熔融碳酸盐燃料电池以多种碳酸盐混合物作为电解质，故称为熔融碳酸盐燃料电池。熔融碳酸盐燃料电池以多种碳酸盐 Li_2CO_3 以及 K_2CO_3 混合物作为电解质，电解质被吸收到铝酸锂陶瓷片中，熔融碳酸盐燃料电池由氧电极、燃料电极、电解质和催化剂等组成。在氧电极处输入空气或氧气，在燃料电极输入氢气。在氧电极采用了掺锂(Li)的氧化镍作为催化剂，在燃料电极采用了多孔镍(Ni)作为催化剂。可以用镍(Ni)或不锈钢作为电池的结构材料，其化学反应温度为600～650℃。

熔融碳酸盐燃料电池的工作原理如下。

燃料电极(负极)上产生的化学反应：

$$H_2+CO_3^{2-} \longrightarrow H_2O+CO_2+2e^- \qquad CO+CO_3^{2-} \longrightarrow 2CO_2+2e^-$$

熔融碳酸盐燃料电池在整个化学反应过程中，CO_2参与全过程，在氧电极处CO_2是消耗反应，在燃料电极处CO_2是析出反应，而且不断地在燃料电池中循环，还要对CO_2中的氢(H_2)进行催化处理，化学反应过程十分复杂，使得熔融碳酸盐燃料电池的结构和控制变得很复杂。

熔融碳酸盐燃料电池可以采用非贵重金属作为催化剂，降低使用成本。能够耐受CO和CO_2的作用，可采用富氢燃料。用镍(Ni)或不锈钢作为电池的结构材料，材料容易获得并且价格便宜。熔融碳酸盐燃料电池为高温型燃料电池，余热温度高，余热可以充分利用。

以 Li_2CO_3 以及 K_2CO_3 混合物做成电解质，在使用过程中会烧损和脆裂，降低了熔融碳酸盐燃料电池的使用寿命，其强度与寿命还有待于进一步解决。在整个化学反应过程中，CO_2 要循环使用，从燃料电极排出的 CO_2 要用经过催化 H_2 的处理后，再按一定的比例与空气混合送入氧电极，CO_2 的循环系统增加了熔融碳酸盐燃料电池的结构和控制的复杂性。

(5) 固体氧化物燃料电池(SOFC)　固体氧化物燃料电池的电解质是固体氧化物，催化剂和电池的结构材料，也都是固体氧化物。故称为固体氧化物燃料电池。

固体氧化物燃料电池电解质是 $Y_{0.1}Zr_{0.9}O_2$ 固体氧化物。电池由氧电极、燃料电极、电解质和催化剂等组成。固体氧化物燃料电池的电解质、电极、催化剂和电池的结构材料都是固体氧化物。氧电极处采用 $Sr_{0.1}La_{0.9}Mn_{0.3}$ 固体氧化物为催化剂，在燃料电极处采用 Ni(NiO)＋Y-ZrO_2固体氧化物为催化剂。用 $Sr_{0.1}La_{0.9}Mn_{0.3}$ 或 $Mg_{0.1}La_{1.0}Cr_{0.9}O_3$ 固体氧化物作为电池的结构材料，用 Al_2O_3、$Ca_{0.1}Zr_{0.9}O_2$ 固体氧化物作为结构材料支撑管。固体氧化物燃料电池在燃烧反应过程中的温度可达800～1000℃。可以直接使用甲醇和烃类燃料。

固体氧化物燃料电池的工作原理如下。

燃料电极(负极)上产生的化学反应：

$$H_2+O^{2-} \longrightarrow H_2O+2e^-$$

氧电极(正极)上产生的化学反应：

$$\frac{1}{2}O_2+2e^- \longrightarrow O^{2-}$$

由于固体氧化物燃料电池可以用煤作为燃料，扩大了燃料电池燃料的来源，而且煤来源广泛和成本低廉。固体氧化物燃料电池的关键技术是固态固体氧化物材料制取和制作工艺，在采用板式结构和整体结构时，板式结构形式的单元电池与固体氧化物燃料电池整体结构的形式相似。因为固态固体氧化物材料是一种陶瓷材料，不易保证其在棱角处的密封性，会发生气体的泄漏。为了解决固体氧化物燃料电池的密封性，采用了管状结构，制造工艺也很复杂，并且会增加结构的整体尺寸。

固体氧化物燃料电池在高温条件下可以不用催化剂即可发生化学反应。由于采用全固态固体氧化物的催化剂，在电池中不会发生酸、碱或熔融盐等对电池结构材料腐蚀。可实现内重整，使固体氧化物燃料电池结构可以进一步简化。由于在化学反应过程中温度达到800～1000℃，所产生的热量可用来加热空气和甲醇等燃料，利用余热时的热效率为60%，不利用余热时的热效率约为45%。

全固态固体氧化物材料制取困难和制作工艺复杂，由于它性脆易裂，在制成固体氧化物燃料电池所需要大面积的薄壳结构时，会大大增加固体氧化物燃料电池制造成本。固体氧化物燃料电池的工作温度为800～1000℃，需要采用隔热材料来隔热，热转换效率比熔融碳酸盐燃料电池低。

(6) 质子交换膜燃料电池（PEMFC） 质子交换膜燃料电池又名固体高聚合物电解质燃料电池，用可传导质子的聚合膜作为电解质。

20世纪60年代，美国开始将质子交换膜燃料电池（PEMFC）用于电动汽车，经过20多年的发展和改进，质子交换膜燃料电池的性能有了快速地提高，美国Du Pont公司开发的全氟质子交换膜已在质子交换膜燃料电池广泛使用。加拿大Ballard公司在质子交换膜燃料电池的开发方面处领先地位，研制了105kW的质子交换膜燃料电池，1995～1999年间组成采用质子交换膜燃料电池的75座205kW的大客车车队，载客20人，最高车速72km/h，采用碳吸附储氢装置，可以连续行驶480km。

质子交换膜燃料电池有比功率大、起动快、寿命长、体积小、工作温度低、能耗少、能量转换效率理论上可达到80%，现在各国研发的水平已达到50%～60%，另外还有设计制造容易等优点，有利于在电动汽车上布置，并能减轻电动汽车的整备质量。质子交换膜燃料电池用可传导质子的聚合膜作为电解质，这种燃料电池也叫做聚合物电解质燃料电池（PEFC）、固体聚合物燃料电池（SPFC）或固体聚合物电解质燃料电池（SPEFC）。

质子交换膜是质子交换膜燃料电池的关键技术，由于一般的普通电解质膜性能达不到要求，使得质子交换膜燃料电池长期以来没有得到发展，美国杜邦（Du Pont）公司开发了全氟离子交换膜，以及氟磺酸离子交换膜出现后，质子交换膜燃料电池才重新得到迅速的发展。

质子交换膜（Proton Exchange Membrane-PEM）是质子交换膜燃料电池的核心，质子交换膜采用的氟磺酸质子交换膜与多孔性普通电解质膜的区别在于，氟磺酸质子交换膜兼有电解质、电极活性物质的基底和能够选择透过离子的功能，而普通电解质膜不具备这些功能。

在质子交换膜燃料电池中，采用两个多孔碳电极（正、负极）和质子交换膜，在电极内浸入氟磺酸并与质子交换膜压合，在电极之间为催化剂层和电解质，共同组成单元电池。输送到多孔质燃料夹层中的氢（H_2），扩散到多孔负极板中，在催化剂的作用下转化为电子和氢离子（H^+），氢离子（H^+）通过质子交换膜到达正极，与正极多孔质空气夹层中的氧（O_2）发生氧化作用，转化为电能和水。这种质子交换膜燃料电池的比功率可以达到700W/kg，使得燃料电池的性能有了新的突破。

质子交换膜燃料电池的工作原理如下。

燃料电极（负极）上产生的化学反应：

$$H_2 \longrightarrow 2H^+ + 2e^-$$

氧电极（正极）上产生的化学反应：

$$\frac{1}{2}O_2+2H^++2e^-\longrightarrow H_2O$$

质子交换膜燃料电池总的化学反应：

$$H_2+\frac{1}{2}O_2\longrightarrow H_2O$$

质子交换膜燃料所用氢燃料，可以是气态也可以是液态。可以从天然气、石油或者是甲醇、丙烷等烃类化合物，或是联氨、液氨等烃类化合物中来产生氢。可以说，现代内燃机的各种燃料和代用燃料，以及再生燃料，都可以用作为燃料电池所用氢的来源。但氢是质子交换膜燃料电池最好的燃料，国外目前正在研究和开发以天然气作为质子交换膜燃料电池的燃料。

由于质子交换膜燃料电池具有高能量和对环境空气无污染，能够满足电动汽车对电池的要求。目前正在着手解决进一步提高比能量，降低质子交换膜燃料电池系统的装备质量，提高催化剂对CO的允许值和更有效的CO处理技术，以及降低成本（催化剂成本）等关键技术。从质子交换膜燃料电池的比能量、操作温度、耐CO的能力、系统装备的安装和耐振动的能力等性能看，质子交换膜燃料电池比较适合装备电动汽车。

第四节 混合动力汽车

一、混合动力汽车的发展现状及趋势

1. 国外发展状况

20世纪80年代以来，国外所有知名汽车公司均投入巨资进行电动汽车和混合动力汽车实用车型的研制和开发。进入21世纪后，各国加快了HEV的产品化进程，相继推出了不同型式的HEV产品，很多车型都显示出了优良的环保与节能性能。

1991年德国大众汽车公司第一次推出了“济科”（Chico）混合动力电动微型汽车，最高车速为131km/h，0～80km/h的加速时间为19s。“济科”在城市行驶时每百公里平均能量消耗为1.4L汽油加上13kW·h的电能，相当于每百公里3.2L的汽油消耗。

日本的丰田汽车公司是目前走在HEV开发最前沿的汽车公司，也是世界上最早开始进行HEV研究的汽车公司之一。早在1997年，丰田公司就在世界上第一个推出了名为Prius的混联式混合动力电动汽车。在日本10～15工况下燃油经济性指标达到了每百公里3.57L，CO、NO_x和HC的排放水平仅相当于日本现行法规的1/10。这种5座轿车最高车速为140km/h，其连续行驶里程与普通汽车一样，视加入的汽油多少而定。到2010年7月31日，累计销量已超过268万辆。目前市场上正热销的两款车型分别为丰田Prius和本田Insight。在2010年4月份举办的北京车展上，共有8款日系混合动力汽车展出，其中丰田第三代Prius性能最优越，本田Insight被认为同级中最省油，本田CR-Z具有运动风格受到人们的关注。日本国内对混合动力汽车产业有长期的发展规划，政府大力扶持产业技术发展，出台一系列税收优惠政策及奖励措施，促进混合动力汽车销售，拉动内需，规划长远发展战略。

福特汽车公司在2000年北美国际车展上推出了其开发的Prodigy混合动力家庭概念车。该车采用福特P2000 LSR混合动力系统、1.2L 4缸柴油发动机和镍金属复合电池，每百公里油耗仅3.3L。在2001年北美国际车展上，福特公司又推出爱仕（Escape）混合动力

SUV概念车，获得广泛关注。2002年和2005年福特公司再次推出福克斯（Focus）新一代燃料电池混合动力轿车和Escape混合动力轿车，前者2004年已小批量生产。福特公司预计，未来10年内HEV将占汽车市场的10%～20%。

另外，其他一些汽车公司也推出了自己的HEV。通用的Precept、戴姆勒一克莱斯勒的ESX3、日产的Tino、现代的CLICK等都是具有代表性的车型。目前混合动力汽车在发达国家已经日益成熟，正在进入实用化、商品化阶段。

2. 国内发展状况

国内有关混合动力的研究起步较晚，从20世纪90年代末期才开始开展混合动力汽车的研发工作。1999年，清华大学与厦门金龙联合汽车工业有限公司合作研制成功国内第一辆混合动力轻型客车。2001年年底，国家“863”电动汽车科技攻关项目正式启动，第一批项目中主要是混合动力汽车开发，目前正在进行当中。其他一些汽车公司和高校也在这方面做了许多工作。一汽集团和东风汽车集团联合所在地高校和研究所，在各自的客车底盘上研发混合驱动公共汽车和大型客车；东风电动车辆股份有限公司已开发出混合动力轿车，其中EQ7200HEV型混合动力轿车实现了产品系列化、通用化、标准化设计；天津清源电动车辆有限公司开发出混合动力中型客车，排放达到欧Ⅲ标准，燃油经济性提高15%以上；北京嘉捷博大电动车有限公司和常州客车厂合作开发了我国第一辆以燃气涡轮机作为动力机的混合动力电动大客车，排放指标低于2008年在欧洲开始执行的欧V标准；深圳明华环保汽车有限公司也开发出混合动力电动轻型客车。

我国通过国家电动汽车的科技攻关，在HEV方面已经积累了一定的技术基础和经验，正向商品化阶段迈进。力争在2030年以前，混合动力汽车呈大幅度增长势态，占到汽车总产量的50%。

3. 发展前景展望

与传统型汽车相比，混合动力汽车在节能和排放上胜出一筹。混合动力汽车具备了未来汽车所要求的四方面的要素，即良好的动力性能、良好的燃油经济性、清洁环保以及经济实用的特点。就目前来说，虽然HEV的价格比传统汽车高出20%左右，但相信随着各国环境立法的日趋严厉，混合动力汽车性能的日益提高以及其成本的不断降低，混合动力汽车的市场份额将逐渐增大。尽管从长远来看HEV只是一种过渡车型，但是在近二三十年内会有较好的发展前景。

二、混合动力汽车的特点

混合动力汽车（Hybrid Electric Vehicle：HEV）是指包含两种或两种以上动力源并能协调工作的车辆，它是一种介于内燃机汽车和电动汽车之间的车型，也是一种独立的车型。HEV的研制为地面车辆的节能和环保开辟了另一种设计思路，以发动机为主要动力，以电动机为辅助动力，采用发动机动力与电动机动力按不同方式和不同比例的混合来开发各种各样的HEV，可以用比较简单、经济的方法来获得不同的节能和环保的效果。

1. HEV的主要动力装备

（1）发动机（Engine）　发动机是HEV的一个主要动力源，HEV可以广泛地采用汽油机、柴油机、转子发动机、燃气轮机和斯特林发动机等发动机，采用不同的发动机可以组成不同的HEV。

HEV主要是采用降低发动机的排量和采用先进的发动机结构，例如，可变气门正时发动机、可变做功气缸数量发动机、稀薄燃烧等新技术来使 HEV 实现节能与环保。

（2）ISG 电动/发电机（Integrated Starter Generator）　ISG 电动/发电机用在 HEV 上的作用是：a. 发动机起动时作为起动机，带动发动机起动；b. 发动机运转时被发动机带动作为发电机，可以为蓄电池组充电和为驱动电动机提供电力；c. 在某些 HEV 上 ISG 还参与车辆的驱动，为车辆加速或爬坡提供辅助动力；d. 在车辆制动时作为发电机，回收制动反馈的能量。发动机的动力与 ISG 电动/发电机的动力"混合"是 HEV 的动力"混合"的一种形式。

（3）驱动电动机（Motor）　驱动电动机是 HEV 的辅助动力源。HEV 的驱动电动机可以是：交流感应电动机、永磁电动机、开关磁阻电动机和特种电动机等。现代 HEV 上多数采用了感应电动机、永磁电动机和开关磁阻电动机。发动机的动力与驱动电动机的动力"混合"是 HEV 的动力"混合"的另一种形式。

（4）辅助电源　HEV 可以装备各种不同的蓄电池和超级电容器等作为"辅助电源"，储存 ISG 所发出的电能和车辆在制动时反馈的电能。在 HEV 起动时，为 ISG 或驱动电动机提供电能来带动发动机起动，在汽车加速或爬坡时为 ISG 或驱动电动机提供电能，来帮助车辆加速或爬坡。

（5）HEV 的动力混合形式　HEV 的动力可以在"动力混合器"中混合，也可以在车轮处混合。动力混合器主要有分动箱式动力混合器和行星齿轮式动力混合器等。HEV 的动力混合器要与 HEV 所采用的变速器互相配合，以达到优化动力匹配的要求。

HEV 可以用多种多样的发动机、ISG、驱动电动机和混合器，组成了多种多样的"混合"形式。HEV 的各个主要技术总成要求结构简单、能够实现小型化和轻量化，优化多能源动力的匹配关系，不会因为增加 HEV 的 ISG 和驱动电动机等的质量，而影响 HEV 的整车性能，符合节能和环保的要求。HEV 上采用现代控制技术，提高了各种不同的驱动模式的操作和切换的方便性和灵活性，便于使用和维修，逐步达到"产业化"的各种指标。

2. HEV 的类型

世界各个汽车公司采用了各种各样的车辆来改装为 HEV，组成了多种多样的"混合"形式。HEV 根据所采用不同的动力组合装置和不同的组合方法可分为串联式 HEV、并联式 HEV、混联式 HEV。

（1）串联式（SHEV，Series Hybrid Electric Vehicle）　串联式 HEV 以发动机为主要动力源，在发动机的动力输出轴上装置 ISG，相当于发动机的飞轮。然后通过离合器与变速器来驱动车辆，与普通内燃机汽车基本相同。ISG 只是作为发动机的起动机和发电机。在有些 SHEV 上，ISG 还参与发动机共同组成混合动力驱动系统来共同驱动车辆，串联式 HEV 的布置形式如图 10-1 所示。

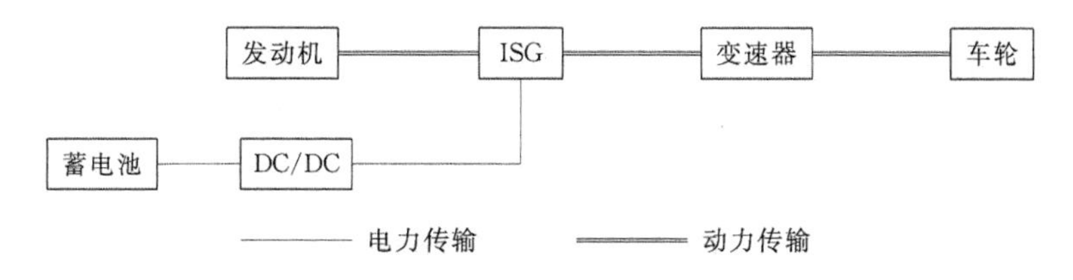

图 10-1　串联式 HEV 的布置形式

（2）并联式（Parallel Hybrid Electric Vehicle，PHEV）　并联式 HEV 以发动机和驱动电动机为主要动力总成。发动机是主要动力源，驱动电动机是辅助动力源。根据不同的组合方法，PHEV 可分为：a. 发动机与驱动电动机并联，两者动力在动力混合器中组合，如图 10-2(a) 所示；b. 发动机与驱动电动机并联，两者动力分别带动前、后轮驱动，动力在驱动轮处组合，如图 10-2(b) 所示。

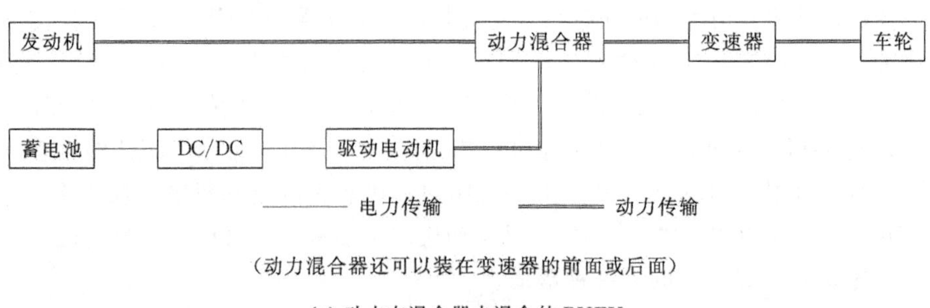

(动力混合器还可以装在变速器的前面或后面)

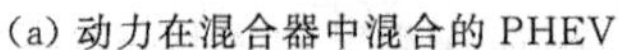

(a) 动力在混合器中混合的 PHEV

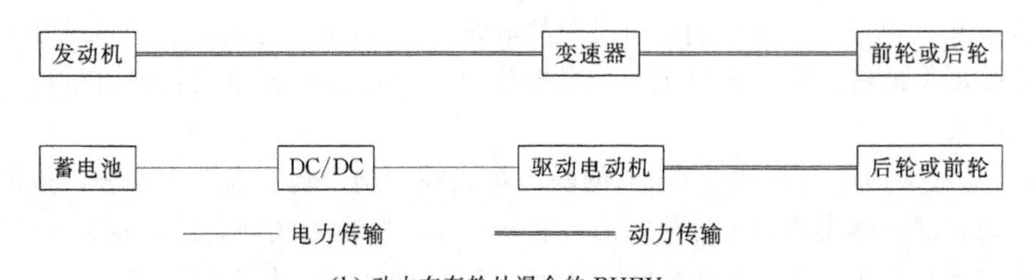

(b) 动力在车轮处混合的 PHEV

图 10-2　并联式 HEV 的布置形式

(3) 混联式（Parallel Series Hybrid Electric Vehicle，PSHEV）混联式 HEV 以发动机和驱动电动机为主要动力总成，另外在发动机输出轴上还串联或并联一个 ISG。发动机是主要动力源，驱动电动机和 ISG 是辅助动力源。根据不同的组合方法，PSHEV 可分为：a. 发动机（带 ISG）与驱动电动机并联，两者动力在动力混合器中组合［见图 10-3(a)］；b. 发动机（带 ISG）与驱动电动机并联，两者动力分别带动前、后轮，动力在驱动轮处组合［见图 10-3(b)］。

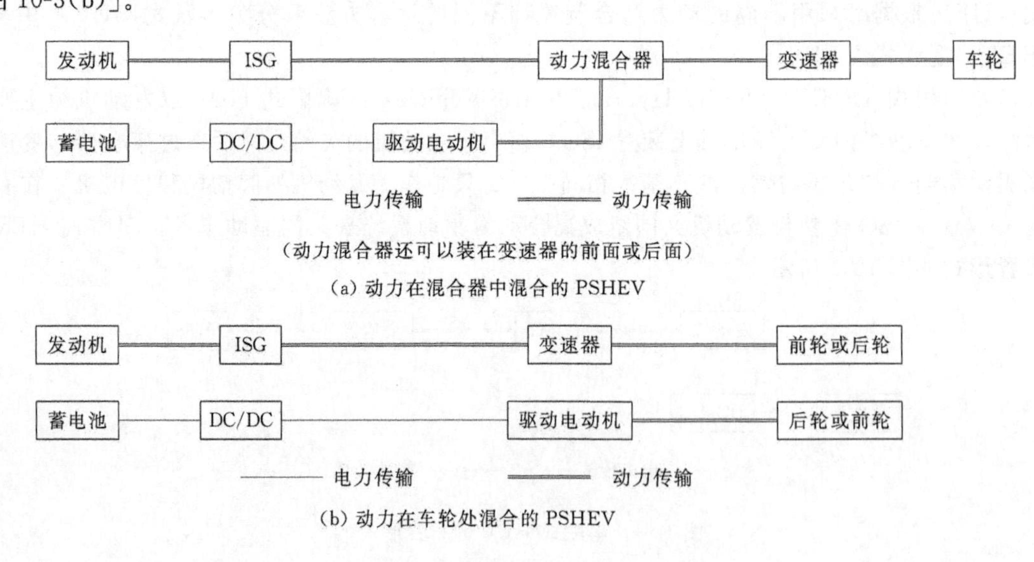

(动力混合器还可以装在变速器的前面或后面)

(a) 动力在混合器中混合的 PSHEV

(b) 动力在车轮处混合的 PSHEV

图 10-3　混联式 HEV 的布置形式

参考文献

[1] 刘玉梅.汽车节能技术与原理．第2版．北京：机械工业出版社，2010.

[2] 李兴虎．汽车环境污染与控制．北京：国防工业出版社，2011.

[3] 李岳林．交通运输环境污染与控制．第2版．北京：机械工业出版社，2010.

[4] 朱崇基等．汽车环境保护学．杭州：浙江大学出版社，2001.

[5] 刘巽俊．内燃机的排放与控制．北京：机械工业出版社，2003.

[6] 松本廉平著．汽车环保新技术．曹秉刚等译．西安：西安交通大学出版社，2005.

[7] 周龙宝．内燃机学．北京：机械工业出版社，2010.

[8] 杨沿平．中国汽车节能思考．北京：机械工业出版社，2010.

[9] 张铁柱，张洪信．汽车安全、节能与环保．北京：国防工业出版社，2004.

[10] 姚志良.机动车能源消耗及污染物排放与控制．北京：化学工业出版社，2012.

[11] 陈礼璠．汽车节能技术．北京：人民交通出版社，2005.

[12] 龚金科．汽车排放及控制技术．第2版．北京：人民交通出版社，2012.

[13] 王建昕．汽车发动机原理．北京：清华大学出版社，2011.

[14] 邵毅明．汽车新能源与节能技术．北京：机械工业出版社，2010.

[15] 魏名山．汽车与环境．北京：化学工业出版社，2005.

[16] 周玉明．内燃机废气排放及控制技术．北京：人民交通出版社，2001.

[17] 庄继德，庄蔚敏，叶福恒．低碳汽车技术．北京：清华大学出版社，2010.

[18] 王建昕，帅石金．汽车发动机原理．北京：清华大学出版社，2011.

[19] 张学利，刘富佳．汽车燃油经济性检测．北京：人民交通出版社，2010.

[20] 边耀璋．汽车新能源．北京：人民交通出版社，2003.

[21] 陈全世，朱家链，田光宇．先进电动汽车技术．第二版．北京：化学工业出版社，2013.